中国互联网发展报告
2010

中 国 互 联 网 协 会
中国互联网络信息中心 编

電子工業出版社
Publishing House of Electronics Industry
北京·BEIJING

内容简介

《中国互联网发展报告》(2010)客观、忠实地记录和描绘了2009年中国互联网行业的发展状况，对互联网发展环境、资源、重点业务和应用、主要细分行业和重点领域的发展状况进行全面研究和深入分析，既有对2009年全年互联网发展情况的宏观分析和综述，也有着重对互联网细分业务和典型应用发展状况的关注和研究，内容丰富，数据翔实，对政府部门、从业企业和有关单位以及专家学者掌握行业发展状况与前沿趋势有重要参考意义，是互联网领域具有重要参考和收藏价值的文献。

图书在版编目(CIP)数据

中国互联网发展报告2010/中国互联网协会，中国互联网络信息中心编. —北京：电子工业出版社，2010.7

ISBN 978-7-121-11384-0

Ⅰ.①中… Ⅱ.①中…②中… Ⅲ.①因特网—调查报告—中国—2010 Ⅳ.①TP393.4

中国版本图书馆CIP数据核字(2010)第138060号

责任编辑：赵 平 刘声峰
策划编辑：赵 娜
印 刷：涿州市京南印刷厂
装 订：涿州市桃园装订有限公司
出版发行：电子工业出版社
北京市海淀区万寿路173信箱 邮编 100036
开 本：787×1092 1/16 印张：33.25 字数：850千字 彩插：4
印 次：2010年7月第1次印刷
定 价：1280.00元

凡所购买电子工业出版社图书有缺损问题，请向购买书店调换。若书店售缺，请与本社发行部联系，联系及邮购电话：(010)88254888。

质量投诉请发邮件至 zlts@phei.com.cn，盗版侵权举报请发邮件至 dbqq@phei.com.cn。

服务热线：(010)88258888。

《中国互联网发展报告》
编辑委员会名单

孙康敏　中国电信集团公司副总经理
许　勤　国家发展和改革委员会高技术产业司司长
何加正　人民网总裁、中国互联网协会副理事长
吴建平　中国教育和科研计算机网网络中心主任、中国互联网协会副理事长
张朝阳　搜狐公司董事局主席兼首席执行官、中国互联网协会副理事长
李伍峰　国务院新闻办网络局局长、中国互联网协会副理事长
李国杰　中国工程院院士、中国科学院计算技术研究所所长
李彦宏　百度公司董事长兼首席执行官、中国互联网协会副理事长
杨小伟　中国电信集团公司副总经理、中国互联网协会副理事长
周锡生　新华社副社长兼新华网总裁、中国互联网协会副理事长
姜正新　中国联合网络通信集团有限公司副总经理
赵　波　工业和信息化部电子信息司副司长
赵小凡　中国互联网协会常务理事
赵法如　国家计算机网络应急技术处理协调中心
敖　然　电子工业出版社社长
钱华林　中国科学院计算机网络信息中心研究员、中国互联网协会副理事长
高卢麟　中国互联网协会副理事长
寇晓伟　新闻出版总署科技与数字出版司副司长
曹国伟　新浪公司首席执行官兼总裁、中国互联网协会副理事长
曹淑敏　工业和信息化部电信研究院副院长
舒　骏　华为技术有限公司副总裁
蒋　伟　人民邮电出版社副社长、中国互联网协会常务理事
蒋林涛　工业和信息化部电信研究院原总工程师
韩　夏　工业和信息化部电信管理局局长、中国互联网协会副秘书长
鲁向东　中国移动通信集团公司副总裁、中国互联网协会副理事长
雷震洲　工业和信息化部电信研究院科技委副主任
熊四皓　工业和信息化部通信保障局副局长、中国互联网协会副秘书长

总编辑

黄澄清

副总编辑

毛　伟　侯自强　钱华林

执行主编

石现升　刘　冰

撰稿人（按章节排序）

侯自强　孙小宁　孙永革　朱秀梅　王　斌　孙蔚敏　周勇林　纪玉春
焦绪录　王明华　徐　娜　王营康　徐　原　刘伯超　李　佳　何世平
郑礼雄　温森浩　张胜利　赵　慧　石现升　刘　辉　周洪艳　许超然
卢咸开　李　红　朱秀敏　李　原　郝建彬　周　镇　余周军　王存肃
任振铎　孙秀秀　孟凡新　何英松　郝智超　刘　鑫　赵慧斌　秦　英
李长江　郝晓伟　王法英　孙　锐　张作本　黄　勇　曹宇杰　刘长安
姚正凡　寇晓伟　赵志云　龙　凯　张小林　闫　伟　吴晨生　董晓晴
刘天宇　张荣显

前　言

《中国互联网发展报告》(2010)如期与读者见面了，我们由衷地感到高兴和欣慰，因为我们已经认真坚持了八年。

为真实记录中国互联网行业的发展状况，中国互联网协会联合中国互联网络信息中心(CNNIC)，每年组织编撰出版一卷《中国互联网发展报告》(以下简称“报告”)，自2002年开始，今年为第八卷。

回顾2009年全年，我国互联网基础设施建设投入持续呈规模增长，各项基础资源发展情况良好，各种网络应用继续稳步发展，尤其是商务类应用得到较大发展，各类专业网络信息服务保持快速发展，3G网络得到大规模部署，物联网在全国掀起热潮，云计算备受业界关注，互联网的影响力与日俱增。随着互联网与传统行业的融合更加紧密，互联网在我国正从以娱乐休闲为主转变为与经济社会发展和人们的生产生活息息相关的重要基础设施。

《中国互联网发展报告》(2010)尽可能客观、忠实地记录和描绘2009年中国互联网行业的发展轨迹，期望能够为互联网管理部门、从业企业和有关单位及专家学者提供翔实的数据、专业的参考和借鉴。

结构上，本卷《报告》仍沿用历年的总体框架，全卷分为综述篇、环境篇、资源篇、应用篇和附录篇五篇，共32章，6个附录，保持了《报告》结构的一致性；同时又略有调整，根据互联网应用服务的特点和性质，应用篇再分为商务交易类、媒体与娱乐类、交流沟通类和专业服务类四个部分，进一步增强了应用篇的层次性，使各章内容连接更加有序和自然。

内容上，本卷《报告》主要对2009年中国互联网发展环境、资源、重点业务和应用、主要细分行业和重点领域的发展状况进行总结、分析和研究；既有对2009年全年互联网发展情况的宏观分析和综述，也有对互联网细分业务和典型应用发展状况的重点关注和研究，并在2009年《报告》的基础上新增了对物联网和云计算等行业热点的研究，内容丰富，重点突出，数据翔实，图文并茂，是一本对互联网从业者具有重要参考价值的工具书。遗憾的是，中国香港特区2009年未做互联网行业使用状况相关调查，所以本年《报告》未能收录中国香港特区的互联网使用情况调查报告。

本年度《报告》的编写工作继续得到政府、科研机构、企业等社会各界的关心、支持和参与，来自工业和信息化部、农业部、新闻出版总署、中国科学院、中国科学技术协会、国家计算机网络应急技术处理协调中心、工业和信息化部电信规划研究院、中国电子信息产业发展研究院、中国互联网协会、中国互联网络信息中心(CNNIC)、澳门大学、CR-Nielsen、世纪互联和计世资讯等诸多部门和单位的专家和研究人员，近60人参与了《报告》的撰写工作，编委会各位编委对《报告》内容进行了认真和严格的审核，给予了充分的鼓励和支持，保障了《报告》的质量和水平。在此，编辑部谨向为本《报告》贡献了精彩篇章的各位撰稿人，向支持本《报告》编写出版工作的各有关单位和社会各界表示诚挚的谢意。

由于我们的力量和水平有限，本卷《报告》中难免会存在一些缺陷甚至错误，恳请广大专家和读者予以批评指正，以便在今后的编撰工作中及时改进，使《中国互联网发展报告》的质量和价值不断得到提升。

《中国互联网发展报告》（2010）编委会

2010年5月

目　　录

第一篇　综 述 篇

第三篇 资源篇

第二部分 媒体与娱乐类

第五篇 附 录 篇

第一篇

综述篇

- 2009年中国互联网发展综述
- 2009年国际互联网发展综述
- 2009年中国互联网络发展状况分析报告

第 1 章　2009 年中国互联网发展综述

1.1　2009 年中国互联网发展概况

1.1.1　网民

根据中国互联网络信息中心（CNNIC）统计，截至 2009 年年底，中国网民规模达到 3.84 亿人，较 2008 年增长 28.9%，占总人口中的比重从 22.6% 提升到 28.9%，如图 1.1 所示。

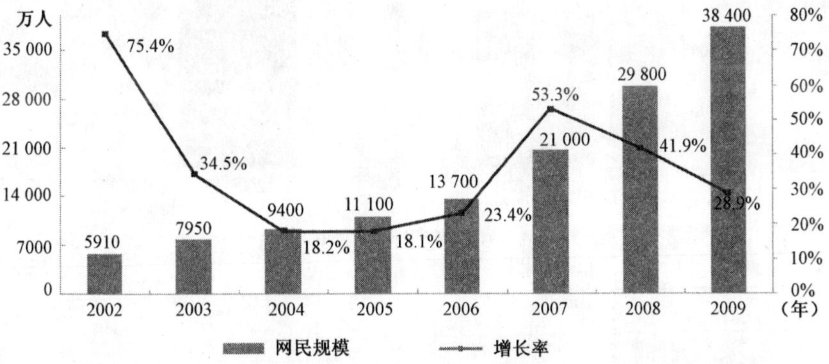

图1.1　中国网民规模与增长率

中国的互联网普及率仅略高于全球平均水平，还有很大发展空间，各国互联网普及率，如图 1.2 所示。

宽带网民规模达到 3.46 亿人，较 2008 年增长了 7600 万人，占网民总数的 90%。虽然中国的宽带普及率很高，但是宽带接入速度远远落后于互联网发达国家。2009 年 1 月—11 月，我国新增宽带接入用户 1917.6 万，总计达到 10 205.5 万户，其中 xDSL 用户 8315.1 万，如图 1.3 所示。

2009 年年底手机网民规模 2.33 亿，比 2008 年增长 1.16 亿，增长率为 98.3%，如图 1.4 所示。手机网民占网民总体的 60.8%，其中只使用手机上网的网民 3070 万，占整体网民的 8%。手机上网成为互联网用户新的最具潜力的增长点。

农村网民规模达到 10 681 万，占整体网民的 27.8%，同比增长 26.3%，如图 1.5 所示。

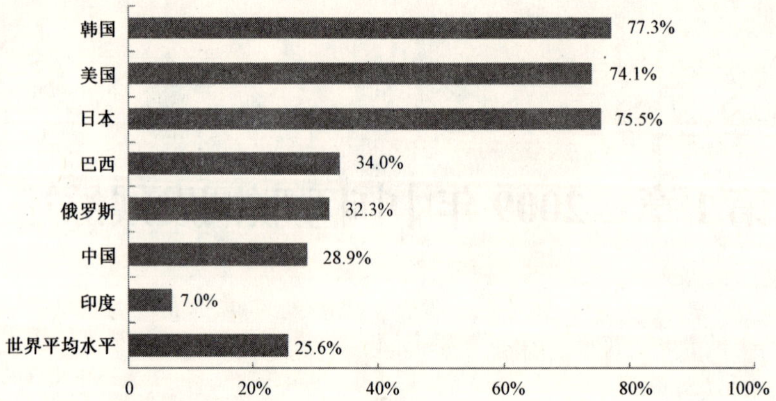

资料来源：http://www.internetworldstats.com/

图1.2　2009年12月部分国家的互联网普及率

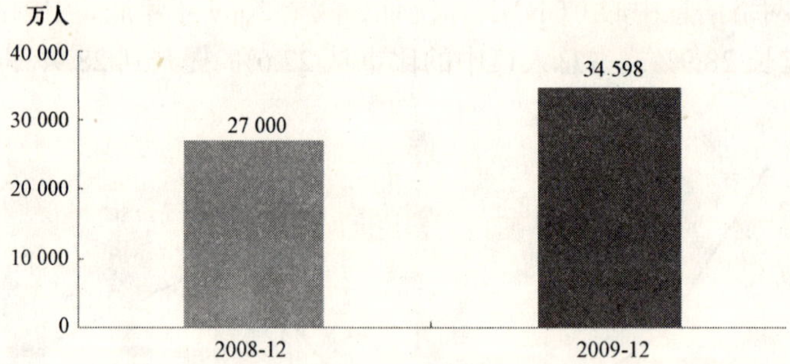

图1.3　中国宽带网民规模对比

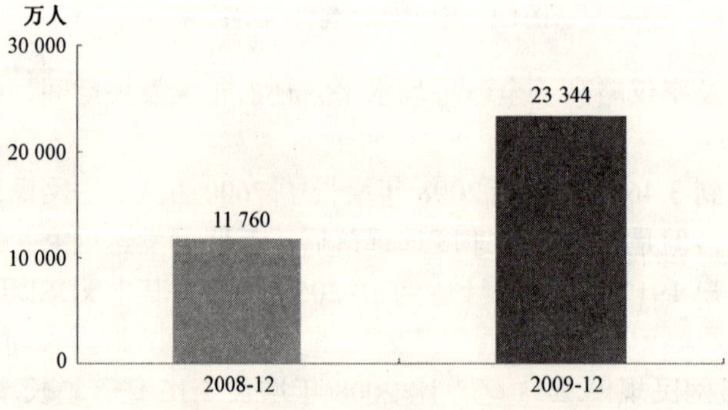

图1.4　手机上网网民规模对比

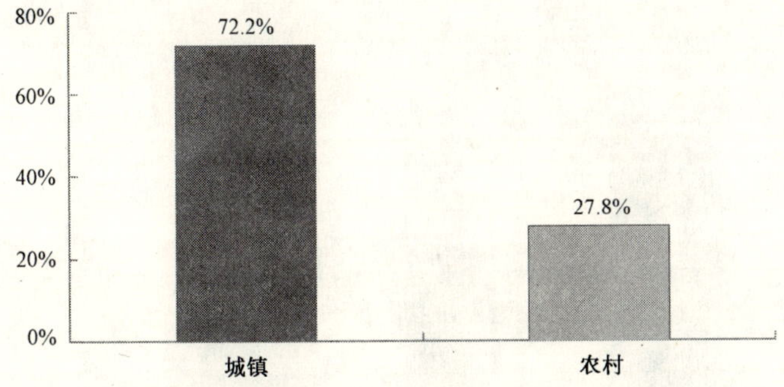

图1.5　农村与城镇网民规模对比

网民的上网场所分布及平均每周上网时间见图 1.6 和图 1.7。

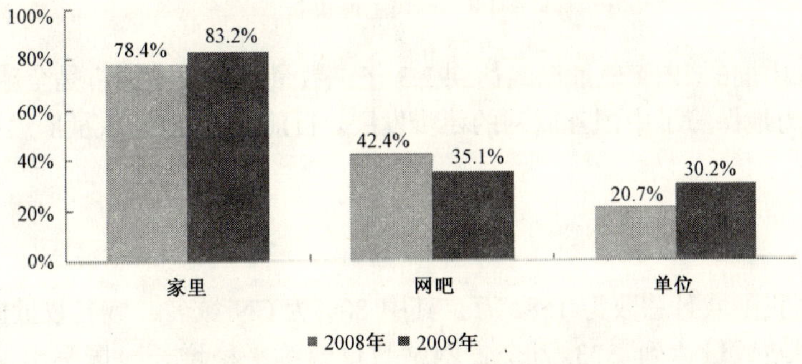

图1.6　网民上网场所

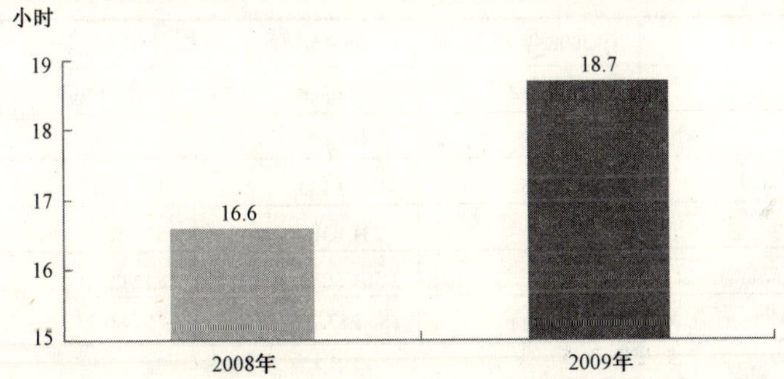

图1.7　网民平均每周上网时长对比

1.1.2　上网设备

2009 年继续呈现笔记本电脑和手机两种上网设备快速增长、台式计算机增速缓慢的趋势。2009 年上网手机数量增长率为 98.3%，上网的笔记本电脑增长率为 42.4%，而台式计算机的增长率仅有 5.8%。网民使用各种设备上网情况如图 1.8 所示。

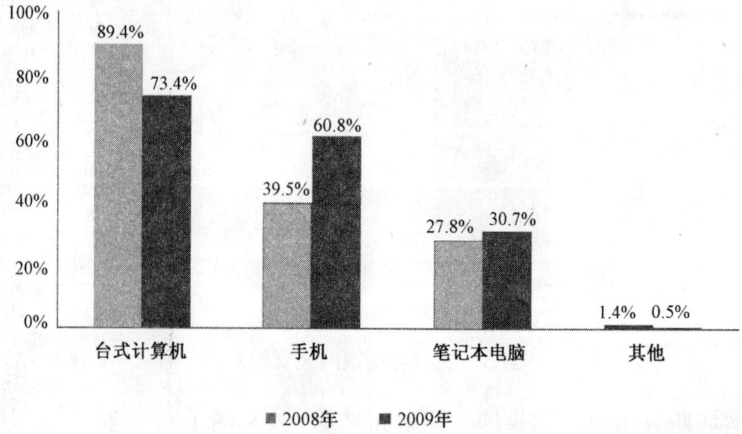

图1.8 网民上网设备

2009 年年底中国的 IPv4 地址已经达到 2.3 亿，数量仅次于美国，是全球第二大 IPv4 地址拥有国，这有力地保障了中国互联网的稳步发展。目前 IPv4 地址数量依然增长迅速，年增长率为 28.2%。

1.1.3 域名

2009 年年底我国域名总数为 1682 万，其中 80%为.CN 域名，域名数量保持平稳，利用率正在增加。网站数量达到 323 万个，网站数量继续平稳增长。国际出口带宽达到 866 367Mbps，年增长率达到 35.3%，见表 1.1。

表 1.1 2008-12—2009-12 年中国互联网基础资源对比

	2008 年 12 月	2009 年 12 月	年增长量	年增长率
IPv4（个）	181 273 344	232 446 464	51 173 120	28.2%
域名（个）	16 826 198	16 818 401	−7797	−0.05%
其中.CN 域名（个）	13 572 326	13 459 133	−113 193	−0.83%
网站（个）	2 878 000	3 231 838	353 838	12.3%
其中.CN 下网站（个）	2 216 400	2 501 308	284 908	12.9%
国际出口带宽（Mbps）	640 286.67	866 367.20	226 080.53	35.3%

1.1.4 互联网市场

2009 年我国互联网应用服务运营商营收整体收入约为 743 亿（非最终统计值），同比增速为 30.7%，依然保持高速增长态势，中国互联网经济受整体宏观经济环境影响较弱，如图 1.9 所示。

其中行业市场结构如图 1.10 所示。

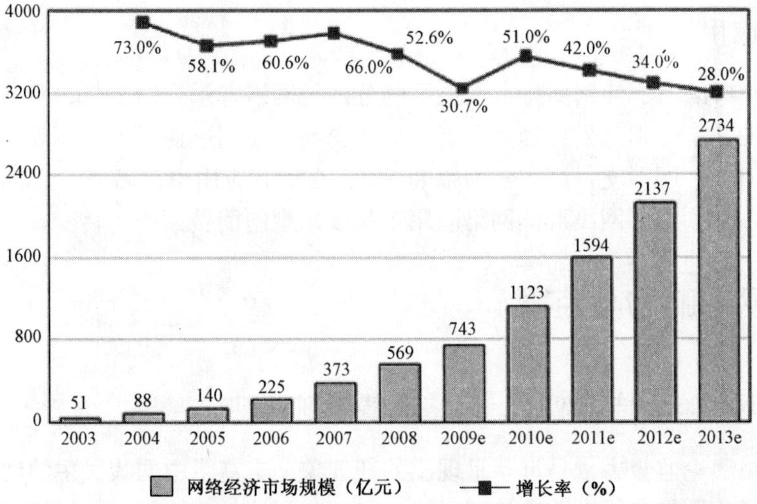

注：互联网经济市场规模主要是指以互联网为载体的各种细分应用服务的运营商营收收入，例如网络游戏、网络广告、搜索引擎、网上购物、B2B电子商务、旅行预订、网上招聘和域名主机等；不包括移动增值收入。

资料来源：综合企业及专家访谈。根据艾瑞统计模型核算，数据为预估值，具体数值将在《2009—2010年互联网经济市场研究报告》中修正。

图1.9　2003—2013年中国互联网应用服务运营商营收收入规模

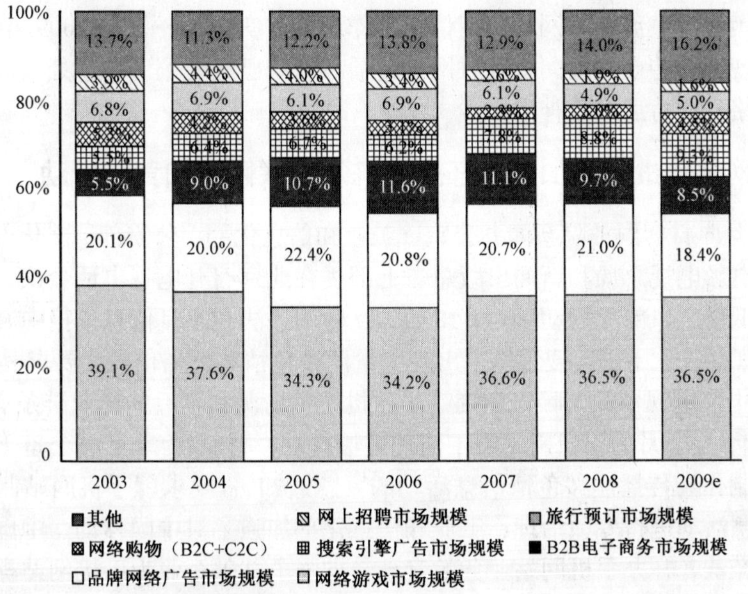

资料来源：综合企业及专家访谈，根据艾瑞统计模型核算，数据为预估算，具体数值将在《2009—2010年互联网经济市场研究报告》中修正。

图1.10　互联网应用服务收入行业市场结构

1.1.5 网络应用

截至 2009 年 12 月，使用率排名前三甲的分别是网络音乐（83.5%）、网络新闻（80.1%）和搜索引擎（73.3%）。但从发展速度上看，商务交易类应用遥遥领先，商务交易类应用平均年增幅 68%。其中，网上支付用户年增幅 80.9%，在所有应用中排名第一。2009 年是商务类应用大发展的一年，中国网民群体网络应用正从娱乐型向消费商务化转变。

1.2 互联网影响力与监管

1.2.1 互联网影响力持续增强，网络舆情受到重视

互联网网络舆论监督力量是近年呈现出的新气象，丰富了中国式民主的内容，有助于警示各级政府官员，震慑贪污腐败及渎职行为。舆论与司法的碰撞是 2009 年一个突出的社会现象，"躲猫猫"案、习水官员嫖宿幼女案、邓玉娇案、杭州飙车交通肇事案、金首饰案、"楼脆脆"事件和"钓鱼执法"事件等接二连三的新闻事件，引发了关于"舆论审判"与"司法权威"的讨论。在网络舆论的影响下，上述事件大多取得了令人比较满意的结果。

网上舆情已被政府视为了解民意的重要渠道。伴随一些地方突发性事件和群体性事件的不断发生，各级政府部门逐步建立了一些有关网络舆情系统的研发机构，并发布研究报告。人民网舆情监测室创办的《网络舆情》，正义网(《检察日报》网站)的《政法网络舆情》相继出刊，中宣部舆情局主编的《网络舆情信息工作理论与实务》一书在 2009 年 5 月出版。与此同时，也出现了一些虚假新闻在互联网上传播，有些已经受到法律惩处，而"贾君鹏"帖等则反映了网络狂欢背后的精神空虚。

1.2.2 互联网监管进一步加强，开展手机及互联网"扫黄"行动

2009 年 1 月 5 日，国务院新闻办公室、工业和信息化部、公安部、文化部、工商行政管理总局、广播电影电视总局和新闻出版总署七部委在北京召开电视电话会议，部署在全国开展整治互联网低俗之风专项行动。6 月 18 日，互联网违法和不良信息举报中心根据公众举报并经核查，发现"谷歌中国"搜索结果出现大量淫秽色情和低俗信息，要求其整改。2009 年 11 月初，中国中央电视台开始曝光和揭露了手机涉黄情况和背后的产业链条。随后，公安部组织开展了为期 1 个月的手机网站集中清理整治行动；"扫黄打非"办公室下发《关于严厉打击手机网站制作和传播淫秽色情信息活动的紧急通知》，要求就手机网站制作和传播淫秽色情等有害信息活动进行专项治理；工业和信息化部加强了对中国移动、中国电信和中国联通等电信业务经营者开办手机网站业务的管理，加强了基础企业为手机网站提供代收费服务的管理，加强了互联网接入市场的管理。

2009 年 12 月 16 日上午，工业和信息化部在北京召开了"全国域名注册管理暨落实依法打击手机淫秽色情专项行动"工作会议，对贯彻落实依法打击手机淫秽色情专项行动方案中强力治理网站域名变换工作进行了全面部署。2009 年 12 月 25 日工信部召开新闻通气会，提出五项措施，要求各运营商采取积极措施，整改手机涉黄重点环节。为配合工业和信息化部整治手机涉黄，中国移动、中国联通和中国电信三大运营商集团停止 WAP 网站所有 SP 服务，

清查涉黄，大量违规 WAP 网站一夜间消失。

此外，为进一步规范互联网内容管理，2009 年 9 月 3 日，文化部下发《关于加强和改进网络音乐内容审查工作的通知》，规范网络音乐市场秩序。《通知》着眼于解决网络音乐市场面临的内容良莠不齐，未经审查的进口音乐数量巨大，侵权盗版、非法链接现象严重，市场行为和交易秩序缺乏监管等突出问题。9 月 7 日，中央机构编制委员会办公室印发《中央编办对文化部、广电总局、新闻出版总署〈"三定"规定〉中有关动漫、网络游戏和文化市场综合执法的部分条文的解释》规定：文化部负责动漫和网络游戏相关产业规划、产业基地、项目建设、会展交易和市场监管。针对网络游戏虚拟货币管理面临的突出问题，6 月 26 日文化部、商务部联合下发了《关于网络游戏虚拟货币交易管理工作》的通知，以严格市场准入、加强主体管理，规范发行和交易行为、防范市场风险，加强市场监管、严厉打击利用虚拟货币从事赌博等违法犯罪行为，加大执法力度、净化市场环境。

1.3　中国互联网新的发展动向

1.3.1　大规模部署 3G 网络，提高移动互联网速率和容量

2009 年年底中国手机网民达到 2.33 亿，基本上都是通过 2G GPRS/EDGE 网络以 WAP 方式上网。由于大多数手机网民使用频度很低，2G 网络还可以支持。随着移动互联网的发展和网民的增加，对移动网络带宽的需求日益增加，2G 网络将不堪重负。2009 年 1 月 7 日，工业和信息化部为中国移动通信集团、中国电信集团公司和中国联合网络通信有限公司发放 3 张第三代移动通信（3G）牌照。尽管我国 3G 牌照发放较晚，但起点高，建设速度快，已经成为世界上最大的高速 3G 网络。中国电信和中国联通的主要 3G 网络支持 HSPA，中国移动的 3G 网络支持 HSDPA，2010 年将支持 HSUPA。

3G 第一年发展用户 1000 万，尽管低于早期乐观的预计，但还不失为一个不错的开始。随着资费的降低和智能手机成本的下降，移动互联网将迎来快速发展的时期。

2009 年支持 3G 的手机、数据卡和上网本都得到发展，品种增加，性能提高，价格下降。手机浏览器以客户端—门户模式提供协议和格式转换，解决了手机上 WWW 网问题，得到用户认可。UCWEB 的手机浏览器激活用户上亿，活跃用户 5000 万，UCWEB 手机浏览器的成功引发加剧市场竞争，OPERAMINI、3G 门户和 QQ 等都推出了手机浏览器。

1.3.2　物联网掀起热潮

2009 年 8 月 7 日，温家宝总理在中国科学院无锡高新微纳传感网工程技术研发中心考察的时候提出了"感知中国，应该是互联网加物联网。"11 月 3 日温家宝在向首都科技界发表的题为《让科技引领中国可持续发展》的讲话中指出：我国发展新兴战略性产业……要着力突破传感网、物联网关键技术及早部署后 IP 时代相关技术研发，使信息网络产业成为推动产业升级、迈向信息社会的"发动机"。此后，物联网受到各方重视，在全国出现了发展物联网的热潮。

RFID 是应用最早最成熟的物联网应用，2009 年中国 RFID 产业市场规模达 110 亿元，相比 2008 年增长 36.8%。RFID 已经渗透到社会中的很多领域，智能交通系统、物流领域、

动物跟踪和资产追踪管理等新应用已经成为2009年RFID的主要应用市场。

当前，我国传感器网/物联网尚处于发展初期，零散地应用于独立核心网络领域；依托科研项目，科研成果示范应用，如中国科学院上海微系统所与中国科学院无锡高新微纳传感网工程技术研发中心的浦东国际机场和上海世博会防入侵传感网项目，同时缺乏完善的标准体系，从而制约了产业发展。运营商已经开始提供M2M初期物联网服务，但运营商在物联网产业链中的定位有待在发展中形成。

当前，电信运营商是以机—机 M2M 业务来提供物联网服务，各运营商都建立了 M2M 平台，一些设备制造商如中兴也开发了M2M平台。中国移动从2004年开始发展M2M业务，其终端总量已超过300万部，预计未来几年增长率将超过60%，且已经在31个省开展了M2M业务。物联网的发展带来很大机遇，也面临很多挑战和问题。如安全、隐私、数据保护、全球性资源控制和资源治理问题，我们不能忽略的关键因素还有标准的设置和互动性，如频谱、通信协议和标签格式的确定。从业务的不确定方面来看，物联网也面临一些挑战，首先是业务为谁做？是服务于消费者、企业，还是行业应用；其次是业务的投资，谁来投资，回报率如何？再次是新业务的模式、价值链、供应链问题都存在许多不确定因素；最后是监管的法规和治理。这些问题都只能在物联网的成长中边发展边解决。

在标准制定方面：2006年，全国信标委开始组织相关单位进行传感器网络标准方面的研究工作，2007年，国标委正式批准在全国信标委下成立无线传感器网络工作组，现在有成员单位80余家，共同推进中国传感器网络系列标准的制定。2009年ISO/IEC JTC1 传感器网络研究组（SGSN）第四次会议召开，中、美、德、韩、英等主要成员国代表达成一致意见在JTC1下成立传感器网络标准化工作组，10月份在JTC1大会上递交该倡议。2009年9月，国家传感器网络标准工作组通过中国国家成员体向ISO/IEC JTC1 提交的一项关于“传感器网络信息处理服务和接口规范”的国际标准提案于2010年3月23日通过新工作项目（NP）投票，建立了工作组。

物联网的发展是应用驱动的，渗透性很强，会渗透到经济发展的各个领域及生活的各个方面。经济发展和社会进步催生应用需求，而物联网也会带来新的产业机遇。由于用户需求牵引，初期用户壁垒（管理）为明显特征，需要妥善处理。物联网业务的另外一个特点是产业链长，涉及通信网络、信息系统集成和自动控制多个领域，需要系统配合。正是因为其能带动微电子、软件和信息技术等诸多领域的发展，从发展上看，会带动成千上万亿规模产业的发展，如江苏省无锡市高新技术产业开发区，将建立国家第一个传感网创新示范区（国家传感信息中心）。

1.3.3 云计算备受关注

2009年，云计算成为业界新的关注焦点。随着互联网视频的快速发展，服务器和网络宽带迅速增加，数据中心的负荷急剧增加，能耗剧增。数据中心节能降耗，绿色化成为当务之急。为了提高效率、降低能耗，数据中心向虚拟化发展，进一步向公用设施化演进，这就出现了云计算。云计算是一种服务模式创新，用户不必再自己建机房、买设备、搭平台、买软件，一切都可以通过在互联网上购买服务来得到。云计算服务可以分为基础设施服务IAAS、平台服务PaaS、数据服务DaaS和软件服务SaaS四个层次，我国都有相应的服务商提供服务，其中以软件服务SaaS发展最快、最成熟。2009年SaaS服务市场规模已经超过200亿元，SaaS

管理软件是 2009 年的亮点，为中小企业提供 ERP 和 CRM 服务成效显著，第 3 季度用户达 7.7 万，金蝶、用友和金算盘居前三位。

2009 年，各地纷纷建立云计算平台。江苏太湖云计算信息技术有限公司与 IBM 合作，在无锡云计算中心搭建基于 IBM 云计算基础架构的三大云计算服务平台（商务、开发及政务）。8 月 IBM 又与山东东营市政府共同签署了黄河三角洲云计算中心合作协议。北京市计算中心也建成了 20 万亿次公共云计算平台。云计算风起云涌，成功与否，市场是关键。

1.4　中国互联网重点应用发展情况

2009 年，中国互联网应用进一步从以娱乐为主向现代服务业各个领域扩展，增长速度前五名都属于网络经济活动范畴。各种应用状况如表 1.2 所示。

表 1.2　各类网络应用使用状况及用户增长

类　型	应　用	2008 年使用率	2009 年使用率	用户增长率	使用率排名	增长率排名
网络娱乐	网络音乐	83.7%	83.5%	28.8%	1	11
信息获取	网络新闻	78.5%	80.1%	31.5%	2	9
信息获取	搜索引擎	68.0%	73.3%	38.6%	3	7
交流沟通	即时通信	75.3%	70.9%	21.6%	4	13
网络娱乐	网络游戏	62.8%	68.9%	41.5%	5	6
网络娱乐	网络视频	67.7%	62.6%	19.0%	6	14
交流沟通	博客应用	54.3%	57.7%	36.7%	7	8
交流沟通	电子邮件	56.8%	56.8%	29.0%	8	10
交流沟通	社交网站	—	45.8%	—	9	—
网络娱乐	网络文学	—	42.3%	—	10	—
交流沟通	论坛/BBS	30.7%	30.5%	28.6%	11	12
商务交易	网络购物	24.8%	28.1%	45.9%	12	5
商务交易	网上银行	19.3%	24.5%	62.3%	13	4
商务交易	网上支付	17.6%	24.5%	80.9%	14	1
商务交易	网络炒股	11.4%	14.8%	67.0%	15	3
商务交易	旅行预订	5.6%	7.9%	77.9%	16	2

1.4.1　网络游戏

2009 年年中国网络游戏市场规模为 258 亿元，同比增长 39.5%。其中：国产网络游戏市场规模达到 157.8 亿元，同比增长 41.9%，占总体市场规模的 61.2%。中国市场上共有 361 款大型网络游戏处于开放测试或者商业化运营阶段。大型多人同时在线角色扮演游戏（MMORPG）是市场的主导力量，约占整体网络游戏市场的 79%，市场规模达到 203.8 亿元人民币。高级休闲游戏（ACG）的增长速度在加快，约占总体网络游戏市场规模 13.8%，市场规模达到 35.5 亿元。全国共有 499 家网络游戏运营企业。2009 年网络游戏运营商市场份额前三名为腾讯、盛大和网易，总共占据 52.9%的市场份额。

中国网络游戏产业已经发展成为一个规模较大的产业。作为文化创意产业的重要组成部分，网络游戏产业正在和电影、电视、音乐等传统文化娱乐产业不断融合，进一步扩大它对中国社会和经济发展的影响。

1.4.2 即时通信

2009 年，即时通信继续保持快速发展的势头。腾讯 QQ 已经拥有 10.57 亿注册账户数和 4.48 亿活跃账户数，3 月 QQ 用户同时在线人数超过一亿。9 月，腾讯市值 300 亿美元成为世界第三大互联网公司。即时通信正在从 PC 向手机终端渗透，移动即时通信的功能日趋丰富，用户界面及实时性都有很大改进，具有移动性和黏性强等特点。中国移动的飞信业务，已经超过了微软的移动 MSN 的用户规模，成为仅次于腾讯的第二大移动即时通信服务提供商。

1.4.3 电子商务

2009 年，我国电子商务继续快速发展。全年网络购物市场交易规模达 2483.5 亿元，同比增长 93.7%；网络购物交易规模占社会消费品零售总额升至 1.98%；用户规模突破 1 亿，在网民当中的渗透率达 28.2%。2009 年由网络购物带来的快递企业收入为 192.7 亿元，相对 2008 年的 120.9 亿元，增长了 59.4%。

中国 B2B 电子商务交易规模经过 2008 年的快速增长后，受金融危机的影响，2009 年交易规模为 2.78 万亿，同比下降 6.4%。全球金融危机导致中国进出口外贸总额出现大幅度下降，导致 B2B 电子商务交易规模缩小。但是，金融危机也给中国的 B2B 电子商务带来了发展机遇，2009 年中国 B2B 电子商务交易规模的渗透率达到了 11.3%，主要原因在于中小企业利用电子商务的意识在提高，电子商务可以帮助中小企业降低成本，拓宽销售渠道。同时，各大核心运营商也采取了不同的救市措施，改善用户体验，培育电子商务发展环境。

网上支付 2009 年达 5766 亿元，增幅为 110.2%，其中大额支付发展极快。网上支付用户规模增长到 9000 万，增速达 73.1%。2009 年年底支付宝日交易额突破 12 亿元，以 49.8%的市场份额稳居首位。

1.4.4 搜索引擎

2009 年，中国搜索引擎市场进入行业调整期，市场规模达到 69.5 亿元，年同比增长 38.2%。以经济危机为契机，搜索引擎营销获得大品牌广告主的认可，ARPU 值大幅提升，且搜索引擎占总体网络广告市场规模的比重在 2009 年达到 33.7%。行业竞争加剧，百度（63.1%）和谷歌（33.2%）双寡头市场特征显著。

1.4.5 微博

2009 年年末，微博这种新式互联网应用在中国开始火爆起来，新浪等大型门户网站开始开通微博业务，在媒体热炒推动下发展迅速。2010 年 3 月新浪微博用户已经达 5000 万人，其中，手机用户有很多。微博将是互联网行业未来两三年引导创新的热点。

1.4.6 社交网站

2009 年，中国社交网站经历了一个高速发展的繁荣期，在用户数极大增加的同时，平台建设也渐趋完善，此外还吸引了大量广告主的关注。据中国互联网络信息中心（CNNIC）发布的数据显示，2009 年中国交友和社交网站用户规模达 1.24 亿，约为国内网民总数的三分之一，SNS 网站收入约为 10 亿元。

1.4.7　网络视频

2009 年采用浏览器/服务器模式的视频分享服务和采用客户端的 P2P 网络电视的用户数量都呈持续增长趋势，其中视频分享服务月度覆盖人数从 1 月的 1.6 亿人增长至 12 月的 2.1 亿人，增长率达 32.4%；网络电视客户端软件月度覆盖人数从 1 月的 9844 万人增长至 12 月的 1.6 亿人，增长率达 60.5%。艾瑞咨询 iUserTracker 数据显示，12 月视频分享服务用户人均月度使用天数为 5.21 天，而网络电视软件这一值达到 9.1 天。用于覆盖面的扩大广告主在线视频网站的投放费用 2009 年大幅增长，成为仅次于门户网站和 IT 网站的第三大网络营销平台。

2009 年年底中国网络电视台上线开播表明网络视频进一步向以电视机（手机）为终端的网络电视演进。互联网视频进客厅，覆盖面将大大扩展。

1.5　中国网络资本发展情况

1.5.1　2009 年中国互联网行业创投 VC 投资市场概况

共披露投资案例 74 起，投资金额 5.18 亿美元，投资案例数量和投资金额同比分别下降 35.1%和 45.6%。中国互联网行业创投市场，自 2008 年第二季度达到最高点后，受金融危机的严重影响，2008 年下半年投资案例数量和投资金额均出现大幅萎缩。进入 2009 年，第二季度市场出现一定程度的复苏，第四季度投资金额达到年内最高。

1.5.2　中国互联网行业私募股权 PE 投资市场综述

中国互联网行业私募股权投资市场自 2008 年第二季度达到近两年来的最高点后，在金融危机影响之下一路走低，2008 年第三季度和 2009 年第一季度没有监测到私募股权投资案例发生，市场交投活动降至冰点，其后市场虽然在 2009 年第二季度显露触底反弹的迹象，旋即在第三季度重回冰点，至第四季度以两起投资案例和 2.27 亿美元投资金融创出年内高点，整个 2009 年走出 W 形的复苏曲线。全年中国互联网行业私募股权投资市场共计披露投资案例三起，同比下降 25%；投资金额 2.37 亿美元，同比下降 38.4%；平均单笔投资金额 7905 万美元，同比下降 17.9%。

1.5.3　2009 年中国互联网投资主要事件

2009 年中国互联网投资主要事件，如表 1.3 所示。

表 1.3　2009 年中国互联网投资主要事件

企业简称	所属行业	涉及金额	涉及机构	发生时间
纵横天地	电子商务	N/A	凯雷集团	2009-11-19
艾摩	电子商务	400 万元	永辉瑞金创投	2009-09-29
去哪儿	搜索引擎	1500 万美元	纪源资本、Tenaya Capital、金沙江创投、Mayfield	2009-09-17
紫博蓝	网络服务	未公开	日本亚洲	2009-08-31
丫丫购物搜索	电子商务	N/A	N/A	2009-08-18

续表

企业简称	所属行业	涉及金额	涉及机构	发生时间
商讯通	电子商务	500 万美元	嘉富诚	2009-08-13
安居客	行业网站	1000 万美元	经纬创投	2009-08-07
德比软件	电子商务	未公开	北极光创投	2009-07-21
金银岛网交所	电子商务	未公开	达晨创投	2009-06-30
第一视频	网络视频	7920 万港元	OZ	2009-06-12
世易科技	行业网站	未公开	晨兴创投	2009-06-08
汉森信息	网络游戏	1000 万元	松禾资本	2009-06-02
798Game	网络游戏	2000 万美元	IDG 资本、Infiniti Capital	2009-05-19
4399 在线游戏	网络游戏	N/A	N/A	2009-05-19
宣逸互动	网络游戏	1000 万元	N/A	2009-05-15
爱狗网	网络社区	未公开	软银集团、IDG 资本	2009-03-10
同学网	网络社区	600 万美元	Tano Capital	2009-02-24
点击科技	即时通信	未公开	联想投资、富达亚洲	2009-01-01

1.5.4 中国互联网公司上市事件

2009 年，互联网行业全国共计 4 家企业实现 IPO，总计融资金额 15.60 亿美元，平均每家企业融资金额 3.90 亿美元。其中，1 家企业在境内资本市场 IPO，融资金额为 1.80 亿美元；另有 3 家中国企业在境外资本市场成功实现 IPO，融资金额为 13.80 亿美元。2009 年 12 月 9 日，焦点科技股份有限公司在深交所中小板上市，发行股票 2938 万股，每股发行价为 42 元，募集资金 12.3396 亿元。

在 NASDQ 上市的有 3 家，如表 1.4 所示。

表 1.4　2009 年在 NASDQ 上市的公司

企业简称	上市时间	上市地点	所属行业	涉及金额
中国房产信息	2009-10-16	美国（NASDAQ）	行业网站	2.16 亿美元
盛大游戏	2009-09-25	美国（NASDAQ）	网络游戏	10.44 亿美元
畅游	2009-04-02	美国（NASDAQ）	网络游戏	1.2 亿美元

1.5.5 中国互联网企业并购情况

2009 年，中国互联网行业共发生并购案例 23 起，已披露金额案例 12 起，涉及并购金额为 5.66 亿美元，其中中国企业跨境并购案例 7 起，已披露金额案例 1 起，平均并购金额为 1200 万美元；境内并购案例 16 起，已披露金额案例 11 起，平均并购金额为 5040 万美元，主要并购事件见表 1.5。

表 1.5　2009 年中国互联网企业并购事件

被收购企业	收购企业简称	所属行业	涉及金额	发生时间
新浪	N/A	综合门户	1.8 亿美元	2009-09-28
星漫科技	盛大网络	网络游戏	未公开	2009-08-31
健康网	世易科技	行业网站	N/A	2009-06-18
叶网科技	完美时空	网络游戏	1500 万元	2009-05-18

续表

被收购企业	收购企业简称	所 属 行 业	涉 及 金 额	发 生 时 间
职酷网	海德思哲	网络招聘	N/A	2009-04-15
分众传媒	复星国际	网络广告	2.8 亿美元	2009-02-22

1.6　中国网络安全发展情况

公安部发布的调查结果显示，2009 年被调查对象发生网络安全事件的比例为 43%，比 2008 年大幅下降 20%；感染计算机病毒的比例为 70.5%，比 2008 年大幅降低 15%，两项比例均为调查活动开展以来历年最低。这表明，用户的网络安全防范意识明显增强，安全管理水平有所提高。调查发现，计算机病毒木马威胁越来越突出；未修补系统安全漏洞仍然是导致安全事件发生的最主要原因。2009 年新增病毒样本 299 万个，其中木马程序巨量增加。木马病毒传播的主要渠道是网页挂马和移动存储介质，其中网页挂马出现复合化趋势。

中国互联网络信息中心（CNNIC）调查显示，2009 年我国 52%的网民曾遭遇过网络安全事件；超过九成网民均碰到过网络钓鱼网站。在遭遇网络安全事件的网民中，77.5%是因为在网络下载或浏览时遭遇病毒或木马的攻击。网络安全问题对网民造成的损失主要是时间成本，其次才是经济方面的损失。2009 年网民处理网络系统、操作系统瘫痪、数据、文件等丢失或损坏等安全事件所支出的服务相关费用估计在 153 亿元人民币左右。46.6%的网民持有虚拟货币、网络游戏装备和点卡等虚拟财产，在 2009 年其中 14.6%拥有虚拟财产的网民曾因网络游戏和即时通信聊天工具等账号被盗而造成虚拟财产损失。

虽然网络安全事件频繁发生且造成较大损失，但网民的安全意识相对还是较低。有 4.4%的网民个人计算机未安装任何安全软件，不足 8%的手机网民安装有手机安全防护软件，近五成的网民不重视网上的安全公告。一些中国网民不习惯购买正版杀毒软件，多使用盗版破解杀毒软件，由于不能及时更新病毒库，也不能借助网络云安全查杀木马，更不能及时发现并修补系统漏洞，使得杀毒软件不能发挥应有作用，形同虚设，导致网络安全事故频频发生。杀毒软件免费下载使用，是现阶段最符合中国国情的一种推广方式。2009 年免费的杀毒软件，在中国受到了强烈的关注，其中以 360 为主导的免费杀毒软件和限期免费杀毒软件占据了国内市场的主要份额。

2009 年，各杀毒软件厂商纷纷推出“云安全”产品和服务，使云计算在杀毒领域得到真实、有效应用。“云安全”融合了并行处理、网格计算和未知病毒行为判断等新兴技术和概念，通过网状的大量客户端对网络中软件行为的异常进行监测，获取互联网中木马、恶意程序的最新信息，推送到服务端进行自动分析和处理，然后再把病毒和木马的解决方案发送到每一个客户端。

1.7　中国移动互联网发展概况

在电信运营商和互联网企业共同推动以及移动互联网用户规模增长等因素驱动下，2009 年中国移动互联网应用服务收入 147.8 亿，同比增长 39.2%，如图 1.11 所示。

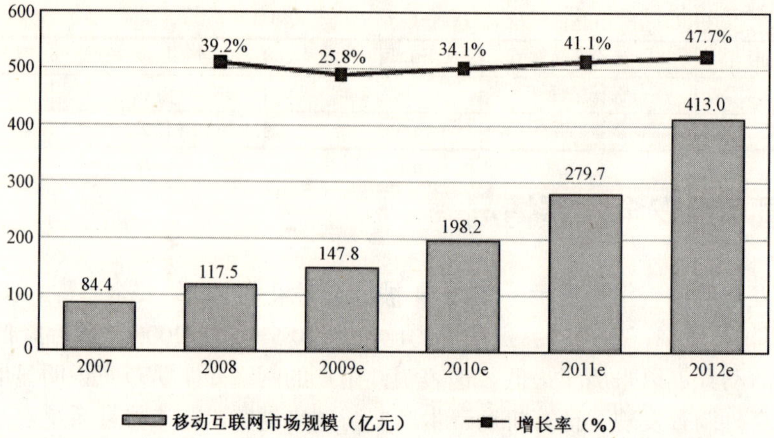

资料来源：综合上市公司财报，行业访谈数据，根据艾瑞统计预测模型核算及预估数据。

图1.11 2007—2012年中国移动互联网市场规模

电信运营商针对中高端用户开展移动互联网业务营销效果逐步显现，是移动互联网用户消费能力提升的主要原因。此外，手机搜索和手机游戏等移动互联网业务也取得了良好的市场业绩表现，如图 1.12 所示。

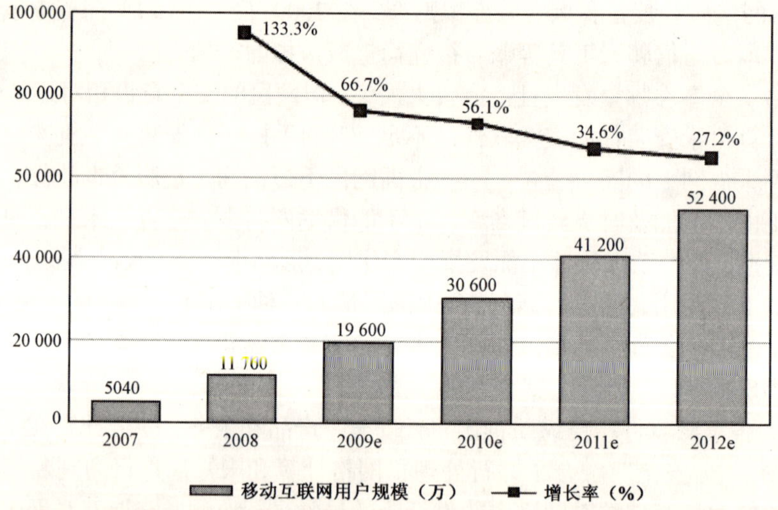

注：移动互联网用户定义：过去半年通过手机接入并使用互联网，但不限于仅通过手机接入互联网的网民。

资料来源：CNNIC,2009.10

图1.12 2007—2012年中国移动互联网用户规模

2009 年手机 WAP 域名有 50 万个，WAP 网页已经超过 15.6 亿个；手机上网人数达 2.33 亿，广东手机网民保持全国第一，用户数达到 4500 万，其中广州、深圳已经超过 1000 万，是中国手机上网最普及的地区。移动互联网用户快速增长主要取决于两方面因素：一方面，电信运营商大幅下调手机上网资费和实施积极市场营销策略，增强了用户手机上网的意愿，提高了手机上网用户的活跃度和使用黏性；另一方面，手机应用服务快速发展，更好地满足了用户多元化和个性化服务需求，很大程度上提升了用户体验。中国手机阅读市场规模 2009 年为 30 亿元，2009 年中国无线互联网广告市场规模达到 13.5 亿元。有些定制手机植入了最新版的手机客户端程序，如随身购、7 天便利网、淘掌柜、数字商城、移动支付宝、移动旺旺……同时 SNS 也开始涉足手机行业，随着索尼爱立信四款内置开心网功能的 3G 手机上市，很多偷菜一族实现了梦寐以求的移动偷菜功能，无须使用电脑，手机上轻轻一点就可以完成。

短期内移动互联网用户结构还将以青年群体为主体，但用户群体的学历层次、年龄层次和消费能力等方面将呈现向上延伸的趋势。移动互联网带宽增加、上网资费下调、智能手机价格下降和应用服务多样化，都将促进移动互联网用户规模稳步增长。

1.8　中国网络新媒体发展情况

互联网新媒体的社会影响力日益增强，正在形成舆论引导新格局。网络媒体作为新兴媒体，在舆论宣传领域已经初步完成了从配角到主角的转换，成为主流媒体的重要组成部分，发挥新媒体在舆论建构中作用的关键是新媒体与传统媒体联动融合。传统媒体的舆论场具有长期积累的品牌优势和权威优势，可在权威引导和理性说教上发挥作用；新媒体的舆论场可以在草根表达和情绪疏导上发挥作用，因此传统媒体与网络新媒体联动融合才能形成舆论引导新格局。

2009 年主流媒体的网站如央视网、人民网和新华网等发展迅速，在推动网络新媒体成为主流媒体重要组成部分过程中发挥了主力军作用。

传统媒体与新媒体的联动融合对互联网的技术演进提出了新的需求，网络电视台应运而生。网络电视台与视频网站的主要差别是支持多终端，在计算机之外还支持电视机和手机等终端。用户使用网络电视机可以保持电视机的全部功能，同时将网络电视/新媒体送进客厅和口袋，这将覆盖全部人群。三屏联动需要由一个团队统一策划制作在不同媒体和不同终端上播放的内容，做到在策划制作电视内容的同时，策划制作互联网上 Web2.0 业务和手机业务内容，而不是像今天这样按电视、互联网、手机等媒体形态去分工，分设不同结构内容。

2009 年 12 月 28 日中国网络电视台正式上线播放，随后一些地方的网络电视台也纷纷亮相。但是所有已经开播的网络电视台还都只支持计算机终端，这只是网络电视台的初级阶段。而发展网络电视机已经成为当务之急，实际上电视机生产厂商发展网络电视机的需求是非常强烈的，我国每年销售 3000 万台平板高清电视迫切需要升级成为网络电视机，实现高清节目的下载播放和互动。

网络电视台实现媒体融合，推动三屏联动，是未来发展的主流，网络电视/新媒体的发展也将带动整个产业链的发展，推进基于互联网的新媒体和数字娱乐文化产业的快速发展，对于促进信息和文化产业发展，提高国民经济和社会信息化水平，满足人民群众日益多样的生产、生活服务需求，拉动国内消费，形成新的经济增长点，以致增强国家软实力，具有重要意义。

（中国科学院　侯自强）

第 2 章　2009 年国际互联网发展综述

2009 年，金融危机的影响持续发酵，互联网产业在逆境中艰难前行。2009 年前三季度，私营部门对互联网领域的投资继续下滑，直到第四季度才出现回升。在互联网基础设施领域，随着高速互联网服务对经济的推动作用日益凸显，各国政府纷纷加大了对宽带基础设施的投资，并以此作为刺激本国经济复苏方案的一部分。在互联网应用领域，2009 年延续了前一年的"社交网络热潮"，全球社交网站用户数突破 9 亿，新型的微博客网站成为 2009 年各国网民的新宠。在互联网安全领域，2009 年全球恶意软件数量再创新高，社交网站成为网络犯罪分子传播恶意软件的平台和攻击的目标。在移动互联网领域，随着中国和印度等互联网人口大国迈向 3G 时代，全球移动互联网市场前景看好，成为电信和互联网业界关注的焦点。

2.1　国际互联网发展概况

2009 年，全球网民规模、互联网普及率继续保持增长，全球网民总数达到 18 亿，比 2008 年的 15.7 亿增长了 14.5%。但与 2008 年相比，网民数量、顶级域名申请数量、全球流量和 IP 地址申请量等主要指标增速明显放缓。

2.1.1　网民规模及互联网普及率

互联网数据统计机构 Internet World Stats 发布的数据显示，截至 2009 年 12 月 30 日，全球网民总量达 18 亿，全球互联网普及率为 26.6 %，如表 2.1 所示。

全球各地区互联网普及率呈现较大差异，其中，非洲地区最低，仅为 8.7%，北美洲最高，达 76.2%。亚洲的互联网使用人数最多，达 7.64 亿，占全球网民总数的 42.4%，但这并不等于亚洲的互联网普及率是最高的，因为亚洲人口众多，各国经济发展程度不均衡，导致整个亚洲互联网的普及程度较低，只有 20.1%，低于全球 26.6%的平均水平，如图 2.1 所示。

2000—2009 年间，互联网增长最快的是非洲，增长率达 1809.8%，其次是中东地区，增长率为 1675%，但其互联网普及率都不高。

表 2.1　全球互联网应用情况统计（截至 2009 年 12 月 30 日）

各大地区	人口（2009 年编制）	网民数量	普及率	占全球网民数量比例	互联网使用增长率（2000—2009 年）
非洲	991 002 342	86 217 900	8.7 %	4.8 %	1809.8 %
亚洲	3 808 070 503	764 435 900	20.1 %	42.4 %	568.8 %

续表

各大地区	人口（2009 年编制）	网民数量	普及率	占全球网民数量比例	互联网使用增长率（2000—2009 年）
欧洲	803 850 858	425 773 571	53.0 %	23.6 %	305.1 %
中东	202 687 005	58 309 546	28.8 %	3.2 %	1675.1 %
北美洲	340 831 831	259 561 000	76.2 %	14.4 %	140.1 %
拉丁美洲	586 662 468	186 922 050	31.9 %	10.4 %	934.5 %
大洋洲	34 700 201	21 110 490	60.8 %	1.2 %	177.0 %
全球合计	6 767 805 208	1 802 330 457	26.6 %	100.0 %	399.3 %

资料来源：Internet World Stats

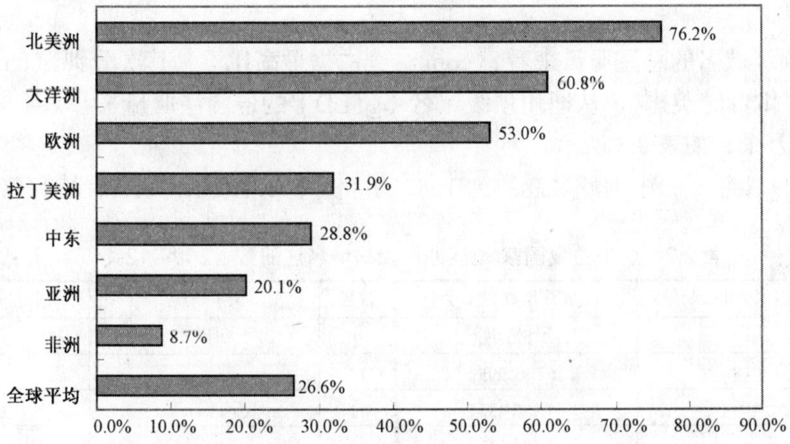

资料来源：Internet World Stats

图2.1　全球互联网所在地区普及率（截至2009年12月30日）

Internet World Stats 发布的数据还显示，截至 2009 年 9 月 30 日，全球互联网用户人数最多的国家是中国（3.6 亿），其次是美国（2.28 亿）和日本（9600 万），如表 2.2 所示。另据中国互联网络信息中心（CNNIC）发布的统计报告显示，截至 2009 年 12 月，中国网民规模已达 3.84 亿，互联网普及率进一步提升，达到 28.9%，超过全球平均水平。

表 2.2　全球互联网用户人数最多的十个国家（截至 2009 年 9 月 30 日）

排名	国家/地区	人口总数（2009 年）	互联网用户数	互联网普及率	增长率（2000—2009 年）	占全球用户百分比
1	中国	1 338 612 968	360 000 000	26.9 %	1500.0 %	20.8 %
2	美国	307 212 123	227 719 000	74.1 %	138.8 %	13.1 %
3	日本	127 078 679	95 979 000	75 5 %	103.9 %	5.5 %
4	印度	1 156 897 766	81 000 000	7.0 %	1520.0 %	4.7 %
5	巴西	198 739 269	67 510 400	34.0 %	1250.2 %	3.9 %
6	德国	82 329 758	54 229 325	65.9 %	126.0 %	3.1 %
7	英国	61 113 205	46 683 900	76.4 %	203.1 %	2.7 %
8	俄罗斯	140 041 247	45 250 000	32.3 %	1359.7 %	2.6 %
9	法国	62 150 775	43 100 134	69.3 %	407.1 %	2.5 %
10	韩国	48 508 972	37 475 800	77.3 %	96.8 %	2.2 %

资料来源：Internet World Stats

2.1.2 互联网域名分配情况

顶级域名包括两大类：一类是"通用顶级域名（gTLD）"，如.com，.net，.org，.biz、.info；另一类是"国家及地区代码顶级域名（ccTLD）"，如.cn（中国）和.jp（日本）等。

据美国域名注册服务商 VeriSign 公布的全球域名注册量报告显示，截至 2009 年底，全球顶级域名（TLD）的注册总数超过 1.92 亿，比 2008 年年底的 1.77 亿增加了近 1500 万。

2009 年年底，在所有通用顶级域名注册总量中，.com 和.net 域名总数达到 9670 万，较 2008 年同期增长了 7%。全球 ccTLD 域名增至 7860 万个，较 2008 年同期增长了 10%。目前，全球 ccTLD 域名后缀超过 240 个,其中前 10 大 ccTLD 域名后缀的注册量占了全部 ccTLD 注册量的 66%。

从不同顶级域名的总注册量来看，.com 继续占据最高比重，其次分别为.cn（中国），.de（德国），.net 和.uk（英国）。从通用顶级域名（gTLD）的各国注册量来看，美国的注册量最高，达 6936 万个，如表 2.3 所示。

截至 2009 年年底，中国域名总数为 1682 万，其中 80%为.cn 域名，域名数量保持平稳。

表 2.3 全球主要国家/地区通用顶级域名注册数（2009-12-14）

排名	国家/地区	gTLD 注册数量（个）	排名	国家/地区	gTLD 注册数量（个）
1	美国	69 360 958	9	西班牙	1 282 841
2	德国	6 081 995	10	意大利	1 224 455
3	英国	3 955 433	11	中国香港	1 098 310
4	加拿大	3 596 533	12	荷兰	1 017 805
5	中国	3 584 367	13	土耳其	827 903
6	法国	2 751 101	14	韩国	768 160
7	澳大利亚	2 347 291	15	印度	546 215
8	日本	1 671 464	—	—	—

资料来源：http://www.webhosting.info/domains/

2.1.3 互联网地址资源分配情况

IP 地址作为访问互联网必需的基础资源，其数量直接反映互联网应用的规模。IP 地址分为 IPv4 和 IPv6 两种，目前主流应用是 IPv4。

IP 地址是逐级分配的，由互联网名称与数字地址分配机构（ICANN）授权全球互联网 IP 地址资源分配机构（IANA）负责分配；IANA 将 IP 地址分配给全球五大区域网址分配管理机构（RIR），如亚太地区互联网络信息中心（APNIC)，RIR 再将其分配到各自所管理的区域。

1. IPv4 地址分配情况

根据全球互联网 IP 地址资源分配机构（IANA）的统计数据显示，2009 年，全球共分配 IPv4 地址约 1.9 亿个，比 2008 年（约 2.04 亿个）及 2007 年（约 2.06 亿个）有所下降。当年分得 IPv4 地址最多的前三个国家分别是：中国（5067 万个）、美国（3855 万个）和日本（1104 万个）。

2009 年，一些国家受经济危机影响显著，互联网业务部署的增速出现下滑。德国 IPv4

地址分配量从 2007 年的 1120 万个，下降到 2009 年的 360 万个。印度 IPv4 地址分配量从 2007 年的 560 万个，下降到 2009 年的 150 万个。

截至 2009 年年底，美国拥有的 IPv4 地址数居全球之首，达 14.95 亿个，如表 2.4 所示。中国 IPv4 地址总量为 2.32 亿个，比 2008 年（约 1.82 亿个）增长了 27%；而 2009 年中国网民规模达到 3.84 亿，增速达 28.9%，IP 地址增幅和数量相对落后。

表 2.4　全球 IPv4 地址数量最多的 20 个国家/地区（2009 年 12 月）

排　名	国家/地区	IPv4 地址	排　名	国家/地区	IPv4 地址
1	美国	1 495 078 912	11	意大利	33 497 280
2	中国	232 446 464	12	俄罗斯	28 321 800
3	日本	177 151 744	13	中国台湾	27 102 208
4	德国	86 507 704	14	荷兰	22 843 624
5	韩国	77 769 216	15	西班牙	22 711 456
6	加拿大	76 953 088	16	墨西哥	22 551 296
7	法国	75 533 344	17	瑞典	19 659 816
8	英国	74 177 880	18	印度	19 544 832
9	澳大利亚	39 637 760	19	南非	15 890 688
10	巴西	33 949 184	20	波兰	14 369 544

2．IPv6 地址分配情况

据 IANA 统计数据显示，到 2009 年年底，全球 IPv4 仅剩 3.52 亿个，按照目前全球每年消耗约 2 亿个 IPv4 地址的速度，IPv4 地址或将于 2011 年全部耗尽。面对日渐减少的 IPv4 资源，推进互联网向以 IPv6 为基础的下一代互联网过渡已成当务之急。各国纷纷加大了对 IPv6 地址的申请力度。2009 年，美国共申请 IPv6 地址 366 块（注：一块为 2^{96}），是当年获得 IPv6 地址最多的国家，如表 2.5 所示。

表 2.5　2008—2009 年申请 IPv6 地址数量（/32）最多的 10 个国家/地区

排　名	2008 年		2009 年	
1	美国	218	美国	366
2	德国	70	德国	90
3	英国	36	英国	67
4	荷兰	35	荷兰	60
5	俄罗斯	33	澳大利亚	52
6	瑞士	33	俄罗斯	48
7	澳大利亚	28	日本	32
8	日本	28	法国	30
9	意大利	22	捷克	30
10	越南	22	瑞典	28

截至 2009 年 12 月，全球拥有 IPv6 地址总数最多的前三个国家为：巴西（65 728 块）、美国（15 025 块）和德国（9861 块）。中国的 IPv6 地址总数为 63 块，排名全球第 18 位，如表 2.6 所示。

表 2.6 全球 IPv6 地址数量（/32）最多的 20 个国家/地区（2009 年 12 月）

排 名	国家/地区	IPv6 地址	排 名	国家/地区	IPv6 地址
1	巴西	65 728	11	英国	1246
2	美国	15 025	12	荷兰	647
3	德国	9861	13	挪威	304
4	日本	8356	14	瑞典	193
5	法国	8343	15	瑞士	117
6	澳大利亚	8277	16	俄罗斯	97
7	韩国	5202	17	中国	63
8	意大利	4169	18	加拿大	68
9	中国台湾	2311	19	奥地利	62
10	波兰	2118	20	捷克	61

资料来源：http://trace.twnic.net.tw/ipstats/statsipv6/php.

中国 IPv6 地址申请和拥有的数量相对落后，说明业界对互联网基础资源 IPv4 地址即将耗尽，转向 IPv6 势在必行紧迫性的认识有待进一步提高。

2.2 国际互联网发展大事件

2009 年是互联网行业面临诸多挑战和机遇的一年。一方面，受 2008 年爆发的金融危机的影响，各国经济陷入低迷，IT 市场前景也充满不确定因素；另一方面，各国政府纷纷推出干预措施和经济刺激计划，特别是加大了 IT 基础设施的投资力度，为互联网行业走出低谷提供了机遇。

2.2.1 各国政府及业界积极投资建设高速宽带网络设施

纵观全球，特别是欧洲、韩国和日本等发达国家和地区，其互联网投资的主要目标已转向实现全民宽带（Broadband For All），即力争将本国（高速）宽带覆盖率提升到 100%，其中，光纤接入是各国的投资热点。

美国 （1）加强宽带投资以推动经济复苏。2009 年 1 月，美国众议院能源和商业委员会批准了一项 30 亿美元的互联网投资提议，用于发展偏远地区高速低价位宽带网和无线网络。2009 年 2 月，美国参议院批准了总投资高达 8380 亿美元的经济复苏计划，其中，72 亿美元将被用于建设农村高速低价位宽带网高速互联网。这是奥巴马总统关于“让互联网施惠于教育和经济”承诺的首付款。（2）FCC 着手制定《国家宽带计划》。2009 年 4 月，根据《美国复苏与再投资法案》的要求，美国联邦通信委员会（FCC）开始着手制定全国宽带发展战略，旨在为所有美国人提供宽带接入。FCC 的计划将包括如下要点：为所有美国人提供宽带接入最有效的途径，兼顾支付能力和普及度的发展战略，宽带部署的评估以及如何利用宽带为公众利益服务。FCC 定于 2010 年 2 月 17 日前将这项计划提交给国会。

欧盟 2009 年 1 月，欧盟委员会提出一项立法建议，计划在 2009—2010 年投资 50 亿欧元用于投资能源和宽带互联网基础设施项目建设，该计划将作为欧盟经济复苏计划的一部分。据了解，大约有 10 亿欧元的资金将用于宽带投资，主要是在农村地区扩展和升级高速互联网络，以达到在 2010 年欧洲互联网覆盖率 100%的目标。在 2008 年年初，超过半数的欧洲互联网用户可以享受到超过 2Mbit/s 的宽带速度，仅有大约 10%的用户能够获得超过 10Mbit/s 的宽带速度。

德国 2009 年 2 月，德国政府与电信业界达成一致，双方将共同致力于推动宽带在德国的普及。德国政府此次提出的宽带战略是德国经济刺激计划的一部分。德国政府提出的宽带战略的目标包括：到 2010 年，将德国家庭宽带覆盖率提高到 100%；到 2014 年，将数据传输速率达 50Mbit/s 的宽带覆盖到德国 75%的家庭；2018 年再将这一比例提高到 100%。

澳大利亚 2009 年 4 月，澳大利亚政府启动了一项规模庞大的宽带计划，宣布成立一个新的国有控股公司，负责从零开始打造这个耗资 430 亿澳元（约 300 亿美元）的网络。在 8 年内，新网络将通过直连建筑物的光纤网络向 90%的澳大利亚家庭、学校和企业提供每秒 100 兆的宽带速度，其余 10%的人口可以获得无线升级服务。

意大利 2009 年 6 月，意大利政府官员表示，意政府将投资 14.7 亿欧元用于确保将宽带服务拓展至意大利全境。到 2012 年年底，所有意大利居民都有可能获得网速为 2～20Mbit/s 的互联网接入服务。预计固定宽带网络将覆盖意大利 95.6%的人口，而其余 3.9%的人口将通过无线技术获得宽带连接。

英国 2009 年 6 月，英国发布《数字英国》报告，在宽带领域，该报告提出，实施一项为期三年的国家计划，到 2012 年，英国的家庭至少能享受到数据传输速率为 2Mbit/s 的宽带普遍服务。为提高数字网络的使用，政府将耗资 3 亿英镑实施“数字入户”计划，以保证低收入家庭的儿童能够使用计算机和互联网。

法国 2009 年 12 月，法国经济部启动了“全民宽带”计划的认证工作。该计划旨在协助法国政府实现“数字法国 2012”的目标，即在 2012 年之前，使法国 100%的人口都能够接入宽带服务。

2.2.2 业界发展动态

2009 年年初，受金融危机的影响，IT 行业也出现裁员潮，1 月份微软宣布大规模裁员，谷歌也分别于 1 月和 3 月进行了两次小规模裁员。尽管如此，业界创新的步伐并未减缓，微软和谷歌等大企业仍然带给公众不少惊喜。

1．谷歌推出 Google Wave

2009 年 5 月，谷歌推出了新的协作和通信软件谷歌波浪（Google Wave），该软件结合了电子邮件（Email）、即时信息（IM）、文件分享和博客等多种功能。据称，Wave 的发展将分为三个步骤：首先是 Wave 产品，由 Google 开发，向公众发布；接着是作为一个平台，由开发者提供基于 Wave 的各种衍生产品；最后是将 Wave 开源，让其成为互联网通信的基本协议，成为互联网通信的平台。

2．微软发布搜索引擎必应（Bing）

2009 年 6 月，微软发布了必应（Bing）搜索引擎。自推出后，必应的市场份额一直在稳步增长。美国互联网流量监测机构 comScore 发布的数据显示，2010 年 1 月，必应在美国搜索市场所占份额已达 11.3%，继续蚕食雅虎和谷歌的市场份额；谷歌在美国搜索市场份额下滑了 0.3 个百分点，至 65.4%，但高于上年同期的 63%；雅虎在美国搜索市场份额为 17%，较上月下滑了 0.3 个百分点，低于上年同期的 21%。

3. 微软和雅虎达成搜索合作协议对抗谷歌

雅虎同微软之间的交易一波三折，从 2008 年 2 月的 446 亿美元整体收购到放弃再到重拾谈判，两家公司终于在 2009 年 7 月 28 日达成一份收入共享协议，由微软的新搜索 Bing 运营雅虎的搜索网站，雅虎负责销售两家公司的搜索广告。业界预测，该合作可能将互联网搜索的发展方向引入全新的多元化格局，改变目前谷歌一家独大的局面。

4. 全球微博客热潮持续升温

微博客服务是 2009 年互联网最热门的服务。自第一个微博客 Twitter 于 2006 年 6 月 13 成立后，微博客就以惊人的速度席卷全球。到 2009 年 6 月，Twitter 网站全球独立用户访问量高达 4450 万，同比增长 1460%。此外，各国纷纷仿照 Twitter 模式推出了本土的微博客网站，如加拿大的 Plurk，芬兰的 Jaiku，德国的 niimo，意大利的 meemi，日本的 Ameba Now，印度的 SMSGupShup 及国内的嘀咕、新浪微博、做啥和滔滔等微博客网站。

5. 腾讯跻身 2009 年全球 IT 企业 20 强

2010 年 1 月，《金融时报》公布了 2009 年年底的全球企业市值 500 强榜单，在该榜单中，IT 和互联网企业超过 30 家。市值超过 1000 亿美元的 IT 企业有 9 家。腾讯成为首次杀入全球 IT 市值前 20 的中国内地企业，以接近 400 亿美元的市值位居第 17 位。在全球互联网企业中，腾讯排名第三，位居谷歌（市值 1504 亿美元，排名第四）和亚马逊（市值 582 亿美元，排名第十一）之后。

2.3 国际互联网主要应用发展情况

2009 年，从全球范围看，随着宽带、云计算服务的普及和网上支付手段日益完善，互联网应用更加多样化，更加深入到经济文化生活的各个方面，成为社会环境的组成部分，每个人工作和生活不可或缺的基础设施。

2.3.1 搜索引擎

根据互联网流量监测机构 comScore 发布的统计数据，随着发达国家和新兴市场的强劲增长，2009 年全球在线搜索市场规模扩大了 46%，2009 年 12 月份在线搜索量超过 1310 亿次。

谷歌继续保持压倒性领先地位，2009 年全年的搜索量增长了 58%。2009 年 12 月，谷歌网站的搜索量为 878.1 亿次，占当月在线搜索总量的三分之二。雅虎排名第二，12 月份处理的搜索请求为 94.4 亿次。百度位列第三，12 月份搜索量为 85.3 亿次。微软排名第四，在前五家公司中增幅最大，12 月份搜索量增长了 70%，达 40.9 亿次。微软的必应（Bing）一经推出就凭借其技术和操作系统的优势，迅速占领了美国 10%的搜索引擎市场份额，成为谷歌有力的竞争对手。

comScore 的统计数据显示，美国是全球最大的在线搜索市场，2009 年 12 月的搜索量为 227.4 亿次，占全球搜索总量的 17%；中国排名第二，搜索量为 132.7 亿次；日本以 91.7 亿次位居第三；英国是全球第四大搜索市场，拥有 62 亿的搜索量。

随着网上信息的海量化和多样化，搜索领域不断细分的趋势更加明显，2009 年，在垂直搜索领域，除了网页搜索、图片搜索、地图搜索、音乐搜索、视频搜索、博客搜索外，旅游搜索、工作搜索和车票搜索等生活搜索领域也受到了网民的欢迎，从而给搜索引擎开发者提出了更高的要求。

2.3.2　社交网络

2009 年是社交网络不断壮大的一年，社交网络热持续在全球扩散。不仅全球用户总数大幅增长，用户对社交网站的使用也更加频繁。社交网站 Facebook 成功跻身美国网站访问量排名前三名，仅次于谷歌和雅虎邮箱；微博客网站 Twitter 增长势头迅猛，其浏览量比 2008 年增长了 500%。

据市场研究公司 InSites Consulting 发布的数据显示，全球 72%的网民是至少一家社交网站的用户，即全球约 9.4 亿人为社交网站用户。东欧和亚洲是网民参与社交网站最低的区域，比例为 40%；南美网民社交网络参与度最高，比例为 95%。社交网站用户占网民比例最高的前三个国家为：巴西（95%）、美国（84%）和葡萄牙（82%）。

数据显示，在全球范围内，美国 Facebook 仍为最受欢迎的社交网站，截至 2009 年 12 月 2 日，Facebook 用户人数达到 3.5 亿。在所有社交网站用户中，50%的用户使用 Facebook，使用 MySpace 和 Twitter 的比例分别为 20%和 17%。

市场调研机构尼尔森（Nielsen）的数据显示，2009 年 12 月，在各个国家中，美国网民登录社交网站的热情最高，当月独立访问量达到了 1.42 亿人；排名前列的还有日本（4650 万人）和巴西（3130 万人）。数据还显示，2009 年 12 月，全球网民平均在 Facebook 和 Twitter 等社交网站上耗时超过五个半小时，较 2008 年 12 月增长了 82%，如表 2.7 所示。

表 2.7　2009 年 12 月各国网民使用社交网站情况

国　家	独立用户数（单位：万人）	平均时长
美国	14 205.2	6:09:13
日本	4655.8	2:50:21
巴西	3134.5	4:33:10
英国	2912.9	6:07:54
德国	2805.7	4:11:45
法国	2678.6	4:04:39
西班牙	1945.6	5:30:55
意大利	1825.6	6:00:07
澳大利亚	989.5	6:52:28
瑞士	245.1	3:54:34

资料来源：尼尔森

从美国市场的情况看，2009 年美国互联网用户对社交网站的使用率增加了 277%。2009 年 12 月，美国网民平均在 Facebook 和 Twitter 上耗时超过六个小时。在尼尔森调查中的五大社交网站中，Twitter 继续保持着最快的增长速度，2009 年 12 月独立用户达到了 1810 万人，较 2008 年 12 月增长了 579%，如图 2.2 所示。

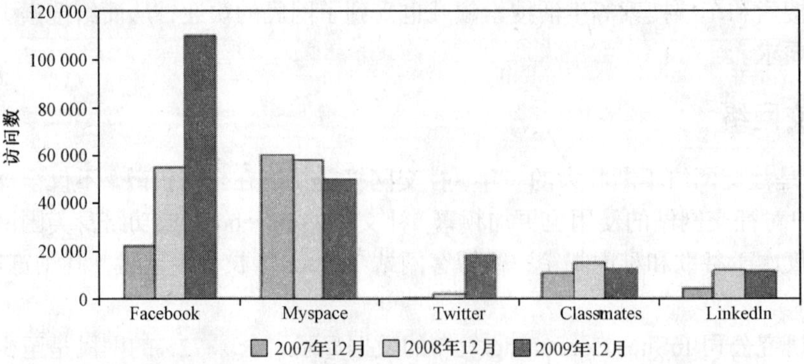

资料来源：尼尔森

图2.2 2009年12月美国主要社交网站访问量情况

社交网络的繁荣背后也存在着隐忧，虽然社交网络增速更快、规模更大，但是也更容易失去用户的参与兴趣。此外，随着社交网站的用户数不断增长，针对社交网站的网络攻击也日益增多，由此引发的一系列安全问题不容忽视。

2.3.3 网络视频

在宽带普及和视频内容多样化等因素的推动下，全球网络视频市场在 2009 年普遍延续了增长势头，其中，网络视频的观看数量在各主要市场均取得了两位数的增长。总体而言，凭借旗下广受欢迎的 YouTube 网站，谷歌在除中国以外的主要市场仍然保持着垄断地位。尽管如此，赢利问题仍是摆在包括 YouTube 在内的各大视频网站面前的主要难题，除 Hulu 等极少数企业宣布实现赢利，绝大多数网站仍处于“烧钱”状态。

美国市场 市场调研机构尼尔森（Nielsen）的数据显示，2009 年在线视频的独立浏览用户数量达到 1.38 亿，比 2008 年增加了 11%，平均每月浏览 112 亿段在线视频，平均每位用户每月观看在线视频的时间长达 200.1 分钟。

以 2009 年 12 月为例，市场调查公司 comScore 的调查显示，当月总计有 1.78 亿人观看了 332 亿段网络视频，如表 2.8 所示。这意味着美国 86.5%的网民观看了网络视频，平均每人观看了 187 段视频。其中，有 132 亿段视频来自谷歌网站（主要是谷歌旗下的 YouTube），市场占有率高达 40%。排名第二的 Hulu 网站当月的视频点击量首次突破了 10 亿段，市场占有率达到 3.0%，再创历史新高。Hulu 的独立用户访问量达到了 4410 万人。另据 Hulu 公布的数据显示，该公司 2009 年实现收入 1 亿美元，而且第四季度已实现赢利。

表 2.8 2009 年 12 月美国前十大网络视频网站排名（按被观看视频数量）

视 频 网 站	视频数（千段）	占视频总数百分比
总计	33 242 835	100.0
谷歌网站	13 242 487	39.8
Hulu	1 013 494	3.0
微软网站	561 052	1.7
Fox Interactive Media	550 505	1.7
雅虎网站	539 416	1.6

续表

视 频 网 站	视频数（千段）	占视频总数百分比
Viacom Digital	372 641	1.1
Turner Network	366 987	1.1
CBS Interactive	297 298	0.9
Megavideo.com	210 294	0.6
AOL LLC	209 957	0.6

资料来源：comScore Video Metrix

英国市场　据 comScore 提供的数据显示，2009 年 4 月，英国观众当月共观看了 47 亿次网络视频，比 2008 年增长了 47%。其中，有 24 亿段视频来自谷歌网站（主要是谷歌旗下的 YouTube），比上年增长了 58%。其次是 BBC 网站（7900 段视频）、ITV 网站（3470 段视频）、Megavideo.com（3170 段视频）及微软网站（3020 段视频）。所有前十大视频网站均比上年有两位数的上涨。

德国市场　comScore 的数据显示，2009 年 8 月，德国 3570 万用户共观看了 64 亿次网络视频，比上年增长了 38%，平均每个观众观看了 178 段视频。其中，有 28 亿段视频来自谷歌网站（主要是谷歌旗下的 YouTube），占德国在线视频市场份额的 43%。ProSiebenSat1 网站（2.6%）、Megavideo.com（1.6%）和 RTL 集团网站（1.3%）分别占据了第二至第四名的位置。

亚太地区市场　comScore 的数据显示，2010 年 1 月，在亚太地区视频市场，每月有 80% 以上的互联网家庭用户和工作用户（15 岁以上）浏览了在线视频，如表 2.9 所示。在中国，2010 年 1 月份观看视频的浏览者达到 1.99 亿，所观看的视频总计 103 亿段。日本次之，有 6040 万浏览者，每位浏览者的浏览时间平均达到 12.5 小时以上。

表 2.9　按市场划分的视频概况（2010 年 1 月）

国家/地区	唯一浏览者总数（千人）	接触到的网络人口受众百分比	视频数（千段）	每位浏览者浏览的分钟数
中国	198 849	81.6%	10 288 986	441.2
日本	60 365	84.9%	8 420 530	753.1
澳大利亚	10 670	81.5%	933 862	389.7
马来西亚	7662	81.5%	487 533	238.8
中国香港	3526	87.4%	414 662	613.2
新加坡	2453	87.6%	339 648	649.8

资料来源：comScore Video Metrix

受 YouTube 网站的视频观众推动，在除中国（中国市场主要以优酷、土豆、56.com 为首）以外的所有市场的视频观看数量方面，谷歌网站位列视频访问网站之首，如表 2.10 所示。在日本，谷歌网站位居榜首，其后是本土公司 Dwango 和 NTT 集团。土豆网在中国大陆地区、中国香港和新加坡位列第二。

表 2.10 根据视频浏览总数按市场划分的前 3 大视频网站*（2010 年 1 月）

市　场	第 一 名	第 二 名	第 三 名
中国	优酷	土豆网	56.com
日本	谷歌网站	Dwango Co., Ltd.	NTT Group
澳大利亚	谷歌网站	微软网站	Facebook.com
马来西亚	谷歌网站	Facebook.com	Metacafe.com
中国香港	谷歌网站	土豆网	优酷
新加坡	谷歌网站	土豆网	Facebook.com

资料来源：comScore Video Metrix

*视频网站包括母公司管辖下的所有网站。例如，谷歌网站包括 YouTube，Fox Interactive Media 包括 MySpace，Dwango Co., Ltd. 包括 Nicovideo.jp.等。

2.4 国际重要网络产品发展情况

2009 年是互联网应用不断创新和发展的一年，不仅 Facebook，YouTube 和 Twitter 等网站延续了前两年迅猛增长的势头，而且一些新型在线软件产品也开始崭露头角，如加拿大的 FreshBooks（一款基于网络的发票软件）、新加坡的 OrSiSo（一款基于 AIR 的社交网络管理软件）及英国的 Tweetmeme（一家过滤 Twitter 即时信息的网站）等，均在 2009 年赢得业界和网民的关注。

2.4.1 Twitter：微博客的开创者和引领者

2006 年 3 月，Twitter 成立于美国旧金山，由 Obvious 公司开发。Twitter 是一个社交网络，提供微博客服务。用户可以通过手机短信、即时通信、电子邮件、Twitter 网站或 Twitter 第三方应用（第三方软件客户端，如 Twitterrific；第三方网页客户端，如 Dabr）发布更新，供所有人或某一限定群体阅读。

2009 年 6 月，Twitter 新增 700 万用户，全球独立用户访问量达到 4450 万，同比增长 1460%。其中，美国用户量为 2000 万，占 45%，国际用户数量占 55%。comScore 称，Twitter 已成为全球第 52 大网站。2008—2009 年，Twitter 成为很多重大消息最快速和便捷的传播通道，如丹佛飞机脱离跑道事件，印度孟买连环恐怖袭击，迈克尔 · 杰克逊逝世等事件均在第一时间通过 Twitter 传播开来。

Twitter 的运营方式是：任何用户向 Twitter 上传每条不超过 140 个字的消息，该用户相应的“跟随者”（follower）就能及时查看该信息并发表评论。所谓“跟随者”，就是指关注某一账号所发布内容的其他 Twitter 用户。通过限制信息字数、即时到达、用户自主收发和鉴别真伪的方式，Twitter 实现了一种自主、互动、简洁、快速的信息传播。

Twitter 曾先后拒绝谷歌和 Facebook 数百万美元的收购计划，到 2009 年 9 月，Twitter 的市场估值上升到 10 亿美元。尽管如此，这种广受欢迎的微博客平台目前还处于等待价值实现的阶段，如何实现赢利仍是业界面临的难题。在信息服务中销售广告是最可行的方式，但可能导致用户流失。

2.4.2　Spotify：互联网音乐的革命

Spotify 是目前欧洲最大的流媒体音乐网站，由瑞典人丹尼尔·埃克和马丁·洛伦松创办于 2006 年，其目标是让 Spotify 与其他在线音乐网站区分开来，使上网听歌既免费又合法。

Spotify 目前只对英国、瑞典、法国、挪威、西班牙和芬兰六国用户开放注册，其他国家的用户可以通过好友邀请注册或者使用代理注册。到 2009 年年底，Spotify 在欧洲各地拥有超过 700 万的会员，其服务特色主要包括：

（1）免费在线收听。与一般音乐网站的做法不同，Spotify 的注册用户不需要付费购买收听权，而是通过 Spotify 公司提供的播放软件免费在线收听音乐，并且用户不能下载到电脑，相当于收听音乐广播。

（2）合法的高音质音乐。Spotify 的线上音乐资料库均经合法授权，其与环球音乐、新力音乐、华纳唱片、万网及 EMI 等唱片公司都有签订合约。

（3）丰富的音乐曲库。拥有 800 万首以上音乐，几乎所有的主流欧美流行音乐都能在这里找到，而且每个艺人的专辑资料非常全面，甚至可以找到很多罕见专辑。

（4）流畅的播放效果。客户端使用了 P2P 技术，音乐播放非常流畅，而且是“0 缓冲”，点开音乐即播放，无需等待。采用 P2P 大大节省了服务器带宽开支，使 Spotify 将更多财力投入到音乐内容维护和软件开发上。

（5）离线收听音乐。Spotify 可将用户选定的喜爱的歌曲自动同步到歌曲播放清单中，当用户离线时也可以在 Spotify 播放清单中点开、收听这些歌曲。

（6）独特的赢利模式。Spotify 目前依靠广告和一些付费用户获得营收。Spotify 为用户提供两种选择：第一种是免费服务，只要在该公司网站注册登录，大约三分钟后，就可以直接选听音乐。但每隔 20 分钟，就会出现 20～30 秒的语音广告；第二种是所谓的“卓越服务”，用户每月支付 9.99 英镑获得比免费用户更高清音质的音乐，没有广告干扰，并支持离线收听播放列表中的音乐。

目前，Spotify 在英国和西班牙根据用户量向环球支付音乐版税，而在瑞典、挪威、芬兰和法国四个国家则根据用户订阅收益和广告收益分账。Spotify 的 700 万用户中，付费用户已达 32 万。

2009 年 8 月，Spotify 通过新一轮融资获得了 5000 万美元，这笔融资对该公司的估值为 2.5 亿美元。随后，Spotify 获得到竞争对手苹果公司的许可，在 App Store 应用商店推出了 iPhone（手机上网）应用，此举使 Spotify 服务成功地拓展了无线领域。有业界人士认为，Spotify 无线服务将成为 iTunes“杀手”。目前，Spotify 公司正在积极筹备，预计在 2010 年第三季度登陆美国市场。

由于盗版和非法下载问题日益严重，自 2004 年以来，全球音乐市场规模已下滑了近 30%，至 172 亿美元。以 Spotify 为代表的合法音乐网站开创了革命性的音乐传播模式，如果这一模式能够成功推广，软件制造商、歌迷和音乐版权所有人三方共赢的局面就有可能实现。

2.5　国际互联网投资并购情况

总体来看，2009 年上半年，受经济危机影响，全球的互联网投资及并购交易呈现明显下滑或停滞态势。从 2009 年下半年开始，随着经济形势稍有好转，资本市场出现回暖迹象，从风险投资额度到企业并购成交数量都出现反弹。

2.5.1 互联网产业风险投资情况

以全球最大的风险投资市场美国市场为例，由于美国爆发自第二次世界大战以来最严重的经济危机，风险投资公司日趋谨慎。从 2008 年下半年开始，美国风险投资大幅下滑，直至 2009 年第三季度结束时，风险投资一直处于疲软状态。2009 年第四季度，风险投资重新恢复到上涨的轨道中，投资总额近 150 亿美元，同比增长 113%，如图 2.3 所示。CrunchBase 的数据显示，2009 年全年风险投资为 326 亿美元，低于 2008 年 380 亿美元的水平。

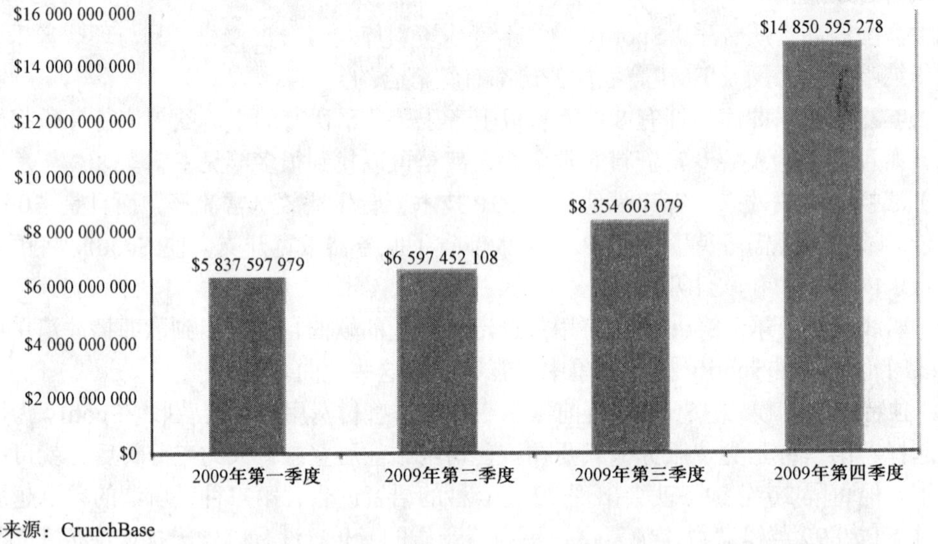

图2.3 2009年四个季度美国风险投资图表

在科技投资方面，普华永道和美国全国风险投资协会的报告显示，2009 年，美国风险资本家向 2795 家科技创业公司共投资 177 亿美元，投资额较 2008 年减少了 37%，下滑到了 1997 年以来的最低水平，交易数量同比减少了 30%。

在互联网领域，美国 Chubbybrain 网站提供的数字显示，2009 年，美国互联网领域的风险投资主要流向六个子领域，包括：①社交网络（14%）；②广告、销售和市场营销网站（9%）；③网络和接入企业（8%）；④服装和饰品网站（6%）；⑤人力资源和劳动力管理网站（6%）；⑥音乐网站（5%）。以 Facebook 和 Twitter 为首的社交网络仍然受到风险投资的青睐：

（1）Facebook 获俄罗斯投资公司 DST 约 4 亿美元投资。2009 年，数字天空技术公司（简称 DST）向 Facebook 先后注资 4 亿美元，从而使其在 Facebook 公司中所占股份比例超过了 5%。目前，在 DST 公司所拥有的 Facebook 股份中，1.96%是此前通过注资 2 亿美元购得的优先股，其余超过 3%的普通股则是由 DST 以每股 14.77 美元的价格购得。

（2）Twitter 获 5 家投资商约 1 亿美元投资。2009 年 9 月底，Twitter 宣布完成新一轮融资，星火资本（Spark Capital）等 5 家投资商参与此次融资活动。虽然 Twitter 当时没有透露此轮融资的具体金额及投资商对 Twitter 估值等信息，但有报道称，Twitter 所获融资额为

1 亿美元，投资商对其估值为 10 亿美元。

2.5.2　IT 产业并购情况

美国科技博客网站 TechCrunch 公布数据显示，2009 年年初，美国及全球科技产业的收购/并购活动基本上处于停滞状态。但美国经济环境稍有好转后，从 2009 年夏季开始，美国及全球科技产业的收购交易数量开始反弹，并于第三季度有所增长。TechCrunch 数据显示，2009 年科技产业（以美国市场为主）所有收购交易涉及金额为 640 亿美元，业务涉及互联网、软件、硬件和移动互联网等。

2009 年，网络行业十大并购交易案都突破 10 亿美元大关，甲骨文、思科、戴尔、惠普、EMC 和 IBM 等 IT 巨头都在收购者之列。以下为根据公开披露的交易价值列出的 2009 年十大收购交易：

（1）甲骨文（Oracle）收购 Sun：交易价值 74 亿美元

2009 年 4 月，甲骨文公布收购 Sun 公司。其标志性意义在于，最大的一家软件公司加入到硬件竞争之中。收购完成后，甲骨文将是微软和硬件巨头 IBM、惠普及戴尔的强大竞争对手。2010 年 1 月 21 日，欧盟宣布无条件批准甲骨文收购 Sun 公司。1 月 27 日，甲骨文对外宣布已完成对 Sun 公司的收购。

（2）施乐收购联盟计算机服务公司（Affiliated Computer Services）：交易价值 64 亿美元

该交易于 2009 年 9 月份公布。借助收购联盟计算机服务公司，施乐年度服务营收由 35 亿美元跃为 100 亿美元。

（3）戴尔收购佩罗系统（Perot Systems）：交易价值 39 亿美元

2009 年 9 月，戴尔以 39 亿美元收购 IT 服务商佩罗系统。10 月 12 日，戴尔又通过佩罗曲线收购了中国规模最大的外资管理咨询公司——毕博中国。

（4）思科收购腾博（Tandberg）：交易价值 34 亿美元

2009 年 10 月，思科公司以 190 亿挪威克朗（约合 33.4 亿美元）的价格收购挪威视频会议设备厂商腾博逾 90%的股份，腾博公司主要生产视频设备和网络基础架构产品。2010 年 3 月，欧盟监管机构批准了这项并购案。

（5）思科收购星运网络（Starent Networks）：交易价值 29 亿美元

2009 年 10 月，思科公布斥资数十亿美元收购星运网络的交易，提升其面向包括 LTE 和 WiMAX 在内的多种类型无线网络的 IP 移动基础架构。LTE 发展势头不错，Verizon 和 AT&T 都表示将 LTE 用于其 4G 网络。

（6）惠普收购 3Com 公司：交易价值 27 亿美元

2009 年 11 月，惠普公布收购交换机、路由器和安全产品公司 3Com，在数据中心网络和聚合市场向思科发起猛烈进攻。惠普收购 3Com 可谓一举两得：一可补足其在网络设施领域短板，二可直接获得中国市场。

（7）EMC 收购 Data Domain：交易价值 21 亿美元

NetApp 最初曾以 15 亿美元与重复数据删除厂商 Data Domain 达成收购协议，但 EMC 横刀夺爱，抬高价格，将 NetApp 挤出竞购行列。重复数据删除帮助企业通过削减数据存储需求节约资金，未来数年将在存储市场发挥重要作用。

（8）艾默生收购 Avocent 网络设备公司：交易价值 12 亿美元

Avocent 生产软件、硬件，设计嵌入技术简化复杂的数据管理中心。艾默生称，Avocent 结构和监控技术将对其动力、能源管理和冷却系统起到互补作用，并帮助客户解决日益增长的能源低效问题。预计该交易于 2010 年 1 月 1 日完成。

（9）IBM 收购 SPSS：交易价值 12 亿美元

IBM 斥资逾 10 亿美元收购 SPSS，旨在拓展其分析软件能力，SPSS 提供的预测分析工具帮助企业挖掘历史业务数据，发现未来发展趋势。

（10）爱立信收购北电网络无线资产：交易价值 11.3 亿美元

爱立信力压诺基亚、西门子，赢得北电网络无线资产竞购战。尤其是爱立信赢得北电网络的 CDMA 和 LTE 无线网络业务，强化了其北美市场地位。

2.6 国际互联网安全发展情况

2009 年，全球网络安全形势仍然严峻。除了传统的针对个人电脑的攻击外，新型的针对其他系统平台及设备如苹果 Mac 电脑、iPhone 手机、Android 操作系统平台、Symbian 操作系统平台、ATM 机的恶意软件开始涌现。此外，借助用户庞大的社交网络传播垃圾邮件和恶意软件的趋势也更加严重。

从国家层面看，各国备战“网络战”的意图更加明显，网络安全厂商 McAfee 2009 年 11 月发表了一份题为《网络战时代已在眼前》的研究报告称，全球一些主要国家已投身于一场网络空间里的“冷战”。这些国家正在努力扩充自己的“网络武器库”，开展相关的间谍活动，并进行网络测试，为开展网络战积极做准备，报告引用美国国家安全局前副局长 William Crowell 的话：“未来 20～30 年，数字化攻击将逐渐成为战争的一个重要组成部分。”

2.6.1 网络安全关注点

2009 年网络威胁主要呈现以下几个特点。

（1）全球恶意软件暴增，总数超过之前 19 年总和

国外反恶意软件厂商熊猫公司（Panda Security）2010 年年初发布的《年度恶意软件报告》显示，2009 年全球计算机犯罪活动达到了 20 年以来的最高点。一年内，计算机犯罪分子释放出的恶意软件数量超过了之前 19 年的累计总和。2009 年，熊猫公司共发现新增恶意软件样本 2500 万个，而在此之前的 19 年间累计发现的恶意软件样本仅为 1500 万个。在新增的恶意软件样本中，木马所占比重最高，达 66%。目前，银行木马广受犯罪分子青睐，是威胁最大的恶意软件。

2009 年，恶意软件主要通过 Twitter、Facebook 和 YouTube 等社交网络进行散播，这一趋势 2010 年还将延续。熊猫公司的研究人员表示，计算机犯罪分子已开发出能自动复制恶意软件的工具，使其得以快速将同一恶意软件制作成数千个变种。

（2）针对社交网站的网络攻击大幅增加

2009 年，对社交网站本身及其用户的攻击成了犯罪分子惯用的手法。2009 年下半年，利用社交网站发起的攻击更加频繁和复杂。社交类网站用户数量庞大、用户之间的信任度高的特点，致使其成为在线犯罪活动的理想目标。

2009 年 5 月 14 日，黑客向 Facebook 网站的 2 亿用户发动了攻击，并在攻击中成功获取了该社交网站部分用户的密码。黑客的攻击手法是：利用网络钓鱼手段获取用户的密码，在侵入部分 Facebook 用户的账号后，向好友发送电子邮件并诱使其点击仿冒网站的链接。这些仿冒网站被伪装成 Facebook 首页的样子。而事实上，受害人登录的是由黑客控制的网站，并在不知情的状态下泄露了自己的密码。

可以预料，伴随着社交网站的爆炸式发展，这种充斥着大量个人信息的新型网络平台必将成为犯罪分子眼中的金矿，用户急需增强防范意识，避免个人信息被窃取、诈骗或遭受恶意软件攻击。

（3）全球近 90%的邮件为垃圾邮件

思科公司 2009 年 12 月发布的《年度安全报告》指出，由于黑客不断想出控制用户计算机的新途径，被控制的计算机发送了大量垃圾邮件，约占 90%。感染病毒的计算机被组建为“僵尸网络”，用于攻击更多计算机或发送垃圾广告，骗取钱财。

报告指出，垃圾邮件每天发送数量约为 2000 亿封，约占全部电子邮件总量的 90%。美国是最大的垃圾邮件“源头”，其垃圾邮件发送量占垃圾邮件总量的 17.2%；土耳其排名第二，所占比例为 9.2%；俄罗斯排名第三，所占比例为 8%。

2009 年，垃圾邮件制造者在邮件标题上大做文章，利用突发新闻事件，全球性悲剧和即时事件来诱骗用户。法航空难和迈克尔·杰克逊之死成为 2009 年被垃圾邮件制造者利用最多的两大悲剧。在所有垃圾邮件中，最常见的英语垃圾邮件类别为假冒名牌产品类、医疗及保健产品和服务相关类。假冒名牌产品类几乎占所有英语垃圾邮件的三分之一。

（4）僵尸网络正在迅速成为所有网络犯罪的基础

赛门铁克称，目前多数恶意软件都包含一条僵尸网络命令和控制通道。2009 年，甚至发现僵尸网络设计者将社交网站当做沟通渠道，借此扩充其渗透范围。

另据 McAfee 发布的 2009 年第四季度威胁报告显示，在美国，僵尸网络生产显著下降，其占全球总产量的比例从第三季度的 13.1%下降到第四季度的 9.5%，而中国则以 12% 的比例成为僵尸网络的第一生产大国。巴西排名第三，俄罗斯和德国紧随其后。但也有专家指出，大多数僵尸网络控制站点位于中国可能只是一种假象，因为许多中国用户使用盗版软件，没有定期升级，导致许多计算机存在安全缺陷，极易沦为僵尸网络的控制站点。

（5）网络战危机隐现

安全专家认为，未来数年，网络战与传统军事行动的结合将越来越密切。网络战在摧毁敌方的经济和基础设施中将扮演非常重要的角色。一位专家总结称，网络战争引起的真正问题已经不止是个人损失问题，而是系统风险问题。诈骗和攻击会损害系统的信任或是功能，甚至使系统无法使用。美国 FBI 网络部门副主管肖恩·亨利表示，从国家安全的角度看，计算机攻击已发展成为除核弹和大规模杀伤性武器之外美国所面临的最大安全威胁。

2.6.2　网络安全重大事件

2009 年，各类重大网络安全事件层出不穷，其中，既有全球范围的病毒爆发，也有最大的僵尸网络被成功破获；既有政府网站遭受大规模袭击，也有重大网络安全政策被推上前台。

（1）Conficker 蠕虫病毒攻击

历史上宣传最多也是僵尸网络多产的蠕虫病毒之一，在 2009 年又大张旗鼓地涌现在人们眼前。Conficker 是 2008 年 10 月发现的以微软的 Windows 操作系统为攻击目标的计算机蠕虫病毒。微软对此发布了紧急安全漏洞，但是却没有足够的用户在攻击代码感染计算机之前安装好补丁。在 2009 年上半年，通过 USB 和 P2P 感染数百万电脑的 Conficker 不时登上各大头版头条。感染该蠕虫病毒的一种典型症状是阻止用户访问网络安全公司网站，并通过禁用 Windows 自动升级和安全中心来逃避检测和清除。

（2）美国奥巴马政府全面提升网络安全管理

2009 年 2 月，为查找美国政府 IT 系统漏洞，美国总统奥巴马发起了一项为期 60 天的联邦政府部门机密信息和基础设施的全面审查活动。5 月 29 日，美国政府发布了网络安全审查报告。奥巴马总统在报告中称，计算机网络是美国的国家战略性资产，白宫将设立一个新的高级主管职位，负责统管美国的网络安全事务。

6 月 23 日，美国国防部长盖茨下令组建一个负责网络战的司令部——网络司令部，并推荐美国国家安全局局长、陆军中将基斯·亚历山大出任该司令部历史上的首位司令，以统一协调保障美军网络安全和开展网络战等与电脑网络有关的军事行动。2009 年 10 月，美军网络司令部正式挂牌。

12 月 22 日，奥巴马总统任命网络安全专家霍华德·施密特担任美国政府网络安全协调员。施密特将领导白宫网络安全办公室，向美国国家安全委员会和国家经济委员会汇报工作，并协调美国联邦政府的军事和民事部门网络安全政策。

（3）韩、美政府网站遭受 DDoS 攻击

2009 年 7 月，韩国和美国的政府网站遭到持续性网络攻击，攻击的目的旨在阻塞、瘫痪两国政府和私人网络的运行。韩国总统官邸青瓦台、国防部、国会、新韩银行、韩国外换银行和主要门户网站连续数日遭受分布式拒绝服务攻击（DDoS），出现了服务器中断或接入障碍。韩国信息安全局在一份声明中称，初步调查显示，大量个人电脑被感染上一种病毒程序，下令它们同时访问韩国和美国主要的官方网站。

（4）熊猫安全公司破获 Mariposa（蝴蝶）僵尸网络

“Mariposa（蝴蝶）”是当今全球最大的僵尸网络，能够控制大量的计算机执行盗取私人信息、邮件账号、网银账户、信用卡号等恶意操作，使用户蒙受损失。受入侵的计算机达 1400 多万台，波及 190 个国家和地区。该僵尸网络于 2009 年 12 月 23 日被破获，这归功于政府和业界的多方努力与合作，其中包括熊猫安全公司、Defence Intelligence 公司、FBI 和西班牙国民防卫部门。中国有 196 个城市的 21 270 个用户受到感染。

（5）微博客 Twitter 官方网站遭到黑客攻击 DNS 指向被篡改

2009 年 12 月，美国著名微博客 Twitter 官方网站遭到黑客攻击，Twitter.com 域名被定向到被黑客篡改的网页，并且所有支持 Twitter 的第三方应用均受到影响，不能正常使用。安全专家表示，这是黑客首次成功劫持一家大型社交网站。攻击者自称是“伊朗网络部队”（Iranian Cyber Army）。不过黑客并未劫持 Twitter 的其他用户，这只是一起单独的事件。

2.7 国际移动互联网发展与应用情况

随着移动通信技术的发展，互联网的业务模式逐渐向移动互联网平台延伸。移动互联网业务能够使用户获得更多的自由度和灵活度，同时满足用户信息交流、娱乐、沟通和商务等

多方面需求，成为未来移动业务发展的重要方向。

投资公司摩根斯坦利 2009 年 12 月发布的《移动互联网报告》预测，当前移动互联网的发展速度已经超过了台式电脑以往的发展速度，在未来五年内，通过移动设备上网的用户数将超过通过台式电脑上网的人数。IDC 公司也指出，移动上网设备正在改变用户的工作和生活。随着面向移动设备的应用迅速增长，未来数年用户访问互联网的方式将发生巨变，工作和生活之间的界线将更模糊。

2.7.1　国际移动互联网总体发展情况

随着 3G 技术商用、移动互联网带宽增加，移动上网资费下调，智能手机价格下降和应用服务日趋多样化，全球移动互联网用户规模正在稳步增长。据 IDC 提供的数据显示，2009 年全球移动互联网用户已达 4.5 亿，到 2013 年将突破 9 亿。IDC 预测，在手机、智能手机和其他无线设备普及和价格日趋下滑的推动下，未来 4 年内访问互联网的移动设备数量将超过 10 亿。

日本　日本是全球最发达的移动通信市场之一，同时也是全球最发达的 3G 市场，3G 用户数已占移动用户总数的 90%以上。据日本电气通信事业者协会（TCA）数据显示，截至 2009 年年底，日本移动用户总数达 1.1 亿。

美国　eMarketer 2009 年 8 月的研究预测，美国的移动互联网用户数将从 2009 年的 7370 万增长到 2013 年的 1.343 亿，复合年均增长率达 17.7%，

欧洲　市场研究公司 Forrester Research 的研究报告预测，到 2009 年年底，西欧移动互联网普及率将达到 17%，到 2014 年，西欧移动电话上网的用户将达到 39%。

2.7.2　移动互联网应用

目前移动互联网的主要应用包括：使用搜索引擎网站搜索信息，阅读新闻，下载音乐和视频，收发电子邮件和即时通信消息。总体来看，在移动互联网发展初期，休闲娱乐为手机网民对移动互联网内容的主要诉求。而随着移动互联网走向成熟，未来移动电子商务、移动社交和移动音乐下载等应用将得到快速发展。

（1）移动音乐下载

音乐下载是一项黏性非常强的移动互联网应用，从欧洲 3G 运营经验来看，音乐下载是使用最广泛的 3G 应用之一。2006 年以来，全球主要运营商都已开通移动数字音乐下载业务，3G 运营商已经开始大规模发展整首音乐下载业务。从发展情况来看，日本和韩国是目前移动数字音乐下载业务发展最成功的市场。

（2）移动社交服务

社交网站是用户移动上网的推动力。eMarketer 对全球 2008—2014 年移动通信用户量的预测数据显示，在全球移动互联网用户中，社交网络用户比重逐年增加。2008 年该比重为 19%，2009 年为 28%，2014 年预计将增至 45%。届时，在全球 16.9 亿移动互联网用户中，移动社交网络用户将达 7.6 亿。艾瑞咨询分析认为，移动社交服务具有很强的用户黏性和浏览深度，因此，未来四五年内社交服务将成为全球移动上网重要的互联网类应用之一。

（3）移动搜索

移动搜索是移动互联网的另一项重要应用。市场研究机构易观国际通过调研发现：用户

对移动搜索的需求已经从单纯的站内信息检索拓展到日益多样化的娱乐服务搜索以及本地信息的获取，2009 年，除网页搜索之外，用户对生活信息搜索、音乐、图片、新闻、软件和小说等内容的搜索也具有较高需求。2009 年，谷歌和百度等搜索引擎巨头纷纷提出自己的移动互联网战略目标，将竞争拓展至移动搜索市场。

（4）移动电子商务

移动电子商务过去几年的发展并未达到预期，但随着智能手机的普及，这一领域已经开始快速增长。移动电子商务发展最大的障碍在于隐私和安全。用户对提供信用卡信息的行为并不完全放心，因此，建立安全可信的移动互联网交易环境刻不容缓。

此外，移动应用商店市场也在不断扩大。Gartner 的研究报告显示，2009 年全球移动应用商店的下载量约为 25.2 亿次，市场规模达到 42.4 亿美元。预计到 2013 年，全球移动应用商店的下载量和市场规模将分别达到 216.5 亿次和 294.8 亿美元。

2.8 国际互联网治理大事件

2.8.1 ICANN 体制发生变化

互联网名称与数字地址分配机构（ICANN）于 1998 年在美国政府帮助下创建以来，通过与美国商务部之间每三年更新签署一次的谅解备忘录（MOU），实现了 ICANN 这个非营利私营机构受美国政府委托，管理运行互联网域名系统。

2009 年 9 月 30 日美国商务部与 ICANN 签署的协议声明（Affirmation of Commitments，AoC），对过去 11 年来由美国单边控制域名等互联网战略资源的体制，做了较大变动。

声明承诺 ICANN 依然是非营利私营机构。但 ICANN 是一个独立的机构，不受任何实体控制。协议声明规定 ICANN 要接受国际互联网社区的审查和监督。由全球范围内多利益相关方通过公开透明的民主程序组成四个审查组，对 ICANN 的活动进行评估审查。四个审查组中，“问责、透明”审查组将对 ICANN 董事会的管理、政府咨询委员会（GAC）的职能、效率及与理事会的互动、公众对 ICANN 决策的态度和接受程度等进行评估审查。这是最为重要的一个审查组，美国政府的代表将在其中占据一个固定席位。声明重申了政府咨询委员会（GAC）主要参与挑选审查团队成员的重要作用。这个协议声明长期有效，不再需要每三年更新签署。

声明发布以后，欧盟、俄罗斯、瑞典等国家和地区先后表达了支持这一变革的意向，认为这是一个有利于互联网战略资源管理进一步国际化的改革，并寄希望于有效、透明的落实。欧盟主管信息社会和媒体的委员 Viviane Reding 表示：“世界范围内的互联网用户现在可以期待，ICANN 就域名和地址的决策更独立和更负责任，并将所有人的利益考虑进去……如果能有效、透明地落实，这次改革能在公民社会、商业领域和各国政府中取得同样广泛的支持。”保加利亚运输、通信和信息技术部长 Parvan Rusinov 认为：“ICANN 选择了一条新的道路，这是非常好的，这样 ICANN 不仅仅对美国政府负责，而是对全世界负责。”

AoC 得到各利益方的初步肯定，但今后 ICANN 管理体制如何发展还有待观察。美国政府与 ICANN 于 2006 年签订的“IANA 职能合同”(IANA Function Contract）要到 2011 年 9 月到期，此合同核心内容是由 ICANN 承担 IANA 的职能，负责互联网根服务器和根区文件等互联网关键资源管理，美国政府在此问题上有最终审核权。因此，美国政府单边控制互联网关键资源的状况没有根本改变。

2.8.2　国际互联网治理论坛（2009IGF）

2009 年 11 月 15 日—18 日，联合国主办的第四届互联网治理论坛（Internet Governance Forum，IGF）在埃及举行，来自 112 个国家的政府、国际组织、私营部门、民间机构和业界的 1800 多名代表出席论坛。本届论坛主题为"互联网治理——为所有人创造机会"，除了"重要互联网资源的管理"、"安全性、开放性及个人隐私"、"互联网接入和多样性"等与往届相同的议题外，本届论坛增加了"互联网治理遵循 WSIS 原则"、"回顾与展望——IGF 论坛的延续"、"社会化网络产生的影响"等议题。围绕以上议题，国际组织和民间社团等举办了近百场分论坛和研讨会。

1．本届 IGF 讨论的主要问题

（1）互联网对促进经济增长和社会发展发挥了重要作用。互联网是一种功能强大，能创造机会，拓宽视野的工具，以互联网为代表的信息通信技术对国民经济企稳回升的作用显著，互联网已成为金融危机解决方案的一部分，而不是问题的一部分。

（2）青少年上网问题。本届论坛对青少年健康上网问题给予高度重视，仅涉及儿童上网安全的研讨会就有 10 个。大会提出了"原生网民"和"网络移民"的概念，从一出生就成为网民的"原生网民"数量将大大超过成年后成为网民的"网络移民"，如何对"原生网民"进行教育已成为新的重要课题。

（3）"绿色互联网"问题。针对联合国将在哥本哈根召开的气候大会，本论坛也设有"互联网及气候变化"和"绿色互联网环境"等研讨会。ICT 行业在迅速发展的同时，碳排放也在不断增长，互联网行业应该为低碳经济和环境保护做出贡献。

（4）弱势群体接入互联网问题。此次论坛不但设立"残障人士的全球互联网接入"等 4 个与残障人士使用互联网有关的研讨会，并且在"互联网接入与多样性"主论坛中，"信息无障碍及残疾人"动态联盟还发布了《关于促进残疾人信息无障碍的建言》，显示国际社会对弱势群体及残障人士权利重视程度大大提高。中国互联网协会与中国残疾人福利基金会、中国通信标准化协会联合主办了题为"促进互联网接入，推动残疾人上网"的"最佳实践论坛"，介绍我国开展推动信息无障碍建设方面所做的努力和取得的成就。

（5）重要互联网资源管理问题。这是历届论坛的重要主题之一。ICANN 总裁 Rod Beckstrom 介绍了美国政府与 ICANN 近期签署的《承诺确认文件》（简称 AoC），称该声明对公众利益以及各国政府在"ICANN 政府咨询委员会"中发挥更大作用"提供了承诺"，ICANN 不受美国政府操纵。与会代表在肯定《承诺确认文件》积极意义的同时，也提出了 ICANN 应更加国际化、增加多样性，应进一步探讨 ICANN 与 IANA 合约问题。

（6）网络安全和隐私保护问题。主要的观点有：隐私是个人自主权的关键，应得到充分保护；不仅言论自由和隐私应被视为权利，安全也应被视为一种重要权利。创建一个以人为本，能够确保保密性，完整性和可用性的互联网，在全球环境下保护个人信息是当前面临的最大挑战。建立信任文化，区别安全措施与管控措施，扼制网络犯罪，采用实名制等也是本次论坛关注的要点。

（7）社会化网络（Social Networks）问题。社会化网络、用户生成内容网站和微博客在内的社会化媒体（Social Media）的发展，以及社会化媒体引发的如隐私和数据保护、言论自由及非法内容等成为讨论的热点。互联网完全构建了个体网民在传统社会生活中的环境，应对“社会化网络”进行有更深层次的理解，而不仅仅停留在“社交网络”的层面。

2. 关于 IGF 是否延续的讨论

根据突尼斯世界信息峰会（WSIS）决定，五届的 IGF 将在 2010 年完成使命。沙祖康副秘书长主持“回顾与展望——IGF 论坛的延续”主题论坛，要求总结 IGF 价值，提出 IGF 改进措施或反对延长 IGF 的原因，结果将提交至联合国秘书长，2010 年做出 IGF 是否延续的决定。

与会者对 IGF 做出了基本肯定的评价：IGF 是一个包容多元文化的舞台，有助于实现千年发展目标，有助于寻求规则与自由、权利与责任、愿望与现实之间的适当平衡，有助于加强利益相关方的合作与协调和为适应不同的民族及文化需求的政策调整。IGF 使大家对涉及各利益相关方的关键问题有了清晰的认识、创造了多方参与的典范；IGF 作为一个进程逐渐走向成熟，并为发展中国家参与国际事务提供了平台。

在肯定 IGF 的同时，对 IGF 进行改革的呼声也比较强烈，希望 IGF 将重点聚焦在国际公共政策，能力建设，发展中国家参与，增加透明度，改进通信，提高远程参与，创建最佳实践数据库，使 IGF 对决策有建议作用等方面。

中国互联网协会代表在发言中肯定了 IGF 的成果，并对 IGF 提出改进意见：应集中优先讨论涉及跨国的，影响互联网发展的迫切问题；对涉及国家和地区层面的相关问题，应考虑各国的差异，鼓励各国制定符合本国国情的有效治理措施；提高 IGF 对决策的影响，将 IGF 上提出的建议纳入相关国际法律法规之中。

（中国互联网协会 孙小宁、孙永革）

第 3 章　2009 年中国互联网络发展状况分析报告

2009 年，中国互联网已经走过了十五个年头。十五年来，中国网民规模不断扩大，互联网应用发展日新月异，网络基础资源不断增强。据中国互联网络信息中心（CNNIC）统计报告显示，截至 2009 年年底，中国网民规模达 3.84 亿人，位居世界第一；互联网普及率达 28.9%，高于世界平均水平。随着互联网基础资源的稳定增长，商务类应用的快速发展以及手机网民的爆炸式增长，中国互联网将迎来蓬勃发展的新时期。

3.1　互联网基础资源

目前，中国 IPv4 地址数量仅次于美国，是全球第二大 IPv4 地址拥有国。截至 2009 年年底，中国 IPv4 地址达 2.3 亿，同比增长 28.2%。IPv4 地址数量的稳步增长，为互联网的快速发展提供了有力保障。

2009 年年底，中国域名总数达 1682 万，其中 80%为.CN 域名。域名数量总体保持平稳，但同比小幅缩减。网站数量达 323 万个，同比增长 12.3%。国际出口带宽达到 866 367Mbps，增长迅速，年增长率达到 35.3%，如表 3.1 所示。

表 3.1　2008-12—2009-12 年中国互联网基础资源对比

	2008 年 12 月	2009 年 12 月	年 增 长 量	年 增 长 率
IPv4（个）	181 273 344	232 446 464	51 173 120	28.2%
域名（个）	16 826 198	16 818 401	−7797	−0.05%
其中 CN 域名（个）	13 572 326	13 459 133	−113 193	−0.83%
网站（个）	2 878 000	3 231 838	353 838	12.3%
其中 CN 下网站（个）	2 216 400	2 501 308	284 908	12.9%
国际出口带宽（Mbps）	640 286.67	866 367.20	226 080.53	35.3%

3.1.1　IP 地址

尽管中国 IPv4 地址数量增长迅速，但依然滞后于网民需求的增长，未来势必会对运营商、用户和设备提供商产生一系列不良连锁反应，具体变化情况如图 3.1 所示。要解决网络地址不足的问题，需要尽快过渡到以 IPv6 为基础的下一代互联网，以实现整个互联网未来的互联互通。

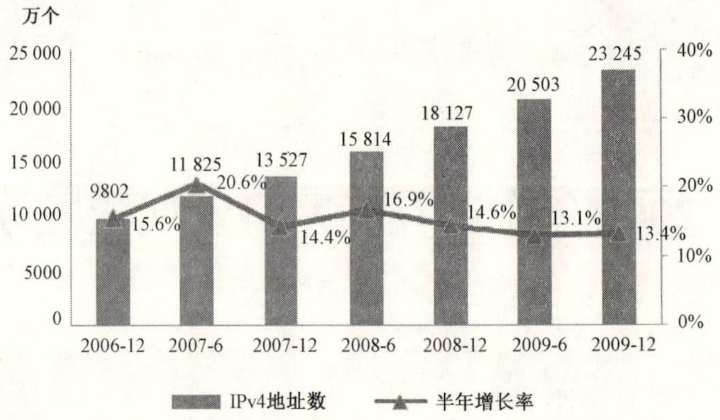

图3.1 2006—2009年中国IPv4地址资源变化情况

3.1.2 域名

2009 年年底，中国域名总数为 1681 万，其中，.cn 域名达 1345.5 万个，占到域名总数的 80%。.COM 域名数量为 278.4 万个，占比为 16.6%，见表 3.2。

表 3.2 中国分类域名数

	数量（个）	占域名总数比例
.CN	13 455 541	80.0%
.COM	2 783 652	16.6%
.NET	438 662	2.6%
.ORG	136 954	0.8%
合计	16 814 809	100%

目前 CN 域名中，.CN 结尾的二级域名比例仍然最高，占到 CN 域名总数的 64.0%，其次是.COM.CN 域名，占比为 23.1%，见表 3.3。

表 3.3 中国分类 CN 域名数

	数量（个）	占 CN 域名总数比例
.cn	8 612 100	64.0%
.com.cn	3 105 501	23.1%
.net.cn	424 664	3.2%
.org.cn	181 746	1.4%
.adm.cn	1 071 333	8.0%
.gov.cn	49 730	0.4%
.ac.cn	10 454	0.1%
.mil.cn	13	0.0%
.edu.cn	3592	0.0%
合计	13 459 133	100%

3.1.3　网站

截至 2009 年 12 月，中国的网站数，即域名注册者在中国境内的网站数（包括在境内接入和境外接入）达 323 万个。网站数量继续保持增长，但增长幅度呈趋缓态势。与 2008 年年底相比，中国网站数仅增长 35 万个，增幅为 12.2%，为近年来新低，如图 3.2 所示。

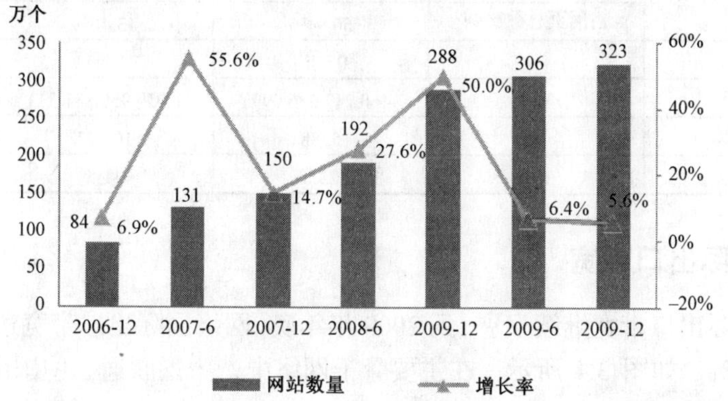

图3.2　2006—2009年中国网站规模变化

注：数据中不包含.EDU.CN 下网站数

3.1.4　网页

网页规模反映了互联网的内容丰富程度。自 2003 年以来，中国的网页规模基本保持翻番增长态势。2009 年，中国网页数量达到 336 亿个，增幅扭转了前几年下滑的态势，达到 108.8%，如图 3.3 所示。

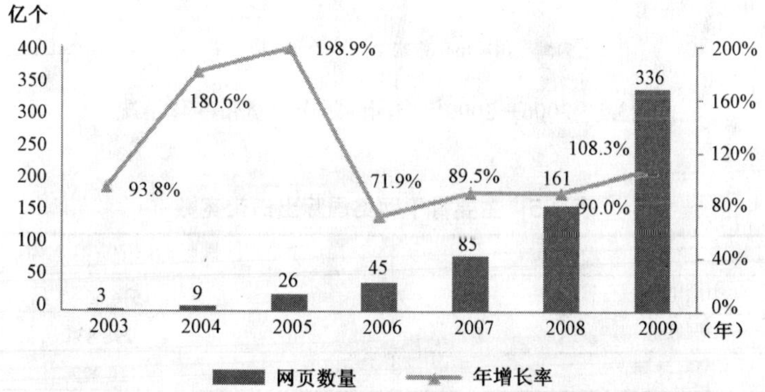

图3.3　2003—2009年中国网页规模变化

从网页增长的结构看，静态网页增长占主导地位。2009 年，中国静态网页数达 190 亿个，增幅达 140.75%，超过了动态网页数，在网页总数中的比重提升至 56.54%。与此同时，平均每个网站的网页数达 10 397 个，年增长率达 86%。但是，平均每个网页的字节数增长不多，只增加了 2.9KB，具体见表 3.4。

表 3.4　中国网页数

	单　位	2008 年	2009 年	增 长 率
网页总数	个	16 086 370 233	33 601 732 128	108.88%
静态网页	个	7 891 388 272	18 998 243 013	140.75%
	占网页总数比例	49.06%	56.54%	—
动态网页	个	8 194 981 961	14 603 489 115	78.20%
	占网页总数比例	50.94%	43.46%	—
静态/动态网页的比例	—	0.96:1	1.3:1	—
网页长度（总字节数）	KB	460 217 386 099	1 059 950 881 533	130.32%
平均每个网站的网页数	个	5588	10 397	86.06%
平均每个网页的字节数	KB	28.6	31.5	10.30%

3.1.5　网络国际出口带宽

中国网络国际出口带宽继续发展。到 2009 年年底，网络国际出口带宽达到 866 367Mbps，年增长率到 35.3%，如图 3.4 所示。在主要骨干网络中，中国联通、中国电信的出口带宽数居于前两位，分别达到 516 650.2Mbps 和 298 834Mbps，见表 3.5。

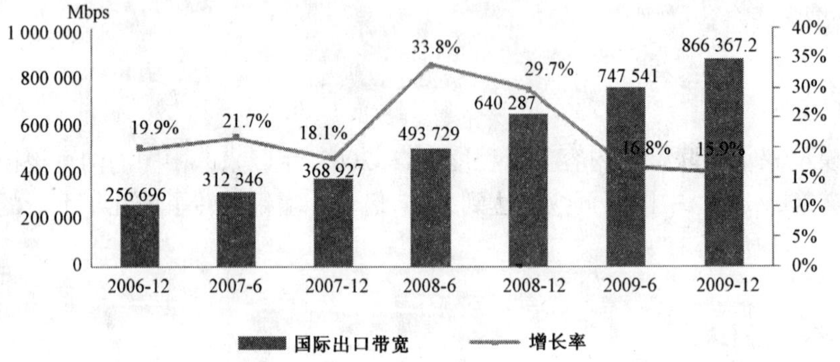

图3.4　2006—2009年中国国际出口宽带变化情况

表 3.5　主要骨干网络国际出口带宽数

	国际出口带宽数（Mbps）
中国电信	516 650.2
中国联通	298 834
中国科技网	10 322
中国教育和科研计算机网	10 000
中国移动互联网	30 559
中国国际经济贸易互联网	2
合计	866 367.2

3.2　网民规模及特征

3.2.1　网民规模

1．总体网民规模

2009 年中国网民规模达到 3.84 亿人，较 2008 年增长 28.9%，在总人口中的比重从 22.6% 提升至 28.9%，互联网普及率继续稳步上升，如图 3.5 所示。

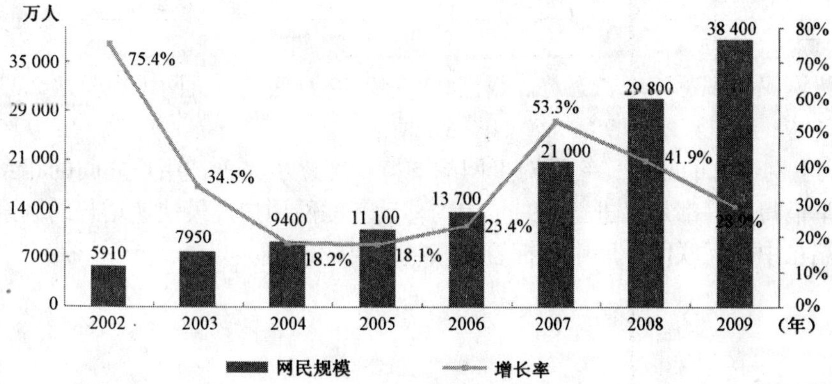

图3.5　中国网民规模与增长率

网民规模的迅速增长源于以下因素：（1）政府继续加大对基础设施建设的投入力度，通信网络建设稳步推进；（2）家电下乡政策加快电脑手机等上网设备的普及，家电下乡给农村地区居民提供了购买电脑的便利途径，同时政策补贴降低了农村地区使用电脑的成本，对农民购买电脑起到了一定的促进作用；（3）手机网民成为现阶段网民增长的重要力量，2009 年年初，3G 的开通使手机上网速率大幅度提升，手机上网成为潮流，庞大的手机用户拉动了新一轮网民增长。

虽然网络普及率持续提升，但与发达国家相比，中国的互联网普及率还较低。与此同时，中国网民规模增速在逐步放缓。从 2008 年的 41.9%下降到 2009 年的 28.9%。这主要是由于信息技术随时间延续产生的“衰减效应”，那些网络的易接触群体在过去的网络普及中已经基本进入网络生活范畴，而未使用互联网的人群是网络渗透门槛较高的人群，针对这部分群体的网络普及需要有强诱因刺激。

2．宽带网民规模

随着手机网民的快速增长，只使用手机上网的群体规模逐渐扩大，这部分群体在 2009 年年末已经占到网民整体的 8%。其他使用有线（固网）接入互联网的用户占 92%，其中，有 3.46 亿网民使用宽带上网，占整体网民的 90.1%，同比增长 7598 万，如图 3.6 所示。

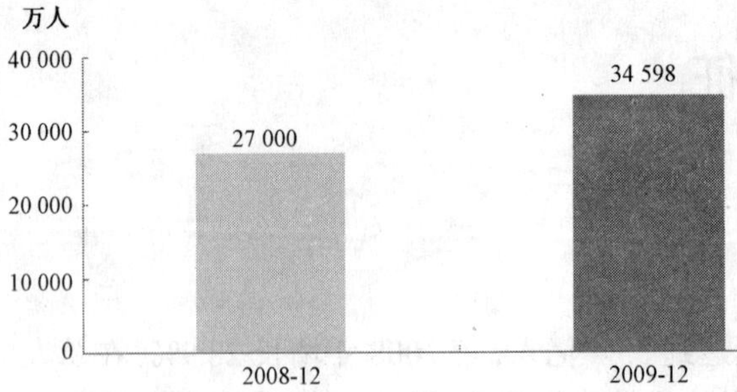

图3.6　中国宽带网民规模对比

3．手机网民规模

中国手机网民呈现迅速增长态势。截至 2009 年 12 月底，手机网民规模达 2.33 亿，占网民总体的 60.8%，用户年增长 98.5%，如图 3.7 所示。

3G 手机上网概念的吸引，终端对上网的支持程度逐步完善，用户之间的相互影响及运营商的推广举措得力等都是促进 2009 年中国移动互联网用户规模快速增长的因素。移动网络、手机终端在中国互联网发展中发挥着越来越重要的作用。

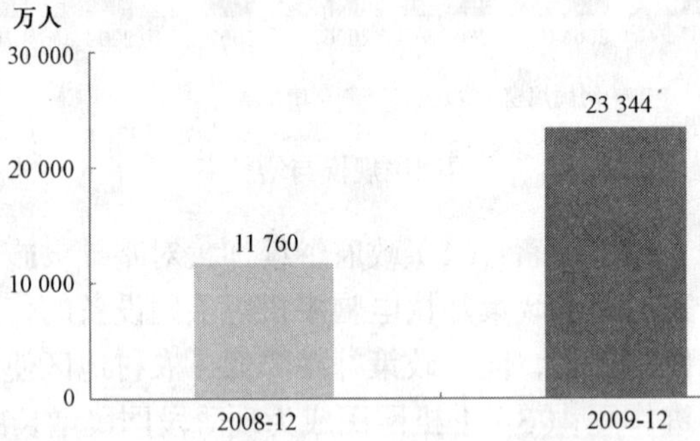

图3.7　手机上网网民规模对比

4．分省网民规模

目前，中国互联网普及率为 28.9%，高于世界平均水平。但是，各省互联网发展状况差异较大。按照互联网普及程度差异，可以将全国 31 个省市区分为三个梯队：

第一梯队：互联网发展水平较好，普及率高于全国平均水平。主要集中在东部沿海地区，包括北京、上海、广东、天津、浙江、福建、辽宁、江苏、山西和山东十个省（直辖市）。

第二梯队：互联网普及率低于全国平均水平，但是高于全球平均水平。包括海南、重庆、青海、新疆、吉林、陕西、河北和湖北 8 个省（直辖市）。

第三梯队：互联网发展水平较为滞后，网络普及率低于全球平均水平。包括黑龙江、内蒙古、宁夏、湖南、广西、河南、甘肃、四川、云南、西藏、江西、安徽和贵州 13 个省（直辖市、自治区）。

对各省互联网普及率和人均 GDP 进行相关分析发现，“皮尔逊相关系数”[1]达 0.92

[1] 即简单相关系数，它描述了两个定距变量间联系的紧密程度。

（$P<0.001$）。互联网发展程度与地区经济发展水平正相关，即地区经济越发达，互联网也越发达，互联网普及率可以作为地区经济发展水平的表征，如图 3.8 所示。

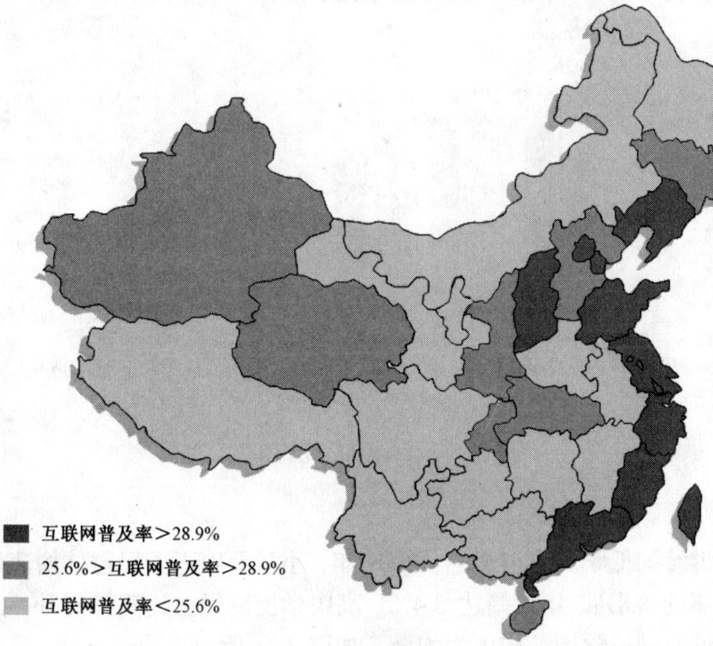

图3.8　中国互联网普及状况

3.2.2　网民结构特征

1．性别结构

2009 年，中国网民男女性别比例为 54.2：45.8。男性网民占比小幅上扬，女性网民占比略低于全国女性所占的比例[2]，较 2008 年下降 1.7%，如图 3.9 所示。

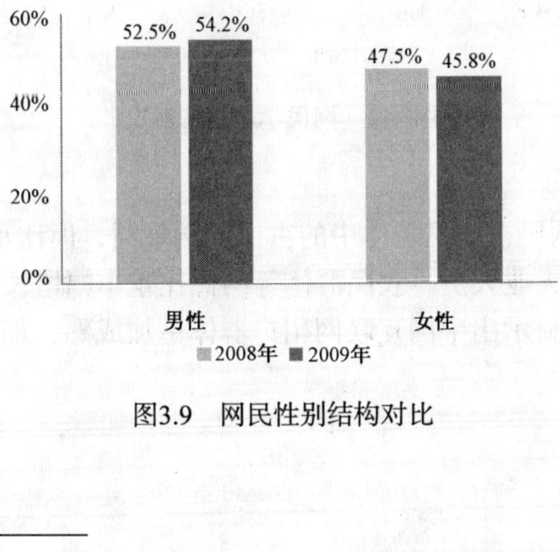

图3.9　网民性别结构对比

[2]《中国统计年鉴 2009》。

2．年龄结构

与 2008 年相比，2009 年中国网民年龄结构更为优化和均衡。30 岁以上年龄段人群占比攀升，占到整体网民的 38.5%。低龄网民占比也在上升，10 岁以下网民群体占比增至 1.1%。

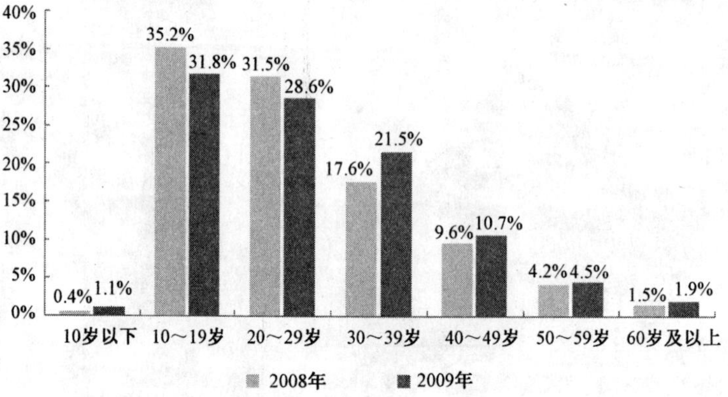

图3.10　网民年龄结构对比

3．学历结构

中国网民群体继续向低学历人群渗透。2009 年，小学及以下网民群体增速超过整体网民增速，占到网民整体的 8.8%，年增幅达 3.4%。高中学历网民占比略微提升，大专及以上学历网民占比继续降低，网民学历结构更为均衡，如图 3.11 所示。

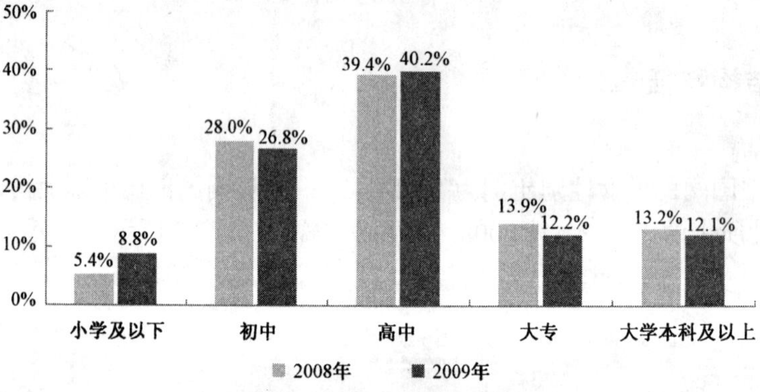

图3.11　网民学历结构对比

4．职业结构

2009 年，中国学生网民在网民总体中的占比依然最高，但比重出现明显下降，从 2008 年的 33.2%降至 28.8%。无业人员、农民群体等网民比重小幅增长，越来越多的弱势群体开始使用互联网。这一变化显示出中国互联网用户群体更加成熟，如图 3.12 所示。

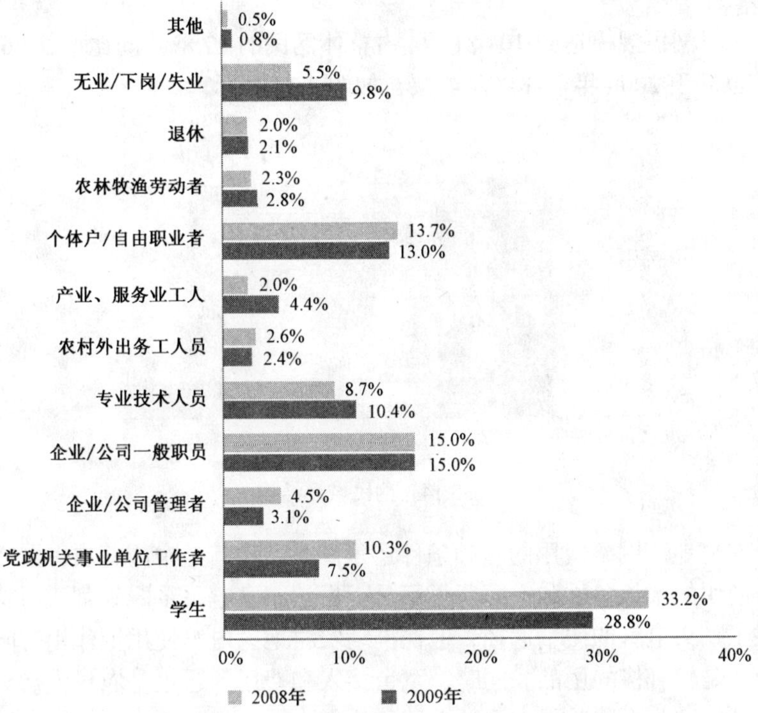

图3.12　网民职业结构

5．收入结构

2009 年，网民中无收入群体比重快速上升，达到 10%，较 2008 年提高 8.5 个百分点，这与无业人员越来越多地被吸纳到网民群体中有关。同时，月收入在 2000 元以上的网民群体占比也在提高，互联网消费的用户基础更为坚实，如图 3.13 所示。

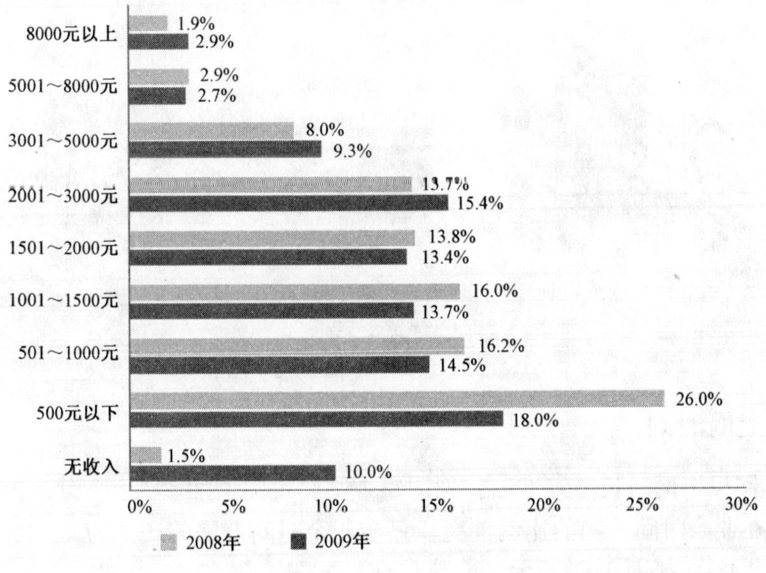

图3.13　网民收入结构

6．城乡结构

2009 年，农村网民规模达到 10 681 万，占整体网民的 27.8%。同比增长 26.3%，低于 2008 年增长速度，也低于 2009 年整体网民增幅，如图 3.14 所示。

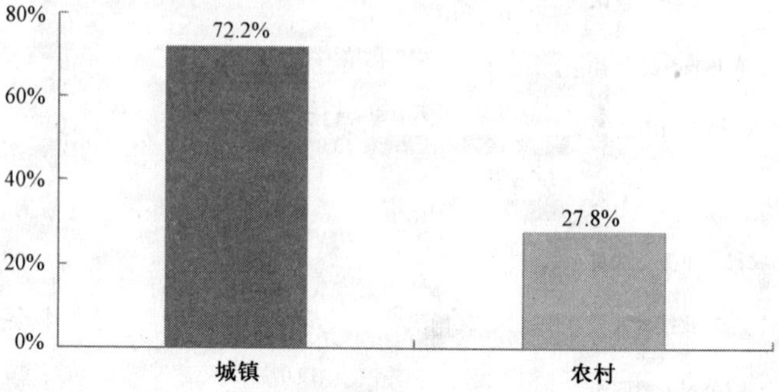

图3.14　网民城乡结构

中国部分农村地区网络使用的基础条件还很匮乏，尤其是中西部农民网络使用的意识相对落后，网络使用的增长条件和空间还很不足。虽然“家电下乡”等刺激消费的政策给农村地区居民提供了购买电脑的便利途径，但在推动农村地区电脑使用上作用有限。对大部分农民而言，电脑还是较奢侈的用品。同时，宽带接入和费用问题也是农村人购买电脑，使用网络所疑虑的问题，这些都限制了农民的上网行为。

3.2.3　网民上网地点

与 2008 年相比，2009 年在家上网的网民比例继续提高，超过了 80%（83.2%）。在单位上网的网民比例也大幅提高，增幅接近 10 个百分点。网民网吧上网比例下降 7.3%，这主要与手机上网网民规模快速增长有关，如图 3.15 所示。

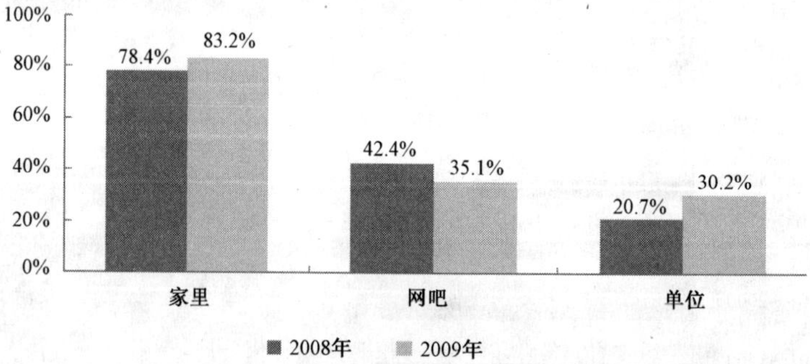

图3.15　网民上网场所

3.2.4　网民上网时间

2009 年，网民上网时长继续增加，平均每个网民每周增加了 2.1 小时，如图 3.16 所示。在职网民中，在业余时间上网的比例较高。只在业余时间上网的比例为 68.1%，仅在单位上网的比例仅为 7.4%，如图 3.17 所示。

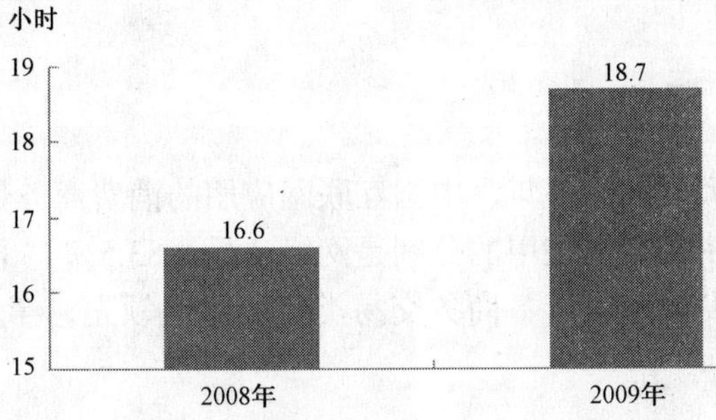

图3.16　网民平均每周上网时长对比

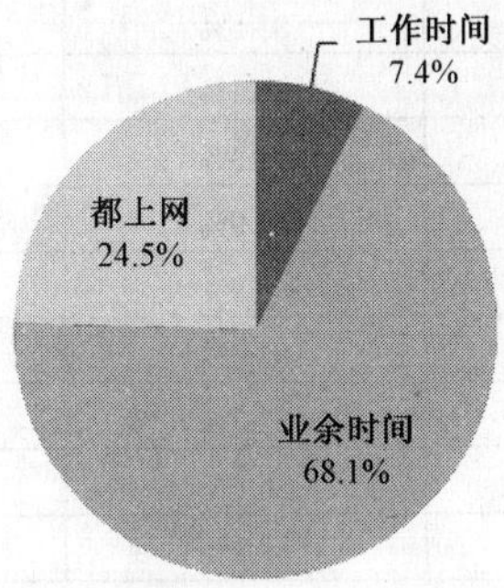

注：此处样本仅为在职人员

图3.17　网民上网时间

3.2.5　网民上网设备

2009 年，网民上网设备继续呈现笔记本电脑和手机快速增长、台式计算机增速缓慢的趋势。其中，上网手机数量增长率为 98.5%，上网笔记本电脑增长率为 42.4%，而台式计算机的增长率仅为 5.8%，如图 3.18 所示。

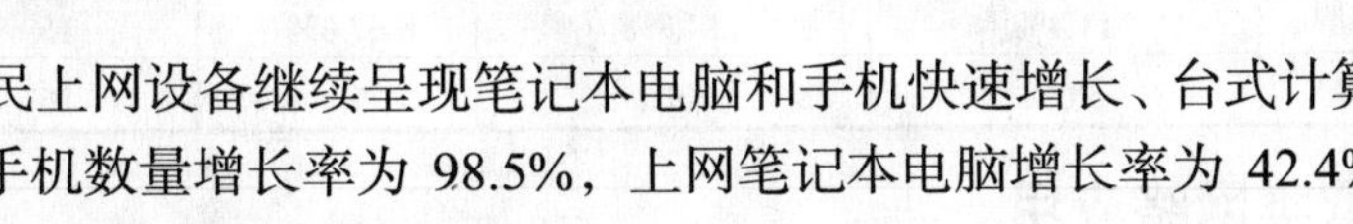

图3.18　网民上网设备

3.3 网民网络应用

2009 年是商务类应用大发展的一年，中国互联网应用的消费商务化特征走强趋势明显。截至 2009 年 12 月，使用率排名前三甲的分别是网络音乐（83.5%）、网络新闻（80.1%）和搜索引擎（73.3%）。但从发展速度看，商务交易类应用遥遥领先，年增幅达 68%，具体见表 3.6。

表 3.6 各类网络应用使用状况及用户增长

类型	应用	2008 年使用率	2009 年使用率	用户增长率	使用率排名	增长率排名
网络娱乐	网络音乐	83.7%	83.5%	28.8%	1	11
信息获取	网络新闻	78.5%	80.1%	31.5%	2	9
信息获取	搜索引擎	68.0%	73.3%	38.6%	3	7
交流沟通	即时通信	75.3%	70.9%	21.6%	4	13
网络娱乐	网络游戏	62.8%	68.9%	41.5%	5	6
网络娱乐	网络视频	67.7%	62.6%	19.0%	6	14
交流沟通	博客应用	54.3%	57.7%	36.7%	7	8
交流沟通	电子邮件	56.8%	56.8%	29.0%	8	10
交流沟通	社交网站	—	45.8%	—	9	—
网络娱乐	网络文学	—	42.3%	—	10	—
交流沟通	论坛/BBS	30.7%	30.5%	28.6%	11	12
商务交易	网络购物	24.8%	28.1%	45.9%	12	5
商务交易	网上银行	19.3%	24.5%	62.3%	13	4
商务交易	网上支付	17.6%	24.5%	80.9%	14	1
商务交易	网络炒股	11.4%	14.8%	67.0%	15	3
商务交易	旅行预订	5.6%	7.9%	77.9%	16	2

3.3.1 信息获取类网络应用

（1）搜索引擎

2009 年，搜索引擎的使用率为 73.3%，较 2008 年增加 5.3 个百分点。互联网的快速渗透和网络应用的日趋丰富，使用户产生了更多的信息需求，直接带动了搜索量的增长。同时，专业搜索和垂直搜索等搜索引擎，凭借日趋精准化、人性化的信息检索服务提升了网民的使用率和认同度，助推了搜索引擎的快速发展。

（2）网络新闻

2009 年，网络新闻使用率为 80.1%，用户规模达 30 769 万人，年增幅为 31.5%。随着互联网的快速发展，网络媒体覆盖的地域和人群日趋广泛。同时，随着网络视频、手机上网和微博客等网络技术和应用的发展，网络新闻表达和传递信息的渠道和形式更加丰富，传播方式更具互动性、自主性、多样性，促使网络媒体的发展更加活跃。

这两种信息获取类应用用户的情况，详见表 3.7。

表 3.7　2008—2009 信息获取类应用用户对比

	2008 年		2009 年		年变化	
	使用率	网民规模（万人）	网民规模(万人)	使用率	增长量（万人）	增长率
搜索引擎	68.0%	20 300	28 134	73.3%	7 834	38.6%
网络新闻	78.5%	23 400	30 769	80.1%	7 369	31.5%

3.3.2　交流沟通类网络应用

（1）即时通信

2009 年，即时通信用户规模达 2.7 亿人，年增长率为 21.6%，使用率继续下降。这是由于整体网民结构与即时通信用户结构重合度有所下降所致。另外，互联网服务类型及功能的增加使即时通信服务的“互联网入口”作用减弱，如社交网站和博客等既具有较大的用户黏合度，又可实现信息传递的服务，对于新网民即时通信的使用造成一定影响。

（2）博客

截至 2009 年 12 月，博客应用用户规模达 2.21 亿，使用率为 57.7%。活跃博客的规模进一步扩大，在半年内更新过博客空间的博客用户达 1.45 亿，增长率为 37.9%。越来越多的名人，明星，专家、机构正在将博客作为扩大传播影响力的平台。而随着国内社交网站的兴起，部分草根博客进入社交网站，并使用其中的日志功能来撰写博客，其更新、参与、互动更为活跃，带动了博客用户的增长。

（3）社交网站

截至 2009 年年底，使用社交网站的网民数达 1.76 亿，在网民中的渗透率达到 45.8%。随着互联网普及率的提高和网民网络应用的深入，越来越多的互联网用户将现实生活中的人际关系延伸到网络中。各类社交网站因需而起，在竞争中快速发展，病毒式营销，口碑相传的推广方式推动了中国社交网站用户规模的迅速增长。

这三种交流沟通类网络应用用户的情况，见表 3.8。

表 3.8　2008—2009 交流沟通类应用用户对比

	2008 年		2009 年		年　变　化	
	使用率	网民规模（万人）	使用率	网民规模（万人）	增长量（万人）	增长率
即时通信	75.3%	22 400	70.9%	27 233	4833	21.6%
拥有博客	54.3%	16 200	57.7%	22 140	5940	36.7%
更新博客	35.2%	10 500	37.7%	14 477	3977	37.9%
论坛/BBS	30.7%	9100	30.5%	11 701	2601	28.6%
社交网站	—	—	45.8%	17 587	—	—
电子邮件	56.8%	16 900	56.8%	21 797	4897	29%

3.3.3　网络娱乐类网络应用

（1）网络游戏

2009 年，网络游戏用户规模持续增长，达到 2.65 亿人，较 2008 年增长 41.5%。网络游戏是所有互联网娱乐领域中唯一使用率上升的服务。网络游戏用户规模增长主要有两方面原因：一方面，网页游戏在 2009 年得到了良好的发展，领先网络游戏厂商对于网页游戏领域的涉足及网页游戏公司的兴起均对用户规模增长起到促进作用；另一方面，SNS 游戏（社交类游戏）在 2009 年迅速崛起，其依靠人际关系基础和操作简便的特性为网民进入网络游戏领域搭建了良好的登录平台。

（2）网络文学

中国互联网络信息中心（CNNIC）在本次调查中增加了网络文学应用的研究。调查结果显示，网络文学用户规模达 1.62 亿人，使用率为 42.3%。中国网络文学用户规模庞大，一方面，是由于网络文学的开放性，使用户能够方便快捷地进行文字阅读；另一方面，网络文学传播的广泛性及分成的模式刺激了作家的创作热情，实现了网络文学作者与读者的良性互动。

（3）网络视频

截至 2009 年年底，网络视频用户规模达 2.4 亿，较 2008 年增长 3844 万，使用率为 62.8%，下降了 5.1 个百分点。网络视频作为一种越来越被认可的媒体表现形式，其市场价值、广告价值和受众规模仍将持续提升。出于提升自身品牌价值、规避内容侵权风险等众多因素的考虑，2009 年视频网站对内容体系进行了大规模调整，将重点更多放在了影视剧和专业机构制作的内容上。随着市场规范的逐步建立，监管力度的不断加强，网络视频行业的发展环境将会进一步优化。

这三类网络娱乐类用户的情况，见表 3.9。

表 3.9　2008—2009 网络娱乐类应用用户对比

	2008 年		2009 年		年变化	
	使用率	网民规模（万人）	使用率	网民规模（万人）	增长率	增长量（万人）
网络游戏	62.8%	18 700	68.9%	26 454	41.5%	7754
网络视频	67.7%	20 200	62.6%	24 044	19.0%	3844
网络音乐	83.7%	24 900	83.5%	32 074	28.8%	7174
网络文学	—	—	42.3%	16 261	—	—

3.3.4　商务交易类网络应用

（1）网络购物

2009 年，网络购物用户规模 1.08 亿人，年增长 45.9%，网络购物使用率继续上升，达到 28.1%。从某种程度而言，金融危机客观上促进了网络购物的发展。从供应端看，很多企业受到冲击，网络作为便捷的营销平台，成为企业摆脱困境的捷径。2009 年企业进驻 C2C 或自建 B2C 平台的数量增长迅速，直接增加了网络购物市场的商品供应量。从用户端看，随着网购观念的普及，网络购物已经逐渐成为网民消费生活的习惯。

（2）旅游预订

截至 2009 年 12 月，旅游预订的使用率为 7.9%，用户规模 3024 万人，年增长 77.9%。伴随着 2009 年中国旅游市场的回暖，旅游业发展进入正常轨道，网络旅游预订市场也蓬勃发展。商家越来越注重线上营销，纷纷加大网络零售渠道的投入力度。由于在线旅游预订具有便捷、个性化的服务优势，用户习惯的培养在逐步强化。

（3）网上支付

2009 年，网上支付用户规模达 9406 万，使用率达到 24.5%，年增幅高达 80.9%。网上支付成为用户增长最快的网络应用，越来越多的网民开始使用网上支付。2009 年，第三方支付公司与保险、航空等资金流通量大的行业合作力度加强，网上支付在 B2B，B2C，C2C 领域全面开花。同时，网络购物和旅游预订的快速增长有力地拉动了网上支付用户规模的增长。

（4）网络炒股

2009 年，网络炒股用户规模为 5678 万人，占比 14.8%，年增幅达 67.0%。2008 年年底是中国大盘指数的谷底，网上炒股比例仅有 11.4%；2009 年股指回升，带动了网民网络炒股的热情，网上炒股比例也开始回升。

这四类商务交易类网络应用用户的情况，见表 3.10。

表 3.10　2008—2009 商务交易类应用用户对比

	2008 年		2009 年		年 变 化	
	使用率	网民规模（万人）	使用率	网民规模（万人）	增长率	增长量（万人）
网络购物	24.8%	7400	28.1%	10 800	45.9%	3400
旅行预订	5.6%	1700	7.9%	3024	77.9%	1324
网上支付	17.6%	5200	24.5%	9406	80.9%	4206
网上银行	19.3%	5800	24.5%	9412	62.3%	3612
网络炒股	11.4%	3400	14.8%	5678	67.0%	2278

3.3.5　手机网络应用行为

2009 年，手机在线聊天服务是网民手机上网的首要应用，有 77.8%的用户使用该项服务。第二位的应用是手机阅读，用户占到总体手机网民的 75.4%。手机新闻网站、手机小说和手机报等业务也成为影响手机网民的重要应用。

手机搜索、手机音乐是目前手机上网应用的第二梯队，其中，手机搜索用户比例较年中调查增长了近一倍，市场前景乐观，如图 3.19 所示。

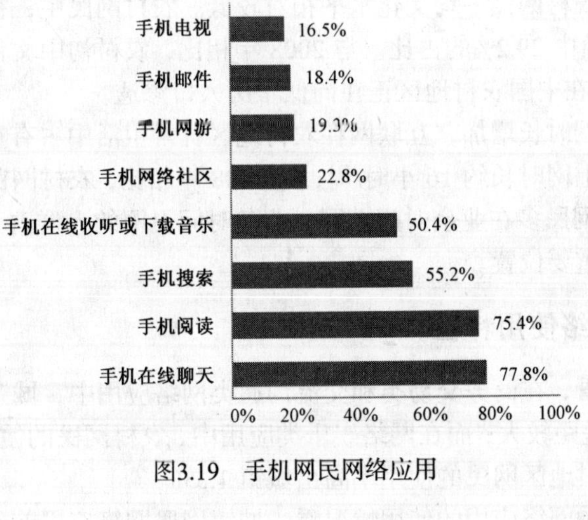

图3.19　手机网民网络应用

3.4 农村网民发展情况

3.4.1 农村网民规模特点

（1）农村网民规模持续增长，但增速放缓

截至 2009 年 12 月底，中国农村网民规模持续快速增长，年增长 2220 万人，农村网民规模已经达到 10 681 万人。但农村网民规模增速放缓，年增长率达 26.3%，低于 2008 年 60.8%的增长速度，也低于 2009 年全国网民总体及城镇网民的增幅。

（2）城乡之间互联网的发展差距仍较大，农村互联网区域发展不均衡

从城乡互联网的普及率来看，互联网在城镇的普及率是 44.6%，在农村仅为 15%，城乡之间的互联网发展水平仍存在很大的差异。对比 2004 年以来中国城乡互联网的发展差距，农村互联网发展速度放缓，将会使城乡互联网发展差距进一步拉大。

（3）手机上网将成为拉动农村互联网发展的重要力量，

截至 2009 年年底，中国手机上网用户达到 2.33 亿，城镇手机上网用户 1.6 亿人；农村手机上网用户约为 7189 万人。农村网民使用台式计算机作为上网终端的比例下滑至 68%，而使用手机上网的比例迅速增加，目前已有 67.3%的农村网民使用手机上网，使用率年提升了近 20 个百分点，手机成为农村网民更可能选择的上网终端，同时也成为拉动农村互联网发展的重要力量。

（4）农村宽带上网增长快速，与城镇宽带接入的使用率基本持平

随着农村信息化工程的逐步推进，农村网络接入条件得以完善。2009 年，农村地区网民宽带上网的使用率增至 96.6%，比 2008 年增长 14.6%，与城镇宽带接入的使用率基本持平。

（5）农村网民更加趋于年轻化，互联网逐步向农村低学历群体渗透

与网民总体的年龄结构相比，农村网民更加趋于年轻化。农村网民中 30 岁以下群体所占比例高达 69.2%，其中 19 岁以下年轻网民所占比重达 41.1%。城镇与农村网民之间的学历分布差异比较明显，农村网民平均文化水平相对较低。农村网民中，初中及以下学历的网民占 52.1%，远高于城镇中 29.2%的占比。与 2008 年相比，农村初中文化程度的网民所占比例增长了 2.7%，互联网在中国农村地区正在向低学历人口渗透。

（6）农村网民上网时长增加，互联网在农村地区日常生活中占有重要位置

农村网民的平均上网时长约 16 小时/周，与 2008 年相比，农村网民平均每周上网时间增加了近 3 小时。农村网民多在业余时间上网，业务时间上网的人群占 75.1%，互联网在农村地区日常生活中占有重要位置。

3.4.2 农村网民网络使用特征

从城乡使用差距看，在商务交易类和交流沟通类网络应用中，城镇网民使用率远高于农村网民，城乡间使用差距较大；而在网络娱乐类应用中，农村网民的使用率与城镇较为接近，尤其是网络游戏，农村地区网民的使用率高出城镇 1.3%。

从城乡网民对各种网络应用的使用情况看，城镇网民网络应用前五位的是：网络音乐、网络新闻、搜索引擎、即时通信和网络游戏；农村网民的前五位网络应用是：网络音乐、网

络新闻、网络游戏、搜索引擎和即时通信，农村网民对娱乐性较高的网络游戏使用率较高，具体情况见表 3.11。

表 3.11　农村网民的网络应用情况

类　型	应　用	城镇使用率	农村使用率	城 乡 差 距	农村用户年增长率	城镇用户年增长率
商务交易	网络炒股	16.9%	8.5%	−8.4%	153.7%	54.8%
商务交易	网上银行	27.7%	15.2%	−12.5%	103.2%	55.1%
商务交易	网上支付	27.7%	15.1%	−12.6%	101.7%	72.3%
商务交易	旅行预订	9.4%	3.3%	−6.1%	60.2%	80.2%
交流沟通	论坛/BBS	32.9%	23.3%	−9.6%	48.0%	21.9%
网络娱乐	网络游戏	68.6%	69.9%	1.3%	47.5%	39.4%
交流沟通	博客应用	58.4%	55.5%	−2.9%	45.1%	33.8%
商务交易	网络购物	31.7%	17.6%	−14.1%	44.7%	44.6%
信息获取	搜索引擎	75.9%	66.5%	−9.4%	43.3%	37.5%
信息获取	网络新闻	82.8%	72.4%	−10.3%	33.2%	30.6%
网络娱乐	网络音乐	83.8%	82.7%	−1.0%	29.2%	28.4%
交流沟通	电子邮件	61.0%	44.6%	−16.4%	25.1%	28.7%
交流沟通	即时通信	71.9%	68.2%	−3.7%	21.3%	21.2%
网络娱乐	网络视频	64.5%	57.3%	−7.2%	19.9%	18.6%
交流沟通	社交网站	14.2%	12.1%	−2.1%	—	—
网络娱乐	网络文学	42.7%	41.2%	−1.6%	—	—

注：各种应用排序是按其在农村地区的用户年增长率降序排序。

3.5　青少年网民发展情况

3.5.1　中国青少年网民规模特点

（1）青少年仍然是中国网民最大群体

截至 2009 年 12 月底，中国青少年网民规模达 1.95 亿，占网民总体的 50.7%。青少年网民仍然是中国最大的网民群体，其互联网普及率已经达到 54.5%，远高于整体网民 28.9%的平均水平。

（2）青少年互联网使用的城乡差距小幅拉大

2009 年，中国青少年网民城乡比为 67.5：32.5，同期全国网民城乡比为 72.2：27.8，青少年网民中农村人口占比高出整体网民 4.7 个百分点，城乡差异小于整体网民。但是与 2008 年相比，2009 年中国青少年网民中农村人口占比降低两个百分点。由于城乡之间在基础设施和社会发展上存在差距，城镇与农村青少年在上网场所、上网媒介和网络应用方面仍具有较大差异。

（3）青少年网民学校上网比例迅速攀升

中国青少年网民在学校上网的比例迅速攀升，从 2008 年的 19.1%增加到 2009 年 36.3%，同比增加 17.2 个百分点。其中，处于低等教育阶段的学生网民在学校上网的比例上升最快，2009 年小学生和中学生在学校上网的比例分别达到 36.7%和 46.3%，同比增加 27.7 个和 28.3

个百分点。

（4）手机成为青少年第一位的上网工具

在 3G 带来的手机上网热潮下，青少年使用手机上网的比例显著增长。手机已经成为中国青少年第一位的上网工具。2009 年，有 74%的青少年使用过手机上网，中国青少年手机网民达 1.44 亿人，同比增长 73.5%。中国青少年网民中使用手机上网的比例高于全国平均水平。在手机上网的青少年网民中，在校大学生网民使用手机上网的比例最高，有 85.7%的大学生网民使用手机上网。中学生网民使用手机上网的比例为 69.3%，小学生网民为 36.6%。对缺少电脑等上网设备的农村地区和部分城镇地区而言，手机上网为青少年提供了更便捷的接触互联网的途径。

3.5.2 中国青少年网络使用特征

2009 年，中国青少年网民网络使用仍然保持较突出的娱乐特色，网络音乐（88.1%）、视频（67.0%）、网络文学（47.1%）和游戏（77.2%）的使用率均高于整体网民；同时，青少年网民在网络沟通交流上也属于活跃群体，其博客（68.6%）和即时通信（77.0%）的使用率也高于整体网民。此外，中国青少年网民对搜索引擎有较强的使用需求，使用率达 73.9%，高于整体网民 73.3%的水平。对青少年网民而言，互联网的综合工具作用更加明显，具体情况见表 3.12。

表 3.12 各互联网应用在青少年网民中的普及率

		小学生	中学生	大学生	非学生	青少年总体	网民总体
信息获取	搜索引擎	60.3%	77.2%	84.3%	70.4%	73.9%	73.3%
	网络新闻	47.4%	71.6%	88.9%	72.5%	*72.0%*	80.1%
网络娱乐	网络音乐	60.7%	90.0%	94.6%	89.9%	**88.1%**	83.5%
	网络视频	50.7%	67.1%	85.4%	65.4%	**67.0%**	62.6%
	网络文学	27.1%	49.4%	53.8%	47.1%	**47.1%**	42.3%
	网络游戏	82.3%	81.0%	67.1%	75.4%	**77.2%**	68.9%
交流沟通	拥有博客	48.6%	69.5%	76.3%	69.6%	68.6%	57.7%
	即时通信	44.2%	80.5%	88.7%	76.9%	77.0%	70.9%
	社交网站	7.6%	11.9%	18.0%	19.1%	*15.1%*	45.8%
	电子邮件	34.0%	55.0%	81.4%	55.3%	*56.2%*	56.8%
	论坛/BBS	11.9%	29.1%	50.4%	33.4%	31.7%	30.5%
商务交易	网络购物	10.2%	19.9%	43.1%	31.9%	*26.5%*	28.1%
	网上支付	4.7%	16.5%	40.1%	28.3%	*22.9%*	24.5%
	网上银行	2.9%	13.7%	38.9%	28.0%	*21.4%*	24.5%
	网络炒股	11.2%	6.4%	4.4%	5.4%	*6.0%*	14.8%
	旅行预订	5.5%	2.7%	9.3%	5.8%	*4.9%*	7.9%

注：粗体数字表示使用比例高于总体网民的应用，斜体数字表示使用比例低于总体网民的应用。

（中国互联网络信息中心）

第二篇

环境篇

第 4 章　2009 年中国互联网政策法规建设发展情况

4.1　中国互联网政策法规建设情况发展概述

4.1.1　2009 年我国互联网的主要政策

随着多媒体技术的发展和移动互联网的商业应用，互联网越来越深地融入经济社会生活的各个领域。本着发展与管理并重的指导思想，一方面，国家继续推进互联网的社会应用和融合发展，如《工业和信息化部关于 2009 年度实施“村村通电话”工程推进“信息下乡”活动的意见》明确提出：为加快互联网向农村的延伸、提升农村信息服务能力，年内完成 574 个乡镇的宽带互联网建设，26 个省份实现乡镇通宽带。除四川实现 99%乡镇能上网外，其他省份实现 100%乡镇能上网；另一方面，国家高度重视对互联网信息服务和媒体功能的管理，如全国“扫黄打非”办公室于 11 月 16 日下发的《关于严厉打击手机网站制作、传播淫秽色情信息活动的紧急通知》，部署集中开展整治手机淫秽色情信息专项行动，要求通信管理、工商行政管理及公安部门要加大监管和案件查办力度，坚决打击为手机淫秽色情网站提供建站，网络接入，增值服务，广告推广，代收费服务的运营商和第三方支付企业。

此外，延续 2008 年机构改革对互联网管理职能所做的个别调整，2009 年 9 月 7 日，中共中央机构编制委员会办公室印发了《中央编办对文化部、广电总局、新闻出版总署〈“三定”规定〉中有关动漫、网络游戏和文化市场综合执法的部分条文的解释》，进一步明确了相关部门在动漫和网络游戏等事项上的管理职责。

4.1.2　2009 年我国互联网法制建设

（1）法律、行政法规层面

2 月 28 日，第十一届全国人民代表大会常务委员会第七次会议通过了《中华人民共和国刑法修正案（七）》，增加了对出售或者非法提供公民个人信息犯罪的刑事责任，并完善了有关非法侵入计算机信息系统罪的规定。

12 月 26 日，第十一届全国人民代表大会常务委员会第十二次会议通过了《中华人民共和国侵权责任法》，其中对网络用户、网络服务提供者利用网络侵害他人民事权益的侵权责任做出了规定。

（2）部门规章层面

3 月 5 日，工业和信息化部公布了《电信业务经营许可管理办法》（工业和信息化部令第 5 号），与被替代的《电信业务经营许可证管理办法》（原信息产业部令第 19 号）相比，《办法》新增了“经营行为的规范”一章，并修改完善了经营许可证年检制度等规定。

5 月 1 日，卫生部公布了《互联网医疗保健信息服务管理办法》（卫生部令第 66 号），对通过开办医疗卫生机构网站、预防保健知识网站或者在综合网站设立预防保健类频道向上网用户提供医疗保健信息的服务活动进行规范。

（3）其他规范性文件层面

结合各自的互联网管理职能，国务院相关部门发布了一系列规范性文件，内容主要涉及网络安全，如《工业和信息化部关于印发〈木马和僵尸网络监测与处置机制〉的通知》；互联网视听节目管理，如《广电总局关于加强互联网视听节目内容管理的通知》；互联网上网服务营业场所管理，如《文化部关于印发〈网吧连锁企业认定管理办法〉的通知》；网络游戏管理，如《新闻出版总署关于加强对进口网络游戏审批管理的通知》；网络音乐管理，如《文化部关于加强和改进网络音乐内容审查工作的通知》；网上名称管理，如《中央机构编制委员会办公室关于进一步加强党政群机关和事业单位网上名称管理工作的通知》，以及互联网专项内容管理，如《国家测绘局关于加强互联网地图管理工作的通知》、国家烟草专卖局等部门《关于严厉打击利用互联网等信息网络非法经营烟草专卖品的通告》等。

4.2 中国互联网政策法规建设的主要内容

4.2.1 完善有关网络犯罪和网络侵权行为的法律责任

针对侵犯公民个人信息、非法侵入计算机信息系统等违法行为，《中华人民共和国刑法修正案（七）》规定：国家机关或者金融、电信、交通、教育、医疗等单位的工作人员，违反国家规定，将本单位在履行职责或者提供服务过程中获得的公民个人信息，出售或者非法提供给他人，情节严重的，处三年以下有期徒刑或者拘役，并处或者单处罚金。窃取或者以其他方法非法获取上述信息，情节严重的，依照前款的规定处罚。同时，对侵入国家事务、国防建设、尖端科学技术领域以外的计算机信息系统或者采用其他技术手段，获取该计算机信息系统中存储、处理或者传输的数据，或者对该计算机信息系统实施非法控制，以及提供专门用于侵入、非法控制计算机信息系统的程序、工具，或者明知他人实施侵入、非法控制计算机信息系统的违法犯罪行为而为其提供程序、工具，情节严重的行为，依法予以刑事处罚。12 月 26 日通过的《中华人民共和国侵权责任法》第三十六条原则规定了网络用户和网络服务提供者的侵权责任，即网络用户利用网络服务实施侵权行为的，被侵权人有权通知网络服务提供者采取删除、屏蔽、断开链接等必要措施。网络服务提供者接到通知后未及时采取必要措施的，对损害的扩大部分与该网络用户承担连带责任。网络服务提供者知道网络用户利用其网络服务侵害他人民事权益，未采取必要措施的，与该网络用户承担连带责任。

4.2.2 进一步明确互联网管理职能

按照中央编办关于文化部、新闻出版总署和国家广电总局“三定规定”的解释，在动漫管理职能上，文化部负责动漫相关产业规划、产业基地、项目建设、会展交易和市场监管，但管理范围不含影视动漫和网络视听中的动漫节目；互联网上的动漫电影、电视剧和网络视听中的动漫节目仍由广电总局负责；新闻出版总署“负责在出版环节对动漫进行管理”，即负责动漫的书、报、刊、音像制品等动漫出版物的审批。在网络游戏管理职能上，文化部是网络游戏的主管部门，负责网络游戏相关产业规划、产业基地、项目建设、会展交易和市场监管；新闻出版总署负责“网络游戏的网上出版前置审批”，即在经工业和信息化部门许可通过互联网向上网用户提供服务之前由新闻出版总署对网络游戏出版物进行审批。一旦上网，完全由文化部管理。

4.2.3　继续推进互联网社会化应用

4 月 14 日，《国家发展改革委、财政部关于加快推进国家电子政务外网建设工作的通知》要求：为推动利用国家政务外网开展各类业务应用，各级政务部门要按照统一规划、分级负责的原则，大力推动政务外网建设，建立国家政务外网协同工作机制，加强国家政务外网的信息安全保障工作，不断提高国家政务外网的服务水平。11 月 30 日，《商务部关于加快流通领域电子商务发展的意见》明确了加快流通领域电子商务发展的主要目标，提出推动传统流通企业开拓网上市场、促进商品批发环节应用推广网上交易、加快发展面向消费者的专业网络购物企业、推动实体市场交易与网上市场交易有机结合等工作任务，并要求完善流通领域电子商务发展扶持政策，开展流通领域电子商务示范引导工作，健全流通领域电子商务发展环境以及有效防范网上交易市场风险等保障机制。

4.2.4　推动绿色上网

5 月 19 日，工业和信息化部《关于计算机预装绿色上网过滤软件的通知》规定：为避免互联网不良信息对青少年的影响和毒害，相关部门使用中央财政资金买断“绿坝—花季护航”绿色上网过滤软件产品一年使用权及相关服务，供全社会免费使用。为此，要求在我国境内生产销售的计算机出厂时、进口计算机在国内销售前应预装“绿坝—花季护航”软件最新适用版本，并预装在计算机硬盘或随机光盘内，在恢复分区和恢复光盘中作为备份文件。《通知》还要求：计算机生产及销售企业应于 2009 年 6 月底完成“绿坝—花季护航”软件预装测试等相关工作，2009 年 7 月 1 日后出厂和销售的计算机应预装“绿坝—花季护航”软件。该《通知》在国内外引起了强烈反响，关于强制安装的合法性与合理性、软件本身的安全问题、涉嫌侵犯他人知识产权以及意图控制用户上网行为、妨碍信息自由流动等各种质疑构成了“绿坝事件”。6 月 30 日，工业和信息化部新闻发言人就绿坝上网过滤软件问题答记者问，指出：近来，一些企业提出工作量大、时间仓促、准备不足，根据实际情况，可以推迟预装。本着坚持方向、分步实施的原则，7 月 1 日后继续提供网络免费下载，继续在用于中小学校、网吧等公共场所的计算机上安装过滤软件，鼓励已装过滤软件的计算机厂商积极开拓市场。其他计算机如何预装，工业和信息化部将进一步征求各方意见，完善方案，改进方法，做好相关工作。8 月 13 日，李毅中部长在国务院新闻办召开的新闻发布会上回答相关提问时进一步明确：充分尊重广大消费者选择的自由，不会在所有销售的计算机里一律都要强制安装绿坝软件，但仍将继续在学校、网吧等公共场合的计算机里安装。

4.2.5 加强网络安全管理

4 月 13 日，工业和信息化部印发了《互联网网络安全信息通报实施办法》和《木马和僵尸网络监测与处置机制》。《互联网网络安全信息通报实施办法》明确了网络安全信息报送单位，将需要报送的信息分为事件信息和预警信息，并分别对相关信息分级、报送的时间和内容以及研判、会商制度作出规定，以提高网络安全预警、防范和应急水平。《木马和僵尸网络监测与处置机制》明确了对危害公共互联网安全的木马和僵尸网络控制端及其使用的 IP 地址和恶意域名的监测和处置要求，包括木马和僵尸网络事件的分级、监测主体、相关信息报送要求以及结果通报内容，并规定了相关处置、反馈工作流程和要求。4 月 24 日，工业和信息化部印发的《电信网络运行监督管理办法》，明确规定了基础电信业务经营者应当对互联网骨干网采取网络架构保护措施，如相关服务器应当设置必要的控制策略，尽可能减少相关服务器的共享和开放端口等，并规定了相关网络运行维护责任、网络运行事故处理以及网络运行监督管理制度。

4.2.6 强化对网络接入环节的管理

3 月 5 日，工业和信息化部公布的《电信业务经营许可管理办法》明确规定：基础电信业务经营者不得为无经营许可证或者未办理备案手续的单位或个人提供用于经营电信业务的电信资源或者提供网络接入、业务接入服务；为增值电信业务经营者提供网络接入、代理收费和业务合作的基础电信业务经营者，应当对相应增值电信业务的内容、资费与收费、合作行为等进行规范、管理，并建立相应的发现、监督和处置制度和措施。提供网站接入服务的增值电信业务经营者不得向其他从事网站接入服务的增值电信业务经营者转租所获得的网络接入等电信资源，不得为未经许可或未备案的网站提供接入或代收费等服务，应当对所接入网站传播违法信息的行为进行监督，按照电信管理机构的要求终止或者暂停对违法网站的接入服务。

4.2.7 严格网络视听节目管理

3 月 31 日，《广电总局关于加强互联网视听节目内容管理的通知》重申：互联网视听节目不得含有危害社会公德，损害民族优秀文化传统等十类内容，要求各互联网视听节目服务单位对含有恶意曲解中华文明、中国历史和历史史实等二十一类情节的视听节目要及时进行剪截、删除，并完善节目内容管理制度和应急处理机制。8 月 11 日，《广电总局关于加强以电视机为接收终端的互联网视听节目服务管理有关问题的通知》针对擅自将互联网上的影视剧等各类视听节目传送到电视机终端供用户收看的行为，规定通过互联网连接电视机或机顶盒等电子产品，向电视机终端用户提供视听节目服务，应当取得“以电视机为接收终端的视听节目集成运营服务”的《信息网络传播视听节目许可证》，并遵守著作权法律、行政法规的规定。开展以电视机为接收终端的互联网视听节目集成运营服务，应当建立具有节目播控、节目导视、版权保护等功能的集成播控系统，健全节目内容管理制度、安全保障制度和应急处理机制，确保所传播视听节目内容可管、可控。通过互联网等信息网络向电视机终端用户传播的视听节目，应当符合《广播电视管理条例》等有关规定等。9 月 15 日，《广电总局关于互联网视听节目服务许可证管理有关问题的通知》重申：任何网站和个人未取得《许可证》，不得从事互联网视听节目服务，并要求自 2010 年 3 月 1 日起，各级广电管理部门要按照《互联网视听节目服务管理规定》的有关要求，对无证播出的依法予以处罚。

4.2.8　细化网络游戏管理事项及要求

一是在网络游戏内容管理方面：4 月 24 日，文化部办公厅发布了《关于规范进口网络游戏产品内容审查申报工作的公告》，规定从事进口网络游戏产品运营的企业应严格按要求报审，在未获得文化部进口网络游戏产品批准文件时，不得开放用户注册或通过客户端软件直接注册登录服务器、不得以向用户收费或通过商业合作、广告等方式开展经营，并要求已通过文化部内容审查的进口网络游戏产品在运营中有实质内容变动的改版或版本升级的，应将新版本报文化部进行内容审查。7 月 24 日，文化部办公厅发出了《关于立即查处“黑帮”主题非法网络游戏的通知》，指出以“黑帮”为主题的网络游戏违反了《互联网文化管理暂行规定》关于禁止载有“宣扬淫秽、赌博、暴力或教唆犯罪的”、“危害社会公德或者民族优秀文化传统的”内容等有关规定，互联网文化单位要迅速进行自查自纠，各级文化行政部门和文化市场行政执法机构对继续运营、宣传以“黑帮”为主题的非法网络游戏的单位依法从重处罚。

二是在网络游戏虚拟货币管理方面：6 月 4 日，文化部、商务部发出《关于加强网络游戏虚拟货币管理工作的通知》，从四个方面规定了加强网络游戏虚拟货币管理的要求：一是严格市场准入，加强主体管理；二是规范发行和交易行为，防范市场风险；三是加强市场监管，严厉打击利用虚拟货币从事赌博等违法犯罪行为；四是加大执法力度，净化市场环境。《通知》明确了网络游戏虚拟货币的定义，要求对从事“网络游戏虚拟货币发行服务”和“网络游戏虚拟货币交易服务”业务的企业实行市场准入，规定了网络游戏虚拟货币的使用范围以及相关记录留存、用户权益保护、终止产品和服务的要求等基本规则。例如，网络游戏运营企业终止服务时，对于用户已经购买但尚未使用的虚拟货币必须以法定货币方式或用户接受的其他方式退还用户等。7 月 20 日，文化部文化市场司印发了《“网络游戏虚拟货币发行企业”、“网络游戏虚拟货币交易企业”申报指南》，进一步明确了两类企业的定义和准入条件，规定“网络游戏虚拟货币发行企业”需符合设立经营性互联网文化单位的有关条件，“网络游戏虚拟货币交易企业”需符合设立经营性互联网文化单位的有关条件，以及商务主管部门关于电子商务（平台）服务的有关规定，且同一企业不得同时经营以上两项业务。同时，该指南规定了有关申报材料、流程、时限以及审批公示的具体要求。

三是在网络游戏准入管理方面：7 月 1 日，新闻出版总署发出了《关于加强对进口网络游戏审批管理的通知》，规定任何企业在中国境内从事网络游戏出版运营服务，必须经新闻出版总署进行前置审批，取得具有网络游戏出版服务范围的互联网出版服务许可证；任何境外著作权人授权的进口网络游戏作品，未经新闻出版总署审查批准，一律不得在境内提供出版运营服务；在境内举办各种游戏的会展交易节庆活动中，凡涉及境外游戏作品的展示、演示、交易、推广等内容的，必须按进口网络游戏审批规定事先报新闻出版总署审查批准。9 月 28 日，新闻出版总署、国家版权局、全国“扫黄打非”工作小组办公室《关于贯彻落实国务院〈“三定”规定〉和中央编办有关解释，进一步加强网络游戏前置审批和进口网络游戏审批管理的通知》，重申将网络游戏内容通过互联网向公众提供在线交互使用或下载等运营服务是网络游戏出版行为，必须经新闻出版总署前置审批并获得具有网络游戏经营范围的互联网出版许可证；新闻出版总署负责进口网络游戏审批；禁止外商以独资、合资、合作等方式在中国境内投资从事网络游戏运营服务。

值得一提的是，由于网络游戏管理涉及文化部、新闻出版署等多个部门，知名网络游戏产品《魔兽世界》审批事件引起了广泛的社会关注。2009 年 4 月，有媒体报道上海网之易公司取代"第九城市"公司获得了《魔兽世界》的大陆运营权。之后，网之易公司按规定办理相关审批手续并暂停服务。7 月，《魔兽世界》(燃烧的远征)通过文化部的内容审查。11 月 2 日，新闻出版总署在其网站上公布：日前已发出通知宣布终止《魔兽世界》(燃烧的远征)审批，退回关于引进出版《魔兽世界》的申请，主要理由是：网之易公司在未经新闻出版总署审批同意的情况下，于 9 月 19 日擅自收费并提供新账号注册的行为，已经造成事实上的公开运营服务，严重违反了国家关于网络游戏上网前须经新闻出版总署前置审批和境外著作权人授权的互联网游戏作品须经新闻出版总署审批的规定。同时要求，网之易公司立即停止违规行为，纠正错误，停止收费和新账号注册，新闻出版总署将视情依法对其作出相应的行政处罚，包括停止其互联网接入服务。11 月 3 日，文化部在媒体通气会上表示：新闻出版总署此举不符合"三定规定"，明显属于越权行为，因为按照中编办有关网络游戏管理职责的最新解释，新闻出版总署不具备处罚《魔兽世界》的职责。两部门在《魔兽世界》审批事项上的公开分歧，不仅影响到政府管理的权威性，也增大了网络游戏运营商经营行为的不确定性，并引起广大游戏玩家对"游戏权"缺乏保障的普遍忧虑。

4.2.9 继续巩固互联网上网服务营业场所管理

7 月 20 日，文化部印发了《网吧内网络文化内容产品经营资质申报及产品备案指南》，规定为网吧等互联网上网服务营业场所提供影视、音乐、单机游戏等文化内容产品及其下载、更新、服务等经营活动的互联网文化经营单位，要向文化部门申报资质，并每半年将企业经营的网络文化产品信息向文化部备案，备案的产品信息将成为文化执法部门行政执法的参照。已有网络文化经营许可证的企业，直接向文化部申请增加"网吧内网络文化内容产品经营"项，换发《网络文化经营许可证》。逾期未申报资质的经营单位及其未备案的非法网络文化产品不得在网吧内传播。9 月 7 日，文化部印发了《网吧连锁企业认定管理办法》，明确了国家扶持和鼓励网吧的连锁化、规模化、专业化、品牌化，支持和引导非连锁网吧向连锁业态发展的政策，规定了网吧连锁企业的定义和文化行政部门在网吧连锁企业认定、管理工作职责，以及申报网吧连锁企业的条件、提交的材料和审批、认定程序，并规定了网吧连锁企业年审制度和对相关违法行为的行政处罚。

4.2.10 进一步强化互联网专项内容管理

一是在互联网医疗保健信息、药品信息管理方面：5 月 1 日，卫生部发布了《互联网医疗保健信息服务管理办法》，进一步规范通过开办医疗卫生机构网站、预防保健知识网站或者在综合网站设立预防保健类频道向上网用户提供医疗保健信息的服务活动。《办法》规定：从事互联网医疗保健信息服务，在向通信管理部门申请经营许可或者履行备案手续前，应当经省、自治区、直辖市人民政府卫生行政部门、中医药管理部门审核同意，并明确了前置许可的条件、申请材料和审批程序。《办法》还明确了医疗保健信息服务应当遵守的规定、各级卫生行政部门、中医药管理部门的监督管理职责以及相关法律责任。例如，规定非医疗机构不得在互联网上储存和处理电子病历和健康档案信息；开展性科学研究的医疗保健网站，只能向从事相关临床和科研工作的专业人员开放；互联网医疗保健信息服务审核和监督管理情况应当向社会公告等。

二是在互联网地理信息服务方面：12 月 28 日，国家测绘局发出了《关于加强互联网地图管理工作的通知》，规定互联网地图服务单位应当依法取得相应的互联网地图服务测绘资质，并在资质许可的范围内提供互联网地图服务；互联网地图服务单位提供浏览、搜索、导航、定位等增值服务必须使用经测绘行政主管部门审核批准的互联网地图；互联网地图的编制、更新等活动，必须由取得相应电子地图编制或者导航电子地图制作专业范围测绘资质的单位承担；提供互联网地图服务的数据库服务器不得设在境外（含港澳台地区），互联网地图必须由相应互联网地图编制单位按照地图审核有关管理规定送审。未经依法审核批准的互联网地图，一律不得公开登载、传输等。

三是在打击利用互联网实施违法行为方面：6 月 24 日，国家烟草专卖局、工业和信息化部、公安部、国家工商行政管理总局发出了《关于严厉打击利用互联网等信息网络非法经营烟草专卖品的通告》，明确禁止未取得烟草专卖许可证的组织和个人利用互联网等信息网络非法经营卷烟、雪茄烟、烟丝、烟叶、复烤烟叶、卷烟纸、滤嘴棒、烟用丝束、烟草专用机械等烟草专卖品；依法取得烟草专卖生产企业许可证等企业应当在指定的网络交易平台开展经营活动；禁止为非法经营烟草专卖品提供互联网信息服务；严厉打击利用互联网等信息网络非法经营烟草专卖品行为。12 月 15 日，工业和信息化部印发了《工业和信息化部关于进一步深入整治手机淫秽色情专项行动工作方案》的通知，提出要用一年左右的时间开展手机淫秽色情专项整治行动，并明确了三个阶段共二十一项工作任务。其中，要求重点排查和清理业务推广渠道、手机网站内容接入、服务器层层转租、手机上网代收费和涉黄网站转换域名五个重点环节；要求加强对网站备案信息真实性核查，加强对移动搜索业务的管理，完善手机用户信息登记工作，全面实行黑名单企业联动管理制度，完善跨省协同处置机制，并进一步强化技术手段建设，完善企业资源管理平台建设，健全长效管理机制。

4.2.11　加强网络音乐管理

8 月 18 日，文化部印发了《关于加强和改进网络音乐内容审查工作的通知》。在《文化部关于网络音乐发展和管理的若干意见》的基础上，进一步完善了网络音乐的定义，即用数字化方式通过互联网、移动通信网、固定通信网等信息网络，以在线播放和网络下载等形式进行传播的音乐产品，包括歌曲、乐曲以及有画面作为音乐产品辅助手段的 MV 等；重申了从事网络音乐产品的制作、发布、传播（含直接提供音乐产品链接方式）、进口等经营活动，须是经文化部批准设立的经营性互联网文化单位，且所经营网络音乐产品，须报文化部进行内容审查或备案。同时，规定了进口网络音乐内容审查的要求和报审程序，国产网络音乐产品备案制度、相关材料要求和备案程序，以及规范网络音乐经营行为和加强网络音乐内容监管的相关要求。

4.2.12　规范“.政务”、“.公益”中文域名注册

1 月 20 日，《中央机构编制委员会办公室关于进一步加强党政群机关和事业单位网上名称管理工作的通知》规定：为有效提高党政群机关和事业单位网站的权威性、可信度和认知

度，规定了党政群机关和事业单位注册使用“政务”和“公益”专用中文域名作为网上名称的范围、使用规范和注册管理要求。例如，“公益”中文域名适用于非营利性机构，范围包括社会团体，事业单位，群众性自治组织，民办非企业单位，基金会，国际公益组织，从事公益性服务的机构及其他非营利性单位；各级政务部门和公益机构在以机构名称注册使用“政务”、“公益”专用中文域名时，必须与其主管机关批准的单位名称相一致，在以非机构名称注册使用“政务”、“公益”专用中文域名时，应与其管理和服务职能具有相关性；中央编办的“政务和公益机构域名注册管理中心”专门负责“政务”，“公益”专用中文域名的注册管理工作。

4.3 小结

2009 年，我国互联网政策法规建设基本延续了原有的管理模式和管理思路，体现了“齐抓共管”和“发展与管理不可偏废”的要求。同时，互联网自媒体功能的大量应用，移动互联网的迅猛发展与我国社会转型期复杂问题相互交织，导致网络信息服务管理难度不断增加，并引发有关调整互联网管理职能，修改《互联网信息服务管理办法》乃至制定互联网基本法律等一系列讨论。其中，由《工业和信息化部关于计算机预装绿色上网过滤软件的通知》引发的“绿坝事件”，文化部和新闻出版总署在处理网络游戏“魔兽世界”停运事项上的分歧，《广电总局关于加强以电视机为接收终端的互联网视听节目服务管理有关问题的通知》产生的行业利益争议，以及集中整治手机淫秽色情信息专项行动掀起的“扫黄风暴”，都引发了国内外对我国互联网管理思路、价值选择和管理方式的普遍关注，也将在不同程度上影响我国未来互联网政策法制建设走向。

（工业和信息化部政策法规司　朱秀梅）

第 5 章　2009 年中国网络资本发展情况

5.1　中国互联网创业投资及私募股权投资市场综述

5.1.1　中国创业投资及私募股权投资（VC/PE）市场概况

2008—2009 年上半年，中国创业投资及私募股权（VC/PE）投资市场与中国宏观经济一样，经历了全球金融危机洗礼。2008 年上半年，VC/PE 市场投资发展迅速，规模在第二季度达到顶峰。然而随着全球金融危机对资本市场的影响加深，中国 VC/PE 市场也出现调整。从 2008 年第三季度开始，投资规模和案例数量双双大幅下降，案例数量较 2008 年第二季度下降超过 70%，业内对于投资决策慎之又慎。随着中国加大基础设施投入，扩大内需等振兴经济政策的陆续出台，宏观经济开始慢慢走出低谷。经济前景日趋明朗的同时，中国 VC/PE 市场也呈现出回暖趋势。投资案例和投资金额在该季度均呈现大幅上升，如图 5.1 所示。

创业板的推出，为中小企业带来难得发展机遇的同时，也为投资机构提供了理想的退出渠道，这也成为 2009 年投资不断增加的原因之一。

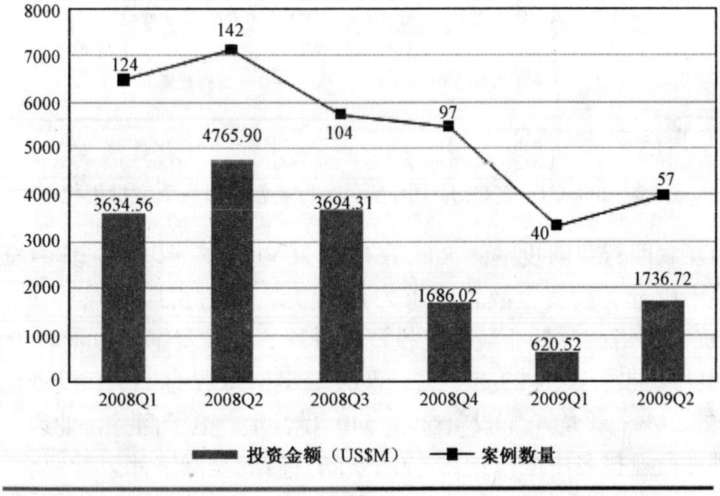

图5.1　2008Q1—2009Q2中国VC/PE市场投资规模

5.1.2 2009 年中国互联网行业创投 VC 投资市场概况

ChinaVenture《2009 年中国互联网行业投资统计分析报告》显示，2009 年，中国互联网行业创投市场共披露投资案例 74 起，投资金额 5.18 亿美元，投资案例数量和投资金额同比分别下降 35.1%和 45.6%。中国互联网行业创投市场，自 2008 年第二季度达到最高点后，受金融危机的严重影响，2008 年下半年投资案例数量和投资金额均出现大幅萎缩。进入 2009 年，第二季度市场出现一定程度的复苏，第四季度投资金额达到年内最高，见表 5.1 和图 5.2。

表 5.1 2009 年中国互联网行业创投市场季度投资规模

时 间	案例数量	投资金额（US$M）	平均单笔投资金额（US$M）
2009Q1	15	63.58	4.24
2009Q2	15	126.95	8.46
2009Q3	23	126.17	5.74
2009Q4	21	201.22	9.58
总计	74	517.92	7.00
CVSource,2010.01			www.ChinaVenture.com.cn

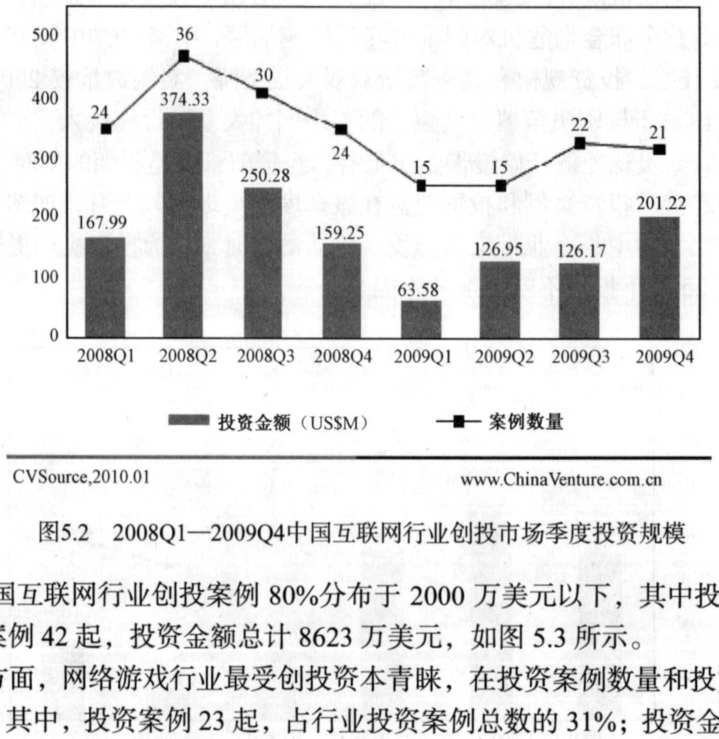

图5.2 2008Q1—2009Q4中国互联网行业创投市场季度投资规模

2009 年中国互联网行业创投案例 80%分布于 2000 万美元以下，其中投资金额小于 500 万美元的投资案例 42 起，投资金额总计 8623 万美元，如图 5.3 所示。

行业分布方面，网络游戏行业最受创投资本青睐，在投资案例数量和投资金额这两个指标中拔得头筹，其中，投资案例 23 起，占行业投资案例总数的 31%；投资金额 1.24 亿美元，占行业投资总额的 24%；平均单笔投资金额 540 万美元。电子商务行业以 19 起投资案例和 8603 万投资金额在行业排名中居于第 2 位。紧随其后的是网络社区行业。如表 5.2、图 5.4 和图 5.5 所示。

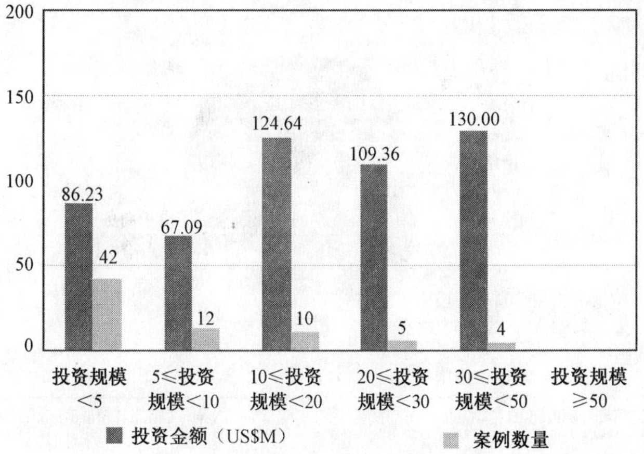

CVSource,2010.01　　www.ChinaVenture.com.cn

图5.3　2009年中国互联网行业创投市场投资金额分布

表 5.2　2009 年中国互联网行业创投市场二级行业投资规模

一级行业	二级行业	案例数量	投资金额（US$M）	平均单笔投资金额(US$M)
互联网	网络游戏	23	124.26	5.40
	电子商务	19	86.03	4.53
	网络社区	8	80.00	10.00
	网络服务	7	22.77	3.25
	行业网站	3	12.46	4.15
	网络视频	3	69.64	23.21
	电子支付	3	4.12	1.37
	网络广告	2	60.00	30.00
	搜索引擎	2	19.00	9.50
	其他	2	4.63	2.32
	综合门户	1	25.00	25.00
	网络交友	1	10.00	10.00
	总计	74	517.92	7.00

CVSource,2010.01　　www.ChinaVenture.com.cn

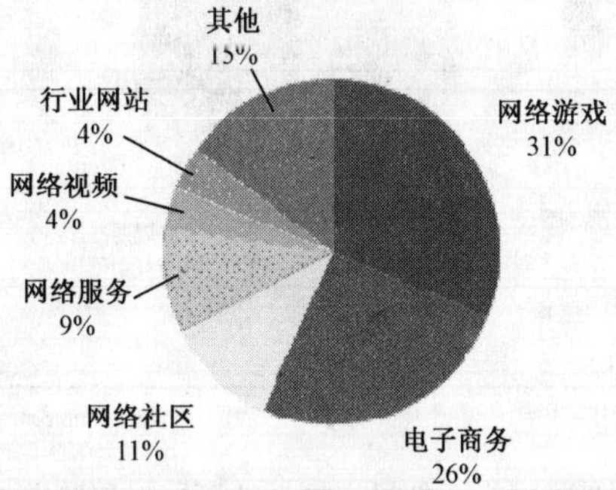

CVSource,2010.01　　www.ChinaVenture.com.cn

图5.4　2009年中国互联网行业创投市场二级行业投资案例数量比例

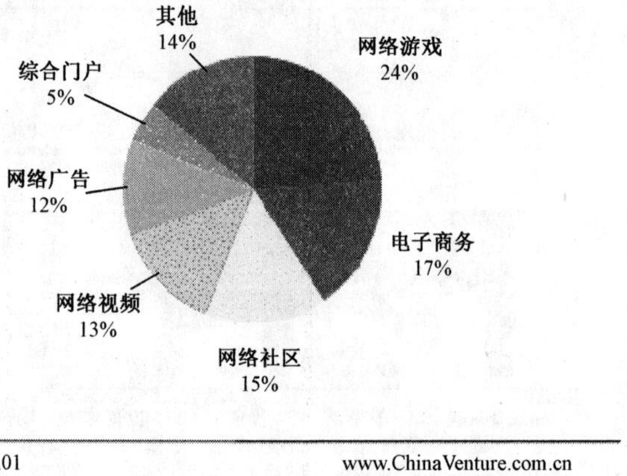

图5.5　2009年中国互联网行业创投市场二级行业投资案例金额比例

投资阶段方面，2009 年中国互联网行业各投资阶段的投资案例数量和投资金额同比均出现下滑，投资案例由 2008 年的 114 起下降到 2009 年的 74 起，降幅为 35.1%。投资金额由 2008 年的 9.52 亿美元起下降到 2009 年的 5.18 亿美元。如表 5.3、图 5.6、图 5.7 和图 5.8 所示。

表 5.3　2009 年中国互联网行业创投市场不同企业发展阶段投资规模

阶　段	案 例 数 量	投资金额（US$M）	平均单笔投资金额（US$M）
发展期	60	375.30	6.26
扩张期	2	24.46	12.23
获利期	9	113.03	12.56
早期	3	5.13	1.71
总计	74	517.92	7.00

CVSource,2010.01　　www.ChinaVenture.com.cn

图5.6　2009年中国互联网行业创投市场企业不同发展阶段投资案例数量比例

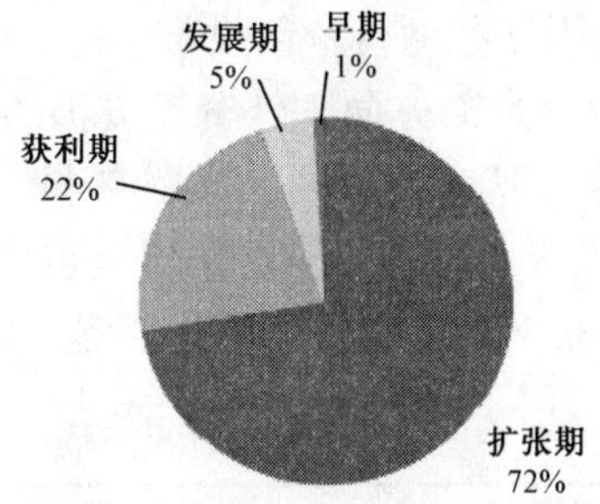

CVSource,2010.01　　www.ChinaVenture.com.cn

图5.7　2009年中国互联网行业创投市场企业不同发展阶段投资案例金额比例

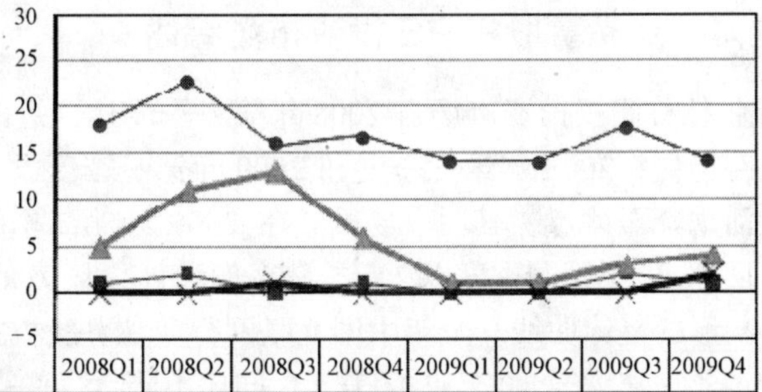

	2008Q1	2008Q2	2008Q3	2008Q4	2009Q1	2009Q2	2009Q3	2009Q4
早期	1	2	0	1	0	0	2	1
发展期	18	23	16	17	14	14	18	14
扩张期	5	11	13	6	1	1	3	4
获利期	0	0	1	0	0	0	0	2

CVSource,2010.01　　www.ChinaVenture.com.cn

图5.8　2009年中国互联网行业创投市场企业不同发展阶段投资案例金额比例

投资地区方面，2009 年创投机构投资地区仍然以北京、上海等一级城市和东部沿海地区为主。其中，北京投资案例 29 起，投资金额 2.50 亿美元，分别占整体的 31.2%和 48.3%，位居首位；第二位是上海，投资案例 23 起，投资金额 1.71 美元，如表 5.4 所示。

表 5.4　2009 年中国互联网行业创投市场投资地区分析

地　　区	案 例 数 量	投资金额（US$M）	平均单笔投资金额（US$M）
北京	29	250.30	8.63
上海	23	170.92	7.43
广东（除深圳）	6	49.75	8.29
深圳	5	12.09	2.42
浙江	4	4.02	1.01
山东	1	6.00	6.00
四川	1	1.21	1.21
其他	5	23.63	4.73
总计	74	517.92	7.00

CVSource,2010.01　　www.ChinaVenture.com.cn

中外资投资方面，2009 年中国互联网行业创投市场中，中外资机构在投资案例数量方面相近，分别为 31 起和 43 起；投资金额方面，外资投资仍然大幅领先。与 2008 年相比，中资投资较外资投资呈现上升趋势，其中中资机构案例数量占投资案例总量比例由上一年的 19.5%上升至 41.9%；中资机构投资金额占投资总额比例也由上一年的 7.5%上升到 18.8%。随着中资机构的快速发展，在互联网行业投资中将扮演越来越重要的角色，如图 5.5 所示。

表 5.5 2009 年中国互联网行业创投市场中外投资规模

资本类型	案例数量	投资金额（US$M）	平均单笔投资金额（US$M）
中资	31	97.15	3.13
外资	43	420.77	9.79
总计	74	517.92	7.00

CVSource,2010.01　www.ChinaVenture.com.cn

5.1.3 中国互联网行业私募股权 PE 投资市场综述

中国互联网行业私募股权投资市场自 2008 年第二季度达到近两年来的最高点后，在金融危机影响之下一路走低，2008 年第三季度和 2009 年第一季度没有监测到私募股权投资案例发生，市场交投活动降至冰点，其后市场虽然在 2009 年第二季度显露触底反弹的迹象，旋即在第三季度重回冰点，至第四季度以 2 起投资案例和 2.27 亿美元投资金融创出年内高点，整个 2009 年走出 W 形的复苏曲线。全年中国互联网行业私募股权投资市场共计披露投资案例 3 起，同比下降 25%；投资金额 2.37 亿美元，同比下降 38.4%；平均单笔投资金额 7905 万美元，同比下降 17.9%，如表 5.6 和图 5.9、图 5.10 所示。

表 5.6 2009 年中国互联网行业私募股权投资市场投资规模

时间	案例数量	投资金额（US$M）	平均单笔投资金额（US$M）
2009Q1	0	0.00	—
2009Q2	1	10.15	10.15
2009Q3	0	0.00	—
2009Q4	2	227	113.5
总计	3	237.15	79.05

CVSource,2010.01　www.ChinaVenture.com.cn

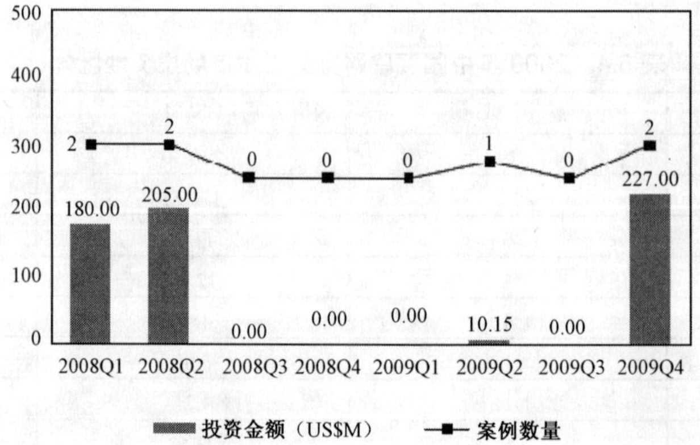

CVSource,2010.01　www.ChinaVenture.com.cn

图5.9 2008Q1—2009Q4中国互联网行业私募股权投资市场季度投资规模

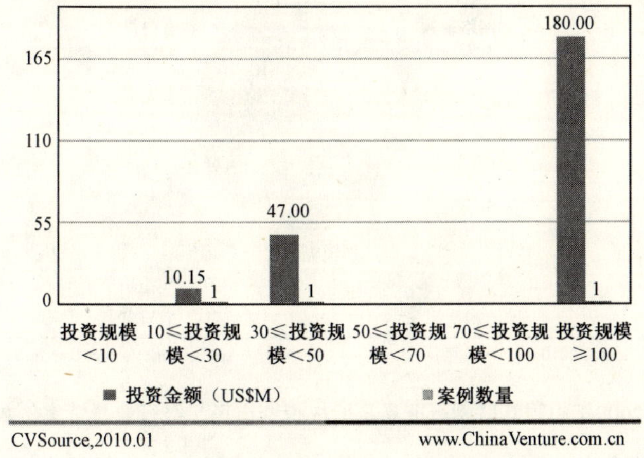

图5.10　2009年中国互联网行业私募股权投资市场不同投资规模案例比较

行业分布方面，2009 年中国互联网行业私募股权投资案例数量和投资金额在总体中所占的比例分别为 3.5%和 0.6%。全年披露的 3 起投资案例分布于网络视频，网络游戏和综合门户三个二级行业。综合门户行业以 1.8 亿美元投资金额领跑其他二级行业，占行业总体的 76%，如表 5.7 和图 5.11、图 5.12 所示。

表 5.7　2009 年中国互联网行业私募股权投资市场二级行业投资规模

一级行业	二级行业	案例数量	投资金额（US$M）	平均单笔投资金额（US$M）
互联网	综合门户	1	180.00	180.00
	网络游戏	1	47.00	47.00
	网络视频	1	10.15	10.15
总计		3	237.15	79.05

CVSource,2010.01　　www.ChinaVenture.com.cn

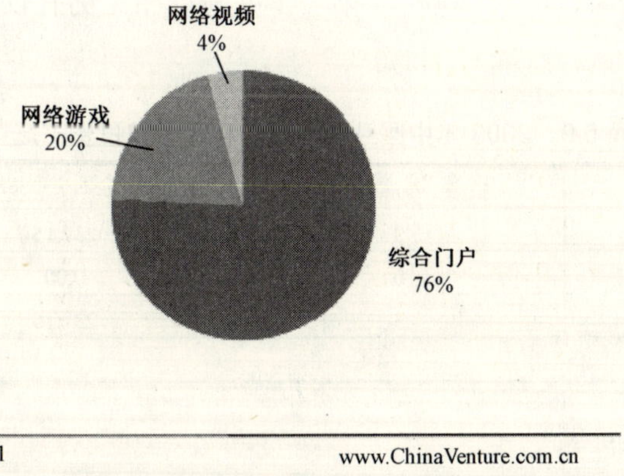

图5.11　2009年中国互联网行业私募股权投资市场二级行业投资案例金额比例

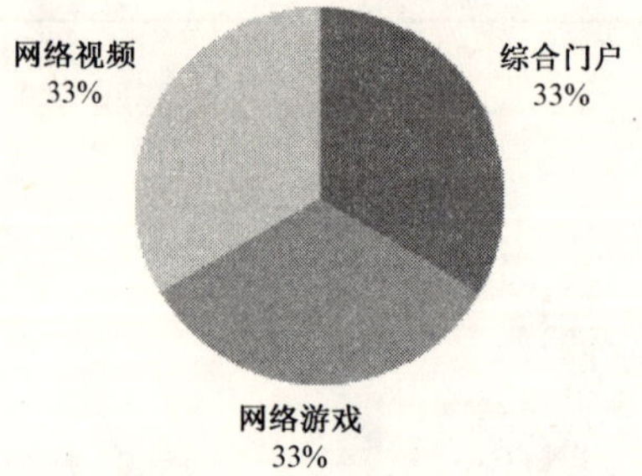

CVSource,2010.01　　www.ChinaVenture.com.cn

图5.12　2009年中国互联网行业私募股权投资市场二级行业投资案例数量比例

投资阶段方面，根据 CVSource 数据统计，2009 年中国互联网行业私募股权投资企业全部处于获利期阶段，共 3 起，涉及投资金额 2.37 亿美元，投资案例数量同比上升 50.0%，投资金额同比上升 26.0%。

投资地区方面，2009 年中国互联网行业私募股权投资仍然集中分布于北京和上海。其中，北京地区居于首位，投资案例数量占比为 66.7%，投资金额占比达到 80.2%，见表 5.8。

表 5.8　2009 年中国互联网行业私募股权投资市场投资地区分析

地　　区	案 例 数 量	投资金额（US$M）	平均单笔投资金额（US$M）
北京	2	190.15	95.08
上海	1	47.00	47.00
总计	3	237.15	79.05

CVSource,2010.01　　www.ChinaVenture.com.cn

中外资投资方面， 2009 年中国互联网行业私募股权投资市场仍然为外资机构投资一统江山的案例 3 起，总投资金额 7905 万美元。从年内分析，随着欧美经济的触底，外资投资出现一定的复苏迹象，但与 2008 年第一季度高点相比仍有较大差距，如表 5.9 和图 5.13、图 5.14 所示。

表 5.9　2009 年中国互联网行业私募股权投资市场中外资投资规模

资 金 来 源	案 例 数 量	投资金额（US$M）	平均单笔投资金额（US$M）
外资	3	237.15	79.05
中资	0	0.00	—
总计	3	237.15	79.05

CVSource,2010.01　　www.ChinaVenture.com.cn

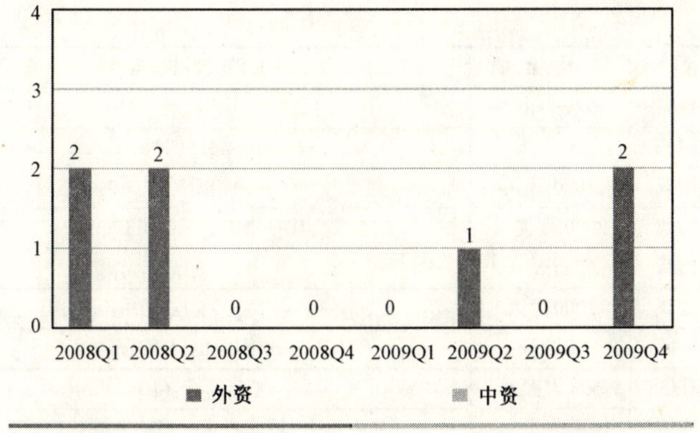

CVSource, 2010.01　　www.ChinaVenture.com.cn

图5.13　2008Q1—2009Q4中国互联网行业私募股权投资市场中外资投资案例数量

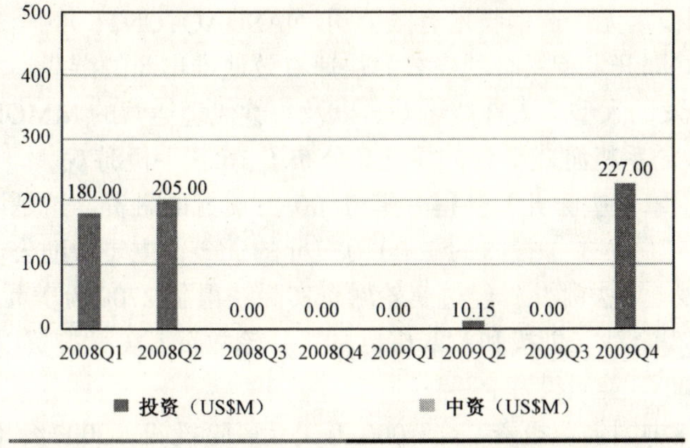

CVSource, 2010.01　　www.ChinaVenture.com.cn

图5.14　2008Q1—2009Q4中国互联网行业私募股权投资市场中外资投资案例金额

5.2　中国互联网投资概况

2009 年中国互联网投资主要事件如表 5.10 所示。

表 5.10　2009 年中国互联网投资主要事件

企业简称	所属行业	涉及金额	涉及机构	发生时间
纵横天地	电子商务	N/A	凯雷集团	2009-11-19
艾摩	电子商务	400 万元	永辉瑞金创投	2009-09-29
去哪儿	搜索引擎	1500 万美元	纪源资本、Tenaya Capital、金沙江创投、Mayfield	2009-09-17
紫博蓝	网络服务	未公开	日本亚洲	2009-08-31
丫丫购物搜索	电子商务	N/A	N/A	2009-08-18
商讯通	电子商务	500 万美元	嘉富诚	2009-08-13
安居客	行业网站	1000 万美元	经纬创投	2009-08-07
德比软件	电子商务	未公开	北极光创投	2009-07-21
金银岛网交所	电子商务	未公开	达晨创投	2009-06-30

续表

企业简称	所属行业	涉及金额	涉及机构	发生时间
第一视频	网络视频	7920 万港元	OZ	2009-06-12
世易科技	行业网站	未公开	晨兴创投	2009-06-08
汉森信息	网络游戏	1000 万元	松禾资本	2009-06-02
798Game	网络游戏	2000 万美元	IDG 资本、Infiniti Capital	2009-05-19
4399 在线游戏	网络游戏	N/A	N/A	2009-05-19
宣逸互动	网络游戏	1000 万元	N/A	2009-05-15
爱狗网	网络社区	未公开	软银集团、IDG 资本	2009-03-10
同学网	网络社区	600 万美元	Tano Capital	2009-02-24
点击科技	即时通信	未公开	联想投资、富达亚洲	2009-01-01

一网娱乐科技有限公司（798GAME）获得 IDG 技术创业投资基金和香港英菲尼迪投资有限公司（Infiniti Capital）的共同投资，投资金额总计 2000 万美元。一网娱乐科技有限公司（798GAME）是中国德信无线通信技术有限公司（NASDAQ：CNTF）的全资子公司。798GAME 采用了自主研发和共同开发相结合的模式，快速有效地推出新的游戏。目前拥有《聊斋》和《七剑》两款自主研发的大型多人在线游戏，以及一款代理运营的 MMORPG《神仙 Online》。798GAME 拥有专业的手机游戏平台，并已经公布了 16 款手机游戏。

旅游垂直搜索引擎“去哪儿”获得一笔 1500 万美元的融资。这是该公司获得的第三轮融资。来自 GGV（纪源资本）投入的 1500 万美元的资金，主要帮助公司加强品牌建设，营销推广以及市场开发。“去哪儿”经过三轮融资实际获得了 2700 万美元。此前，“去哪儿”曾分别在 2006 年获得金沙江创投和 Mayfield 的第一轮数百万美元投资以及 2007 年由雷曼兄弟主导的第二轮 1000 万美元投资。

安居客获得经纬中国创业投资基金 1000 万美元风险投资。2007 年 8 月，该公司曾获经纬创投 200 万美元的首轮投资。安居客成立于 2007 年 4 月，是一家致力于为用户提供最佳的网上找房体验的网络平台，公司依靠最新、海量、真实的房源信息为找房用户提供智能和人性化的在线服务。目前，公司已经进入的城市包括上海、北京、深圳、广州、苏州、杭州、南京和成都等 20 个城市。

运营 GID 商讯通的联合通信科技有限公司获得嘉富诚国际资本有限公司的 500 万美元风险投资。嘉富诚在其投资的传统行业项目因金融危机而面临困难后，转投新兴新媒体领域。GID 商讯通以电子手册形式将商品信息按行业标准分类、汇聚，通过视频、图片、声音等传播介质立体展现企业和商品。该公司免费帮企业客户制作电子手册，并按照访问量收费，同时向企业提供包括即时通信、搜索引擎、网络电话等增值服务。此次融资得来的 500 万美元将用于发展公司的代理渠道，以及媒体资源采购等。

第一视频以每股 0.55 港元的价格，向机构性资产管理公司 Och-Ziff 配售 1.44 亿股新股，融资 7920 万港元。这些新股占第一视频现有已发行股本约 7.96%，占其扩大后总股本的 7.37%。交易完成后，Och-Ziff 对第一视频的持股量将由原来的 3.41%升至 10.52%。第一视频成立于 2005 年，是中国国有控股的网络视频新媒体，目前包括第一视频门户、第一视频宽频、第一视频联播网和第一视频无线四大板块。基于四大主营业务，开展“彩民生活”手机购彩业务、视频体验式电子商务平台和网络视频直播节目等多项业务。

实名 SNS 同学网获得来自 Tano China Private Equity Fund I（TCPEFI）等多家风险投资商的共同投资，投资金额 600 万美元，此次获得融资后，会在产品创新和品牌推广作巨大的投入，推出"同学录"产品。

5.3　中国互联网公司上市事件

5.3.1　IPO 市场规模

2009 年互联网行业全国共计焦点科技、中国房产信息、盛大游戏和畅游 4 家企业实现 IPO，总计融资金额 15.60 亿美元，平均每家企业融资金额 3.90 亿美元。其中，1 家企业在境内资本市场 IPO，融资金额为 1.80 亿美元；另有 3 家中国企业在境外资本市场成功实现 IPO，融资金额为 13.80 亿美元。

通过统计数据可以看出，中国互联网行业 IPO 自 2008 年第二季度达到最高点后，连续三个季度未监测到 IPO 案例发生。进入 2009 年以来，IPO 市场呈现出稳步复苏的态势，无论是案例数量还是融资金额，均出现大幅度的上升，并于第三季度创下融资金额的新高，如表 5.11 和图 5.15 所示。

表 5.11　2009 年中国互联网行业 IPO 市场规模

资 本 市 场	IPO 数量	融资金额（US$M）	平均融资金额（US$M）
境内资本市场	1	180.62	180.62
境外资本市场	3	1379.75	459.92
总计	4	1560.37	390.09
CVSource,2010.01			www.ChinaVenture.com.cn

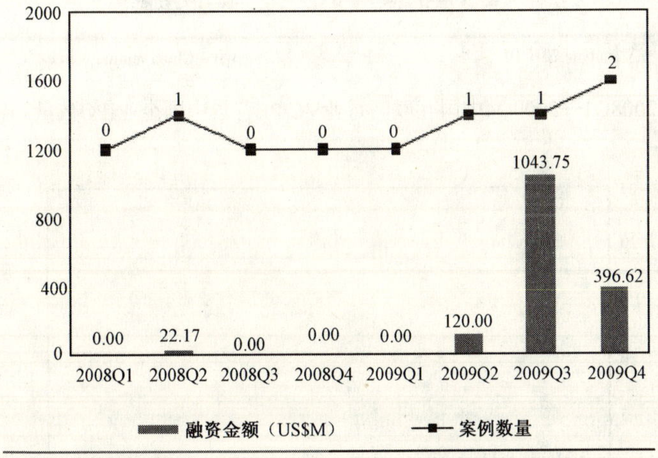

CVSource, 2010.01　www.ChinaVenture.com.cn

图5.15　2008Q1—2009Q4互联网行业中国企业IPO规模

交易所分布方面，4 家 IPO 企业分别选择在深交所和美国纳斯达克证交所实现上市，融资金额分别为 1.81 亿美元和 13.8 亿美元，占融资总额的 13.1%和 86.9%，见表 5.12。

表 5.12 2009 年中国互联网行业 IPO 融资金额分布

交 易 所	IPO 数量	融资金额（US$M）	平均融资金额（US$M）
NASDAQ	3	1379.75	459.92
深圳证券交易所	1	180.62	180.62
总计	4	1560.37	390.09

CVSource,2010.01 www.ChinaVenture.com.cn

5.3.2 VC/PE 背景中国企业 IPO 统计分析

2009 年 12 月 9 日，焦点科技股份有限公司在深交所中小板上市，发行股票 2938 万股，每股发行价为 42 元，募集资金 12.3396 亿元。焦点科技深交所 IPO 为其投资机构江苏红杉创业投资有限公司和信泉创投分别带来 9.84 倍和 6.4 倍的账面回报。与 2008 年相比，VC/PE 背景 IPO 企业数量持平，融资金额大幅增长 695.7%，见图 5.16 和图 5.17。

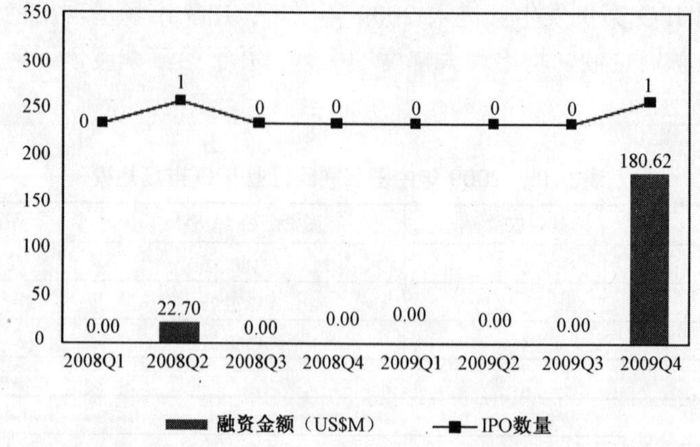

CVSource, 2010.01 www.ChinaVenture.com.cn

图5.16 2008Q1—2009Q4中国互联网行业VC/PE背景中国企业IPO数量和融资金额

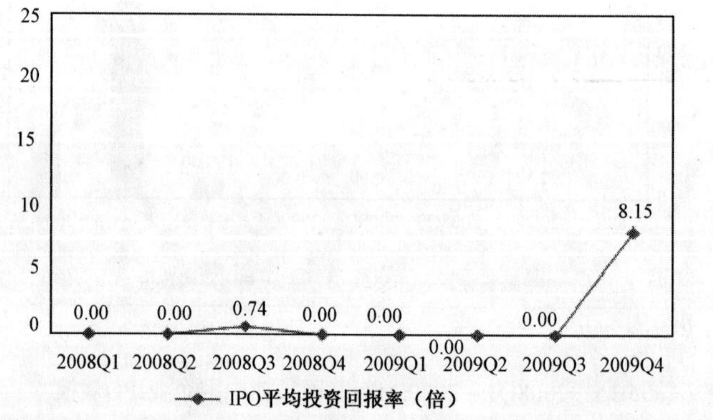

CVSource,2010.01 www.ChinaVenture.com.cn

图5.17 2008Q1—2009Q4中国互联网行业VC/PE背景中国企业IPO平均回报率

本年度中国互联网行业在深交所上市的唯一的 VC/PE 背景 IPO 企业焦点科技所在二级行业为电子商务，见表 5.13。

表 5.13　2009 年中国互联网行业 IPO 二级行业投资规模

一 级 行 业	二 级 行 业	IPO 数量	融资金额（US$M）	平均融资金额（US$M）
互联网	电子商务	1	108.62	108.62
CVSource,2010.1				www.ChinaVenture.com.cn

在 NASDAQ 上市的三家企业如表 5.14 所示。

表 5.14　2009 年中国互联网企业 NASDAQ 上市情况

企 业 简 称	上 市 时 间	上 市 地 点	所 属 行 业	涉 及 金 额
中国房产信息	2009-10-16	美国(NASDAQ)	行业网站	2.16 亿美元
盛大游戏	2009-09-25	美国(NASDAQ)	网络游戏	10.44 亿美元
畅游	2009-04-02	美国(NASDAQ)	网络游戏	1.2 亿美元

2009 年 10 月，新浪与易居中国合资公司中国房产信息集团（简称 CRIC）登陆美国纳斯达克。CRIC 上市是纳斯达克首家中国地产科技概念股，也是中国最大的专业房地产信息服务公司。据了解，CRIC 共发行美国存托股票（ADS）1800 万股，共募集资金约 2.16 亿美元。

2009 年 9 月，盛大游戏 IPO 共发行 8350 万股股票，较原计划多出了 2050 万股，发行价位于指导价区间的高端。凭借 10.44 亿美元的筹资规模，盛大游戏成为 2009 年美国最大规模的 IPO 上市交易，也是自 2008 年 4 月 American Water Works 筹资 13.6 亿美元以来最大规模的 IPO 交易。

2009 年 4 月，中国门户网站搜狐将旗下负责游戏业务的畅游公司分拆后在纳斯达克上市，使得搜狐成为国内第一家拥有两家上市公司的互联网公司。作为搜狐子公司，畅游公司定位为中国在线游戏开发和运营商，运营《天龙八部》、《鹿鼎记》和《刀剑》等网络游戏。在畅游与搜狐分拆前，搜狐游戏业务 2008 年的收入已经达到 2 亿美元，为搜狐整体贡献了将近一半的收入。畅游上市后将会专注于大型 RPG（角色扮演类）游戏，由于搜狐拥有畅游股份，也将获得此次 IPO 一部分融资，搜狐也会有更强大的现金流。

5.4　中国互联网企业并购情况

5.4.1　并购市场规模及统计分析

2009 年，中国互联网行业共发生并购案例 23 起，已披露金额案例 12 起，涉及并购金额为 5.66 亿美元，其中中国企业跨境并购案例 7 起，已披露金额案例 1 起，平均并购金额为 1200 万美元；境内并购案例 16 起，已披露金额案例 11 起，平均并购金额为 5040 万美元，见表 5.15。

与 2008 年相比，2009 年并购案例数量下降了 39.5%，但并购金额上升了 1.0%。2009 年内，并购案例数量稳中有升，涉及并购金额呈 W 型增长，自 2009 年第一季度起并购金额各季度环比增长 43.2%，14.0%，4.0%和 27.0%，中国互联网行业并购市场并未受全球经济危机太大影响。

表 5.15 2009 年中国互联网行业并购市场规模

并购性质	案例数量	已披露金额案例数量	已披露并购金额（US$M）	平均并购金额（US$M）
跨境并购	7	1	12.00	12.00
境内并购	16	11	554.42	50.40
总计	23	12	566.42	47.20

CVSource,2010.01 www.ChinaVenture.com.cn

2009 年，中国互联网行业发生 2 起 VC/PE 背景并购案例，涉及并购金额 3960 万美元，二级行业为网络视频和搜索引擎，见表 5.16 和图 5.18。

2009 年，中国互联网行业 VC/PE 背景中国企业并购案例 2 起，占并购案例总数的 8.7%；涉及并购金额 3960 万美元，占并购总金额的 1.0%，列第 6 位，仅次于能源、连锁经营和电信及增值、娱乐传媒和教育。

表 5.16 2009 年中国互联网行业 VC/PE 背景中国企业并购规模

一级行业	二级行业	案例数量	已披露金额案例数量	已披露并购金额（US$M）	平均并购金额（US$M）
互联网	网络视频	1	1	27.6	27.6
	搜索引擎	1	1	12	12
总计		2	2	39.6	19.8

CVSource,2010.01 www.ChinaVenture.com.cn

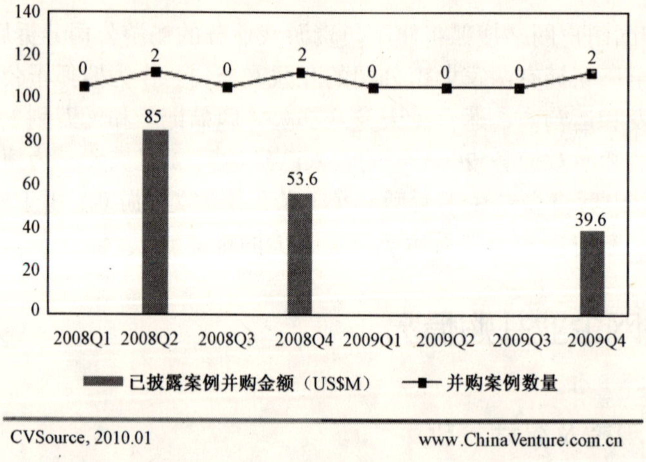

图5.18 2008Q1—2009Q4中国互联网行业VC/PE背景中国企业并购规模

5.4.2 重大并购事件

2009 年，中国互联网行业主要并购事件如表 5.17 所示。

表 5.17　2009 年中国互联网行业主要并购事件

被收购企业	收购企业简称	所属行业	涉及金额	发生时间
新浪	N/A	综合门户	1.8 亿美元	2009-09-28
星漫科技	盛大网络	网络游戏	未公开	2009-08-31
健康网	世易科技	行业网站	N/A	2009-06-18
叶网科技	完美时空	网络游戏	1500 万元	2009-05-18
职酷网	海德思哲	网络招聘	N/A	2009-04-15
分众传媒	复星国际	网络广告	2.8 亿美元	2009-02-22

（1）新浪 1.8 亿美元管理层 MBO

根据新浪公司与新浪投资控股于 2009 年 9 月 22 日签署的协议，新浪已向新浪投资控股发售，且新浪投资控股已认购约 560 万股新浪公司普通股。新浪公司已收到新浪投资控股投入资金共 1.8 亿美金。新浪投资控股是一家英属维尔京群岛注册的公司，并由新浪公司总裁兼首席执行官曹国伟及其他管理层成员控制。新浪计划将此次融资的资金用于可能发生的收购及公司的正常运营。根据相关融资文件，新浪投资控股公司的普通股股东主要包括新浪的管理团队，同时中信资本，红杉中国及方源资本三家私募基金作为优先股股东投资了新浪投资控股公司。

（2）盛大收购酷 6

2009 年 11 月 27 日，盛大网络旗下华友世纪宣布，和国内视频网站酷 6 进行股权合并。酷 6 网将出售给华友世纪所有已发行股本并取消所有酷 6 员工的股票期权。而华友世纪将向酷 6 网相关股东发行 723 684 204 普通股，其中 44 438 100 为美国存托股代表的股份（每 1 美国存托股代表的股份为 100 个华友世纪普通股）。合并后，酷 6 网成为华友控股集团全资子公司并继续保留其品牌。由于合并交易，将于 2010 年完成，本案未列入前表中。

完成对酷 6 的收购之后，盛大拥有了一个从网络游戏、在线游戏运行平台、网络文学到音乐、视频、影视和传媒的全娱乐产业链。在这个产业链上酷 6 成为盛大的影视资源和音乐资源的网络首发平台，与盛大其他娱乐资源形成合成效应。

（3）复星国际收购分众传媒股份

2008 年年底，在新浪借助分众传媒将业务的触角伸向了数字户外媒体，一个仅次于央视的第二大媒体集团即将诞生之际，复星国际的出手搅乱了这场并购游戏。从 2008 年 11 月 17 日开始，复星国际分若干次相继买入分众传媒共计 1726 万份美国存托股份，约占已发行股本总额的 13.33%，成为分众传媒的第一大股东。分众传媒并入新浪后，复星国际也间接地获得了新浪 6.08%的股份，成为新浪第三大股东。

（4）亚信 7.3 亿美元合并南京联创

2009 年 12 月，亚信与南京联创签署合并协议成立亚信联创。根据合并协议，联创股东将收到 6000 万美元现金与 2680 万股亚信股票。交易完成后，联创股东拥有新公司 35.8% 股份，亚信原股东持股为 64.2%。按照亚信 12 月 4 日收盘价 25.1 美元计算，该交易价值约为 7.3 亿美元，新公司市值接近 19 亿美元。南京联创在赴美上市的前几天与亚信谈妥合并事宜，闪电终止上市。亚信股价一路高走，合并对与亚信与联创来说，均属皆大欢喜。联创是网络设备制造公司严格讲不是互联网公司，所以未列入前表。

（中国科学院　侯自强）

第6章　2009年中国网络版权保护发展情况

6.1　2009年我国知识产权发展概况

6.1.1　推进知识产权发展战略实施

2009年，我国知识产权战略实施机制逐步健全。知识产权战略实施部际联席会议，28个成员单位联合制定《2009年国家知识产权战略实施推进计划》和《2009年中国保护知识产权行动计划》。各成员单位共开展并完成了220项工作任务，制定修订有关知识产权法规和规范性文件54项，出台主要政策措施82项，开展执法行动23项，建立公共服务平台28个。中央7个部委设立知识产权战略专门领导机构，15个部委制定战略实施配套政策。此外，各行业、区域，以及地方知识产权战略实施工作稳步推进。截至2009年年底，地方18个省、区、市分别出台了地方知识产权战略纲要或者实施意见。

6.1.2　知识产权立法工作取得新进展

《专利法》及《专利法实施细则》第三次修改顺利完成，修改后的《专利法》于2009年10月1日起施行，修改后的《专利法实施细则》于2010年2月1日起施行。工商总局起草《商标法（修订稿）》（送审稿）并上报国务院，积极推进《商标代理条例》的立法进程。版权局提出并积极推动《著作权法》的修改，加快《民间文学艺术著作权保护条例（草案）》的起草工作。

6.1.3　知识产权受理、审批、登记量继续大幅增长

2009年，在专利方面，全年共受理专利申请97.7万件，同比增长17.9%；共授权专利58.2万余件，同比增长41.2%。在商标方面，全年共受理商标注册申请量83.05万件，共审查商标注册申请141.47万件，相当于加快审查以前近五年的工作量。在版权方面，全年软件申请登记总量7.09万件，同比增长49.75%；其中软件著作权登记量6.79万件，同比增长48.6%。

6.1.4　知识产权行政执法保护和司法保护进一步加强

2009年，国家知识产权局会同有关部门组成联合调研组，赴上海开展世博会知识产权保护的专题调研，制定世博会知识产权保护专项行动工作方案。工商总局与上海市政府签订共

同推进上海世博会举办工作合作协议，印发保护世界博览会标志专有权行动方案。“12330”全国知识产权维权援助与举报投诉公益热线正式开通。截至 2009 年年底，国家知识产权局成立 61 家知识产权维权援助中心。各地方知识产权局全年共受理专利侵权纠纷案件和其他案件 1451 件。各级工商行政管理机关共查处各类商标违法案件 5.1 万件，共收缴和销毁违法商标标识 1353.4 万件。版权局继续开展打击网络侵权盗版专项治理行动，共查办网络侵权案件 541 件，积极推进企业软件正版化工作。司法保护方面，2009 年，检察机关共批准逮捕涉及侵犯知识产权犯罪案件 1256 件 2119 人；起诉 1535 件 2695 人。全国地方法院共新收和审结知识产权民事一审案件 3.06 万件和 3.05 万件；共审结涉及知识产权侵权的刑事案件 3660 件。

6.1.5　知识产权试点示范工作稳步推进

2009 年，知识产权试点示范工作进一步深化。截至 2009 年年底，共批准国家知识产权试点示范城市 109 个。工商总局制定《关于开展国家商标战略实施示范城市（区）、示范企业工作的指导意见》，正式启动商标战略示范城市和示范企业工作。版权局先后批准成都和青岛两个“创建全国版权示范城市”，完成《创建版权示范城市、示范园区、示范单位管理办法》的起草工作。

6.1.6　知识产权国际合作与交流继续深化

2009 年，国家知识产权局积极参与世界知识产权组织（WIPO）发展议程，实体专利法协调，专利合作条约改革等国际知识产权事务，参与并推动中国与美、日、欧、韩的相关合作。工商总局加强与美、日、欧等国商标主管机构的交流合作。版权局积极参与世界知识产权组织有关民间文艺、发展议程、版权常设会议等议题的相关工作，协调和组织参加世界知识产权组织跨区域知识产权高层论坛。中国自加入有关国际公约起，就将国际公约制定的基本原则和制度融入到立法之中，切实行使和履行国际公约规定的权利和义务，作为负责任的发展中大国，中国将继续大力实施知识产权战略，推进知识产权各项工作深入开展[1]。

6.2　2009 年中国法院知识产权司法保护状况

6.2.1　审理知识产权民事案件情况

知识产权民事案件数量继续保持多年来快速增长的势头，案件增幅明显，远超过其他类型民商事案件的增幅。2009 年，全国地方法院共新收和审结知识产权民事一审案件 30 626 件和 30 509 件，分别比上年增长 25.49%和 29.73%，新收一审案件诉讼标的总金额达到 308 495 万元（约合 45 225 万美元）。其中，新收专利案件 4422 件，比上年增长 8.54%；商标案件 6906 件，比上年增长 10.80%；著作权案件 15 302 件，比上年增长 39.73%；技术合同案件 747 件，比上年增长 19.9%；不正当竞争案件 1282 件，比上年增长 8.19 %；其他知识产权案件 1 967 件，比上年增长 46.79%。全年共审结涉外知识产权民事一审案件 1361 件，比上年增长 19.49%；共审结涉港澳台知识产权民事一审案件 353 件，比上年增长 56.89%。全年共新收

[1] 本节文字来源：国家知识产权局、国家工商行政管理总局、国家版权局联合发布《2009 年知识产权发展状况》2010 年 4 月 29 日。

和审结知识产权民事二审案件 5340 件和 5492 件，分别比上年增长 12.21%和 16.88%；共新收和审结再审案件 100 件和 107 件，分别比上年下降 1.96%和增长 50.7%。此外，自 2008 年 8 月 1 日反垄断法实施以来至 2009 年年底，全国地方法院共受理和审结垄断民事一审案件 10 件和 6 件。

2009 年，最高人民法院共新收和审结知识产权民事案件 243 件和 336 件（含旧存）。其中，新收申请再审案件 176 件，审结 263 件（含旧存），切实履行了对全国法院知识产权审判的监督和指导职责。

在 2009 年人民法院审理的案件中，有一批社会关注度高，影响面广乃至于在国际上都有重大影响的案件。如“番茄花园”软件网络盗版案等。

6.2.2 侵犯知识产权犯罪的刑事审判

2009 年，全国地方法院共审结涉及知识产权侵权的刑事案件 3660 件，比上年上升 10.04%；判决发生法律效力 5836 人，比上年上升 8.31%，其中有罪判决 5832 人，比上年上升 8.28%。在审结案件中，以侵犯知识产权犯罪判决的案件 1007 件，生效判决人数 1605 人，同比分别上升 1.1% 和下降 3.14 %；以生产、销售伪劣商品犯罪（涉及侵犯知识产权）判处案件 646 件，生效判决人数 1114 人；以非法经营罪（涉及侵犯知识产权）判处的案件 1973 件，生效判决人数 3076 人；以其他犯罪判处的涉及侵犯知识产权的案件 34 件，生效判决人数 41 人。

6.2.3 支持知识产权行政执法保护

2009 年全国地方法院共新收和审结一审知识产权行政案件 2072 件和 1971 件，分别比上年增长 92.92%和 90.99%。其中，新收专利案件 688 件，比上年增长 19.03%；商标案件 1376 件，同比增长 184.3%；著作权案件 4 件，同比下降 42.86%。

6.2.4 构建知识产权审判“大调解”格局

人民法院积极创新调解方式，主动加强与有关部门的协作，不断完善诉讼与非诉讼相衔接的纠纷解决机制，从根本上化解矛盾纠纷。如北京市高级人民法院于 2009 年 11 月 3 日代表北京法院系统与中国互联网协会网络调解中心正式建立网络纠纷案件委托调解机制，社会反响积极。浙江、四川和广西等地高级人民法院分别出台了关于加强知识产权民事诉讼调解工作的指导意见，取得了较好效果。

6.2.5 知识产权审判体制和工作机制

明确专利、商标等授权确权类知识产权行政案件审理分工。2009 年 6 月 22 日，最高人民法院发布《关于专利、商标等授权确权类知识产权行政案件审理分工的规定》，要求自 2009 年 7 月 1 日起，将涉及专利、商标、集成电路布图设计和植物新品种等授权确权类知识产权一、二审和再审案件统一交由北京市有关中级人民法院、北京市高级人民法院和最高人民法院知识产权审判庭审理，结束了自 2002 年以来该类案件由有关法院知识产权审判庭和行政审判庭分别受理的历史。

2009 年，最高人民法院对地方人民法院开展的知识产权审判庭统一受理知识产权民事、行政和刑事案件试点（简称“三审合一”试点）进行专题调研，批复同意江苏省高级人民法院、内蒙古自治区法院系统、河南省高级人民法院与所辖郑州、洛阳两个中级人民法院及天津市和平区人民法院开展“三审合一”试点。截至 2009 年年底，全国已有 5 个高级人民法院、44 个中级人民法院和 29 个基层人民法院开展了相关试点。开展试点工作地区的高级人民法院纷纷出台规范性文件，规范和协调试点相关工作。[2]

6.3　2009 年中国网络版权发展概况

6.3.1　网络视频的快速发展需要网络版权的规范化

2009 年是我国网络版权发展的分水岭，以视频为主导的网站都在进行版权清理和采购、赢利模式逐步清晰，随着 3G 机遇和三网融合带来的发展机会趋势，广电系统的电视台开始拓展网络电视的市场，综合门户和上市公司都开始加大对网络视频的投入，号称做“正版”的视频网站一夕之间多了起来，“正版才是王道”的观念开始真正深入投资商、内容商和视频网站，“版权”和“高清”成为各家网站叫卖的重点，这一年网络视频行业新一轮的盘整和竞合已然开始。

从行业角度来看，网络视频媒体与传统影视媒体之间逐渐由竞争走向合作，网络作为实现影视节目传播的新渠道，在新的媒体格局中占据重要位置。同时，传统新闻媒体、电视台和影视媒体纷纷拓展网络视频传播渠道，直接助推和带动了网络视频产业的规范化发展。2009 年广电部门在政策上明确加强网络广播电视发展，有条件的电台和电视台都要大力发展网络广播电视，特别是要打破传统节目生产方式，更好地汇聚网民力量，依靠网民智慧。随着国家网络电视台体系的加入，将促进网络视频产业进一步规范化、有序化发展，对营造更好的国际舆论环境，进一步推动网络建设，促进电视与网络融合等诸多方面将产生深远影响的同时，也对原有的民营视频网站造成了一定的市场冲击。

2009 年 2 月，央视网开始筹建国家级网络电视台（www.cntv.cn）12 月 28 日中国网络电视台正式上线；3 月 1 日，新华社开始试运行中国第一条视频新闻专线，6 月 16 日，新华社电视“曲线”进驻开心网，半个月内聚集“粉丝”30 万人；上海东方宽频公司作为上海文广新闻传媒集团同月正式推出“上海网络电视台”；湖南广电旗下的网络电视台芒果 TV 12 月 18 日正式启动，深圳广电集团的全资控股了公司推出中国时刻；28 日，浙江广电集团整合其 18 个电视频道的资源推出新蓝网。上述视频网站可以依托电视台强大的媒体采编团队，建立以新闻融合为核心，视听为特色，网台联动为特点的跨媒体，三网综合运营体系（互联网、无线通信和电视网）。

民营商业视频网站战略布局加速，以视频为核心表现形式的高质量传播效果视频内容的正版提升明显，满足了用户和企业客户的需求。优酷推出三部曲提升服务品质，2009 年 3 月优酷启动“牛计划”——是最大规模的民间“状元”搜索行动，活动贯穿 2009 年全年，通过优酷网庞大的用户基础和品牌力量，发动网络力量，搜索民间智慧，打造“牛人精神”。2009“牛计划”也是继优酷 2007“拍客文化”、2008 年 11 月推出“合计划”，逾百家电视台

[2] 本节选自 2010 年 4 月最高人民法院知识产权庭发布《中国法院知识产权司法保护状况（2009 年）》。

及大型影视音乐公司成为热点联盟伙伴，120 多视频官网落户优酷并同步上线，明确走向正规化的品牌发展策略。7 月 28 日，百度表示有意进军视频领域；8 月 5 日搜狐宣布推出高清视频平台。土豆网在 2008 年推出“黑豆高清频道”的基础上于 2009 年年底推出“全土豆计划”，由六大板块组成，分别是播客运营计划、热点频道计划、内容正版化计划、摄线计划、整合营销项目计划和土豆自制剧计划。8 月 5 日上市公司搜狐推出高清网络视频，向用户提供高清电影、高清电视剧、高清纪录片的视频点播服务，为加强版权保护力度，并关停用户在播客平台上传影视剧服务。这一年新浪推出大片频道，百度、网易也已开始视频上的战略布局。11 月 12 日盛大网络与湖南广电签署战略合作，共同出资 6 亿元成立盛视影业有限公司，在影视制作发行和相关衍生业务领域展开合作；27 日，盛大网络旗下华友世纪（纳斯达克：HRAY）宣布参股视频网站酷 6 网，全面进入视频领域。

2009 年，网络视频技术创新方面的突破明显，高清频道、3D 技术、多屏点播和定制个性频道等功能的增加，让更多用户借助新技术在家中体验个性化需求，视频网站用户量都形成了规模，网民的偏好主要集中在电影、电视剧、综艺/娱乐节目、音乐和原创视频等几大类型内容，关注比例都在 50%以上，用户持续关注视频、人均点播时长等提升迅速，同时开始接受视频广告形式的多样性，如片头增加 5～15 秒、20 秒不等的视频广告，在“暂停播放”时的宣传内容、弹窗、提示，以及推荐影片中的植入式广告等。视频网站的赢利模式前景被投资人看好，资本市场对视频网站的投资力度加大。

国家在扶持网络视频运营企业和网络原创视频产品发展的同时，加大对网络侵权盗版的治理力度。国家版权局、工信部、公安部持续四个月的网络治理行动有效遏制了盗版的泛滥，同时广电总局也勒令未办理《信息网络传播视听节目许可证》的点播运营企业整顿关闭，从而促进了合法运营的网络视频企业的发展。随着正版网络版权市场的逐步规范，如何行之有效地解决和保护影视版权是视频网站必须面对的问题，没有一个正版的环境就没有视频网站的未来，保护好视频版权是该产业发展的重要前提。如何有效平衡版权问题，建立良性合理的版权授权机制，促进版权拥有者、视频运营网站和网络用户三方面的发展成为了 2009 年的主要话题。

6.3.2 网络维权风暴

2009 年网络版权压力空前，资源内容为先。视频网站资源内容的丰富程度，将决定对应产品在未来的整体走向，片源推出速度、时间成为网民选择的重点。网站作为视频播出单位，对热门电影、电视等影片资源的获取成为竞争的焦点，还有对应影视制作公司，在版权谈判方面的磋商技巧、关系等也成为关键因素，获得独家授权和版权作品的维权权利也成为网站竞争产品的博弈。

（1）互联网企业开始成为原告，针对网络侵权盗版维护自身权益

1 月 5 日激动网联合北京保利博纳、北京橙天娱乐、北京吉安永嘉、上影英皇、上海银润等近 80 多家版权方联合组建“反盗版联盟”针对视频分享模式的土豆网进行维权。

8 月 19 日由央视网、凤凰网发起，以电视台和电视台网站为代表发起了保护电视作品版权、打击网络盗版行动，上海文广东方视频、湖南金鹰网、北京电视台、深圳广电、央视网、凤凰网等单位共同签署了《2009 年版权保护宣言》。上述机构还联合地方媒体共同建立版权保护联盟，对促进视频产业健康发展将产生积极作用。

9月15日，由搜狐、优朋普乐、激动网等视频网站联合全国110家互联网视频版权各权利方共同创建了“中国网络视频反盗版联盟”，对视频分享和下载网站开展维权行动，涉及优酷网、土豆网、迅雷、乐视网、56网和酷6网等大部分视频网站，其中进行取证保全盗版侵权的国内影视剧达到1000余部，在全国各地发起的诉讼行动中，仅在北京市就立案111宗，广告主可口可乐也连带被诉，深圳发生诉讼100宗。与此相应，优酷、迅雷等网站也针锋相对，提出了反诉等对应措施，唱起了“对台戏”。反盗版联盟成员搜狐网在之后又因盗版被起诉，央视电影频道、网尚、天海川（中国娱乐网）等胜诉。优朋普乐公司维权片源的“合法性”也受到了质疑，其购买的索尼公司和华纳公司外国电影，绝大部分都没有《电影片公映许可证》。

由于互联网视频版权数量太多，没有一家企业有能力全部买下来，再加上管理不善带来的版权纠纷；“反盗版联盟”的发起者实际上也是视频运营方，与其诉讼对象是竞争对手关系，所有调研机构的数据都表明，“反盗版联盟”的发起者在视频市场的份额远落后于其诉讼对象；不管“反盗版联盟”的动机是什么，其在推动版权保护方面起到了宣传和推动的作用，但是这类诉讼解决不了行业发展过程中出现的现实问题，互联网视频行业的法律纠纷数量正成倍增长，版权战的背后其实就是市场份额的争夺，因此短期内盗版问题很难做到根治。

（2）广告主加强自律，杜绝在盗版网站投放广告

广告主在行业协会的推动下开始针对网络盗版进行了自律和维权行动，4月外企协会品牌保护委员会联合180余家会员公司共同制定了《“让广告远离侵权盗版”行为准则》，广告主代表发起远离盗版网站的自律行动，将加强正规渠道版权内容合作和交易工作，促进版权市场健康发展，建立更加成熟有效的商业模式和运营模式，加大版权保护宣传力度。

6.3.3　网站的版权保护措施

视频分享和下载网站为降低版权风险纷纷推出全正版的高清频道，9月17日，土豆网高清版“黑豆”（hd.tudou.com）beta公测版本正式上线，迅雷推出正版高清影视视频门户、优酷完善“合计划”，推动版权采购；同时针对用户上传带来的版权风险，土豆网、优酷网和酷6网等自主开发了即时的版权通知系统，并将对版权商开通版权标记系统。这些技术系统提供给内容方使用，作为一个直接的操作平台，帮助网站和内容方有效达成视频内容的版权管理，在接到版权通知后，网站都会及时审核，迅速删除侵权作品，对重复上传的侵权作品，通过系统自动删除或屏蔽账户。

6.3.4　“全民反盗版”所面临的困境和质疑

“全民反盗版”的“变味”和“剑走偏锋”，引发了更大规模、更大范围的“诉讼大战”和“循环诉讼”。网络反盗版催生新职业——反盗版代理商，把“打击盗版人人有责”的宣传口号，变成了“打击盗版人人有利”的商业模式。某网络视频公司，以2009年为例，支付的版权采购成本大概是八千万，整个公司在打击盗版的费用上不到一千万，打击盗版的收益达到1.2亿（加盟商的保证金），扣除成本维权获益赚了三千万。反盗版的商业模式是三三制，其本质就是首先是三方联合，就是把版权拥有者、律师，以及有志于打击盗版的个人或者企业，三方联合起来，分配原则就是三三分成，将三个合作伙伴的利益捆绑平均分配，运营者获取获益的三分之一，合作伙伴获取收益的三分之一，律师也获取收益的三分之一，

反盗版代理商一年收入达到 1000 万，主要市场调查—公证处进行公证—委托律师事务所进行发律师函—进行和解；和解不成—诉诸于法律让法院来做裁定。反盗版代理商维权挣钱的奥秘在于批量取证、批量诉讼，专业化分工，靠规模化维权来降低成本，增加收入。

2009 年的网络影视反盗版过程中，“海量诉讼”引起了版权价格的飞涨。版权人传统分发渠道有：全国院线、电视台、音像零售市场、信息网络和贴片广告等，而 2009 年年底信息网络的版权所得已超过音像零售市场，跃居版权人的第二大收入来源。视频行业从过去的盗版现象不少，到现在的买不到版权，抢不到版权，而出现了一定程度的泡沫。

打击盗版、维护权利无可厚非，但是要避免一种情况，一边打击盗版，另一边不授权给互联网企业使用，但市场确有需要，这样就给盗版制造了空间。权利人和使用者携手合作，除了采取传统点对点的授权方式外，再利用技术探索多种授权合作模式，建立科学合理的授权渠道和授权机制，使权利人与诚信守法有规模的互联网企业加强合作，建立有效的传播体系，实现权利人和使用者的双赢，极大的推动互联网产业的发展。

6.4 打击网络侵权盗版专项治理

6.4.1 三部委网络专项治理行动

为实施《国家知识产权战略纲要》，加大力度打击网络侵权盗版，净化网络文化环境，2009 年 7 月 30 日—11 月 20 日，国家版权局、公安部、工业和信息化部联合下发通知，决定在全国范围内联合开展为期 4 个月的 2009 年打击网络侵权盗版专项治理行动（以下简称“专项行动”）。专项行动主要围绕两方面开展工作，一是重点打击网络影视传播和文学网站等领域的侵权盗版行为，尤其是传播淫秽色情和非法违禁内容的侵权盗版行为；二是加强对互联网企业和网站的主动监管。专项行动要求各地版权执法部门列出重点监管的网站名单，要求重点网站按照“先授权、后传播”的原则深入开展自查自纠，对其传播的作品是否取得授权进行主动检查，从源头上防范侵权盗版行为的发生。各地共对 3029 家重点网站实施主动监管，各级版权行政执法部门及公安、工信部共查办网络侵权案件 541 起，关闭非法网站 362 个，采取责令删除或屏蔽侵权内容的临时性执法措施 552 次，罚款总计 128.25 万元，没收服务器 154 台。其中，向司法机关移送涉嫌构成刑事犯罪的重大案件 24 起。

6.4.2 广电总局对视听网站的治理

12 月 17 日，国家广电总局宣布对大批违规视听节目网站进行清理活动，关闭 700 多家网站，其中包括近 30 家提供影视下载的 BT 网站。其决定主要依据国家广电总局和工业和信息化部发布的《互联网视听节目服务管理规定》（2007 年 12 月 20 日），其中第十五条明确规定“互联网视听节目服务单位应当遵守著作权法律、行政法规的规定，采取版权保护措施，保护著作权人的合法权益”；第十六条第 7 款明确规定“视听节目不得含有诱导未成年人违法犯罪和渲染暴利、赌博、恐怖活动内容。要求所有提供视听节目的网站针对已有问题尽快整改。”本次清理活动中关停了出现严重盗版和涉黄问题的网站，还直接影响到大批网民生活的习惯方式，因此成为 2009 年参与人数众多的热门话题之一，网民对非法下载引发的版权问题非常关注，对于那些恶意、随意大量使用他人作品进行严厉的打击处罚也非常支持，对维护正版、正规经营者的保护起到促进作用。

6.4.3　网络盗版专项治理典型案例

2009 年 12 月 18 日国家版权局发布了《2009 年全国打击网络侵权盗版专项治理行动典型案件》查处情况，侵权知识产权移交公安机关的刑事案件如下。

（1）名仕公司游戏私服侵权案

通过网络日常检查，公安、版权执法人员发现名仕公司未经许可经营游戏私服一条龙网站 49 个及大量网龙私服链接，严重侵犯网龙公司游戏著作权。公安、版权执法人员根据前期侦查，一举端掉私服窝点，当场抓获陈某等 16 名犯罪嫌疑人，扣押涉案电脑 71 台、涉案银行卡 7 张，关闭经营私服网站和私服链接，查明涉案金额近百万元；同时根据查获的案件线索，抓获盗窃网龙公司游戏源程序代码犯罪嫌疑人戴某，切断了侵权源头，瓦解了"游戏私服一条龙"产业链。2009 年 11 月，案件经法院判决：主犯陈某判处有期徒刑 1 年，其他 5 名从犯判处有期徒刑 11 个月。

（2）"A199" 网站影视作品侵权案

2009 年 4 月，版权执法人员在网上日常检查中发现"A199"网站内存有大量的侵权盗版影片和淫秽色情电影，并还在不断上传中。根据在网络上提取的侵权证据，版权、公安执法人员赶赴侵权行为地，将犯罪嫌疑人黄某抓获。经查，该网站 2008 年 6 月开办以来，陆续上传各类侵权盗版、淫秽色情电影 2000 余部，并在各个论坛上对该网站进行宣传有一定的知名度。黄某已被公安机关刑事拘留，案件正在进一步查处中。

（3）"中国宽带影视" 网站影视作品侵权案

版权执法人员在网络日常检查中发现，某网吧内架设有"中国宽带影视"网站的服务器。经查，该网站域名为"www.zgvod.net"，网站内载有《功夫之王》、《甜涩性爱》等大量影视作品供在线放映和下载，而且其中包含《金瓶梅》、《处女地》和《空房诱奸》等大量淫秽色情电影，该网站上还有大量的色情图片，并提供其他色情网站的网络链接。本案已移送公安部门予以查处。

（4）"天线视频" 网站影视作品侵权案

根据群众举报，"天线视频"网站上存在大量未经授权的中外影视作品，其中电影达 3800 余部、电视剧达 370 余部，并且以每天 10 部以上的速度增加。经查，该网站未经授权播放的影视节目中半数以上的点击数量在 500 次以上，其中有部分影视节目点击数量达几十万次。网站虽未通过传播影视作品直接向用户收取费用，但其在绝大部分影视节目中均嵌入贴头广告，获取巨额利益。此案已移送公安部门，正在进一步查处中。

（5）"一点智慧" 软件作品网络盗版案

2009 年 4 月，版权部门在日常鉴定工作中发现"一点智慧"工程造价软件涉嫌盗版江苏新店软件公司研发的《新点软件（一点智慧）》，并通过 www.ahsjms.net 和 www.anhuisoft.net 等两个网站销售"一点智慧"盗版软件。版权、公安部门共同组成专案组，一举抓获销售侵权盗版软件的犯罪嫌疑人汪某和蒋某，当场查获盗版软件 100 余张、作案工具笔记本电脑 1 台、涉案赃款 6 万余元；并根据查获的案件线索，查获犯罪嫌疑人汪某私刻的新点软件有限公司公章和业务章各 1 枚、销售台账 20 本、新点盗版软件光盘 200 余张、加密锁 55 个、刻录机 1 台、计算机 1 台等涉案物品。根据销售台账提供的信息，已查实经济往来发生额累计达 200 余万元。该案目前已移送检察机关提起诉讼。

（6）“霓裳小轩”网站文学作品侵权案

“霓裳小轩”网站未经权利人许可，传播中国作家协会 130 余名知名作家的 1000 余部作品，通过注册收费和广告收入牟利，严重侵犯了相关作家的著作权，造成恶劣影响。此案已移送公安部门，正在进一步查处中。

（7）“O2SKY”网站音乐作品侵权案

2009 年 7 月，中国音乐著作权协会和韩国音乐著作权协会联合投诉 www.o2sky.com 网站在互联网上大量提供韩国音乐作品供用户免费试听、下载，严重侵犯了韩国著作权人的合法权益。经查，网站未经授权提供 98 258 首歌曲、200 余部影视作品（其中韩国歌曲 89 667 首、韩国 MTV3020 首）的在线收听、收看服务，通过收取会员费和广告费，获得非法收入 70 万元左右。办案人员已扣押 3 台服务器、8 台计算机主机及账本等证据，并移送公安部门进一步查处。

（8）“天堂蚂蚁”游戏私服侵权案

2009 年 4 月，根据群众举报，蚂蚁网站（http://ttsiji.com）涉嫌制作销售游戏外挂非法牟利，侵犯“盛大”公司网络游戏“永恒之塔”的著作权。经查，蚂蚁网站通过淘宝网、QQ 群、网页宣传等方式进行兜售该外挂程序，非法经营额达 300 多万元。办案人员先后抓获主要涉案犯罪嫌疑人 11 名，暂扣非法所得 260 多万元，后经检察机关批准逮捕 6 人，公安机关取保候审 5 人。本案已移送法院起诉 6 人，法院正在进一步审理中。

（9）“5151PK”网站游戏私服侵权案

2009 年 8 月，根据群众举报，“5151PK”网站使用非法软件程序，侵犯腾讯公司相关游戏的著作权并造成巨大经济损失。经查，“5151PK”网站的主办单位为杭州某公司。该公司通过利用非法外挂软件程序进行非法打币，每天非法打币、销售《地下城和勇士》的游戏金币折合人民币达二十余万元，严重侵害了腾讯公司和游戏消费者的合法权益。在江苏、浙江公安部门协作配合下，现已抓获犯罪嫌疑人 10 名，捣毁 2 个非法生产游戏币窝点，缴获近 1000 台用于非法生产游戏币的电脑及服务器，查明该团伙非法生产销售腾讯公司旗下的《地下城和勇士》和《寻仙》两款游戏的游戏币价值人民币 2000 多万元。该案正向司法机关移送并起诉。

（10）淘宝网上销售《朱镕基答记者问》盗版本案

陆某、曾某、葛某等 7 名卖家通过 8 个淘宝网店销售侵权盗版出版物《朱镕基答记者问》170 本。版权部门责令淘宝网删除盗版本销售的相关链接，处分相关责任人并加强版权管理制度；对陆某做出“责令停止侵权行为，并处罚款 1500 元”，对曾某做出“责令停止侵权行为，没收违法所得 23.85 元，并处罚款 1000 元”，对葛某做出“责令停止侵权行为，没收违法所得 5.4 元，并处罚款 100 元”。对其他当事人分别做出停止侵权行为、警告等处罚或教育疏导处理。

6.5 司法领域典型案例

6.5.1 “番茄花园”软件网络盗版案

【案情摘要】2006 年 12 月—2008 年 8 月，被告单位成都共软网络科技有限公司（以下简称成都共软公司）为谋利，由被告人孙显忠指示被告人张天平和洪磊、梁焯勇合作，未经微软公司的许可，复制微软 Windows XP 计算机软件后制作多款“番茄花园”版软件，并以修改浏览器主页，默认搜索页面，捆绑其他公司软件等形式，在“番茄花园”版软件中分别加载百度时代网络技术（北京）有限公司等多家单位的商业插件，通过互联网在“番茄花园”网站、“热度”网站发布供公众下载。其中被告人洪磊负责制作的番茄花园 WINXP SP3 V.3300 等八款安装版和免激活版累计下载 71 583 次，被告人梁焯勇负责制作的番茄花园 WINXP SP2 V6.2、LEI NLITE XP SP3 V1.0 美化版累计下载 8018 次，郑国槟（另案处理）负责制作的番茄花园 GHOST XP sp3 V1.0，GHOST XP sp3 V1.1，GHOST XP sp3 V1.2 版累计下载 117 308 次。被告单位成都共软公司从百度时代网络技术（北京）有限公司等多家单位获取非法所得共计人民币 2 924 287.09 元。

2009 年 6 月 3 日，江苏省苏州市虎丘区人民检察院向苏州市虎丘区人民法院提起公诉。虎丘区人民法院经审理认为被告单位成都共软公司，被告人孙显忠、张天平、洪磊、梁焯勇的行为均已构成侵犯著作权罪。鉴于被告人张天平系自首、被告人梁焯勇系从犯，遂判处被告单位罚金人民币 8 772 861.27 元，违法所得计人民币 2 924 287.09 元予以没收；判处被告人孙显忠有期徒刑三年六个月，并处罚金人民币 100 万元；判处被告人张天平有期徒刑二年，并处罚金人民币 10 万元；判处被告人洪磊有期徒刑三年六个月，并处罚金人民币 100 万元；判处被告人梁焯勇有期徒刑二年，并处罚金人民币 10 万元。本案一审判决后，当事人未提出上诉，已经发生法律效力。

本案是我国通过刑事司法保护途径打击大规模软件网络盗版行为的一起具有较大社会影响的案例。该案的判决给那些寄希望于通过盗版获取非法利益的网站和其他侵权者敲响了警钟。该案也是当地人民法院开展由知识产权审判庭统一审理知识产权民事、行政和刑事案件试点（简称“三审合一”试点）后成功处理的一起有重大影响的案件。[1]

6.5.2　中国友谊出版公司诉浙江淘宝网络有限公司和杨海林侵犯著作权纠纷上诉案

【案情摘要】个人卖家杨某在淘宝网上出售盗版图书《盗墓笔记 4》，对该图书享有发行权的中国友谊出版公司将杨某和浙江淘宝网络有限公司告上法庭。2009 年 10 月 15 日北京市第二中级人民法院对此案做出终审判决，杨某赔偿友谊出版公司经济损失 2000 元，驳回友谊出版公司的其他诉讼请求。

友谊出版公司其于 2008 年 1 月 29 日获得授权，享有在大陆地区以图书形式出版《盗墓笔记 4》的专有权利。2008 年 11 月，友谊出版公司发现杨某以明显不合理的低价，通过开设在淘宝网上的网店销售《盗墓笔记 4》。经过确认，杨某所销售的涉案图书系盗版图书，其行为侵犯了友谊出版公司享有的专有出版权。原告认为，淘宝网公司作为提供交易服务平台的主体，对在其网上销售的涉案图书及销售主体资格未尽到合理的审查义务，且对以明显低于市场价格销售图书的信息未尽到及时删除的义务，为非法销售盗版图书提供了渠道和便利，已经参与到杨某的侵权环节之中，与杨某构成共同侵权，应承担连带责任。请求判令杨某与淘宝网公司停止侵权行为，在公开发行的媒体上赔礼道歉，消除影响；赔偿友谊出版公司经济损失 20 万元；支付友谊出版公司为制止侵权行为所支付的合理费用 2.4 万元。

[1] 选自 2009 年中国法院知识产权司法保护 10 件典型案例。

淘宝网公司辩称，公司作为信息发布平台的服务提供商，并非网店经营者，不应承担因网店经营或商品发布、销售而引发的侵权责任。涉案图书的销售信息系淘宝网公司收到友谊出版公司的投诉函之前由杨某在网上发布并传输的，淘宝网公司对杨某销售涉案图书是否构成侵权并不知情。淘宝网公司在收到友谊出版公司投诉函之后，对所投诉的相关信息及时做了删除处理，并按要求提供了会员的注册资料，已经尽到了合理的注意义务，不构成对友谊出版公司专有出版权的侵犯。

原审被告杨某未发表答辩意见。

一审法院判决后，淘宝公司不服，上诉至北京市二中院。

二中院经审理认为，杨某销售涉案图书的行为侵犯了友谊出版公司的专有出版权，应当承担相应的侵权责任。同时认为，淘宝网提供的网络平台不同于商场柜台，其交易的商品数量巨大、类别繁多；其服务的卖家分为个人卖家和商家卖家，其中个人卖家数量巨大、情况复杂，既有个体工商户经营也有个人销售自有物品的情况。因此，其所负审查义务及审查内容也不相同：对于商家卖家，淘宝网审查的内容包括企业法人营业执照、营业执照、个体工商户营业执照等材料；对于个人卖家，由于目前法律、行政法规中并无具体明确的规定，要求网络交易平台提供者负有区分各种情况的义务，故仅审查个人卖家的真实姓名和身份证号码即可。因此，淘宝网公司未要求杨某提供其经营资质方面的证明并未违反相关规定。同时法律、行政法规仅明确规定了禁止流通和限制流通的物品，并未要求网络交易平台的提供者审查卖家销售商品的价格是否明显低于市场价格，因此淘宝网对杨某以明显低于定价的价格销售涉案图书的行为并不构成共同侵权。而且，淘宝网公司在接到警告信后，及时删除涉案图书的相关信息。因此，淘宝网公司对于杨某注册为淘宝网个人卖家已尽合理审查义务和事后补救义务，对于杨某侵犯他人知识产权行为并未违反法律、行政法规的规定提供便利条件，不构成共同侵权。

本案并未要求网络交易平台的提供者审查销售商品的价格是否低于市场价格，因此不承担共同侵权责任。[1]

6.6 网络版权行业自律

6.6.1 建立调解机制

（1）与北京地区法院系统签署调解委托协议

2009 年 3 月 30 日，中国互联网协会调解中心与北京市朝阳区人民法院签署《委托调解协议》；10 月 30 日与北京市石景山区人民法院签署《委托调解协议》，上述法院涉及网络知识产权案件将委托调解中心进行调解；11 月 3 日与北京市第二中级人民法院签署《委托调解协议》，约定北京市二中院审理的涉及互联网的著作权、商标权、不正当竞争及技术合同的案件，均可由中国互联网协会调解中心进行调解。为了保证调解工作长效健康发展，充分发挥上级法院在调解中的领导、协调、指导作用，做到全市法院调解工作一盘棋，同日，中国互联网协议调解中心与北京市高级人民法院签署《北京市高级人民法院委托中国互联网协会

[1] 选自 2009 年中国法院知识产权司法保护 50 件典型案例。

调解中心调解涉及互联网纠纷案件协议书》，建立调解机制，为贯彻并高效实现调解起到推动和示范作用。

2009 年年底，与最高人民法院知识产权庭探讨案件调解机制。为了保证调解工作长效健康发展，充分发挥上级法院在调解中的领导、协调、指导作用，做到全国法院统筹规划，最高人民法院就 2010 调解工作做出如下指导：全面落实最高人民法院出台的弘扬调解机制意见，将调解工作贯彻到知识产权审判工作中；在调解工作中，充分发挥行业协会优势，真正做到“审判调解相结合、公正高效促和谐”；结合调解中心现有优势，收集、整理一批在全国具有代表性的案件，在提炼精华后，上报最高人民法院进行研究；共同组织课题研究及网络技术培训。针对一些疑难案件和新类型案件，在互联网领域开展广泛的调研工作，共同商讨解决对策并组织课题研究。针对互联网知识产权立法的滞后性特点，法官应定期进行网络技术培训，及时了解行业动态，熟练掌握互联网技术发展。

《中国法院知识产权司法保护状况（2009 年）》中把北京高院与中国互联网协会调解中心的调解机制建设作为调解创新的试点，肯定了调解中心在化解网络版权纠纷的努力。

（2）初步建立全国调解网络

10 月 30 日，中国互联网协会调解中心与中关村科技园区石景山园管委会签署《战略合作协议》，双方在中关村设立中国互联网协会石景山区调解中心，同时为园区企业提供知识产权相关支撑服务。这是继朝阳区京广中心建立调解中心之后北京地区第二个调解中心。

11 月 3 日，中国互联网协会调解中心与 11 省市互联网协会签署网络调解备忘录，建立全国调解联动机制，实现版权风险预防、培训和纠纷解决等功能（包括北京、天津、广西、湖南、江苏、辽宁、四川、陕西、云南、江西、福建和河南）。最先启动的是信息通报机制，将互联网重点保护作品、行业重大事件及时通报各省互联网企业，定期向会员单位发送《风向标》，包括：全国典型互联网知识产权案件的案件动态和阶段的案件分析等内容；地方网络纠纷案件通报信息，解决本地网络纠纷的协调和沟通工作。2010 年将逐步与其他省份签订协议，最终形成覆盖全国范围的知识产权调解网络。

6.6.2 建立网络影视发展 CEO 联席会

11 月 3 日，中国互联网协会网络版权联盟与中国广播电视协会电视制片委员会倡导成立“网络影视发展 CEO 联席会”，建立制片单位与互联网企业之间的战略合作关系，从根本上解决版权合作难的问题，促进影视制作企业与互联网企业之间的直接合作与战略合作，行业协会的参与，则显示相关主管部门已介入到混乱的市场中，着手治理行业间的内耗问题。中国广播电视协会电视制片委员会不希望通过诉讼的方式解决网络侵权纠纷，因为诉讼带来只是时间长，成本高，效率低，伤感情的结果，而愿意和中国互联网协会调解中心合作，建立良好的沟通与合作机制，通过快速调节解决侵权纠纷，联席会议将关系转化成友好合作的关系，双方建立科学、发展、长效的商业模式。首次联席会发起单位包括：天地人传媒有限公司、中国国际文化艺术中心、中国传媒大学电视剧制作中心、北京东王文化发展有限公司、九州音像出版公司、北京电视艺术中心、中国国际电视总公司、八一电影制片厂、空军电视艺术中心、小马奔腾影视文化发展有限公司、兄弟时代影视文化传播有限公司、中国电影集团、吉林影视集团、怡光国际经济文化集团有限公司、第一视频、优酷网、新浪网、PPLIVE、迅雷和悠视网等。

6.6.3 广告客户开展自律，远离盗版网站

2009 年 4 月 29 日，中国外商投资企业协会品牌保护委员会法律委员会（简称外企协会品牌保护委员会）180 余家会员单位共同制定了《“让广告远离侵权盗版”行为准则》，并建议会员单位自愿遵守该规范，确保只在从事正版发行事业或真品销售业务的网站上投放其品牌广告，杜绝在利用盗版内容或假冒商品来扩大流量以吸引投资或广告的网站上进行品牌宣传。成员单位如发现其合作网站将其品牌广告或推广信息与盗版内容或假冒商品联系在一起，应采取有效措施对其进行警告，并且与那些被警告后仍然存在此类违法经营行为的网站终止广告合作关系。

外企协会品牌保护委员会会员单位将利用其广告投入支持那些尊重知识产权并完全合法经营的网站。会员单位的市场推广资金不应当被他人利用来“资助”那些存在非法经营行为的网站，这是负责任的合法企业对其员工、客户和社会所应承担的义务，维护客户对公司品牌和产品服务质量的信任。会员单位将与那些有共同信念的网站成为广告合作伙伴，携手在中国创造尊重知识产权，尊重创造和公平竞争的市场环境。

（中国互联网协会网络版权工作委员会　王斌）

第 7 章　2009 年中国计算机网络与信息安全状况

7.1　2009 年网络安全状况综述

为更加全面地掌握我国互联网网络安全状况，在工业和信息化部《互联网网络安全信息通报实施办法》的指导下，2009 年国家计算机网络应急技术处理协调中心（CNCERT）协调和组织各地通信管理局、中国互联网协会、基础电信运营企业、域名注册管理和服务机构、非经营性互联单位、增值电信业务经营企业，以及安全企业开展了通信行业网络安全信息通报工作。CNCERT 结合多年来开展网络安全工作的经验，在网络安全信息通报工作的实践中不断总结研究，制订了一套网络安全评价指标体系。依据 CNCERT 自主监测数据和通信行业报送的各类网络安全事件信息（如计算机病毒和蠕虫、木马和僵尸网络、网页篡改和网页挂马、域名和路由劫持、高危漏洞等），CNCERT 应用该体系对每月的互联网安全指数进行评价，评价结果分为“优”、“良”、“中”、“差”、“危”五个级别。2009 年多数月份安全指数为“中”，一些月份（如 5 月、6 月）因出现重大网络安全事件、存在重大网络安全威胁或安全事件数量大幅上升而导致安全指数被评为“差”。全年各月未出现“优”、“良”、“危”的评价级别。

基于该体系的理论基础，CNCERT 将从基础网络运行安全、公共互联网安全、网络安全威胁，以及网络安全感知四个方面对 2009 年我国网络安全总体状况进行简要评述。

7.1.1　基础网络运行安全

2009 年，全国基础网络运行状况整体平稳，但发生了若干起波及全国范围或省级行政区域互联网的、造成较大或较大以上影响的网络安全事件，且此类事件发生次数较 2008 年呈增长态势。在互联网产业持续发展，互联网用户数量迅猛增长的形势下，上述事件的影响更为深远，传播效应更为明显。例如：5 月 19 日我国部分地区互联网网络故障事件，6 月 25 日中国电信广东省网流量异常事件，8 月中下旬国际互联网海底光缆连续中断事件等，不仅给普通互联网用户造成了较大或重大影响，还给相关部门和行业企业造成了不少经济损失。

2009 年，互联网重要基础设施的重要组成部分——域名系统（DNS）暴露出严重的安全隐患，遭到了频繁地网络攻击。一方面，DNS 系统被发现存在致命安全漏洞，如 7 月底被披露的“Bind 9”高危漏洞，影响波及全球数万台域名解析服务器，我国有数以千计的政府和重要信息系统部门，基础电信运营企业，以及域名注册管理和服务机构的域名解析服务器受到影响。另一方面，域名系统频频成为黑客的攻击目标或受到黑客攻击的波及。除“5·19”事件外，在 CNCERT 接收到的多起国内域名注册服务机构报告的攻击事件中，轻则导致域名服务器性能下降，重则导致服务完全瘫痪，数以十万计的网站域名无法正常访问。上述情况说明域名系统安全是基础网络运行安全中较为薄弱的环节，加强域名安全体系建设刻不容缓。

2009 年，针对境内互联网基础运行设施的攻击主要是拒绝服务攻击。拒绝服务攻击的目标一般情况下都是网络上的某一台服务器，但由于攻击流量巨大往往会引起被攻击目标所在的互联网区域网络基础设施负载过重，导致网络性能下降，影响到网络承载的其他业务。运营商及相关用户虽然采取了一些防范措施，如流量清洗、防火墙过滤，但如果追查和清除攻击源的问题没有解决，仍不可避免地对相关业务的正常运行造成不同程度的影响。仅以 2009 年 10 月份辽宁和河北等地运营商的通报的情况看，拒绝服务攻击中一般流量[1]攻击次数约占 86%，较大流量攻击次数约占 12%，大流量攻击次数约为 2%；上述攻击目标多指向 IDC 的服务器，其中较大或较大以上流量攻击通常会对整个 IDC 业务，以及其承载的互联网增值业务信息系统造成影响。应对拒绝服务攻击特别是分布式拒绝服务攻击（DDoS）是互联网企业安全运营急需解决的一个突出难题。

7.1.2 公共互联网安全

公共互联网安全事件主要指公共互联网用户遭遇的、发生在各类互联网应用服务上的安全事件。

2009 年公共互联网安全形势主要体现在以下几个方面。

（1）木马和僵尸网络

木马和僵尸网络不仅对用户网络信息安全构成最直接的威胁，其发展规模和趋势也反映了互联网黑色地下产业的活动状况。2009 年，CNCERT 监测到的境内被木马控制的主机 IP 共 26.2 万余个，较 2008 年大幅下降 53.6%；境外有 16.5 万个主机 IP 参与控制上述境内主机，较 2008 年下降 40.2%；境内被僵尸网络控制的主机 IP 共 83.7 万余个，较 2008 年下降 32.3%；境外有 1.9 万个主机 IP 参与控制上述境内主机，较 2008 年增长 257.8%。根据工业和信息化部颁布的《木马和僵尸网络监测与处置机制》，CNCERT 国家中心及各省分中心协调基础电信运营企业、域名注册管理和服务机构持续开展了木马和僵尸网络的治理行动，及时监测发现、通报和处置大量的木马和僵尸网络控制服务器。2009 年木马和僵尸网络境内受控主机数量的大幅下降，说明对木马和僵尸网络的治理取得了一定成效。但是，互联网黑色地下产业规模庞大，治理工作仍面临着艰巨的任务。

（2）新型计算机病毒和蠕虫

计算机病毒和蠕虫对于用户主机最大的危害在于其大肆破坏用户操作系统及存储在系统中的文件资料，人们记忆犹新的病毒和蠕虫有：“尼姆达”、“冲击波”、“震荡波”、“QQ 尾巴”和“熊猫烧香”等。2008 年年底至 2009 年间，一种新型蠕虫——“飞客”（Conficker）

[1] 参考中国联通辽宁省分公司提供的统计标准：一般流量、较大流量、大流量攻击是指流速分别为小于 5Gb、大于 5Gb 但小于 15Gb、大于 15Gb 的攻击。

蠕虫在全球互联网迅速传播。至 2009 年年底，CNCERT 采用“sinkhole”方法[1]监测到全球感染“飞客”蠕虫的主机 IP 数量已超过 7000 万个，其中中国大陆地区是“重灾区”，感染主机 IP 数量约 1800 万个。感染“飞客”蠕虫的计算机不仅存在失泄密隐患，还是黑客发动网络攻击的“棋子”，7000 多万台感染主机构成一个超级网络攻击平台，可以瞬间瘫痪任何一个网络信息系统，甚至是一个国家的互联网。到目前为止，尚未发现与“飞客”感染蠕虫相关的重大网络攻击事件报告，但如果感染主机情况得不到有效治理，这种威胁将长时间存在，犹如利剑悬顶。由于“飞客”蠕虫采用了十分先进的控制技术，全球的网络安全专家至今也未找到一种行之有效的摧毁方法。“飞客”蠕虫的出现说明蠕虫技术的发展达到了新的阶段，其技术之强不容轻视，甚至令人担忧。

（3）网站安全

用户访问互联网的第一体验就是浏览各种各样的 Web 网站，因此网站的安全问题将严重影响用户的上网安全。根据 CNCERT 对我国被篡改网站的监测情况，2009 年中国大陆地区有 4.2 万个网站被黑客篡改，较 2008 年约下降五分之一。其中，被篡改的政府网站各月累计达 2765 个，较 2008 年下降约 23.1%。相较于政府网站占网站总数 1.1%的比例[2]，政府网站被篡改的比例相对较高。2009 年我国被篡改网站数量的下降在一定程度上说明网站整体安全性有所提升，但总的情况不容乐观。与网页篡改相比，网页挂马对用户的危害更大。网页挂马是指黑客利用网站漏洞挂载恶意代码（通常是木马类程序，即网页木马），使得大量访问该网站的用户主机被黑客所控制或泄漏敏感信息。网页挂马是黑客地下产业链的重要一环，2009 年各类操作系统和应用软件安全漏洞的披露及网络热点事件、搜索热词的出现，成为黑客进行网页挂马的“契机”。CNCERT 在 2009 年下半年加大了对网页挂马的监测和打击力度，在通信行业信息通报工作单位特别是国内安全厂商的支撑下，积极收集整理活跃恶意域名并进行治理。此外，国内域名注册管理和服务机构在下半年加强了域名管理的工作，使得黑客注册境内域名用做放马服务器[3]的风险和成本不断增加。2009 年下半年特别是 10 月份以后，国内被挂马的网站数量有明显的下降[4]。

（4）网页仿冒

随着电子商务的发展及互联网消费的普及，网页仿冒成为网络欺诈的常见方式。大型电子商务网站、大型金融机构网站、第三方在线支付站点和大型社区交友网站是网页仿冒的主要对象，黑客伪造与源站点高度相似的网站页面诱使用户登录，套取账户信息及其他个人私密信息，进而造成用户直接经济损失。2009 年，CNCERT 接收的网页仿冒事件数量共 1200 件，位列各类接收事件的第三位，约占总量的 5.5%。

7.1.3　网络安全威胁

2009 年，信息系统安全漏洞仍是互联网企业和普通用户面临的主要安全威胁。网络设备、

[1] “sinkhole”英文意思为通往地下沟渠的排水洞；在“飞客”蠕虫的监测中，主要用于牵引感染主机 IP 的访问流量，获得感染主机 IP 详细信息。

[2] 数据出自中国互联网络信息中心（CNNIC）发布的《第 25 次中国互联网络发展状况统计报告》。

[3] 放马服务器是指最终提供木马下载的服务器。网页挂马往往经过多次跳转后将用户引向放马服务器。

[4] 相关数据参考了互联网网络安全信息通报工作单位——知道创宇、华为、奇虎 360、金山、启明星辰、安天、东软、绿盟、瑞星、天融信、联想网御、安氏、浪潮、网御神州等安全厂商报送的每月月报数据。

操作系统、服务器系统、数据库软件、应用软件甚至是安全产品的高危漏洞越来越多，带来严重的安全隐患。2009 年，CNCERT 在官方网站（http://www.cert.org.cn）上整理和发布与我国用户密切相关的漏洞公告 133 个，与去年相比增加 32%。其中一些重要的安全漏洞主要有：微软操作系统视频功能组件高危漏洞、微软 Office 组件高危漏洞、微软 IE 浏览器 0day 漏洞和域名系统软件 Bind 9 高危漏洞等。

信息系统安全漏洞特别是高危漏洞常被黑客利用来发动网络攻击。

例如，2009 年 7 月底披露的域名系统软件 Bind 9 高危漏洞。其利用方式非常简单，攻击者仅需发送一个特定构造的攻击包就能使存在漏洞的权威域名服务器崩溃，进而影响由服务器提供解析的数以万计的网站域名；7 月 31 日起，CNCERT 对互联网上 13 万余台域名服务器进行跟踪检测，检测到有 4 万余台采用 BIND，这当中又有约 10%共计 4000 余台为我国境内的域名服务器。截至 9 月 17 日，互联网上采用 BIND 9 的域名服务器中仍有 90%以上受到漏洞不同程度的影响。

又如，2009 年 7 月初披露的微软操作系统视频功能组件高危漏洞。根据 CNCERT 监测数据及各互联网信息通报工作单位报送的信息，在漏洞披露后的一段时间内，黑客大肆利用漏洞进行网页挂马活动，侵害了众多网站和用户。黑客借此可以控制大量互联网主机，不仅可以窃取用户私密信息，更为危险的是可以构建大规模的僵尸网络，进而用来发送巨量垃圾邮件或发动其他更危险的网络攻击。

7.1.4 网络安全感知

根据 CNCERT 对互联网业务流量的抽样监测结果，2009 年互联网用户主要的网络应用有：Web 浏览、软件下载、即时聊天和网络多媒体。因此，涉及相关应用的网络安全事件和问题是用户感知的重点。

例如：在“5・19”事件中，多省市互联网用户第一时间感知的就是主要门户网站无法登录。事后，广大互联网用户对事件造成的严重影响及所谓的“暴风门”议论纷纷。在“6・25”事件中，因腾讯公司应用服务器受广东省电信运营企业网络故障影响，多省市用户向 CNCERT 报告了 QQ 无法登录的情况。此外，受“5・19”事件影响，一些社区论坛中出现了“全中国 DNS 受攻击”的猜测。在 8 月中下旬因海底地震造成的国际互联网海底电缆中断事件中，由于 MSN 服务异常，互联网用户大量在社区论坛中讨论、猜测可能原因。

随着网络安全事件的频繁发生，以及用户的网络安全意识的逐步提高，用户对网络安全问题的感知也越来越强烈。2009 年，CNCERT 通过电子邮件、热线电话、网站提交、传真等多种方式共接收到 21 927 件网络安全事件报告[1]，与 2008 年相比出现大幅增加，其中垃圾邮件事件、网页篡改事件和网页挂马事件的报告数量增长尤为突出。

对于关系用户自身安全的重要事件信息，CNCERT 及时发布行业通报或网站公告。例如：2009 年 4 月，国内感染“飞客”蠕虫的主机 IP 数量急剧增加，CNCERT 连续发布数篇监测专题报告，并将涉及政府和重要信息系统部门的感染主机 IP 通报相关部门进行处置；6 月高

[1] 不含扫描类事件，也合并了通过不同方式报告的同一网络安全事件。自 2004 年以来，CNCERT 通过电子邮件、热线电话、网站提交、传真等公开渠道接收国内外网络安全事件报告。虽然接收到有扫描类事件投诉，但不计数。列入计数的事件主要以造成实际影响或后果的事件类型为主。

考前夕，CNCERT 监测到国内二十余所高校被密集挂马，及时发布了提醒考生和家长注意访问高校网站安全的公告；8 月 11 日，CNCERT 监测发现国内三个大型门户网站被同时挂马，影响众多互联网用户，CNCERT 迅速在官方网站发布重要安全公告并协调处置；10 月，CNCERT 接到用户举报，互联网有很多假冒央视“非常 6+1 栏目”网站的钓鱼网站，并通过飞信传播。CNCERT 安全公告提醒用户小心以防上当，同时协调域名机构清除了假冒站点。

值得注意的是，2009 年新闻媒体（包括网络媒体）对网络安全事件的跟踪和报道在一定程度上增强了用户对网络安全事件的感知程度。由此带来的积极影响有两方面，一是普及网络安全基本常识，提高了用户的网络安全意识；另一方面则发挥了新闻媒体的舆论监督作用。例如：央视“3・15”晚会曝光黑客制作、销售、传播木马牟取暴利的利益链条；“新闻 30 分栏目”报道 QQ 盗号案件揭开互联网黑色地下产业链的黑幕等。

7.2　互联网业务流量监测情况

根据 CNCERT 在 2009 年对互联网业务流量的抽样统计，在 TCP 协议中，占用带宽最多的网络应用主要是 Web 浏览、P2P 下载和网络多媒体，而在 UDP 协议中，占用带宽最多的网络应用主要是 P2P 下载、即时聊天和网络多媒体。

TCP 协议流量按源端口排行前十位如图 7.1 和表 7.1 所示。

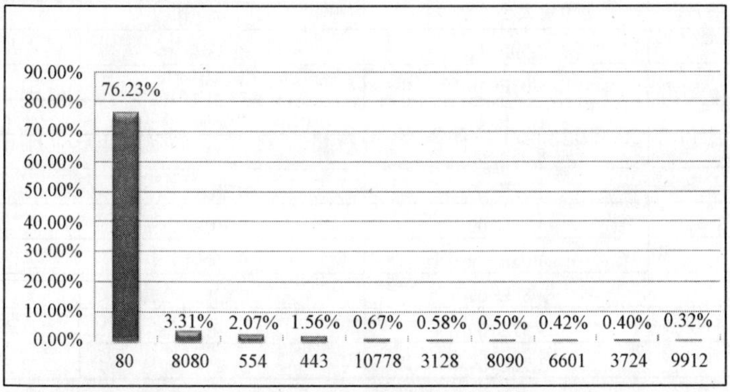

图7.1　2009年TCP源端口流量抽样检测比例排行TOP 10

表 7.1　2009 年 TCP 源端口流量抽样检测结果

TCP 源端口	采集流量大小(字节数)	百　分　比[1]	主要的业务种类[2]
80	1.98E+12	76.23%	网页服务端口
8080	8.59E+10	3.31%	网页服务端口
554	5.39E+10	2.07%	RTSP 服务端口
443	4.04E+10	1.56%	网页服务端口
10778	1.73E+10	0.67%	未知服务端口
3128	1.50E+10	0.58%	代理服务器端口
8090	1.29E+10	0.50%	代理服务器端口
6601	1.09E+10	0.42%	SSTP 服务端口

[1] 百分比计算方式：端口流量字节数/TOP 1024 总字节数*100%。

[2] 端口号对应的主要业务种类参考了 IANA 的端口注册信息，相关参考链接如下：http://www.iana.org /assignments/ port-numbers。

续表

TCP 源端口	采集流量大小(字节数)	百　分　比	主要的业务种类
3724	1.04E+10	0.40%	网络游戏端口
9912	8.30E+09	0.32%	未知服务端口

TCP 协议流量按目的端口排行前十位如图 7.2 和表 7.2 所示。

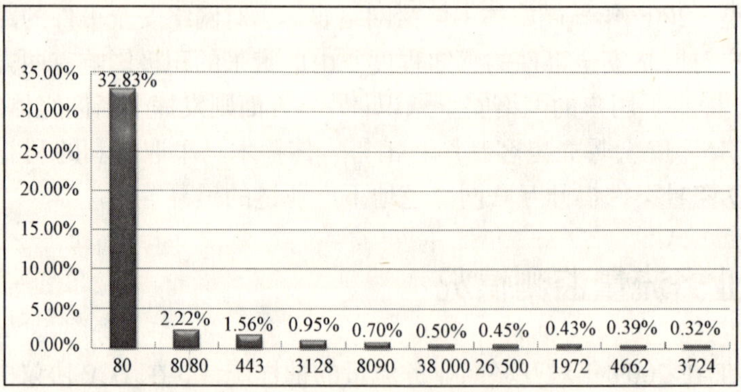

图7.2　2009年TCP目的端口流量抽样检测比例排行TOP 10

表 7.2　2009 年 TCP 目的端口流量抽样检测结果

TCP 目的端口	采集流量大小（字节数）	百　分　比	主要的业务种类
80	2.99E+11	32.83%	网页服务端口
8080	2.03E+10	2.22%	网页服务端口
443	1.42E+10	1.56%	网页服务端口
3128	8.65E+09	0.95%	代理服务器端口
8090	6.37E+09	0.70%	代理服务器端口
38000	4.58E+09	0.50%	未知服务端口
26500	4.06E+09	0.45%	未知服务端口
1972	3.88E+09	0.43%	未知服务端口
4662	3.57E+09	0.39%	P2P 下载软件端口
3724	2.91E+09	0.32%	网络游戏端口

UDP 协议流量按源端口排行前十位如图 7.3 和表 7.3 所示。

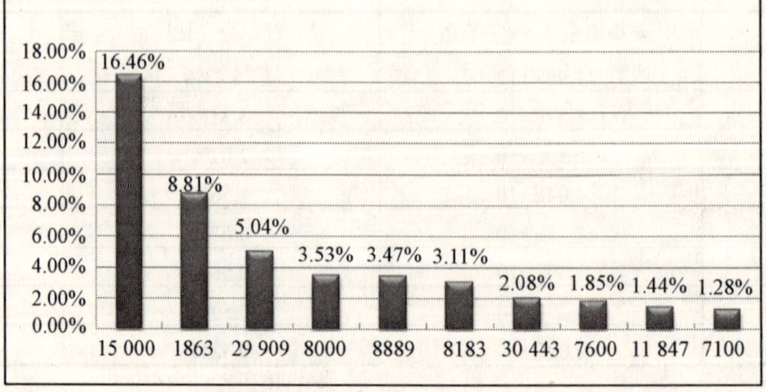

图7.3　2009年UDP源端口流量抽样检测比例排行TOP 10

表 7.3　2009 年 UDP 源端口流量抽样检测结果

UDP 源端口	采集流量大小（字节数）	百　分　比	对应的业务种类
15000	1.62E+11	16.46%	迅雷下载软件端口
1863	8.67E+10	8.81%	MSN 通信端口
29909	4.96E+10	5.04%	TT 旋风下载软件端口
8000	3.48E+10	3.53%	QQ 通信端口
8889	3.42E+10	3.47%	P2P 下载软件端口
8183	3.07E+10	3.11%	P2P 下载软件端口
30443	2.04E+10	2.08%	未知服务端口
7600	1.82E+10	1.85%	未知服务端口
11847	1.41E+10	1.44%	未知服务端口
7100	1.26E+10	1.28%	网络游戏端口

UDP 协议流量按源端口排行前十位如图 7.4 和表 7.4 所示

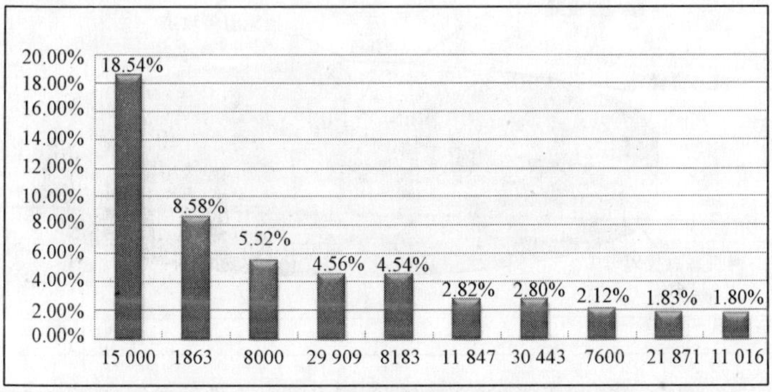

图7.4　2009年UDP目的端口流量抽样检测比例排行TOP 10

表 7.4　2009 年 UDP 目的端口流量抽样检测结果

UDP 目的端口	采集流量大小（字节数）	百　分　比	对应的业务种类
15000	1.83E+11	18.54%	迅雷下载工具端口
1863	8.45E+10	8.58%	MSN 通信端口
8000	5.44E+10	5.52%	QQ 通信端口
29909	4.49E+10	4.56%	腾讯 TT 旋风下载端口
8183	4.47E+10	4.54%	P2P 下载软件端口
11847	2.78E+10	2.82%	未知服务端口
30443	2.76E+10	2.80%	未知服务端口
7600	2.09E+10	2.12%	未知服务端口
21871	1.80E+10	1.83%	迅雷下载工具端口
11016	1.78E+10	1.80%	未知服务端口

7.3　网络安全事件接收与处理

7.3.1　事件接收情况

2009 年 CNCERT 接收了 21 927 件非扫描类网络安全事件报告，其中国外报告事件数量占绝大多数，为 21 681 件。每月接收非扫描类事件具体数量如图 7.5 所示。

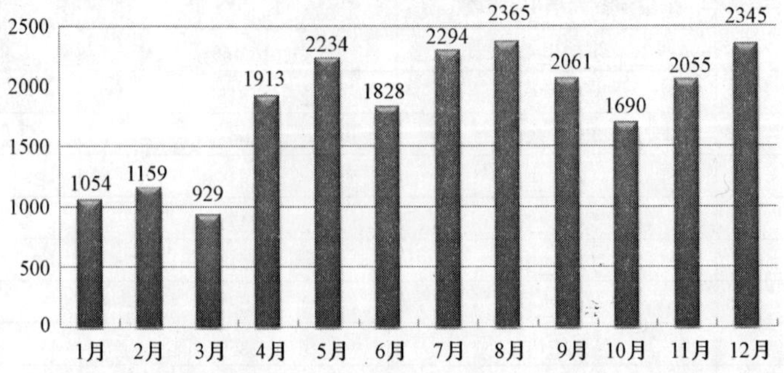

图7.5　2009年CNCERT接收到的网络安全事件报告数量统计

CNCERT 对报告的事件按类型作统计分布，如图 7.6 所示。

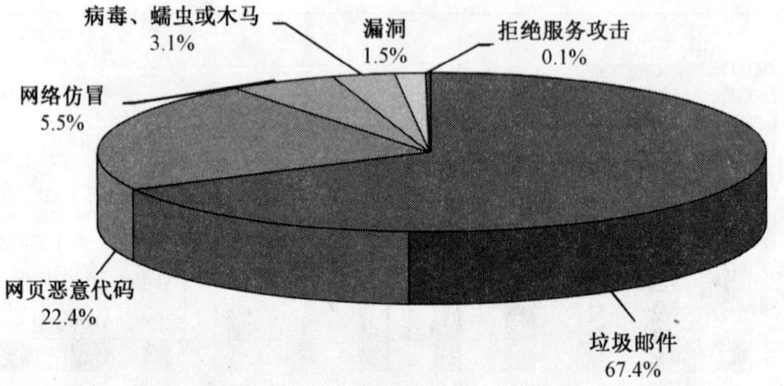

图7.6　2009年CNCERT接收到网络安全事件按类型分布

7.3.2　事件处理情况

CNCERT 对 2009 年接收到的网络安全事件进行归类合并后成功处理各类网络安全事件 1176 件[1]，与 2008 年处理事件总数 1173 件持平，月度统计情况如图 7.7 所示。

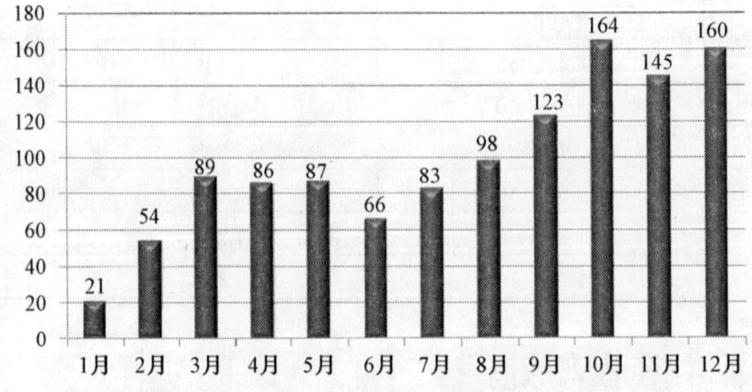

图7.7　2009年CNCERT处理的网络安全事件数量统计

[1] CNCERT 除对接收到的事件进行处理外，还对一些 CNCERT 自主监测的事件进行处理。

CNCERT 在中国大陆地区各省、自治区、直辖市设立了分中心，协助 CNCERT 国家中心处理各类网络安全事件。2009 年各分中心共参与处理事件 814 起，较 2008 年的 527 件增长 54.5%。各分中心处理事件处理的数量如图 7.8 所示。

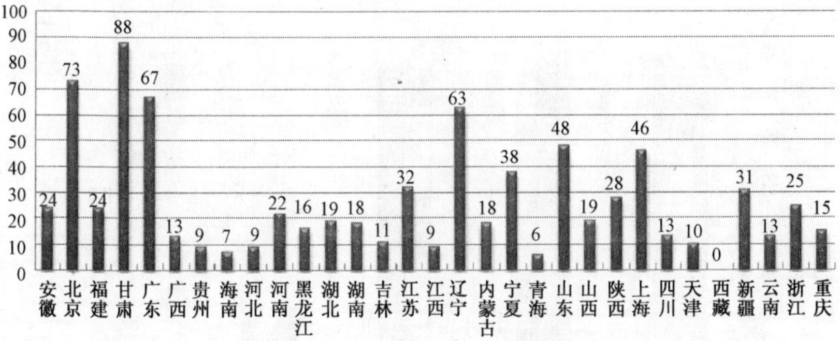

图7.8　2009年CNCERT各分中心完成事件处理情况

在 CNCERT 处理的网络安全事件中[1]，按类型分布如图 7.9 所示。

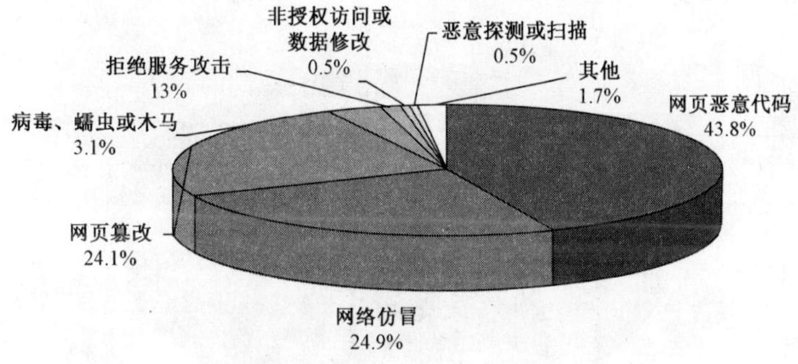

图7.9　2009年CNCERT处理的网络安全事件按类型分布

7.4　信息安全漏洞公告与处置

（1）CNCERT 官方网站信息发布情况

2009 年，CNCERT 在官方网站上整理发布与我国用户密切相关安全威胁公告 133 个，发布数量与 2008 年相比增加 32%。此外，CNCERT 还通过官方网站发布了其他各类消息共 308 条，其中包括安全新闻、安全建议和统计报告等，各类消息具体发布情况见表 7.10 所示。CNCERT 网站已成为国内外安全组织和网站参考或转载权威信息的重要来源。

（2）国家信息安全漏洞共享平台（CNVD）漏洞收录情况

2009 年 10 月 22 日，国家互联网应急中心与国家信息技术安全研究中心联合国内近二十家安全公司、软件厂商、互联网企业签约共同建设国家信息安全漏洞共享平台（China National

[1] CNCERT 对接收到的垃圾邮件事件通常不直接进行处置，而是转送与 CNCERT 有协作关系的中国互联网协会反垃圾邮件委员会（反垃圾邮件中心）进行处置。

Vulnerability Database，CNVD）。2009 年，国家信息安全漏洞共享平台（CNVD）共收录信息安全漏洞 1397 个。其中，高危漏洞 806 个（占 57.7%）、中危漏洞 426 个（占 30.5%）、低危漏洞 165 个（占 11.8%）。各级别比例分布与月度趋势分布如图 7.11 和图 7.12 所示。

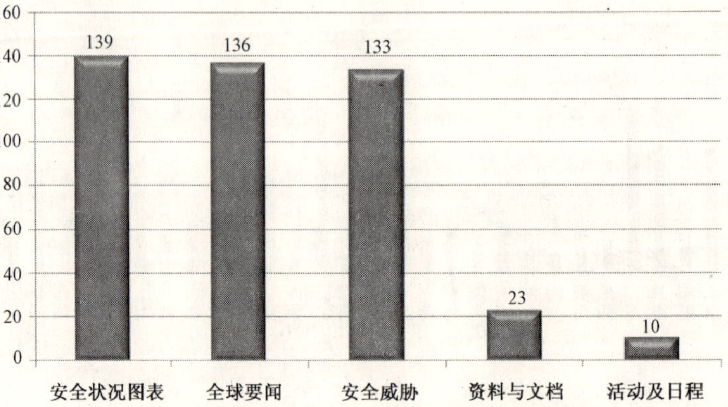

图7.10　2009年CNCERT处理的网络安全事件按类型分布

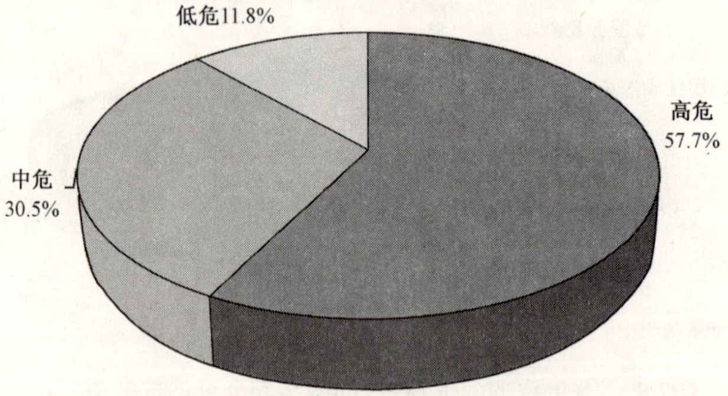

图7.11　2009年CNVD收录漏洞按等级分布

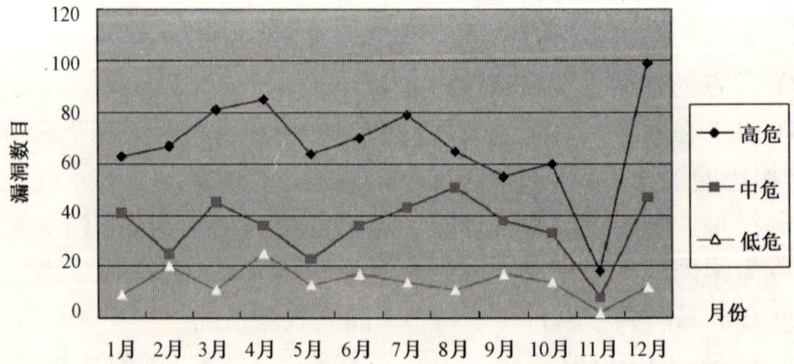

图7.12　2009年CNVD收录漏洞数量月度统计

7.5 木马和僵尸网络监测情况

7.5.1 木马数据分析

CNCERT 2009 年抽样监测结果显示，境内外控制者利用木马控制服务器对主机进行控制的事件中，木马控制服务器 IP 地址总数为 609 736 个，木马受控主机 IP 地址总数为 2 751 624 个。木马控制服务器 IP 总数较 2008 年下降 14.6%，木马受控主机 IP 总数则下降 33.6%，如图 7.13 所示。

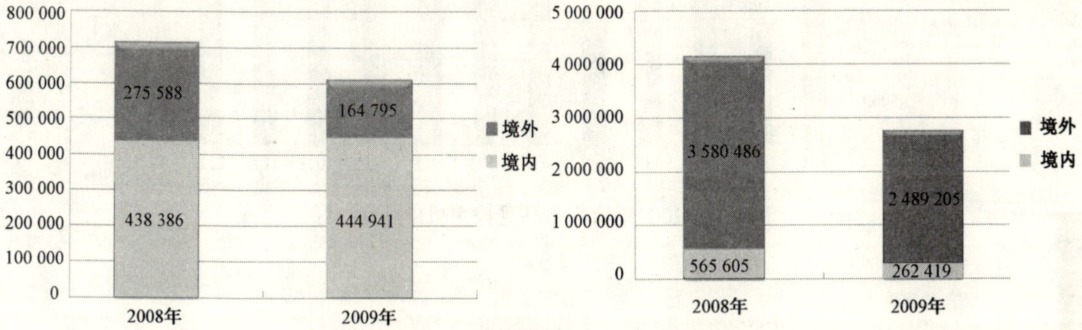

图7.13 2008年与2009年木马数据对比

图 7.14 和图 7.15 所示为 CNCERT 监测到的境内外木马受控主机、境内木马受控主机的月度统计。

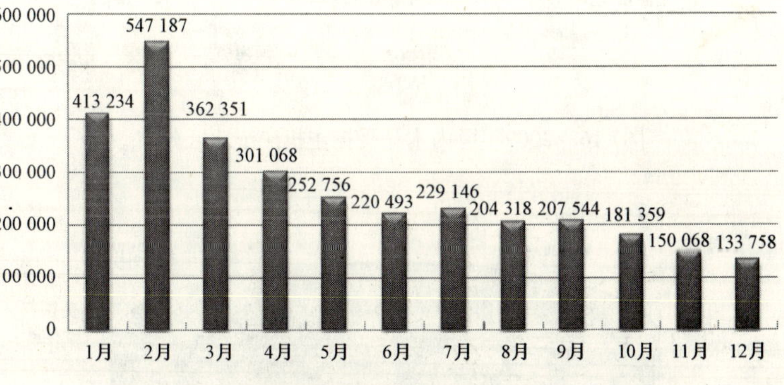

图7.14 2009年境内外木马受控主机IP月度统计

（1）境内（大陆地区）木马受控主机分布统计

根据 CNCERT 抽样监测结果，2009 年我国境内共有 262 419 个 IP 地址的主机被植入木马，与去年相比下降 53.6%。我国境内木马受控主机最多的地区分别为广东省（14.8%）、北京市（9.9%）、山东省（6.7%）、浙江省（6.1%）和江苏省（5.6%），如图 7.16 所示。

（2）境外木马控制服务器分布统计

CNCERT 同时监测发现境外有 164 795 个 IP 地址作为木马控制服务器参与控制我国境内

木马受控主机，与去年相比下降 40.2%。木马控制服务器 IP 按国家和地区分布如图 7.17 所示，其中位于美国（16.6%）、中国台湾（12.60%）、印度（9.1%）、英国（4.5%）和韩国（3.2%）的木马控制服务器 IP 数量居前五位。

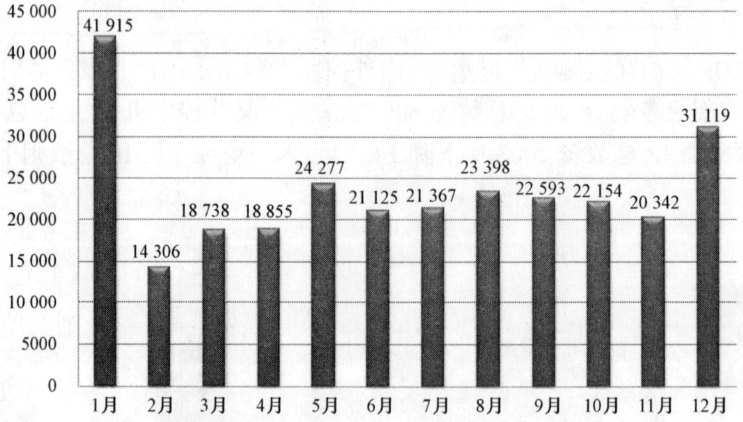

图7.15 2009年境内木马受控主机IP月度统计

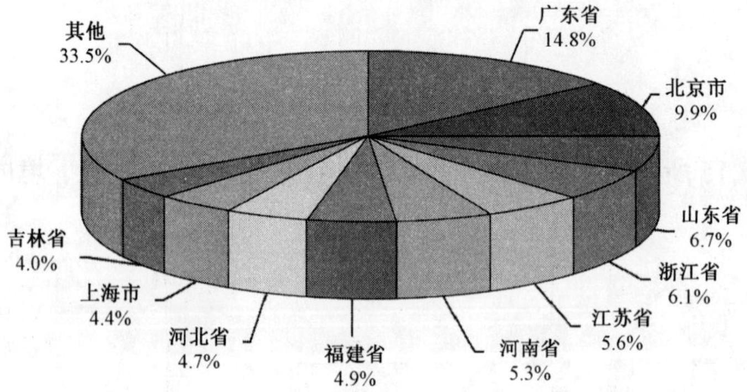

图7.16 2009年境内木马受控主机IP按地区分布

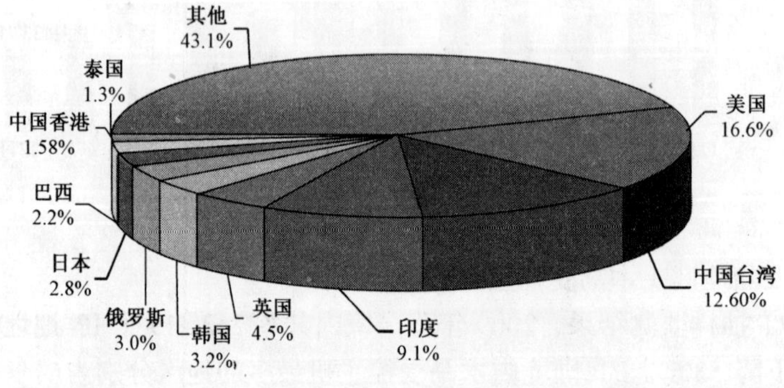

图7.17 2009年通过木马控制我国计算机的境外IP按国家和地区分布

7.5.2　僵尸网络数据分析

CNCERT 每天密切关注着新出现的僵尸网络并跟踪过去出现的大规模僵尸网络，2009 年抽样监测结果显示，境内外僵尸网络控制服务器 IP 总数为 22 833 个，境内外僵尸网络受控主机 IP 地址总数为 11 902 625 个。僵尸网络控制服务器数量较 2008 年大幅增长，增幅为 224.6%，而僵尸网络受控主机数量增长 227.6%。如图 7.18 所示。

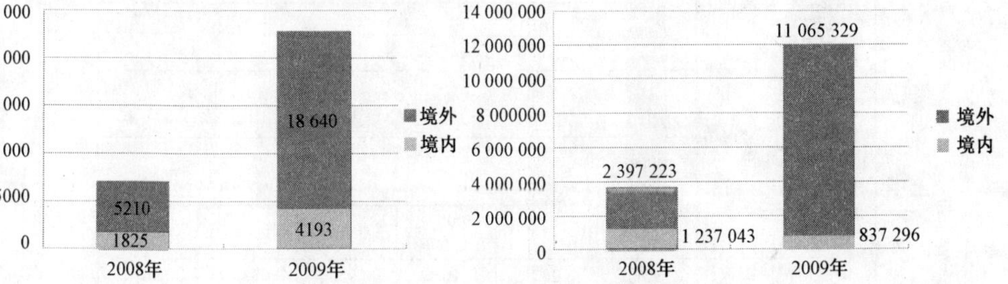

图7.18　2008年与2009年僵尸网络数据对比

图 7.19 和图 7.20 所示为 CNCERT 监测到的境内外僵尸网络受控主机、境内僵尸网络受控主机的月度统计。

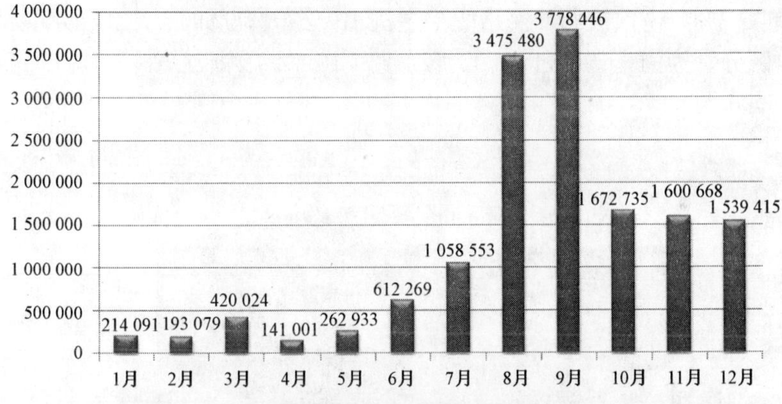

图7.19　2009年境内外僵尸网络受控主机IP月度统计

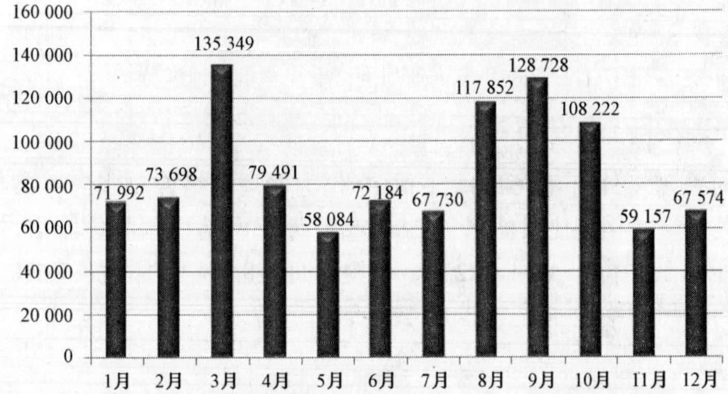

图7.20　2009年境内僵尸网络受控主机IP数量月度统计

2009 年监测到僵尸网络按规模分布如图 7.21 所示，1000 以内规模的僵尸网络约占总数的 97.2%，这一比例与 2008 年持平。

	<1000	1000～5000	5000～20 000	2万～5万	5万～10万	>10万
僵尸网络的数目	22 202	237	163	95	38	98

图7.21　2009年僵尸网络规模分布图

（1）境内（大陆地区）僵尸网络受控主机分布统计

根据 CNCERT 抽样监测结果，我国境内有 837 296 个 IP 地址的主机感染僵尸网络，与去年相比下降 32.3%。境内被僵尸网络受控主机 IP 分布情况如图 7.22 所示，僵尸网络受控主机最多的地区分别为河南省（11.0%）、广东省（10.2%）、浙江省（7.8%）、江苏省（7.2%）和上海市（6.5%）。

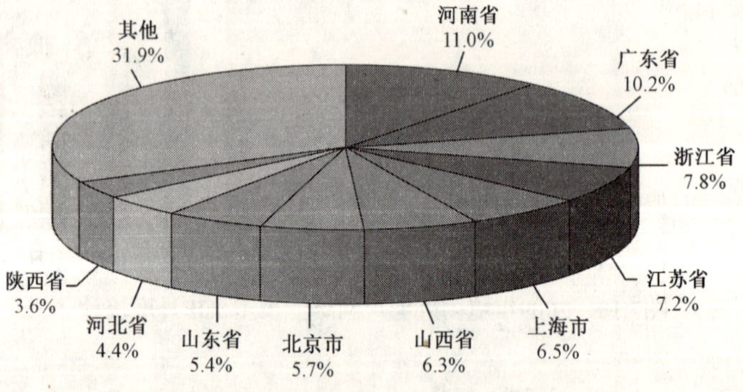

图7.22　2009年境内僵尸网络受控主机按地区分布

（2）境外僵尸网络控制服务器分布统计

CNCERT 同时发现境外有 18 640 个主机 IP 作为僵尸网络控制服务器参与控制我国境内僵尸网络受控主机，与去年相比大幅增长 361.6%。僵尸网络控制服务器 IP 按国家和地区分布，如图 7.23 所示，其中位于美国（22.3%）、墨西哥（8.3%）、印度（7.5%）、法国（5.7%）和英国（3.9%）的僵尸网络控制服务器 IP 数量居前五位。

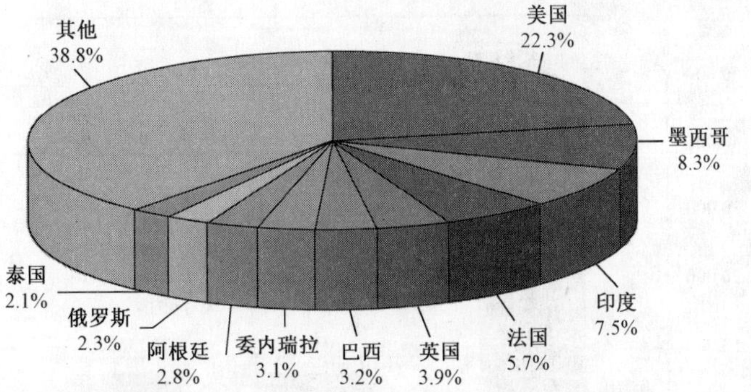

图7.23　2009年通过僵尸程序控制我国计算机的境外IP按国家和地区分布

7.6　网站安全监测情况

（1）中国网站被篡改总体情况

2009 年，中国大陆地区被篡改网站的数量为 4.2 万个[1]，相比 2008 年的 5.4 万个下降了约 22%。CNCERT 监测到中国境内（大陆地区）被篡改网站月度统计情况如图 7.24 所示。

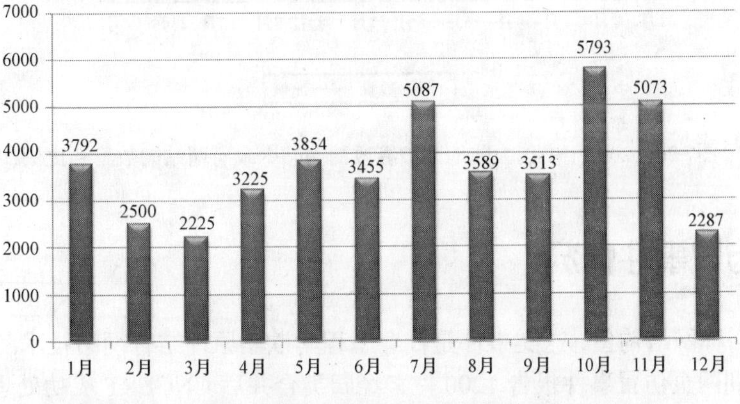

图7.24　2009年中国大陆地区被篡改网站数量月度统计

图 7.25 所示为大陆地区、中国香港地区和中国台湾地区被篡改网站数据年度统计[2]，中国香港地区被篡改网站数量为 293 个，较 2008 年的 927 个下降 68.4%，中国台湾地区为 370 个，较 2008 年的 744 个下降 50.3%。

（2）中国境内（大陆地区）政府网站被篡改情况

2009 年，中国大陆地区地区政府网站被篡改数量各月累计为 2765 个，与 2007 年的 3595 个相比下降 23.1%。2009 年中国大陆地区地区被篡改的网站中政府网站的数量和所占比例月度统计如图 7.26 所示。

[1] 2009 年各月累计数为 44 393 个，4.2 万个是在对 2009 年各月累计数量进行去重修正后得到，在图 7.1 所示的月度统计及图 7.2 所示总数中，仍按原有各月累计数量进行描述。

[2] CNCERT 未对中国澳门地区网站被篡改情况进行统计。

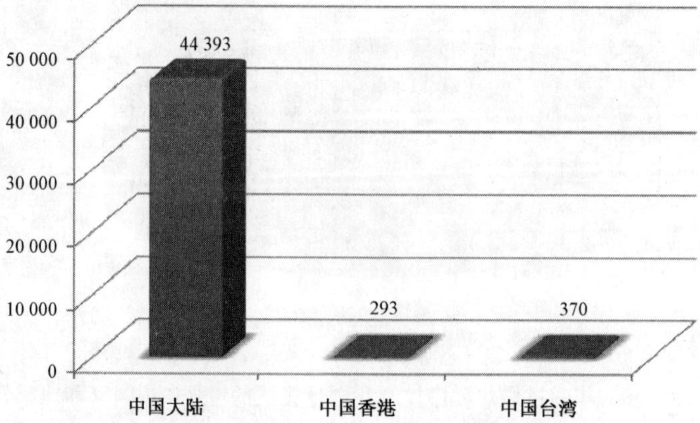

图7.25　2009年中国被篡改网站数量统计

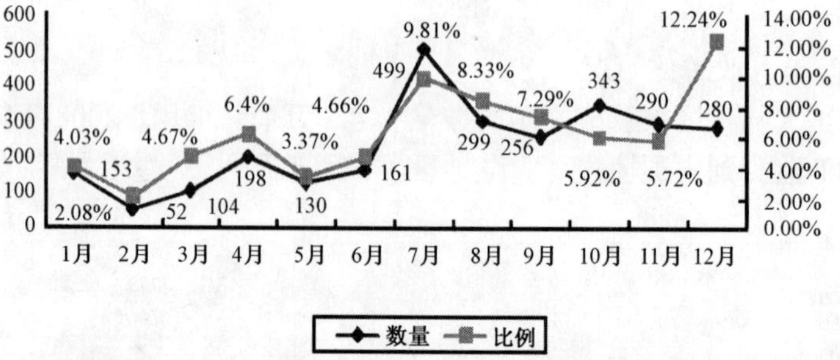

图7.26　2009年中国大陆地区被篡改的网站中政府网站的数量和比例

7.7　网页仿冒事件情况

网页仿冒俗称网络钓鱼，这类事件是社会工程学欺骗原理结合网络技术的应用。2009 年 CNCERT 共接到网页仿冒事件报告 1200 件，经归类合并后 CNCERT 成功处理了 293 件。在 CNCERT 接收到的这些网页仿冒事件中，被仿冒的大都是大型电子商务网站、大型金融机构网站、第三方在线支付站点和大型社区交友网站。表 7.5 列出了前 10 名被仿冒网站，表 7.6 列出的是网页仿冒事件报告来源的前 10 名。

表 7.5　2009 年向 CNCERT 报告网页仿冒事件报告者 TOP 10

2009 年向 CNCERT 报告网页仿冒事件报告者按报告数量 TOP 10	
网页仿冒事件报告者	次　数
ebay/paypal（美国电子商务网站）	269
auscert.org.au（澳大利亚 CERT）	130
HSBC（中国香港汇丰银行）	95
markmonitor.com（美国互联网安全服务公司）	95
s21sec.com（西班牙互联网安全服务公司）	69

续 表

网页仿冒事件报告者	数　量
cyf-kr.edu.pl（波兰 AGH 科技大学）	67
Cyveillance.com（美国互联网安全服务公司）	52
rsa.com（美国 EMC 公司安全事业部）	50
melbourneitdbs.com（美国域名注册商）	31
brandprotect.com（美国互联网安全服务公司）	27

表 7.6　2009 年 CNCERT 接收到被仿冒网站 TOP 10

2009 年 CNCERT 接收到的被仿冒网站按事件次数 TOP 10	
被仿冒网站	次数
ebay/paypal（美国电子商务网站）	298
HSBC（中国香港汇丰银行）	97
BBVA（毕尔巴鄂比斯开银行）	54
BANCO BRADESCO S.A.（巴西布拉德斯科银行）	29
Commonwealth Bank of Australia（澳大利亚联邦银行）	28
Facebook（国外交友社区网站）	24
Citibank（美国花旗银行）	22
Westpac Banking Corporation（澳大利亚西太平洋银行）	21
Internal Revenue Service（美国国家税务局）	18
Twitter（国外交友社区网站）	17

7.8　互联网行业安全组织发展情况

7.8.1　通信行业信息通报工作体系

2009 年 5 月，工业和信息化部颁布《互联网网络安全信息通报实施办法》，并下发通知要求通信行业各有关单位积极开展互联网网络安全信息通报工作。办法于 2009 年 6 月 1 日起正式实施[1]，当中明确了 CNCERT 承担通信行业网络安全信息通报中心的工作要求。在办法的指导下，CNCERT 积极协调和组织各地通信管理局、中国互联网协会、基础电信运营企业、域名注册管理和服务机构、非经营性互联单位、增值电信业务经营企业及安全企业开展通信行业网络安全信息通报工作。截至 2009 年 12 月，全国共有 64 家国家级信息通报工作单位和 198 家省级信息通报工作单位，形成了“国家级—省级”的信息通报工作体系。表 7.7 所示为 64 家国家级信息通报工作单位列表。

按照办法规定，各国家级信息通报工作单位每月前五个工作日向 CNCERT 国家中心报送前一个月的月度汇总信息；对于监测和掌握的其他重要事件信息和预警信息则需及时报送。2009 年 CNCERT 共接收国家级信息通报工作单位报送的月度信息汇总表 385 份、事件信息表和预警信息表 242 份。对这些报送信息，CNCERT 及时进行汇总、核实和分析，结合网络

[1] 2009 年 6 月，各互联网网络安全信息通报单位开始向 CNCERT 报送信息。本章报送事件数量统计从 5 月份开始。

安全指标体系相关研究成果，定期发布月度信息通报和月度指数通报。对于重要的事件信息和预警信息以及通信行业网络安全监管动态，以通报增刊的名义向通报工作单位发布。CNCERT 全年共发布月度通报 14 期，通报增刊 30 期。通报内容涵盖基础 IP 网络、IP 业务、域名系统、相关单位自有业务系统和公共互联网环境等多个大类。

表 7.7　通信行业国家级互联网网络安全信息通报工作单位

通信行业国家级互联网网络安全信息通报工作单位	
各地通信管理局（31 家）	全国 31 个省、自治区、直辖市通信管理局
基础电信运营企业（3 家）	中国电信集团公司、中国移动通信集团公司、中国联合网络通信集团有限公司
域名注册管理和服务机构（7 家）	中国互联网络信息中心、政务和公益域名注册管理中心、北京万网志成科技有限公司、北京新网互联科技有限公司、北京新网数码信息技术有限公司、厦门东南融通在线科技有限公司、厦门易名网络科技有限公司
增值电信业务经营企业（3 家）	深圳市腾讯计算机系统有限公司、世纪互联数据中心有限公司、263 网络通信股份有限公司
非经营性互联单位（4 家）	中国教育和科研计算机网、中国科技网、中国国际电子商务中心（经贸网）、中国长城互联网
安全企业（14 家）	北京启明星辰信息技术有限公司、沈阳东软软件股份有限公司、北京神州绿盟科技有限公司、北京天融信科技有限公司、北京安氏领信科技发展有限公司、哈尔滨安天信息技术有限公司、联想网御科技有限公司、奇虎 360 软件（北京）有限公司、北京知道创宇信息技术有限公司、华为技术有限公司、浪潮集团有限公司、北京瑞星信息技术有限公司、金山软件有限公司、网御神州科技有限公司
其他（2 家）	中国互联网协会、国家计算机网络应急技术处理协调中心

根据各国家级信息通报工作单位报送的月度汇总信息，2009 年 5 月—12 月通信行业报送的网络安全事件数量如图 7.27 所示。

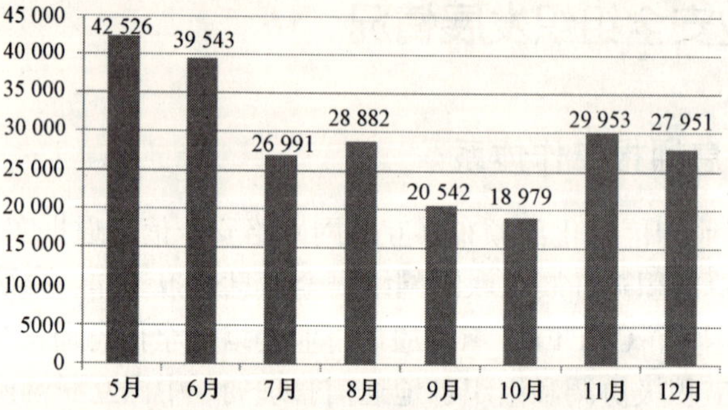

图7.27　2009年5月—12月通信行业事件报送数量统计

7.8.2　互联网安全应急组织体系

2005 年 3 月，CNCERT 和中国互联网协会计算机网络与信息安全工作委员会共同发起成立了中国 CERT 社区（http://community.cert.org.cn）。目的是通过网上社区，收集汇总来自不同行业、不同地区的 CERT 组织的基本信息和联络方式，形成中国 CERT 组织的门户网站。据不完全统计，截至 2010 年 1 月，我国目前有应急组织 60 家，如表 7.8 所示[1]。其中，在

[1] 该表内容主要来自 CNCERT 和 CCERT 网站，带“*”号的表示该应急组织已在中国 CERT 社区登记，其他组织以 CCERT 网站（http://www.ccert.edu.cn/）发布的成员单位为准。

中国应急组织社区登记的应急组织共计 33 家。

表 7.8　中国网络安全应急组织不完全统计列表

网络安全应急组织中文名称	名 称 简 写
上海三零卫士信息安全有限公司*	30Wish
西安安智科技有限公司*	ANGELLTECH
哈尔滨安天信息技术有限责任公司*	Antiy Labs
北京冠群金辰软件有限公司*	CA-Jinchen
成都微软技术中心*	CDMTC
中国移动网络与信息安全应急小组*	CMCERT/CC
国家计算机网络应急技术处理协调中心*	CNCERT
深圳市安络科技有限公司*	CNNS
中国科技网网络安全应急小组*	CSTCERT
中国联通天津分公司*	CUCC-TJ
山东中创软件商用中间件有限公司*	CVICSE
河南山谷创新网络科技有限公司*	Chinavvv
福建富士通信息软件有限公司*	FFCS
广西大学信息网络中心*	GXUNC
贵阳华旺科技有限公司*	GYHW
合肥工业大学网络安全与紧急响应组*	HFUTCERT
北京万网志成科技有限公司（中国万网）*	HERT
北京江民新科技术有限公司*	JIANGMIN
北京安氏领信科技发展有限公司*	LinkTrust
国家计算机网络入侵防范中心*	NCNIPC
东软计算机安全事件应急小组*	NCSIRT
中联绿盟信息技术（北京）有限公司*	NSFOCUS
上海中科网威信息技术有限公司*	Netpower
山东科技大学中国核心网络安全小组*	SDUST-CKNSG
山东新潮信息技术有限公司*	SDXC
神州通信有限公司*	SNZO
华为电信网络与业务安全实验室*	TNSSL
连云港港湾科技有限公司技术支持中心*	TSC-HT
天融信安全运营中心*	TopSec SOC
启明星辰应急响应小组*	VCERT
武汉大学省级应急服务支撑中心*	WHUPCERT
中国教育和科研计算机网紧急响应组*	CCERT
北京知道创宇信息技术有限公司*	Knownsec
CERNET 华东（北）地区应急响应组	NJCERT
北京大学网络安全紧急响应组	PKUCERT
成都电子机械高等专科学校	
新疆大学校园网应急响应组	
CERNET 山西省主节点应急响应组	SXCERT
攀枝花学院病毒应急响应处理小组	
CERNET 河北省主节点响应组	
华北地区北邮主节点应急响应组	BUPTCERT

续表

网络安全应急组织中文名称	名 称 简 写
CERNET 西南地区应急响应组	CDCERT
广州华南理工大学网络中心	GZCERT
河南教育科研计算机网应急响应小组	—
湖南主节点及中南大学应急响应小组	—
CERNET 华中地区应急响应组	—
江西省节点应急响应组	JXCERT
四川轻化工学院网管中心	—
吉林大学网络中心应急响应组	—
川北医学院	—
CERNET 贵州主节点	—
山西财经大学网络中心	—
宁夏大学网络中心	—
青海师范大学网络中心	QH-CCERT
CERNET 华南地区紧急响应组	GZCERT
大连理工大学校园网紧急响应组	DLCERT
上海交通大学计算机紧急响应组	SJTUCERT
CERNET 山东网络中心紧急响应组	SDCERT
东北农业大学校园网安全响应组	NEAUCERT
复旦大学校园网紧急响应组	FDU-CERT

7.8.3 CNCERT 应急服务支撑单位

为拓宽掌握互联网宏观网络安全状况和网络安全事件信息的渠道，增强对重大、突发网络安全事件的应对能力，强化公共互联网网络安全应急技术体系建设，促进互联网网络安全应急服务的规范化和本地化，经工业和信息化部（原信息产业部）批准，2004 年 CNCERT 首次面向社会公开选拔了一批国家级、省级公共互联网应急服务试点单位。2007 年 6 月，举办第二届评选评审会，共评选出了 8 家“国家级应急服务支撑单位”和 26 家“省级应急服务支撑单位”。2009 年 9 月，国家互联网应急中心与中国信息安全认证中心联合启动了第三届 CNCERT 网络安全应急服务支撑单位改选工作，评选了 10 家“CNCERT 国家级网络安全应急服务支撑单位”、12 家“CNCERT 大区级网络安全应急服务支撑单位”和 33 家“CNCERT 省级网络安全应急服务支撑单位”。表 7.9 所示为新评选出的国家级、大区级和省级应急服务支撑单位（排名不分先后）。

表 7.9　2009 年新改选的 CNCERT 应急服务支撑单位

国家级应急服务支撑单位（10 家）	北京启明星辰信息安全技术有限公司 沈阳东软系统集成工程有限公司 北京神州绿盟科技有限公司 北京天融信科技有限公司 北京安氏领信科技发展有限公司 哈尔滨安天科技股份有限公司 联想网御科技（北京）有限公司

续表

国家级应急服务支撑单位（10 家）	中国电信集团系统集成有限责任公司 奇虎 360 软件（北京）有限公司 深圳市任子行网络技术有限公司
大区级应急服务支撑单位（12 家）	上海三零卫士信息安全有限公司 浪潮集团有限公司 上海中科网威信息技术有限公司 成都思维世纪科技有限责任公司 北京互联通网络科技有限公司 北京启明星辰信息安全技术有限公司沈阳分公司 北京启明星辰信息安全技术有限公司上海分公司 北京神州绿盟科技有限公司武汉分公司 北京神州绿盟科技有限公司西安分公司 北京神州绿盟科技有限公司成都分公司 北京神州绿盟科技有限公司广州分公司 贵州亨达信通科技有限公司
省级应急服务支撑单位（33 家）	广州三零盛安信息安全有限公司 联创科技（南京）有限公司 天讯瑞达通信技术有限公司 太原理工天成电子信息技术有限公司 恒安嘉新（北京）科技有限公司 深圳市安络科技有限公司 杭州安恒信息技术有限公司 蓝盾信息安全技术股份有限公司 上海金电网安科技有限公司 福建富士通信息软件有限公司 上海谐润网络信息技术有限公司 河南山谷创新网络科技有限公司 杭州思福迪信息技术有限公司 武汉大学 山东新潮信息技术有限公司 广东科达信息技术有限公司 济南雷森科技有限公司 西安安智科技有限公司 北京江南博仁科技有限公司 北京鼎普科技股份有限公司 福建伊时代信息科技股份有限公司 北京中软华泰信息技术有限责任公司 北京启明星辰信息技术股份有限公司广州分公司 北京天融信科技有限公司南京办事处 成都天融信网络安全技术有限公司 北京天融信科技有限公司广州分公司 北京神州绿盟科技有限公司上海分公司 北京神州绿盟科技有限公司上海分公司南京办事处 北京神州绿盟科技有限公司西安分公司兰州办事处 北京神州绿盟科技有限公司沈阳分公司 中国联合网络通信有限公司重庆市分公司 中国电信集团系统集成有限责任公司宁夏分公司 中国电信股份有限公司四川分公司

7.9 网民网络安全意识状况

2009 年 12 月 9 日—12 月 31 日，国家互联网应急中心（CNCERT）和中国互联网络信息中心（CNNIC）联合举办“2009 年中国网民网络信息安全状况调查活动”。此次调查活动以电话调查和网络在线调查为基本形式，调查问卷设计以公益性和普及性为基本设计原则，设问范围涵盖当前网民网络信息安全认知及相关应用情况。2010 年 3 月 30 日，双方联合发布了《2009 年中国网民网络信息安全状况调查报告》。其中，关于网民安全防护软件使用情况，遭遇的网络安全事件及损失情况，网络安全防范意识情况，网络安全应用认识情况的调查结果摘录如下。

7.9.1 安全防护软件使用情况

2009 年，网民对不同类型安全软件的功能和用途区分越来越模糊，国内网民中能够区分清楚各类安全软件的网民仅占 50.7%，有近一半网民对这些概念无法区分，如图 7.28 所示。

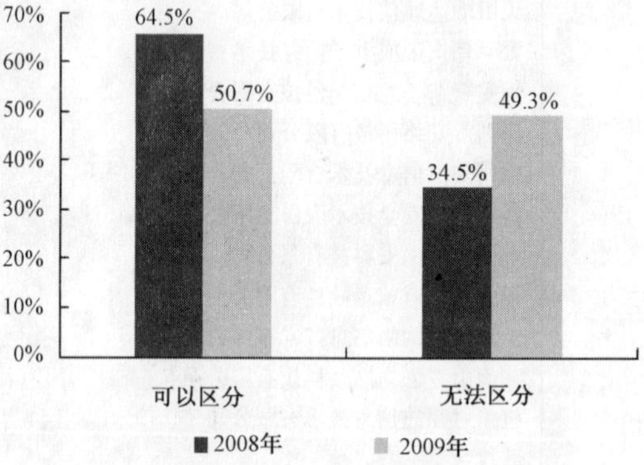

资料来源：CNNIC和CNCERT网络在线调查（2009年12月）
[Base=25472]

图7.28 2008年、2009年网民对不同类型安全防护软件区分情况

2009 年，有 95.6%的网民个人计算机中已安装有安全软件，但仍有部分网民没有安装，如图 7.29 所示。

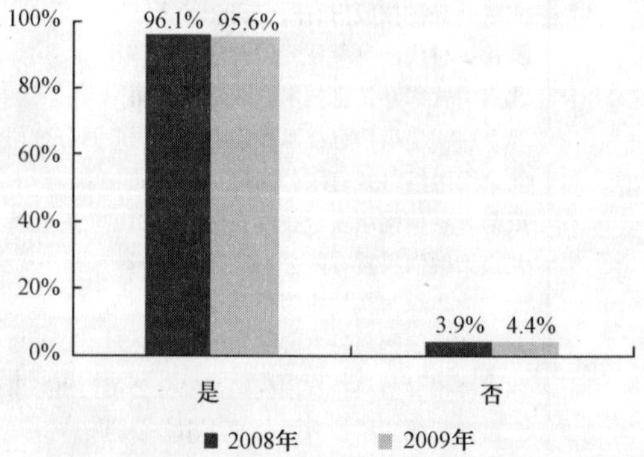

资料来源：CNNIC和CNCERT网络在线调查（2009年12月）
[Base=25472]

图7.29 2008年、2009年网民安装安全防护软件情况

2009 年网民在使用手机过程中遇到的最多问题就是垃圾邮件和垃圾短信，86.5%的手机网民收到过垃圾邮件或短信；同时，有 81.0%的手机网民遇到恶意骚扰。如图 7.30 所示。

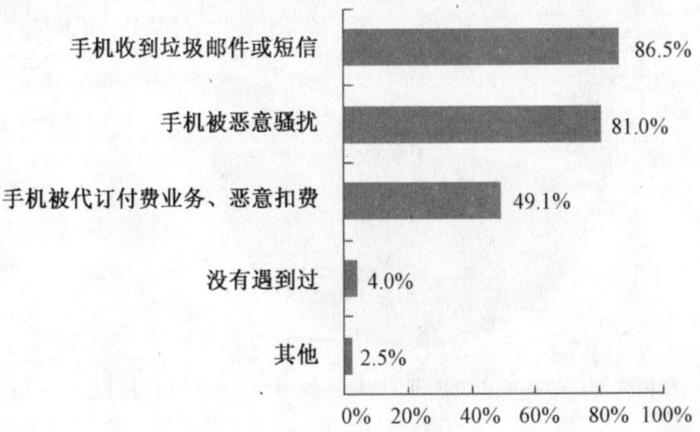

数据来源：CNNIC和CNCERT网络在线调查（2009年12月）
[Base=25472]

图7.30　2009年网民遇到的手机安全问题

同时，仅有 25.0%的网民担心会有手机安全问题，如图 7.31 所示。由于目前手机上网所暴露出的安全性问题还不像计算机那么直接、严重，因此网民对手机上网的安全性问题还没有引起足够重视。

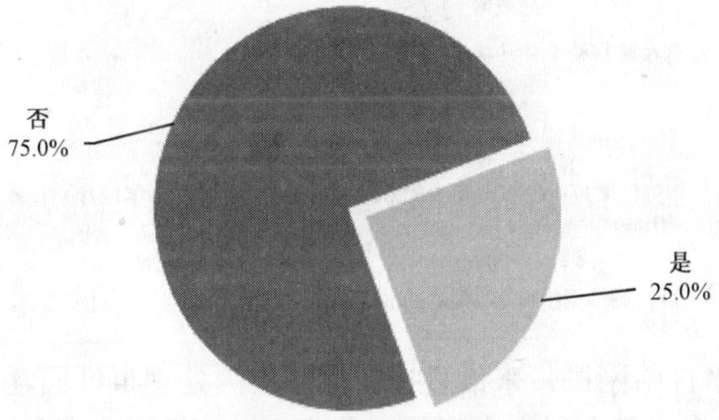

资料来源：CNNIC和CNCERT网络在线调查（2009年12月）
[Base=25472]

图7.31　网民对手机安全问题的认知情况

7.9.2　遭遇的网络安全事件及损失情况

2009 年，52.0%的网民曾遭遇过网络安全事件，如图 7.32 所示。网络信息安全对众多网民来说不再只是停留在新闻报道或他人述说中，而是需要实际应对和处置的问题。

在网民遭遇过的网络安全事件中，病毒、木马等恶意代码入侵计算机事件占绝大多数。如图 7.33 所示，网络下载和浏览成为病毒和木马传播的主要渠道，77.5%的网民是在网络下载或浏览时遭遇病毒或木马的攻击；其次，移动存储介质，如 U 盘、移动硬盘和光盘等，成为病毒或木马传播的第二渠道，有 26.9%的网民遭遇过由此而来的攻击。有 10.1%的网民并不知道是什么原因导致其感染病毒或木马，这说明，一方面目前的病毒和木马攻击越来越隐蔽；另一方面，网民的安全基础知识还有待进一步普及。

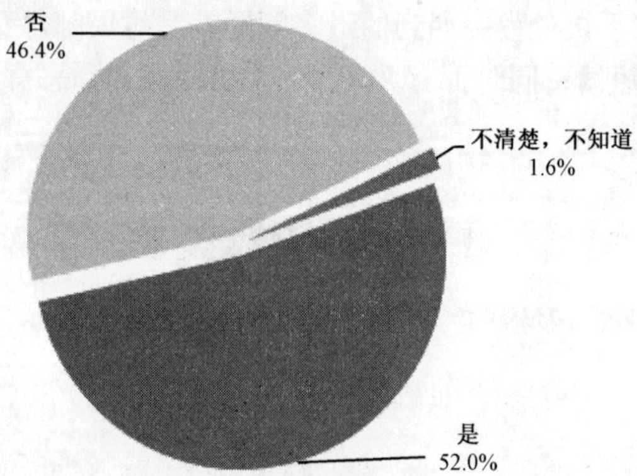

资料来源：CNNIC和CNCERT网络在线调查（2009年12月）
[Base=25472]

图7.32　2009年网民遭遇网络安全事件情况

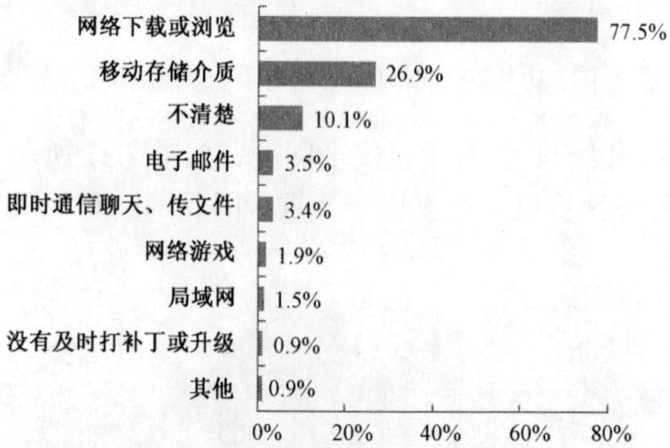

资料来源：CNNIC和CNCERT网络在线调查（2009年12月）
[Base=25472]

图7.33　2009年网民遭遇的网络安全事件发生诱因

2009 年网络安全事件给网民带来最直接的损失是因处理事件而耗费的时间成本，77.3%的网民反映遇到网络安全事件要付出大量的时间成本。据统计，平均每人需要花费约 10 小时来处理安全事件，如图 7.34 所示。

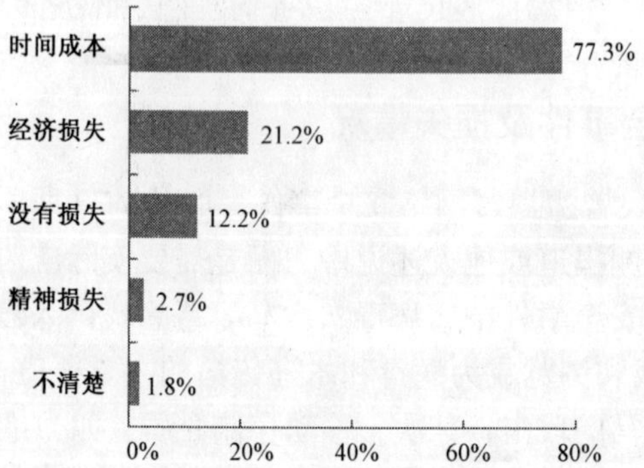

资料来源：CNNIC和CNCERT网络在线调查（2009年12月）
[Base=25472]

图7.34　2009年网民遭遇的网络安全事件损失情况

从网民处理安全事件所需要付出的时间成本分布来看，72.4%的网民 1 天之内可以解决安全事件带来的问题，如图 7.35 所示。

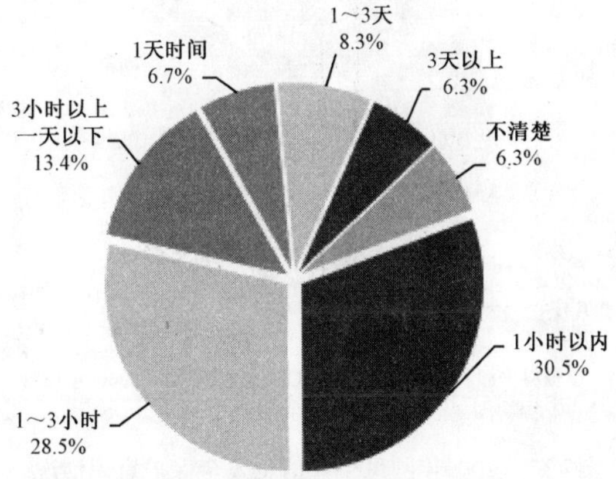

图7.35　2009年网络安全事件带来的时间损失

另外，2009 年网络安全事件给国内 21.2%的网民带来直接经济损失，包括即时通信、网络游戏等账号被盗造成的虚拟财产损失，网银密码、账号被盗造成的财产损失，以及由于网络系统、操作系统瘫痪、数据、文件等丢失或损坏，对其找回或修复产生的费用等。根据调查结果，2009 年网民处理安全事件所支出的服务费用估算共计 153 亿元人民币；如图 7.36 所示，在实际产生费用的人群中，费用在 100 元及以下的占比为 51.2%；人均费用约 588.9 元；如按国内 3.84 亿网民计算，人均处理网络安全事故费用约为 39.9 元。

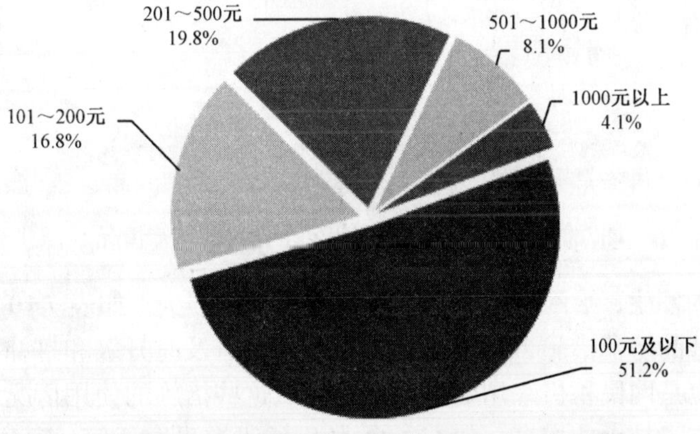

图7.36　2009年网络安全事件带来的经济损失

7.9.3　网络安全防范意识情况

2009 年，有 85.8%的网民虽然担心安全问题但仍会在网上填写个人真实信息。同时，有 96.3%的网民会担心安全问题，如图 7.37 所示。

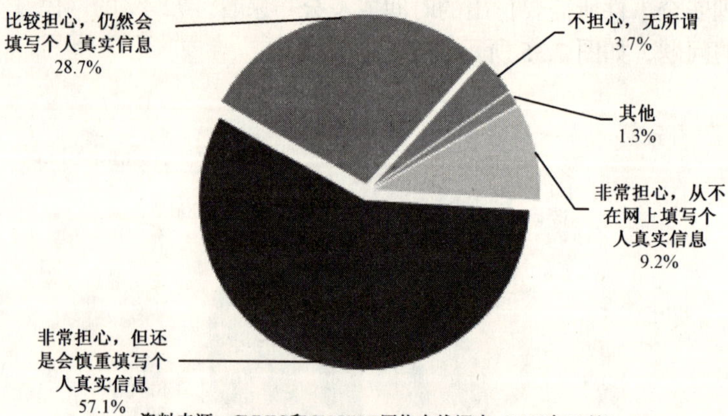

资料来源：CNNIC和CNCERT网络在线调查（2009年12月）
[Base=25472]

图7.37　2009年网民个人信息安全保护意识情况

设置密码是网民保护个人信息的重要手段之一。如图 7.38 所示，设置密码时， 74.3%的网民会通过增加密码字符的种类和数量来尽可能保护个人信息的安全。

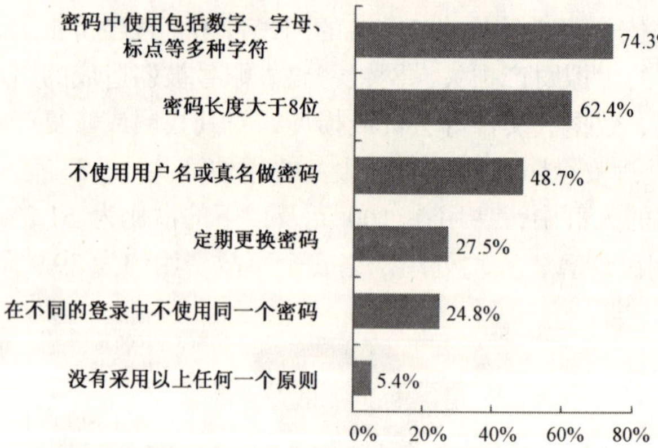

资料来源：CNNIC和CNCERT网络在线调查（2009年12月）
[Base=25472]

图7.38　2009年网民对密码安全设置的认知情况

诸多安全事件的发生，给网民造成了时间和经济上的损失。如表 7.10 所示，安装安全防护软件成为网民首选的防范措施，其次是对操作系统进行及时升级和打补丁。此外，慎重访问陌生网站和邮件也是网民积极采用的防护措施。从这些措施的使用情况来看，我国网民的安全防护意识已经有了较大的提高，仅有 1.1%的网民没有采取任何一项防护措施。

表 7.10　2009 年网民主要采取的计算机防护安全措施

防 范 措 施	使 用 率
安装安全防护软件	82.2%
对操作系统及时升级和打补丁	78.3%
少浏览陌生网站，不下载不明文件，慎重接受陌生人的邮件	72.6%
用杀毒软件检查邮件附件后再打开，使用磁盘、U 盘、移动硬盘等设备前先查毒	69.5%

续表

防 范 措 施	使 用 率
在公共场所上网结束后，检查所登录过的网站或使用的程序是否已关闭	55.7%
定期进行系统和数据备份	33.6%
定期更改用户名/密码、密码避免使用简单的口令	31.3%
加密存储重要信息	28.7%
暂时离开时将计算机锁定并设置开锁密码	27.8%
没有采取以上任何一项防范措施	1.1%

7.9.4　网络安全应用认知情况

如图 7.39 所示，2009 年有 69.7%的网民意识到如果个人计算机出现安全问题，将会影响他人计算机甚至公共网络的安全，如感染恶意代码被黑客利用发送垃圾邮件、发动拒绝服务攻击、传播病毒等。仍有 22.3%的网民认为网络安全事件对用户来说是孤立的，并不会波及网络上的其他计算机。网民还需要进一步提高安全责任意识。

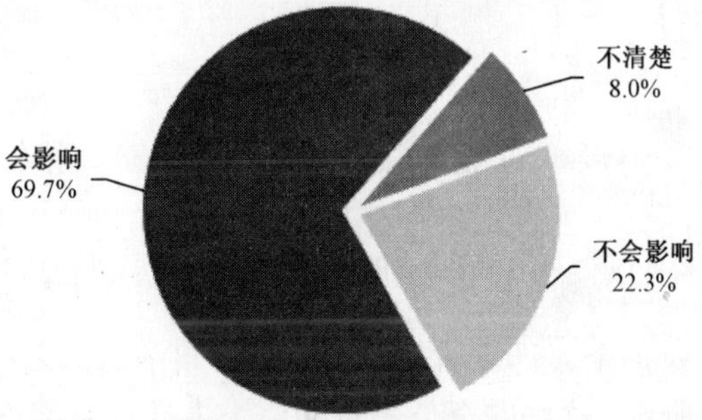

资料来源：CNNIC和CNCERT网络在线调查（2009年12月）
[Base=25472]

图7.39　2009年网民对网络安全责任的认知情况

网络虚拟财产是用户在各种付费网络应用服务项目中，投入时间、金钱获得的物权形式（如虚拟货币、虚拟装备等）。网络虚拟财产不仅在相关付费项目中具有使用价值，而且可以以货币形式进行等值交换，具备一般商品的属性和商品流动的特性，具备法律的财产属性。如图 7.40 所示，2009 年 46.6%的网民持有 QQ 币、网络游戏装备和点卡等虚拟财产。

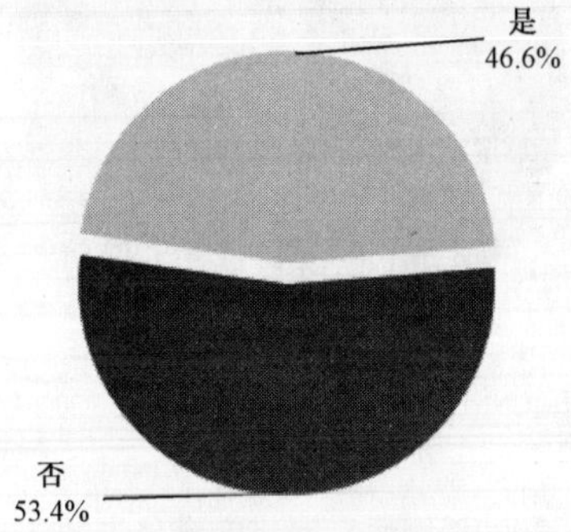

资料来源：CNNIC和CNCERT网络在线调查（2009年12月）
[Base=25472]

图7.40　2009年网民拥有虚拟财产的情况

网民对虚拟财产的保护有着强烈的意愿，如图 7.41 所示，61.8%的网民表示希望国家立法保护虚拟财产的合法性，希望厂商提供防护申诉机制或愿意购买厂商安全增值服务的网民也比较多，分别占 50.3%和 46.7%。此外，由于虚拟财产天然具备的商品流动性特征，仅有 18.0%的网民认为国家应立法禁止虚拟财产的交易。上述结果表明，国家需要尽快完善相关法律的建设，在虚拟财产认定、管理机制、流通限制等方面给出明确的条文定义，而相关互联网服务商也可以根据用户需求提供更有效的安全保障服务。

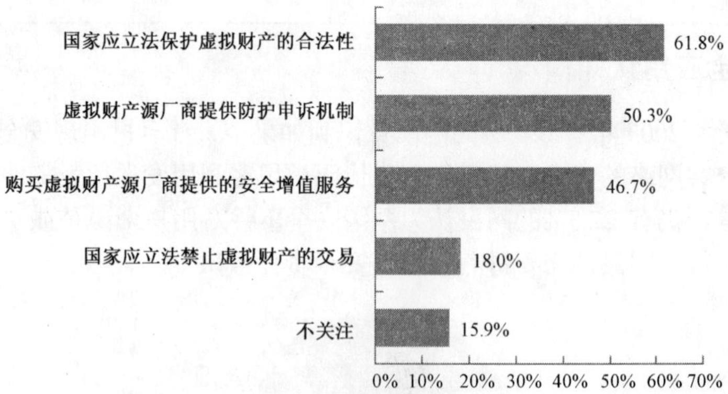

资料来源：CNNIC和CNCERT网络在线调查（2009年12月）
[Base=25472]

图7.41　2009年网民虚拟财产保护的认知情况

为了更好地帮助网民保护个人计算机和网络安全，目前国内安全机构和安全厂商会发布一些安全公告。如图 7.42 所示，这些安全公告对网民个人计算机网络安全的帮助很大，53.3%的网民会按照公告提示对计算机加固修补；22.0%的网民会点击查看但不会采取任何措施；而选择忽略的网民仅为 12.1%。不过，也有 12.6%的网民表示未接收到或未关注过此类安全公告。

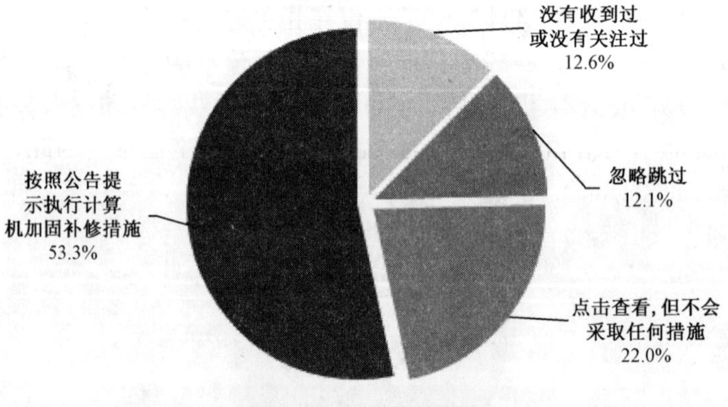

资料来源：CNNIC和CNCERT网络在线调查（2009年12月）
[Base=25472]

图7.42　2009年网民对网络安全公告的认知情况

7.10 2010年网络安全工作展望

CNCERT 2010年的工作重点主要归结为网络安全保障支撑、网络安全环境治理和提供网络安全服务三个方面。

（1）做好网络安全保障支撑

CNCERT网络安全保障支撑的一项重要工作是保障基础网络关键设施运行安全，主要目标对象包括基础电信运营企业骨干网络及相关核心设备、域名系统等。例如：域名系统安全是当前基础网络运行安全的“软肋”。除“5·19”事件外，2009年国内外发生的造成较大影响的域名系统安全事件还有：2009年10月13日瑞典国家顶级域名（.SE）发生的解析故障事件，此次事件造成了全球互联网.SE之下的近90万个域名不能正常解析超过1个小时；2010年1月12日上午，百度公司在美国域名注册的域名（baidu.com）记录被非法篡改，使得baidu.com域名在全球的解析被错误指向，导致baidu.com网站在全球互联网“消失”了4个小时。又如，海底光缆中断事件。2009年8月中旬和下旬，受台风和地震的影响，台风和地震波及区域的海底光缆中断，导致中国通往美国和欧洲等方向的国际通信服务受阻，一些服务器位于境外的互联网应用服务无法访问，许多商业机构的日常业务受到影响。从上述事件看，由于自然原因或人为因素对相关重要节点造成的损害通常会导致严重的网络安全事件发生，一些事件甚至造成高额的经济损失。因此，是否能在基础网络关键设施发生网络安全事件时及时有效处置、是否能在技术和机制上有效降低事件造成的影响，是网络安全保障支撑工作中要深入研究的问题。

CNCERT网络安全保障支撑的另一项重要工作是保障我国政府和重要信息系统部门网络和信息系统安全。近年来，一些政府和重要信息系统部门网站被渗透、被篡改、被挂马的事件发生较为频繁，使得网站用户受到侵害。一些提供社会公共服务的信息系统也成为黑客觊觎的目标，黑客通过发动攻击影响其提供正常服务，以达到不正当目的。另外，根据CNCERT对政府和重要部门信息系统的检查评测结果，一些部门的信息系统在建设、使用和运行维护过程中在管理和技术等方面存在较多安全隐患。因此，政府和重要信息系统部门除加强自身网络和信息系统的安全管理外，还需要强有力的外围监测保障支撑，做到及时监测发现和通报预警，并及时进行有效处置。特别是在国家重大活动及敏感时期，黑客发动针对政府和重要信息系统部门网络和信息系统的攻击可能性要高于往常。因此，还需要进一步建立健全国家重大活动及敏感时期专项保障工作预案，制定相关工作规范。

（2）加强网络安全环境治理

网络安全环境治理主要是指公共互联网网络安全环境治理。公共互联网中诸多事件类型，如恶意代码类事件（计算机病毒、蠕虫、木马、僵尸网络等事件）、网站安全类事件（网页篡改、网页挂马、网页仿冒等事件）、垃圾邮件事件、漏洞事件、拒绝服务攻击事件、非授权访问事件和域名劫持事件等，都与互联网黑色地下产业有千丝万缕的联系。

CNCERT对于公共互联网安全环境的治理主要从三个方面着手：

一是提高监测发现各类网络安全事件的能力，主动跟踪、发现互联网黑色地下产业的活动痕迹。从技术特点上看，不同类型的网络安全事件在监测过程中能提取的技术特征是不同的。例如：拒绝服务攻击事件中的流量特征需要类似Netflow的五元组信息，而僵尸网络事件则需要对控制服务器和受控主机间的通信特征进行深入分析、鉴别。因此，对相关事件的监测要求具备较为丰富的技术手段，如报文特征监测、流量监测、域名监测、网站主动巡检和信息系统漏洞挖掘等。

二是组织和协调通信行业有关单位，开展互联网网络安全信息通报工作，全面掌握全国范围、省级行政区域或相关行业领域内的事件信息和预警信息。仅依靠单方面来源的信息（如CNCERT 自主监测）是有限的，就如“瞎子摸象”一般。只有建立广泛的信息共享渠道，才能真正实现对互联网安全态势的准确研判，找到互联网安全治理的关键部位。另外，对于重要事件信息和预警信息，可以通过行业内通报或向通信行业外定向通报、公告的方式，不断扩大事件信息和预警信息的知晓范围，进而有效地提高全社会和全行业的整体安全防范水平。

三是进一步提高互联网网络安全事件的处置力度。一般意义上的处置只针对事件本身或事件发生目标对象本身，完成事件阻断或受损目标对象恢复即可，但这只是一个“治标”的过程。CNCERT 认为，对事件的处置应当考虑网络安全事件之间存在的客观联系，深入追踪互联网网络安全事件发生的根源，实现“治本”。例如：一次拒绝服务攻击事件从现象看可以算做流量攻击事件，但发出这些攻击量的可能对应着一个大型的僵尸网络或其他恶意代码受控主机群；控制这些主机群的又可能会涉及恶意域名（通常用做控制服务器的跳转）相关信息。只有全部清除控制服务器及相关恶意域名，并付诸法律制裁幕后控制者，才能阻止其发动下一次攻击。

（3）对外提供网络安全服务

CNCERT 主要面向政府部门、行业企业及社会公众提供网络安全服务，这三方面主体对网络安全服务的需求不尽相同。

政府部门[1]主要是从国家安全或所分管行业安全的角度出发，需要对全国及行业相关领域网络和信息系统的安全状况有全面的把握。特别对国家决策部门来说，需要及时掌握当前网络安全基本态势，获知重要网络安全威胁，进而做好我国信息化建设决策部署，并指导各部门推进信息化业务应用，引导相关行业提升信息服务水平，促进产业的发展。而对于一些关系国民经济命脉，承担重要公共服务职能的部门来说，保障网络和信息系统运行安全，防范网络攻击威胁，杜绝安全隐患则是其网络安全工作的重点。无论是从国家安全的层面，还是从保障重要信息系统运行安全的层面出发，CNCERT 一个重要的工作定位就是做好通信行业网络安全基本态势分析，并配合相关部门做好定向保障支撑工作。

行业企业和社会公众主要关注的是自身业务系统安全运行的问题及公共互联网中的各类网络安全事件。随着互联网的发展，互联网经济规模不断扩大，一些事件不仅造成强烈的感知，还会给企业和用户带来直接经济损失，例如：造成企业网上业务中断、用户虚拟财产丢失等。应对互联网黑色地下产业的威胁，不仅需要有一些针锋相对的技术手段和监管措施，还需要行业企业、社会公众的普遍参与和配合，面向行业企业、社会公众提供的网络安全服务要实现“正循环”的过程。例如：CNCERT 倡导签署《反网络病毒自律公约》、成立国家信息安全漏洞共享平台（CNVD），就是希望相关成果惠及行业企业和社会公众，形成制约互联网黑色地下产业的无形锁链。CNCERT 另一个重要的工作定位就是组织和协调通信行业相

[1] 政府部门包括政府机关以及重要信息系统部门。

关单位在事件监测、信息预警、事件处置等方面发挥积极作用，并接受行业企业、社会公众的监督和投诉，创建和谐的网络环境。

(国家计算机网络应急技术处理协调中心　孙蔚敏、周勇林、纪玉春、焦绪录、王明华、徐娜、王营康、徐原、刘伯超、李佳、何世平、郑礼雄、温森浩、张胜利、赵慧)

第 8 章　2009 年中国互联网治理状况

8.1　互联网治理情况综述

2009 年，全球互联网实现了显著的增长，以互联网与其他产业融合为标志的新一轮产业革命即将到来。面对全球互联网的机遇与挑战，中国政府积极推进互联网产业的健康发展，启动 3G 牌照发放工作并推出鼓励政策，酝酿多年的 3G 牌照正式发放，进一步促进了移动互联网时代的到来。与之相应，政府主管部门开始着手推动物联网建设，同时积极参与到国际互联网治理工作中，组织业界推进中文顶级域名的申请工作。

与此同时，网络版权问题、违法不良信息传播及各种各样的网络违法犯罪活动仍然影响互联网健康发展，互联网治理工作继续稳步进行。围绕违法、不良和垃圾信息举报受理，垃圾邮件和恶意软件专项治理，ICP/IP 地址及域名备案，域名注册服务机构自律等工作的进行，各项机制和组织机构进一步健全和完善，各项治理工作取得了明显的成效。同时，相关部门齐心协力，在 2009 年打响了一场网络不良信息的狙击战。针对普遍存在的网络诚信问题，行业组织响应管理部门号召，积极探索加强网络诚信建设，在引导行业自律，促进行业发展方面起到重要作用。

8.2　互联网行业管理情况

8.2.1　产业发展逐步规范

2009 年是互联网产业发展与规范并行的一年。2008 年 12 月 31 日，国务院常务会议同意工业和信息化部按照程序启动我国 3G 牌照发放工作。2009 年 1 月 7 日，工业和信息化部为中国移动、中国联通和中国电信发放三张 3G 牌照，标志着我国正式进入 3G 时代。2009 年 8 月，国务院总理温家宝在无锡微纳传感网工程技术研发中心视察并发表重要讲话，表示中国要抓住机遇，大力发展物联网技术。8 月 26 日，工信部总工程师朱宏任在中国工业经济运行 2009 年夏季报告会上表示，我国也正在高度关注，重视物联网方面的研究。9 月 11 日，工信部传感器网络标准化工作小组的成立，标志着我国将加快制定符合我国发展需求的传感网技术标准，力争主导制定传感网国际标准。国家政策的倾斜使中国物联网技术开始向国际一流水准看齐，物联网进入发展阶段。

与此同时，为加强管理，规范并促进互联网产业健康发展，国家立法、司法、行政管理及行业部门推出一系列互联网治理措施。

（1）立法司法方面

2009 年 12 月 26 日通过的《侵权责任法》首次纳入网络侵权，强化了对个人隐私权的保护。其中第 36 条规定：网络用户和网络服务提供者利用网络侵害他人民事权益的，应当承担侵权责任。如此对网络侵权进行规制，适应时代发展的要求，体现了立法的进步。2009 年 5 月 1 日起，由中国国际经济贸易仲裁委员会颁布的《中国国际经济贸易仲裁委员会网上仲裁规则》正式施行，该规则特别适用于解决电子商务争议。

（2）行政管理方面

一是相关部门加强网站备案工作，明确在 2009 年年底之前将网站备案率提高到 97%，将每月新入库的网站备案信息准确率提高到 87%，将之前已入库的网站备案信息准确率提高到 85%。二是两次打击互联网不良信息的专项行动取得明显进展。三是手机涉黄问题得到有效控制。2009 年 12 月 25 日工信部提出五项措施，要求各运营商采取积极措施，整改手机涉黄重点环节。国内三大运营商停止 WAP 网站所有 SP 服务来清查涉黄问题，数万 WAP 网站一夜间消失。四是推动网络实名制与手机实名制建设，加强网络管理。

（3）行业自律方面

一是互联网违法、不良及垃圾信息举报受理取得实效；二是行业协会继续开展文明办网自查自律活动；三是我国首个《域名交易自律公约》正式发布，对推动国内域名交易市场的良性可持续发展具有重要意义；四是中国反钓鱼网站联盟继续开展钓鱼网站处理工作。2009 年中国反钓鱼网站联盟年会召开，“.com”等境外域名下钓鱼网站成为打击重点。五是各种版权联盟、反盗版联盟层出不穷，包括激动网等近 80 多家版权方宣布联合组建的“反盗版联盟”以及央视网等媒体组成的“视频新媒体版权保护联盟”，同时签署《2009 年版权保护宣言》。六是淘宝网“诚信自查系统”上线，为 C2C 历史上规模最大的一次反涉嫌炒作卖家的自查举措。

（4）理论研究方面

国内首个互联网治理与法律研究中心——北京邮电大学互联网治理与法律研究中心于 2009 年 8 月 10 日成立。这是国内第一个专业从事互联网治理与信息社会法律的系统化和理论化研究的学术机构，其研究成果将为网络知识产权、网络版权、电子商务等领域的网络立法提供支撑。此外，2009 年 11 月 2 日—3 日在北京召开的互联网大会期间，互联网行业中涉及的版权问题、电子商务、产业政策和资本问题，都受到了前所未有的关注和重视。

8.2.2　实名制管理稳步推进

2009 年，网络实名制进入稳步发展阶段。

（1）网站备案制度稳步推进

工业和信息化部 2009 年 12 月印发《工业和信息化部关于进一步深入整治手机淫秽色情专项行动工作方案》的通知，要求接入服务商必须持证经营，所接入的网站必须取得经营许可或备案，网站备案主办者身份信息当面核验，违反者要追究相关人员责任。据统计，2009 年履行备案的网站共 166.6 万个，月均增长 13.9 万个，月最高增长 32.9 万个，月最低增长 1.8 万个。全年网站履行备案情况如图 8.1 所示。

在实施手段上，针对备案环境以及网站管理环境发生的变化，相关部门积极开展备案系统升级改造的研发工作。新的备案系统将一改原来的传统备案原则，采用三级两层架构，国家级的备案系统作为全国备案管理库或查询库，各省通信管理部门负责审核接入商接入的网站信息，而接入商将对网站主办者提交的信息进行真实性核查。随着新的备案系统启用，我国数量庞大的互联网站将面对有序、可溯源的备案管理新体制，对推动我国网站实名制将发挥重要作用。

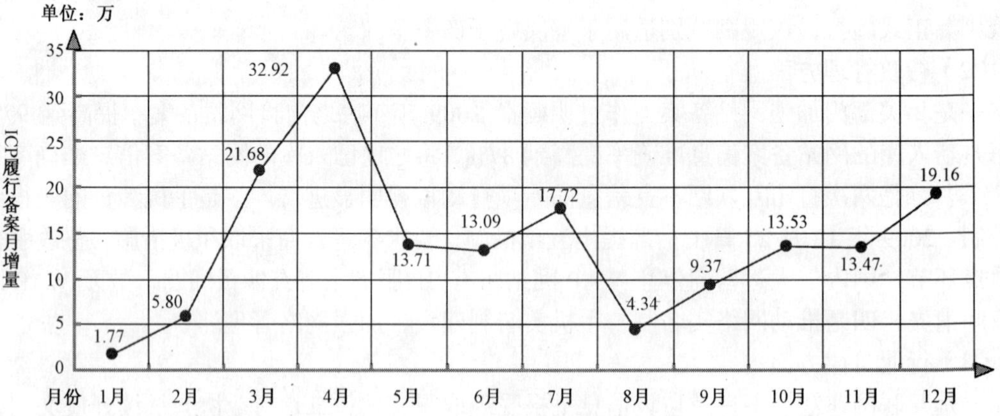

资料来源：中国互联网协会。

图8.1　2009年网站履行备案情况

（2）网络身份证开始试点工作

上海等地已经开展网络身份证试点工作，用社保号取代身份证号与网络身份证进行捆绑。另外，2009 年 1 月，小镇网开始执行 IA 实名机制标准；IA 实名机制标准是一种绝对实名机制，将真实姓名、身份证号、手机、地址一次性检核。2009 年 5 月 1 日，杭州市开始实行《杭州市计算机信息网络安全保护管理条例》。《条例》中规定互联网信息服务提供者应该建立并落实安全保护制度和安全保护技术措施，“提供电子公告、网络游戏和其他即时通信服务的，具有用户注册信息和发布信息审核功能，并如实登记向其申请开设上述服务的用户的有效身份证明”。杭州由此成为全国第一个通过地方立法实施网络实名制的城市。

（3）手机实名制进入实施阶段

国家主管部门正在稳步推进手机实名制，并制定了相应的推进时间表。2009 年年末，工信部发布《工业和信息化部关于进一步深入整治手机淫秽色情专项行动工作方案》，《方案》中提到手机实名制工作任务的第二阶段，也就是 2010 年的 1—9 月，基础电信企业要采取各种优惠措施，鼓励用户提供有效身份证件等信息进行实名登记和补登记，逐步提高电话用户实名登记的比例；在第三阶段，即 2010 年年末，工业和信息化部会同公安部、国务院新闻办，加快立法进度，力争在 2010 年年底前出台《通信短信息服务管理规定》，为全面实施电话用户实名登记工作提供法律依据。与此同时，《通信短信息服务管理办法》正在制定，手机实名制将作为这一法规的配套措施。工信部正在研究制定《移动电话机定制管理规定》，将对定制手机的运营商备案情况作出规定。到目前为止，各地已逐步建立和完善网络信息安全管理制度、手机网站备案制度等，探索形成行之有效的手机网络监管的长效机制。

（4）CN 域名实名制管理正在开展并取得成效

中国互联网络信息中心（CNNIC）于 2009 年 12 月启动了已注册域名信息实名核对工作和新申请域名书面审核流程，进一步加强域名注册信息审核工作，提升域名注册信息的真实性、准确性和完整性。

8.2.3　专项行动取得明显成效

2009 年，为整治互联网低俗内容，国家有关主管部门联手开展两次专项治理行动，进一步净化了网络环境，取得了明显效果。

2009 年 1 月 5 日，国务院新闻办、工业和信息化部、公安部、文化部、工商总局、广电总局和新闻出版总署七部门部署在中国大陆地区地区开展整治互联网低俗之风专项行动，对包括表现或隐晦表现性行为、具有挑逗性或者侮辱性的内容等在内的 13 个方面的低俗内容进行核查清理。2 月 23 日，工信部下发了《关于集中开展全量网站清理及备案专项行动的通知》，要求各家中国大陆地区 ISP 关闭所有尚未获得备案号的存量网站。任何没有获得备案号的网站一律不得接入，一旦发现将采取严厉的惩罚措施。2009 年，中国互联网协会互联网违法和不良信息举报中心公布了 13 批次需要整治或者整治不力的网站名单，包括中国几个最受欢迎的网站例如新浪、搜狐、网易和天涯社区。一些网站被指责自我审查不力，对用户上传的低俗内容删除不及时，另一些搜索引擎网站则被指责在搜索结果中存在大量淫秽色情网站链接。各大网站纷纷向网民发出道歉信，并同时关停一些存在被指责为低俗的服务，同时加强对用户提供内容的审查。

2009 年 12 月，由中央外宣办牵头，会同全国“扫黄打非”办公室、工业和信息化部、公安部等九部门联合开展进一步深入整治互联网和手机媒体淫秽色情及低俗信息的专项行动。到目前来看，专项行动成效显著，主要体现在：

（1）打击涉黄网站利益链取得重要突破。依法关闭了一批违法违规网站，有效斩断淫秽色情和低俗信息传播源头。截至 2010 年 2 月 10 日，专项行动中已关闭淫秽色情和低俗网站 1.6 万多个，其中关闭违法违规手机网站 1.1 万多个，有关部门还查处了 420 多个违法违规互联网和手机视听网站。

（2）境内网上淫秽色情和低俗信息明显减少，通过手机媒体传播淫秽色情的势头得到有效遏制。据统计，自打击手机涉黄专项行动实施至今，北京、广东和江苏分别处置清除网络淫秽色情有害信息 15 万余条、11 万余条和 20 万余条，查处了 30 多部淫秽色情网络小说和 15 款色情手机游戏。

（3）严惩了一批违法犯罪分子，产生了震慑作用。截至 2010 年 2 月 10 日，公安机关已破获湖北荆州“071”特大组织网上淫秽表演案等网络淫秽色情违法犯罪案件 191 起，抓获违法犯罪嫌疑人 292 人。针对境内人员租用境外服务器、虚拟空间或者利用跳转 IP 地址等方式向我境内传播淫秽色情信息的情况，公安机关连续破获了一批利用境外网站传播淫秽色情信息的典型案件。这些违法犯罪案件的侦破情况已及时向社会公布，起到了震慑和教育作用。

（4）有关制度建设进一步完善。工业和信息化部部署开展为期 14 个月的整治手机淫秽色情专项治理行动，要求基础电信企业、接入服务企业、域名注册管理和服务机构落实管理责任，严禁为违法违规网站提供接入服务，严禁网络接入资源层层转租，清理手机代收费业务，落实域名实名注册制度等，均取得明显成效。中国互联网络信息中心(CNNIC)和全国 55

家域名注册服务机构共清查域名总量1350多万个，暂停1.2万个涉黄域名的解析。经过专项整治，我国互联网基础管理已得到加强，这为进一步规范互联网市场秩序创造了有利条件。

8.3 互联网行业自律发展情况

8.3.1 网络不良与垃圾信息治理情况

（1）网络不良与垃圾信息举报受理情况

2009年，12321网络不良与垃圾信息举报受理中心（以下简称“12321举报中心”）共收到网络不良与垃圾信息举报1 186 730件次。其中，互联网不良与垃圾信息举报382 892件次，移动电话网举报790 647件次，固定电话网举报9726件次，其他3465件次。

（2）积极协调各企业处理不良与垃圾信息

12321举报中心进一步加强与运营商、各省公安厅、中国互联网络信息中心（CNNIC）等相关单位的协作，在最大限度内缩短举报信息从受理到审核、再从审核到处理的时间。具体协调处理情况如下：

根据《互联网电子邮件举报受理工作机制》，共向电子邮件服务提供企业下发《垃圾邮件举报处理函》72份，关闭涉嫌发送垃圾邮件的邮箱账户1069个。

交违法和不良信息举报中心协查处理的诈骗、淫秽色情类网站11 274个；交中国互联网络信息中心（CNNIC）处理的CN域名钓鱼类网站2084个均做停止域名解析处理。

对于通过点对点发送的网内短信息：

• 按照与公安部及其下辖 31 个省级公安厅建立的联系机制，将内容涉嫌违法的有效短信息55 527起作停机处理，截至2009年年底已处理8757起。

• 根据《中国互联网协会短信息服务规范》第二十条规定，针对内容为垃圾信息的短信息，共向531个号码发送提醒短信息，警告其不要再进行垃圾短信发送行为。

针对通过点对点发送的网间短信息，已通过网间垃圾短信息处理平台责成运营商处理86 903起，各个基础电信运营商的处理率均在90%以上。

针对通过端口发送的不良与垃圾短信息，已根据《中国互联网协会短信息服务规范》第二十条规定，要求基础运营商处理的有效数据共61 044起。截至2009年年底，各基础电信运营商的处理率均在90%以上。

（3）协助上级有关主管机构开展各类专项任务的治理工作

2009年，配合工业和信息化部，12321举报中心承担了关于“打击发票违法犯罪”、“整治互联网低俗之风”、“违法短信治理”、“受理互联网和手机媒体淫秽色情及低俗网站”等近十项专项行动工作任务，成果显著。同时，定期向工业和信息化部报送举报受理情况月报和网络不良与垃圾信息动态、趋势分析；建立预警提醒机制，不定期向社会发布预警信息。

（4）与各省互联网协会联动处理不良与垃圾信息情况

截至2009年年底，全国共有21个省市自治区、直辖市开展了垃圾信息的举报受理工作，对外公布了举报受理电话。其中，16个省、自治区、直辖市专门开通了12321举报电话：各省省会城市电话区号—12321举报受理电话；2个省市使用固定电话；3个省市使用12300电话。举报邮箱：各省省会城市区号@anti-spam.cn，并统一使用举报网站：www.12321. cn。其他还未开展垃圾信息举报受理工作的省市，也积极准备开通举报电话受理此项工作。

8.3.2　文明办网自查自律情况

2009 年，中国互联网协会发挥行业组织的优势，积极配合国务院新闻办、工业和信息化部等互联网管理部门，在年初和年底开展了两次大范围的整治互联网和手机媒体淫秽色情及低俗信息专项行动，组织会员单位认真开展文明办网、自查自律系列活动，进一步增强了互联网企业的社会责任感，对改善和净化网络环境起到了积极作用。

一方面，积极倡导文明办网、文明用网。2009 年 1 月 9 日和 2 月 19 日，为响应国家七部委整治互联网低俗之风专项行动部署，中国互联网协会在北京相继召开了整治互联网低俗之风网络媒体座谈会和技术经验交流会，号召广大互联网企业进一步增强责任感、使命感，强化技术手段建设和经验交流，共建共享安全、健康、文明的互联网。2009 年 12 月 15 日，为配合国家九部委部署的整治互联网和手机媒体淫秽色情及低俗信息专项行动，中国互联网协会在北京召开行业自律专题会议，全面部署开展行业自律专项工作，号召全体会员单位积极行动起来，抵制网络淫秽色情与低俗信息的传播；发出了《文明办网 文明用网》倡议书，号召互联网企业坚持文明办网，不制作、不发布、不传播网络淫秽色情与低俗信息，构建绿色网络文化空间；号召广大网民文明上网、文明用网，自觉提高网络道德水平、责任意识和文明素质，坚决抵制网络淫秽色情与低俗信息。中国互联网协会“文明办网、文明用网”的倡议得到从业企业和广大网民的积极响应，起到正面引导作用。

另一方面，认真组织开展网站内容自查自律。两次专项行动中，中国互联网协会及时发出开展行业自律工作的通知，组织会员单位和省协会开展自查自律工作，并通过开展淫秽色情及低俗不良信息举报受理工作，督促互联网从业企业自觉自律、自查自纠、积极整改，有效支撑了政府部门的治理工作。据不完全统计，整治互联网低俗之风专项行动期间，中国互联网协会会员单位共删除低俗文章、日志和帖文 11.9 万余篇，删除低俗图片 18.4 万余幅，删除低俗视频 9800 余个，有效抑制了网上低俗信息的蔓延和传播。此外，中国互联网协会还以组织 2009 年度中国互联网行业自律贡献奖评选活动为契机，进一步引导和鼓励从业企业重视自律，提高自身责任，加强自我管理，传播健康向上的网络文化，提供文明健康的网络空间。

随着国家对互联网管理力度的加强以及行业协会对行业自律的大力倡导，越来越多的互联网企业更加重视网络信息内容自查自律，不仅建立了相应的内容审核制度、投诉举报制度，而且不断加强技术研发，提高治理淫秽色情及低俗不良信息的管理水平和技术水平，使网络环境得到了较为明显的改善。

8.3.3　反钓鱼网站工作

钓鱼网站指钓鱼者为欺骗用户而伪造的与正常网站相似的网站，其目的是使用户主动泄露自己重要信息（如财务数据、信用卡号、账户用户名、口令等）。网络钓鱼者通常将自己伪装成银行、在线零售商、某知名网站或信用卡公司等人们高度信任的品牌，利用人们的疏忽，诱惑受害者根据指定方法操作，步步深入，达到欺骗的目的。

全球每年因钓鱼网站而造成的损失高达数十亿美元，据估算，钓鱼网站给我国网民造成的损失已经高达 74 亿元。随着假冒钓鱼网站的泛滥，如果不及时采取措施，我国极有可能成为继美国之后的又一个因网络钓鱼而遭受巨大损失的国家。反钓鱼网站工作是当前互联网治理中必不可少的一个环节，是维护网络安全环境、打击网络不良应用的重要方面，也是一项不断发展的长期任务。

2008 年 7 月 16 日，中国互联网络信息中心（CNNIC）发起并联合国内银行证券机构、电子商务网站及域名注册服务机构、专家学者等成立中国反钓鱼网站联盟，这是目前国内唯一为解决钓鱼网站问题而成立的协调组织。

2009 年 10 月 26 日，2009 年度中国反钓鱼网站联盟年会在北京召开；共有 40 多家成员单位参加。截止到 2009 年 12 月底，中国反钓鱼网站联盟共有成员单位 91 家，其中包括国内大多数银行、证券公司、在线支付机构和知名互联网公司等；共收到各类钓鱼网站投诉 13 686 起，经认定共对一万多个进行钓鱼的域名停止解析。

中国反钓鱼网站联盟以受理联盟成员的举报为基础，与 12321 举报中心、证监会等机构合作，扩大钓鱼网站的信息来源，加快对钓鱼网站的处理速度。2009 年，中国反钓鱼网站联盟在吸取国外处理钓鱼网站经验的同时，结合国内的实际情况，形成了快速有效的反钓鱼网站处理机制：

（1）钓鱼网站的处理时间缩短。目前，钓鱼网站处理时间由联盟成立之初的两个工作日缩短至一个工作日以内。中国反钓鱼网站联盟秘书处在接到钓鱼网站的投诉经初步判断之后，迅速反馈至国家计算机病毒应急处理中心或国家计算机网络应急技术处理协调中心；经认定为钓鱼网站的，将在几个小时内对钓鱼网站进行处理。

（2）加强与相关机构合作，扩大钓鱼网站的受理渠道。联盟秘书处与中国证券监督管理委员会建立联动机制，直接受理证监会的投诉和举报，国内大多数的证券公司、基金等均已成为联盟成员。通过广泛合作，大大拓展了钓鱼网站的受理渠道。

（3）钓鱼网站的处理范围从 CN 域名扩大至 COM 等其他顶级域名。自 2009 年 11 月起，联盟将钓鱼网站的受理范围从 CN 扩大至 COM、NET 等其他顶级域名；对其他顶级域的钓鱼网站以主动推送黑名单和浏览器提示或屏蔽等手段进行处理。同时，联盟与国际知名网络安全公司 Netcraft 和浏览器厂商傲游等进行合作，扩大钓鱼网站的受理范围。

8.3.4 网络诚信建设推进情况

互联网的迅速发展给人们带来了诸多便利，可与此同时，网络诚信问题也日益突出，引起社会各界的关注。为推进网络诚信建设，工业和信息化部、国务院新闻办公室、中国互联网协会等互联网管理部门和协会组织在 2009 年围绕互联网行业诚信自律、企业信用评价等方面做了大量卓有成效的工作。

（1）管理部门重视网络媒体诚信建设

在 2009 年 11 月举办的"第九届中国网络媒体论坛"上，国务院新闻办公室强调网络媒体要切实担负起维护网络安全的责任，努力构建健康文明、安全有序的网络环境，同时还特别强调要把推进网络诚信建设作为维护网络安全的重要基础。

（2）发布《2009 年度中国互联网行业信用状况调查报告》

该报告由中国互联网协会企业信用评价中心发布。调查样本共选取了有代表性的 200 家互联网相关企业，其中网络文化类和电子商务类各 100 家，样本选取兼顾了各个细分市场和规模的企业，暂不包含个人网站和网店。2009 年度中国互联网行业信用状况如图 8.2 所示。

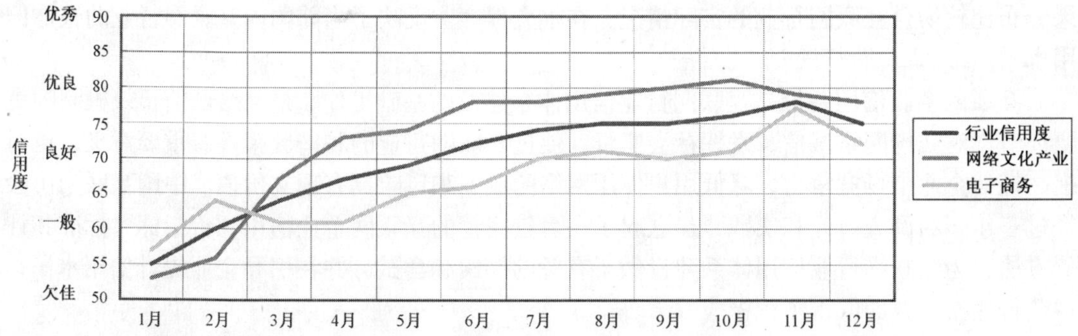

资料来源：中国互联网协会企业信用评价中心（www.iTrust.org.cn）

图8.2　2009年度中国互联网行业信用度曲线图

从图 8.2 中可以看出：

①2009 年中国互联网行业整体信用状况正逐渐得到改善，从年初的信用度 55（欠佳）逐渐上升到年终的 75（良好），趋势向好。

②网络文化产业的信用度上升显著，从年初的信用度 53（欠佳）逐渐上升到年终的 78（良好），10 月份达到最高点 81（优良）。而且从 3 月份开始超越电子商务，并一直保持到年终。

③电子商务的信用度上升也较明显，从年初的信用度 57（欠佳）逐渐上升到年终的 72（良好）。但由于春节和元旦前的网购规模明显扩大，客户投诉和纠纷也相应增多，信用度相应回落。

信用改善的主要原因：政府有关部门在 2009 年相继出台并实施了一系列加强互联网监管的政策，如网站实名制备案，打击互联网不良信息、低俗内容和侵权盗版专项治理行动，网址实名制等，同时，电信运营商、12321 和 12300 等投诉受理部门加大了不良信息、垃圾信息和服务质量等问题的投诉处理力度。

* 备注：

互联网信用：利用网站提供服务的机构、企业或个人（简称提供商）在遵纪守法、遵守道德、履行合同、兑现承诺等方面的能力和品格的统称。

信用价值：主要由两个要素决定，即提供商的服务能力和品格。如果提供商通过服务和经营获得经济收入的能力很强，具备主动承担社会责任和履行承诺的品德，那么，该提供商就具有很好的网络信用价值。反之，能力或品格有一个要素出现问题，就会降低信用价值，就会带来信用风险，给网站用户和买家造成伤害和损失。

评价方法：衡量提供商的能力主要考察网站质量以及网站的运营、管理和获利能力；衡量提供商的品格主要考察提供商身份和网站信息的真实性和合法性、政府和公共事业单位积累的社会信用记录、网站用户和买家的真实评价。

（3）互联网企业信用评价有序展开

互联网企业信用评价是工信部和商务部授权和批准开展的一项重要工作，自 2008 年开展以来，多次受到全国整规办的肯定，也得到了受评企业和社会的认可。2009 年 11 月，工信部将中国互联网协会企业信用评价工作经验推荐给民政部，作为 2009 年“全国行业协会改革发展经验交流会”的交流材料。

各省市互联网协会和互联网企业的积极参与和大力支持信用评价。企业申报的积极性高涨，先后共有 156 家企业主动申报，最后通过征信评定和专家审核，共有 84 家企业获得了 A 级（良好）以上信用等级，其中，AAA 企业 51 家，AA 企业 21 家，A 企业 12 家。评价结果分布比较切合互联网行业的实际情况，在很大程度上反映了当前国内互联网行业的整体信用水平。

互联网企业信用评价是互联网行业信用体系建设的基础工作，是网络诚信长效机制的重要环节，对弘扬网络诚信，发挥社会监督，促进互联网行业的和谐繁荣具有重要意义，也对提高诚信企业市场竞争力，降低用户使用网络的成本和风险具有现实价值。中国互联网协会经过三年多的调查研究和实践，建立起了一套较完善的互联网企业信用评价指标、标准和评价方法，为互联网行业信用体系建设做了有益的探索和尝试，并在引导企业提升信用水平，规范行业秩序方面取得了积极成效。

（4）举办“2009 年中国互联网大会首届中国网络诚信论坛”

此次论坛是由工信部、商务部、中宣部、发改委和中消协等 14 个部委和部门联合发起的 2009 年全国“诚信兴商宣传月”大型系列活动之一，论坛主题是“发展诚信生产力，共建和谐互联网”。十余家企业结合自身遇到的诚信问题及其解决方案就如何建立网络诚信长效机制进行了专题研讨，在增强企业和网民的诚信意识，促进互联网行业诚信自律，引导全社会参与共建诚信和谐互联网等方面发挥了积极的作用。

8.4　互联网治理技术手段建设

8.4.1　垃圾邮件治理情况

2009 年第三季度，国际著名网络安全机构 Sophos 发布的全球垃圾邮件统计报告显示：全球各国发出的垃圾邮件占全球垃圾邮件总数的比例，我国以 4.0%排名降至第六[1]。与 2005 年第四季度历史最高记录排名第二时的 22.30%相比，我国所占比例下降了 18.2%，排名下降了 5 位。

中国互联网络信息中心(CNNIC)发布的《第 25 次中国互联网络发展状况统计报告》显示，截至 2009 年年底，中国网民规模达到 3.84 亿人，上网普及率达到 28.9%，高于世界平均水平 27.2%。近年来，全球垃圾邮件发送总量呈上升趋势。中国网民数量稳居全球第一，互联网普及率超过全球平均水平，而且中国网民规模依然保持快速增长之势，互联网普及率平稳上升。

在全球垃圾邮件发送总量整体上升的态势下，随着我国互联网应用水平的不断提高，从我国发出的垃圾邮件在全球的占比不升反降，充分说明了我国反垃圾邮件工作的成果，同时也赢得了国际社会的认可与肯定。有国外媒体称中国是治理垃圾邮件效果最为显著的国家。

从我国发出的垃圾邮件比例持续下降，并且趋于稳定可控，与我国在垃圾邮件治理工作中政策得当，政府引导有方有着直接的关系。近年来，工业和信息化部（原信息产业部）始终关心和具体指导中国互联网协会的反垃圾邮件工作，给协会以充分发挥行业力量与作用的宽松环境和强有力的政策支持，使得协会能够号召和组织业界从法律规范、行政监管、行业自律、技术保障、普教宣传和国际协作等多方面配合政府积极采取措施，有效地治理和控制

[1] 排名前 12 位的国家依次为：美国 13.3%、巴西 12.1%、印度 5.6%、韩国 5.5%、越南 4.70%、中国 4.0%、波兰 3.9%、土耳其 3.3%、俄罗斯 2.8%、西班牙 2.7%、意大利 2.3%、阿根廷 2.1%，其他 37.7%。

了我国垃圾邮件的增长。国际互联网界和多个相关国外反垃圾邮件组织，如联合国互联网治理论坛（IGF）、经济合作与发展组织（OECD）和亚太地区经合组织（APEC-TEL）等，邀请我国政府和中国互联网协会介绍治理经验。

互联网治理是一项复杂而艰巨的课题，我国反垃圾邮件工作的成功经验证明：只要方法和手段得当，互联网是可以在促进行业发展的前提下得到有效地治理的。在政府的指导与政策支持下，行业协会充分发挥号召力带领业界共同治理互联网是一条成功之路。

回顾这几年我国反垃圾邮件走过的历程，行业协会的作用不容小觑，而政府的鼓励与支持使参与反垃圾邮件工作的协会会员单位和业界企业受到莫大鼓舞，从而更加积极地投入到反垃圾邮件工作中来，增强了行业协会的号召力和影响力，同时更加促进了政府指导下的行业自律工作的有效开展，形成了一个良性循环工作圈。

从 2002 年年底开始到现在，八年多来，中国互联网协会坚持不懈地带领业界配合政府积极采取措施，有效治理和控制了我国垃圾邮件的增长。在整个治理过程中，不但没有引起国际社会的任何偏见和争议，相反得到国内外业界的一致好评。

（1）法规是行业发展的根本，既起到规范促进发展的作用，又是行业自律的有力保障，没有法规支撑的行业自律是苍白无力的。

一部法规的出台是否可以得到有效实施，很大程度上取决于前期的预研工作是否充分，是否顺应行业的发展需求，能够很好地促进行业有序发展的规范管理才是有效的。互联网既新又快的发展特点使得法规滞后成为必然，这给法规的出台带来了很大的难度和挑战。中国互联网协会虽然在法规暂时缺失的情况下，率先组织了业界进行行业自律来维护必要的行业发展秩序，然而自律公约在没有法规的支撑下有时难免显得“腰杆不那么硬”。

工业和信息化部在支持我国的反垃圾邮件行业自律工作展开后，开始着手起草《互联网电子邮件服务管理办法》，以期将反垃圾邮件工作正规化、合法化。中国互联网协会在此过程中，不仅积极组织业界专家在《中国互联网协会公共电子邮件服务规范》和《中国互联网协会反垃圾邮件规范》的基础上提供起草建议，还积极配合政府在法规草案成型后多次组织召开讨论会征求业界意见，反复论证法规实施的可行性。该办法的实施受到了业界的欢迎，震慑和打击了垃圾邮件发送者的嚣张气焰。

（2）以“12321 网络不良和垃圾信息举报受理中心”为窗口和切入点，获得垃圾邮件一手数据，为业界采取技术手段作基础，为政府执行监管作依据。

2008 年 4 月，工业和信息化部授权委托并指导中国互联网协会在原“垃圾邮件举报受理中心”的基础上成立“12321 网络不良与垃圾信息举报受理中心”（http://www.12321.cn），通过邮件、电话、短信、互联网网站和 WAP 网站等多种形式接受公众对垃圾邮件等网络不良和垃圾信息的举报。获得大量垃圾邮件一手数据和样本，截至 2009 年年底，共受理垃圾邮件举报 794 911 起，经过分析提炼整理形成《中国反垃圾邮件状况调查报告》19 份、《垃圾邮件数据分析月报》45 期。这些翔实的数据和垃圾邮件一线样本，为政府支撑业界联合对付垃圾邮件提供了及时准确的参考。

（3）通过“中国互联网协会反垃圾邮件综合处理平台”协调监督邮件服务企业快速联动防范垃圾邮件。

2006 年 6 月，中国互联网协会利用 863 课题《多特征智能型反垃圾邮件系统的标准研究与实现》技术成果结合我国实际需求，牵头组织业界企业自筹经费建设了国内首家“反垃圾邮件综合处理平台”。根据“信息共享、行动一致”的原则，实施实时黑名单 IP 地址的发布和封堵，建立电子邮件白名单信任疏导机制，即时发布垃圾邮件预警信息等，坚持“疏堵结合、绿色畅通”理念，有效地促进了电子邮件行业的健康发展。目前已有新浪、网易、搜狐和腾讯等 18 家国内主要专业邮件服务提供商及事业单位接入平台，总邮箱用户数占全国邮箱用户总数的 85%以上。运行三年多，其作用已经凸显出来。该平台被国务院新闻办评为“2007 年中国网络文化建设十件大事”之六，是中国互联网协会联合业界开展各项反垃圾邮件工作的基础技术保障。该平台的白名单服务功能，在奥运会期间，成功地为第 29 届奥林匹克运动会组委会电子邮件通信提供了安全畅通的保障服务和全方位、高质量的信息服务，受到了北京奥组委特别嘉奖。

（4）根据垃圾邮件出现的新形势和特点，联合业界积极采取主动应对措施。

反垃圾邮件工作犹如猫捉老鼠，在反垃圾邮件机制不断完善、技术不断进步的同时，垃圾邮件的发送技术也在不断翻新。根据举报中心平台所获得数据样本，经分析归纳发现垃圾邮件发送的新形式主要具备以下特点：

①通过动态 IP、僵尸网络发送，逃避来源追踪。

②通过邮件内容伪装和图片化等方法逃避反垃圾邮件软件的检测。

③通过大量注册大型知名邮件服务商的免费邮箱账户发送垃圾邮件行为日趋增多。

针对上述新问题，中国互联网协会及时要求成员单位积极采取邮件外发技术控制手段，努力从源头控制垃圾邮件的发送和蔓延。对于新出现的棘手问题，及时召集各单位，共同商议解决办法，采取措施，运用行业自律机制协调联动，最大程度地减少恶劣垃圾邮件造成的影响。截至 2009 年年底，中国互联网协会 12321 网络不良与垃圾信息举报受理中心共向邮件服务企业发出举报处理函 214 份，关闭发送影响恶劣的垃圾邮件邮箱账户 9405 个。

（5）为进一步加强技术手段和扩大治理范围，计划建设《国家反垃圾邮件预警及处置服务平台》，向社会提供反垃圾邮件公益服务。

中国互联网协会已经在国家发展和改革委员会与工业和信息化部的支持下，正式立项启动建设《国家反垃圾邮件预警及处置服务平台》。该项目的实施将通过技术手段更加全面和准确地掌握我国的垃圾邮件即时状况，快速有效地全面提升政府和企事业单位的整体反垃圾邮件水平，将会使我国垃圾邮件的宏观控制和深入治理产生质的飞跃。

（6）坚持面向基层做好普教宣传，提高一线专业人员和广大网民的反垃圾邮件意识。同时开展国际协作，与国外组织共同治理跨国垃圾邮件。

多年来，中国互联网协会面向一线邮件服务器管理员开展培训工作，面向普通网民开展“你我他，反垃圾邮件靠大家”宣传工作。共培训了千余名专业管理人员，发放了百万份反垃圾邮件常识宣传卡，组织万名志愿者开展普教宣传活动。

同时与英国、美国、澳大利亚和韩国等多国相关组织签署合作谅解备忘录，建立反垃圾邮件信息交换机制，共同快速协作处理跨国垃圾邮件举报近百起。

在政府指导下充分发挥行业协会作用，联合业界共同治理垃圾邮件被证明是一个成功的互联网治理经验。同时，互联网的开放性和无国界性使得互联网的治理问题无可回避地成为全球性的国际问题，积极参与国际互联网治理的有关活动，占据主动地位、争取话语权和影响力同样是十分必要的。在此时，行业协会的角色是最恰当不过的，既可以以非政府组织（NGO）的身份正面宣传我国为治理互联网所做的大量工作，树立负责任的互联网大国的中国形象；又可以从行业协会的角度率领业界开展有利于行业发展的促进工作，中国互联网协会在从头至今开展的反垃圾邮件工作中，不仅没有引起某些国家或组织的成见和抵触，反而得到了国际互联网界的一致认可。因此，行业协会在政府指导下开展国际互联网治理交流活动，是在未来互联网国际治理领域中一个不可缺少的重要环节，如果方式、方法得当，必将取得意想不到的成果。

8.4.2 反网络病毒发展情况

网络病毒是计算机病毒在互联网时代的新发展和新变化。近几年，随着中国互联网的持续快速发展，各种网络新技术与新应用也得到了迅猛发展，不仅为互联网用户提供了更加丰富和便捷的信息服务，也加快了传统行业与互联网行业的融合。但是，新技术和新应用出现的同时，网络病毒也以新的形式开始在互联网上滋生和蔓延，给互联网的安全稳定运行造成危害，既阻碍了互联网的健康发展，对社会信息化进程的持续快速推进构成威胁，也给反网络病毒工作带来新的问题和挑战。

不同于计算机病毒，网络病毒是利用计算机漏洞通过网络进行传播，消耗系统资源或网络带宽，以对被感染计算机进行控制或窃取、篡改、破坏被感染计算机用户信息和数据为目的，具有隐蔽性和非授权性特点的一组计算机指令或者程序代码。在互联网时代，网络病毒除了具有可传播、可执行、破坏性和可触发等单机病毒的共性特征外，还充分利用了网络技术带来的信息共享便利，呈现出传播形式多样、蔓延速度快、影响面广、隐藏性和再生性强、可组建病毒网络和危害性大的新特点。

在底层网络之上，这些网络病毒常常通过网页、电子邮件、MSN 和 QQ 等即时通信工具、操作系统和应用软件漏洞等进行广泛传播，不仅消耗了用户主机的系统资源和网络资源，降低系统效率，还发送垃圾邮件、传播蠕虫、虚假信息，窃取、破坏用户的账号和机密文件等秘密信息，甚至实施渗透和远程控制，发起网络攻击，实施网络欺诈，严重威胁和扰乱了用户的正常使用，造成极大的网络安全隐患。

2001 年 8 月，“红色代码”蠕虫在全球泛滥，成为新一代网络攻击产品的代表。受该蠕虫的影响，我国互联网骨干网和行业内部网络感染主机数目超过几十万，最终导致大面积网络瘫痪、服务中断。当时，原信息产业部召集各互联网运营单位、病毒应急中心、安全服务厂商等举行研判会，交流病毒信息与技术，分析疫情，形成“红色代码”应急处理联盟，共同协商应对措施。此次事件促成了我国网络安全应急体系的雏形，也是我国相关机构首次以联盟的形式应对大规模的网络安全事件，不久之后，国家级网络安全应急组织——国家计算机网络应急技术处理协调中心（以下简称 CNCERT/CC）正式成立。CNCERT/CC 成立后，致力于反网络病毒技术能力和平台的建设，经过近十年的发展，已建成国家 863—917 监测平台，包括挂马网站监测系统，分布式蜜罐网系统，数据流监测系统等多个子系统。

与此同时，我国的基础电信运营企业、网络安全厂商和技术研究机构等也开始加快反网络病毒的技术开发和升级，各种网络安全软件和产品也应运而生。随着我国加大网络基础设施建设，广泛推进普及互联网宽带，互联网用户数量的不断攀升，“尼姆达”、“SQL 杀手蠕虫”、“熊猫烧香”和“飞客”等新的网络病毒和变种也相继出现和肆意传播，给从事网络安全工作事业的企业和人员带来极大的挑战。在一场场网络病毒与反网络病毒的斗争中，相关政府机构、基础电信运营企业和网络安全厂商不断磨合，相互支持和协作，积累了大量有效的反网络病毒工作的经验。

2009 年上半年，“飞客”（Conficker）蠕虫在我国互联网上泛滥，相比以往出现的蠕虫，其技术能力和对抗能力都具有突破性的进步，已经形成一个包含上千万被控主机的攻击平台，不仅能够被用于大范围的网络欺诈和信息窃取，而且能够被利用发动大规模拒绝服务攻击，甚至可能成为有力的信息战工具，极有可能造成重大网络泄密事件。为尽快清除“飞客”蠕虫，CNCERT 对该蠕虫的活动情况进行持续监测，及时与我国域名管理机构中国互联网络信息中心（CNNIC）采取联合行动，对可能被其用来实施控制感染主机的.cn 域名进行了管制，协调运营商对部分感染蠕虫的主机进行治理，并在网站发布多个安全公告，提醒广大网民采取防范措施。各网络安全厂商也纷纷采取措施，对各自的软件和产品进行技术升级，保障用户的网络安全。

根据工业和信息化部的统一部署，2009 年 7 月 7 日，由 CNCERT/CC 依托中国互联网协会网络与信息安全工作委员会，联合基础电信运营企业、网络安全厂商、增值服务提供商、搜索引擎、域名注册机构等单位共同发起成立了“中国反网络病毒联盟”，致力于通过行业自律机制，推动我国网络病毒的防范、治理工作，建立起处置、防治网络病毒，保护网民合法权益，维护网络安全，净化网络空间的长效工作机制。

“中国反网络病毒联盟”成立后，发布了《反网络病毒自律公约》，倡导互联网企业和广大网民自觉抵制网络病毒的制造、传播和使用，规定互联网服务机构应确保自有产品和服务安全可靠，拒绝为网络病毒、黑客活动等提供信息发布、软件下载和内容链接等服务；一旦发现本单位签约客户从事上述不良活动，应立即通知用户停止相关活动或根据国家有关法律、法规、行政命令或客户服务合同采取抵制措施。

在反网络病毒的进程中，离不开国家相关法律法规的支持。互联网发展的 15 年来，国家相继出台了多部计算机与网络安全的法律法规。特别是 2009 年，针对网络病毒，工业和信息化部相继出台了《木马和僵尸网络监测与处置机制》、《互联网网络安全信息通报办法》和《电信网络运行监督管理办法》3 部法规，为有效维护网络安全提供政策支持。

网络病毒伴随着互联网的发展而不断成熟，从最早原理简单、目的单一、隐蔽措施弱，发展到今天的复杂度高、隐蔽性强、破坏性大，其影响力已远远超过了单机病毒。从目前看，网络病毒呈现出技术不断突破，传播方式愈加多样，变种快、更新快、自我保护能力强，混合型、多功能、种类多，趋利性，产业化方向明显的发展趋势。如何采取有效措施，建设安全、可靠、便捷的网络应用环境，维护网络信息安全，是未来反网络病毒工作的重点核心所在。

互联网已成为重要的国家基础设施，在国民经济建设中发挥着日益重要的作用，网络和信息安全成为关系到国家安全和社会稳定的重要因素。因此，要积极发挥中国反网络病毒联盟的作用，继续深入开展反网络病毒的宣传引导，组织从业机构加强自律，开展自查自纠，接受社会监督和举报，组织研发反网络病毒的新技术，积极探索网络病毒治理的长效机制，构建起包括基础网络运营商、网络安全厂商、网络服务提供商和广大互联网用户在内的反网络病毒统一战线，动员社会积极力量共同做好网络病毒防范、治理工作，努力营造和谐、健康、有序的互联网环境。

（中国互联网协会 石现升、周洪艳、朱秀敏；中国互联网协会反垃圾邮件工作委员会 李红；中国互联网协会 12321 网络不良与垃圾信息举报受理中心 刘辉；中国互联网协会信用等级评价中心 卢咸开；中国互联网络信息中心 许超然）

第三篇

资源篇

- 2009 年中国互联网络基础设施建设情况
- 2009 年中国互联网基础资源发展情况
- 2009 年中国互联网设备发展情况
- 2009 年互联网数据中心（IDC）建设与服务发展情况

第 9 章　2009 年中国互联网络基础设施建设情况

9.1　综述

2009 年，我国的互联网基础设施建设投入持续规模增长。据工业和信息化部统计，2009 年我国完成信息通信基础设施固定资产投资 3724.9 亿元人民币，同比增长 26.1%。在政策和资金的支持下，互联网基础设施创新和变革持续深化。网络基础设施水平的提高推动了移动互联网和社会信息化等技术的发展，如教育科研信息化，医疗卫生信息化，就业和社会保障信息化，社区信息化等，信息化建设的进展反过来进一步促进了互联网基础设施的发展。在网络基础设施建设的推动下，网络各个层面的高速宽带光纤化趋势越发明显，网络间融合的进程不断加快，推动了我国信息化进程的发展和电信业的转型。

网络基础设施建设有力地带动了设备制造业和服务业发展。基于互联网络的新型经济迅速勃兴，成为国民经济新的增长点，互联网承载的新型服务业态迅速发展。同时，互联网网络基础设施成为拉动地方社会经济发展的新兴领域。

9.2　互联网骨干网络建设发展情况

9.2.1　后电信重组时期互联网骨干网融合与共享持续推进

合理整合网络资源，避免网络建设重复浪费，促进网络和谐发展是 2009 年后电信重组时期电信运营商的重要工作。如 2009 年 12 月，在工业和信息化部的许可下，中国联通对原中国网通互联网骨干网（CHINA169）和原中国联通互联网骨干网（UNINET）实施网络融合，将 UNINET 作为下级网络接入 CHINA169，与国内其他互联网骨干网的业务互通通过穿透 CHINA169 实现。同时，撤销 UNINET 在北京、上海、广州互联网交换中心的接入电路，撤销 UNINET 与其他互联网骨干网的直联电路。

在各电信运营企业加强自身网络优化调整的基础上，网络的共享与融合也不断加大。在 2009 年 9 月 28 日发布的《关于推进电信基础设施共建共享的紧急通知》中，工业和信息化部、国务院国资委决定大力推进电信基础设施共建共享，并要求三个运营商必须共享电信网络的基础设施，这些举措在很大程度上降低了建网成本，并为未来的健康高效竞争打通了道路。

9.2.2 运营商通过扩容和策略调整提升骨干网间互联互通性能

为了提升互联网网间通信质量，保障广大互联网用户的利益，长期以来，工业和信息化部利用行政、技术、经济等多种手段，督促、协调各互联单位实施骨干网网间扩容。互联网运营单位也出于提升自身网络的价值和影响力、降低网络互联成本、实现互联网长远发展利益最大化等目的，持续改善互联网骨干网的互联互通服务质量。

2009 年中期，我国网间直联总带宽为 325G，接入交换中心的带宽为 44G。2009 年全年，各互联单位实施骨干网网间直联带宽扩容超过 100G，交换中心扩容 19G，仅中国联通与中国电信之间的直联带宽就超过 260G，长途直联带宽较上年增长 49.3%。

我国当前以京、沪、穗三地长途直联为主，交换中心为辅的骨干网互联互通架构基本合理，但仍存在着局部效率不高、性能低下等问题。在骨干网间扩容的同时，政府也根据我国的流量和流向特点与现状开展了我国互联互通策略的研究和优化，如开展本地骨干直联、区域直联研究等。2009 年启动的新疆维吾尔族自治区内直联试点方式也有望在今后得到适度推广。今后我国网间互联的调控能力和管控力度将不断加强，网间结构将得到进一步优化。

骨干网络的不断扩容以及网间架构的不断优化调整使得网间流量压力日益增加的情况下，我国网间通信质量仍得到一定程度的改善。但由于我国互联网用户和流量增速很快，基础网络发展不均衡，各骨干网络拓扑结构差异较大，互联互通的统一规划和调整困难，导致我国互联互通性能与国际发达国家仍存在较大的差距。总体而言，各互联网运营单位之间的互联互通仍需进一步改善。

9.2.3 宽带提速依然是运营商骨干网发展的关键主题之一

近年来，我国骨干网流量的年增长率保持在 56%～80%，在巨大的流量增长压力下，提高用户的感知和业务的承载是运营商的立足之本，而宽带提速是提高 QoS 保障能力和多业务承载感知最为直接的手段之一。因此，宽带提速成为运营商长久的发展主题之一。

2009 年，我国运营商仍持续采取新增设备和链路，接入铜缆网整治，接入设备下移和光进铜退等一系列措施来提升网络带宽。如 2009 年中国电信 ChinaNet 扩容工程后，其国内骨干中继总带宽（包括核心节点间、核心节点内、核心到国际/互联互通、汇接上联核心、核心到非核心、核心到 RR、核心到它网、互联互通节点间等）近 9200G。

从目前看，我国运营商骨干网扩容仍以 10Gbit/s 链路为主，但 40Gbit/s 链路也在需求较为突出的我国东部地区的骨干层得到越来越多的应用。如中国电信于 2009 年在 ChinaNet 的上海超级核心节点之间以及上海至其他普通核心之间新增了多条 40G 链路。预计随着我国互联网骨干网的宽带化进程得到进一步加速，将会有更多的 40G 接口出现在骨干网的各种光通信设备上，为各种具有宽带特征的信息化服务应用规模的扩大奠定更好的基础。

9.2.4 骨干网扁平化在取得较大进展的同时仍需继续深化

节点跳数是影响互联网性能的最关键因素之一，扁平化的目的就是通过减少网络层级和路由跳数来提高网络的整体性能。扁平化的工作主要集中于两个方面：通过层级结构简化来减少互联网的物理级联级数；通过路由策略调整来减少逻辑级联级数。

我国骨干网的扁平化进程已持续数年，各大基础运营商从互联网骨干网到城域网的扁平化改造工作均已取得较大成效。在物理拓扑结构方面，通过减少骨干和接入层的背靠背设备和链路，合设部分省份的同城核心节点和汇接节点，逐步将省网接入设备下沉到城域网；在逻辑互联方面，在保持骨干核心层自治系统 AS 不变的情况下，撤销省网私有自治系统，并在此基础上形成各城域自治系统，从而形成“骨干+城域”两层扁平结构，网络架构逐步清晰化。

2009 年运营商对网内一些仍存在背靠背链路的省份进行了节点合设，如中国电信进一步对 ChinaNet 的部分同城核心节点和汇接节点进行了合设，使节点内的路由器同时具备核心和汇接功能。同时为了提高转发效率，运营商根据网络结构的变化，调整相应的路由策略，并结合端到端传输距离对流量流向进行适当优化。如中国电信 ChinaNet 对广州进行核心/汇接合设后，为了减轻其压力，从路由策略上给予深圳至南京、北京和成都等多个出口方向的流量分担。

虽然骨干网扁平化持续多年，但由于我国网络规模庞大，各地网络建设水平存在较大差异，截至 2009 年，各运营商并未完全实现骨干网全网的扁平化。如中国电信 ChinaNet、中国联通 China169 等我国最大规模的公众互联网在部分北方省份仍然存在着骨干三级结构，且仍保留着省网自治系统。我国骨干网扁平化在取得较大进展的同时仍需继续深化。

9.2.5　下一代互联网网络演进进程加快

随着全球范围内互联网应用的不断发展和普及，尤其是 3G、B3G、泛在网和物联网等新技术和新应用广阔发展前景，互联网固有的地址资源短缺，安全可控能力薄弱等矛盾日益突出，可持续发展受到严重制约，同时，互联网核心技术、关键资源和主要规则均掌握在发源国美国手中，互联网处于向下一代转型升级和突破旧有格局的关键时期。与其他互联网发达国家相比，我国面临更大的地址危机和地位提升历史使命，形势更为严峻。近年来，下一代互联网发展一直是我国关注的重点，随着地址耗尽日期的临近，我国下一带互联网的网络演进进程明显加快。

商用网络方面，截至 2009 年年底，我国各大运营商骨干网已有相当多的设备具备 IPv6 能力，如中国联通 China169 的骨干核心层超过 60%的设备支持 IPv4/IPv6 双协议栈。在此基础上，各运营商明确了过渡技术方案，并开展了相关试验。如 2009 年，中国电信通过在湖南长沙部署 IPv6 商用网试点，确立了以双栈方式为主的 IPv6 网络过渡方案，实现了试点 IDC 的 IPv6 化，提出了纯 IPv6 接入方面的初步实施建议，并推出了湖南站 IPv6 版互联星空和基于下一代互联网的农业温室综合监控系统等一系列业务，成为全球第一家通过国际认证的“IPv6-enabled ISP”，为进一步大规模推广和部署奠定了良好的基础。可以说，截至 2009 年年底，我国 IPv6 商用的网络条件已基本具备。

科研试验网络方面，依托发改委、工信部等八部委建立的 CNGI 网络已经成为全球最大的纯 IPv6 网络。在 2008 年试商用的基础上，2009 年开始逐步在 CNGI-CERNET2 上建立有 100 个校园网参加的 IPv4 向 IPv6 过渡的试商用网络改造，选用的设备几乎全部为国产。

9.2.6　域名系统基础设施有待进一步完善

域名系统是互联网中最为关键的网络基础设施，它的主要作用是完成域名到 IP 地址的翻译转换，负责实现互联网绝大多数应用的实际寻址过程，从而保证从网页浏览和电子邮件等基础互联网应用到多种互联网新型应用的顺利开展，起到了 IP 层与应用层间的桥梁作用。我国提供域名服务的域名系统，包括两个层次（权威域名系统、递归域名系统）和四个环节（根域名系统、顶级域名系统、二级及二级以下权威域名系统和递归域名系统)。域名系统在我国互联网的发展中起到了至关重要的作用，但 2009 年，我国的域名服务体系在安全、部署和管控方面均出现了一些值得关注的问题，这表明我国域名服务体系的各个层次和环节仍有待进一步完善。

在根域名系统环节，我国已建立了 3 个根镜像服务器，但仍需加大引进力度，建设更多的根镜像服务器；同时，由于根镜像服务器的管理权掌握在国外，需建立根域名系统的备份接管平台和应急预案机制。

在顶级域名系统环节，需进一步加大建设，提高国家顶级域名系统的建设规模、处理能力和安全水平。

在二级及二级以下权威域名系统环节和递归域名系统环节，存在着分布不均、安全水平不一等问题，我国尚未制定针对性的整体部署、安全监测和发展监管策略及支撑平台，导致上述两个环节的域名系统所存在的安全隐患在一系列网络大规模攻击事件中被放大，对互联网的正常运行造成了严重的影响（2009 年 5 月，位于江苏免费提供权威域名解析服务的 DNSPod 域名服务器瘫痪，导致江苏、安徽、广西、海南、甘肃、浙江六省出现大规模网络故障，北京、上海、广东、东北等地区网络访问不畅)。同时，现有域名服务系统使用的软、硬件，几乎全部为国外产品，急需研发并推广国产自主知识产权的域名软、硬件系统。

9.3 3G 网络发展情况

2009 年是电信重组和 3G 牌照发放后的关键发展年，全面推进移动能力建设是运营商全业务运营的重点。各运营商均稳步落实投资计划，迅猛推进 3G 网络建设，3G 产业化/商业化、业务开发和市场推广的进程明显加快，呈现起步扎实、开局良好、快速推进、规范有序的发展态势，在扩内需、保就业、促增长、惠民生中发挥了重要作用，进一步加快我国移动互联网的发展。

2009 年，三家基础电信企业共完成 3G 网络建设直接投资 1609 亿元人民币，共完成 3G 基站建设 32.5 万个，建设规模超过十多年来累计规模的一半，开创了全球电信发展史上建设规模最大，建设速度最快记录。

中国移动计划 2009 年投资 588 亿元人民币用于 TD-SCDMA 网络建设。2009 年 1 月时，中国移动在全国仅有 10 个城市建成 TD-SCDMA 网络 TD-SCDMA 试验网，TD-SCDMA 基站约为 2 万个。2009 年年底，中国移动 TD 网络三期工程顺利完工，全国 70%以上地市实现 TD-SCDMA 网络覆盖，其中东部省份 100%地市实现覆盖，基站总数超过 10 万个。

在建设过程中，中国移动提出了“3G/2G 融合组网”的思想，最大限度地将 2G 网络优势和成熟经验延伸到 TD-SCDMA 上，有效降低了 TD-SCDMA 网络的建设成本，促进了 TD-SCDMA 网络的规模化。据工业和信息化部数据显示，中国移动 2009 年一年的 TD-SCDMA 建设工程量比过去十几年的工程量总和还多。

中国电信的 CDMA2000 网络具有性能稳定、便于演进、后向兼容的特点，其 3G 网络建设分为三个阶段：第一阶段是在 2009 年 3 月完成 100 个城市的 cdma2000 EVDO 网络的覆盖；第二阶段是在 2009 年 5 月完成国内大部分本地网城区 3G 网络覆盖；第三阶段是在 2009 年年底完成全国所有县以上及部分发达乡镇地区的网络覆盖。截至 2009 年 8 月，中国电信 3G 网络已覆盖全国各地，普及到全国 342 个地级城市，2055 个县及县级市，以及东部沿海省市发达乡镇在内的 6000 多个乡镇。

中国联通 3G 网络采用“统一规划，重点区域网络覆盖一步到位”的部署策略，计划用三年左右的时间，在全国范围内建成一张覆盖相对完善、网络质量上乘的网络。中国联通 2009 年的 WCDMA 网络投资计划为 384 亿元，2009 年 1 月，中国联通启动了 WCDMA 网络部署招标；2 月初，就完成了 WCDMA 网络一期和二期工程招标；2 月底，即投入 WCDMA 网络建设。截至 2009 年 12 月 31 日，中国联通的 WCDMA 网络覆盖全国 335 个城市，基站数量达到 10.7 万个，室内分布系统 5.6 万套，遍及全国所有城市的城区、东部地区发达乡镇和所有县城，以及中西部发达县城。

9.4　宽带接入发展情况

2009 年，我国宽带基础设施能力建设显著提升，战略基础性作用日益凸显，为全球规模最大的宽带用户群体提供了越来越高速的接入服务和越来越丰富的宽带应用服务，推动我国信息化发展模式变革，促进我国信息化发展进程的不断深化。

9.4.1　宽带接入服务市场状况

全球宽带接入服务市场不断增大，截至 2009 年第四季度末，全球共拥有 4.67 亿宽带用户，全年新增 5600 万宽带用户，增长率为 13.6%，相比 2008 年的 14.4%略有减缓。2009 年，我国互联网接入市场飞速发展，宽带用户数量继 2008 年超越美国位居全球第一位以来，继续稳居全球首位，同时，我国宽带用户净增数量也位居全球首位。根据工业和信息化部的相关统计数据，截至 2009 年 12 月份，我国基础电信运营企业的宽带接入用户数近 1.03 亿，比上年末新增 2034.7 万，增长率达 24.2%，增长速度虽略小于 2008 年（25.6%），但与处于第二位的美国相比，优势仍在增大，如图 9.1 所示。在宽带用户快速增长的同时，我国窄带拨号接入业务用户持续下滑，下降到 870.7 万户，比 2008 年下降了 39.4%。

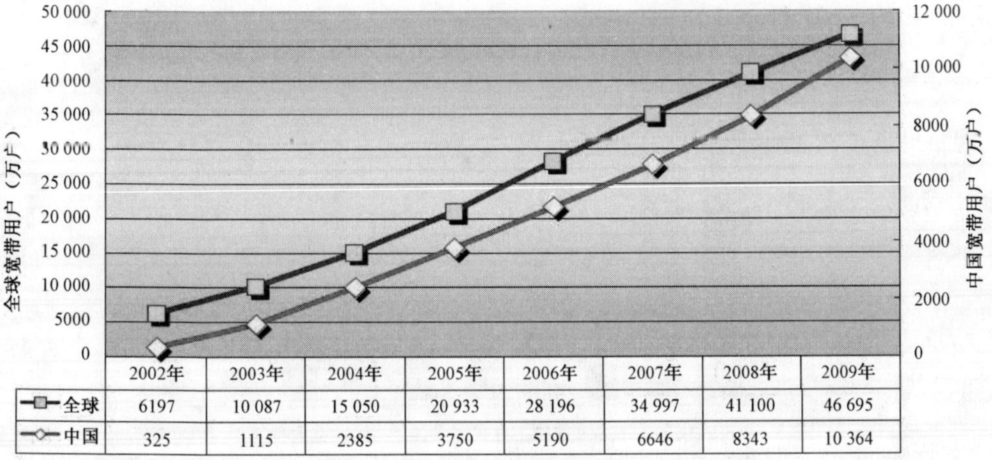

	2002年	2003年	2004年	2005年	2006年	2007年	2008年	2009年
全球	6197	10 087	15 050	20 933	28 196	34 997	41 100	46 695
中国	325	1115	2385	3750	5190	6646	8343	10 364

全球　中国

资料来源：工业和信息化部

图9.1　全球与中国宽带发展情况

截至 2009 年年底，宽带技术采用的前十位国家拥有 71%的全球用户，其采用的宽带接入技术代表了全球宽带发展的趋势。DSL 是目前最广泛采用的技术，具有 2.12 亿连接，占据前十位国家中的 64.84%。Cable Modem 是次之流行的技术，拥有 6493 万的连接（整体的 20.37%），FTTx 位居第三，如图 9.2 所示。FTTH/FTTx 已在中、日、韩等亚洲国家得到较为广泛的应用，并将是未来几年各国宽带投资的重点。

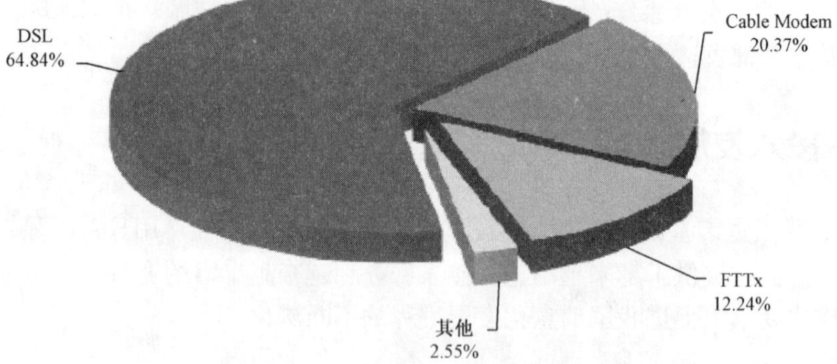

图9.2　国际平均宽带接入类型比例（截至2009年年底）

我国的宽带接入以 DSL 和 FTTx 为主，DSL 接入占我国宽带连接的 80.9%，这一比例与上年基本相当。我国是世界上最大的 DSL 用户国家，2009 年，我国 DSL 用户较上年增长 3.85%，达 8389 万，约占全球的 27.71%，高于 2008 年的 25%。同时，我国 DSL 数据速率也在不断提高。此外，我国也拥有全球最多的 1960 多万 FTTx 用户，占全球的 34.4%，虽低于 2008 年的 37.4%，但仍保持超过 20%的年增长率，如图 9.3 所示。在 FTTx、PON 以及 DSL 等技术的推动下，我国宽带接入用户数和宽带数据率不断提高，我国宽带业务应用种类迅速增长，产业发展逐渐进入正轨。根据工业和信息化部统计数据，截至 2009 年年底，我国互联网宽带接入用户约 10 323 万户，以 13 亿人口计算，我国平均宽带普及率约为 8%，比 2008 年年底高出约 1.6 个百分点。

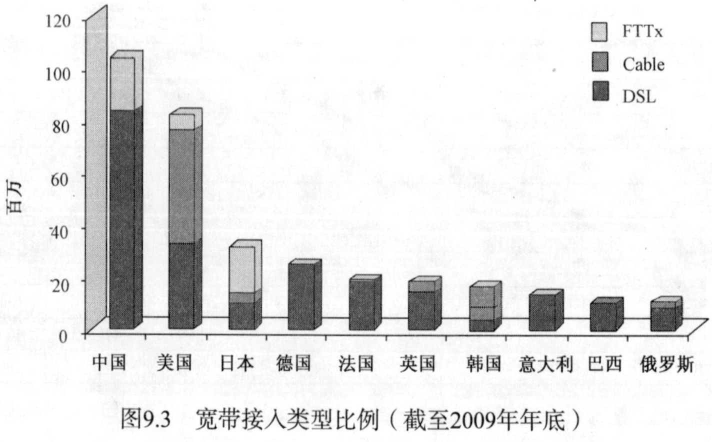

图9.3　宽带接入类型比例（截至2009年年底）

根据上述统计可以看出，虽然我国宽带用户数量和净增速度都位居世界前列，但接入方式仍以速率相对较低的 DSL 用户为主，如图 9.4 所示。其比例远高于美国等国际互联网发达国家。随着宽带高速率技术的不断完善发展，以及三网融合的发展，我国 FTTx 和 Cable Modem 等接入方式将有望得到较快发展。

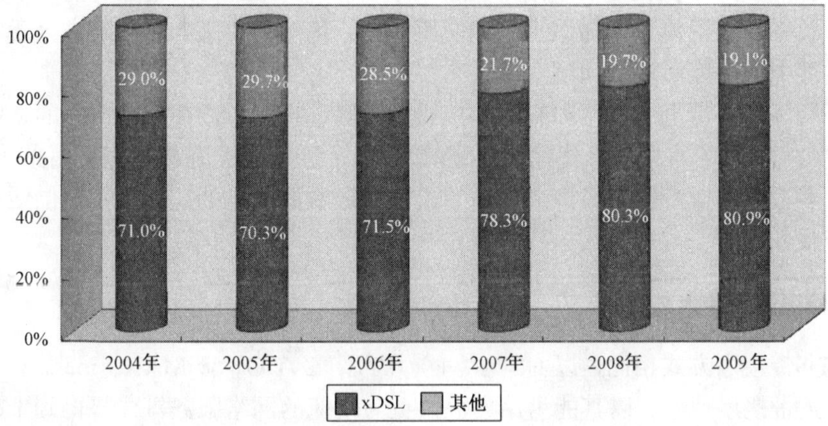

图9.4　中国宽带接入技术比例

9.4.2　农村互联网宽带接入发展

长期以来，受经济、知识发展等因素的影响，我国互联网在网络基础设施建设，市场开发及应用资源建设等多个方面存在着城乡差距。为了加快农村通信发展和信息化建设，逐步缩小数字鸿沟，我国出台了一系列推进措施。例如“十一五”规划中把加强农村通信能力建设，加快农村通信基础设施建设，加速新一代农村信息产品作为工作和发展重点；工业和信息化部村村通工程确立了“完善基础设施，建设信息平台，开展信息下乡”的三大目标任务；国务院三网融合文件要求“加快电信宽带网络建设，推进城镇光纤到户，扩大农村地区宽带网络覆盖范围”；中央 1 号文件提出“推进农村信息化，积极支持农村电信和互联网基础设施建设，健全农村综合信息服务体系”。上述政策将农村宽带信息化提升到前所未有的高度。

在各项政策措施的推动和行业努力下，农村信息服务能力迈上新台阶。2009 年，全国新增 4228 个乡镇和行政村通互联网，乡镇通互联网比例从年初的 98%提高到 99.3%，行政村通互联网比例从 89%提高到 91.5%。农村地区基础网络特别是宽带接入网络的覆盖得到逐步延伸。例如 2009 年 10 月，湖北全省通宽带行政村达 20718 个，农村宽带用户 49 万户。其中，农村用户 1M 带宽端口覆盖率由上年年底的 58%提升到 76%，2M 带宽端口覆盖率由上年年底的 30%提升到 45%，4M 带宽端口覆盖率由上年年底的 19%提升到 29%。2009 年 5 月，中国电信在江苏实现自然村 100%通宽带，成为全国首个实现自然村“村村通宽带”的省份，全省农村每个聚居 20 户以上居民的自然村落都具备最高可达 4M 的宽带上网能力。中国联通在农村宽带普及工作中，为河北和山西等地购买计算机的农民用户优惠安装联通宽带。

随着农村宽带接入能力大大提升，农村信息普遍能力得到进一步提高，农村宽带应用的热情和需求逐渐被激发出来。三家基础电信企业的“农信通”、“信息田园”和“金农通”等基础性综合信息平台已覆盖全国，为广大农民提供了功能强大、种类丰富、经济便捷的公共服务、便民服务和农产品交易服务，极大促进了农村宽带信息化的发展。

总体来看，虽然农村宽带接入水平提高较快，但相对城镇，农村互联网普及程度仍然存在很大差距，运营商对在农村部署宽带网的积极性还有待进一步提高。另一方面，农民自身对于宽带的认识还很不足，根据中国互联网络信息中心（CNNIC）调查，农村非网民中，有38.8%的人是由于不懂计算机和网络而不能上网。进一步加强农村地区的宣传，提高农村互联网宽带普及率及农民信息化知识水平和应用能力，仍然是我国各级政府在今后农村宽带信息化推进过程中应高度重视的问题。

此外，高额的宽带上网费用和有限的接入运营商选择权，往往使得农村的宽带设施处于空置状态，大大阻碍了农村信息化建设前进的步伐。因此，必须在农村宽带信息化的过程中，因地制宜，多考虑农村特别是经济欠发达的边远山区农民的难处，给用户提供便利、优质和价廉的宽带服务。

9.4.3 移动宽带接入发展

与固定宽带接入方式相比，以 HSPA（+），LTE，EVDO，WiMAX，meshWiFi 等技术为代表的移动宽带接入技术，以其能为用户提供更为便捷的网络服务等优势得到了越来越多的关注和发展。各国运营商都在投资和部署移动宽带网络，据 Informa Telecom & Media 统计，截至 2009 年年底，已有将近四百个不同的移动宽带网络投入运营。据 ABI Research 统计，2009 年全球移动宽带用户比 2008 年增长了 43%，达到 2.71 亿。到 2010 年全球移动宽带用户有望达到 10 亿。

移动宽带接入领域成为三家电信运营商的激烈竞争领域，各运营商均希望通过应用移动宽带技术来承载高速数据业务，在 3G 竞争中吸引高端用户，占领更大的市场。2009 年，中国联通全网建设了 HSPA，中国电信将网络升级到 CDMA 1X EVDO Rev.B 版本，中国移动则完成了第一期和第二期的 TD 网络建设工作，并在主要一线城市完成了 TD-HSDPA 的网络升级工作。

中国电信、中国联通和中国移动针对 3G 通信分别推出了自己的品牌来吸引移动宽带用户。根据工业和信息化部统计，截至 2009 年年底，我国 3G 用户约为 1325 万。中国移动 3G 用户数达 551 万，中国联通 3G 用户为 274 万，中国电信的 3G 用户数在 2009 年 10 月就接近 500 万。从目前来看，中国移动的 3G 用户数暂时处于我国领先地位，发展迅速。中国移动 2009 年的用户发展策略是重发展集团用户、优质用户，而不是单纯扩充用户规模。中国联通则通过打造和推广全业务品牌“沃”，吸引了一批追求时尚和活力的群体。2009 年 12 月，联通 3G 用户当月净增 92 万，连续第二个月 3G 用户数增长超过 2G 用户。

移动宽带网络的发展推动了移动宽带业务的发展，3G 可视电话、手机视频等面向个人应用；宽带上网、家庭网关等面向家庭应用；无线城市、视频监测、移动办公等行业信息化应用不断涌现；移动支付、手机阅读等新型业务得到开发。中国移动推出 TD 移动应用商场，吸引众多开发者利用 TD 手机平台开发软件、游戏、视频等应用。中国电信推出了手机影视、全球眼等天翼品牌 3G 特色业务。中国联通手机搜索、手机音乐等 3G 特色业务也陆续投入运营。

9.5　互联网络带宽发展情况

9.5.1　国际出入口带宽

我国互联网网络国际出口带宽近年来维持高速增长，根据 TeleGeography 统计，2009 年我国互联网国际出入口带宽总量超过加拿大，排名从全球第十位上升到第九位。但互联网发达国家的国际出入口带宽总量和增长量仍远高于我国，例如，我国 2009 年带宽增长量和带宽总量均仅为美国的 16%。这表明我国互联网的国际化程度仍然不高，这也在一定程度上影响了我国互联网的国际地位，如图 9.5 所示。

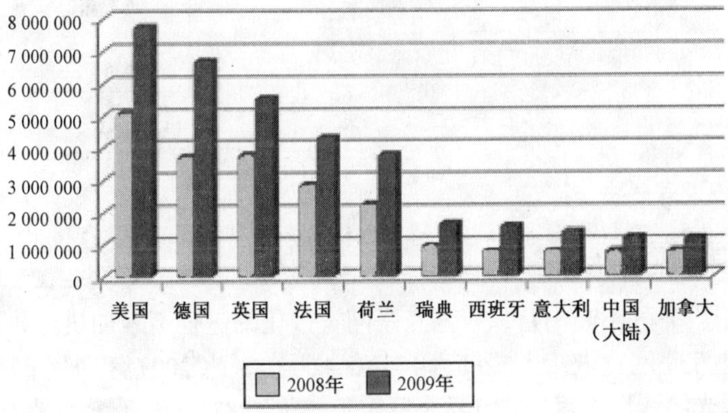

图9.5　2009年国际出口带宽

截至 2009 年年底，我国互联网国际出口带宽总量为 1197Gbps，年增长率达到 56%，如图 9.6 所示。

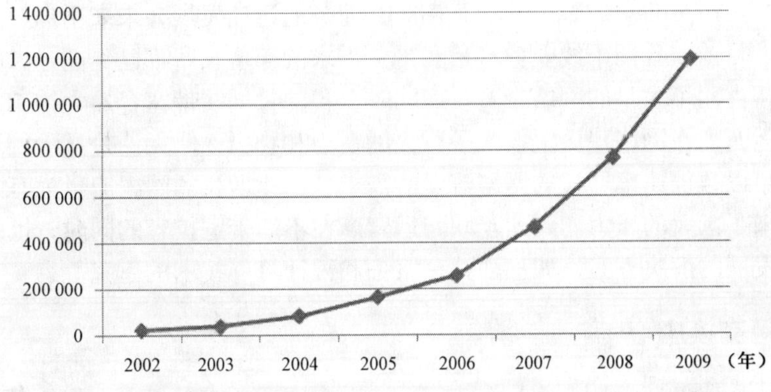

图9.6　中国2002—2009年国际出入口带宽总量

2009 年，美国、欧洲、亚洲仍是我国主要国际互联网出入连接方向，连接的国家和地区主要由国际互联网发达国家和周边邻国/地区构成，如亚洲的日本、韩国、新加坡等。国际互联网业务量也平稳增长；非洲、南美洲、澳洲等由于经贸往来的日趋紧密，未来连接带宽有望快速增加，如图 9.7 所示。

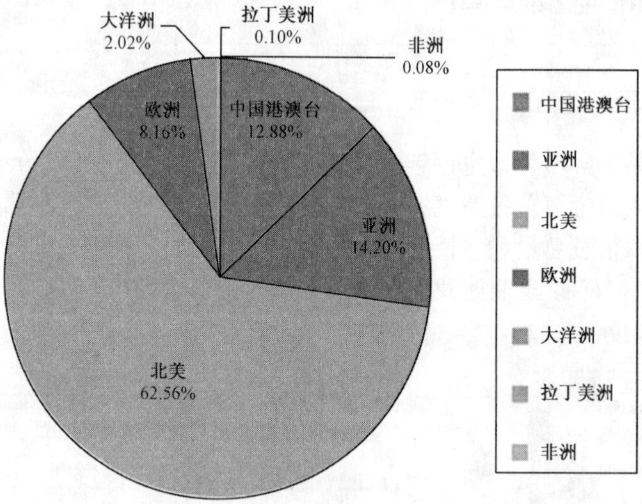

图9.7　各地区国际出入口带宽占比

9.5.2　国内带宽

随着宽带应用服务的不断丰富，我国互联网宽带化的进程不断加快。截至 2009 年年底，我国基础电信企业互联网宽带接入端口达 13 592.4 万个，比 2007 年净增 2702.0 万个，增长率达 24.8%；全国光缆线路长度净增 148.8 万千米，达到 826.7 万千米，是 1999 年的 7.3 倍。其中，长途光缆线路长度净增 3.9 万千米，达到 83.7 万千米。在此基础上，为了满足消费者对高带宽业务日益增长的需求，我国开始在骨干网中部署 N*40Gb/s WDM/OTN 设备来扩大其网络容量。宽带城域网基本通达全国县以上地区，接入网络光纤化建设稳步推进，在新增市场中光纤到用户端逐步成为主流。

随着 IPTV、TriplePlay、视频通话等宽带 IP 业务的迅速发展，未来用户对网络带宽的需求也越来越大。目前，我国干线业务流量和带宽需求的年增长率都已经超过 200%，以 P2P 应用为主的视频占用了大量的网络带宽。而同时，我国骨干网带宽容量大约 18 个月翻一番，尽管各互联网运营商在网络建设上投入了巨大的财力和物力，但无论是骨干网还是接入网的带宽仍难以满足以数倍速率增长的网络流量的需求，迅速增长的网内流量为有限的网络带宽和网络设备带来了巨大的压力。因此互联网运营商在不断带宽扩容的同时，也急需找到利于互联网可持续发展的解决方案，如加强共享服务和云计算等技术的研究。

9.5.3　互联网交换中心

交换中心是互联网的基础设施之一，用于互联网间互联时交换流量和路由信息的公共平台及相关设施。其主要功能为：1）实现互联。可以通过交换中心进行直接互联，或者实现多边的对等互联；2）路由交互和流量交互。既可以实现路由信息，同时也可以进行业务流量的交互；3）管制功能。对流量以及路由策略等进行控制。在当前全球互联网架构中，交换中心已成为重要的发展模式，并且整个互联网的架构也朝着围绕交换中心发展的趋势演进。

目前，我国交换中心主要由京、沪、穗三个国家级互联网交换中心和若干区域性互联网交换中心组成，仅作为我国骨干互联网单位之间互联的辅助手段，基本未起到转接国际流量的作用，发展远不如互联网发达国家。截至2009年中期，我国国家级交换中心容量约48Gbps，互联单位接入交换中心的带宽达 44Gbps。2009 年全年，各互联单位实施交换中心扩容19Gbps。随着各经营性和非经营性互联单位逐步开通直联电路，交换中心疏导网间流量的比例越来越少，作用渐渐弱化。

另外，随着下一代互联网的演进发展，国际交换中心支持IPv6通信成为发展趋势，目前，我国交换中心仍不支持IPv6，虽然依托CNGI项目建立了北京和上海两个纯IPv6交换中心，但接入的网络多以国内外IPv6试验网络为主，且连通度不高。

发展交换中心不仅是业务发展的需求，也是提高我国网络地位的战略选择。如何更好地发挥交换中心的国内互联互通和国际流量转接作用将是我国互联网发展变革时期的重要研究课题。

（工业和信息化部电信规划研究院　李原）

第 10 章　2009 年中国互联网基础资源发展情况

互联网基础资源是互联网发展的根基，2009 年年底，中国各项基础资源指标发展情况良好。其中，IPv4 地址已经达到 2.32 亿，数量仅次于美国，是全球第二大 IPv4 地址拥有国，IPv4 地址为 63 块，排名全球 18；域名总数为 1682 万，其中 80%为.CN 域名；网站数量达到 323 万个，网站数量继续平稳增长；国际出口带宽达到 866 367Mbps，年增长率达到 35.3%，增长迅猛。

10.1　IP 地址

截至 2009 年年底，全球 IPv4 地址分配总数为 2 985 769 096，折合 177A+247B+56C。全球 IPv4 地址理论数量是 4 294 967 296 个，截止到目前，IANA（互联网编号管理局）可分配的 IPv4 地址剩余量不足 10%，根据 NRO（全球互联网地址号码资源分配管理机构）的公开数据，全球 IPv4 仅剩不到 4 亿个，2011 年或将全部耗尽。而据运营商的数据，未来 5 年中，移动互联网的 IP 地址需求预计达到 5 亿～9 亿，显而易见，目前的 IPv4 地址资源远无法满足。

截止到 2009 年 12 月，IPv4 地址数量排在前十名的国家依次为美国、中国、日本、德国、韩国、加拿大、法国、英国、法国、澳大利亚和巴西。全球 IPv4 地址分配状况如图 10.1 所示。在 IPv4 地址资源上，发达国家仍占优势地位，50%的 IPv4 地址资源都集中在美国，然而比例比 2008 年下降了 5 个百分点。中国拥有的 IPv4 总数位于世界第二，占全球 IPv4 地址数量的 7.8%，比 2008 年所占比例上升了 1.2 个百分点。

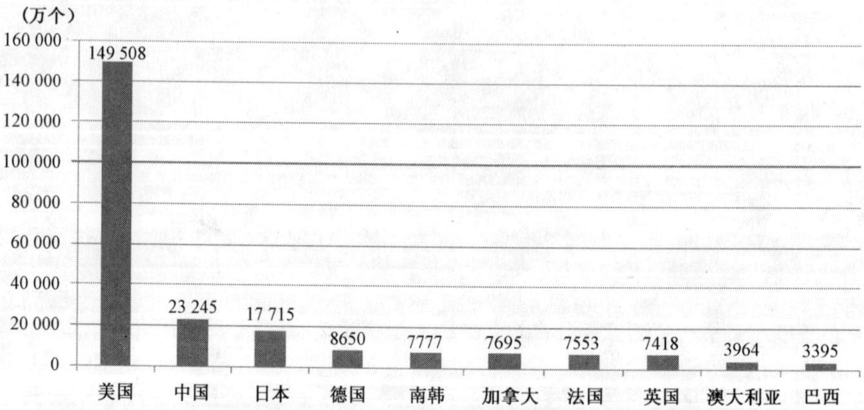

图10.1　全球IPv4地址分配状况

近两年，我国互联网处于高速发展时期，网民数量增长迅速，网民规模位居世界第一，如图 10.2 所示。与此同时，在中国互联网络信息中心（CNNIC）等机构的大力推动下，2009 全年全球 IPv4 地址分配前三位中，中国以 773B 位居第一，美国以 397B 居第二，日本以 168B 居第三。

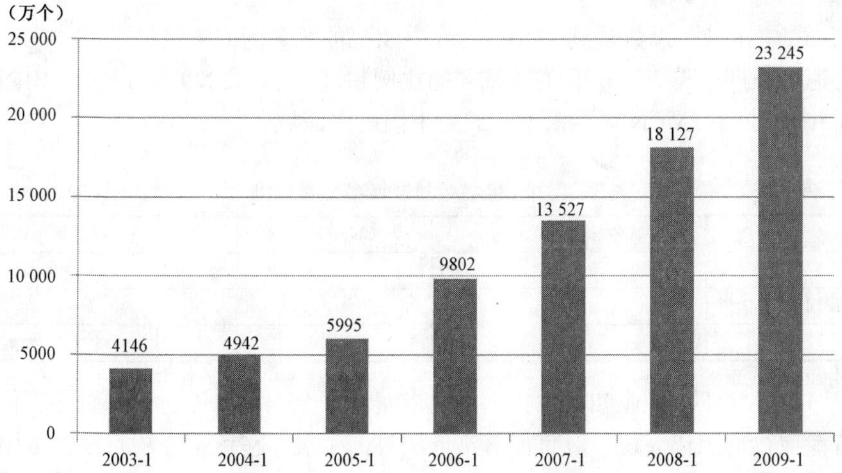

图10.2　中国IPv4地址数量增长情况

面对日渐减少的 IPv4 资源，实现 IPv4 向 IPv6 的过渡已迫在眉睫，世界各国已对 IPv6 地址的部署“摩拳擦掌”，欧美等发达国家更是将其上升到国家战略的层面，成立专门的政府工作小组进行相关工作的推进。

截至 2009 年年底，全球 IPv6 地址申请（/32 以上）总计 4112 个，分配地址总数为 139 339*/32，其中，巴西、美国、德国、法国和日本名列前五。2009 年年底，中国的 IPv6 地址为 63 块，排名全球 18，远远落后于巴西（65 728 块）、美国（15 025 块）、德国（9861 块）、日本（8356 块）。要实现 IPv4 向 IPv6 的平稳过渡，保证我国下一代互联网的稳健发展，需要在网络应用、终端设备、技术标准、IP 地址资源分配管理上有一个整体的规划布局，政府、设备供应商、电信运营商及内容提供商要履行各自在 IPv6 过渡中的角色。在这个系统性的工程中，国家力量就显得不可或缺，需要政府不断加强在该领域的投入和政策导向。

作为中国国家 IP 地址分配管理机构，中国互联网络信息中心（CNNIC）在 2008 年提议启动“IP 地址国家行动计划”，呼吁从国家层面，在组织机构、技术标准、资金和政策等多个方面入手，根据 IPv4 地址耗尽的时间段来整体布局我国的 IPv6 推进计划，确保我国能顺利地从 IPv4 过渡到下一代 IPv6 地址。目前，中国 60%以上的 IPv6 地址是中国互联网络信息中心（CNNIC）申请并分配的。

根据预测未来五年，我国 IP 地址需求量将激增，其中固定互联网需求为 5 亿，移动互联网需求为 10 亿，物联网需求量为 100 亿，按照 IP 地址 33%的利用率来推算，我国未来 IP 需求量为 345 亿。

10.2 域名

10.2.1 .CN 域名

2009 年底,中国域名总数达到 1681 万,其中 80%的域名为.CN 域名。从 2007 年开始,.CN 域名进入快速增长期，见表 10.1，.CN 域名的比例超过 75%，2009 年 12 月，中国网络电视台正式开通并启用 CNTV.CN 域名。.CN 成为中国的主流域名。

表 10.1 域名数量及域名分类比例

	域名总量（万个）	CN 域名比例（%）	Gtld 域名比例（%）
2007 年 12 月	1193.1	75.4	24.6
2008 年 12 月	1682.6	80.7	19.3
2009 年 12 月	1681.5	80.0	20.0

2009 年 12 月 16 日，工业和信息化部在北京召开了全国域名注册管理暨落实依法打击手机淫秽色情专项行动工作会议，对贯彻落实依法打击手机淫秽色情专项行动方案中强力治理网站域名变换工作进行了全面部署。中国互联网络信息中心（CNNIC）积极响应号召，开展不良域名治理行动和域名注册信息核对工作，全面清查不良域名应用，初步建立起了多渠道、立体化、全方位的不良域名综合处理机制，设立社会监督举报热线，联合相关单位和广大网民一起全力封堵.CN 域名不良应用，有效净化了.CN 域名应用环境。

2008 年 7 月，中国互联网络信息中心（CNNIC）牵头成立了反钓鱼网站联盟，重点针对影响范围最广，危害最严重的电子商务，在线金融等领域进行保护。截止到 2009 年 10 月 22 日，经联盟秘书处认定并处理的钓鱼网站域名已累计达 8342 个，被处理的钓鱼网站无一例投诉。腾讯、淘宝网和工商银行位列网络钓鱼对象的前三位，针对这三大网站的网络钓鱼占举报总量的 80%以上。

通过对钓鱼网站的及时处理，有力地保护了公共利益，提升了我国国家顶级域名“.CN”的安全可信度。

10.2.2 中文域名

2009 年 11 月 16 日，在微软、百度、阿里巴巴、淘宝、Firefox、OPERA、遨游、新华网、人民网、新浪网和腾讯网等众多中国知名互联网企业代表的共同见证并现场签名支持下，中国互联网络信息中心（CNNIC）在京举行“.中国”域名国际申请启动仪式，代表中国正式向 ICANN 递交了“.中国”域名国际申请。

目前，微软 IE、谷歌 Chrome、火狐 Firefox 等全球主流浏览器均已实现对“.中国”域名的无障支持。谷歌、雅虎等搜索引擎已经逐步建立对“.中国”域名下的网站收录和支持工作。

2009 年 10 月 30 日，在韩国刚刚闭幕的 ICANN 第 36 届会议上，ICANN 表决通过了《“.中国”等非英文域名后缀快速通道实施计划》。根据这项最新决议，包括中文在内、阿拉伯文、韩文、日文、希腊文和印度文等非拉丁文字域名均可以被用于互联网国家顶级域名。国际互联网域名体系向包括中文在内的诸多语言文字开放迈出了实质性的一步。ICANN 总裁贝克斯托姆（Rod Beckstrom）表示，在某些情况下，这是一个民族自豪感的问题，还涉及文化认同。

10.3　网站

2009 年年底，中国互联网络信息中心（CNNIC）的第 25 次报告数据显示，中国网站已经达到 323 万个，比 2008 年的 288 万增长了 12.3%，是十年前网站数量的 12.4 倍，如图 10.3 所示。

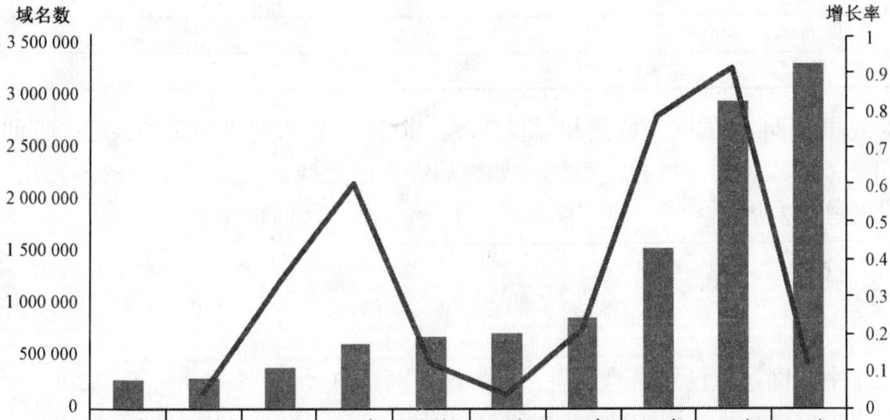

	2000年	2001年	2002年	2003年	2004年	2005年	2006年	2007年	2008年	2009年
域名数	265 405	277 100	371 600	595 550	668 900	694 200	843 000	1 504 000	2 878 053	3 231 838
增长率		4.4%	34.1%	60.3%	12.3%	3.8%	21.4%	78.4%	91.4%	12.3%

图10.3　2000—2009年www站点数

通过对中国互联网络信息中心（CNNIC）历年发布的网站数据进行深入分析可以发现，我国网站数量 2009 年的增长速度明显放缓，增量仅为 35 万，增长率仅为 12.3%。

2009 年，CN 域名下网站比例变化不大，中国网站有 77.4%选择使用 CN 域名，CN 域名坐稳中国网站域名的头把交椅，见表 10.2。

表 10.2　分类网站数量及比例

	CN 网站数		Gtld 网站	
	数　量（个）	占网站总数比例	数　量（个）	占网站总数比例
2005 年	299 530	43.2%	394 670	56.8%
2006 年	367 418	43.6%	475 582	53.7%
2007 年	1 006 000	66.9%	498 000	33.1%
2008 年	2 216 437	77.0%	661 616	23.0%
2009 年	2 501 308	77.4%	730 530	22.6%

从分省数据来看，网站在各省的分布很不均匀，广东（11.6%）、北京（10.4%）、浙江（10.1%）的网站数量在全国名列三甲，如果加上海（7.1%）的网站数量，这四个省（直辖市）的网站数量已经占到了全国网站总数的 39%，见表 10.3。

表 10.3　2009 年我国网站分省数据（前十位）

	网站数量（个）	占网站总数比例
广东	375 452	11.6%
北京	334 711	10.4%
浙江	325 150	10.1%
上海	230 012	7.1%
山东	143 243	4.4%
江苏	141 087	4.4%
湖南	120 256	3.7%
福建	118 697	3.7%
河北	67 489	2.1%
黑龙江	65 057	2.0%

相对我国 3.84 亿的网民数量和增长速度，2009 年以社交类网站的兴起，带动互联网各种应用和服务的兴起，一批社交型网站如雨后春笋般上线。互联网应用的多元化， 将带动网站建设的蓬勃发展。

10.4　网页

近几年中国网站建设的高速发展，也带动了网页总量的增加 2009 年比 2008 年网页数量增长 175 亿个，增长率达到 108%，如图 10.4 所示。

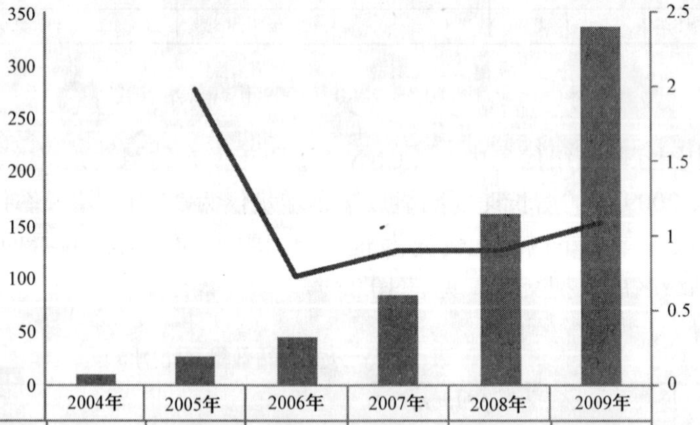

	2004年	2005年	2006年	2007年	2008年	2009年
网页数（亿个）	8.7	25.9	44.7	84.7	160.9	336
增长率		197.7%	72.6%	89.5%	90.0%	108.8%

图10.4　2004—2009年中国网页规模变化

在网页数量大幅增长的同时，网站的平均网页数也大幅增加，增幅达到 86.1%，见表 10.4 和表 10.5。由此可以看出，我国 2009 年的网站建设趋势良好。

表 10.4　网页数量表

	网页数（个）	平均每个网站的网页数（个）	网页总字节数（KB）	平均每个网页字节数（KB）
2006 年 12 月	4 472 577 939	5057	122 305 737 000	27.3

续表

	网页数（个）	平均每个网站的网页数（个）	网页总字节数（KB）	平均每个网页字节数（KB）
2007 年 12 月	8 471 084 566	5633	198 348 224 198	23.4
2008 年 12 月	16 086 370 233	5588	460 217 386 099	28.6
2009 年 12 月	33 601 732 128	10 397	1 059 950 881 533	31.5

表 10.5　网页更新情况表

	1 周以内（%）	1 周～1 个月（%）	1～3 个月（%）	3～6 个月（%）	半年以上（%）
2006 年 12 月	7.4	26.4	32.3	17.8	16.1
2007 年 12 月	12.1	17.4	14.5	41	15
2008 年 12 月	12.5	24.1	29.1	14.4	20
2009 年 12 月	7.7	21.2	28.1	18.8	24.3

2009 年兴起的微博客，使得互联网更加容易实现草根普及，极大地带动了网页数量的增长，加之 3G 移动互联网深入人心和快捷方便，未来互联网信息资源将会更加丰富。

10.5　互联网地址资源产品

10.5.1　通用网址

通用网址是中国互联网络信息中心（CNNIC）基于中文（母语）寻址技术而开发的互联网地址资源类产品，是通过建立关键词与网站地址的对应关系，实现在浏览器地址栏中访问相关网站的一种便捷服务。安装网址导航软件的用户，无需记忆冗长而复杂的英文网址，只需在浏览器地址栏中输入便于记忆的关键词（如公司名称、产品名称、商标、口号、电话等）即可直达网站页面或者深层页面。

2009 年 4 月，中国互联网络信息中心（CNNIC）与微软（中国）有限公司宣布双方将基于微软 Internet Explorer 8（IE8）展开合作。此次中文寻址技术与国际知名浏览器的结合，预示着母语上网将成为未来的主流上网方式。在微软 IE8 浏览器正式版中，网民可自行将搜索栏支持工具设置为通用网址。这样只要用户输入任意关键词，包括中文、字母或数字，就可直达与之相关的网站。同时，通用网址还将提供模糊查询服务，在网民不清楚具体关键词内容时，搜索栏将提供通用网址的近似关键词查询建议。

近年来，我国互联网行业发展迅猛，与此同时，我国网民使用中文登录互联网的需求也越来越迫切，中文已然成为互联网上仅次于英文的第二种主要应用语言。英文网址的输入方式，一定程度上阻碍了我国网民对互联网产品的应用和中国互联网产业的发展。而作为我国互联网中文应用的代表——通用网址，实现了输入母语关键词即可直达网站的功能，解决了不擅长英文的网民浏览互联网的问题。微软此次与国内多家互联网服务机构的合作，正是体现了其逐渐本土化的特性。

同时，在微软的支持下，中国互联网络信息中心（CNNIC）携手万网、中企、中资源、互易和铭万等企业，致力于为中国中小型企业网站提供免费的 IE8 兼容性服务。目前，国内已有 80%以上的中小型企业受益于此，同时将使更多的网民在浏览这些网站时得到更优越的体验感受。

通用网址凭借一词锁定，中文直达网站的优势，使我国用户触网冲浪变得更加方便快捷，极大地顺应了中国人用中文上网的趋势。作为网民浏览互联网的重要工具，IE 浏览器无疑是市场上最受用户欢迎的浏览器。微软向来注重和本地合作伙伴的合作与创新，以及为中国用户提供更多适合他们需求的体验和应用。而通用网址产品的中文寻址功能有利于 IE8 更好地与中文语言习惯相结合，为中国网民提供更加舒适的使用体验。

10.5.2 无线网址

2009 年是中国 3G 正式商用元年，在经历了 3G 发牌、5.17 推广活动之后，到 2009 年年底，以大规模用户放号为标志，中国电信业将全面进入 3G 时代。同时，中国手机网民呈现迅速增长态势。截至 2009 年 12 月底，手机网民规模达 2.33 亿，占网民总体的 60.8%，移动网络、手机终端在中国互联网发展中起着更加重要的作用。随着移动互联网应用的多元化，移动互联网信息量快速膨胀，移动互联网寻址变得更加重要。无线网址是为移动终端设备快捷访问无线互联网而建立的关键词寻址技术，2009 年，越来越多的企业已经意识到无线网址的价值，注册并应用无线网址。

无线网址的出现，从根本上简化了手机用户的上网方式，避免了广大用户记忆和使用复杂英文域名访问手机网站的难题，简单的关键字输入便能访问企业信息。2009 年 7 月，中国互联网络信息中心（CNNIC）推出无线网址“3G 生活版图”，提供包括生活、休闲、就业三个板块信息的手机查询。通过无线网址“3G 生活版图”，移动网民只需通过手机上网登录 wap.cn 平台，便可查询地图、公交、天气、餐饮、股票、价格等基本生活信息，手机小说、电影演出等休闲娱乐信息，并实现手机订票，以及全国各地最新的就业信息，无线网址能帮手机网民实现基本的畅享 3G 生活。

（中国互联网络信息中心　郝建彬、周镇）

第 11 章　2009 年中国互联网设备发展情况

2009 年，随着全球金融危机影响的进一步深入，ICT 产业发展停滞不前：电信运营业开始出现下滑，引发通信设备与网络设备市场低迷，以手机为代表的消费类终端市场以及以服务器为代表的行业应用终端市场出现下滑。中国市场成为金融危机的避风港，3G 牌照的下发直接拉动了相关投资，全业务运营带来网络设备市场的快速发展，而 3G 终端更成为市场焦点。

11.1　网络交换与选路设备

11.1.1　交换机

1．市场概况

在中国互联网持续发展的推动下，2009 年中国交换机市场继续保持稳定增长态势，市场销量达到 2834.73 万线，同比增长 5.6%，销售额达到 102.01 亿元人民币，同比增长 3.5%，如图 11.1 所示。

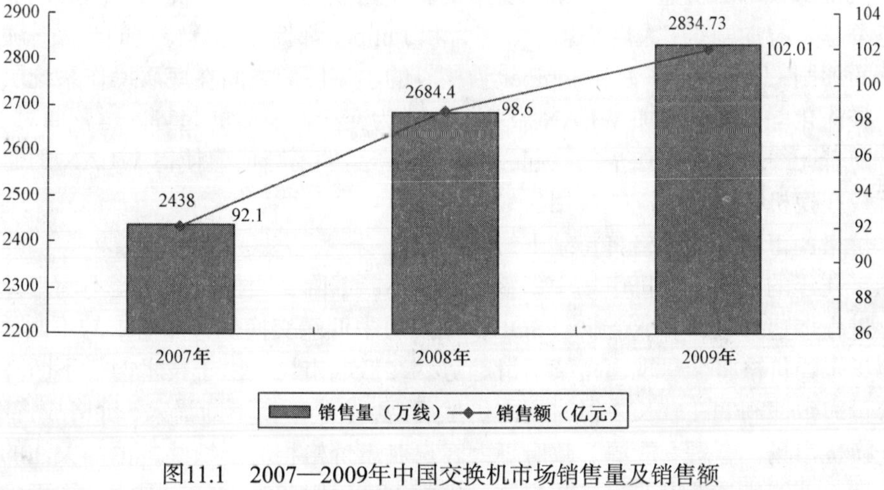

图11.1　2007—2009年中国交换机市场销售量及销售额

2．发展特点

（1）网络应用拉动中国交换机市场发展

一方面，运营商加快了城域以太网的建设步伐。运营商重组并没有影响城域以太网建设的步伐，相反随着光纤到户（FTTH）建设的提速及业务发展带来的网络转型压力使得各大运营商的城域以太网建设规模不断扩大，拉动了中高端以太网交换机市场的发展。另一方面，行业市场显示出了非常好的发展势头，金融、政府和能源等行业随着信息化进程的进一步推进，对网络设备的需求在不断增加。尤其是 2009 年初以来自然灾害频发，使得视频会议、视频监控和应急通信等网络应用进一步得到政府及各大行业的重视，推动了网络建设的发展，带动了对网络设备的需求。

（2）以太网交换机智能化迈入新台阶

在网络新应用的部署、融合多业务需求的共同推动下，交换机支持的功能变得日益丰富，智能化程度跃入新的层次。由于复杂的网络环境加剧了网络管理的难度，所以人们十分关注通过智能交换设备进行网络的集中管理，以简化管理步骤，降低部署和维护的成本。现在，交换机智能化理念有了新的内涵：不仅包括以前的交换机设备智能化的管理，还包括其对越来越多的智能业务的支持，并将交换设备的管理性能和功能融合，QoS、单一 IP 地址管理和远程控制等功能列为智能交换机不可或缺的重要特性。

（3）网络改造和转型成为市场重要推动力

在 2009 年年初，各运营商就开始着手对自身的网络进行改造，加快新一代 IP 承载网的建设步伐，以期增强网络的承载能力，满足用户日益增长的数据业务，提高对网络带宽具有更高要求；并具有良好市场前景的互联网业务的支撑能力。随后在运营商重组方案颁布以后，各家运营商的全运营方向态势尘埃落定，于是纷纷开始了网络转型进程，交换机也随之在运营市场活跃起来。如中国移动云南分公司为了能够更好地实现数据业务的发展，以及面对 3G 和三重播放网络转型的大势，启动了“沟通 100”服务厅网络建设项目工程，对 F-engineS3500 千兆三层以太网交换机系列及其他数据类产品进行了一次大采购。

3. 发展趋势

（1）产品与技术：网络操作系统与 WLAN 成为热点

随着交换机技术的快速发展和市场竞争的日益白热化，主流厂商在产品底层操作系统层面上的竞争也日益加剧。三大巨头思科、华为和 Juniper 都拥有各具特色的产品，随着交换机市场竞争的加剧，以思科、华为和 Juniper 为核心的主流厂商之间在底层操作系统层面上的竞争会进一步深化。另外，增加 WLAN 服务模块成为交换机发展的趋势。运营商对 WLAN 格外关注，随着无线城市如火如荼的兴起，802.11n 产品的不断成熟使得 WLAN 的速度可达到百兆，无线交换机得到了广泛的应用。

（2）价格：市场平均价格将持续下滑

在未来几年的中国交换机市场中，鉴于成本不断下降，交换技术门槛不断走低，运营商网络转型进程加速推进，中小企业和 SOHO 用户对中低端交换机产品需求的不断放大，整体交换机市场平均价格将会呈现出持续下滑趋势。在低端市场，由于技术门槛不断降低，加之因市场容量大致使利润在较长一段时间内仍然可观，中小厂商不断涌入，价格战将不可避免。在高端交换机市场，金融、能源、政府等大客户对于价格相对不敏感，更加关注的是产品功能的完备性、性能优越性以及配套的售前、售中、售后服务等内容，因此一方面中高端交换机的价格不会走低，另一方面客户在交换机厂家的选择上也会为了保证系统的稳定性和兼容性而保持持续性。

（3）渠道：结构将趋于扁平化

中国交换机市场经过多年的发展，渠道体系已经初步成熟。受金融危机影响，随着厂商与渠道的分工越来越明确，渠道结构将趋于扁平化。分销方式的渠道主要对应于技术含量较低的低端交换机产品，如宽带、SOHO 等配置简单、价格低廉的交换机。金融、交通、能源、教育等行业市场规模在稳步扩大，深谙行业网络特性的行业渠道也必将得到厂商的重视，未来几年 SI 在渠道中的位置将不断攀升。在电信级市场中，目前中国的运营商正在近 10 个城市进行电信级城域以太网建设试点，该市场将是未来交换机市场的重要增长点。鉴于运营商采购直接面向设备商和系统集成商招标，所以伴随着电信级城域以太网市场日益繁荣，直销和系统集成份额都将会持续增加。

（4）服务：大企业客户对网络服务的要求越来越高

在服务方面，随着互联网业务的飞速发展，承载的业务越来越多，特别是视频业务日益受到关注，企业客户，尤其是大企业客户对网络服务的要求越来越高，已经不再满足于单一的维修或产品升级，而是希望能够获得一揽子网络运维服务，包括对整网流量的分析、网络优化、网络安全管理、认证等整体运维的服务，特别是石油、电力、煤炭、政府等行业客户对售前、售中和售后的各个环节服务的范围、内容、层次要求越来越高。同时，服务已经逐渐不再是附加在产品上的免费概念，服务产品化、服务价值的扩大化已成为趋势。

11.1.2　路由器

1．市场概况

2009 年，中国路由器市场继续保持稳定增长态势，市场销量达到 58.6 万台，同比增长 7.9%，销售额达到 101.25 亿元人民币，同比增长 6.1%，如图 11.2 所示。

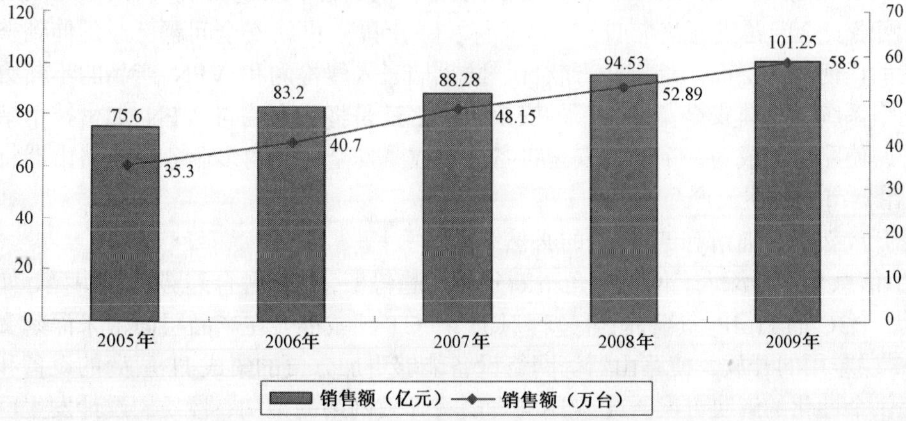

图11.2　2005—2009年中国路由器市场销售量及销售额

2．发展特点

（1）运营商市场持续回暖带动高端路由器销售

2009 年是中国电信 3G 运营元年，随着中国电信行业重组的完成，各运营商竞相启动了新的业务，在宽带用户快速增长和网络建设向网络运营转型带动下运营商市场继续回暖。互联网用户数不断攀升，刺激电信运营商的路由需求，为高端路由器市场的发展奠定了广阔的应用基础。建设高端路由器为核心的高速宽带数据通信网，是传统和新兴运营商适应网络技术演进和竞争形势的必然选择，也是其开拓新业务增长点的必然选择。为满足高速增长的数据，互联网应用以及其他宽带业务需求，各运营商都在大力开拓宽带业务市场，加大宽带城域网和 IP 骨干网的建设力度，从而促进高端路由器在城域网市场的大规模应用。

（2）政府成为行业市场亮点

政府市场主要是得益于“平安中国”和“数字城市”等城市信息化项目的拉动。为配合国家整体规划，将构建和谐社会，构建平安城市、平安中国落到实处，公安部全力开展城市报警与监控系统建设，提升公安机关的战斗力。公安部在全国开展城市报警与监控系统建设“3111”试点工程，即在省、市、县三级，每个省确定一个市，有条件的地市确定一个县，有条件的县确定一个社区或街区为试点，开展城市报警与监控系统建设试点工程。平安网的建设给网络设备厂商带来了巨大的商机。此外，不断发展的电子政务平台也有力带动了政府市场的发展。

（3）中小企业市场有喜有忧

2009 年，在金融危机的大环境下，我国本土的中小企业面临着很大的困难。压缩成本成为主旋律，但是电子商务所带来的巨大市场空间及信息化办公给中小企业带来便捷和高效，使得越来越多的中小企业也在着手构建或扩建自己的办公网络。总体来说，随着路由器市场竞争愈加充分，产品价格将持续走低，而电子商务的快速发展将推动中小企业市场出现快速增长。

3．发展趋势

（1）面向业务、集成安全、高速转发，成为路由器产品的发展方向

随着集成化的进一步提高，对路由器承载的业务需求也随之升温。性能和功能兼顾、多种功能协调发展是用户期待的结果，也是面向业务路由器发展的方向。而网络应用的普及和发展，使网络安全问题成为整个 IT 产业广泛关注的问题。网络安全问题已经延伸到整个网络体系结构的任何一个层面。杀毒防毒软件、防火墙、入侵检测和 VPN 产品的不断更新并不能保证网络系统的整体安全。一种新的安全解决之道是将防火墙与 VPN 加密技术结合到路由器之中，使路由器成为一个新的安全设备。集成了安全功能的多业务高速路由器将是未来 3 年内路由器市场的主流产品。

（2）开放架构是通信和 IT 融合的必然结果

在 IT 信息化不断深入，网络触角不断延伸的趋势下，ICT 融合趋势越加明显，如思科的统一通信、H3C 的 IToIP。这种融合过程对 IT 和 CT 领域都会在产品层面带来深刻变革。随着对 4～7 层应用的开放，使路由器等网络设备能够更加方便的集成 IT 厂商的设备和应用，为用户提供个性化的解决方案。IT 应用的发展将导致网络的架构、性质、设计发生巨大的变化，对于网络设备而言，在业务驱动的影响下，网络产品将由标准化进一步走向开放化。基于这种理念的一种开放网络架构可以在硬件、软件、系统管理等多个层面提供类似中间件的开放接口，从而可以方便地集成第三方的软件或应用。路由器将成为一个集成多种业务的开放网络平台，并首先在企业市场得到应用。

（3）核心路由器集群技术逐步走向成熟

随着互联网技术的不断发展，网络带宽需求激增，网络规模日益膨胀，对构建统一承载平台的关键设备，下一代网络在计算能力、有效性、扩展性和可靠性等方面提出了更加严格

的要求，集群技术应运而生。近年来互联网用户数迅速增长，互联网上的业务已发展到需要大量消耗带宽的网络游戏、IPTV、VoIP 等多媒体业务，大容量和可扩展也成为对路由器这类核心网络设备的基本要求，集群技术被引入到了路由器领域。核心路由器集群技术的商用能力、硬件结构的可靠性及软件体系的稳定性等方面虽然都还需要经受市场长时间的考验，但其正逐步走向成熟。核心路由器的集群技术应用将是未来核心路由器的主要发展方向。

11.2　网络终端设备

11.2.1　服务器

1．市场概况

2009 年中国通用服务器市场稳健增长，总销量为 70.27 万台，同比增长 3.7%。尽管增速不断放缓，但相比大幅萎缩的全球服务器市场而言，中国成为全球市场的“一枝独秀”。从各厂商的表现看，惠普、IBM、戴尔继续位列市场前三甲，IBM 实现了 7.7%的最快增速，但仍未动摇惠普第一的位置，而浪潮保持了国产阵营的领导者地位，第 14 次蝉联国产销量冠军。

2．发展特点

（1）中国市场成为全球亮点

2009 年全球服务器市场萎缩超过 15%，但三大国际厂商——惠普、IBM 和戴尔，在中国均实现了 5%以上的增长。2009 年由于政府支出和国有大企业投资扩大的拉动，服务器市场从冰点快速步入“V”字形复苏。四万亿政策性投资使得电子政务、社会公共服务、文化等“十一五”信息化新兴领域的信息化建设持续增温，政府行业成为 2009 年服务器市场企稳回暖的主要动力源。

（2）政府行业带动国内品牌发展

政府市场 2009 年销售增长达 12.8%，在四大行业应用市场中高居首位。国产品牌凭借在这一市场的相对优势在竞争中地位有所上升，其中浪潮继续以 22.4%的份额超越其他品牌，第七次保持了行业第一，以高端为主题的业务策略和政府对自主品牌的扶持被认为是浪潮超越几大国际厂商的主要因素。

（3）产品性价比成为竞争焦点

经济危机让客户更加注重整体投资和性价比，具有更低总体成本和更高性价比的高端服务器比例进一步提高。根据不同价格段的产品销售数据，3 万元以下的低端流量型产品 2009 年销量增长不足 4%，而代表 x86 中高端产品的“3 万～5 万”和“5 万以上”区间段则分别增长了 9.7%和 13.3%。

3．发展趋势

（1）市场竞争日趋激烈

受金融危机影响，一方面，国外品牌厂商加大在中国的投入力度，产品重心也开始下移，技术和品牌都处于相对劣势的国产厂商生存空间被压缩；另一方面，国产品牌也在核心技术上不断突破，扩大高端市场的份额，进入国际品牌的传统领地。例如，在 MNC 传统优势电信行业，国产品牌的整体份额稳步提升，其中处于国产领导地位的浪潮其市场份额已稳步提升至 12.8%。曙光 5000A 和天河一号相继突破了百万亿次、千万亿次高性能计算高峰，浪潮 NF560D2 销量累计过万，成为第一款销量破万的四路国产服务器，在通用高端市场实现了规模化突破。

曙光高性能计算机长期以来一直是中国高性能计算机的标志性产品。2004 年，曙光 4000A 以超十万一次的峰值运算能力，位列全球高性能计算机 Top500 排行榜第十位。2008 年，曙光 5000A 以超百万亿次的峰值运算速度再次位列全球高性能计算机 Top500 排行榜第十位，使中国成为美国之后第二个能研发、生产、应用超百万亿次超级计算机的国家。曙光 5000 系列高性能计算机自主的 HPP 体系架构，高密度的刀片服务器设计，使得其非常适合于互联网行业的应用需求，并能有效减少布线数量，提高机房利用率。曙光 5000 系列高性能计算机已成功应用于中国国家网格南方主节点——上海超级计算中心，西南最大的云计算中心——成都云计算中心等诸多国家重要互联网核心领域，为我国互联网行业的发展作出了重要贡献。

（2）国内品牌地位持续提升

高端市场的份额代表着品牌厂商的竞争地位。在国际品牌仍占据优势的中、高价格段，国产服务器的追赶步伐已经明显加快。在“5 万以上”高端产品段，浪潮同比销售增长 83.3%，增速位居业界第一，而且 11.2%的占有率超过了戴尔，居于业界第三位。这从侧面反映了国产厂商经过多年的技术和市场积累，在关键应用解决能力上的长足进步。

（3）新概念引领未来市场发展

云计算及多路高端多路市场将成为决定未来几年内市场发展的关键产品。云计算经过几年来的市场培育将在 2010 年进入一个应用落地的高峰期，IBM 等国际厂商拥有先发优势，但国产厂商仍可在公共云、企业云、教科云等多样化的应用形态中寻找突破口，市场应变能力、整体方案水平将左右云计算市场格局。曙光“星云”高性能计算机是国内首台实测性能超过千万亿次的高性能计算机。其通用性的设计，不仅能满足多样的信息服务需求，同时还能满足高性能计算需求，非常适合互联网行业核心应用；超千万亿次的计算性能，可充分满足互联网云计算服务需求，适合作为城市公有云及企业私有云的核心，对外提供云计算服务。

11.2.2 计算机

1．市场概况

2009 年，拉动内需、计算机下乡等政策的进一步完善有力地推动了 PCs 产品市场向纵深发展，更多样化的终端与应用出现在移动产品市场上，非传统笔记本电脑厂商的进入带来市场格局改变，教育、医疗等热点行业的 IT 投资增长惠及 PCs 产品市场。2009 年，包括台式 PC、笔记本电脑、上网本和 PC 服务器在内的 PCs 市场销量达到 3882.0 万台，同比增长 17.7%；销售额为 1817.2 亿元人民币，同比增长 10.8%。在产品结构上，台式 PC 所占比重在持续下降，而笔记本电脑和上网本等移动产品市场快速增长，在销售额比重上已超越台式 PC。PC 服务器市场相对比较平稳，在销量和销售额的比例上变化不大。

2．发展特点

（1）笔记本电脑对台式计算机替代效应进一步显现

2009 年，中国计算机市场的移动化趋势越加明显。台式计算机销量为 2201.8 万台，开始出现下滑。而笔记本电脑销量则达到 1342.2 万台，同比大幅增长 48.8%，笔记本电脑对台式计算机的替代效应进一步显现。此外，随着 3G 移动互联网的快速发展，低价便携的上网本在 2009 年获得了更多用户的青睐，形成了足以影响笔记本电脑整体市场格局的力量。

（2）4～6 级市场成为台式 PC 机热点

随着计算机下乡活动的推广，PC 厂商的渠道与服务网络建设逐步完善，台式 PC 市场的发展机会已经从中心城市转向 4～6 级市场，区域市场的潜力日趋显现。各大厂商逐渐调整渠道策略，加快布局乡镇市场，并尝试诸如宽带捆绑销售等新的营销模式，区域市场的争夺日趋激烈。

3．发展趋势

（1）产品移动化趋势进一步加强

随着笔记本电脑技术与产业的进一步发展与成熟，其成本将持续下降，对台式计算机的替代优势也将继续保持。预计到 2011 年，笔记本电脑出货量将与台式计算机基本持平，并在 2012 年超过台式机。与此同时，随着运营商 3G 网络的不断完善，上网本仍将保持高速增长态势，低价、随时上网等优势将推动计算机产品的进一步移动化。

（2）产品创新成为市场焦点

在市场需求下滑的情况下，众多厂商进行了产品调整，在内容服务上下足工夫，通过娱乐内容、学习软件等标新立异，以全新的产品外观和配置来面对市场竞争。2010 及未来几年将有众多厂商推出平板计算机，多点触摸、重力感应、GPS、语音识别等传感技术在平板计算机上的应用将极大改变笔记本电脑的操作与应用模式，有望实现随身应用，对市场格局将产生重大影响。

（3）渠道进一步下沉

在城市层级上，1～3 级市场的逐渐饱和带来了残酷的市场竞争，各厂商通过降价等手段争夺市场份额使得产品利润不断降低，因此 4～6 级城市市场成为各笔记本电脑厂商的关注重点，渠道拓展、产品差异化、服务创新等手段将更多出现在潜力巨大的 4～6 级城市市场上。特别是农村市场，随着计算机下乡活动的推广，PC 厂商的渠道与服务网络建设逐步完善，农村用户的消费需求将被进一步激发，4～6 级市场将是未来几年台式 PC 市场主力增长点，PC 一体机随着在价格和性能等方面的不断突破，将会迎来高速发展。

11.2.3 手机

1．市场概况

2009 年，中国手机市场继续回落，销量接近 1.6 亿部，与 2008 年基本持平。2009 年作为 3G 元年，3G 手机成为市场焦点。中国 3G 终端市场销售量达到 1122.4 万部，其中，中国电信 EVDO 终端占比达到 46.9%，中国移动 TD 终端占比达到 28.7%，中国联通 WCDMA 终端占比达到 24.4%。

2．发展特点

（1）手机应用重要性日益提升

随着多媒体、蓝牙传输、文本处理等功能成为手机标配，数字电视、GPS 导航、PTT 对讲、无线上网等装配率日益提升，手机功能创新已经不再成为市场热点。苹果公司推出的 iPhone 模式日益受到终端厂商、内容提供商以及电信运营商的关注。2009 年，应用商店成为中国移动增值业务以及手机业务发展的热点事件，特别是中国联通与苹果成功谈判后将

AppStore 引入中国。与此同时，手机平台走向开放，依靠开放的技术平台整合了众多的内容资源，通过移动应用的优势提高用户的高度黏性和忠诚度，将应用时代的核心资源“用户与内容”牢牢捆绑在一起。随着移动网络普及与移动互联网应用增多，将有更多公司效仿苹果公司推出开放技术平台，如谷歌、HP、戴尔、微软等技术应用优势突出的企业已纷纷推出了开放的操作系统，开放技术平台将成为竞争焦点。

（2）3G 手机市场发展高于预期

截至 12 月底，2009 年我国 3G 用户总数达到 1325 万，在移动电话用户中占 1.8%。在 2009 年新增 3G 用户中，中国移动 3G 用户占比最高，达到 41.58%，中国联通 3G 用户占比相对较低，但因 WCDMA 手机产业链成熟，从第四季度开始成长势头加快，发展潜力逐渐显现。与先进国家和地区相比，2009 年中国 3G 用户份额超过 1%，高于预期，也高于同期欧洲地区，接近东亚的韩国、中国台湾、日本等先进区域。整体而言，3G 用户发展态势良好，给 3G 手机市场带来巨大机遇。

（3）终端定制份额不断上升

中国手机市场中运营商定制的分量逐步上升。运营商加强终端定制的主要驱动力在于：一方面，3G 网络运营中，以终端定制的手段强化增值业务发展成为运营商发展业务的重要选择，也是应对内容提供商与服务提供商挑战，避免成为通道的重要手段；另一方面，运营商在发展中低端用户中，以定制终端的手段吸引用户也是惯用手法，特别是中国电信在争夺新增用户过程中，终端定制就是其中的重要举措。

（4）市场格局引发渠道变革

手机下乡使得农村市场重要性日益提升。从中国农村市场消费和人口特征看，手机销售还有很大的市场，农村手机市场开拓速度加快，新增用户重心已经从城市向农村市场转移。手机独立店、手机连锁店、家电连锁店与运营商营业厅已构成了较为稳定的手机零售渠道格局，但厂商的竞争格局与策略正引发渠道变革。领先手机厂商在依靠品牌影响力与产品质量占据主导渠道的同时，着力加强直控终端。而国产厂商则持续在三、四级乃至农村市场大力发展，通过高性价比的多媒体产品、高配置的时尚外观以及高比例的渠道利润成为手机市场的新黑马。未来将形成手机连锁店、家电连锁店与运营商营业厅三分天下的格局。

3．发展趋势

（1）产品融合趋势日益明显

从中国 2009 年 3G 用户发展来看，有 60%的用户为非手机用户。事实上，手机与其他便携式产品的融合已经成为必然趋势，特别是 3G 网络给 MID 的发展带来了促进。高通和 Google 等领先厂商在应用方面做了充足准备，为 MID 也提供了多种解决方案。随着技术与产业的不断成熟，MID 价格将持续下降至 3000 元左右，接近市场主流的价位很接近。

（2）智能手机市场前景广阔

3G 时代移动互联网为智能手机的发展提供了巨大机遇。智能手机集语音通信、多媒体与计算机功能于一体，是应用业务的重要载体，在厂商和运营商的终端战略中占据重要地位。3G 时代到来，智能手机将发挥其无线商务和娱乐等强大的应用功能，市场围绕 3G、应用功能和行业应用等主题展开。智能手机进入快速增长期，成为手机市场上的主流形态产品，未来三年年均复合增长率预计达到 36.6%。智能手机在 2009 年已经实现了增长速率反转，未来将保持加速增长的发展态势。

（3）融合终端与软件平台成为 3G 竞争焦点

3G 突破移动通信带宽瓶颈，为应用业务发展奠定了基础，同时应用业务是 3G 成功的决定因素，是推动 3G 发展的引擎。运营商在加强终端投入的同时也非常重视业务的发展，通过构建新的业务开发平台和合作模式凝聚产业链合力。随着终端和业务逐渐成熟，2010 年中国 3G 手机将迎来巨大的发展机遇，全年销售有望超过 5000 万部。在新的产业和市场环境下，融合终端与软件平台成为竞争制高点。特别是手机操作系统作为移动互联网的入口，对业务的推广有巨大的推动作用，操作系统竞争成为市场竞争的制高点。处于优势地位的手机厂商、运营商和互联网企业纷纷推出自有操作系统，并将开源和开放作为推广操作系统的重要手段。开源操作系统将进一步推动智能手机的发展，有助于降低智能手机厂商的开发难度，同时有助于第三方软件企业进行更有针对性的软件开发，提供更为丰富的应用程序。

（4）应用商店引发产业链变局

2009 年运营商发力应用商店，整合产业链，提升竞争力。由于 3G 业务和用户需求的发展，数据业务重要性持续上升，应用商店将成为未来运营商、内容提供商、终端厂商竞合的重要平台。一方面，通过应用商店平台将有效整合软件开发商、个人开发者、服务提供商、手机制造商和操作系统厂商以及运营商等多方资源，为各自的 3G 制式打造完善的产业生态圈；另一方面，培养新的业务增长点，增强业务吸引力，掌控具有巨大发展空间的移动互联网市场，运营商可以避免沦为纯粹的管道商，而终端厂商也可以实现从硬件向软硬并重的转型，获取丰厚收益。

4．新兴产品——电子书

2009 年，手机阅读市场获得迅速发展，为此中国移动成立了浙江萧山的手机阅读基地发展相关业务，而终端厂商也发展出相应的终端产品。2009 年，全球电子书阅读器的销量超过 500 万台，而全球最大的网上图书零售商亚马逊统计数据显示，该网站电子图书的销售量首次超过传统印刷书籍。在中国，中国移动深度定制的 TD 电子书已经开始在一些地方试销，除汉王外，方正文房和大唐等品牌的电子书产品也已开始发力。

从未来发展看，制约电子书发展的主要因素有：内容资源匮乏及尚为建立成熟的运营模式。2009 年以来，各品牌电子书的内容资源均较为有限，电子书厂商与拥有版权的传统出版商合作较少，较多优质资源未能进入电子书书库，用户的阅读体验受到显著影响。另一方面，盈利模式不清晰也成为电子书厂商拓展产业链的难题。目前国内的书刊逐本购买付费和图书包月付费等主流模式，加上互联网大量免费内容培养了国内用户的消费习惯，单一付费的赢利方式显然不尽理想。适合我国电子书市场的赢利模式仍有待探索。打造数字出版平台，使电子书成为数字出版发行通道的主力出口，成为建立可持续赢利模式的重要手段。

11.3　网络安全设备

11.3.1　市场概况

2009 年，中国网络安全设备市场总销售额达到 80.4 亿元人民币，仍然保持稳步增长的势头。但相比 2007—2008 年 16.5%的增长率，2009 年相比 2008 年增长率仅为 8.1%，出现了明显的放缓。但市场整体形势稳健，随着政府和企业的不断重视，依旧具备较高的战略地位，如图 11.3 所示。

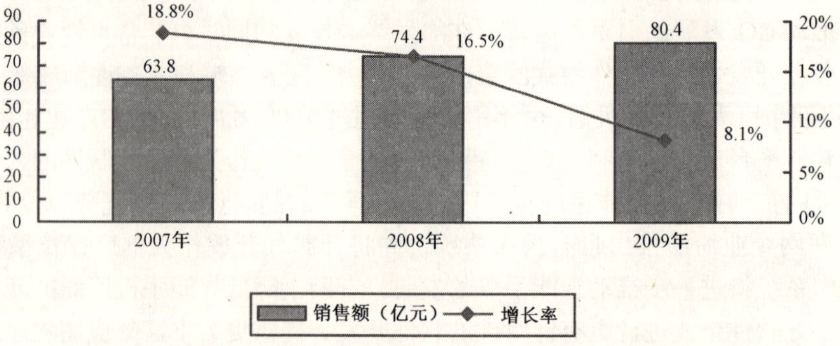

图11.3　2007—2009年中国网络安全设备市场销售额及增长率

11.3.2　发展特点

（1）主动防御理念及产品不断深入发展

主动防御的理念经过多年的发展，开始逐步走向市场。思科的 SensorBase 系统与华为的 Botnet 防御系统，已经开始具备全局协作的主动防御特色，虽然目前还不完善，但由于主动防御可以提升恶意代码的检测能力以及安全策略的执行效率，对企业推进网络安全建设起到了积极作用，所以以程序自动监控、自动分析、自动响应为主要功能的主动防御型产品将与传统网络安全设备相结合。尤其是随着云计算的推进，借助云模式的平台，主动防御的理念和技术会进一步深化，高效准确地对病毒、蠕虫、木马等恶意攻击行为的主动防御产品将逐步发展成熟并推向市场。

（2）网络安全整体解决方案备受重视

在网络融合、新业务不断增多的景况下，网络系统逐步复杂，安全系统也随之复杂。网络安全问题不再是一个个的单点问题，而是一整套系统工程，因此，只有根据各种应用场景的特点开发对应的安全整体解决方案才能适应客户的需求。此外，安全设施越多，系统后期的管理和维护所占的比重也越来越大，这也是推动安全整体解决方案的主要因素之一。2009 年，整体解决方案已经成为主要厂商技术实力的标志，并且将成为各厂商差异化竞争的主要手段。

（3）中小企业网络安全市场活跃度有所提升

由于中小企业成长迅速，其安全需求也日益膨胀。中小企业的需求具有广泛、价格敏感以及综合防护需求较高的特点。主要厂商都注意到中小企业的这种需求，采用软硬结合的方式设计生产出具有综合防御能力的安全设备，满足中小企业的需求。

（4）新兴领域开始显现

虚拟化技术成为解决安全问题的另一种思路，虚拟化技术的 IT 厂商将会渗透到安全领域，如上文所述的思杰公司。此外，还有可信计算技术在 PC 上普及装配后，开始在接入控制、服务器等领域崭露头角。预计将来有可能发展成为设备的一个模块系统。

11.3.3　发展趋势

（1）超万兆产品市场将持续稳步升温

2009 年，网络带宽不断升级，万兆网络已得到广泛应用，相应会催生对万兆安全设备的需求。而对网络性能需求旺盛的电信、金融等领域，已经部署了众多的万兆网络设备，超万兆安全设备能同时对多路万兆网络提供保护，无疑对这些行业有着巨大的吸引力。特别是电信行业，随着云计算的推进，对安全设备虚拟化的需求开始凸显。运营商需要将一台安全设备虚拟成多台，同时为多个客户提供安全服务。在这样的应用中，超万兆产品具备明显的优势。可以预见，超万兆产品将会成为核心应用的主流。

（2）安全技术融合备受重视

网络安全技术的发展，使得安全设备涵盖了网络底层数据到上层应用，从抵御外部攻击到内网监控管理的各个层面。各安全设备厂商都纷纷向整体安全解决方案供应商转型，网络安全已经变成一个整体的系统工程。同时，安全厂商根据不同的行业、场景，对市场进行细分，推出更多拥有针对性的解决方案。各种安全方案的推出，促进了不同的安全技术在基础设施层面融合。但随着信息安全不断纳入企业的整体管理流程，各种安全基础设施需要融入信息安全管理之中，为企业实现安全管理提供支撑平台。一方面，安全系统本身需要一个有效的统一管理平台；另一方面，安全系统需要纳入到企业信息化系统之中，满足信息化对安全管理的需求。

（3）价格趋于合理并稳定

国内的网络安全设备市场日趋成熟，价格趋于合理并稳定。高端产品、中低端产品划分明确；大型企业与中小型企业市场区分鲜明。高端产品上，技术引导市场价格仍旧明显。由于高端设备的主要市场对象是对价格不是很敏感的大型行业用户，因此企业更多依靠高质高价的策略，突出其产品的性能和品牌优势，价格比较坚挺。中低端产品上，由于主要客户是预算有限的中小型企业，国内厂商纷纷采取低价策略来抢占市场，国外品牌也不得不以降价做出回应。另外，由于中低端产品技术门槛较低，将会有更多的厂商进入这个领域，甚至软件产品加上通用硬件平台的廉价组合也会介入，因此价格会持续走低。

（4）渠道增值趋势明显

网络安全设备的分销中，分销商的技术实力至关重要。相对于普通网络设备，部署安全设备需要更多的配套技术。在鉴于这样的渠道特点，无论是厂商还是分销商，目前都基本达成了一致，即要走渠道增值之路。纵观整个 IT 市场，硬件设备价格透明化、利润微薄化，单纯销售硬件的模式，缺乏持久的生命力。虽然安全设备的利润相对于普通网络设备要高，但其销量却要小得多，因此单纯销售硬件的模式更不可行。渠道商需要具备提供解决方案的能力，能够贴合客户的实际需求，设计出切实有效的方案，在满足客户的同时，自己也获得附加价值。

（5）安全服务成为新的赢利点

对网络进行防护不单指购买安全设备，还包括从安全顾问咨询、风险评估、安全审计到长期维护、应急响应、技术解决措施等各个方面。普通用户一般不具备这些技术能力，因此，厂商的配套服务显得尤为重要。在网络安全设备的销售过程中，安全服务将扮演越来越重要的角色，甚至会对销售产生直接的影响。良好的安全服务不仅能为用户解决实际问题，提升用户对品牌的认可度，还能挖掘用户潜在的安全需求，进一步推动销售。安全服务本身也正逐渐成为一个新的赢利点。各厂商都在培养自己的安全咨询、评估、规划、实施、管理和监控团队，安全服务将成为厂商整体竞争中的重要一环。

（中国电子信息产业发展研究院　余周军、王存肃）

第 12 章　2009 年互联网数据中心（IDC）建设与服务发展情况

2009 年，在全球共同应对金融危机的背景下，互联网新经济特别是网络游戏行业出现逆势增长，带动了 IDC 产业的平稳快速发展。云计算和虚拟化等一系列新技术的应用，也为服务水平提升与用户成本降低提供了技术保障。伴随 3G、媒体和视频等多网融合应用，电子商务以及企业信息应用外包的日益发展，IDC 企业发展重点将逐步转向增值服务，并向企业互联网综合服务提供商转型，市场前景广阔。

12.1　IDC 市场发展情况

12.1.1　国内 IDC 发展现状

2009 年，随着中国信息化工作的持续深入，尤其是中小企业信息化需求旺盛。政府、金融、物流、制造等行业信息化应用大力拉动 IDC 市场发展。中国内需经济动力强劲，IDC 产业市场回暖迅速。截止到 2009 年年底，中国 IDC 市场规模达到 72.8 亿元人民币，同比增长 49.5%，增速较 2008 年增加了 8.7 个百分点，如图 12.1 所示。

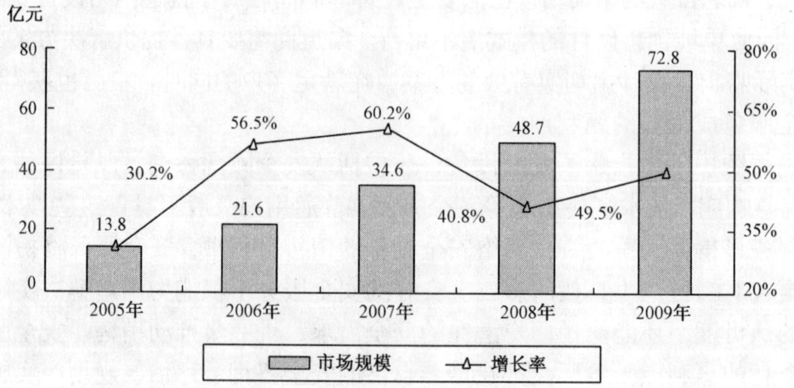

图12.1　2005—2009年中国IDC市场规模及增长

一方面，在 3G 大规模商用的背景下，在网游、视频和 SNS 社交网站等业务的推动下，IDC 市场需求呈现持续增加的态势，另一方面，国际金融危机对于部分小企业来说，面临着严酷的变革，随着企业两极分化加剧，IDC 行业的集中度进一步提高。

在 IDC 市场产品结构方面，IDC 基础业务和增值业务均有一定的回暖增长，业务种类也由当初的网站和服务器托管、应用托管等基础业务延伸到网络加速、负载均衡、网络安全方案、虚拟专用网等增值业务范畴。从业务收入角度来看，中国 IDC 市场基础业务占据 76.9% 的份额，增值业务增长较快，达到 23.1%的比重，超过 2008 年 18.8%的比例，如图 12.2 所示。

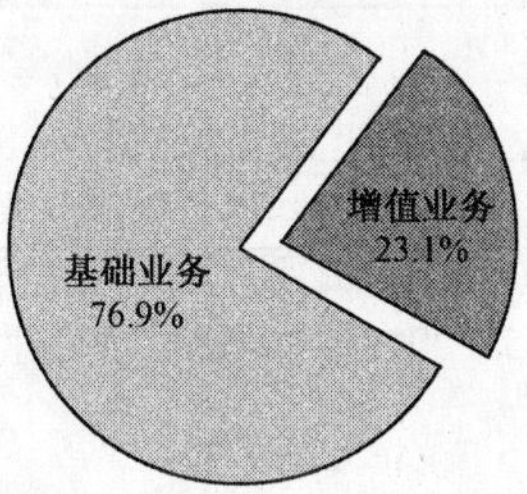

资料来源：中国IDC圈及赛迪顾问2010.02

图12.2 2009年中国IDC业务市场结构

2009 年 IDC 业务种类也由当初的网站和服务器托管、应用托管等基础业务延伸到网络加速、负载均衡、网络安全方案等增值业务范畴。从业务收入角度来看，中国 IDC 市场基础业务收入达到 56 亿元人民币，占业务总收入 76.9%的份额。增值业务增长较快，达到 16.8 亿元人民币，占业务总收入的 23.1%，远远超过 2008 年 18.8%的比例，如图 12.3 和图 12.4 所示。

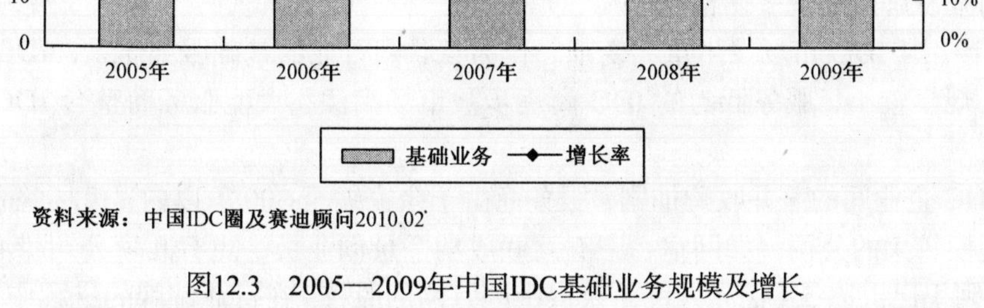

资料来源：中国IDC圈及赛迪顾问2010.02

图12.3 2005—2009年中国IDC基础业务规模及增长

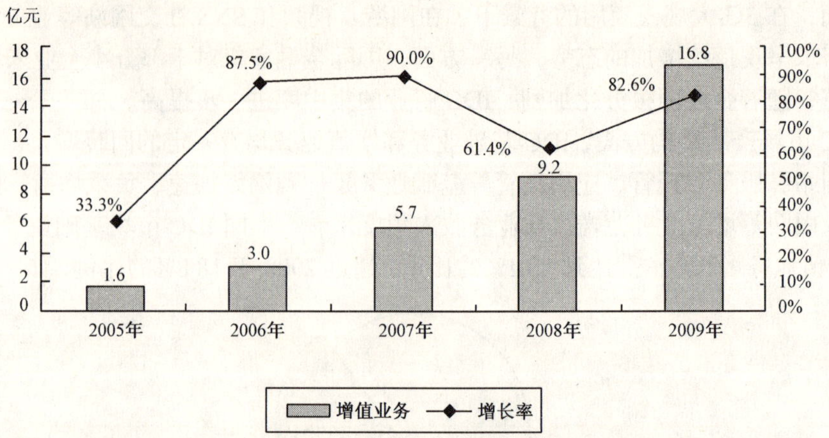

图12.4 2005—2009年中国IDC增值业务规模及增长

12.1.2 IDC 市场发展特征

（1）市场步入规范化发展

互联网产业的一些关键影响因素与数据中心市场密不可分，有相当多的互联网内容提供商（ICP）仍然没有突破性地寻找到有效的赢利模式，一部分网站的资金链在金融风暴的洗礼下开始捉襟见肘，甚至悄然退出市场。2009 年 1 月，国务院新闻办、工业和信息化部和公安部等 7 部委联合部署展开了全国范围内的“整治互联网低俗之风专项行动”，对网上低俗信息进行集中整治，这一规范行动的效果在 2009 年内得到集中体现。此举严重打击了一部分 ICP，包括门户网站和视频网站等，在短期内对数据中心市场造成一定影响，但是从长远来看，净化了互联网产业，对中国数据中心市场的规范发展起到至关重要的作用。

（2）绿色 IT 与节能降耗成为产业发展共识

数据中心的能耗问题已经引起了广泛关注，众多厂商推出了针对性的产品和解决方案，数据中心的管理人员也在寻求正确的方法来降低数据中心能耗，提高能源利用率。现在已经有众多数据中心从减少数据中心能耗的角度来打造绿色数据中心，减少数据中心能耗不单单为企业降低运营成本，更是企业社会责任心的一种体现。

（3）行业洗牌后初现平衡格局

2009 年中国 IDC 市场发生重大变革。作为互联网行业的基础服务体系，IDC 行业正在进行洗牌。规模较小、服务低劣的 IDC 商逐步被市场淘汰，大型服务商整合 IDC 市场已成趋势。

中国 IDC 企业间的兼并收购加剧，服务商由千余家缩至 300 家以内，市场整合后浮现出约 50 家规模较大的公司，如网宿、三五互联成功登录创业板，更有几家公司雄心勃勃酝酿海外上市，阿里巴巴以 5.4 亿元人民币获得中国万网的股权。在行业洗牌的进程中，大型 IDC 公司将继续加快收购兼并的步伐，中型 IDC 公司转而谋求资本的支持向规模化发展。IDC 企业为了顺应“服务、质量上求生存，规模、品牌上求发展”这个行业潮流，摆脱同质化竞争，开始提供针对不同行业的解决方案，如游戏数据中心，加入更多人性化的服务措施；为实现机房信息实时短信提示等，随着更多深入的行业合作进行，更多细分化的市场被开拓了。

（4）云计算服务进入蓄势待发阶段

2009 年中国的云计算服务市场处于市场引入阶段，无论是市场供给的成熟性、丰富性，还是市场需求方的认可程度都处于发展的初期。

随着云计算各种服务模式的不断丰富和发展，以及宏观经济形势逐步好转的正面影响下，预计到 2011 年左右云计算市场将进入成长阶段，中国云计算服务市场将呈现加速发展的势头。

（5）网络游戏成为最有价值的 IDC 应用

2009 年从各 IDC 运营商的业务收入构成看，网络游戏跃升为市场份额最大的业务，其收入贡献首次超过了综合信息网站和传统行业。中国网络游戏行业目前占据了互联网经济总规模的半数以上，预计还将以每年 20%的速度增长，对电信基础业务的拉动作用巨大。

网络游戏之所以成为最有价值的 IDC 应用，与网络游戏近年的蓬勃发展密切相关。2009 年由于国际金融危机，出口外贸出现下降趋势，但网游产品出口却未受影响，保持了将近 100%的增长。从专业的网游公司来看，各大网游上市公司不降反增，2009 年第三季度财报显示，盛大净营业收入创历史新高达 8740 万美元，环比增长 16.3%，同比增长 50.3%；金山总营收入为 2.461 亿元人民币，同比增长了 13%。网络游戏带动了宽带内容建设的发展，丰富了移动宽带平台建设的内容资源，拉动了更多的用户加盟和接入宽带。

12.2　基础服务发展情况

IDC 基础服务主要是直接提供网络资源、机房空间、供电和空调等基础资源，包括机房空间出租、主机托管服务、虚拟主机服务和整机租用服务等。目前数据中心之间难以实现资源统一调配，而且 IDC 以基础业务为主，数据中心主机托管机位租费占市场收入的 71.64%，是 IDC 服务商收入的主要来源；虚拟主机服务占 IDC 整体市场规模的 21.26%。鉴于房价和电价不断攀升，以主机托管为主的基础业务增值空间有限。

12.3　增值服务发展情况

目前，IDC 业务还主要集中于基础业务的提供，但是随着企业发展重点将逐步转向增值服务。随着 IDC 市场的发展，增值服务将在未来的市场竞争中成为核心，也将成为市场中高额利润来源的关键所在。2009 年国内领先独立的 IDC 服务商已经开始重视 IDC 增值服务，如 PP Cache 缓存技术以及 CDN 分发技术，并向云计算服务迈进。

12.4　绿色 IDC 发展情况

12.4.1　数据中心碳排放与能耗

2009 中国绿色数据中心发展与实践高峰论坛上，中国联通数据中心运营中心副总经理康楠表示，中国 IT 产品年耗电总量达到 500～600 亿度，数据中心能耗在其中占比 40%，居各细分领域之首，联通当前正在紧锣密鼓地推进数据中心绿色节能工作。

（1）数据中心运营电力成本

早在 2008 年，高德纳咨询公司（Gartner）就预测到：2009 年在诸多 IT 预算中，供电和冷却费用将仅次于员工薪水。2009 年腾讯 CEO 马化腾表示：腾讯数据中心全年的耗电费用已经等于腾讯所有员工的工资。电力消耗成为数据中心运营中最庞大的一笔开支，数据中心的电力消耗在过去 10 年增长了 5 倍，一台 1U 服务器的使用成本高达采购成本的 2 倍，并且还在继续增加；能源价格飙升导致运营成本同比增加，买得起设备—CAPEX（资本性支出），供不起用电—OPEX（运营及管理支出）。Gartner 预言，在接下来的几年里，世界上 1/2 的数据中心将受电力和空间的约束，能耗会占到一个 IT 部门超过 1/3 的预算。

（2）数据中心用电价值链

根据美国环保局统计，数据中心的电力消耗，平均只有 45%被 IT 设备使用，其他 55%用于冷却系统等耗电设备，一半以上的电量都被空调等设备消耗掉了。用于 IT 设备的部分，只有 30%被处理器所用，剩下的 70%则用于电源、风扇、内存、磁盘等部分。处理器的平均负载只有 5%～20%，剩余部分都被浪费了，如图 12.5 所示。

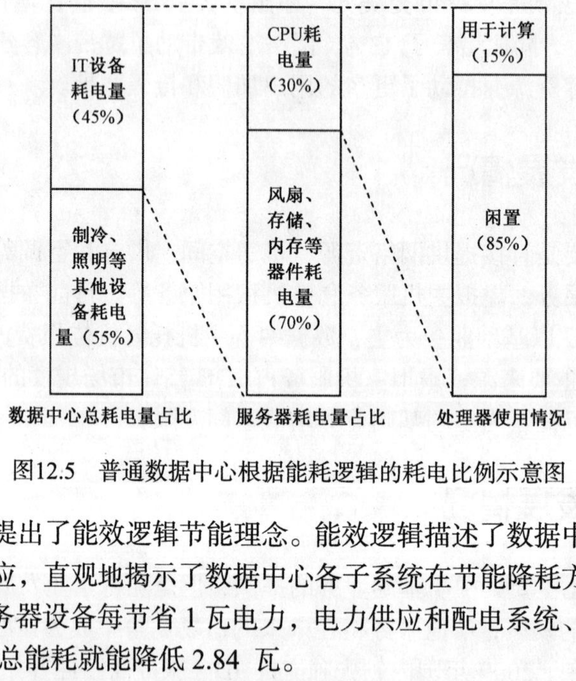

图12.5　普通数据中心根据能耗逻辑的耗电比例示意图

艾默生网络能源提出了能效逻辑节能理念。能效逻辑描述了数据中心从终端主设备到基础设施的级联节能效应，直观地揭示了数据中心各子系统在节能降耗方面的逻辑相关性。在级联相应作用下，服务器设备每节省 1 瓦电力，电力供应和配电系统、UPS 系统以及制冷系统就能节约 1.84 瓦，总能耗就能降低 2.84 瓦。

（3）数据中心节电产业链

数据中心节能几乎涉及数据中心产业链和产业生态系统的方方面面，从政府主管部门到大学和科研机构，从 IT 部件到 IT 整机，从硬件设备到软件方案，从清洁能源的选用到自然冷源的机房选址，从运营服务管理到客户节能习惯等。

（4）绿色数据中心的政府重视

美国立法者对数据中心节能颁布两项指导方针，欧盟相应进行了严格的立法，力争到 2020 年使能耗降低 20%，澳大利亚要求每年耗电超过 150 000 兆瓦时的所有公司都必须提交评估和行动计划。

2009 年 4 月 28 日国家发改委召开了“绿色数据中心”研讨会，专题就数据中心的现状和发展趋势、数据中心绿色节能的重要性和紧迫性以及绿色数据中心的建设和管理模式，产业发展趋势，绿色数据中心标准建设等问题进行了讨论。

12.4.2　绿色数据中心的解决之道

（1）模块化

数据中心整体模块化的最佳方案是集装箱式数据中心，将数据中心内部主要的 IT 设备、电源、冷却等基础设施全部集成于标准集装箱箱体内，令其可作为数据中心构建的标准模块，为企业在短时间内完成数据中心容量的扩展；同时，也可作为单独使用的模块，在企业主数据中心之外建立独立的灾备站点，或用于户外作业，是应对企业级数据中心快速、灵活需求的最佳解决方案。

集装箱数据中心的特点是：① 高密度。可容纳高密度计算设备，相同空间内可容纳数倍于传统数据中心的机柜数量；② 低 PUE。由于采用了全封闭、冷热通道分离，减少了冷空气的消耗，令电力使用率大大提高；③ 快速部署。集装箱数据中心不需要企业再经过空间租用、土地申请、机房建设、硬件部署等周期，可大大缩短部署周期，为企业快速增加存储和计算能力。

集装箱数据中心是 HP，IBM，Sun，Google，Microsoft 等顶级 IT 企业共同的解决方案，也是世纪互联在国内最新推行的解决之道。世纪互联集装箱数据中心在相同空间内可容纳 6 倍于传统数据中心的机柜数量，HP 集装箱数据中心的 PUE 可低于 1.25，Microsoft 在芝加哥地区的数据中心采用的集装箱式数据中心的 PUE 测试值是 1.22，而世纪互联的集装箱式数据中心“云立方”（Cloud Cube）PUE 值可降至 1.07。传统数据中心至少 2 年才能完成的事情，HP 和 SUN 可做到“美国 6 周、全球 12 周”交货，世纪互联可做到“国内 1.5 个月”供货的快速反应。HP、Sun 集装箱数据中心融合了硬件厂商的硬件制造经验，世纪互联则融入了 IDC 设计、建设与运营经验，一站式专业服务为客户解决了大量筹备与外包问题。

集装箱式数据中心有 Google 的“箱子里的数据中心”（Data Center in a Box）、Sun 的“黑箱项目”（Project Blackbox）、Rackable 的“冰立方”（Ice Cube）以及世纪互联的“云立方”（Cloud Cube）。

（2）虚拟化

虚拟化就是根据上层业务的需求，打破物理隔离，按需搭建出弹性的数据中心基础架构，通过共享 IT 资源，建立一个可以按需分配的虚拟基础资源池，利用自动化的资源调度平台对资源池中的资源进行动态的虚拟管理与分配，帮助企业优化数据中心的系统资源，整合不同的应用、简化管理、提高系统的资源综合利用率，大幅降低 IT 设备的能耗与制冷所用能耗，最终降低 TCO。

数据中心虚拟化技术主要是对 IT 硬件、软件、逻辑、应用等进行虚拟化。硬件虚拟化包括对服务器、存储和网络设备等基础设施进行的虚拟化。

新一代虚拟化将通过虚拟化资源、虚拟化管理和虚拟化服务实现跨越整个数据中心和系统网络资源调动。美国太平洋煤气和电力公司（PG&E）利用虚拟化技术整合其数据中心，把近 300 台 Unix 服务器整合到了 6 台 IBM System P 服务器上，将系统的利用率从 10%提升到 80%以上，同时节省了 80%的设备能耗。Google 的服务器通过虚拟化技术可让所有的服务器资源进行共享，可以把各服务器的 CPU 利用率提高到 60%，见表 12.1。一方面，虚拟化提高了各服务器的 CPU 利用率，降低了无效的功耗；另一方面，降低了数据中心所需服务器的数量以及整个数据中心的能耗与成本。

表 12.1　服务器虚拟化在设备利用率方面的原因

独立服务器利用率	高峰负荷时段	主要工作时段	24 小时平均
大型主机	85%～100%	70%	60%
Unix	50%～70%	10%～15%	<10%
Intel 系列	30%	5%～10%	2%～5%
存储器	N/A	N/A	52%

世纪互联在打造绿色数据中心的同时，利用自身研发的虚拟化技术，将庞大的服务器、网络进行底层虚拟化，从而只需要通过一个接口，各种资源就可由上层自由调用，以此提高资源利用率，也使得数据中心能够进行弹性的管理。云快线（CloudEx）是世纪互联基于云主机和弹性计算平台提供的云计算模式的基础设施服务，采用了自主研发的虚拟化技术来实现弹性计算以及按需租用。

（3）集中化

有些企业已经通过“集中化”有效减少数据中心的数量来节能。HP 已经将全球 85%的数据中心做了大量的整合，集中成全球 6 个大型的数据中心。HP 所节省的能源，可以供美国旧金山一个城市居民和工业一年的用电量。IBM 实施的印度数据中心项目是将 35 个数据中心最终整合成 7 个。2007 年 Intel 全球数据中心的数量降低了 14%，占地面积减少了 4%，未来计划将数据中心的空间要求降低 35%，最终目标是将全球数据中心减少至 8 个。SUN 整合了其硅谷的数据中心，减少了 50%占地面积与 61%的电力消耗，尽管服务器数量从 2177 台减少到了 1240 台，但是整体计算能力却增加了 456%。

中国的电信、银行、证券等重要行业也显现了数据集中化的发展趋势。浪潮进行的湖北国税数据中心项目，达到了 1∶30 的整合度，使能耗下降 78%，空间占用降低了 70%。

IT 未来发展方向之一是“云计算”(Cloud Computing),云计算是下一代数据中心(NGDC)的结果，到 2012 年基于“云”的商业应用将成为主流。云计算将企业原先自给自足的 IT 运用模式改变为云计算提供商按需供给的模式，而云计算提供商需要整合资源集中于规模巨大的计算中心或者数据中心来支持云服务。整个 IT 领域的总效率得到提升,而总能耗有所降低。

12.4.3　绿色数据中心未来展望

社会发展经历了工业经济时代和信息经济时代，目前开始进入低碳经济时代。IT 发展经历了大型主机时代、个人微电脑时代和互联网时代，目前开始进入云计算时代。作为低碳经济与云计算交叉点的绿色数据中心，不仅可以造福人类，而且充满新的商机，最终实现绿色环保与商业利益的双赢。

展望 IDC 产业的未来，不难看出，呼唤绿色环保节能性产业环境不仅是大势所趋，更被广大运营商和互联网企业所共同期待。当然，更强大、更安全的数据中心处理能力是用户追求的目标，但在能源开销与日俱增的今天，技术发展的另一面是消耗更多的资源。面对越来越庞大的数据中心以及越来越沉重的能源问题，数据中心建设也将从早期的功能服务转向智能服务，节能服务，低能耗、环保型的“绿色数据中心”必将成为数字时代的新主题。

12.5　IDC 服务发展趋势——“云计算”发展

云计算在 2009 年获得了长足的发展，人们的态度也逐渐由疑虑向更加接受的方向转变，云计算逐步融入企业领域。Gartner 分析，2009 年全球云计算市场的收入为 75 亿美元，但是到 2013 年，这个数字将达到 1500 亿美元。多家咨询机构对云计算市场规模的预测数字不尽相同，原因也在于对这个代表新趋势的市场界定不一，但它们都肯定了云计算将强劲增长。

12.5.1　云计算的本质

云计算不是全新的技术新概念，而是基于信息技术和互联网通信技术在运算和通道能力方面增强而应运而生的，是基于之前互联网应用服务和整合运算技术基础上发展而来的新一代数据处理和应用服务技术。按照通用的标准，云计算是“基于互联网网络，向多种用户提供的虚拟的、丰富的、按需即取的包括数据存储池、软件下载和维护池、计算能力池、多媒体信息资源池、客户服务池在内的广泛数据和运算处理服务”。

12.5.2　商业模式的变化

云计算不仅是在技术层面上实现了信息物理运算能力和网络融合能力的提高，在商业模式上云计算也为包括多个相关市场和行业都带来了质的变化和革新。从行业覆盖范围来看，云计算涵盖了信息产业、互联网产业和通信产业三大产业。业务内容上提出面向用户的灵活化和个性化需求，利用融合网络和资源提供高效应对服务的创新模式；在实现形式上开创了将服务硬件、软件、传输通道和参与人整合成为有机网络，实现了业务运营的新形式。

值得注意的是，虽然今天云计算的概念被多家运营者和业界广泛传播，但基于一种新型结构和模式的业务，目前尚未做到完全理解和界定云计算的业务范畴。随着今后经营者、用户和市场环境的多方面影响，随着对云计算的不断发展和研究，市场会逐步理清这一未来新技术的发展脉络。

12.5.3　对行业和提供商的影响

由于云计算对于通信渠道，互联网应用和软件 IT 技术服务带来的巨大改变和商业模式的冲击，因此其将会对各个行业格局和服务提供商的竞争状态带来根本性的变化。传统上通信、互联网、IT 提供商在各自领域各自为政的局面将被打破，云计算一方面给竞争者提供了一个融合化和面向用户服务化的潜在广阔市场，也将各个竞争者推入了一个统一的竞技场，使其直面直接竞争。对于目前拥有不同资源和能力布局的竞争者来说，考评所处地位和环境，采取针对性的应对发展策略，已经成为至关重要的布局策略。

从竞争格局上看，至少有四类竞争者在积极参与云计算领域的布局和未来竞争策略，分别是：互联网服务商、系统集成提供商、软件提供商和通信运营商。

对于云计算安全性的质疑一直是阻碍云计算进一步普及的最大障碍，如何消除公众对于云计算安全性的疑虑就成了云服务提供商不得不解决的问题，在这一问题上，通过法律来明确合同双方的权责显然是一个重要的环节。

无论是在国内还是国外，云计算都受到了越来越多的来自政府的关注，政府的政策支持能够为云计算提供更好的发展环境。在国外，洛杉矶市议会于 2009 年十月份批准了 725 万美元为期五年的谷歌 Apps 合同，用来替换城市内部的 Novell GroupWise 系统，该合作市长和市议会就云服务进行了公开讨论。而在国内，从 2008 年，无锡市政府就和 IBM 合作，在太湖新城科教产业园建立云计算中心开始，到 2009 年国内第一个规模化和实用化的云计算中心在成都高新区开机启用。

参考文献

[1] 2009—2010 年中国 IDC 业务市场研究年度报告——中国 IDC 圈 http://www.idcquan.com//special/2010baogao/

[2] 2010 年云计算技术发展研究报告——中国 IDC 圈 http://tech.idcquan.com/cloud /734954.html

（北京世纪互联宽带数据中心有限公司　任振铎）

第四篇

应用篇

——基于互联网的现代服务业

- 第一部分　商务交易类
- 第二部分　媒体与娱乐类
- 第三部分　交流沟通类
- 第四部分　专业服务类

第一部分

商务交易类

- 2009年中国电子商务发展情况
- 2009年中国网络广告发展情况

第 13 章　2009 年中国电子商务发展情况

13.1　发展环境及概述

2009 年，随着中央应对金融危机，促进增长的一揽子计划的实施，中国经济在经历短期增速下滑后在全球率先复苏，成功实现 V 形反转。宏观经济的快速企稳回升，加之新技术和新商务模式的不断涌现，中国电子商务发展环境持续向好，电子商务产业在诸多利好因素支撑下取得了新的发展。

13.1.1　政策环境

作为国民经济和社会信息化的重要组成部分，电子商务的发展对促进经济发展方式转变，提高经济增长质量和效益具有重要意义。为此，中央和地方政府历来十分重视电子商务的发展。此次金融危机中，各级政府对电子商务发展的扶持力度进一步加强，出台并实施了一系列促进电子商务发展的政策措施。政策环境的稳定向好，使电子商务成为经济寒冬中的一股暖流，率先回暖并保持了较快发展。

（1）国家产业支持政策陆续出台

2009 年 4 月，国务院办公厅出台《关于加快电子商务发展的若干意见》，提出要加快信用、认证、标准、支付和现代物流建设，形成有利于电子商务发展的支撑体系，提升电子商务技术和服务水平，推动相关产业发展。随后，商务部出台《关于加快流通领域电子商务发展的意见》，将重点放在网络购物市场，提出到“十二五”期末，力争使网络购物交易额占我国社会消费品零售总额的比重提高到 5%以上。

2009 年，国家还陆续出台了十大产业振兴规划，其中，《电子信息产业调整和振兴规划》提出，要将新型电子信息产品和相关服务培育成消费热点，这为电子商务服务业的发展提供了有利支持。同时，《物流业调整和振兴规划》明确提出要加强物流产业发展，立足于在大中城市发展面向流通企业和消费者的社会化共同配送，促进流通的现代化，这为解决当前电子商务发展面临的物流“瓶颈”提供了难得的机遇。

（2）地方政府扶持力度持续增强

为应对金融危机，培育新的经济增长点，2009 年各地相继出台了一系列扶持电子商务发展的政策，这为地方电子商务发展营造了宽松的政策环境。如广东省《珠江三角洲地区改革发展规划纲要（2008—2020 年）》明确提出了进一步确立珠江三角洲地区国际电子商务中心地位的目标要求，编制了《广东省建设国际电子商务中心工作方案》，着力推进建设国际电子商务工程，与阿里巴巴联合开展中小企业电子商务应用培训等。为加快建设广州国家移动电子商务试点示范城市，2009 年广州市政府投入 1000 万元扶持资金向阿里巴巴等企业购买电子商务服务，推动电子商务普及应用；2009 年 5 月，广州市启动了中小企业电子商务应用扶持工程，计划未来三年投资 3000 万元设立中小企业电子商务应用扶持资金，帮助企业利用电子商务拓展国内外市场。2009 年 6 月，浙江省教育厅下发《关于对普通高等学校毕业生从事电子商务（网店）进行自主创业认定的通知》，规定符合信用积分 1000 分，好评率 98%以上，月收入达到当地最低工资标准，从事电子商务（网店）经营 3 个月以上，由毕业生本人注册 4 条标准，可认定为“自主创业”，享受普通高校毕业生就业同等待遇。2009 年 10 月，成都市发布《电子商务发展规划与政策（2009—2012 年）》，提出要以支撑体系建设和政策保障为重点，不断改善成都电子商务发展环境，到 2012 年，使电子商务交易额突破 3000 亿元。

虽然目前中国电子商务发展的政策环境在不断优化，但一些长期存在的政策体制障碍还有待进一步破除。如中国有关电子商务发展的法律体系还不健全，法律缺位与错位并存，与电子商务发展的要求还存在诸多不协调和不适应。随着电子商务产业的不断壮大，缺乏完善的法律保障和必要约束，行业运行不规范、不正当竞争、消费者权益缺乏保障的问题将更加凸显，不利于电子商务产业的持续健康发展。当前，业界对行业规范的呼声渐涨，专门的电子商务法律亟待出台。

13.1.2　经济环境

2008 年第四季度以来，国际金融危机持续蔓延，全球经济陷入深度衰退，中国经济亦遭受严重冲击，经济增长明显减速，产品出口受到严重挤压，外贸 B2B 电子商务市场也受到一定影响，增速有所放缓。同时，由于经济增长受阻，居民收入增速放缓，消费信心有所下降，导致国内消费需求小幅收紧。虽然受替代效应影响，在开支缩减情况下人们更偏爱经济实惠的网购，但收入增速放缓对居民消费扩张仍以不利影响为主。

在经历短期的增速下滑后，国家刺激政策的出台使宏观经济在触底后快速回升，并实现了全年 8.7%的经济增长率。同时，世界主要经济体也开始缓慢复苏，中国出口在遭受严重冲击后呈现恢复性发展势头，尽管面临国际贸易保护主义抬头和汇率加剧波动等不确定因素影响，但整体出口环境不断改善，B2B 电子商务市场也逐渐回暖。2009 年中国 B2B 电子商务运营商总体营收规模达 3.6 万亿元，同比增长 2%。同时，在国家财政刺激政策和宽松的货币政策作用下，中国居民收入继续保持稳定增长，消费者信心不断恢复，网络购物用户需求不断扩张，中国电子商务进入快速增长通道。

此外，随着国家中小企业扶持政策的实施以及投融资环境的不断改善，大量中小企业进入电子商务市场，促进了电子商务的快速发展。据中国 B2B 研究中心统计，截至 2009 年 6 月，国内使用第三方电子商务平台的中小企业已经突破 1000 万。政策的东风和市场的繁荣吸引了更多的投资资本进入电子商务市场，使 2009 年中国电子商务企业投融资实现了快速增长。

13.1.3　社会环境

受全球性金融危机影响，自 2008 年年末开始，我国消费者信心指数、预期指数和满意指数均出现明显下滑。2009 年 3 月，三大指数开始止跌企稳。下半年后，消费者信心指数、预期指数开始快速上扬，如图 13.1 所示。消费者信心指数与消费行为存在正向关系。随着消费者信心指数的波动，2009 年，中国网购消费市场也经历了一个增速放缓到重新加速的过程。

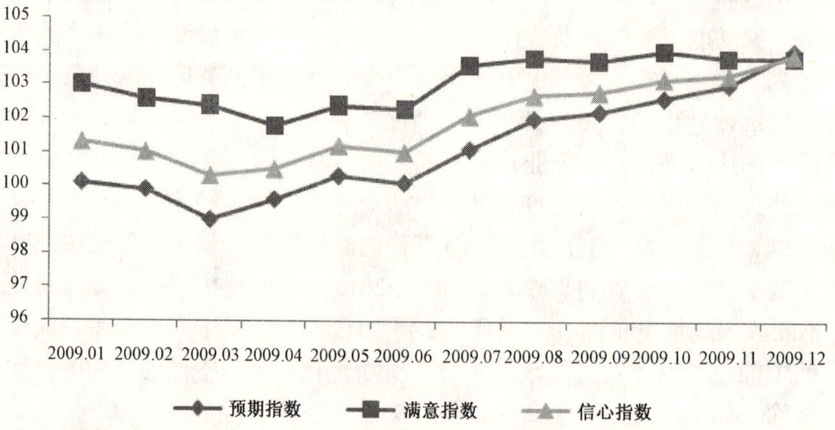

资料来源：国家统计局

图13.1　2009年1月—2009年12月中国消费者信心指数

2009 年，中国网民数量继续稳步增长，网民购物比例随之上升。据中国互联网络信息中心（CNNIC）数据显示，截至 2009 年 12 月，中国网民规模达到 3.84 亿，网络购物用户为 1.08 亿。网民网络应用开始从基础、娱乐应用向多元、商务应用转化。使用率排名前三甲分别是网络音乐（83.5%），网络新闻（80.1%），搜索引擎（73.3%）。但从发展速度上看，商务交易类应用遥遥领先，商务交易类应用平均年增幅 68%。其中，网上支付用户年增幅 80.9%，在所有应用中排名第一，如表 13.1 所示。2009 年是中国商务类应用大发展的一年，互联网应用的消费商务化特征走强趋势明显。

表 13.1　2008—2009 年商务交易类应用用户对比

	2008 年		2009 年		年变化	
	使用率	网民规模（万人）	使用率	网民规模（万人）	增长量（万人）	增长率
网络购物	24.8%	7400	28.1%	10800	3400	45.9%
旅行预订	5.6%	1700	7.9%	3024	1324	77.9%
网上支付	17.6%	5200	24.5%	9406	4206	80.9%
网上银行	19.3%	5800	24.5%	9412	3612	62.3%
网络炒股	11.4%	3400	14.8%	5678	2278	67.0%

资料来源：中国互联网络信息中心（CNNIC）

从总体看，2009 年中国电子商务发展面临的社会环境呈向好态势，消费者信心的恢复和网民群体的扩大，为电子商务的进一步发展奠定了良好基础。但不容忽视的是，中国网络交易诚信体系还很不完善，成为制约网民使用商务类应用的关键因素之一。目前，中国网民对在网上开展商务活动的信任度还比较低，网络安全环境还需大力改善。为实现网络购物市场稳定持久的发展，需要社会各界携手营造健康和谐的网络秩序，培植诚信的市场环境。

13.1.4　技术环境

中国商业体系的发展与发达国家相比呈现历史性滞后，但进入互联网时代，开启电子商务序幕的时间相差仅几年。在商业基础发展还不成熟的情况下，中国电子商务发展具有明显的技术拉动特点。2009 年，3G、云计算和物联网等概念风起云涌，对中国电子商务的发展产生了重要影响。

（1）3G 的发展促进移动支付的普及

支付是电子商务的重要一环，第三方支付工具的出现，解决了国内支付信任的问题，促进了电子商务的发展。移动支付通过手机 POS 的方式，不仅使交易更为便利，同时也是对交易信任的技术改进。随着手机上网的发展，移动电子商务也成为电子商务新领域。

（2）RFID 电子标签技术促进现代物流服务的建立

让所有的“物品（家电、设备、货物等）”都能通过 RFID 电子标签等技术联系在一个庞大的网络之中，从而实现对物品的监控和管理，是现代物流服务的重要一环。随着产业的规模化发展和技术成本的降低，RFID 电子标签技术将帮助网络营销实现对产品全程的可视化数据展现，让用户能够了解从产品生产、仓储到物流配送整个流程环节，这将极大地推动商贸全程信息化。

（3）云计算将为企业应用信息化平台提供服务

云计算技术的发展推动云平台成为信息时代商业文明的基础设施。云计算为建立新型产业体系提供了技术支撑，同时有效整合了原本分散的电子商务资源。阿里巴巴集团作为电子商务市场的先行者，组建了基于云计算的平台服务企业。云计算应用的发展将推动更多的中小企业通过租用服务平台的方式，投身电子商务的市场，推动市场发展。

但目前中国云计算和物联网等技术产业化水平还处于起步阶段，更多的技术还处于研发层面。由于 RFID 电子标签技术使用成本较高，物流体系使用该技术还存在较大的难度。手机支付、移动电子商务、现代物流以及云平台的电子商务还需要加强技术支撑，增进网络信任，发展可信的网络环境来实现。

13.2　B2B 电子商务

13.2.1　发展概况

2009 年 B2B 电子商务部分受到宏观经济负面因素影响，走出了一条 V 字形的发展道路。2009 年上半年 B2B 市场交易规模有所下滑，下半年交易规模持续回升。在受金融危机影响，外贸市场受到冲击的环境下，国家出台各项政策鼓励消费，拉动内需，极大地促进了 B2B 对内贸易的发展。而专注于外贸市场的 B2B 网站也在压力下寻求转型，加强信用和支付等 B2B 关键环境的改造升级，致力于打造一站式购物平台。这些措施使得 B2B 外贸市场在逆势中仍有增长。

13.2.2　市场规模

根据中国互联网络信息中心（CNNIC）统计，2009 年全年 B2B 交易规模达到 3.6 万亿元，比 2008 年同比增长 16.7%。受 2008—2009 年金融危机影响，B2B 飞速发展的势头有所减缓。预计随着整体宏观经济环境的复苏，B2B 电子商务将继续持续快速发展。从 2009 年情况来看，各季度仍旧保持增长势头，如图 13.2 所示。

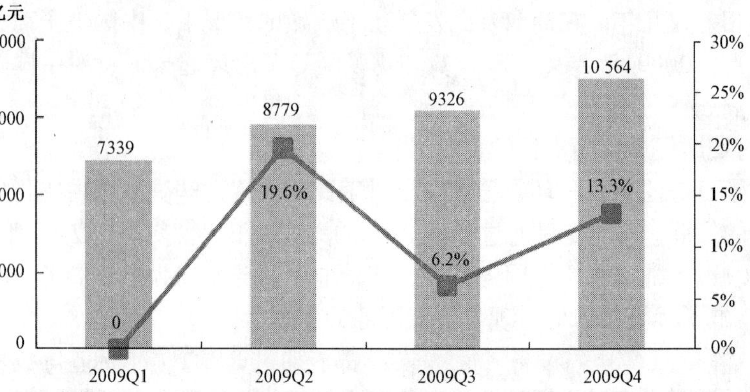

图13.2　2009年中国B2B市场交易规模

阿里巴巴、慧聪、环球资源、网盛生意宝、焦点科技为 B2B 行业五大上市企业，这五个企业占整体 B2B 市场交易份额的 70%以上，其经营状况是 B2B 行业的风向标。2007—2009年，这五家 B2B 服务提供商营收总额仍在提升，如图 13.3 所示。根据中国互联网络信息中心（CNNIC）研究，尽管单个企业的贡献值有所下降，但进入 B2B 电子商务市场的企业数量在增加，整体上 B2B 电子商务交易仍呈增加趋势。但是从利润上看，从 2008 年以来，利润一直呈下降趋势，如图 13.4 所示。

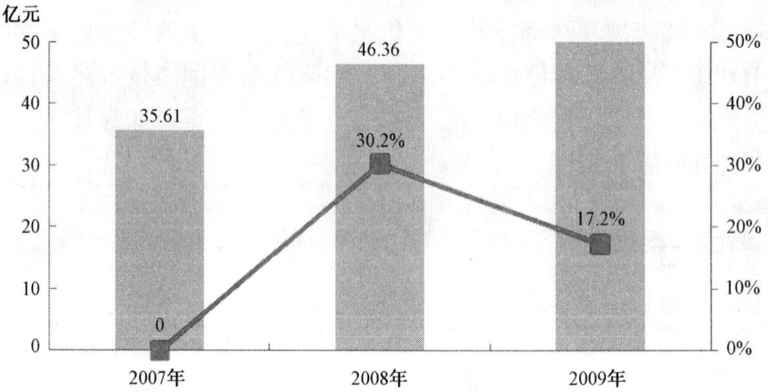

图13.3　2008—2009年中国B2B五大上市公司营收规模

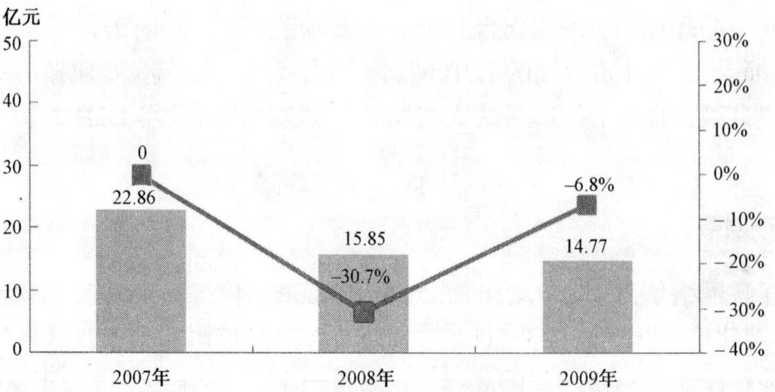

图13.4　2008—2009年中国B2B五大上市公司利润情况

13.2.3 市场特点

（1）B2B电子商务市场前景广阔

首先，内贸市场拉动B2B快速发展。国务院出台4万亿元人民币经济刺激方案，这一方案除提高低收入人群生活以刺激消费，扩大内需外，还加大对基础性设施行业的投入，拉动中国经济持续发展。

其次，企业危机意识增强，正在尝试更多的生存方式，电子商务是其开拓的重要手段。根据中国互联网络信息中心（CNNIC）统计，2009年开展B2B电子商务的企业数量同比增加了29.8%。阿里巴巴2009年财报显示，其付费会员数量已达61.5万家，同比增加了42.4%。

再次，企业总体信息化水平的提高将有利于B2B电子商务的发展。随着企业对信息化的重视，越来越多的企业开始尝试互联网领域，B2B电子商务发展将会加速。

（2）搜索引擎关键字广告成为B2B电子商务网站最大竞争对手

某种程度上，搜索引擎关键字广告和B2B电子商务推广已经你中有我，我中有你。以阿里巴巴为代表的电子商务网站在提供关键字广告，而百度也成立了百度有啊，建立百付宝，寻求向电子商务方向突破的方式，中搜也推出专业电子商务信息搜索，涉足电子商务行业。出现这种竞争状况是市场发展的必然态势。尽管两种网络营销方式形式不同，本质上都是“信息提供商”，两种企业都在不遗余力地吸引企业通过自己的方式寻求信息。企业最终选择哪种方式，要取决于哪种方式的效果好。哪种方式能更好地测评广告效果，使用户根据效果付费，就是最终的胜利者。

搜索引擎提供商进入B2B电子商务行业，更加剧了这个行业竞争的白热化。

（3）小额外贸成为B2B发展新亮点

2009年阿里巴巴针对小额外贸的aliexpress上线，这是阿里巴巴发力小额外贸市场的突出一步。阿里巴巴不仅大胆启用这一比原来的alibaba更容易让国外用户记住的域名，还开通全球零售平台“速卖通”，寻求与paypal合作等，这一系列举措，无不昭示阿里巴巴专注小额外贸B2B的发展方向，意图理顺整条产业链。与此同时，其他专注小额B2B的企业开始崭露头角，其中以敦煌网为典型代表。2010年3月，敦煌网拿到可观融资，大力发展小额B2B外贸模式。这些现象都表明，小额外贸已经成为B2B发展的新亮点。

究其原因，小额外贸逐渐走向前台，与中国世界制造中心的地位和总体宏观经济大形式有密切关系。一方面，中国商品供给充足。中国制造业非常发达。服装鞋帽、玩具和电子设备等代工产业举世闻名，中国制造业已有性价比高的盛誉。另一方面，国外需求逐渐旺盛。这场突如其来的金融危机使得外国用户更为理性地消费，出口领域中原来的大额批发订单已逐渐消失，取而代之的是更小更频繁的小额批发订单，或者是更小的买家——国外终端消费者。

（4）B2B电子商务平台走向细分

目前大多数平台提供的服务大致分为三种：一是在线资讯，包括行业热点新闻、行业资讯、市场行情、上下游资讯或者统计研究分析等；二是线下展会，B2B网站定期组织买家卖家见面会，促成交易的发生；三是将交易完成的大部分环节，如广告位推送、售前咨询、支付和物流等放到网上进行。目前只有少部分的B2B电子商务网站能否覆盖交易的大部分环节。目前B2B电子商务平台总的趋势是倾向于覆盖更多交易环节，并在市场细分中走得更深。

一是小额外贸平台，如阿里巴巴新推出的 aliexpress，敦煌网和重新定位的易趣等。二是大宗标准化产品，如金银岛等。三是传统的资讯平台类电子商务网站。这几类平台之间的竞争已经不是非常激烈，能在任何一个有潜力的细分市场中走在前列，都是成功。这也是 B2B 电子商务的良性发展趋势，给企业提供更为多样化的服务，双方发展共赢。预计在 2010 年，将会有更多的 B2B 电子商务网站加入这个潜力巨大的市场。

13.3 在线购物

作为流通领域的电子商务分支，2009 年中国在线购物的用户群体继续扩大，市场规模持续高增。全年在线购物交易金额达 2500 亿元，占社会消费品零售总额的 2%，网购用户达 1.08 亿人。用户购买的商品类别从最初的倾向于规格标准，差异较小的书籍和数码产品，转向了品类丰富的服装家居用品。

13.3.1 发展概况

（1）用户规模

截至 2009 年 12 月，我国在线购物买家用户达 1.08 亿人，同比增加 3400 万人，年增幅 45.9%，用户规模较 2004 年翻了两番，如图 13.5 所示。随着网民使用网络的成熟化，更多的人开始涉足网购，也推动了网络购物相关技术和服务的发展，使其使用门槛进一步降低。由于我国网民基数庞大，网络购物渗透率仅为 28.1%。因此在线购物还有很强的用户增长潜力。

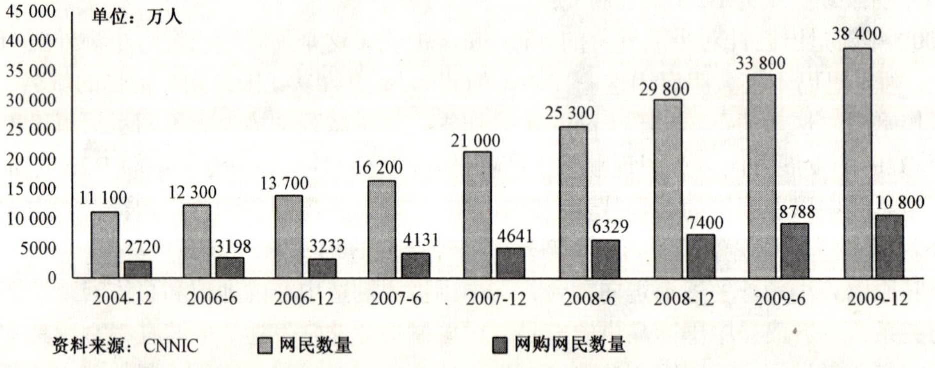

图13.5 2004年12月—2009年12月中国网民和网购网民规模变化

（2）网购商品

2009 年，服装家居用品销售走俏网购市场，网络购物日益生活化。据中国互联网络信息中心（CNNIC）数据显示，有 61.5%的用户在网上购买过服装家居饰品，较 2008 年提升 12.6 个百分点，如图 13.6 所示。随着网络购物逐步深入人心，小额支付、价格低廉的日用品通过网络购物销售走势看好，未来通过网络零售渠道销售的日用品种类和数量会更加丰富。

（3）地区差异

购物地经济社会发展水平存在较大差异，互联网基础设施、电子商务平台、物流和支付等配套服务体系的建设也参差不齐，我国网络购物市场发展的地区差异十分明显。据中国互联网络信息中心（CNNIC）调查，截止到2009年11月，北京、上海和广州地区网购渗透率分别达到51.3%，52.6%和35.2%，见表13.2。京、广、沪三地网民数量虽然只占到全国的8.4%，但网购用户规模却占到全国的15.6%。

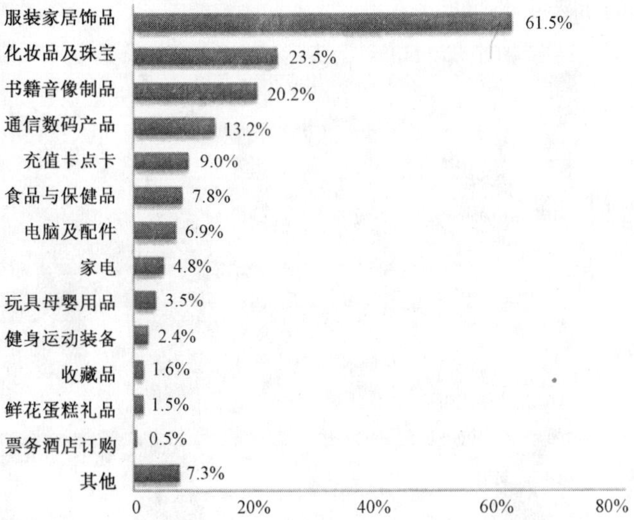

资料来源：CNNIC

图13.6　2009年网购各类商品的网购网民比例

表13.2　京、广、沪三地网络购物规模和渗透率

城　市	网民（万）	网民渗透率（%）	网购网民（万）	网购渗透率（%）
北京	1037	60.7	532	51.3
上海	1167	61.8	613	52.6
广州	634	62.3	223	35.2

资料来源：中国互联网络信息中心（CNNIC）

目前网络购物渗透率较高的地区集中在东部沿海和中西部经济发达城市。根据对全国17个城市的抽样调查，东部沿海地区网络购物市场发展较好，网络购物渗透率较高，如长三角经济区、珠三角经济区和海峡经济区，以上海、广州、深圳和厦门为代表，网络购物渗透率分别达到了52.6%，45.5%，34.1%和36.7%。这一区域经济发展较快，整体电子商务环境较好，人们消费水平较高。

环渤海地区和中部地区网络购物渗透率其次，主要以北京、天津和邯郸为代表，网购渗透率分别为51.9%，31.8%和22%。这一区域除了北京发展较快外，其他地区网民网络使用正在深化，具备较好周边发展环境和交通条件，是未来可能的网购用户高增长区。

西部地区是网络购物市场发展的另一潜在区域，其中陕西和四川成都网络购物市场发展相对较好，西安和成都网购渗透率分别为33.3%和29%。东北老工业基地网络购物市场发展较缓，哈尔滨仅为19.9%。

13.3.2　市场规模

随着经济的企稳回升，人们对经济形势的良好预期拉动了新一波的购物热潮。消费者通过网络实现日常购物份额不断走高，交易金额也滚雪球式地持续增大。2009 年网络购物市场交易总额达到 2500 亿元人民币，较 2008 年翻番增长，占全年社会消费品零售总额的 2%，如图 13.7 所示。人均消费金额也持续攀升，调查的 3 个直辖市和 14 个副省级城市半年人均网购支出 1360 元，高于去年平均水平。

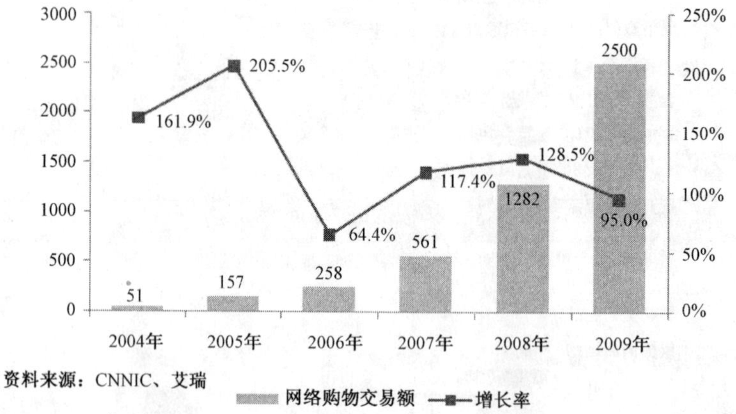

图13.7　2004—2009年中国网络购物交易额及增长率

由于 C2C 购物平台的用户规模优势，2009 年淘宝等 C2C 网站在用户最终的渗透率仍然最高，如淘宝网购用户渗透率 81.5%，交易金额达到 2000 亿元，占 C2C 市场份额的 82.5%。拍拍、易趣和有啊市场份额相对较小，分别为 10.1%，7%和 0.4%，如图 13.8 所示。

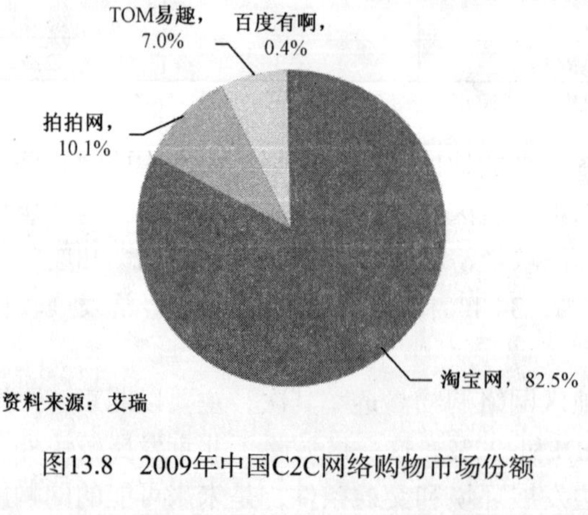

图13.8　2009年中国C2C网络购物市场份额

随着国内网络购物市场的逐步规范化，B2C 网站通过投融资发展业务，加之传统零售商的加入，B2C 电子商务发展势头较好，但是竞争也更加激烈。2009 年，B2C 购物网站中发展最快的京东商城市场份额达到 28.7%，超过了 B2C 老牌网站当当网和卓越网。凡客诚品作为轻品牌电子商务代表势头较旺，红孩子、新蛋和麦网等垂直 B2C 也保持较快发展，如图 13.9 所示。由于 B2C 市场存在长尾，目前市场还处于分散竞争状，未来几年市场将加剧整合，可能出现 B2C 行业巨头。

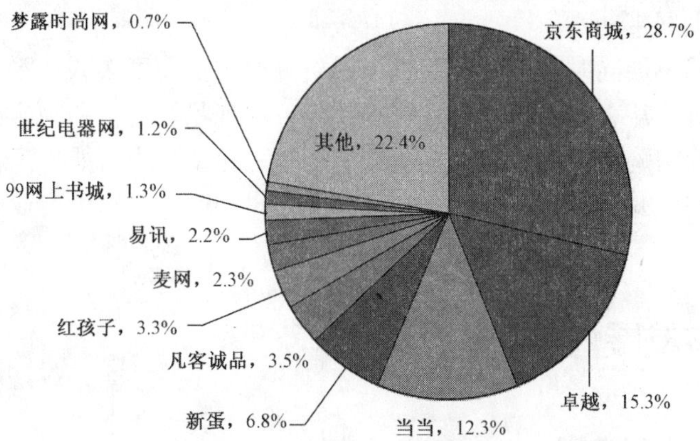

资料来源：艾瑞

图13.9　2009年中国B2C网络购物市场份额

13.3.3　市场特点

全球金融危机对中国整体经济造成一定负面冲击，但由于电子商务产业的特殊性，危机对中国网购市场而言是“机”大于“危”。这是因为，金融危机使居民收入增长受阻，消费者对价格的敏感度提高，因此网络购物所具有的价格优势便成为吸引用户的重要砝码。总体上看，2009 年中国网络购物市场呈现以下特点。

（1）生活用品成为网购市场新宠

随着电子商务网站的发展，产品类别不断丰富化，2009 年购买过服装家居饰品的网购用户占比最高。随着电子商务市场发展提速，各家网站之间的竞争也加剧，当当网和京东商城等垂直 B2C 网站纷纷拓展其网购产品线，都向家居日用品拓展。由于服装、生活用品金额较小，便于运输，这些产品成为 2009 年网络购物市场最火热的产品类型。

（2）传统零售商加快进入网购市场

2009 年，越来越多的传统零售商进驻线上市场，如中粮、苏宁和李宁等。传统零售企业加盟线上，是因为它们日渐意识到网络营销重要性，为顺应用户购买方式变化所做出的反应。传统零售商的加入使得在线购物市场产品的种类更加丰富，竞争的加剧使市场提供的服务和产品质量有所提升。

（3）B2C 替代 C2C 渐成为市场主流发展趋势

长期以来，C2C 一直占据着国内网购的排头。随着电子商务经营的规范化发展，B2C 显示出为用户提供在线销售服务主流模式的潜力。2009 年，淘宝拍拍等 C2C 平台顺应网络购物的发展趋势，将发展的重心转向 B2C 商城。随着网购市场的快速发展，更多传统零售商家的加入，将使 B2C 将在网络购物市场上占据更重要的位置。

（4）线上和线下服务体系进一步融合

为应对全球金融危机的冲击，更多传统企业开始进行电子商务的尝试。这些传统商家的进驻、参与和开辟，使 2009 年线上市场爆发了新的热潮。同时，线上电子商务平台也在向实体平台扩张，弥补了线上服务能力的不足，呈现从单一走向多元化的趋势。如淘宝在杭州开辟的代购店和京东商城等 B2C 网站自建物流等，显现出线上服务和线下服务融合的趋势。

（5）网购市场发展带动物流、支付转型升级

网络购物市场的发展同时对相关行业提出了更高要求。中国银联进军电子支付领域，多家快递公司联合涨价，都表现出行业自身探索和调整的现状。支付和物流这对在线购物市场的左膀右臂，也随着网购市场的发展而不断升级调整。在调整中可能出现新的服务方式，同时也会出现行业内的兼并和融合。但是，对于网上支付和第三方物流产业而言，都是必经的转型。

13.4 网络支付发展情况

13.4.1 支付领域全面拓展

网络支付指通过互联网进行的支付形式，包括网上银行支付和第三方支付等。不包括充值卡支付、手机支付、电话银行等线下业务。网络购物、网络游戏和航空是支付领域的三大传统支柱行业，目前这一状况正在变化，网络支付已经拓展到越来越多的领域中。

（1）网上支付在金融领域全面拓展

尽管目前第三方支付公司的名称大都是信息技术公司，实质上从事的是资金融通，便利于资金流转，更接近于金融公司。因此，金融相关行业重点开拓网络支付业务。2009 年众多金融类公司开始开通网上支付，这些金融业企业包括保险行业和证券业等。目前已有中国平安、中国太保、太平人寿、友邦保险、美亚保险、大地财险、华泰保险、新光航海人寿和生命人寿等保险公司开通保险电子支付服务。而证券类与网上银行的关系密切，开通网络支付具有天然的优势。

金融业资金流动规模较大，这一行业的拓展极大地增加了网上支付交易规模。

（2）网上支付在文化、体育和娱乐业领域全面拓展

音乐会、电影票、演唱会、体育赛事、话剧/歌剧/舞蹈芭蕾和杂技/戏曲/曲艺等各种票务纷纷开设网站，开通网上支付。这类票务的目标用户群为收入中等或以上的白领阶层，与互联网目标用户群较为接近。中演票务网、明星票务、都市票务、永乐票务、上海票务、票务在线、买票网和一票通等上百家网站已经开通网上支付。

（3）网上支付在社会福利业全面拓展

中国红十字基金会、中华慈善国际互联网救助中心、中华少年儿童慈善救助基金会等均已开通网上支付。另外，彩票行业也正在转向网上支付。

上述的网络购物、网络游戏、航空、金融业等行业均属于第三产业，而对于占 GDP 近 60%的第一产业和第二产业企业而言，网上支付的应用范围还不广泛。加快发展企业信息化，促进企业转向效率更高的电子支付和网上支付，任重道远。

13.4.2 支付平台及工具发展情况

国内的网络支付大致可以分为三类：网上银行、具有政府背景的第三方支付和民营第三方支付工具。用户既可以通过网上银行直接支付，也可以通过第三方支付平台进行支付。网上银行是第三方支付的上游平台，不构成直接的竞争关系。各种第三方支付平台目前还处于对用户免费，争夺市场的阶段，竞争较为激烈。

目前央行还没有跟民营第三方支付公司发放牌照，没有对电子支付的从业资格和经营范围进行规范，市场还处于跑马圈地状态。没有一家第三方网上支付公司率先“吃螃蟹”，向用户收取费用。

银联系第三方支付、通联和首信易支付都有政府背景，尤其是银联，在公众心目中较具有权威性和安全性。目前上海银联电子支付和广州银联网络支付已逐渐崭露头角，占据一定的市场份额。银联发力第三方支付市场的弱势在于，在营销等方面的灵活性不及民营第三方支付。

在民营第三方支付平台中，已经逐渐形成相对稳定的市场态势，几个第三方网络支付平台业务方向各有侧重点。支付宝依托淘宝，成长迅速，已经占据第三方支付半壁江山，在网络购物客户群中优势明显。财付通凭借 QQ 的巨大影响力，与支付宝差异化发展，除了传统的网络游戏优势行业外，主要发力航空 B2C 合销、航空 B2B 结算和企业资金清结算等方面。快钱、上海环迅、首信易支付等属于第三方网络支付的第三梯队。尽管这些支付平台在网上支付上份额逊于支付宝和财付通，却另有自己的一片天地，在电子支付上走得更远，开通充值卡支付、VPOS 支付等众多支付产品，支持互联网、手机、电话和 POS 等多种终端。

13.4.3 支付服务更加丰富

目前网上支付的触角已经伸向企业和网民生活衣食住行的各个领域。（1）涉足基础缴费领域，如水电煤缴费、固话宽带费和手机充值等。目前主流网络支付工具均已开通此项服务。（2）衣食住行中的“住行”领域中，机票订购、火车票代购、特价酒店预订都已开通。（3）娱乐领域。游戏点卡等是网上支付提供的传统服务。（4）理财领域。这是网上支付较新开通的领域，用户可以在线进行信用卡还款等。

13.5 中国特色的电子商务服务业

中国的电子商务服务平台包括阿里巴巴、慧聪、中国制造网和网盛科技等众多网站。这些网站上集聚了大量企业，尤其是中小企业。多年以来，这些网站致力于推动中小企业融资、培训和企业诚信建设等多方面的服务。

1. 融资

融资难问题一直是制约我国中小企业发展的瓶颈，但是由于信用度和信息透明度带来的信息不对称，导致中小企业融资难的状况多年来一直无法得到有效解决。而电子商务平台上，所有交易成功和良好与否都有记录，极大地扩大了信息透明度。电子商务平台作为银行和中小企业之间的桥梁作用不可忽视。电子商务平台在促进中小企业融资方面的手段方法多样。

（1）网络联保方式。阿里巴巴从 2007 年开始与国内商业银行合作推出网络联保等创新融资模式。由 3 家或 3 家以上企业组成一个联合体，共同向银行申请贷款，同时企业之间实现风险共担。阿里巴巴通过与中国建设银行、中国工商银行等合作，以阿里巴巴及其旗下的淘宝、支付宝会员的网络信用和网上交易金额为参考依据，为其提供授信评价，并推出多种融资产品。据 2009 年 APEC 会议数据披露，2009 年此种方式促成的贷款额约为 60 亿元。

（2）电子商务平台提供担保方式。中国银行深圳分行推动了专门针对中小企业免担保免抵押贸易融资的产品，叫做“贸易融资 E 系列”，如果企业通过“一达通”利用电子商务平台办理进出口服务的话，可以享受到中国银行免担保、免抵押、标准化的产品。至于银行方面，由于通过“一达通”交易的电子商务中小企业都有完善的交易记录，能省下调查工作。同时，银行放贷后，能通过该平台全程监控信息流、物流和资金流，确保银行的风险是可控的，实现中小企业、银行和电子商务平台“三赢”。

（3）借助企业信息化方式提供融资条件。企业日常的财务、报税数据，是企业最真实的经营情况，它最能反映企业的经营情况和未来的偿债能力，这是银行非常有效规避风险的手段。金蝶近年通过推动中国企业信息化，拥有百万优质企业，在庞大的信息化系统的基础上，金蝶旗下友商网可以通过向银行提供企业的经营信息，帮助中小企业获得融资。即企业通过自己的“经营信用”向银行申请贷款，目前友商网已经和中国工商银行建立了合作。

2．培训

中小企业开展电子商务不仅缺乏资金，更缺乏的是电子商务意识和电子商务手段。电子商务平台同样在培训上开展了大量工作。

2009 年 10 月 28 日，阿里巴巴成立阿里巴巴（中国）教育科技有限公司（阿里学院），据阿里学院透露，培训网现已覆盖华东、华南两大经济圈，以全国 1300 所高等院校、职业学校的电子商务专业学生和全国在职电子商务人员为培训服务对象，据阿里学院统计，目前已有超过 3 万人获得了《阿里巴巴电子商务认证》。

百度作为提供搜索引擎关键字广告的特殊电子商务平台，也在开展类似的计划。2009 年 11 月 2 日，东方标准 · 百度（Baidu.com）联合培养项目“网络营销课程”在东方标准海泰教学区直播教室正式开班。此项目意在培养网络营销人才，宣传搜索引擎关键字推广理念。这一项目的施行，会促进企业和社会更加接纳网络营销的概念，助力电子商务推广。

很多电子商务网站，如慧聪网、中国制造网、网盛和敦煌网等都针对自己的客户开展过多场培训。开展这些培训获得双赢的效果，电子商务平台既可以赢得潜在客户，也在客观上促进了中国电子商务的发展。

3．诚信建设

诚信体系作为一切商务活动的基本准则，在电子商务活动中担负着重要使命。尽管由于各种现实原因，目前我国电子商务界目前诚信系统仍旧不成体系，但很多电子商务平台都已经在中小企业诚信建设方面摸索前进。

主流电子商务平台主要表现为推出会员服务，如诚信通、买卖通和认证供应商等。这些会员服务包括基本的资料审核，如企业的工商管理注册、营业执照和年检证书等。采用第三方支付手段可被系统检测到的交易会显示交易信用，但目前这种诚信机制中，交易所占的诚信比重还不大。此外，电子商务平台为保证公正性，一般委托第三方信用评价机构，如邓白氏、SGS 等进行企业资料审核。但是，由于是电子商务平台主导，存在利益关联，并不能完全保证信息的客观准确。目前还只能说处于诚信建设的基础阶段。

目前诚信建设存在的问题还很多。首先是费用问题，电子商务平台都对企业收取一定费用，较高费用才有可能获得推荐广告位等，对小企业来说，仍是负担；其次是各个平台信用不能通用，企业需要在各个电子商务平台上都付费，申请成为会员；其次，信用评价体系不完善，还停留在比较基础的信用评价阶段，没有覆盖交易所需的各个环节诚信信息。

评价体系的形成需要政府、电子商务平台与企业共同努力构筑。首先需要政府牵头从宏观层面上健全法制法规，并主导推进各种交易信息的共享。其次，建立第三方的信用评价机制。利用第三方资信公司进行资信调查和评级，或利用国际信用证来保证交易双方的支付和运输能够顺利进行。电子商务同样如此，也需要适合其发展的网站认证方法。再次，支付是B2B的关键环节，银行介入可以促进B2B信用体系的发展。目前已有部分银行推出类似于第三方支付功能的服务，如中国银行等。这些服务可以积累大量的交易数据，可以成为建立企业信用库的必要数据。

（中国互联网络信息中心　孙秀秀、孟凡新）

第 14 章　2009 年中国网络广告发展情况

2009 年，中国经济受到国际整体经济环境下滑带来的影响，但是对于中国互联网产业而言，2009 年依然保持了快速增长的势头，市场规模和产业价值持续提升，互联网已经成为广大网民日常工作生活当中不可分割的一部分。伴随着越来越多的互联网应用形式的产生，人们对互联网的投入热情程度愈发高涨，在这种大环境下，广告主们对互联网日渐看重，越来越多的广告主进入到了互联网营销当中来，使得 2009 年的互联网广告市场有了较大的发展。除了传统的硬性品牌展示和产品推广类广告之外，广告主们对口碑营销、搜索营销以及植入式广告等多种广告形式也进行了广泛尝试，并开始取得不俗效果。文中除特殊说明外，提到的广告皆为展示类广告。

本文中提到的相关术语定义：

推广项目（推广活动）：指任何创意在一段时间内指向一个相同的 URL 地址，通过目标 URL 链接识别广告主身份。一个广告主可以和一个或多个域名联系起来。如果相同的 URL 目标地址在相隔 7 天之后再次出现，视为一次新的推广活动。

创意：根据行业内主要的广告形式及广告尺寸来划分，包括 GIF/JPEG 格式、动态 GIF、HTML、Flash 动画等。第一条不同尺寸及形式的广告分别统计为不同的创意。

广告主：指网络广告的发布商，包括企业、机构、组织或个人以及他们所拥有的品牌与权利。

广告价值估算：广告价值估算是通过广告浏览量和千次曝光成本上综合得出的，每个市场的平均每千次曝光成本（CPM）是以当地市场的平均费用为依据的。此指标并非希望体现在广告投放交易中实际交易额的多少，而是用来评估广告在行业中所展示的价值数量。

14.1　网络广告市场发展情况

2009 年，中国互联网广告市场实现了继 2008 奥运年之后的快速增长，估算全年整体网络展示广告市场价值达到 182 亿元人民币，较 2008 年增长了 39.0%。传统的主流网络广告投放行业，如汽车、时尚、娱乐、计算机及电子产品和快速消费品等，虽然受到了来自经济环境和自身盈利压力等多方面的影响，却依然显示出了稳定增长势头。而对于视频广告这种新兴的形式，伴随着网络视频媒体价值和地位的确认和巩固，市场规模进一步扩张，取得了长足的进步，并开始逐渐得到各行业的广泛认可。

在 2009 年中，搜索引擎、综合门户、网络社区、娱乐、视频以及生活时尚类互联网应用成为整体行业的亮点，根据 CR-Nielsen 的数据显示，这六大类互联网应用在 2009 年中平均每周都实现了超过1亿的独立访问用户覆盖，在访问时间上，这六大类应用更是占据了整体市场近80%的份额。

14.1.1 互联网广告市场与传统媒体广告市场的对比

根据尼尔森公司对包括电视、报纸、杂志、广播和互联网在内的五大主流媒体广告监测的数据结果显示，在广告市场占比上，对比2008年，2009年仅有报纸和互联网的份额有所提升，而传统的电视媒体则下降了0.8个百分点，杂志和广播这两种媒体则在市场份额上没有发生变化，如图14.1所示。

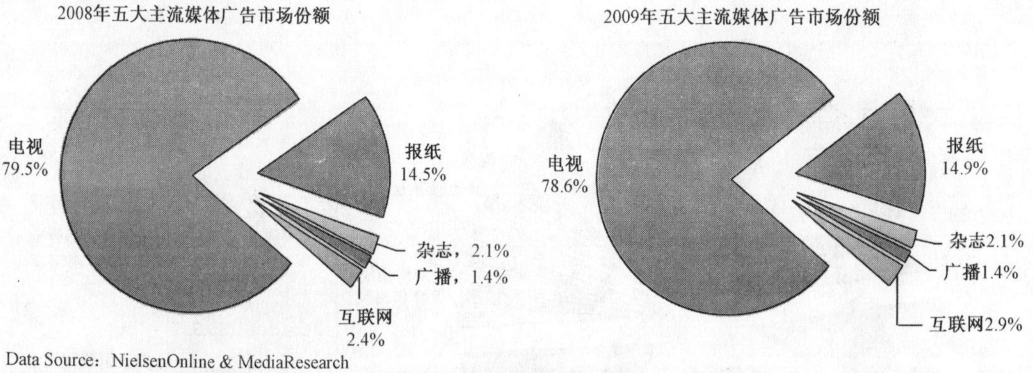

Data Source：NielsenOnline & MediaResearch
*电视，平面，电台广告花费基于刊例价×广告实际播出或刊登次数，不含任何折扣和非常规投放方式。
*互联网广告价值估算基于广告千人成本（CPM）×广告浏览量。
*广播目前只监测7个城市数据。

图14.1 2008年和2009年五大主流媒体广告市场份额

数据显示，在2008年和2009年两年期间，互联网广告市场持续保持了高速增长，年增长幅度都在40%左右，如图14.2所示。

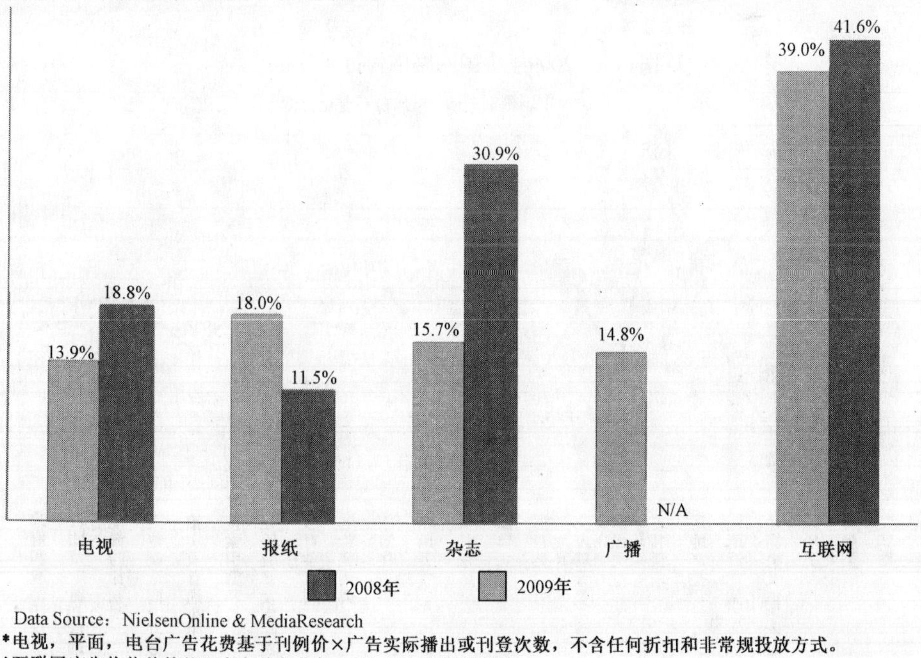

Data Source：NielsenOnline & MediaResearch
*电视，平面，电台广告花费基于刊例价×广告实际播出或刊登次数，不含任何折扣和非常规投放方式。
*互联网广告价值估算基于广告千人成本（CPM）×广告浏览量。
*广播目前只监测7个城市数据。

图14.2 2008年和2009年五大主流媒体广告市场年同比增幅

14.1.2 网络广告市场广告主行业组成

细分 2009 年的中国网络广告市场，市场价值位居前十的行业是汽车类、时尚类、娱乐类、计算机及电子产品、快速消费品、房地产、零售业、财经类、交友聊天类和招聘类。在这十大行业当中，对比 2008 年的市场组成情况，市场份额上升较快的行业有娱乐类、零售类和时尚类，市场份额分别上升了 4.1%，4.0%和 3.4%，如图 14.3 所示。相比之下，计算机及电子产品、快速消费品、财经类和汽车类的市场份额则有所下降，降幅分别为 3.3%，1.7%，1.3%和 1.2%，如图 14.4 所示。

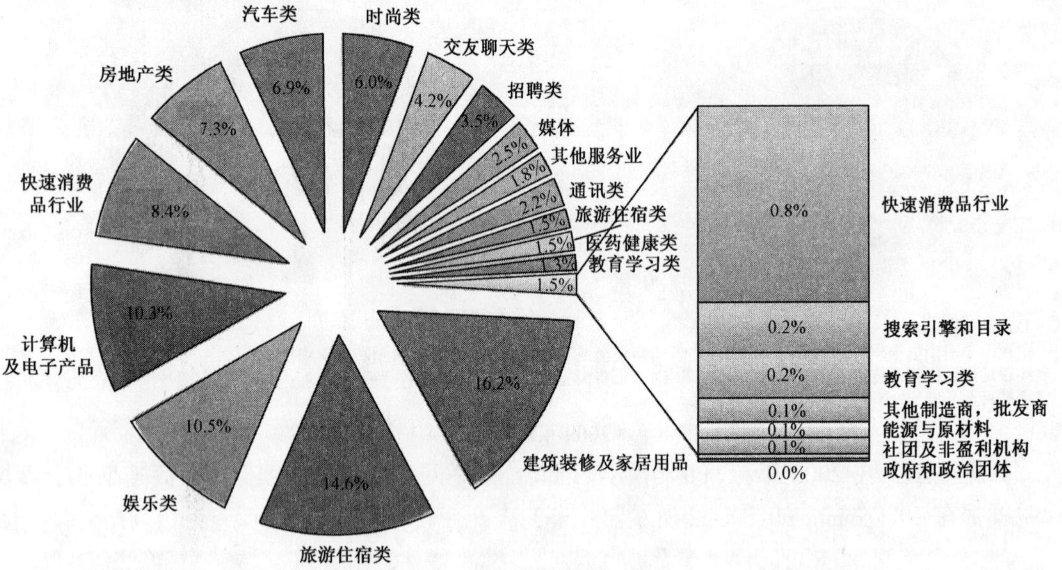

图14.3　2009年中国网络广告行业分布

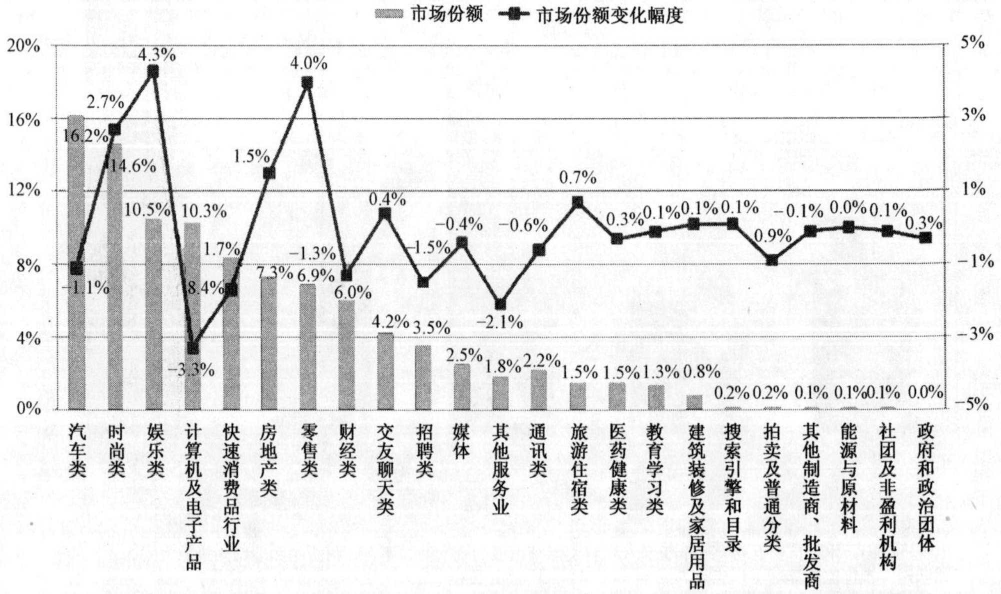

图14.4　2009年网络广告行业类型价值估算份额及变化

14.1.3　网络广告市场变化趋势

整体来看，2009 年的中国网络广告市场中的广告主数量达到了 6873，相比 2008 年同期增长了 24.9%，如图 14.5 所示。

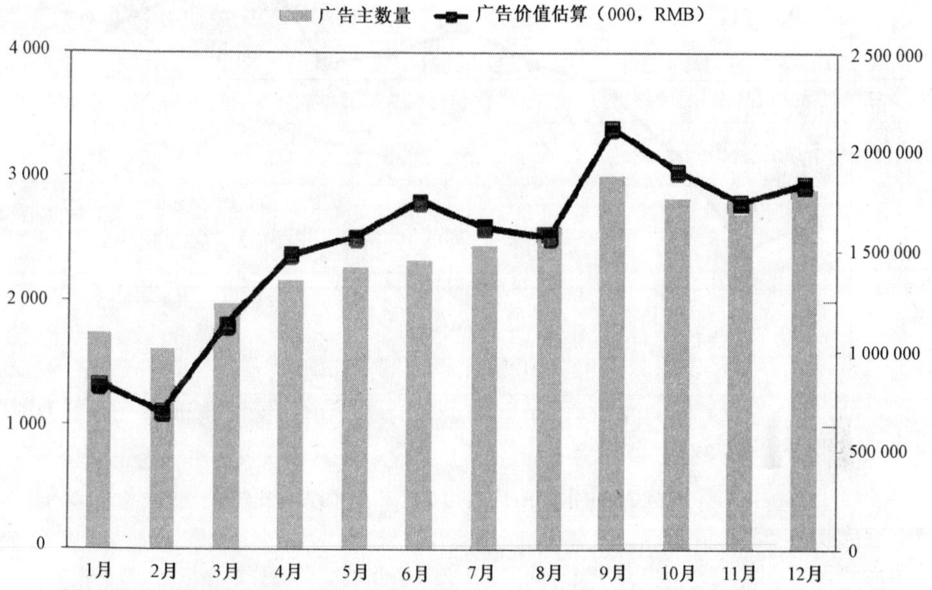

资料来源：CR-Nielsen Ad Relevance

图14.5　2009年中国网络广告市场变化趋势

按照月度来划分，2009 年各月的广告主数量和广告价值估算皆与 2008 年同期基本上保持了同样的变化趋势，总的来说，高峰基本上都出现在 4 月、6 月和 9 月，而 2 月、8 月和 11 月则相对较低，如图 14.6 和图 14.7 所示。

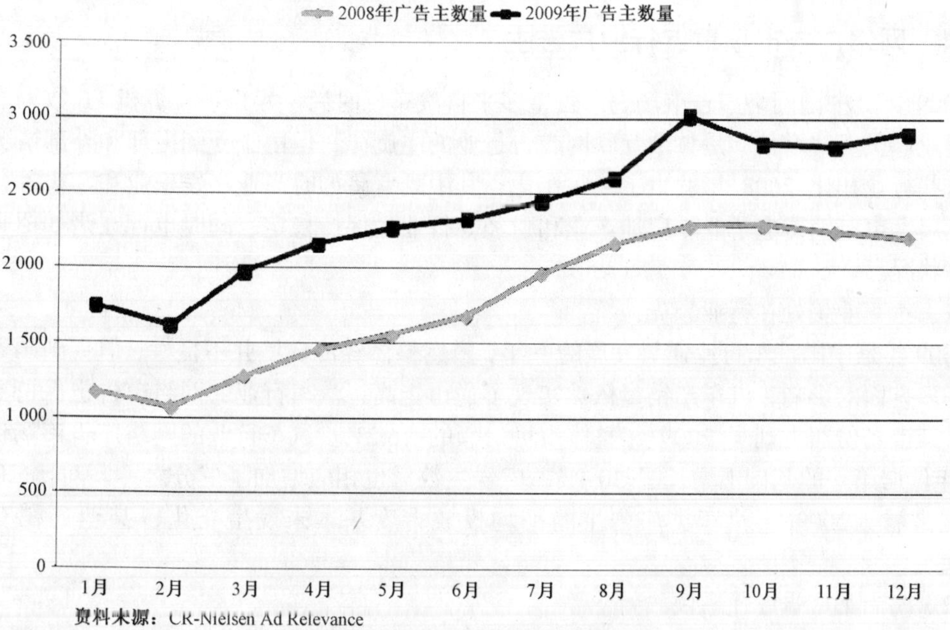

资料来源：CR-Nielsen Ad Relevance

图14.6　中国网络广告市场广告主数量变化

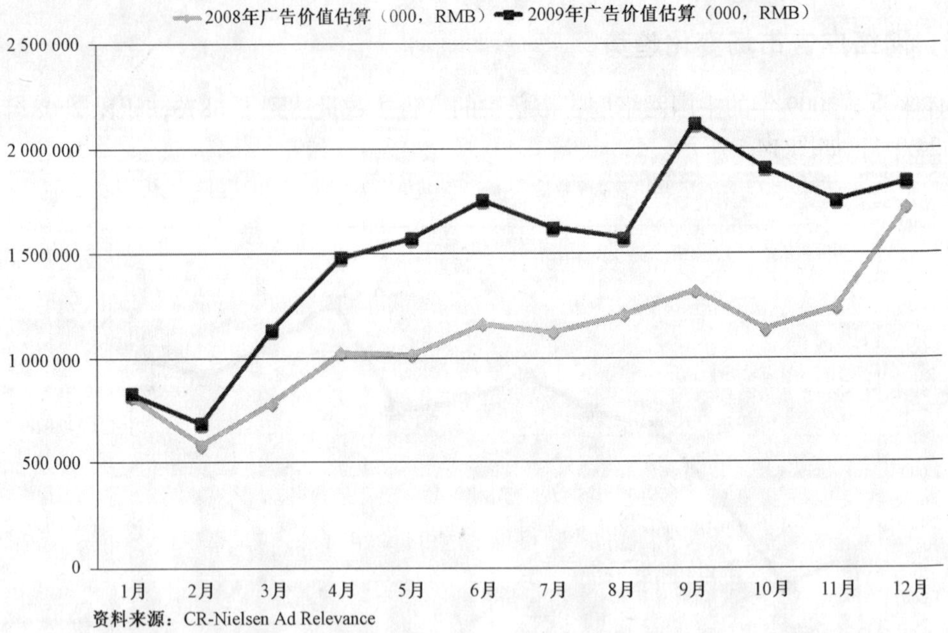

图14.7　中国网络广告市场广告价值估算变化

14.2　网络广告市场重点行业

受到国内外经济形势的影响，2009 年各行业在网络广告上的投入情况相比 2008 年有着显著变化。这其中，不能仅考虑行业广告主数量的变化，还与该行业广告价值和广告主的平均投放力度紧密相关。

14.2.1　网络广告市场重点行业广告主

2009 年，中国网络广告市场的广告主多来自汽车、时尚、娱乐、计算机/IT 数码产品等十大行业。虽然“增长”是整个互联网广告行业的主旋律，但由于受到内部和外部情况的影响，这些行业相比 2008 年发生了一些变化，其中既有诸如时尚业、娱乐业和零售等行业的快速发展，也有消费电子业、房地产业和财经等行业的保持稳定，同时也存在诸如招聘行业的萎缩状况。

（1）汽车业仍处在行业领先位置

2009 年是中国汽车行业逆势发展的一年，虽然整体经济环境并不良好，但受到国家刺激政策等多方面的影响，汽车产销量依然实现了逆市走高，汽车行业的网络广告也保持了增长态势，其市场份额占到了 2009 年整体市场份额的 16.2%。汽车行业的网络广告市场价值在 2008 年位居第一的基础上增长了 30.4%，广告主数量也相应增加了三分之一。对比 2008 年的情况来看，2009 年汽车类广告主的平均投放力度基本未发生变化，甚至还稍有降低（−2.2%）。

（2）时尚类广告增速最快

2009 年时尚类的网络广告市场价值相比 2008 年增幅达 71.1%，广告价值的增量在所有行业中位居第一，整体市场份额占到 14.6%，在 2009 年的总体市场份额中占到了第二的位置。时尚类广告主多属于品牌服装类别，2009 年所遇到的现实情况较为特殊，一方面国际市场低迷带来了巨大的出口压力；另一方面，本土消费者信心依旧保持旺盛的势头，为企业内贸带来了积极的影响，在这种“内优外困”的情况下，时尚行业众多广告主纷纷把目光投向了国内，加大了国内市场的开发力度，针对国内市场的网络广告也相应出现了增长。

（3）娱乐类行业广告价值迅速提升

2009 年是娱乐类网络广告市场高歌猛进的一年，其市场份额占到整体市场份额的 10.5%。单从广告价值变化幅度来考量，2009 年娱乐类网络广告价值的增量十分巨大，相比位列第一的时尚行业相差无几，位列广告价值增量的第二位。在这一年中，娱乐类的网络广告主数量增长了 15.6%，整个行业的广告价值增加了 133.4%，单个广告主的平均广告价值也大幅增加（101.8%）。这其中，以盛大互动为代表的 TOP10 广告主所创造的市场价值在整个行业当中的占比明显增加，显示出娱乐类广告主在网络广告市场的集中度日益提高，投入日趋白热化。

（4）计算机及电子产品类广告发展停滞不前

计算机及电子产品行业是涉足网络广告时间最长的行业之一，整个行业在网络广告投放上一直以来都保持了巨大的热情。但在 2009 年中，受到行业竞争程度加剧和经济大环境的影响，计算机及电子产品类网络广告的发展态势有所放缓，相比 2008 年，广告价值估算略增 4.9%，市场份额占到 10.3%，广告主数量小幅增长了 7.7%，单个广告主平均市场价值则相比 2008 年稍有下降（-2.6%）。计算机及电子产品的广告投放受到了较大的影响，在 2009 年的发展中显得停滞不前。

（5）快速消费品行业广告市场集中度有所下降

2009 年，快速消费品行业广告投放价值有所增长（+15.4%），占到整体市场份额的 8.4%，广告主的数量小幅增加（+10.3%），但平均每个广告主所创造的广告价值却变化很小（+4.6%），如此的结果显示出快消业的广告主在网络广告投放力度上相比 2008 年基本没有什么太大的变化。此外，相比 2008 年快消行业 TOP10 广告主的情况，2009 年 TOP10 广告主所投放的广告价值无论是在绝对值上或是在整体市场中的比例均有所下滑，显示出这个行业的网络广告投放力度逐渐向 TOP10 之外的广告主倾斜，行业广告市场集中度有所下降。

（6）房地产类平均广告投放力度保持稳定

2009 年房地产行业的网络广告市场价值占到了整体市场份额的 7.3%，增幅较为可观，与 2008 年相比增长了 74.5%，广告主数量增加了 62.3%，不过这个幅度相比房地产经济的高速增速依然稍显落后。虽然房地产行业的广告主数量有着巨大的优势，但平均每个广告主的广告市场价值较 2008 年却只有 7.5%的增幅，换句话说，房地产整个行业的广告价值增长基本上都是由新增的广告主所贡献的。目前看来，虽然越来越多的房地产公司开始加大在网络上进行广告投放的力度，但从短期来看，网络这个载体仍不是房地产公司在广告投放上的主要选择，这从其在广告投放上的媒体选择策略和力度上可见一斑。不过，这同时也意味着房地产行业在网络推广的市场上仍有很大的发展空间。

（7）零售业广告投放力度显著加强

2009 年零售业受到了来自整体经济环境的巨大冲击，面临经济不景气带来的利润增长压力，零售商采取了各种手段积极应对，纷纷在促销和宣传上增大了投入，网络广告市场价值占到了整体市场份额的 6.9%。反映在了零售行业的网络广告投放上，2009 年零售业广告的网络广告市场价值的增幅在各行业中最大，高达 223.8%，而广告主的数量相比之下仅增加了 24.2%，零售行业平均每个广告主所创造的网络广告价值大幅增加了 160.6%，显示出零售行业的广告主在 2009 年中在网络广告上的投放力度显著加强。此外，零售业 TOP10 广告主的广告市场价值在整个行业中所占的比例也相应地从 2008 年的 74.2%下降到 2009 年的 59.1%，广告的投放更加分散，显示出零售类网络广告的增长是全行业共同作用的结果。

（8）财经类广告整体情况乏善可陈

2009 年财经类整体网络广告市场价值相比 2008 年增长了 13.7%，增幅并不高，但网络广告主数量却增长了 38.3%，平均每个广告主平均市场价值下降了 17.8%。从广告主的组成结构上来看，2008 年和 2009 年的财经类 TOP10 网络广告主基本上都是大型银行和投资机构，两年间这些 TOP10 广告主所占据的整体市场份额也基本没有发生变化。尽管整体行业所创造的广告价值相比 2008 年有所增加，但是财经类广告所占的市场份额相比 2008 年却下降了 1.3%，在整体市场中占 6.0%的份额。可以说，2009 年的财经类网络广告市场相比 2008 年并没有什么大的变动，基本上维持了原有的水平。相比其他行业快速增长的情况，财经类广告主在网络上的投入并没有突出的亮点，整体市场情况乏善可陈。考虑到国际市场上的同期表现状况，这样的情况也是可以理解的。

（9）婚恋交友类广告投放集中度高

交友聊天类的网络广告主的数量并不多，并且整个行业的市场价值的规模也并不十分巨大，在整体市场份额中只占到 4.2%。与其他行业的组成情况不同，交友聊天类的广告投放集中度相对较高，前三名广告主所占据的整体市场份额高达近 95%，其中仅世纪佳缘一家的广告市场估值就占据了整个行业的 70%，显示出这是一个高度集中的市场。在 2009 年外部经济环境并不十分明朗的情况下，交友聊天类的广告主依然保持了较大的投入，广告主的数量相比 2008 年增加了 8.3%，广告价值增长了+54.0%，考虑到这个行业中很多广告主目前都是在依靠大额的注入资金来保持运营的情况，如果要继续保持如此快速增长，势必将对企业的经营和赢利情况有着更严格的要求。在未来，这个行业是否能够依旧保持高速增长将在很大程度上取决于这些企业的资金储备和赢利能力。

（10）招聘类广告受经济影响有所下滑

在 2009 年广告价值 TOP10 行业当中，招聘类是唯一一个广告价值相比 2008 年下滑的行业，网络广告市场价值下滑了 2.5%，其所占据的整体互联网广告市场的份额为 3.5%，相比上年也下降了 1.5%。虽然整体行业情况并不十分乐观，但 2009 年的招聘类网络广告主数量相比 2008 年依然增长了 49.7%，平均每个广告主的市场价值下降了 34.9%。考虑到整体经济环境对招聘行业带来的影响，2009 年度招聘广告市场略显低迷的情况是可以理解的。此外，与交友聊天类市场的情形类似，招聘类网络广告市场同样也是一个高度集中的市场。过去两年中，其前三名广告主几乎完全垄断了整个广告市场。从另一个角度来考虑，如此高度集中的市场必然会导致企业对市场资源的争夺十分激烈，要保证长期如此巨大的广告投入，势必会对企业的资金状况带来巨大压力。

具体网络广告行业情况见表 14.1。

表 14.1　2009 年中国网络广告行业情况年同比变化

行　业	广告价值估算	广告主数量	广告价值估算/广告主
汽车类	30.4%	33.3%	-2.2%
时尚类	71.1%	42.1%	20.4%
娱乐类	133.4%	15.6%	101.8%
计算机及电子产品	4.9%	7.7%	-2.6%
快速消费品行业	15.4%	10.3%	4.6%
房地产类	74.5%	62.3%	7.5%
零售类	223.8%	24.2%	160.6%
财经类	13.7%	38.3%	-17.8%
交友聊天类	54.0%	8.3%	42.2%
招聘类	-2.5%	49.7%	-34.9%
媒体	18.5%	-18.3%	45.1%
其他服务业	-36.2%	16.2%	-45.1%
通信类	7.7%	-15.1%	26.9%
旅游住宿类	159.0%	23.2%	110.3%
医药健康类	17.8%	18.6%	-0.6%
教育学习类	27.4%	27.3%	0.0%
建筑装修及家居用品	66.7%	110.8%	-20.9%
搜索引擎和目录	159.4%	-36.8%	310.7%
拍卖及普通分类	-75.6%	-35.9%	-61.9%
其他制造商，批发商	-12.5%	-25.2%	17.0%
能源与原材料	-18.1%	86.7%	-56.1%
社团及非盈利机构	-35.1%	17.6%	-44.8%
政府和政治团体	-91.3%	4.5%	-91.7%
资料来源：CR-Nielsen Ad Relevance			

14.2.2　网络视频广告发展情况

2009 年被称为中国网络视频的盈利元年。伴随着以中国网络电视台（CNTV）为代表的国家队作为新竞争者进入到网络视频这个行业当中来，视频行业已经逐步从当初对用户资源的争夺逐步转移到了以内容资源为基础的竞争阶段。在中国网络视频产业发展过程中，版权问题和赢利压力始终伴随着视频网站。为了解决这两个问题，众多视频网站也一直在进行不同路径的尝试，有的网站选择了新的业务模式，如优酷网、土豆网加大了版权内容的采购，以百度公司的视频网站奇艺，复制国外已经十分盛行的 Hulu 模式，酷 6 网选择了曲线上市，这些对目前赢利模式尚未明朗的网络视频行业而言都是在探索道路上进行的种种尝试和突破。

根据中国互联网络信息中心（CNNIC）发布的第二十五次《中国互联网络发展状况统计报告》显示，截至 2009 年底，网络视频用户规模已达到 2.4 亿，较 2008 年底增长了 3844 万，使用率达到了 62.6%。而根据 CR-Nielsen 的数据显示，在 2009 年中，视频网站类别实现了较高的用户覆盖程度，平均每周都有 1 亿以上的独立用户访问，每周的总访问次数达 4.5 亿次，用户平均每周花费在视频网站上的时间更是达到了 5000 多万小时，如图 14.8 所示。如此巨大的用户数量和用户访问次数，再加上如此巨大的用户访问时长，显示出网民对网络视频的巨大接受程度。针对这种情况，各行各业的广告主也逐渐纷纷涉足到这个行业当中来，逐渐加大了在广告上的投入。

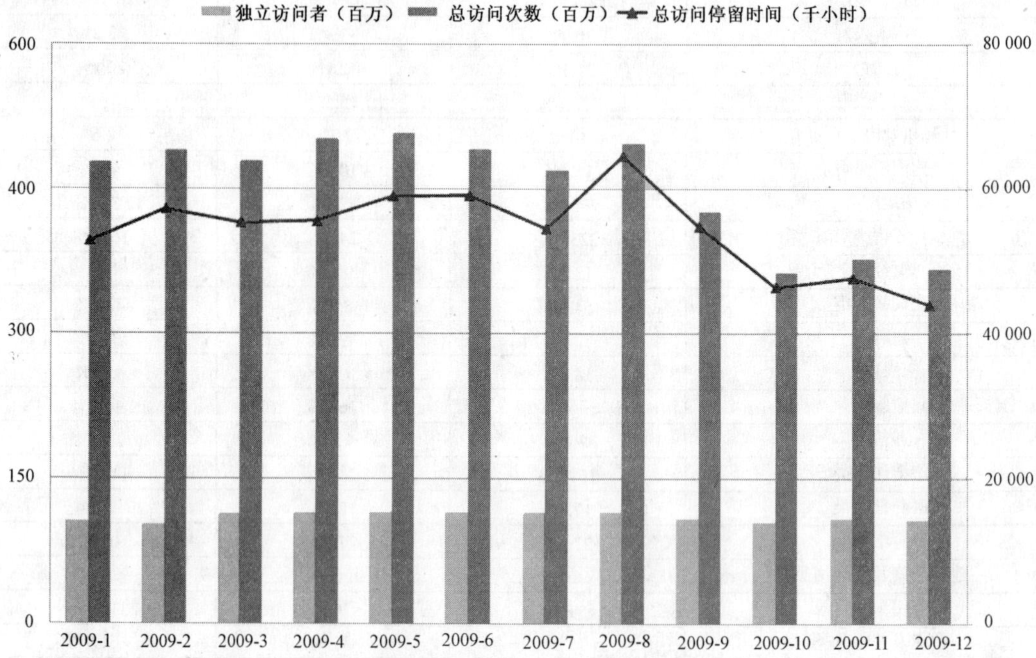

资料来源：CR-Nielsen CR-NetRatings

图14.8　2009年视频网站类别月度周均流量变化

对于视频广告上的情况，根据 CR-Nielsen 的数据显示，视频广告在 2009 年中有了长足的进步，越来越多的广告主已经逐渐注意到了网络视频这一新兴的媒体，并开始涉足其中。

整体来看，从 2009 年第二季度开始，视频广告呈现出了波动上升的态势，如图 14.9 所示，这一点不仅体现在了广告主数量的变化上，投放视频广告的行业数量也同样印证了这一

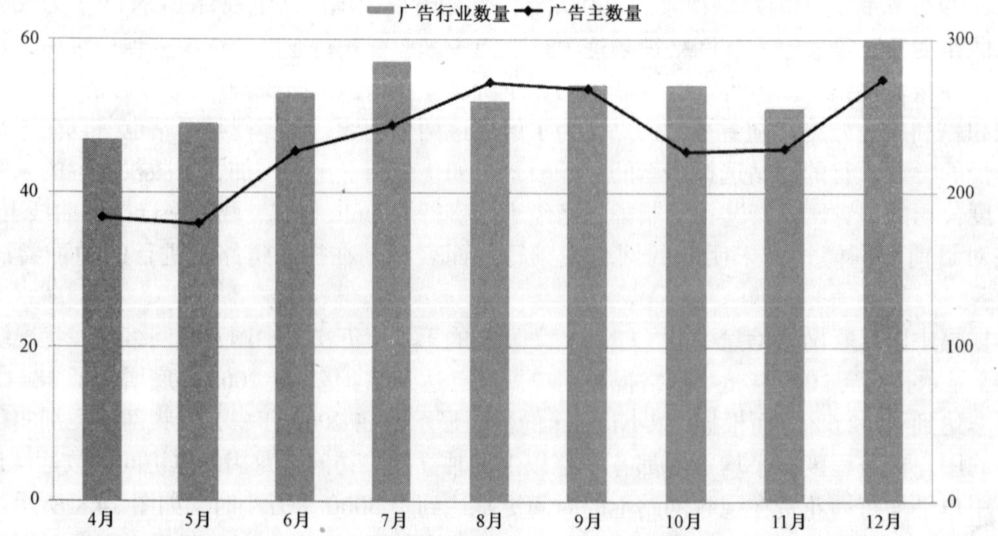

资料来源：CR-Nielsen ADR Plus

图14.9　2009年中国视频广告市场变化趋势

态势。数据显示，投放视频广告的广告行业不仅涵盖了目前风头正猛的游戏类、网络购物、时尚类、掌上电子产品以及汽车制造商等行业，同时还包括了医药健康、饮料、食品、影视类、软件、美容化妆品和旅游住宿等多个行业。综合看来，目前游戏类、电子商务购买、汽车制造商和时尚类等行业对视频广告的认可程度更高，对视频广告的投放力度也相应更大。

14.3　中国网络广告发展趋势

2010年的中国互联网行业竞争将愈发多元化。这其中，持续已久的传统门户网站和垂直网站之间的定位差别变得更为明显，彼此之间的竞争也将愈发激烈。伴随着网络视频的进一步发展和3G移动网络服务的进一步完善，用户在媒介消费上的习惯将会产生更多的变化，这也将会对网络媒体和网络广告行业的发展带来众多新机遇。此外，快速发展的社交类网站也将对网民的网络生活产生巨大的影响。在社交媒体快速演变的前提下，广告主和代理公司将面临更多的选择，来实现与用户之间的互动，进而发展出忠实于自己的独特用户群体，并进一步助力于企业的互联网营销进程。

14.3.1　门户与垂直网站的竞争加剧

作为互联网上的老牌力量，门户网站有着自己的独特优势，在内容资源和用户覆盖范围上相比其他网站有着无法比拟的竞争先机。不过，随着用户对细节化深层次信息需求的增加，垂直网站将会迎来更多的机遇。广告主也将根据自身推广的需求，来选择特定的网站进行投放。根据尼尔森的网络广告监测系统的数据显示，相比2008年的情况，在2009年TOP100网络媒体中，垂直媒体所占的比例相比2008年增加了2个百分点，如图14.10所示，垂直媒体所创造的广告价值所占的份额更是几乎提升了一倍，显示出广告主在广告投放上的选择开始对垂直类媒体逐步倾斜，如图14.11和图14.12所示。

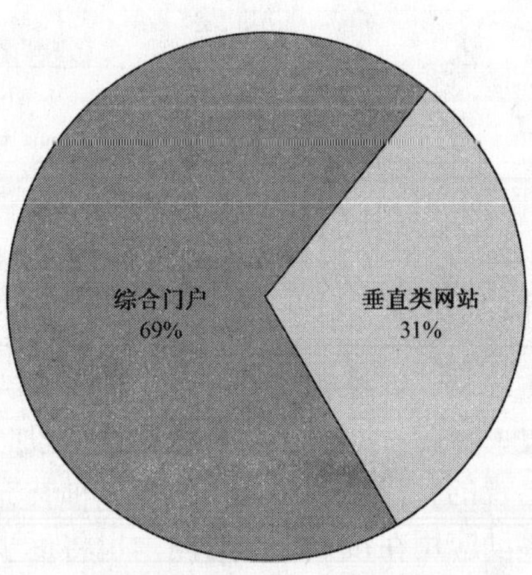

资料来源：CR-Nielsen Ad Relevance

图14.10　2009年广告价值估算TOP100网络频道类型分布

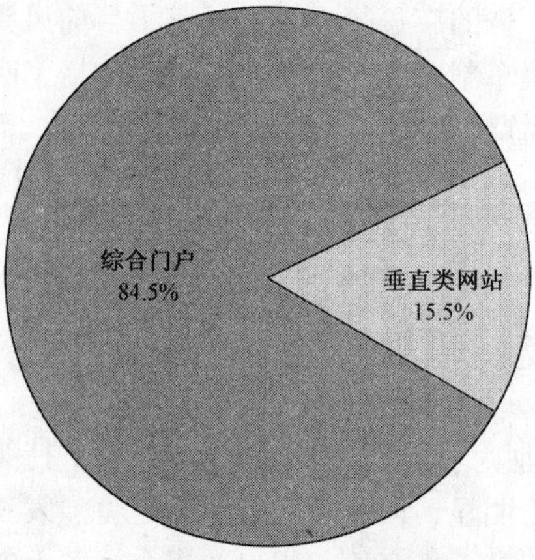

资料来源：CR-Nielsen Ad Relevance

图14.11 2009年广告价值估算TOP100网络频道广告价值估算分布

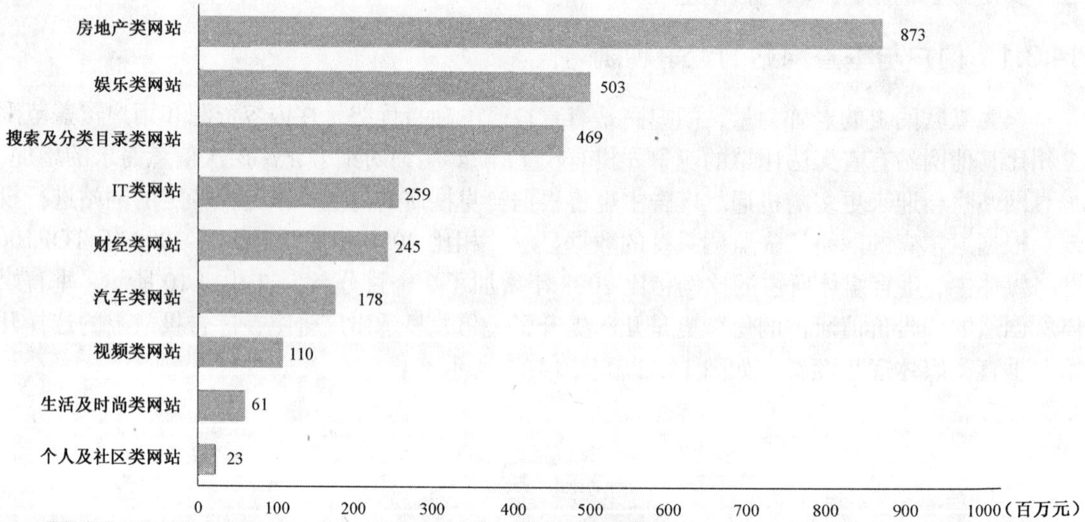

资料来源：CR-Nielsen Ad Relevance

图14.12 2009年广告价值估算TOP100网络频道中垂直类网络媒体情况

14.3.2 用户跨媒介消费日渐加深

在网络视频这一应用诞生之初，曾经有观点怀疑这种新兴的应用模式将替代用户在电视这种媒介上的使用习惯。不过，伴随着网络视频行业在这一段时间内的逐渐成长，研究发现用户并没有将网络视频当作电视的替代品，而是当作了一种补充。伴随着新一代 3G 网络商用化的快速发展，新出现的移动应用在接下来的时间内也将逐步发展起来。中国互联网络信息中心（CNNIC）之前发布的第二十五次《中国互联网络发展状况统计报告》显示，截至 2009 年底，中国的手机网民规模已经达到了 2.33 亿，占网民总体的 60.8%，移动网络、手机终端在中国互联网发展中起到了重要的作用，如图 14.13 所示。

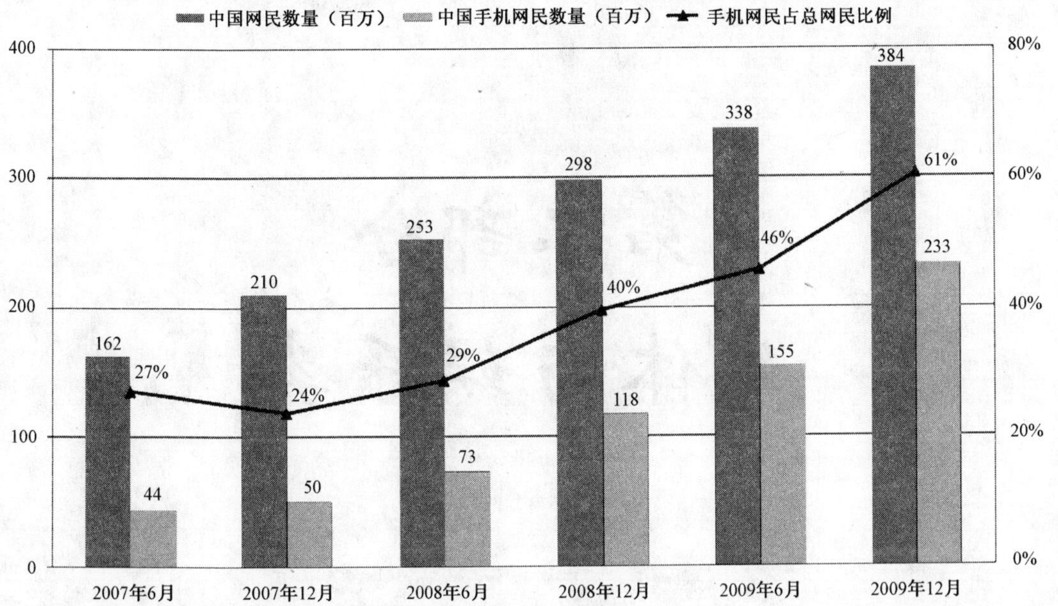

资料来源：CNNIC第二十五次中国互联网络发展状况统计报告

图14.13　中国手机网民数量变化趋势

今后用户在电视、网络视频和移动视频三种媒介的消费当中，可预见将出现各种跨媒介消费习惯，并且用户的这种跨媒介消费不可阻挡，用户将采取最适合自己的媒介来进行消费。

14.3.3　电子商务行为与网络广告将更为贴近

近年来，电子商务取得了巨大的发展。目前，网络购物已经成为了众多网民在线消费行为当中必不可少的一项应用。随着网络支付上的障碍逐步打通，众多B2C和C2C网站取得了快速发展。可预见，伴随着网民网络购物行为的日渐深入，网络广告所起到的作用将愈发突显。网民受到广告的影响，进而产生相应的访问行为，并发生直接购买，以广告作为驱动力的电子商务行为链条将在今后网民电子商务动作环节上占据越来越重要的地位。

（CR-Nielsen　　何英松）

第二部分

媒体与娱乐类

- 2009年中国网络音乐发展情况
- 2009年中国网络游戏发展情况
- 2009年中国网络视频发展情况

第 15 章　2009 年中国网络音乐发展情况

网络音乐是以数字化方式通过信息网络传播的音乐产品，其特点是产品没有物质实体，是信息网络传播技术与音乐内容相结合的产物，不仅包括通常意义上的歌曲和乐曲等音乐产品的数字化形态，还包括为表现音乐产品内容而辅以画面的 MV 和 Flash 等。“信息网络”是包括互联网、移动通信网和固定通信网等各种能够实现互联互动、即时传播、共享共用的信息化网络。由于网络音乐必须依靠数字技术，所以网络音乐也被称做数字音乐。

网络音乐一般分为两部分，一是通过互联网提供在电脑终端下载或者播放的在线音乐，二是移动通信运营商通过无线增值服务提供在终端播放的无线音乐。

近年来，我国网络音乐市场发展迅速，音乐产品通过信息网络等各种有线或者无线方式传播，形成了数字化的音乐产品制作、传播和消费模式，促进了我国网络文化产业的发展，丰富了人民群众的文化娱乐生活。伴随着数字娱乐时代的到来，我国网络音乐产业正处在一个战略机遇期。

15.1　发展概况

中国互联网络信息中心（CNNIC）发布的第 25 次《中国互联网络发展状况统计报告》显示，截至 2009 年 12 月，在我国网民主要网络应用使用行为方面，使用率排名前三甲的分别是网络音乐（83.5%）、网络新闻（80.1%）和搜索引擎（73.3%）。网络音乐在网络应用方面占据“第一把交椅”已经多年，2009 年这一局面继续得到保持。

回顾 2009 年，对于网络音乐来说是不平凡的一年，在这一年里，发生了多起重要事件，对网络音乐的发展产生了重要的影响。

（1）文化部出台《关于加强和改进网络音乐内容审查工作的通知》

近年来，网络音乐在不断发展的同时，也暴露出一些不容忽视的问题，部分经营单位擅自传播未经审查的进口网络音乐产品；部分网络音乐产品格调不高、内容低俗，少数网络音乐产品中甚至出现违法违规内容；侵权盗版、非法链接等侵犯知识产权的现象仍然比较严重；网络音乐市场行为和交易秩序缺乏监管和规范。2009 年 8 月 26 日，文化部印发《关于加强和改进网络音乐内容审查工作的通知》，要求加强对音乐产品搜索服务的管理，并要求网络音乐经营单位建立网络音乐内容自审制度，对由网民自行编创和表演的网络音乐进行审查，确保所提供的网络音乐内容的合法性。业内人士普遍认为，新规将推动正版音乐在网络上的传播和应用，为网络音乐市场创建公平规范的竞争环境，促进网络音乐业务模式的成熟与创新，实现产业链上下游企业的共赢，有利于整个网络音乐行业的健康持续发展。

（2）3G 牌照发放促进网络音乐大发展

2009 年 1 月 7 日，工业和信息化部向中国移动、中国电信、中国联通分别发放了全业务牌照，全业务牌照包括基础电信业务牌照和第三代移动通信业务牌照（即 3G 牌照），随着 3G 牌照的发放，中国电信业正式进入了 3G 时代。目前的无线音乐业务主要依托手机终端开展，3G 技术的应用将大大改善手机上网用户的体验；同时 3G 上网本等其他移动终端也将逐渐普及，为无线音乐业务提供新的终端入口。

（3）网络在音乐推广销售方面的作用得到唱片业的认可和重视

唱片公司转变对网络的看法，开始拥抱网络。2009 年之前，唱片公司总是和网络公司因为版权的问题官司不断。在 2009 年，这种情况有了转变。2008 年 12 月，美国唱片业协会宣布不再采取法律手段打击侵权的个人，改与互联网服务提供商合作，对那些在互联网上涉嫌非法下载受版权保护音乐作品的用户发出警告，如果其还不停止，就切断其网络连接。在国内，音乐公司也已经认识到网络的力量，网络不止是传播渠道，还是聚集人气和最终赢利的强大保证。歌手能不能红，歌曲能不能卖，全靠网络。2009 年 8 月，著名歌手莫文蔚、李宇春均选择互联网作为其新专辑的首发渠道，表明中国的一线歌手和唱片公司已经意识到互联网在歌曲宣传和推广方面的重要性。

（4）Google 推出免费音乐搜索和下载

谷歌中国和巨鲸音乐网 2009 年 3 月 30 日宣布向中国用户正式推出免费正版音乐搜索。谷歌方面表示，这是迄今为止全球唱片工业支持的最大的正版免费音乐下载库。谷歌通过合作方巨鲸音乐网，已同全球四大唱片公司、140 多家独立唱片公司、国际四大词曲出版商和中国音乐著作权协会建立了合作关系，已获得超过 110 万首音乐的正版授权。业内人士认为，谷歌音乐的推出有利于中国在线音乐市场的规范化竞争。谷歌作为中国市场上第二大搜索引擎服务商，推出正版音乐，起到很好的示范作用；同时谷歌的正版音乐将对竞争对手产生一定的舆论压力，从而促进在线音乐市场的规范化竞争。

15.2 市场分析

15.2.1 市场规模

国际唱片产业联盟（IFPI）调查结果显示，2009 年数字音乐的全球销售额比上年增加 12%，达到 42 亿美元，占音乐市场整体销售额的 27%。音乐市场的整体销售额在 2009 年上半年下降了 12%，2009 年全年也同样呈减少趋势。该联盟指出，非法文件交换等在线著作权侵权行为妨碍了合法音乐销售额的增长。虽然数字音乐销售额自 2004 年以来扩大了 940%，但同期音乐业界的整体销售额却缩小了 30%。

据估计，2009 年中国数字音乐市场规模将达到 17.9 亿元人民币，同比增长 8.2%。其中，无线音乐营收占 92.1%，在线音乐营收占 7.9%，如图 15.1 所示。中投顾问发布的《2010—2015 年中国数字音乐市场投资分析及前景预测报告》显示，2009 年中国数字音乐的市场规模达到近 18 亿人民币。

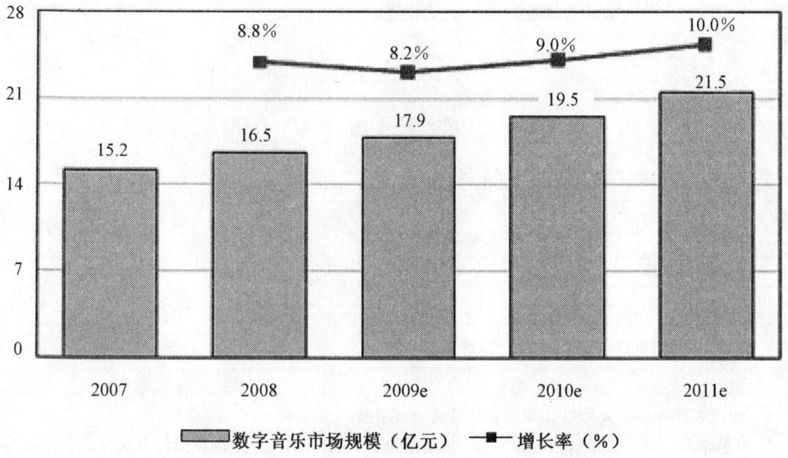

注：数字音乐市场规模为在线音乐服务商营收与无线音乐市场SP音乐内容营收之和。

资料来源：综合上市公司财报，行业访谈数据，根据艾瑞统计预测模型核算及预估数据。

图15.1　2007—2011年中国数字音乐市场规模

据估计2009年中国的在线音乐市场达到了1.4亿元人民币，年增长率为8.2%；2010—2011年，在线音乐市场规模的增长率将提速，预计2011年市场规模将增至1.7亿元人民币。

艾瑞咨询根据上市公司财报数据、行业访谈数据及艾瑞咨询统计模型预测所得，2009年中国SP提供无线音乐内容所得收入总额将达到16.5亿元人民币，与2008年相比增长8.2%。预计2011年中国无线音乐市场规模将达到19.8亿元人民币。

15.2.2　市场格局

2009年，中国网络音乐市场呈现如下特点。

（1）无线音乐与在线音乐仍然保持“一头大一头小”的局面

中国互联网络信息中心（CNNIC）第25次《中国互联网络发展状况统计报告》显示，手机和笔记本作为网民上网终端使用率迅速攀升，其中，手机增长率为98.3%，笔记本电脑增长率为42.4%，而台式机的增长率仅为5.8%。2009年，互联网随身化、便携化的趋势进一步明显，这一特点也影响着网络音乐市场格局。2009年中国网络音乐总的构成中，无线音乐占92.1%，在线音乐占据7.9%，总的来说，无线音乐和在线音乐仍然保持了“一头大一头小”的局面，如图15.2、图15.3和图15.4所示。

（2）用户免费、广告主付费成为在线音乐服务商的主流营收模式

艾瑞咨询研究报告显示，2009年中国在线音乐市场规模同比增长8.2%，将达到1.4亿元人民币；其中，88.3%来自网络广告收入，用户付费仅占5.1%。中国在线音乐市场中，用户付费习惯尚未养成。艾瑞咨询调研数据显示，94.1%的中国网民在过去一年中没有为音乐内容付过费。用户免费、广告主付费成为在线音乐服务商的主流营收模式。音乐类网站广告收入的增加是中国在线音乐市场规模增长的主动力。其中，凭借较高的品牌知名度，2009年音乐内容频道的广告收入均呈现增长趋势；综合门户及音乐搜索类网站，一听音乐网等专业音乐网站凭借专业化的内容，广告收入也有所增加，如图15.5所示。

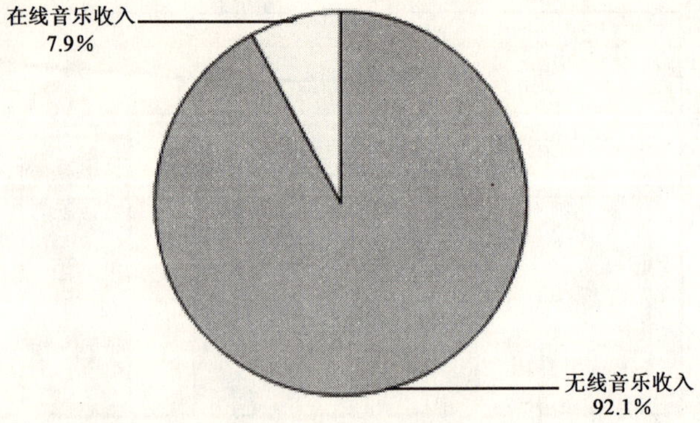

注：无线音乐收入按照SP无线音乐营收总额计算
资料来源：综合上市公司财报，行业访谈数据，根据艾瑞统计预测模型核算及预估数据。

图15.2　2009年中国数字音乐市场结构

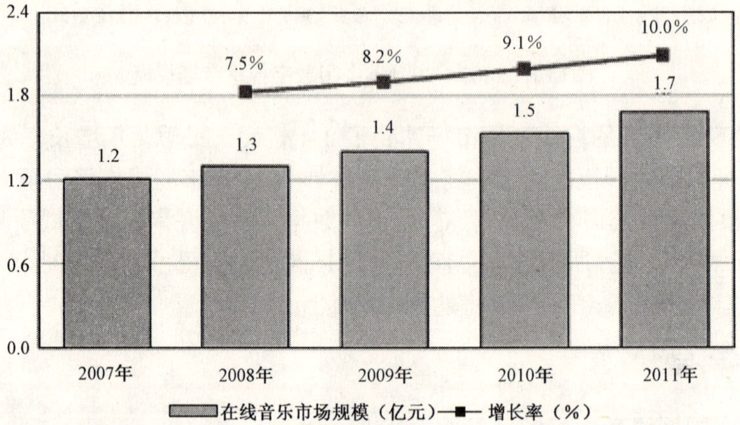

注：在线音乐市场规模是指在线音乐服务提供商通过提供音乐服务所得营业收入之和。
资料来源：综合上市公司财报，行业访谈数据，根据艾瑞统计预测模型核算及预估数据。

图15.3　2007—2011年中国在线音乐市场规模

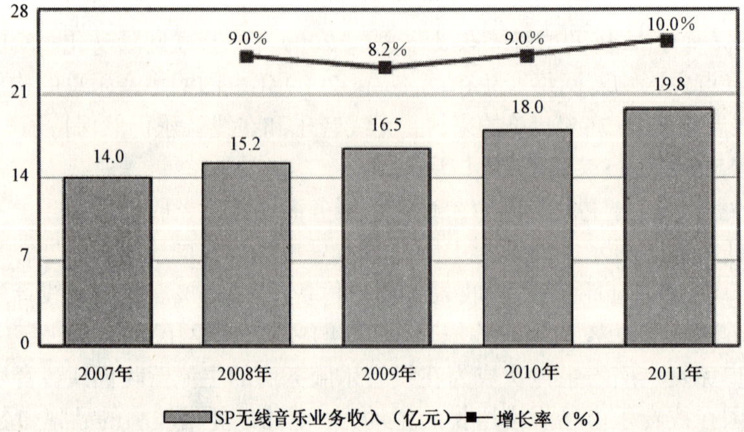

注：无线音乐市场规模为SP通过音乐内容获得的营业收入之和，已扣除分给OP的通道费。
资料来源：综合上市公司财报，行业访谈数据，根据艾瑞统计预测模型核算及预估数据。

图15.4　2007—2011年中国无线SP营收规模

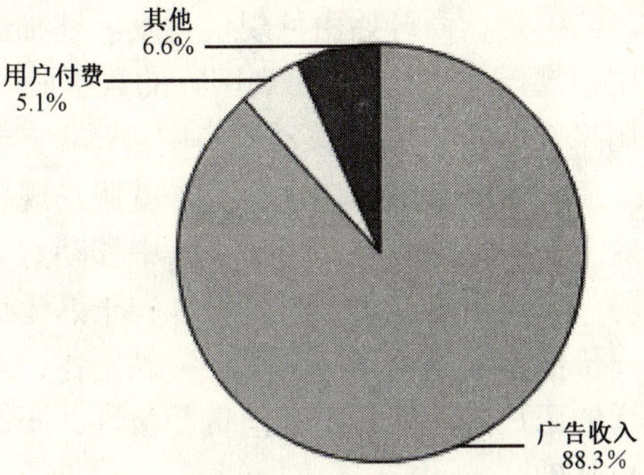

注：其他包括音乐推广收入、在线音乐服务商用软件推广、游戏收入等。
资料来源：综合上市公司财报，行业访谈数据，根据艾瑞统计预测模型核算及预估数据。

图15.5　2009年中国在线音乐市场结构

（3）市场格局仍然处于不断变化之中

网络在不断变化，网络音乐的市场格局也在不断地变化。新的商业模式在不断地产生，改变着市场格局。有业内人士设想，可在网络音乐中加入植入性广告，类似视频网站，事先跟广告商谈妥，在音乐出厂时就添加植入式广告，让所有用户不听也得听。对于唱片公司来说，这可能是在盗版乱象中维护利益的最后一招。

15.3　用户分析

15.3.1　用户规模

2007—2009 年在线音乐用户（总网民数 × 网络音乐使用率）规模如图 15.6 所示。

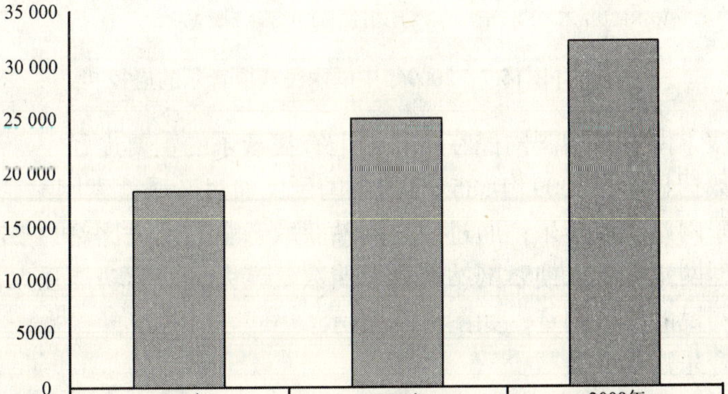

	2007年	2008年	2009年
在线音乐用户	18 200	24 900	32 064

图15.6　2007—2009年中国在线音乐用户数

2009 年，在线音乐用户数超过了 3 亿，比 2008 年增长了近 30%，净增 7 千万，说明在线音乐在 2009 年迅速普及。

易观国际发布报告称，电信运营商开始由从规模化发展基础服务用户向深挖存量用户价值转变，2009 年无线音乐用户规模增速放缓。易观国际的数据显示，截至 2009 年 9 月 30 日，中移动已经发展无线音乐用户 3.99 亿，在其移动用户中渗透率达到了 78.5%，其中无线音乐俱乐部会员 11 516.9 万人，其中高级会员 8776 万人，就用户规模而言，无线音乐产业取得了巨大的成功，其规模化效应已经形成。在此情况下，中移动对无线音乐基础服务用户的营销力度比 2008 年有所减弱，用户更多是出于自发加入；于是无线音乐用户增速开始放缓，但中国移动在深挖存量用户价值方面进行了一些重点突破工作，通过无线音乐俱乐部高级会员及铃音套餐等诸多形式增加用户的消费频次和消费积极性，同时也为无线音乐的移动互联网应用奠定了规模化的用户基础。

15.3.2 用户特征

2009 年，中国网络音乐用户特征及行为习惯主要表现为。

（1）互联网是中国网民获取音乐内容的主渠道

艾瑞咨询调查显示，2009 年 97.6%的中国网民选择从互联网上获取音乐，这一比例远远高于传统的 CD、磁带以及新兴的移动互联网渠道。互联网已成为音乐内容传播的重要渠道，如图 15.7 所示。

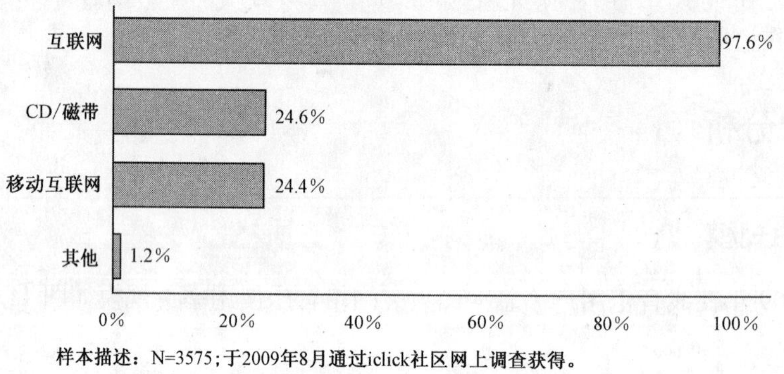

图15.7　2009年中国网民获取音乐的途径

（2）音乐搜索网站是中国网民在互联网上查找音乐的主要途径

艾瑞调研数据显示，2009 年 85.8%的中国网民通过音乐搜索网站获取歌曲；48.2%的网民通过专业音乐网站获取音乐；通过门户网站获取音乐的网民比例为 27.1%。相比专业音乐网站等其他类型网站，音乐搜索网站兼具歌曲数量庞大，搜索功能强大，操作简捷的特点，由此吸引诸多网民的访问浏览，如图 15.8 所示。

（3）网络音乐购买人数减少

美国市场研究公司 NPD 发布的数据显示，2009 年的网络音乐购买者比上一年减少了 100 万人。减少的用户多数为 2007 年和 2008 年首次通过网络购买音乐但现在已经对此失去兴趣的用户。但用户对于网络音乐下载服务的热情仍然非常高，平均每名用户每年用于购买网络音乐的资金从去年的 33 美元增加到 50 美元。

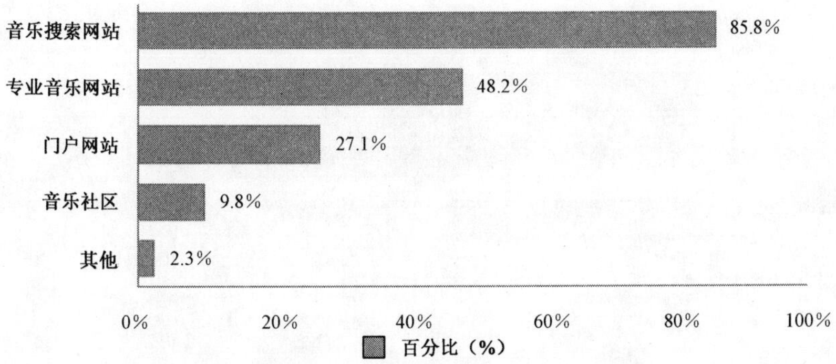

样本描述：N=3575；于2009年8月通过iclick社区网上调查获得。

图15.8　2009年中国网民在互联网上获取音乐的途径

（4）中国在线音乐市场上逾六成网民通过电脑端软件收听音乐

艾瑞咨询 2009 年 8 月份调研数据显示，中国网民主要通过电脑端软件收听音乐内容。艾瑞咨询数据显示，63.4%的被调查者通过电脑上的播放软件收听音乐，其余 36.6%的用户选择在网页上直接收听音乐，如图 15.9 所示。

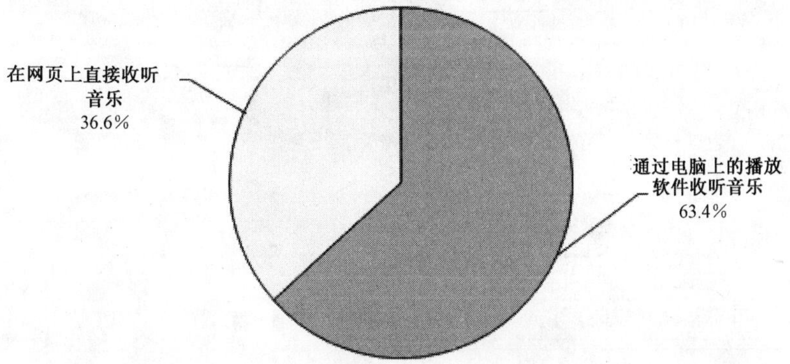

样本描述：N=3575；以上样本于2009年8月通过iclick社区网上调查获得。

图15.9　2009年中国网民的听歌方式

（5）通过电脑端软件收听音乐的网民中六成介于 18～30 岁

艾瑞咨询 2009 年 8 月份调研数据显示，通过电脑端软件听音乐的网民中，25～30 岁用户占比达 43.1%，18～25 岁用户占比为 23.9%，如图 15.10 所示。

（6）口碑传播为音乐播放器推广的首要途径

艾瑞咨询 2009 年调研发现，朋友之间的口碑传播成为用户知晓一款音乐播放器的首要途径。数据显示，通过朋友推荐途径首次知晓一款音乐播放器的用户比重最高，达到 44.7%；其次是软件分类网站，通过该途径首次了解一款音乐播放器的用户比重为 34.9%；以音乐公司网站、电脑厂商为推荐渠道的用户比重分别为 10.9%和 7.3%，如图 15.11 所示。

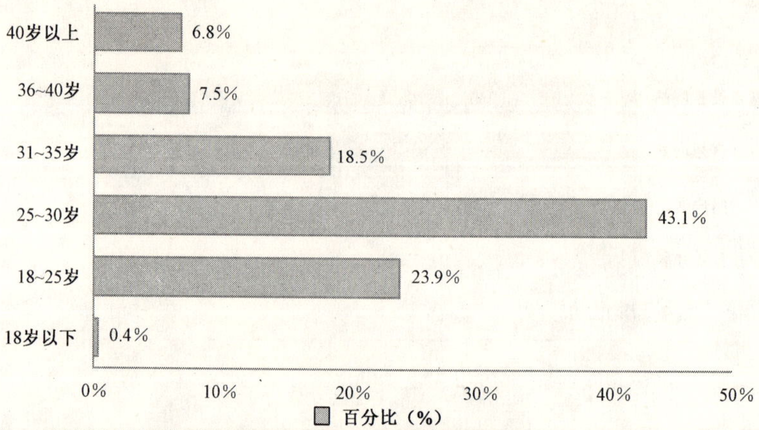

注：电脑端听音乐是指通过电脑上提前安装的音乐播放器收听音乐。

样本描述：N=3575；于2009年8月通过iclick社区网上调查获得。

图15.10　2009年中国电脑端听音乐用户的年龄分布

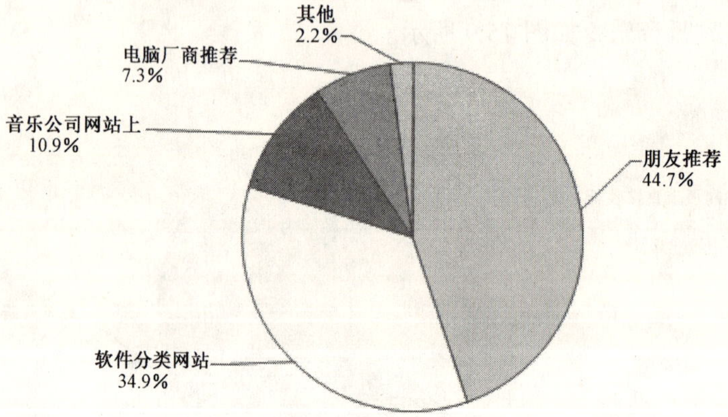

样本描述：N=2265；于2009年8月通过iclick社区网上调查获得。

图15.11　2009年中国网民获知音乐播放器的途径

（7）歌曲名称为中国网民最常使用的音乐搜索关键词

艾瑞咨询 2009 年调研发现，中国网民在互联网上搜索音乐时最常输入的关键词为歌曲名称。数据显示，在互联网上搜索音乐时，90%以上的中国网民选择输入歌曲名称进行音乐搜索，64.7%的网民通过输入歌手姓名进行音乐搜索。此外，通过一两句歌词、歌曲专辑名搜索音乐的用户比重分别为 38.6%和 25.4%，如图 15.12 所示。艾瑞咨询分析认为，相比歌词、专辑名，歌曲名称及歌手姓名更为容易记忆。艾瑞咨询建议，音乐唱片公司在进行音乐内容推广时需侧重对单曲名称的宣传，音乐搜索服务商增强歌曲名称关键词的搜索匹配功能。

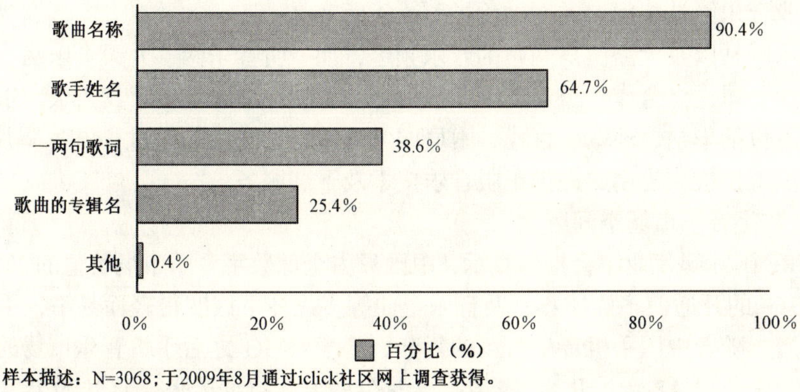

图15.12　2009年中国网民在互联网上搜索音乐时输入的信息

15.4　音乐网站发展情况

音乐网站是网络音乐经营主体在互联网上的门户，不管以何种模式（商业或者公益等）来经营网络音乐，内容丰富、功能齐全都是音乐网站吸引用户不可缺少的特点。在一定程度上，音乐网站的发展、演变情况，真实地反映着网络音乐发展情况。

2009年，中国音乐网站的发展表现出如下特点。

（1）音乐搜索网站继续保持领先优势

百度MP3搜索推出的几年中，培养了大批忠诚用户。这些用户更看重音乐服务的体验，而非音乐的正版与否。艾瑞咨询IUT数据显示，2009年4—7月期间，百度MP3用户数量并未因谷歌正版音乐的推出而锐减。

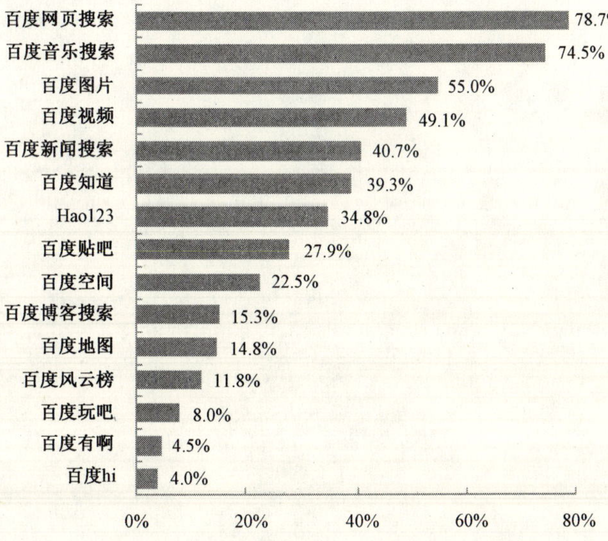

图15.13　百度首选用户使用的搜索功能

（2）专业音乐网站、门户类网站积极引入正版产品

专业音乐网站以及大型门户网站的音乐频道，如一听音乐网、九天音乐网、新浪等都已与国内外唱片公司建立合作，引入正版音乐内容。谷歌在中国推出了其正版音乐免费下载服务，并获得了包括华纳、环球、百代、索尼四大唱片公司在内的超过 140 家唱片公司近 110 万首歌曲的正版授权，为用户提供正版音乐搜索及下载服务。

（3）3G 数字音乐市场空间巨大

根据 IFPF 国际唱片业协会报告显示，中国只占全球数字音乐市场价值的 1%，发展空间十分庞大。3G 的开通使多媒体彩铃及音乐全曲等多媒体下载变得轻而易举，手机音乐的热潮将锐不可当。随着中国手机音乐市场的复苏，基于对 3G 之后手机音乐市场的乐观，中国最大的数字音乐公司 A8 音乐开始以购买“未来”的方式持续扩张，于 2009 年 4 月宣布买断来自中国台湾的华研音乐当前以至未来两年所有歌曲在内地区手机的版权。

（中国互联网协会　郝智超）

第 16 章　2009 年中国网络游戏发展情况

16.1　发展综述

网络游戏产业是一个新兴的朝阳产业，经历了 20 世纪末的形成期阶段，及近几年的快速发展，现在中国的网络游戏产业处在成长期，并快速走向成熟期的阶段。2009 年对于互联网产业来说是一个冬天，而金融风暴对网络游戏产业的影响并不算很大，中国网络游戏无论在市场运营方面以及用户规模方面都有了显著的提高。

第一，网络游戏渗透趋势愈加明显，这种渗透一方面包含行业内向外的渗透，如部分规模较大的公司纷纷涉足文学、影视领域，在增加盈利渠道的同时推动自身产品的推广；另一方面则是更多的机构开始涉足网络游戏行业，如广电系统和中粮生产队等。但总体而言，网络游戏已经不是独立的行业，未来它在文化创意和传播等领域发挥的作用将持续提升。

第二，2009 年盛大、搜狐等企业纷纷独立游戏业务分拆上市。这种分拆一方面有助于自身业务的发展，避免业务间影响，而同时也意味着网络游戏业务的壮大，已经有了雄厚的实力，能够独立支撑业务。但分拆上市只适用于部分业务较多的公司，对于以中小型公司为主的行业而言，并不能成为流行模式。

第三，网络游戏行业依然面临政策风险，以网易为例，由于其产品《魔兽世界》并没有取得新闻出版署的审批而提前运营，为其营收造成巨大损失。而这一事件一方面提醒行业内公司要注重政策环境，依法运营网络游戏；另一方面也应引起政府重视，提升政策效率，消除盲点。

第四，用户方面，根据中国互联网络信息中心（CNNIC）第 25 次《中国互联网络发展状况调查》显示，国内网络游戏用户规模已经达到 2.65 亿人（此处指半年内至少使用过一次任何网络游戏类型的用户），使用率为 68.9%。网络游戏是 2009 年所有互联网娱乐服务种类中唯一用户使用率上升的服务。与此同时，网络游戏用户增长率持续下降，2009 年网络游戏用户增长率为 41.5%，较 2008 年下降 8.1 个百分点。2009 年网络游戏用户规模增长主要有三个原因促成：（1）网民数量的增长，从 2008 年底的 2.98 亿增长到 2009 年底的 3.84 亿；（2）网页游戏在 2009 年得到了良好的发展，领先网络游戏厂商对于网页游戏领域的涉足，网页游戏公司的兴起均对用户规模增长起到促进作用；（3）SNS 游戏（社交类游戏）在 2009 年迅速崛起，其依靠人际关系基础和操作简便的特性为网民进入网络游戏领域建立了良好的登录平台。

16.2 网络游戏市场分析

16.2.1 市场规模

2009 年中国网络游戏市场规模（仅包括面向玩家的游戏运营收入，不包括海外出口收入和通过其他赢利模式获得收入），从文化部统计数据来看，为 258 亿元人民币，其中，国产网络游戏市场规模达到 157.8 亿元人民币，占总体市场规模的 61.2%，如图 16.1 所示。

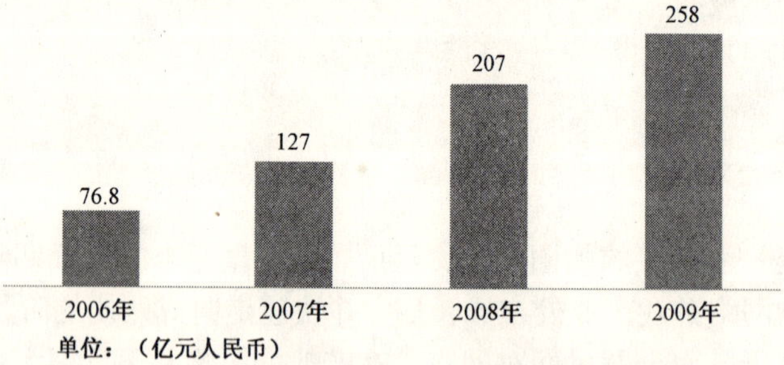

图16.1 2009年中国网络游戏市场规模

产品营收结构方面，大型多人同时在线角色扮演游戏（MMORPG）依然是市场的主导力量，根据 2009 年文化部统计数据显示，MMORPG 占整体网络游戏市场的比例约为 79%，市场规模达到 203.8 亿元人民币，较 2008 年增长 35.2%；高级休闲游戏（ACG）的增长速度在加快，2009 年高级休闲游戏占总体网络游戏市场规模的比例约为 13.8%，市场规模达到 35.5 亿元人民币，较 2008 年增长 49.7%；从海外出口状况方面分析，2009 年中国网络游戏海外出口收入达到 1.06 亿美元，较 2008 年增长 47.2%，而 2008 年海外出口收入同比增速仅为 30.9%；当前我国自主研发网络游戏出口以 MMORPG 为主，高级休闲游戏较少。

16.2.2 市场竞争格局

2009 年网络游戏运营商市场格局发生变化，腾讯取代盛大成为第一名，盛大和网易分居二、三名，前三名总共占据 52.9%的市场份额。排名前十二的企业依次为腾讯、盛大、网易、搜狐畅游、完美时空、巨人、久游、光宇华夏、九城、金山、网龙和世纪天成，他们总共占据中国网络游戏市场 87.7%的市场份额。从季度营收状况看，可以将中国网络游戏运营商分为三个梯队：

盛大、网易和腾讯等起步较早的游戏运营商构成第一梯队；腾讯游戏收入较 2008 年增长 131.6%，游戏收入达到 53.9 亿元人民币，以 20.9%的市场份额首次取代盛大成为网络游戏市场占有率第一。盛大以 18.6%的市场份额居于第二，游戏收入达到 48 亿元人民币；网易 2009 年游戏收入为 33.7 亿元人民币，占整体市场规模的 13.1%排名第三。前三位公司市场份额总和占到整个网络游戏市场规模的 52.6%。从该梯队厂商的发展态势看，未来这一梯队运营商之间竞争会进一步激烈。

第二梯队厂商季度收入一般在 4 亿元人民币左右，代表厂商有完美时空、九城、巨人等，该梯队厂商特点是主要依靠自身游戏产品赢利，相比于第一梯队厂商而言，该梯队厂商在渠道建设以及营销方面还存在很大提升空间，这也导致这一梯队的竞争主要集中在产品层面。

而对于第三梯队游戏厂商而言，发展环境更为严峻，在资金缺乏和渠道建设不完善的状况下，在激烈的竞争环境下要在市场中取得一席之地并不容易，未来对于该梯队有较好创意或者产品而言的厂商，被收购或者与大厂商合作运营的情况将会增多，而其他运营商被淘汰的几率也将加大，目前国内 70%的第三梯队厂商都处在亏损状态。

16.2.3　市场竞争趋势

总体而言，中国网络游戏依然处于粗犷型发展阶段。2009 年网络游戏市场中，赢利能力最强的大型网络游戏呈现出了发展模式以及运营方式的转变需求。首先，用户的网络游戏行为更为理智，这包括偏向付费模式的网络游戏用户逐步增加，游戏产品选择方面主要以朋友介绍以及自主判断为主，这必然会影响未来网络游戏的赢利模式以及营销策略。此外，网络游戏行业将逐步向“专业化”发展，中国是网络游戏大国，但并不是强国，主要表现在产品出口较少、使用率最高的 5 款游戏均属于进口，而这种状况也将推动中国网络游戏整体向品质发展提出需求，这种品质包括产品品质和服务品质，这种需求也会推动未来游戏产品的研发与运营将逐步细分。

16.3　网络游戏用户分析

16.3.1　用户规模

中国互联网络信息中心（CNNIC）针对网络游戏营收主体用户，即每月至少使用过一次大型多人在线游戏产品的用户做出相应调研，调查结果显示 2009 年中国大型网络游戏用户规模为 6931 万人，2008 年该用户规模为 5550 万人，增长率为 24.8%，如图 16.2 所示。增长原因主要来自两方面，首先是农村地区网络游戏用户增长较为迅速，增长率达到 28%；另一方面是休闲游戏继续保持高速发展的态势，增长率为 19.7%，休闲游戏的增长也促进了女性游戏用户的大幅增加。

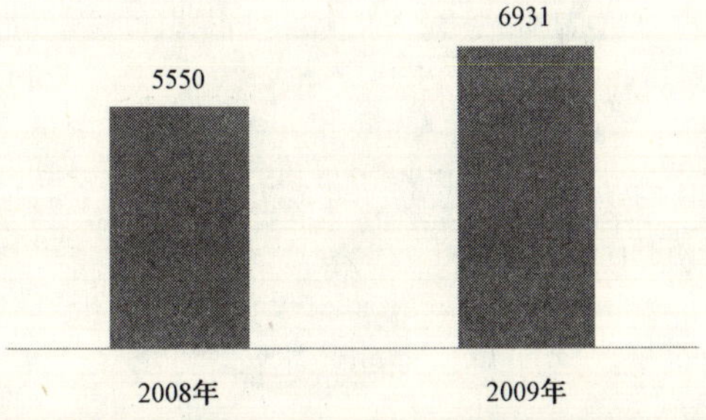

图16.2　2009年中国大型网络游戏用户规模（单位：万人）

16.3.2 用户特征

据中国互联网络信息中心（CNNIC）2009 网络游戏用户调研数据显示，女性网络游戏用户比例 38.9%（2008 年该比例为 38.1%），男性比例为 61.1%。网络游戏行业的成熟意味着产品线的完善，而这种完善也为女性用户的开发奠定了基础。因此，女性网络游戏用户依然是未来大型网络游戏用户增长的主要动力。

青少年是中国最大网络游戏群体。整体网络游戏用户中，19～22 岁年龄段用户群体最大，占到整体网络游戏用户的 45.7%，23～25 岁以及 18 岁以下岁年龄段用户比例分别为 21.8% 和 15.2%，30 岁以上游戏用户比例为 4.4%，如图 16.3 所示。

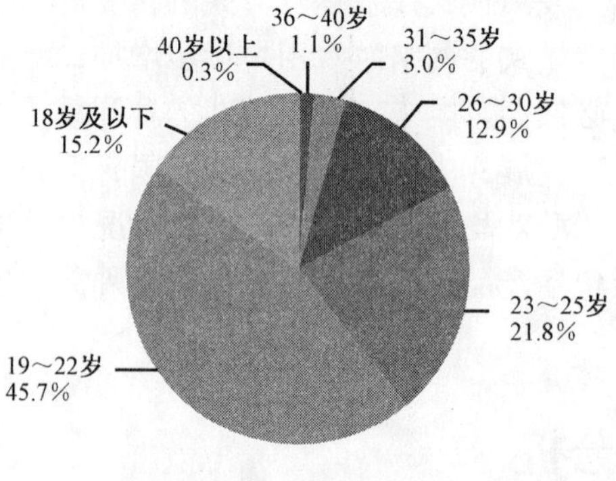

图16.3　2009年中国大型网络游戏用户年龄构成

虽然 30 岁以上用户较网络游戏发展初期比例有所提高，但网络游戏以青少年群体为主的形式短期内很难改变。网络游戏之所以吸引用户实际上与马斯洛需求理论有很大重合度。在满足个人生理以及安全感等底层的需求后，获得尊重、归属感以及自我实现等较高层次的需求变得越来越强烈，而这些需求对于青少年群体很难在现实社会满足，因此，该人群往往会依赖网络游戏空间去获取，而成年人对于虚拟的满足需求则有限，此情况对于 MMORPG 类型产品尤为明显。因此，与女性网络游戏市场相比，大型网络游戏高年龄用户的开发更为困难。

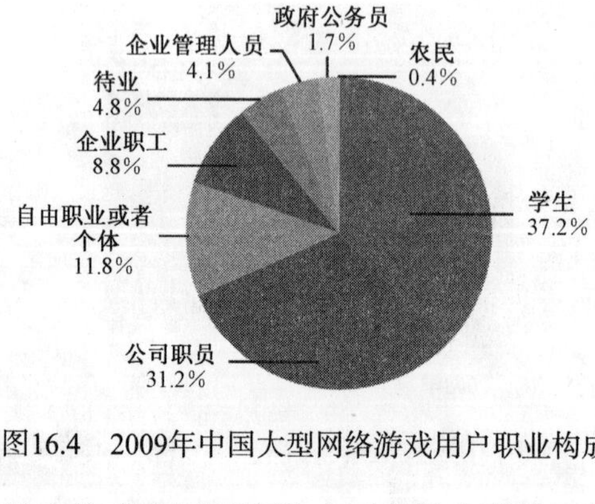

图16.4　2009年中国大型网络游戏用户职业构成

如图 16.4 所示，在校学生构成中国网络游戏用户最大群体。与网络游戏用户年龄相呼应的是用户的职业，中国网络游戏用户职业构成可分为三个梯队：在校学生与公司职员组成第一梯队，比例分别为 37.2%和 31.2%，远远高于其他职业群体；自由职业者（包括个体）与企业职工构成第二梯队，用户比例分别为 11.8%和 8.8%；其他职业群体构成第三梯队，该梯队群体所占比例均不超过 5%。学生与公司职员比例较 2008 年有所上升，而自由职业者与企业职工比例较 2008 年有所下降。

中国整体网络游戏用户收入偏低。在整体中国网络游戏用户中，无收入人群占到 28.5%，该人群主要由在校学生构成；收入在 1001～2000 元的用户群体占到 25.5%，而收入在 5000 元以上的游戏用户比例为 4.3%，如图 16.5 所示。由于网络游戏总体上较其他娱乐方式而言花费较低，因此收入对于网络游戏影响力度并不明显。

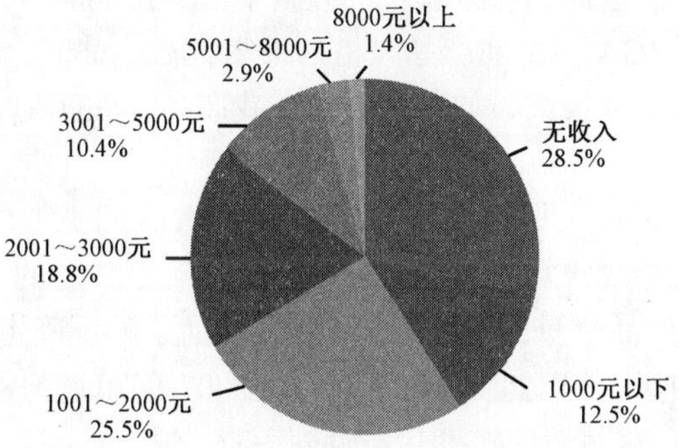

图16.5　2009年中国大型网络游戏用户收入结构

16.4　网络游戏赢利模式

16.4.1　增值服务

中国网络游戏行业的成熟带动了虚拟物品交易产业的兴起。虚拟物品交易产业作为网络游戏市场的第二市场占到了网络游戏市场将近 40%的份额，对网络游戏行业的发展起了至关重要的作用。与此同时，自 2002 年开始各种虚拟交易机构开始成立，专业虚拟物品交易公司、代练公司，甚至 C2C 等电子商务网站也纷纷加入这一市场，虚拟交易物品的类型、数量以及规模均在逐步增多。2008 年中国网络游戏运营商虚拟物品销售收入突破百亿，达到 105 亿元人民币，同比增长 52%，2009 年市场规模达到 157 亿元人民币，到 2010 年将达到 213 亿元人民币。同时，虚拟物品交易也存在一些问题，如法律属性无法界定，虚拟物品犯罪量刑困难等。因此，目前中国对于虚拟物品的管理应针对不同的虚拟物品类型，实施不同的监管措施以区别对待。

运营商以及第三方交易平台应成为虚拟交易主要监管以及政策制定对象。2008 年底，国家税务总局批复各个地方税务局，个人通过网络买卖虚拟货币取得的收入将征收个人所得税。此举无疑加速了国家对虚拟物品交易管理的进程，与此同时，由于监管对象为主要为个人，实施难度仍然很高。但由于用户的交易方式主要以线上交易为主，而交易类型为主要为虚拟物品交易网站和 C2C 往网站为主，因此对中国网络游戏行业的监管应以运营商以及第三方交易平台为主要对象。

16.4.2 内置广告

网络游戏的赢利模式已经确定，包括点卡和虚拟物品等，但如果进一步开发游戏的潜在价值，与其他领域的合作已经成为不可缺少的一步，通过与不同领域公司的合作，可以起到相互促进的作用。随着休闲游戏数量的增多，网络游戏庞大的客户数量和固定的用户，都为IGA创造了条件，2009年国内网络游戏内置广告营收在4亿元人民币左右。但IGA的发展依然存在很多障碍。

首先，IGA正处于发展初期，绝大多数运营中的游戏并没有为广告预留空间，IGA的植入必然会引起游戏的更改，进而造成升级包的频繁下载，影响客户体验。此外，存在影响用户体验的另一个原因就是IGA与游戏产品风格的冲突，IGA对于游戏类型要求较高，角色扮演以及古代背景游戏植入难度较大，如果广告与游戏产品存在匹配方面的缺失，必然会影响玩家对游戏的接受程度。

其次，客户认知度是IGA发展初期的又一影响因素，对于广告主而言，其更关心广告的有效性以及覆盖率，但在游戏研发以及推出初期，游戏玩家数量的不确定性会影响广告主对其的选择，尤其在同质化产品严重的市场形势下，游戏前景的不确定性将这一问题更加扩大。

最后，游戏运营商的接受程度也有待提高，以2007年市场为例，IGA只占到整体网络游戏市场规模的1%左右，这将影响游戏运营商对IGA的引入。

16.4.3 收费模式

2009年，网络游戏收费模式已经基本固定，且短时间内不会有很大变化，主要包含3种运营模式：时间收费（包括按时间收费以及包月、包季度等方式收费）、道具收费（游戏免费、道具收费）、时间与道具并行的方式。根据中国互联网络信息中心（CNNIC）调查显示，用户更倾向于时间与道具并行的方式—报月报季度模式，占用户消费偏好的40.8%，如图16.6所示。

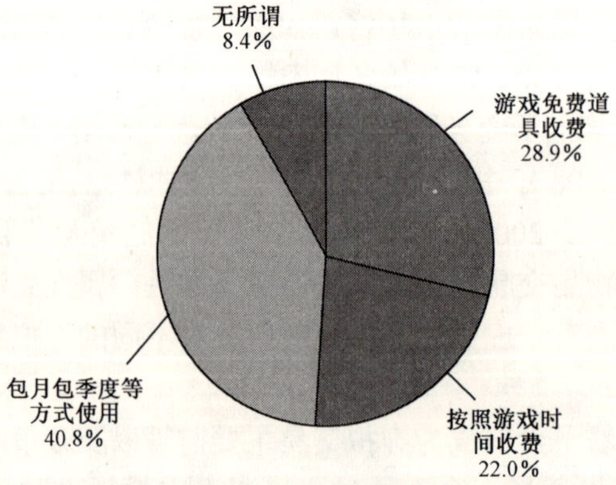

图16.6　2009年中国大型网络游戏用户消费偏好

（1）时间收费　时间收费主要包含两种形式：点卡和包时卡。点卡即将点数按一定比例兑换用户使用游戏的时间，时间单位（小时、分、秒）进行消费，退出游戏之后不会形成消费，这种方式适合不定期以及短时间玩游戏的玩家。

（2）道具收费　网络游戏依然以免费游戏为主，而这种模式对于网络游戏娱乐体验的提升造成一定阻碍。之所以玩游戏，主要是以娱乐为主，而免费游戏往往使游戏产品演变为“金钱为王”的状态，用户需要花大量的资金去购买装备才能获得较好的游戏体验，这种现象在MMORPG方面尤为明显，而随着花费的增加，用户在资金方面的心理承受必然会降低，进而影响用户的游戏体验。

（3）包月、包季度模式　包月、包季度的付费模式是按时收费与道具收费之间最好的“折中”方案。道具收费注重的是用户的心理诉求，一旦用户投入到游戏中，花费会直线上升；另一方面，虽然按时收费的花费并不会比道具收费高，但由于需要“持续花费”，对于用户而言，接受程度会造成一定影响。因此，包月、包季度的收费模式既避免了用户对于“道具”过分热衷产生的花费，又改善了用户持续按时花费的心理接受程度，成为最受喜好的模式也就顺理成章。

16.5　网络游戏发展特点与趋势

16.5.1　联合运营盛行

联合运营是近年来网络游戏行业出现的新的经营模式：即游戏版权拥有方将游戏授权给多家运营商运营，运营商向版权拥有方支付运营收入分成。随着2008年以来网页游戏的火爆，联合运营迅速成为这个细分行业的主要经营模式并受到业界的广泛关注，而且游戏行业的领军者盛大也开始尝试和其他中大型游戏运营商联合运营。

联合运营作为一种新的运营模式，它是伴随着市场发展和市场需求的出现的，有以下的积极影响：首先，拓展了中小型互联网企业的盈利模式，联合运营使得大量拥有用户资源的网站可以以较低的投入运营网络游戏，将他们免费的用户资源转化为收入，从而拓展了盈利模式，扩展了收入来源；其次，联合运营使得拥有技术及产品的开发商和拥有用户资源的运营商优势互补，降低了运营风险，有利于开展抱团营销；最后，联合运营是产业减少恶性竞争，走向良性发展的标志。伴随着市场规模的迅速增长，游戏行业的市场竞争也日趋激烈，过去几年部分游戏运营商之间频频爆出恶性竞争的案例。而联合运营则显示了网络游戏运营商之间存在合作的基础，特别是行业领军企业开展联合运营，显示了行业在向良性方向发展，有利于减少恶性竞争。

有一个很有意思的现象，虽然“自主研发并运营”的可控性明显高于“联合运营”的模式，但实际市场情况是，目前渗透率最高的5款产品，均是代理运营产品。可见，对于中国市场而言，“产品运营”显得更为重要一些（这并不意味着自主研发的忽略），这也是运营商能够采取联合方式的原因之一。

16.5.2　网络游戏社区化运营

所谓社区是指网上特有的一种虚拟社会，它通过把具有共同兴趣的人群集中到一个虚拟空间，达到成员相互沟通的目的。如早期的BBS、聊天室以及基于六度理论的社交网站等，均属于网络社区。而网络游戏与社区的结合主要表现为两种形式：首先是游戏产品社区化。交友是玩家在使用网络游戏的重要活动之一，某些厂商正是利用这一点在游戏产品中着重加入了社交元素，暂且称之为产品社区化，其主要目的是通过用户之间的社交关系提高用户对游戏的黏合度，当然也是不少厂商用于宣传炒作的对象。网络游戏的另一种社区化形式则是来自于外部，即通过建立、入股、收购社交平台等措施实现网络游戏与社区的结合，称之为运营社区化，其目的主要用于营销。2009 年随着巨人入股 51.com，又将网络游戏社区化推向一个新的高潮。

对于运营社区化主要具有以下四点优势：

（1）直接带来潜在用户　对于盛大、久游等拥有多款游戏产品的运营商，通行证（只需注册一次，则可使用该运营商全部游戏产品）无疑对用户提供了不少方便，但这种做法只能限制在游戏用户范围内，对于新用户开发并没有起到很大作用，从某种角度而言，会引起公司内部产品竞争。而通过社区网站则可避免上述弊端，由于两种服务的产品区隔，对游戏潜在客户的开发提供了方便。

（2）社区建立了竞争壁垒　网络游戏的用户已经从 18～25 岁这一年龄段逐步向两端扩展，因此运营商的争夺也并不是局限在网络游戏用户，而是整体互联网用户。虽然中国互联网的用户总量一直保持上升的态势，但对于单一服务的用户数量上升空间并不巨大，因此对于网络游戏服务商而言，抓住相关行业主要厂商，也就抓住了该行业的用户，这无疑为竞争对手提高了门槛。

（3）口碑营销　心理学有一种认同心理，即和你同样的人，如同学、朋友的某种行为，很容易引起你做出相同的举动，而对于网络游戏而言，实现这一目标的最好方式无疑是社区网站，通过社区网站中好友游戏行为的信息共享，必然会对用户开发起到促进作用。

（4）社区与游戏的互相促进　和其他 Web2.0 服务一样，社区网站除了广告以外并没有合适的盈利模式，但其营销价值却在逐步显现，而与同样以网络为基础的网络游戏结合进行营销，无疑能够对彼此业务起到互相促进的作用，实现双赢。

16.5.3　网络游戏与网络文学领域融合

自 2004 年盛大公司收购起点中文网开始，网络文学就与网络游戏建立起紧密的联系，2008 年盛大公司又继续将红袖、晋江两家文学网站纳入旗下成立盛大文学；与此同时，国内另一家知名网络游戏公司完美时空也推出其文学网站——纵横中文网。网络游戏为何如此偏爱文学网站？可以说赢利并不是主要目的，无论对于盛大还是完美时空，文学网站的收入比例均非常很小，而文学对于网络游戏公司的战略意义更为深远。

网络文学丰富了游戏题材。文学是中国创意文化产业发展的重要基石之一，虽然从收入角度，国内目前并没有形成巨大规模的文学网站，但作为内容提供渠道，文学的质量以及丰富性直接影响着影视、动漫制作以及网络游戏等诸多细分行业的发展，尤其对于游戏题材的供应。

用户重合度是网络文学与网络游戏结合的另一优势。网络小说的用户以白领和在校大学生为主，而这一人群是网络游戏用户重要人群。客户的高度重合无疑减小了市场开发以及用户维护的风险。此外，成功的文学作品无疑会加大客户对于其游戏形式的使用欲望，事实上，这种欲望在游戏产品开发过程中就已经形成，而这种欲望也变相节约了营销成本。搜狐《天龙八部》就是典型的成功案例，其线下强大的“名称”影响力无疑促进了营销力度。

但在与文学网站的融合中，运营商应注重网络文学营销功能向内容价值提供的转换。虽然文学为网络游戏提供了丰富的题材，但某些运营商往往更注重其营销价值，以文学作品名称作为吸引用户的手段，而游戏内容则与文学作品毫无联系，即常说的“山寨”网游，未来游戏产品质量的提升，开发商应该避免这一点。

16.5.4　网络游戏与影视领域融合

与网络文学类似，网络游戏与影视的合作趋势也越来越明显，盛大和完美时空等公司纷纷进入到影视领域。之所以两者能够融合，主要由于用户群体的高度重合。网络游戏行业年轻、时尚、潮流的特点，与传统的娱乐影视业的特点有很大相似之处，于是这两个行业强强联手的案例越来越多。目前网络游戏与影视结合主要有三种模式：首先是采用影视代言人，利用代言人的知名度和影响力提升用户对于游戏产品的认知。用“代言人”的营销模式在销售上取得了良好的效果，随后其他游戏厂商开始纷纷效仿，大量的明星代言人涌入游戏市场；第二种是网络游戏游戏&影视深度合作，即网络游戏和影视作品在彼此间的相互渗透，但国内这种网游与娱乐界互相渗透和深度合作的模式还处于初级阶段。最后一种是网络游戏公司直接投资电影，一方面增加盈利渠道，另一方面则为游戏与影视业的互动奠定基础。

从目前的合作情况分析，国内影视与网游还处在较浅的层面，大多数只是停留在版权合作和借助资源方面，没有针对市场营销的细节沟通和整体规划，而这一状况主要与国内游戏品质不高有关。国内之前改编自影视作品的网游，都只是借题材和命名，游戏的实质内容没有多少创新，难以长期吸引玩家关注。从长远分析，网游和电影之间的合作应该更深度一些，在未来，电影+网游模式的合作可以在产品酝酿初期就开始，比如在创意诞生之时就考虑二者的互补表现和多元合作方式，并最终形成产品，实现彼此的相互促进。

（中国互联网络信息中心　刘鑫）

第 17 章　2009 年中国网络视频发展情况

17.1　发展环境

（1）广电重申视听节目管理规定，市场清理整顿进一步升级

2007 年 12 月 29 日，广电总局等正式发布《互联网视听节目管理规定》，其中明确指出，国家对互联网等信息视听节目服务实行许可证制度。

2009 年以来，广电总局持续对互联网视听节目服务违规网站进行清理工作。在八部委联合行动整治互联网低俗之风专项行动中，截至 2009 年 2 月 1 日，广电总局关停了 131 家传播低俗视听节目网站；3 月 30 日，广电总局再次发布消息称关闭 162 家视听节目网站。据不完全统计，在专项行动中，广电总局会同有关部门关闭违法违规视听节目网站 341 家。

8 月 11 日，广电总局发出了《关于加强以电视机为接收终端的互联网视听节目服务管理有关问题的通知》，要求通过互联网等信息网络向电视机终端用户传播的视听节目，应当符合《广播电视管理条例》、《互联网视听节目服务管理规定》、《互联网等信息网络传播视听节目管理办法》及《广电总局关于加强互联网视听节目内容管理的通知》的有关规定。传播的影视剧应依法取得广播影视行政部门颁发的《电影片公映许可证》、《电视剧发行许可证》或《电视动画片发行许可证》；传播的理论文献影视片须依法取得广播影视行政部门颁发的《理论文献影视片播映许可证》。

2009 年 9 月 15 日，广电总局向各地相应机关发出了《关于互联网视听节目服务许可证管理有关问题的通知》。《通知》中要求各级广电管理部门，按照《规定》的要求，“对未持有《信息网络传播视听节目许可证》擅自开展了互联网视听节目服务的网站和个人，责成其立即停止擅自开办的互联网视听节目服务”。

11 月中旬，广电总局宣布再次关闭 111 家无证视听节目服务网站。广电总局表示，上述清理行动将把提供报道评论类、影视剧类、专题类、直播和录播类及个人 DV 片等视听节目的无证网站作为清理的重点。这意味着广电总局对互联网视听服务的清理整顿进一步升级。12 月，多家知名 BT 网站因为没有获取广电总局颁发的《信息网络传播视听节目许可证》而被关停。

（2）国家网络电视台加人，产业发展将进一步走向规范有序

2009 年 12 月 28 日，央视在经过近一年的筹办后，正式推出了“中国网络电视台”（英文简称 CNTV）业务。中国网络电视台是依托中央电视台，在央视网基础上创办的国家网络

电视播出机构。同时也是以视听互动为核心，融网络特色和电视特色于一体的全球化、多语种、多终端的公共服务平台。几乎同时，12 月 31 日，新华社主办的中国新华新闻电视网也举办了开播仪式，并宣布 2010 年 1 月 1 日正式播出。

网络视频在中国迅速兴起，已经引起国家和政府的重视，为了发挥国家在网络视频领域的主流价值观传播职能，以中央电视台为代表的传统电视媒体正在加紧筹备进入网络视频领域。国家网络电视台的加入，将促进网络视频网站进一步规范化、有序化、差异化发展。网络视频国家队的进入打乱了部分民营视频网站的战略部署，国家队进场将使得视频网站之间依靠争夺上游资源，进行有限差异化竞争的格局迅速被打破。单纯的拼抢影视剧资源对民营视频网站来说难以为继，如何在新形势下，与“国家网络电视台”形成新的差异化竞争，或是合作共赢，成为各视频网站面临的新问题。

17.2　主要视频服务类型发展情况

根据市场现状和服务类型，网络视频目前主要分为视频分享，视频点播，网络电视等，其中视频点播服务正在成为市场主流。

17.2.1　视频分享

随着视频行业的发展，视频分享网站正在逐步转型与扩展业务范围，视频分享的概念正在逐渐淡化。传统上以 UGC 为主要内容的视频网站，包括优酷、土豆和酷 6 等正在转型。土豆网、优酷网和酷 6 网是中国最早的视频分享网站，早年以提供视频播客和微视频为主，随着发展和自身的模式逐渐转型为视频门户。视频分享这一业务，正在逐步走向频道化。主要表现形式为视频门户的单一频道，或是门户网站的播客频道。在未来，视频分享将不再能定义某一种类型的视频网站，而仅是其提供服务的一种类型。

优酷网表示将以电视剧合作及营销作为未来的业务重点，与电视台、影视制作机构等内容提供方结盟。2009 年，转型中的优酷、土豆和酷 6 等视频分享厂商尝试以热播剧冠名营销，节目广告植入和种子病毒视频等多种方式，获得广告主的青睐，收入规模呈现了较大幅度的增长。土豆网和优酷都获得了后续资本注入，而这两家网站的收入都达到了亿元量级。

17.2.2　视频点播

随着美国 Hulu 兴起，通过和内容生产商合作提供正版内容的长视频点播类模式正在成为受到行业推崇的模式，影视点播已经成为视频的主流。

在决定视频网站收入的主要盈利模式视频广告中，品牌广告正在占据越来越重要的位置，由于多数广告主不愿意将品牌广告附着在受众不明、版权缺位的 UGC 内容上，内容的质量、版权、清晰度，越来越成为起决定作用的竞争要素。这直接导致了视频网站对热播剧的争夺愈演愈烈，版权花费和收益交替上升，一些优秀的影视作品，如《我的团长我的团》、《南京南京》和《潜伏》的热播等直接带动了网民的网络视频需求，也为视频网站带来了巨大的流量。

在正版化、影视剧逐渐成为主流的影响下，部分以视频分享概念起家的视频网站纷纷转型视频点播，其中土豆网逐渐成为一家以娱乐为导向的视频网站，而优酷网和酷 6 网则更像是以影视剧、新闻为核心的视频门户。土豆强化了在娱乐时尚方面的色彩；优酷和酷 6 则偏重于门户概念，利用新闻资讯、影视剧内容，强化媒体属性。

相比 2008 年的市场份额之争，2009 年视频点播领域的市场集中度更高，领先的运营商由于在知名度、资金、版权和营销能力等方面都具有优势，因而用户规模和市场份额不断上升。而其他运营商则持平或呈下滑态势，竞争差距不断扩大。然而，中国视频网站能否复制美国 Hulu 的成功还未可知。中国视频网站发展环境与美国大不相同，美国电视台与影视机构已被巨头垄断，这决定了类 Hulu 模式能够成功。但在国内有 200 多个电视台、上千个频道、近 2000 多家影视制片机构，版权分散导致了中小视频网站还有一定的生存空间，因此，视频网站、门户乃至传媒集团的视频化发展注定是一条有中国特色的发展道路。

17.2.3 网络电视

网络电视主要指以 P2P 流媒体技术起家的网络视频运营商，主要利用 P2P 技术提供在线直、点播服务，如 PPlive、PPstream、悠视、迅雷看看等。多数运营商提供了客户端和网页在线两种观看方式。

经过几年的发展，目前国内基于 P2P 流媒体技术的网络电视正逐渐从成长期步入成熟期，但产业链上各节点欠协调发展，平台运营商良莠不齐，技术开发进展缓慢、内容监管模式尚不明朗等问题也日益突出。

目前，国内绝大多数 P2P 流媒体网络电视平台运营商还停留在客户端的开发和运营，尚处于“烧钱”阶段。Uusee，Pplive，PPstream 等极少数几家通过自身平台拓展，通过如“客户终端+门户网站+视频搜索+规范版权+Web2.0+线下活动”等整合，逐渐赢得了国际和国内资本的青睐。

在内容版权问题上，P2P 网络电视直播的内容比起视频分享，要略占优势。P2P 直播网站一开始就是从直播各种电视节目起家的，为了能够直播到一些稀缺或热门的资源吸引观众（如超女、世界杯等），就会去与版权方谈合作，从一开始大部分内容就具有版权；基于 UGC 模式的视频分享网站在诞生之后的相当长时间内，绝大部分内容由网友上传，不具有版权。

国内以 PPLive 和 PPStream 等为代表的网络电视运营平台，在基本功能上趋同，均提供电视台频道直播、轮播节目，同时有影视剧、短片等视频的点播。尤其是在电视台频道的设置上，收视界面同传统电视收视没有太大的区别，缺乏界面上的即时互动功能，各网络电视的模式基本都是采取“客户端+网站”的形式在积累流量和网聚受众。P2P 流媒体网络电视在技术上基本成熟，但内容版权将是未来发展的障碍，同时用户体验有待进一步完善；由于直播频道来自境内外信号源，虽然弥补了传统电视收视区域和频道的限制，但正因如此，内容监管将会带来一定壁垒。

在营销层面的竞争上，P2P 网络电视来说由于直播频道内容较少，无需大量编辑，而且使用终端软件播放，拥有一定技术门槛，竞争对手较少，网站拥有富余精力进行广告营销。PPLive 买下了 PPTV 域名，PPstream 买下 PPS.tv，两家还购买了大量视频内容，譬如国庆直播和元旦晚会直播，而他们一直没有间断与各地电视台等开展广泛合作。

2009 年，P2P 直播类网站受到自身的一些客观因素影响，收入增幅趋缓。由于体育直播是 P2P 类视频网站的主要流量来源，而 2009 年作为奇数年缺少重大体育赛事，几家主流 P2P

网站未签约 NBA 直播，因此 P2P 厂商的直播优势并未明显发挥出来，这将从一定程度影响 P2P 直播网站的收入规模。预计 2010 年世界杯和亚运会等体育赛事的举办将会为 P2P 厂商收入规模带来新一轮的增长。

17.3 发展特点

2009 年网络视频产业总体进入全面发展上升阶段。网络视频用户规模持续增长，国内宏观经济环境的稳定回暖，广告主对视频网站营销模式的接受度进一步提升，整体网络视频广告市场规模保持了上升势头。

（1）影视点播模式正在成为网络视频行业的主流。作为越来越被认可的媒体表现形式，网络视频的市场价值、广告价值和受众规模仍将持续提升。出于提升自身品牌价值，规避内容侵权风险等众多因素的考虑，2009 年各主流视频网站对内容体系进行了大规模调整，将运营重点更多放在了点播模式，影视剧和专业机构制作的长视频正在内容体系中占据越来越重要的位置。

以影视剧为代表的长视频受到热捧，使得 2009 年的版权纠纷与竞争愈演愈烈。可口可乐等广告主首次成为视频侵权诉讼的被告，品牌广告主在进行广告投放时更为谨慎。

（2）从行业角度来看，网络视频媒体与传统影视媒体之间逐渐由竞争走向融合。网络正在成为实现影视节目二次传播价值的新渠道，逐渐成为公众视频消费的重要方式，这对传统电影电视媒体来说，具有重大意义，互联网正在新的媒体格局中占据重要位置。一方面，视频网站正在纳入大传媒的格局之中。众多视频网站在产权、营销、内容上趋近于传统电视台的运作。同时，传统新闻媒体、电视台和影视媒体纷纷拓展网络视频传播渠道，中央电视台、新华社等传统媒体积极备战互联网传播，力图打造“全媒体”战略，这也直接助推和带动了网络视频产业的规范化发展。国家网络电视台的加入，将促进网络视频产业进一步规范化、有序化发展。随着国家对网络视频行业发展的市场规范逐步建立和监管力度的不断加强，市场环境将得到进一步清理整顿。

17.4 市场分析

17.4.1 市场规模

2009 年中国网络视频市场规模季度环比增幅逐步上扬，第四季度收入规模达到 1.93 亿元人民币，季度增长率达到 13.5%，同比增长达到 43%，市场规模稳步提升。国内宏观经济环境的稳定回暖，广告主对视频网站营销模式的接受度进一步提升，整体网络视频广告市场规模保持了上升势头，全年网络视频收入达到 7.92 亿元人民币，如图 17.1 所示。

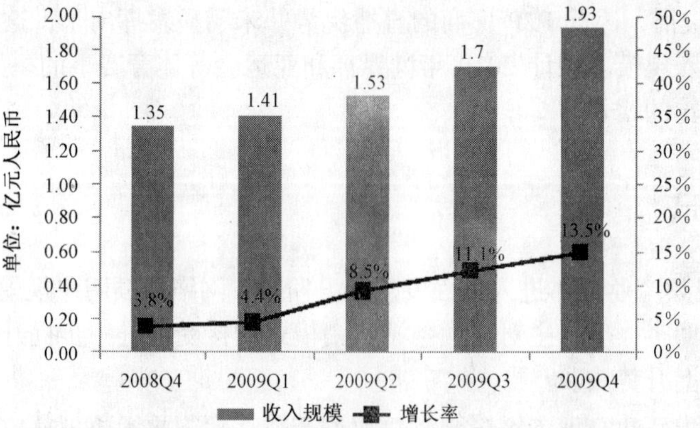

图17.1　2009年中国网络视频市场总收入规模

17.4.2　市场竞争

2008—2009 年，在过去的一年多时间里，众多视频网站对内容体系进行了很多调整，受视频用户的观看喜好、视频牌照的发放、版权问题的困扰和广告主更为青睐正版内容广告环境等因素的影响，视频网站运营重点更多地放在传统媒体影视节目。在中国互联网络信息中心（CNNIC）进行的调查中，网民对视频内容的选择数据显示，用户在 2009 年下半年中看过电影的占 77.0%，电视剧占 70.5%，在网民的选择中占到绝对优势，如图 17.2 所示。

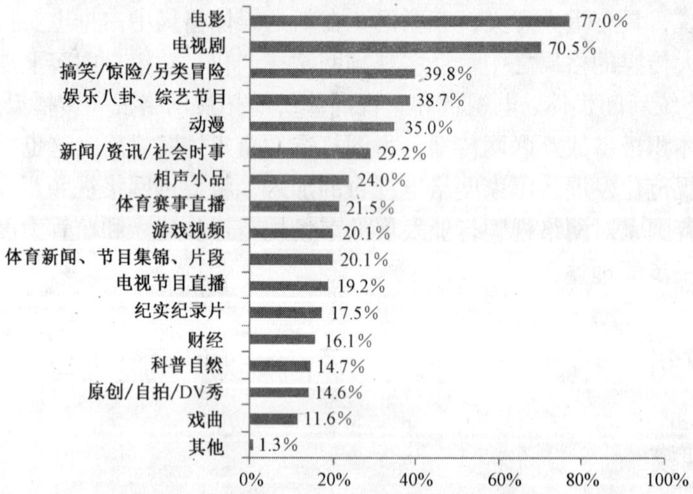

图17.2　用户对网络视频内容的选择

在此过程中，网络视频的作用逐渐被传统影视机构认可，传统影视媒体/机构纷纷进入网络视频渠道，直接助推和带动了网络视频网站群的规范化发展，网络视频媒体与传统影视之间逐渐由竞争走向合作，网络作为实现影视节目二次传播价值的新渠道，正在新的媒体格局中占据重要位置，发挥越来越重要的作用。

在网络视频网站中，用户明显的集中趋势及较强的流动性导致网络视频行业马太效应显现。由于用户使用视频网站具有高度重叠的特征，多数用户喜欢在多个视频网站中寻找对比关注的内容，同时倾向于选择熟悉的视频网站，这使视频网站竞争的第一层面是用户选择范围的竞争，即必须进入网民认可的主流视频网站，这对后来者形成一定的障碍。在长期的使用习惯和营销影响下，视频网站的品牌效应逐渐凸现，一些视频网站逐步站稳脚跟，竞争格局趋于明朗。

由于用户无需安装额外的软件，使用成本低，并且在网络电视和网络下载所能提供的节目内容之外还能提供差异化的UGC内容，在几种网络视频服务提供模式中，视频分享类网站是视频用户最为青睐的选择。在中国互联网络信息中心（CNNIC）近期的网民视频应用调研数据中发现，在用户首选的视频服务商中，优酷、土豆分别占到29.1%和19.3%，如图17.3所示。

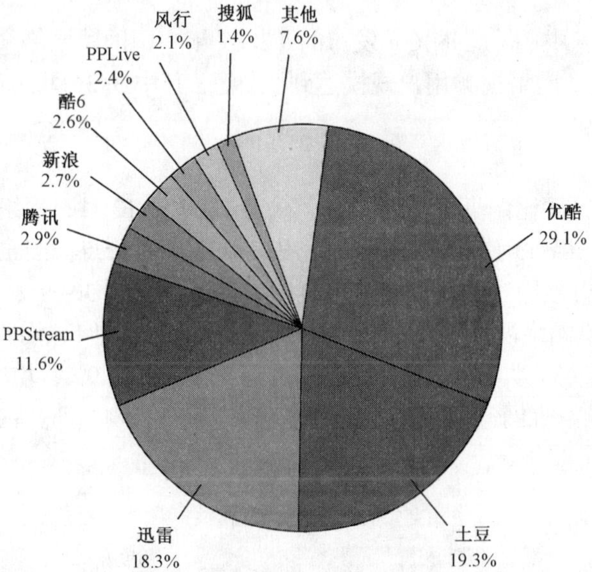

图17.3　2009年中国网络视频用户首选服务商

目前，优酷、土豆在视频分享类网站中优势依然明显，由于高成本使得其收入压力巨大，为了快速将流量转化为收入，视频分享类厂商开始转向广告主更认可的、有版权的内容，对收入的影响效果开始体现。迅雷以客户端优势在影视资源下载和在线视频领域都占据了一席之地，而PPStream在网络电视领域用户市场份额较为领先。与其他专业视频网站相比，排名靠前的这几家视频服务商认知度普遍较高，已经形成一定的市场壁垒。门户网站庞大的用户规模和宣传推广优势在2009年的市场竞争中得到了突出表现，腾讯、新浪、搜狐已经出现在用户首选的前十家视频服务商序列当中。

新浪、搜狐、腾讯等资金实力雄厚，上游资源丰富，营销能力强的门户网站，在接下来的竞争中拥有更多的综合优势，其运营高清视频内容的能力,对重大事件的参与能力，公关营销能力,将在与专业视频网站的竞争中体现出规模优势,进一步压缩专业视频网站的生存空间。

P2P流媒体电视市场规模增长较缓。一方面在于2009年大型活动赛事偏少，P2P直播优势未能完全体现导致广告收入规模增长较缓。另一方面在于视频分享网站的营销努力逐步发挥成效，优酷、土豆等视频分享厂商的广告收入大幅增长，市场份额逐步超越P2P直播厂商。

在2009年，网络视频厂商积极探索多种盈利模式，营销方式逐步多样化。优酷、土豆以自办选秀节目入手，尝试通过节目中植入广告,节日冠名等方式获得广告收入；由于看好用户原创内容的潜力，一些广告主开始尝试以订制UGA视频的方式进行产品的广告推广。视频前/后贴片广告,视频缓冲/暂停广告等硬性广告，植入广告、种子视频等一大批视频网站创新营销模式得到了更加广泛的应用，网络视频营销已经度过导入期，正步入营销发展的新篇。一些以营销见长的网站开始尝试向用户收费。我乐网发布 C2C 视频交易平台 56 看看，优酷有偿直播郭德纲相声，都是有益的尝试，而进一步说，网站若能为用户提供稀缺性的内容或者更丰富的用户体验，用户付费市场大有潜力可挖掘。

17.5 用户规模及特征

中国互联网络信息中心（CNNIC）发布的《2009 年中国网民网络视频应用研究报告》显示，截止到 2009 年底，网络视频用户规模达到 2.4 亿。其中 3936 万用户为只在网上看视频，是网络视频的独占用户。

1. 性别与年龄

网络视频用户中男性比例高于女性用户。截至 2009 年 12 月，网络视频用户男女性别结构比例为 58.1：41.9，男性用户比例高出女性用户 16.2 个百分点。与全国网民性别比例相比较，网络视频用户中男性用户的比例要高出全国男性网民比例 3.9 个百分点。

另一方面，青年是网络视频用户的主要群体。与全国网民的年龄分布情况相比，网络视频用户在 10～19 岁、30～39 岁年龄段的比例分别占到 32.9%和 21.9%，均略高于全国网民，如图 17.4 所示。这与网络视频中的影视剧数量快速增长，而电影电视剧的消费主体以青年人为主有关。

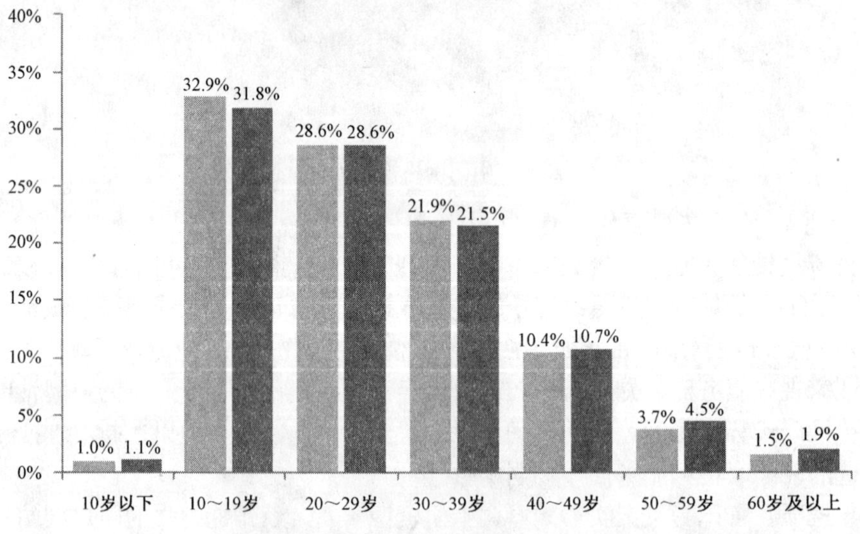

图17.4 网络视频用户的年龄构成

2. 学历结构

网络视频用户以中等学历的群体为主，高学历人群比例高于全国网民。在网络视频用户的学历构成中，高中学历用户占到了整体用户的四成以上，达到 40.4%，与全国网民高中学历用户比例持平。大专以上学历的用户占到了整体用户的 30.2%。其中，大专学历用户占到 13.9%，大学本科及以上学历的用户占到 16.3%，分别比同学历水平的全国网民比例高出 1.7 和 4.2 个百分点，如图 17.5 所示。

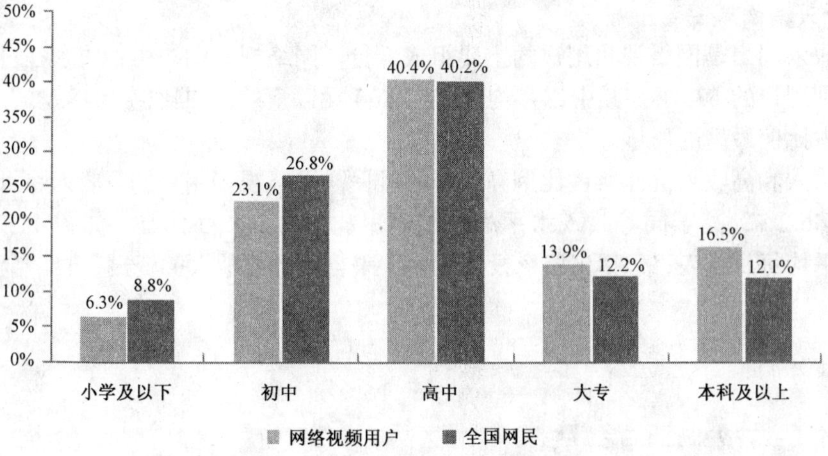

图17.5　网络视频用户的学历构成

3．职业结构

学生群体和职场人士是网络视频用户的主要组成部分。学生群体在网络视频用户中占到了最大比例，达到31.5%，略高于学生在全国网民职业分布中28.8%的比例。企业/公司职员是网络视频用户中比例仅次于学生的用户群体，占到了15.1%。企业/公司的工作人员、党政机关事业单位工作者、专业技术人员在网络视频用户中分别占到18.8%，8.7%和11.1%，均高于全国网民的分布比例，如图17.6所示。

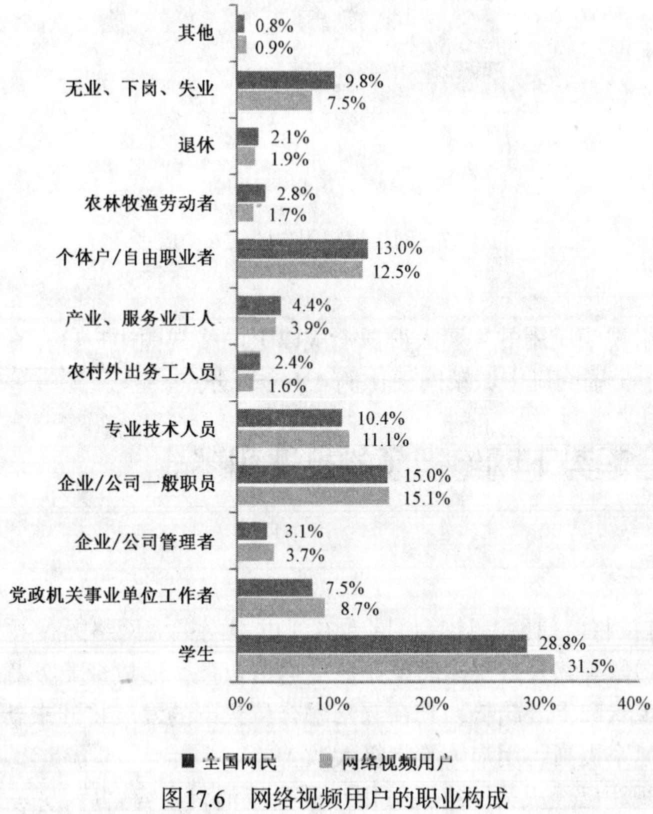

图17.6　网络视频用户的职业构成

4．收入结构

中低收入用户是网络视频用户的主要组成部分。网络视频用户中，收入在 1500 元以下的群体占到用户的 53.8%。其中，月均收入在 500 元以下的用户比例为 18.8%，是网络视频用户中所占比例最高的群体。

中等收入和高收入群体所占比例高于全国网民。网络视频用户的月收入在 1500 元以上的比例为 46.2%，高于同等收入水平的全国网民比例 2.5 个百分点，如图 17.7 所示。（此处收入指平均每月收入，包括工资、投资收益、来自父母或他人的资助、奖学金和养老金等收入）

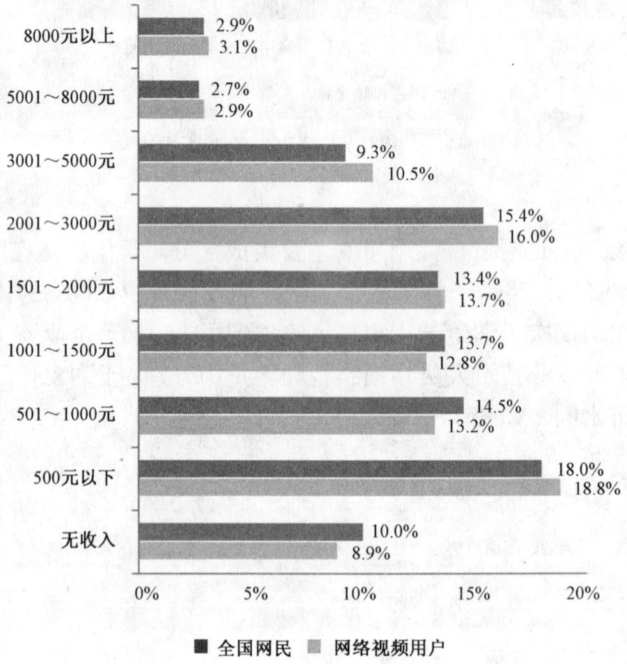

图17.7　网络视频用户的收入构成

5．城乡结构

城镇用户是网络视频应用的主要人群。七成以上网络视频用户分布在城镇，在用户整体中占到 76.6%，高于全国网民中城镇网民比例 4.4 个百分点。

17.6　三网融合趋势下网络视频的机遇和挑战

17.6.1　发展机遇

“三网融合”是指将电信网、计算机网和有线电视网三大网络通过技术改造，能够提供包括语音、数据、图像等综合多媒体的全业务型通信业务，形成全业务竞争格局或是渗透格局。基于网络视频现状和发展趋势，其在三网融合背景下的发展将迎来新的机遇。

（1）视频传输速率提高，用户体验将极大改善

在影视剧等长视频已经成为网络视频用户的主流消费内容之后，“三网融合”带来的骨

干传输网络的改善，将显著提升中国的基础带宽。在更好的带宽条件下，网络视频服务商可以向用户提供清晰度更高，速度更快，质量更为优良的内容。在良好的带宽条件下，其他基于视频的应用或相关的网络应用可以方便地使用起来，如视频通话、视频购物和网络视频游戏等，用户体验将得到极大改善。

（2）网络视频将获得更为广大的用户基础，用户覆盖更为广泛

随着中国网民规模的迅速增长，网络带宽条件的持续改善，在“三网融合”的趋势推动下，将会有更多的非网络视频用户观看网络视频，行业发展将迎来前所未有的良好发展环境，网络视频产业将获得更为广大的用户基础。随着电视用户的加入，网络视频用户的年龄和学历等各种属性将向各个层次全面渗透，形成更具商业价值的用户群体，这将大大提升网络视频的媒体传播价值和商业价值。

（3）多渠道接入放大内容需求，网络视频将尽快摆脱备选角色，成为大众视频消费重要方式

“三网融合”不仅是将现有网络资源有效整合、互联互通，融合以后，不仅信息传播、内容和通信服务方式会发生很大变化，企业应用和个人信息消费的具体形态也将会有质的变化，“内容为王”时代很可能将随着“三网融合”的最终达成而到来。用户可以通过电信网、广电网、互联网任一网络，接触到现在的网络视频内容，进一步凸现网络视频对于网民的收视价值，更多用户将网络视频作为视频消费的首选。在三网融合的趋势下，网络视频将改变长期以来作为电视的补充这一角色定位，以主要的内容提供者的身份走进客厅，占领用户的影音终端。

17.6.2　面临的挑战

（1）“三网融合”对带宽提出更高要求，带宽成本将成视频网站沉重的压力

“三网融合”给消费者的选择权将更多，必将带来服务品质的提升，为消费者带来更多的数字化娱乐体验。为了保证服务质量，更高码流的高清视频和更为流畅的视频传输速度，给视频网站提出了更高的要求，而视频消费群体范围的骤然增多，势必给点播类的网络视频运营商带来沉重压力。与国外相比，一些国家的宽带成本甚至要比P2P技术还要低廉，国内的宽带成本要高出不少，并且无论从资费还是网速上国内都没有任何优势可言，大大制约了国内视频网站的发展。

（2）内容制作将成为网络视频网站发展的短板

“三网融合”对于传媒业界来说，将引发新一轮的内容大战：一方面，对个性化内容的追求将越演越烈。随着电信、广电、互联网业务的互相融合，彼此对于内容的需求将更多，为了吸引更多消费者，在竞争中占据有利位置，“三网”必将不遗余力地追求个性化内容；另一方面，广电系的触角将借机越伸越远，这将给现有的视频网站带来新的竞争压力。在目前媒体的竞争情况来说，广电媒体占据了大量内容制作资源，广告赢利能力较强，随着广电向电信业务的延伸，广电媒体势必将具有更多竞争优势，很有可能在媒体竞争中处于更为主导的位置。

（中国互联网络信息中心　赵慧斌）

第三部分
交流沟通类

- 2009 年中国即时通信服务发展情况
- 2009 年中国博客发展情况
- 2009 年中国 SNS 发展情况

第 18 章　2009 年中国即时通信服务发展情况

18.1　发展综述

即时通信是随中国互联网发展最早的应用服务之一，经过十几年的发展，行业已经进入成熟期。2009 年即时通信行业依然保持平稳的发展态势，用户规模达到 2.72 亿人，较 2008 年增长 4800 万，增长率为 21.6%。与此同时，即时通信使用率继续下降，2009 年即时通信网民使用率为 70.9%，而 2008 年与 2007 年用户使用率分别为 75.3%和 81.4%，使用率呈现出持续下降的趋势，如图 18.1 所示。

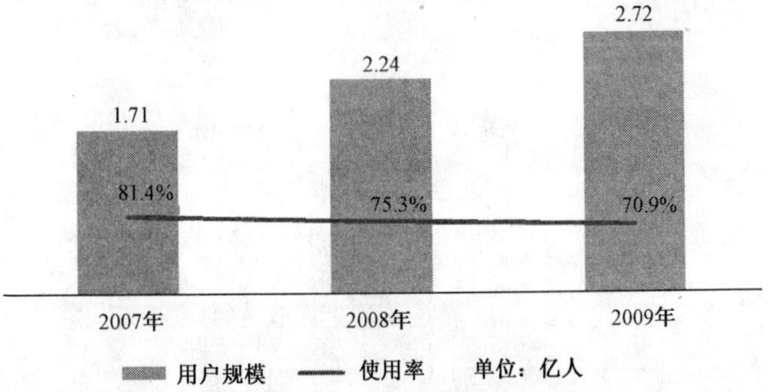

图18.1　2009年中国即时通信用户规模

即时通信服务使用率下降主要由两方面原因造成：首先，整体网民结构与即时通信用户结构重合度下降，即时通信服务的主体用户集中在 30 岁以下人群，而 2009 年 30 岁以上人群是网民增长主要动力，该用户群对于即时通信使用需求偏低；其次，互联网服务类型以及功能的丰富性使即时通信服务的“互联网入口”作用减弱，如社交网站和博客等 Web2.0 服务，它们一方面具有较高的用户黏合度，另一方面可以实现信息传递的功能，这种状况造成新网民对即时通信的使用需求减弱，从 2009 年数据看，一年以上网龄的网民即时通信使用率为 73.3%，而网龄不到一年的网民即时通信使用率仅为 60.2%。

18.2　用户分析

即时通信服务是中国互联网三大基础服务之一，用户覆盖率较高，而这种较高的覆盖率也导致其用户结构与整体网民存在一定相似性。

（1）即时通信的高渗透率导致其性别结构与中国整体互联网网民性别结构相似，中国互联网用户男女比例为 54.2%和 45.8%，2009 年即时通信调查显示男女用户比例为 56.7：43.3，如图 18.2 所示。可以看出，中国即时通信用户依然以男性为主，而这种结构也为即时通信推动其他以男性为主的互联网应用起到促进作用，如网络游戏服务。

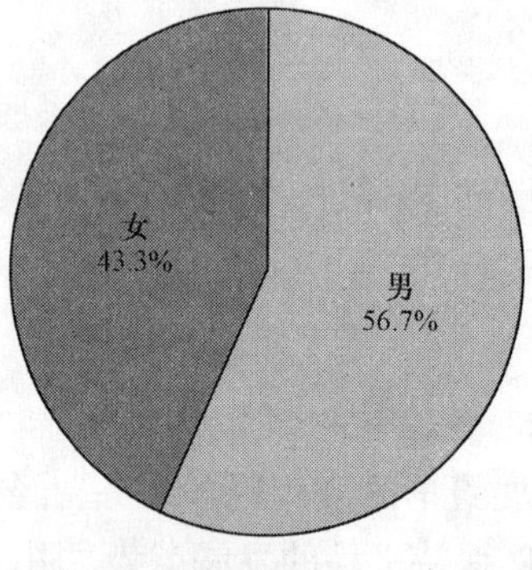

图18.2　2009年即时通信用户性别结构

（2）即时通信用户年龄方面更为集中，10～29 岁人群成为即时通信主要用户，比例超过总体用户的 60%，如图 18.3 所示。从较低的年龄分布看出，即时通信仍然是一种低廉的通信服务，此外，其时尚型以及传输内容的丰富性也是其在低年龄用户人群中渗透率较大的原因。

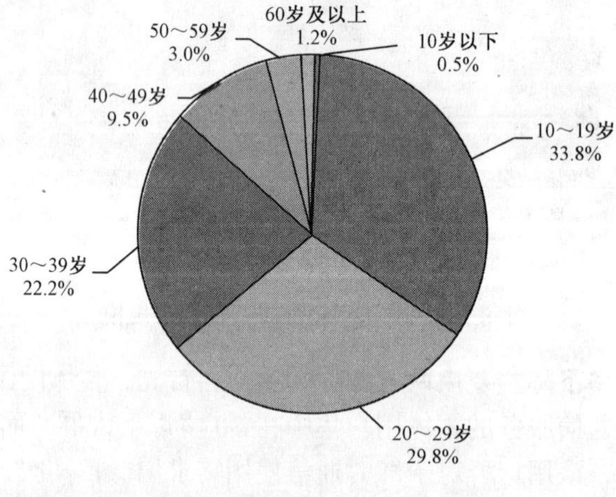

图18.3　2009年即时通信用户年龄结构

（3）中国整体即时通信用户学历并无明显特征，其中高中/中专/技校学历、初中学历构成即时通信用户最大群体，比例分别为 41.3%和 24.6%，如图 18.4 所示。

（4）中国即时通信用户中低收入人群较大，其中 1500 元以下和无收入人群占到总体用户的超过 50%，如图 18.5 所示。对于不同即时通信用户而言收入结构也有所不同，如偏向商务应用的阿里旺旺和微软 MSN 等即时通信工具用户收入较高。

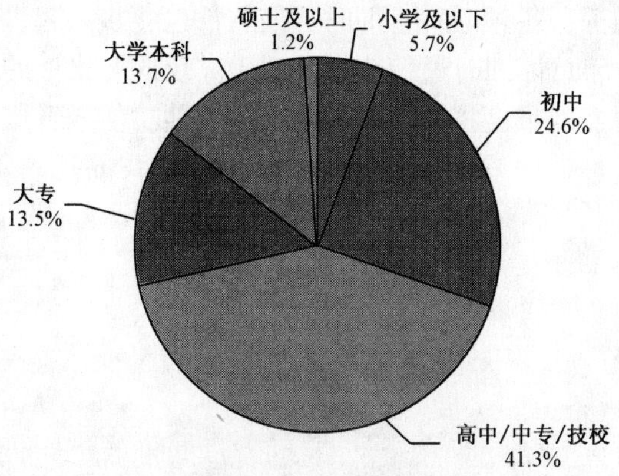

图18.4　2009年即时通信用户学历结构

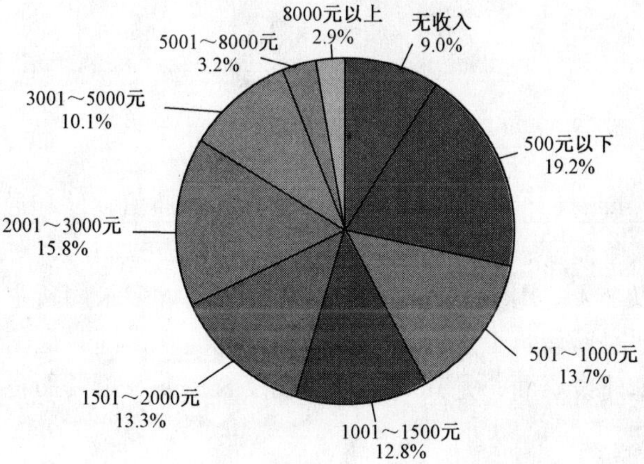

图18.5　2009年即时通信用户收入结构

分析即时通信用户结构，其特征为即时通信赢利创造了良好的条件。即时通信本质上是一种 SNS 服务，而这种 SNS 服务将为即时通信成为“平台化”工具提供很大支持。一方面，中国互联网络信息中心（CNNIC）调查显示，中国即时通信用户来源主要是亲戚、朋友和同学，总比例在 90%以上，这意味着其“口碑营销”的作用远高于其他服务；另一方面，网络游戏是即时通信“朋友来源”的第二大渠道，作为目前互联网盈利能力最强的服务，网络游戏与即时通信的结合存在巨大价值挖掘空间，其中腾讯 QQ 表现尤为突出，借助即时通信软件，腾讯已经成功占据市场第一的地位。总体而言，虽然即时通信自身盈利能力有限，但其带动的潜在价值不可估量。

18.3　市场分析

18.3.1　即时通信市场五力分析

经过十几年的发展，较早进入即时通信市场的腾讯 QQ 市场地位已经稳固，但随着互联网其他服务使用程度的加深，各领域垂直即时通信软件也逐步兴起，并取得了一定的市场地位，这也直接促使 2009 年总体即时通信市场呈现出“反向”推广的态势，即单纯依靠互联网即时通信功能的新软件发展难度将越来越大，而以其他功能或者服务为依托的即时通信软件市场空间将越来越广阔。根据波特五力模型分析（如图 18.6 所示），分析即时通信发展环境状况。

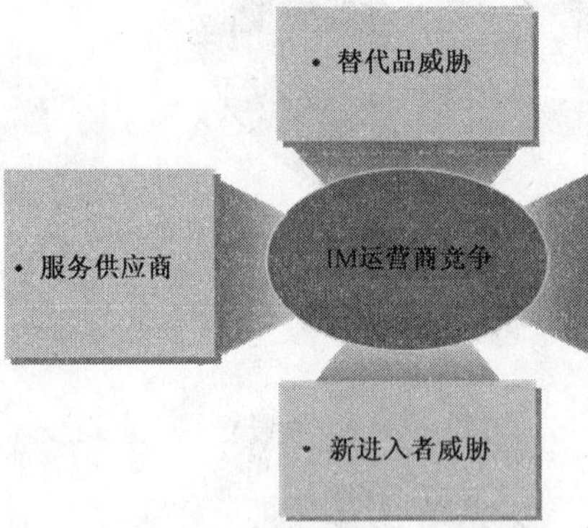

图18.6　即时通信市场五力分析

（1）服务供应商　即时通信可以分为两类：企业即时通信软件和通用型即时通信软件。对于企业级即时通信服务而言，其往往采用的是以外包的方式制作，对于整体即时通信行业影响不大。对于目前以个人应用为主的即时通信软件，则大多采用自主研发的方式，不存在供应商问题，而随着即时通信跨平台以及跨网络功能的实现，即时通信“供应商”的关注还要集中在电信基础设施建设层面，尤其对于飞信以及 Skype 等工具而言，对于传统电信运营商政策的关注尤为重要。

（2）用户方面　与其他互联网服务不同，用户对于即时通信软件的需求已经不再限于软件自身的状况，还要关注其附带的相关服务，从 2009 年中国互联网络信息中心（CNNIC）即时通信用户调研分析结果看，在用户更换原因中，其中“即时通信功能丰富性”和“方便使用其他互联网服务”是最主要的两个原因。这意味着目前即时通信运营商已经不能满足于自身功能和品质的提高，还要注重开发“连带”服务，提高用户黏合率，而相比于自身性能的提高，这一点难度更大。

（3）新进入者威胁　即时通信市场用户规模庞大，媒体价值越来越高，因此越来越多的服务提供商对这一市场充满兴趣，随着互联网垂直领域的发展，新进入者为该市场现有的服务带来的压力也越大。无论是互联网市场其他服务提供商还是跨平台跨网络的服务商，都表现出强烈的进入意愿。目前传统的即时通信软件主要是 QQ 和 MSN 等，但互联网其他服务的兴起也带动了即时通信软件的发展，如淘宝网和阿里巴巴带动的阿里旺旺、百度依靠搜索和贴吧带动的百度 Hi 等，所有这些厂商的兴起都对传统厂商造成威胁。

（4）替代品威胁　即时通信的主要目的是用户多人间的信息交流，而除了传统即时通信工具以外，其他互联网服务也对于即时通信服务造成了影响：首先，电子邮件虽然无法实现实时沟通，但其安全性、便捷性（能使用浏览器即可）以及方便记录等特性，虽然不能助其替代即时通信工具，但会对于即时通信的使用时间及频率起到降低作用；其次，随着 SNS 网站的发展，其“兴趣沟通”的特性增大了用户对于其依赖程度，加之其能够显示在线用户以及用户间的沟通功能等特性，已经成为即时沟通的次选渠道之一。最后，类似视频网站和财经网站等纷纷加入了即时通信功能，使用户可以对共同感兴趣的内容进行沟通，而这种沟通必然会对即时通信工具造成影响。

（5）**竞争方面**　按照不同即时通信软件用户渗透率可以分为 3 个梯队，首先是腾讯 QQ，以超过 90%的用户渗透率处于绝对领先地位；飞信、百度 Hi、阿里旺旺以及 MSN 构成第二梯队，比例在 10%～20%左右，其他即时通信软件处于第三梯队（具体数字参照 18.4 节）。中国互联网络信息中心（CNNIC） 分析认为，即时通信行业已经进入成熟期，腾讯 QQ 已经建立了比较牢固的竞争壁垒，跨梯队竞争可能性不大，而未来即时通信之间的竞争主要会集中在第二梯队。这一梯队也将成为即时通信用户增长的主要动力。分析其原因，主要由于该类即时通信工具往往以其区别于通用即时通信工具的服务去开发用户，如免费短信功能带动了移动飞信、电子商务沟通需求带动了阿里旺旺、百度的搜索和空间等 Web2.0 服务带动了百度 Hi，因此，中国即时通信工具未来将继续呈现出反向推动的态势。

18.3.2　新兴即时通信市场分析

新兴即时通信软件存在巨大发展空间。2009 年即时通信调查对于用户半年内使用的即时通信产品状况进行了描述，半年内只是用一款即时通信软件的用户比例最高，为 36.6%，使用两款与三款的用户比例分别为 28.3%和 23.5%，四款与五款以上的用户比例分别为 7.1%和 4.5%，总体趋势是随着用户使用软件数量的增多而用户规模逐渐减少，如图 18.7 所示。

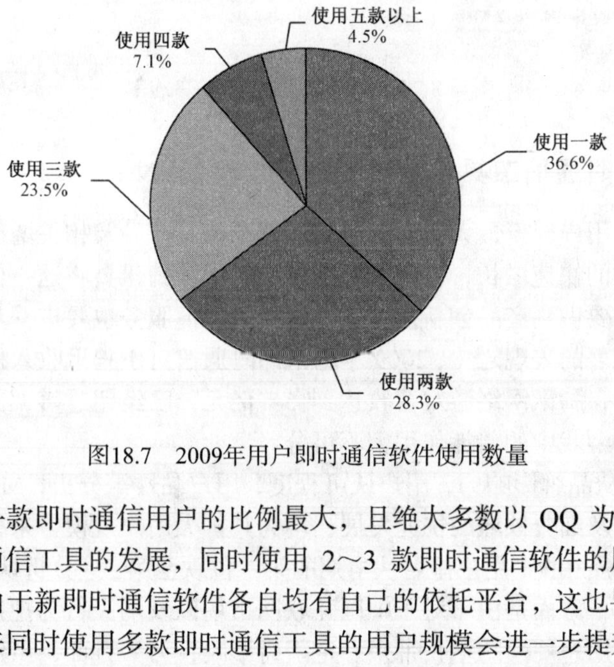

图18.7　2009年用户即时通信软件使用数量

虽然同时使用一款即时通信用户的比例最大，且绝大多数以 QQ 为主，但随着 2007 年前后一批新兴即时通信工具的发展，同时使用 2～3 款即时通信软件的用户比例逐步增大，已经超过了 50%。由于新即时通信软件各自均有自己的依托平台，这也导致用户对于新软件并不排斥。预计未来同时使用多款即时通信工具的用户规模会进一步提升。

新兴即时通信软件发展迅速的原因主要由于其自身的特点以及所依靠的服务促使，如跨平台及时通信软件飞信，利用其与手机短信互通的优势迅速占得了市场第二的位置，百度 Hi 与阿里旺旺则分别利用自身的社区、搜索以及电子商务等服务推动即时通信服务的普及。

但新兴即时通信也面临盈利方面的问题，虽然拥有较大的用户量，但在盈利方面依然存在较大问题，究其原因，一方面由于软件服务形式所限，作为互联网基础服务之一的通信功能盈利能力较低，另一方面则是由于新兴软件平台化特性并没有充分发挥。

18.4 产品分析

本次报告采用中国互联网络信息中心（CNNIC）中国即时通信软件的分类，并以此为基础分析不同即时通信软件的运营状况。

根据 2009 年中国互联网络信息中心（CNNIC）调查数据显示，腾讯依然是用户使用率最高的即时通信软件，渗透率高达 92.6%，远远高于其他即时通信软件，飞信排名第二，而传统即时通信软件 MSN 已经降至第三位，如图 18.8 所示。

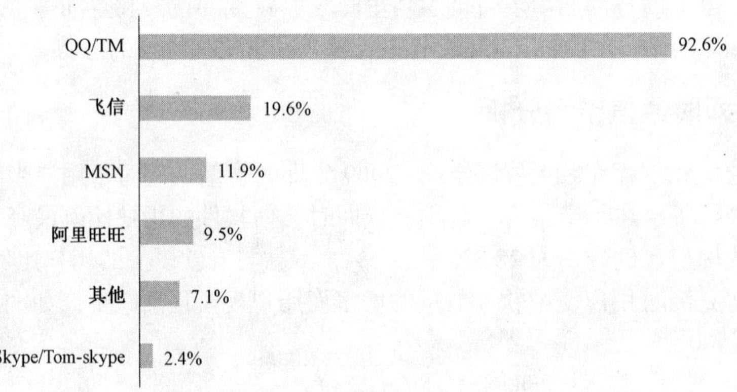

图18.8　2009年即时通信软件渗透率

18.4.1 综合类即时通信工具（腾讯 QQ、微软 MSN）

腾讯 QQ，作为用户规模最大的即时通信运营商，其产品及相关增值服务认可度较高，随着互联网用户规模的快速增长，其潜在用户规模巨大。腾讯要将这一优势继续扩大下去，其即时通信产品除了要做到产品创新发展以外，相关增值服务也要进一步提高。其网络游戏业务的发展就是最显著的表现之一，2009 年腾讯即时通信对于腾讯收入最大的作用是其对于网络游戏业务的带动，腾讯网络游戏营收达到 54 亿元，已经超过盛大占据了市场第一的份额，这与即时通信在游戏中的传播作用密不可分。

微软 MSN 无论从品牌影响力，用户认可程度，用户黏性等分析，MSN 优势明显。互联网整合化、社区化以及细分领域的快速发展，均为其扩大用户规模带来很多机会。但其用户规模却并没有与其品质相配，用户排名从早期的第二位跌至第三。分析认为，MSN Messenger 市场表现不佳的原因一方面是由于对于中国互联网市场以及网民行为把握不足造成：白领阶层的定位，使其总体用户规模的增长带来一定阻碍影响；另一方面，虽然其在即时通信功能以及品质上占有优势，但并没有其他有力的连带服务提供支持。因此，对于 MSN Messenger 而言，利用现有用户和开发连带服务来扭转其现有用户规模不大的劣势，是其未来发展的必经之路。

18.4.2　跨平台即时通信工具（飞信）

跨平台即时通信软件指其使用方式已经不限于互联网。飞信是中国移动推出的“综合通信服务”，即融合语音（IVR）、GPRS、短信等多种通信方式，覆盖三种不同形态（完全实时、准实时和非实时）的客户通信需求，实现互联网和移动网间的无缝通信服务。

移动飞信最大的优势是与移动终端结合，可以使用户直接以短信的方式接收信息，且向手机发送信息也无需任何费用，这一特性极大吸引了用户的使用兴趣，但目前飞信依然处于业务发展期，还存在很大不足：首先，由于飞信的用户都必须是中国移动用户，因此其用户并不广泛，服务业目前也仅支持中国移动网内短信，并不支持跨网短信；其次是运营体制，目前飞信业务属于代理运营，每三年需要与移动签一次合同，这种体制反应相对迟缓，导致用户规模过分庞大而资源未必能够聚焦投入，擅长运营而不擅长产品研发与商业模式创新，限制了飞信连带增值服务的灵活性。

18.4.3　跨网络即时通信工具

2009 年 Skype 的用户仅占到总体用户的 2.4%。作为跨网络可进行网络电话会议且定位于高端用户的 Skype，技术优势明显，音视频功能相对完善，随着短信等功能的添加，产品技术优势越发明显。

虽然技术方面的不断提升，但其面临的问题也较为严峻：首先，国内电信资费持续降低，在拨打固定电话方面，没有本地竞争对手的便宜。其次，在即时通信领域有较多强大的对手，挑战任务比较艰巨，加之其功能的丰富性以及相关增值业务的缺乏，其未来运营形势不容乐观。

18.4.4　垂直即时通信工具（百度 Hi、阿里旺旺）

自 2006 年开始，随着互联网其他服务的发展，也带动了一批即时通信的出现，其中，百度 Hi 和阿里旺旺尤为突出。

2008 年年初，百度推出即时通信软件百度 Hi，通过该产品将贴吧、空间和百科等社区化功能进行整合，同时软件页面中添加搜索功能，并将其他功能及服务进行整合。百度 Hi，作为搜索巨头百度旗下的一款即使通信产品，还是具有相对优势的，无论是企业级用户还是个人用户规模均相对巨大，互联网社区化发展的趋势，也增加了其社区化应用的贴吧、知道、百科、空间等服务的用户对即时通信产品的需求。但是由于其行业经验的不足，短期内与即时通信巨头相抗衡的机会并不太大。但从长远发展角度来看，新进入者百度 Hi 对于市场的影响是巨大的。

与百度网站带动百度 Hi 类似，阿里旺旺作为阿里巴巴旗下网站的衍生产品，也得到了迅速发展，其市场定位较 MSN 有很大的相似之处，淘宝、阿里巴巴电子商务业务的快速增长加大了对即时通信产品用户规模，而随着企业级应用的逐渐增多，阿里旺旺依托公司强大的实力背景，企业级潜在用户规模也有很大的提升空间。但从即时通信行业角度而言，阿里往往应该定位于电子商务辅助产品，自身价值的挖掘也将集中在与电子商务的结合，发挥空间不足。

18.5 移动即时通信发展情况

移动即时通信就是在传统的 Web 通信系统上，将手机短信和手机移动互联网结合起来，使用户通过手机终端以短信、移动互联网来进行即时的信息交流。对于运营商而言，移动即时通信不但可提高每用户平均收入（ARPU 值），还能在帮助运营商加强服务品牌的同时，提高用户忠诚度，减少用户流失率。根据中国互联网络信息中心（CNNIC）2009 年手机上网行为报告分析，手机聊天是移动互联网用户最常用的服务，使用比例为 64.5%，用户规模达到 7585 万，随着移动即时通信基础设施的完善，预计 2010 年中国移动即时通信用户会超过 1 亿人，如图 18.9 所示。

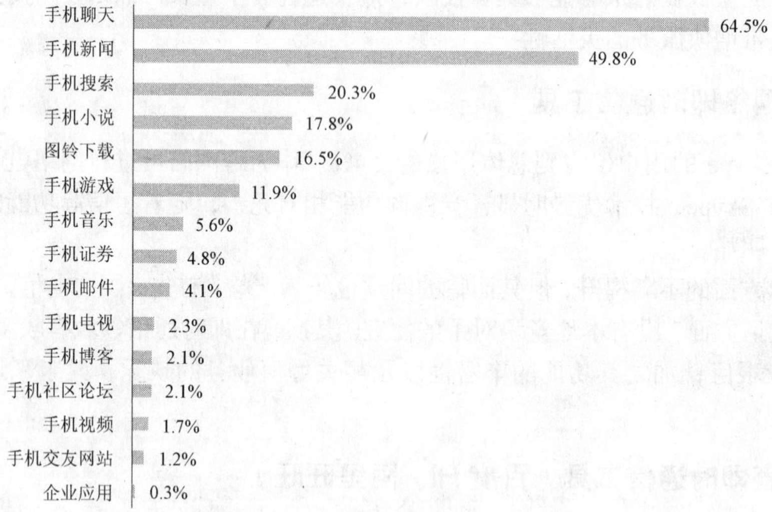

图18.9　2009年移动互联网服务使用情况

从竞争格局来看，目前中国移动即时通信市场主要有三类竞争者：一是电信运营商，如中国移动；二是互联网上基于 PC 的即时通信厂商，如腾讯和 MSN；三是新兴的移动即时通信服务提供商，如掌中无限。总体分析，移动 MSN 和移动 QQ 等传统互联网即时通信工具向无线领域渗透，百度、阿里巴巴旗下的阿里软件都显现出向即时通信进发的野心，再加上中国移动的飞信、中国联通的超信、中国网通的灵信，移动即时通信市场的竞争已经白热化，产业融合度也日渐提升。

从赢利模式来看，目前中国移动即时通信市场的盈利模式主要是基于广告主付费的广告模式，但是该模式目前的营收也不大，广告的形式也在不断发展中，目前主要的形式还是文字链和广播消息；随着系统功能的不断完善，移动即时通信可捆绑诸多应用服务，如彩信、彩铃、图片、博客、流媒体、手机电视和移动 BLOG 等增值内容，这在大大提升用户体验的同时也将为运营商或移动即时通信 服务提供商带来更多盈利模式。

最后，随着移动互联网的发展和 3G 商用路线图的日渐清晰，基于互联网的即时通信工具正在向移动即时通信扩展。手机用户的规模远远大于互联网的用户规模。随着移动即时通信用户的高速增长，移动即时通信产业链将逐渐形成。预计中国的移动即时通信市场在未来几年内还将保持迅速增长的趋势。

18.6　企业即时通信

目前，中国市场上的企业级即时通信工具主要包括：腾讯公司的 RTX，IBM 公司的 Lotus Samet 即时通信 e 和微软公司的 UC 等，相对于个人即时通信工具而言，企业级即时通信工具更加强调安全性、实用性、稳定性和扩展性。根据 eMarketer 的数据显示，全球企业即时通信市场规模 2005 年为 2.67 亿美元，而 2010 年市场实现翻两番的增长，达到 6.88 亿美元，虽然目前国内没有准确的营收数字，但其市场规模仍然可观。从企业即时通信发展趋势看，信息化建设、统一通信以及代理渠道萎缩将为企业即时通信带来机会。

首先，信息化建设加速企业即时通信市场发展。一方面，政府积极推进企业信息化应用的发展，加快建立企业信息化应用的公共服务平台，对于中小企业由政府组织并给予一定的资金扶持。有关部门已经着手中小企业电子商务应用的经验交流、技术推广、人才培训等方面的工作。企业即时通信作为企业信息化建设的一部分，同样能从该政策中得到发展机会。另一方面，服务商市场开拓中，也把为企业服务作为工作的重点之一，越来越多的软件开发商把企业即时通信应用产品的开发作为软件开发的重点之一。政府积极促进企业提高认识，加深对信息化的重要性和必要性以及内涵的理解，间接提高了企业对即时通信应用的自觉性和紧迫性，把即时通信建设作为加速企业发展的助推器。

其次，统一通信成为发展趋势，为企业即时通信带来机会。与个人即时通信需求相比，企业即时通信要求融入更多的通信手段，单一的 PC 对 PC 消息传输必定无法满足企业的需求，由于企业对效益的追求，导致企业对效率的要求不断增高，而信息的有效传达是确保企业内部效率提升的必要条件，这就要求未来即时通信服务商能够提供短信、邮件、电话、传真等多渠道的解决方案，以及支持文字、音频、视频等多媒体的服务平台。

最后，代理渠道萎缩，合作伙伴加强。渠道中除总代理、行业代理和区域分销商外，增值代理商和解决方案业务伙伴将成为未来企业即时通信产品渠道的重要发展环节，在渠道建设中的地位也将逐步提高，他们将成为服务商收入的主要来源之一。

18.7　即时通信总结

（1）反向推广趋势

即时通信软件作为互联网基础服务之一，自身并没有明确的盈利模式，但其庞大的用户规模以及扩展性使其成为其他互联网服务最有力的推广平台之一，其中平台化优势受益最大的无疑是腾讯 QQ，渗透率以 92.6%的比例占据第一位。虽然腾讯 QQ 在即时通信市场的地位很难被动摇，但并不意味着其他即时通信软件市场空间的缩小，恰恰相反，对于新兴的即时通信工具，其大多利用自身的软件特点在短时间内取得了较好的市场位置。

（2）多元化融合趋势

目前类似 QQ、MSN、飞信等主流即时通信工具均具有手机版本，随着 3G 的商用，用户使用体验进一步提高，同时上网资费也在逐步下降，这些因素有力推动了即时通信应用在移动通信领域的推广和普及。随着国家三网合一政策的推动，即时通信与电信、移动的结合将进一步增强。

（3）多元化服务趋势

即时通信的功能从一个单纯的交流、沟通工具，已经演进为综合信息平台，其不仅是用户间交流的工具，更为类似广告推广、商务沟通等线下业务开展起到促进作用。中国电信已和腾讯签署了战略合作协议，根据这一协议，腾讯向中国电信提供基于企业 QQ 平台定制化开发的网络客户营销服务系统，并在全国 30 多个省市的客服中心开始推动，这意味着，电信业务咨询、故障申告、业务受理引导，又多了一个渠道和途径，而对于即时通信而言，也是其从娱乐化向应用化转换的开始。

（中国互联网络信息中心　刘鑫）

第 19 章　2009 年中国博客发展情况

19.1　发展综述

作为重要的互联网应用，博客在传播资讯信息，活跃网络氛围，丰富网络信息资源等方面发挥着重要作用。由 2009 年全年的情况来看，博客用户规模持续增长，活跃用户规模稳步提升。据中国互联网络信息中心（CNNIC）调查数据显示，截至 2009 年 12 月，博客应用的用户数达到 2.21 亿，在网民中的使用率为 57.7%，较 2008 年年底增长 5940 万人，使用率提升了 3.4 个百分点，如图 19.1 所示。

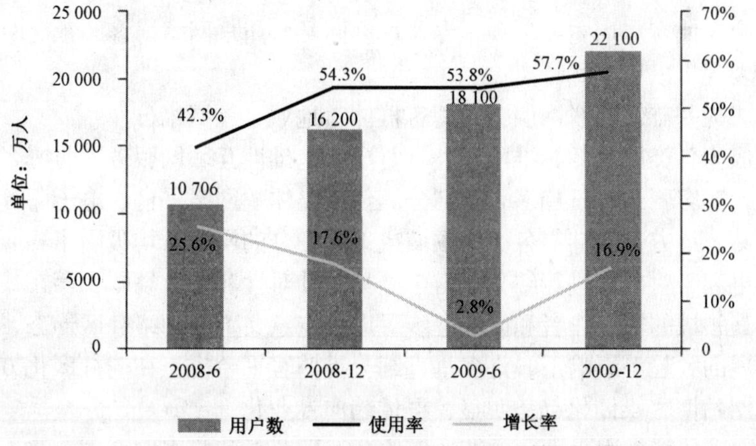

图19.1　2008—2009博客用户规模增长

活跃博客的规模进一步扩大，在半年内更新过空间的博客用户规模达到 1.45 亿，增长率为 37.9%，如图 19.2 所示。越来越多的名人、专家、机构正在将博客作为扩大传播影响力的平台。而随着国内社交网站的兴起，部分草根博客进入社交网站，并使用其中的日志功能来撰写博客，受到社交网络氛围的激励，其更新、参与、互动更为活跃，带动了博客用户的增长。

活跃博客用户的增长，一方面受益于互联网普及率的进一步提高，另一方面是由于微博客的带动作用。Web2.0 继续发展，综合了博客、即时通信、手机传播优势的微博客应用正在获得越来越多网民的青睐，互动性强、使用门槛低、更新便捷的特性使微博客用户对内容的更新比传统博客更为活跃。

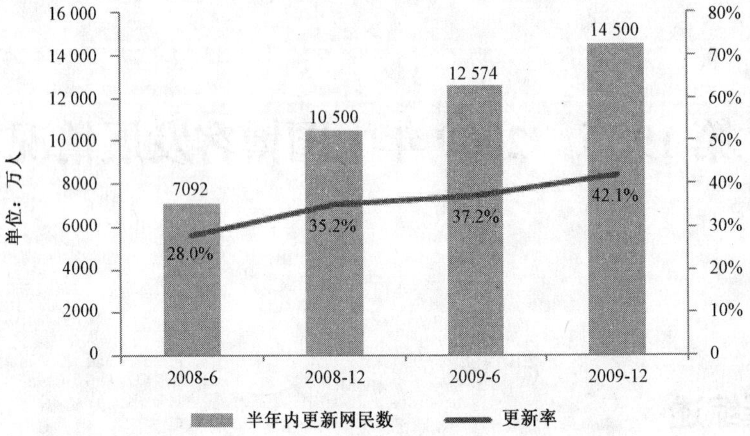

图19.2　2008—2009半年内更新博客的用户规模

19.2　博客发展情况

19.2.1　发展特点

现阶段，中国博客应用主要呈现了专业博客网站、门户网站博客、社交网站博客和微博客四种业态，表现出以下一些特点：

（1）博客成为基础性互联网服务，博客群体随地域、领域细分

博客已经成为各类网站的标准配置，日益成为基础性互联网服务，与博客使用人群的广泛普及相对应，博客网站也日趋多元化细分。传统媒体的网络平台、电子商务网站、行业门户、技术类网站、地方信息港等各类按领域或地域细分的网站，均吸引了相应的博客作者，网站的垂直化也利于对内容进行细分。由于更具有针对性和专业氛围，存在共同感兴趣的话题和内容，垂直领域的博客作者和读者逐步形成一定意义上的网络社区形态，在网络应用向社会化网络发展的大趋势影响下，许多垂直细分类博客平台也正在向社区化方向发展。

（2）门户网站博客媒体化趋势明显，群体趋向专业化

一方面，追求传播效力最大化的特性促使博客运营者和博客作者去关注更多热点和焦点性质的事件，推动博客平台进一步向媒体平台发展；另一方面，博客表现出的媒体化特征吸引了更多的专业人士和明星开博，博客平台成为专家、专业人士宣扬理念、沟通交流的重要平台。在这样的发展态势下，已经形成了明星、机构、专家学者与追随者、关注者积极互动的氛围。

（3）注重互动氛围，草根博客涌向社交网站

在门户网站媒体化和用户专业化的趋势下，在传播需求上，并不追求公众传播效力最大化的草根博客群体正在涌向社交网站。与相对更为开放的门户网站相比，社交网站中熟人和好友更为集中，带来了良好的互动氛围。2009 年，以开心网和校内网（人人网）为代表的社交网站继续迅猛发展，用户规模增长迅速，集成了博客、即时通信等网络应用的社交网站，

正在成为互联网上集成多样化应用的关系平台。越来越多的网民将个人情感表达，观点陈述放在了社交网站的博客上。

（4）专业博客网站发展空间受到挤压，日益文艺化小众化

与博客使用人群的广泛普及相对应，博客网站也日趋多元化，关注细分垂直领域的作者和读者也占到了一定比例，规模日益增长。然而由于专业博客网站已经被门户网站挤占了网络广告市场空间，加之本身运营能力的不足，相当一部分的专业博客运营商都已经退出市场或缩小了运营规模。但在一些垂直领域依然存在一些小型博客运营者，运营规模和运营成本都不大，通常以网络广告和用户资助作为支撑，趋向于文艺化和小众化。

（5）微博客处于萌芽阶段，门户微博运营带动中国微博客风潮

自从 Twitter 成立之后，微博客开始席卷整个国际互联网，跟风网站层出不穷，在国内有新浪微博、9911 微博和同学网等。2009 年 8 月，国内最大的新闻门户新浪旗下的新浪微博开始内测，并很快成为目前国内微博客特色最鲜明、反响最大的一家网站，在新浪名人效应的推动下，微博已成为众人瞩目的又一个焦点。

微博客的迅速崛起极大地丰富了互联网的内容。作为一种分享与交流平台，博客则更偏重于梳理自己的一段时间内的所见、所闻和所感，而微博客更能表达出发布者每时每刻的思想和最新动态，时效性和随意性更为突出。随着网民对信息传递的速度、效率、便捷性的要求越来越高，综合了博客、即时通信、手机传播优势的微博客应用将获得越来越多网民的青睐。

19.2.2　竞争分析

在用户规模方面，QQ 空间凭借其庞大的用户量和业已形成的较为成熟的渠道和终端优势独占鳌头。而利用门户网站的流量优势及新浪博客的口碑影响力，新浪聚集了大量的具备相当消费能力的中高端用户群，并吸引了数量最大的博客读者，依托大量的博客原创内容，加之微博客平台的快速传播机制，新浪网在国内的博客应用市场有了明显的优势。

在博客影响力方面，新浪作为媒体化特征最为突出的门户网站，依然是最具影响力的平台博客。腾讯博客利用不断积累的数亿 QQ 用户资源，活跃的青少年用户，即时通信工具客户端绑定的通道优势，以及 QQ 好友之间的弱联系构成的用户对彼此博客产生的吸引力，获得了较高的阅读率。但其用户以青少年为主，低龄化特征突出，博客平台在传统媒体关注与社会公众影响力上与新浪博客尚有差距。

除门户网站之外，SNS 网站和专业博客运营商分流了其他的博客用户。一方面，新增博客数量的增长和活跃度的提高主要受益于 SNS 网站的兴起，SNS 网站中用户对朋友与熟人的日志关注，有效提升了作者的创作热情与活跃程度，一些 SNS 网站的博客数量呈现快速增长的势头。在垂直领域的 SNS 网站中，青少年网民、都市白领和专业人士等不同维度的细分人群分别拥有不同的创作和阅读偏好，在细分领域做精做深成为方向。

以开心网、校内网（人人网）为代表的社交网站集成了博客、即时通信等网络应用的社交网站，正在成为互联网上集成多样化应用的关系平台。用户将个人情感表达，观点陈述放在了社交网站的博客上。社交网站中的博客空间更新和传播速度虽快，但由于传播范围有限，多限于好友之间分享浏览，其公众影响力受到一定的制约。

19.3 微博客发展情况

19.3.1 现状与特点

在 Web2.0 时代，以用户自创内容为核心的各种网络应用纷纷推出，随着网民对信息传递的速度、效率、便捷性的要求越来越高，综合了博客、即时通信和手机传播优势的微博客应用应运而生，并迅速获得了网民的青睐。微博客是长度有限、发布来源广泛的迷你型博客，是非正式信息交流的典型应用，用户可以通过网站、即时通信、短信、电子邮件或 API 接口随时随地表达简约的文字，更进一步的能够以时间轴方式展现出用户 24 小时的即时状态。在微博客中，每个用户拥有自己单独的频道，并拥有自己的听众；自己可以收听别人成为别人的听众，听众也可以收听自己，并转发自己的信息，其代表性网站是 Twitter。

互联网持续的高渗透率以及当下媒体消费者也是媒体生产者的理念，催生了类似微博这种新生平台。微博客这种新的信息传播形态，既不同于传统媒体的线性传播，也不同于网络媒体的网状传播，它是一种裂变传播。这种传播形态的传播速度之迅捷，传播密度之大，传播方式之便利，远非以往的媒介所能比拟。

中国微博客目前仍处于市场萌芽阶段，市场参与者数量不多，市场仍处于慢热状态。一种新兴科技技术，一般会经历起步阶段，接着市场预期快速膨胀，被媒体和从业人士大为炒作，直到被夸大的预期峰值后，市场预期才会不断降温，进入产品与商业模式创新阶段，此时市场预期逐渐回归理性，直到预期的低谷后，进入市场稳步发展阶段。博客也经历了类似的发展阶段，开始被媒体和从业者大为炒作，后来市场预期不断下降，直到现在的理性稳步发展，成为互联网的基本应用，类似于 Twitter 的微博客也符合此发展规律。

研究显示，中国微博客目前仍处于萌芽阶段，其特征是用户增长率较高，竞争者市场占有率分布分散而且变动较快，用户忠诚度较低，市场进入障碍低。综合其国外和国内的发展情况来看，中国的微博客在未来的几年发展中，将会成为基础的应用，走进广大网民的生活。

与国外著名的微博客网站 Twitter 相比，在 Twitter 上既有个人用户日常生活的感悟，又有企业注册账号用于推销产品等。而国内的微博则以个人用户为主，发布内容多表达自身的喜怒哀乐，受众也远不如国外的广泛。目前，中国的微博客发展体现了如下一些特点：

（1）服务同质化严重，竞争格局尚未形成

由于创建微博客网站起点相对较低，架设成本和运营维护成本不高，互联网上出现了越来越多界面风格、内容都十分相似的微博客网站。服务模式同质化较为严重，但用户渗透率远不及国外网站，各家微博客运营商竞争局势不够明朗，竞争格局尚未形成。中国微型博客市场参与者包括饭否、叽歪、嘀咕、同学网、Komoo、Follow5 和做啥等网站，但是各家网站的用户规模都较小。在这种情况下，微博客如何寻找自己的突破点，成为需要长远考虑的问题。而开放性是各类微博不太敢放开尝试的一个方面，各微博客运营商极少开放 API。这形成了一定的封闭性，并且各类微博网站之间不能互通，形成了类似于 QQ 和 MSN 之间的屏障。

（2）为迎合中国用户使用习惯，微博服务体现了部分本土化特点

为了使中国用户快速适应微博客这一新兴网络应用，迎合中国网民的使用习惯，部分微博客服务商对微博客产品和这种新应用的推广进行了本土化改进和探索。包括新浪在内的一

些微博客网站正在做一些习惯和功能上的变化，从而更适合中国本地用户。以新浪为例，新浪在 2009 年 8 月开始内测其微博客产品“新浪微博”，通过明星效应吸引普通受众的加入，采取了其沿袭已久的博客推广手法。同时，对微博产品做出了一些本土化的改进，如用户可以发表讨论话题，可以在发送的信息中附加图片，讨论版的显示方式类似于社区论坛等，迎合了中国用户的习惯。此外，新浪还开放了其他网站用户邮箱注册新浪微博的功能。

（3）传播特点突出，政策监管面临难题

微博客网站在便利沟通、传播信息、丰富网民生活等方面，发挥着重要的作用，然而其动态、广播、移动的工具属性，也为不良信息的传播提供了高效的传播渠道。在快速发展的同时，也给互联网治理提出了新的挑战。随着 3G 业务的推出，微博客网站将在以手机为终端的载体上进行更大规模的应用，因其随时随地的特性，治理难度更大于传统互联网。手机媒体的监管成为互联网信息管理的又一难点。作为媒体属性的微博客，必然会受到比较严格的政策监管。2009 年 6 月，中国发展较早，用户数量较多的三家微博客网站饭否、叽歪和嘀咕，由于网站内容违规，相继暂停服务。

（4）国外网站无例可循，盈利模式不清晰

在美国，微博客网站 Twitter 的收入来源中，包括通过手机发布和接收微博、同时收取一些企业用户的费用之外，并无太多收入来源。商业模式的问题同样困扰着中国微博客的发展。迄今为止，微博客并没有出现一个系统化的盈利模式。从国内乃至国外的微博客网站上，可以发现大部分微博客网站仍停留在发展用户、稳定用户阶段，并没有出现明显的商业运营模式。目前国内微博客运营的竞争，依然是获得足够多的用户。

19.3.2　发展趋势

在整个互联网内容体系上面，由于社会化网络的进一步发展，信息传播方式正在发生改变，网民之间的交流和互动，网络信息的流动和传播已经全部处在社区化的大背景下。博客功能将会随着互动交流和分享的增多在内容上继续增长，单独的博客功能将向更深层次的社会化网络应用转型。近期，我国的博客发展将会体现以下的一些趋势：

（1）微博客将带来更为广泛的影响。随着中国无线通信网络的进一步成熟以及智能网络终端的个人化和普及化，基于手机和各种移动终端的互联网应用将大量涌现，在手机上发表微博客将成为用户的日常应用之一，“微内容”的信息发布者数量和内容迅速增长，这将在诸多方面改变企业、政府、社会和个人互动的方式，并在这些领域带来信息传播和交互的全面革新。

（2）微博客将成为媒体和商业公司与受众的重要互动平台。首先，企业会主动利用微博来打造品牌形象，与用户沟通，从事电子商务活动，创建用户社区等。而微博对于新闻媒体收集新闻线索，及时接收用户反馈信息，无疑是一个理想平台。对于商业公司而言，收集用户反馈信息，进行市场调研，产品开发等活动的组织和实施通常耗时数月，是成本最高的商业活动之一，而微博客在效率和成本上优势明显。

（3）微博客营造的互动氛围，将成为政府和机构接触公众的新方式。从微博客可以快速收集民意，获得反馈的特点来看，通过微博客互动，参与公共议题，形成民众关心国事，积极参与的舆论氛围。未来公民会更多地通过互联网来进行表达、建言、参与到公共事件或是公共议题中，而社会化网络工具的运用，不仅可以为政府形象加分，通过其良好的交互设计功能还可以深入了解网友的思想及其政府的民意预期。

（4）位置服务将成微博客应用新亮点。微博客在事件性传播中突出的“随时”的特性，而与地理位置信息相连的“随地”特性，将随着基于地理位置的移动互联网应用，在生活类应用中扮演新的重要的角色。基于个人消费者需求的智能化位置信息服务伴随 GPS 和无线上网技术的发展，需求正在呈大幅度增长趋势。移动位置服务被认为是继短信之后的杀手级业务之一，有着巨大的市场规模和良好的赢利前景，但一直发展缓慢。在 Twitter 的推动下，国际和国内的相关产业有望出现快速壮大的机遇。从地址点导航到兴趣点服务，再到实时路况技术的应用，不仅可引导用户找到附近的产品和服务，而且可以获得更高的便捷性和使用乐趣。

19.4 博客与社会重大事件

博客作为互联网的一项主要应用产品，以其自发、开放、互动、共享的独特魅力，吸引了互联网业界和广大网民的目光，规模和影响都实现了跳跃式发展，对社会舆论的影响日益凸现。2009 年中，中国互联网普及率达到 26%，超过世界平均水平，特别是微博客崛起，网络议题更加广泛。政府一方面强化网络管理，另一方面政府对网络舆论的反应提速，从中央到地方初步形成了政府对网络民意的监测、反馈和吸纳机制，并把网络举报列为党纪、政纪和司法监督新渠道。

人民网舆情监测室对 2009 年 77 件影响力较大的社会热点事件的分析表明，其中由网络爆料而引发公众关注的有 23 件，约占全部事件的 30%。也就是说，约三成的社会舆论因互联网而兴起，互联网成为新闻舆论独立源头。

特别是在传统媒体因为种种顾虑而缺席或反应迟钝的情况下，互联网孤军深入，成为网民自发爆料和集结舆论的平台。与西方微博客多谈论网民日常起居不同，中国微博客也体现了强烈关注时事的特点。网民通过“跟从”链接而形成的微博客群落，相当于一个小型的时政新闻平台和论坛。由普通网民临时客串的“公民报道者”，可在微博客上对突发事件进行“现场直播”。微博客的信息发布，赶在了传统媒体报道和政府新闻发布的前面，第一时间发布大量第一手的信息，成为杀伤力最强的舆论载体。

湖北巴东县邓玉娇案，重庆打黑风暴，云南晋宁县“躲猫猫”事件，上海交通管理部门“钓鱼执法”，网瘾标准与治疗。这些热点事件主要涉及公民权利保护，公共权力监督，公共秩序维护和公共道德伸张等一系列重大社会公共问题，体现了广大网民积极的社会参与意识。在这一系列事件中，传统媒体和网络的互动起到非常重要的作用，成为推进社会进程的一个有益组合，由网络爆料，传统媒体跟进，网络媒体再次评论，传统媒体再跟进。这个过程是将事件进行深度剖析的过程，也是将争议推向理性的过程。

然而，博客的快速传播，事实无法求证也会造成非理性传播的负面影响。2009 年 10 月 12 日，一名自称是闫德利的女子在某博客网站上发布文章，声称身患艾滋病，并公布“嫖客”手机号码，这一消息在网上引发轩然大波。由于信息传播太快，其信息的真实性与可靠性无从验证。后经查实为其前男友发帖诽谤，在这一事件调查过程中，网民和媒体以讹传讹，推波助澜，对当事人造成了一定的伤害。这一事件发生后，引起了媒体和公众对网络非理性传播的反思。

（中国互联网络信息中心　赵慧斌）

第 20 章　2009 年中国 SNS 发展情况

20.1　发展综述

社交网站已经成为网民在互联网上的重要基础应用之一。Facebook 和开心网的成功范例使得一些以 SNS 为核心理念，定位于商务社交、生活口碑、专业人士、年轻人群的社交网站迅速兴起，并在短期内吸引了大批用户，赢得了资本界和业界的广泛关注，行业竞争程度逐步升级，用户走向进一步细分。SNS 已经不再仅仅是互联网行业的一个热点，吸引了众多互联网大鳄的进入，大型门户网站、大型论坛以及其他传统大型网站纷纷建立 SNS 频道，同时专业的社交网站纷纷获得新的大规模融资，业界对 SNS 未来发展前景表现出积极态度。

社交网站带来的社交网络应用正在改变着人们对互联网的使用习惯，也对中国互联网的发展和普及起到积极的推动作用，随着各类社交网站在竞争中快速发展，用户规模迅速增长。

20.2　SNS 网站发展特征

社交网站是帮助人们建立社会性网络的互联网应用服务，为用户提供自我表现和网络交际等功能，也包括一些基本的网络应用。其用户关系由现实中延伸或在网站平台上逐渐培养，用户可以通过多种方式与他人构建关系，进行互动，这些连接关系可以是内容、话题、互动应用等多种方式。

随着互联网普及率的提高和网民对于网络应用的深入，越来越多的互联网用户将现实生活中的人际关系延伸到网络中。各类社交网站因需而起，在竞争中快速发展，病毒式营销、口碑相传的推广方式推动了中国社交网站用户规模的迅速增长。通过内容黏着、互动应用和人际关系在网络上的维护与拓展，社交网站正在发挥平台化、工具化的作用，逐步成为广大网民休闲娱乐、获取资讯、传播信息的重要渠道。

现阶段，我国社交网站的发展和用户使用呈现出如下特征：

（1）赢利模式仍以广告和社交游戏为重点

从整体互联网来看，现在赢利的互联网主要是向个人用户收费的网游，电信增值业务模式和向企业用户收费的广告模式，社交网站在这两大方向上均存在创造赢利模式的可能。就近期而言，网络广告是社交网站现阶段主要的盈利方式之一，在社交网站的营收中可占到 80%

以上，但社交网站用户对广告的抗拒程度不容忽视。分析表明，社交网站用户对投票和问答式的广告认同程度最高，在组件或者游戏中植入广告信息的嵌入式广告也有 16.1%的用户认同度。

社交游戏是中国社交网站的应用热点，一些游戏如开心农场和荣光医院等吸引了很高的人气，社交网站平台或自行开发维护，或由第三方游戏开发商共同管理，再进行分成。与网络游戏中的道具收费相同，社交游戏的道具收费已经有不少网站进行了尝试。

（2）社交网站正在成为网民人际关系的互动平台

从用户端的数据表现来看，社交网站的用户大多为使用互联网时间超过 5 年较为成熟的网民，使用网络 5～10 年的用户占到整体的 54.6%。随着网民对互联网应用的深入，现实人际关系网络向网络延伸和转移的可能性越来越大，社交网站对用户的渗透将更加明显。同时研究发现，社交网络对用户的互动存在显著激励作用，这有效地促进了互动型应用，用户对新闻/资讯、音视频的转帖传播、评论比起传统网站大大增加。随着用户的关系在社交网站平台上逐渐积累，越来越多的交互和信息传递都会在这个平台上进行。

（3）社交网站逐渐成为网民网络应用的集成平台

社交网站可以集成的网络应用形式非常丰富，几乎所有的 Web2.0 应用，图片、音乐和游戏等，都可以置于社交网站平台。随着社交网站在网民中渗透率的不断提高，以交流沟通为目的的网络应用类型，几乎都可以被社交网站整合，如传统单一应用形态的邮箱、即时通信、博客和论坛（体现为圈子、群组等）等。而个人类应用也将随着社交网站本身功能的完善，而逐步丰富。社交网站平台正在逐步成为各种互联网应用的聚合平台，其平台性和工具化趋向将逐步明晰。同时，一些社交网站开放了 API 接口，允许第三方开发人员开发适用于平台的插件，这更在应用层面上拓展了社交网站的开放性。

（4）社交网站用户呈现高学历、年轻化

用户是社交网站发展的核心资源和根本驱动力量，在我国社交网站用户群体中，年轻化的特征非常突出。年龄在 20～29 岁之间的用户占整体人数的 52.6%。其中作为主力的学生和职场人士，分别站到 50.3%和 31.1%。此外，我国社交用户中大专以上学历的比例达到 59.1%，高学历特点明显。

中国的社交网站用户主要分为两大群体，一部分是学生群体，另一部分是白领阶层。学生群体是中国网民的重要组成部分，其用户特征突出表现为低龄和低收入。社交网站的学生用户覆盖了相当高比例的大学生群体，并且随着用户在各年龄层的渗透，有进一步全面渗透各学历阶段学生网民之势。

白领阶层，或者说是职场人士是中国社交网站用户的另一个重要群体，在社交网站之前，白领用户对于互联网的应用分散在各种网络应用中，如使用论坛和博客网站交流信息，使用相册网站张贴照片图片，在游戏网站进行休闲娱乐，使用即时通信工具与好友联系等，而社交网站为白领用户提供了一个集打发休闲时间，与好友保持联系，互动交流等于一体的综合的网络平台。

（5）休闲娱乐是社交网站用户的主要目的

在关于用户使用社交网站目的的调查中，42.4%的用户表示是为了“打发时间”，而以“玩游戏”为目的的用户占到 27.4%，如图 20.1 所示。

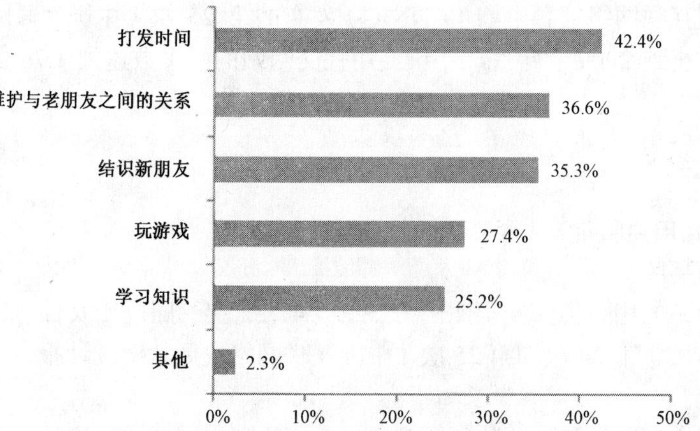

图20.1　社交网站用户的使用目的

由于中国互联网用户的年龄、学历等因素的影响，以及中外用户使用习惯的差异，造成了目前以娱乐和游戏为主要应用的特殊需求成为现阶段中国网民使用 SNS 网站的显著特征之一。

（6）熟人关系和可获得资讯是用户使用网站的主要考虑因素

社交网站用户的好友关系一般由两大部分组成，一部分是现实生活中的熟人好友在网络上的延伸，另一部分是用户在网站平台上通过各种互动应用进行的关系拓展，这两部分在不同的网站中同时存在各有偏重。在中国互联网络信息中心（CNNIC）的调查中，用户在社交网站的选择方面，超过 63.5%的用户认为平台上熟人的多少是最为看重的因素，而排名第二的因素是获取有用的资讯。如果没有一定的熟人网络和内容吸引，社交网站用户的流失率会比较高。

可以看出，用户使用网站首先是考虑这个平台是否是合适的朋友圈子。参与感、环境认同感放在首位，用户对可获得的资讯，可玩游戏的多少的考虑比重要略低于此，目的性需求放到了其次。同时，研究也发现，用户通过各种外在属性和行为表现来丰富其在社交网站中的角色，在用户选择社交网站考虑的因素中，对结交陌生人的需求不大，对网友用户的真实感也没有太多的主观需求。

而导致用户放弃使用社交网站的主要原因中，没有感兴趣的活动，有价值的资讯的匮乏上升到比较重要的原因。随着社交网站使用时间的增长，用户对于网站本身具有的价值要求开始上升。一个只有好友、没有有价值的内容体系的社交网站，用户流失的可能性会大大增加。

20.3　用户分析

20.3.1　用户规模

社交网站带来的多样化社交网络应用正在改变着人们对互联网的使用习惯，也对中国互联网的发展和普及起到了积极的推动作用，随着各类社交网站在竞争中快速发展，用户规模迅速增长。中国互联网络信息中心（CNNIC）发布的第 25 次《中国互联网络发展状况统计报告》显示，截止到 2009 年年底，中国使用社交网站的网民数达到 1.76 亿，在网民中的渗透率达到 45.8%。

20.3.2 用户特征

1. 社交网站用户特征

（1）性别与年龄

使用社交网站的用户男女性别比例为 52.9∶47.1，男性略高于女性。这与中国互联网络信息中心（CNNIC）第 24 次和第 25 次《中国互联网络发展状况统计报告》中全国网民的性别分布极为接近。

社交网站用户年龄的年轻化特征非常突出，用户群以 20～29 岁的青年为主，该年龄段群体占到一半以上，达 52.6%，高出全国网民平均水平 22.8 个百分点，而在其他年龄段上，均低于全国网民的平均水平，如图 20.2 所示。

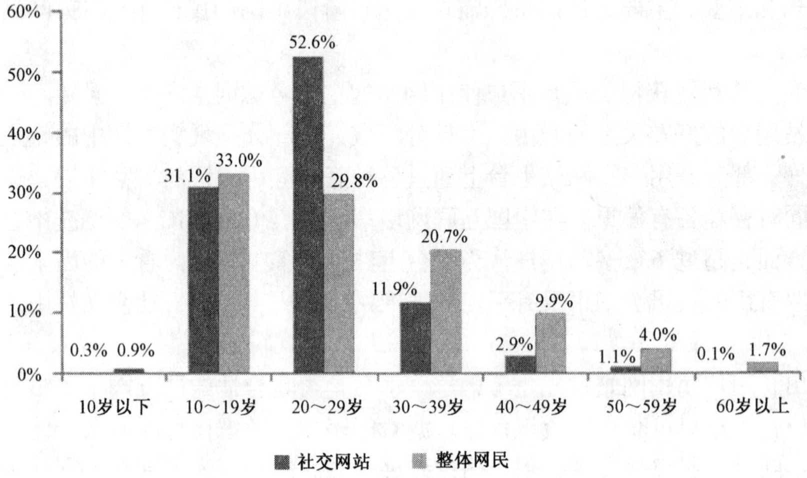

图20.2 社交网站用户年龄构成

由于社交网站中，有相当一部分是针对校园和学生群体的网站，而这部分网站用户又以大学生为主，在整体上拉高了这一年龄段用户的比例。

（2）学历结构

大专以上学历的用户占到了社交网站用户的近六成，达到 59.1%。大专学历的用户为 21.3%，比全国平均水平高出 8.6 个百分点；大学本科以上学历的用户占到 37.8%，超过全国平均水平 25.4 个百分点，如图 20.3 所示。

（3）职业结构

在社交网站用户的职业分布中，学生和职场人士是社交网站用户的主体。其中学生群体是社交网站的最大用户群体，比例达到 50.3%。党政机关事业单位工作者、企业/公司管理者、企业/公司一般职员这几类人群中，社交网站的用户群体也比较集中，其总和占到用户总数的 31.1%，如图 20.4 所示。

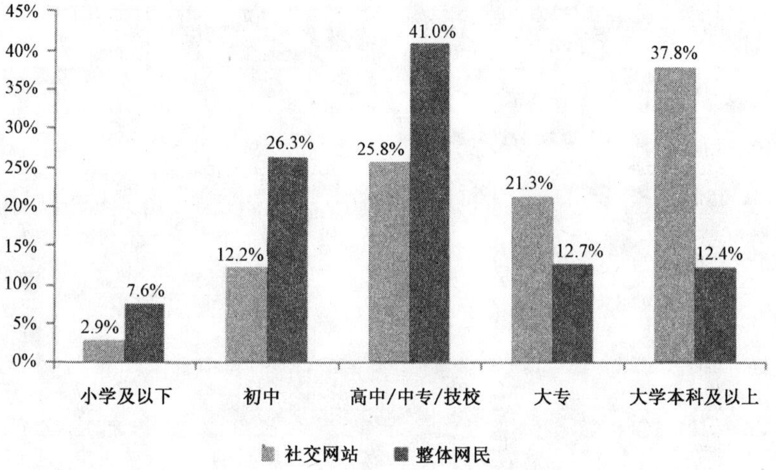

图20.3　社交网站用户学历结构

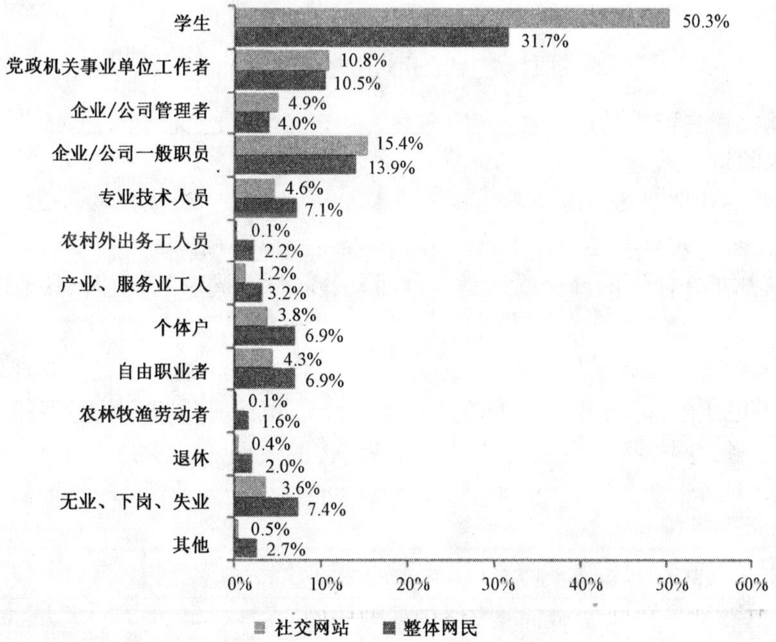

图20.4　社交网站用户职业结构

（4）收入结构

社交网站是以白领和学生为主的网络应用。在社交网站用户的收入结构中，收入在 3000 元以上的社交网站用户比例为 17.8%，在 3001～5000 元、5001～8000 元、8000 元以上三个部分的社交网站用户比例分别高于全国网民的平均水平 2.4，0.9 和 1.1 个百分点。

以学生为代表的低收入群体是社交网站用户的重要组成部分，收入在 1000 元以下的社交网站用户比例为 47.5%，高出全国网民平均水平 3.3 个百分点，其中收入在 501～1000 元和 500 元以下的用户比全国平均水平分别高出 5.7 和 1.8 个百分点，如图 20.5 所示。

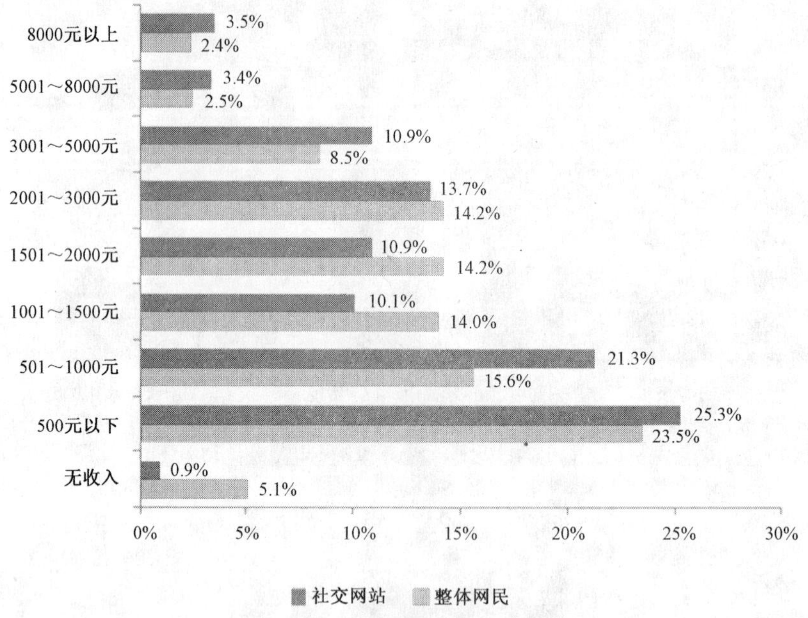

图20.5　社交网站用户收入结构

2．社交网站用户行为特征

1）信息来源

（1）用户获知社交网站的途径

社交网站是基于人与人之间关系的应用，亲友之间口碑相传的推广是最有效的渠道。有74.6%的用户获知正在使用的社交网站是通过朋友、同学、同事的推荐，其他信息传播渠道的效果远不如此。

而针对一些社交网站频繁发送推广邮件，以期获得更好认知的情况，调查显示，用户从网站主动发送的电子邮件获知网站信息的只占到 8.0%。电子邮件推广的过度使用很容易招致用户的反感和抵触，网站运营应从获得更多口碑相传的效果入手，提升用户体验，巩固用户基础，如图 20.6 所示。

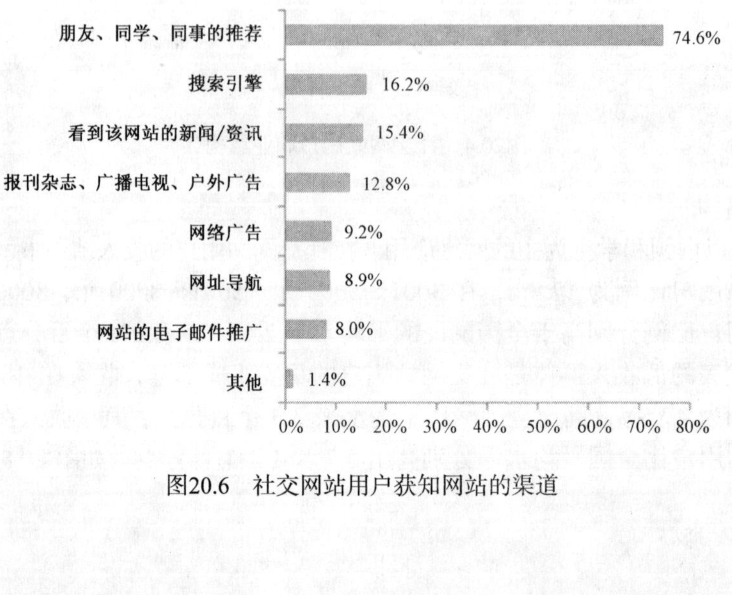

图20.6　社交网站用户获知网站的渠道

（2）网站用户添加的好友来源

有 75.8%的用户表示，在社交网站上的好友是现实中的朋友。随着网络渗透率的提升和网民对于网络应用的深入，社交网站用户规模将会得到进一步扩大，越来越多的用户会将更多现实生活中的人际关系延伸到网络，如图 20.7 所示。

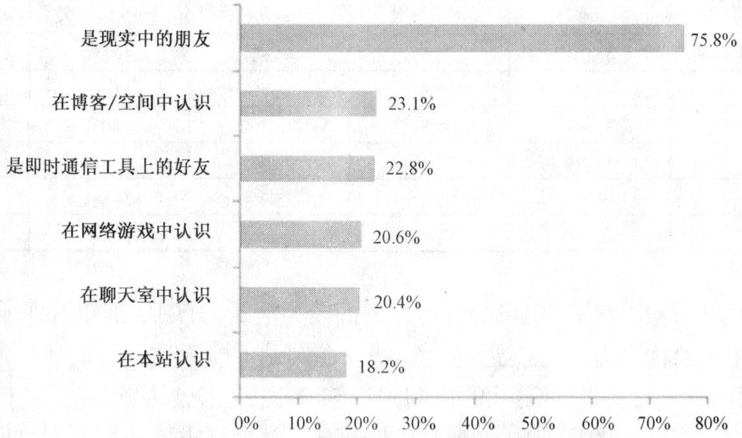

图20.7　网站用户添加的好友来源

2）网站应用

（1）用户使用社交网站的频率

调查显示，社交网站的使用频次呈现两极分化的态势，每周或更长时间使用一次的用户占 40.2%，在用户群体中占最大的比例；而每天都使用的用户占 34.3%，其中每天访问一次的用户占 17.9%，每天两次以上的占 16.4%，如图 20.8 所示。

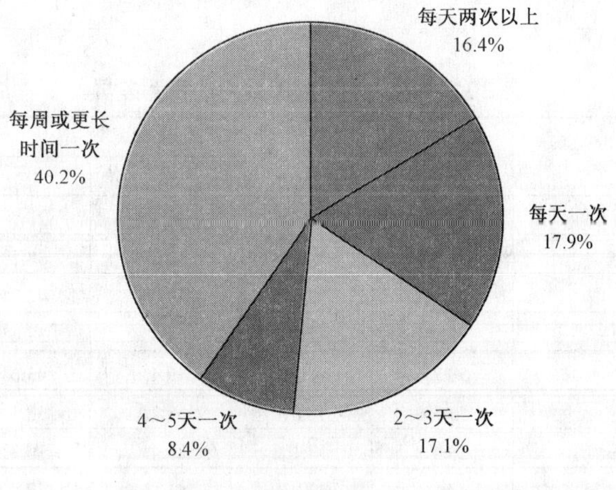

图20.8　社交网站用户的使用频率

对不同使用频率的用户使用社交网站的目的进行分析发现，在使用频率较高，“每天使用多次”的人群中，以维系老友关系，打发时间，玩游戏为目的的用户居多。其中，以打发时间为目的的用户占到 54.8%，比例最高；每天多次和每天登录一次的用户中以玩游戏为目的的用户分别达到 30.9%和 31.1%，在不同使用频率的用户中横向比较的比例较高；在每周或更长时间使用一次的用户，即使用频率较低的这部分用户中，玩游戏和打发时间的目的并不突出，以学习知识为目的的用户所占比例为 26.6%，属于较高水平，见表 20.1。

表 20.1 不同使用频率用户的目的差异

使用社交网站的目的	使用频率				
	每天多次	每天一次	2～3 天一次	4～5 天一次	每周或更长时间一次
维系与老朋友之间的关系	42.6%	37.1%	40.6%	31.6%	33.2%
打发时间	54.8%	39.8%	36.4%	37.6%	42.1%
结交新朋友	30.9%	37.5%	42.7%	39.3%	32.1%
玩游戏	30.9%	31.1%	28.5%	30.8%	23.1%
学习知识	16.5%	29.5%	25.9%	24.8%	26.6%
其他	2.6%	2.8%	3.3%	—	2.0%

在使用频度最高的用户中，用户的各种行为都较为活跃，其中玩游戏占到了很重要的位置。其中访问好友个人页面、查看好友近况、和好友在网站上聊天这三者的比例最高，分别达到 58.7%，53.9%和 53.5%，玩网页游戏的比例占到 51.7%，是各使用频率的用户中比例最高的。

在每天使用一次网站的用户中，查看好友近况、发表日志、和好友在网站内聊天的比例最高，分别为 52.6%，51.4%和 50.6%；在两天及两天以上使用网站的用户中，和好友在网站上聊天均占到最高比例。

由于添加了互动游戏，娱乐类社交网站的高频次游戏应用直接影响了网站的使用频率，用户具备了很高的用户黏度，但黏度不是目的，网站和用户双方的可延续价值才是根本。而商务社交网站出发点是商务人脉拓展，目的性较强，用户倾向于在有特定需求时使用网站，使用频次较低，但随着时间的推移，商务社交网站也纷纷开始在平台上构建更多的互动，有利于商务人脉的深层次培养，商务社交网站使用频率低的情况正在得到改善，见表 20.2。

表 20.2 不同使用频率用户的行为差异

主要行为	使用频率				
	每天多次	每天一次	2～3 天一次	4～5 天一次	每周或更长时间一次
访问一些讨论区，参与热点话题的讨论	30.9%	27.5%	36.8%	26.5%	29.5%
玩网页游戏	51.7%	39.0%	32.2%	38.5%	25.9%
查看好友近况	53.9%	52.6%	49.0%	46.2%	47.1%
参与好友的话题（跟帖）	52.2%	41.8%	44.4%	37.6%	35.7%
访问一些好友的个人页面	58.7%	50.2%	49.4%	43.6%	41.6%
和好友在网站上聊天	53.5%	50.6%	58.2%	58.1%	47.2%
参与兴趣小组/话题小组	20.4%	17.1%	23.4%	10.3%	12.8%
与好友分享资源	47.4%	43.0%	41.8%	32.5%	30.2%
在相册中张贴照片和视频等	52.2%	40.6%	38.1%	30.8%	32.9%
发表日志	49.1%	51.4%	46.9%	45.3%	38.4%
发表微博客	25.2%	25.1%	19.7%	10.3%	14.0%
其他	1.3%	2.8%	0.4%	4.3%	2.7%

（2）用户使用社交网站的日均时长

在社交网站中，许多行为不需要即时处理，部分用户选择了以打开网页形式长时间登录，并不时查看好友的动态、留言等方式，与好友进行互动，不需要长时间停留和操作。而受到日益普及的社交游戏的影响，许多游戏互动行为不需要即时处理，行为也无需玩家之间的同步，用户不需要长时间排他性地专注于网站的使用，可以自行安排时间，每日登录几次进行事件处理，总体上缩短了对网站的使用时间。超过半数的社交网站用户日均使用时间在 1 小时以下，有 26.6%的用户每天使用 1～2 小时，有 12.8%的用户每天平均使用网站达两个小时以上，如图 20.9 所示。

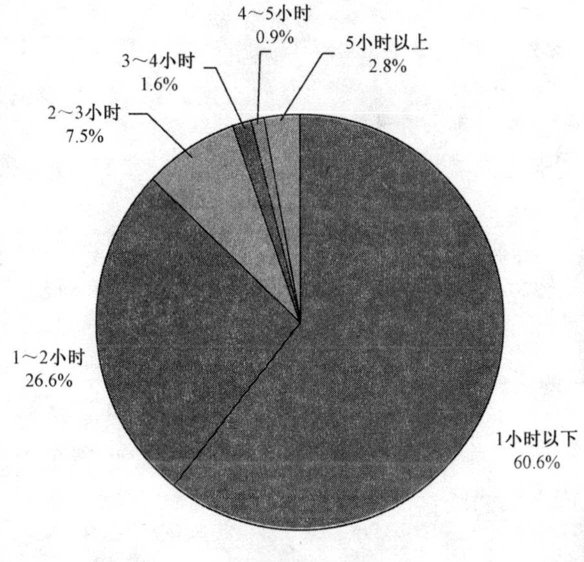

图20.9　用户使用社交网站的日均时长

3．社交网站用户关注的好友行为和动态

对“人”的关注是社交网站中用户最为看重的部分，当用户的动态快速激发大面积反馈的时候，会高度激励用户。社交网站中，用户对好友更新了相册和好友发表了新的话题的关注列在第一和第二位，占到 54.2%和 47.6%；其次是对朋友发起或参与的“内容”互动的关注，分享了网址/音频/视频和参与回复了他人的话题分别占到 33.3%和 30.4%。

由于网民整体对娱乐和游戏的偏爱，游戏应用也是社交网站用户较为关注的应用之一，关注好友在玩新的游戏的用户占到 25.9%，如图 20.10 所示。

4．社交网站用户经常使用的网站功能

作为最基础的网站功能，给好友留言成为用户最经常使用的功能，利用率达到 51.2%。与用户最为关注“更新相册”的行为相对应，图片/相册功能的应用成为最常使用的功能之一，利用率达到 48.6%。同时，社交网站中好友的关注和互动促进了网站中博客/日志功能的使用，有 41.5%的用户经常使用此项功能，如图 20.11 所示。

5．用户使用社交网站的主要行为

由于使用目的不同，用户表现出的行为也有所不同。整体而言，用户在社交网站上的行为较为分散，但是与好友的交流沟通和对好友近况的关注依然是用户行为的中心。在用户使用社交网站主要行为的调查中，和好友在网站上聊天，查看好友近况，访问好友的个人页面，

分别占到 51.6%，49.4%，47.4%。其次，用户对参与互动，表现自我的需求也较高，发表日志、参与好友的话题、在相册中张贴照片视频分别占到用户行为的 44.5%，41.1%，38.1%，如图 20.12 所示。

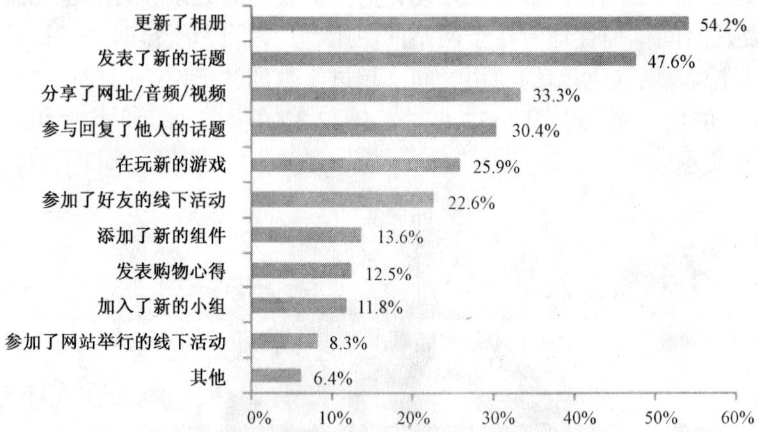

图20.10 社交网站用户最为关注的好友行为和动态

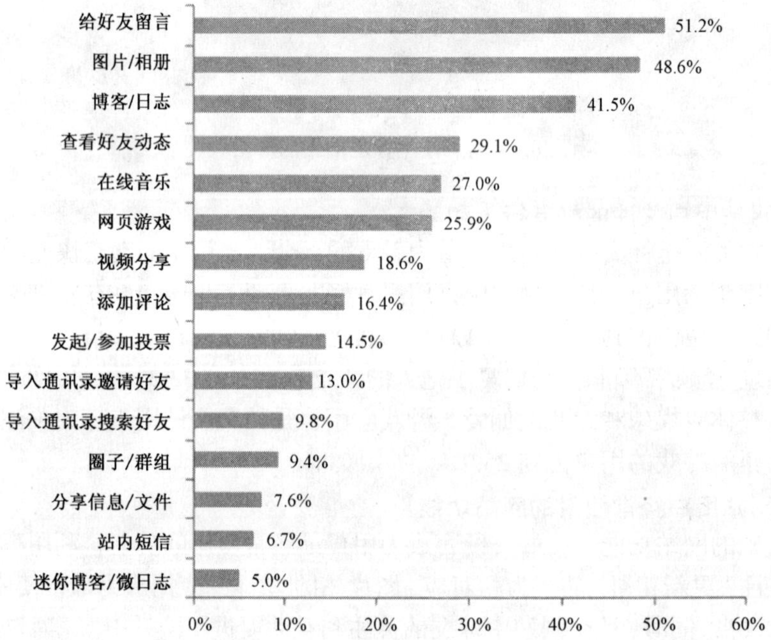

图20.11 社交网站用户经常使用的网站功能

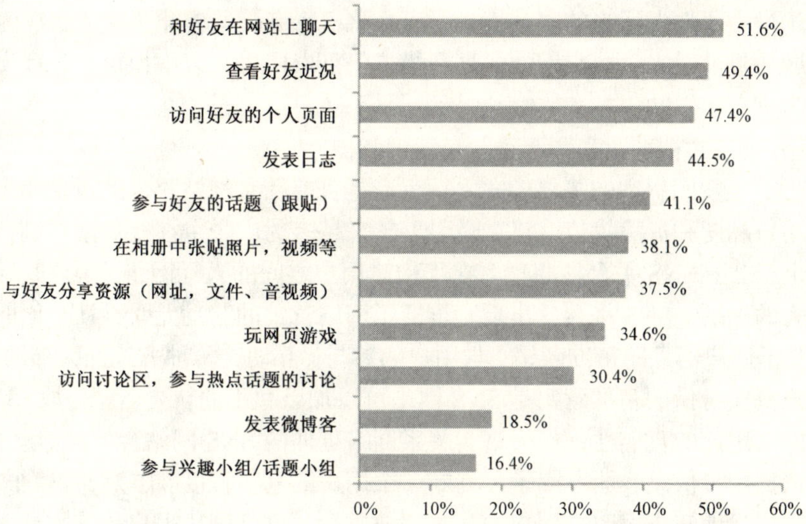

图20.12　社交网站用户的主要行为

20.4　市场格局

绝大多数用户对于社交网站的使用均存在复用，根据中国互联网络信息中心（CNNIC）的测算，用户平均每人拥有社交网站账户 2.78 个。

在用户对社交网站品牌选择的多选中，QQ 校友录、人人网（校内网）、新浪空间、51.com、开心网分别以 50.0%，37.0%，36.6%，27.1%，26.4%的比例占据了国内社交网站市场前五名，如图 20.13 所示。

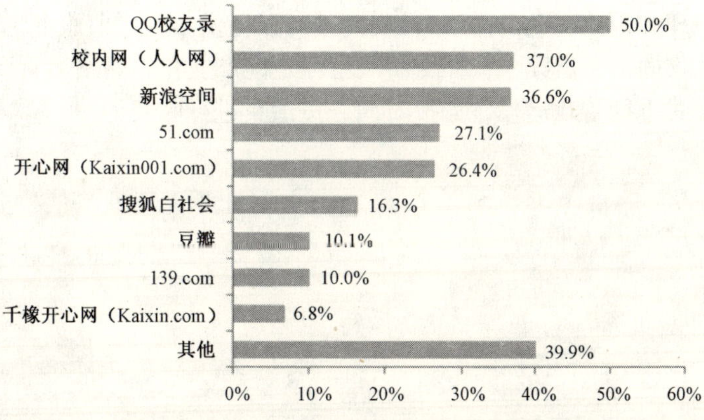

图20.13　用户使用的社交网站品牌

20.5　赢利模式

在社交网站用户高密度聚集、高使用黏度、拥有较高的互信水平的氛围下，把握用户心理，挖掘市场潜力，选择适当的赢利模式，迅速将概念和流量转化为收入，成为当前业界最为关注的问题。目前看来，社交网站的赢利模式仍是以广告和以虚拟形象、社交游戏为代表的用户收费为重点。

（1）网络广告："精准"和"互动"是营销利器

网络广告是互联网赢利的主要模式之一，也是目前社交网站收入的最主要来源。社交网站体现出的用户黏度和流量优势，正在吸引着越来越多的广告主在社交网站进行投放。在广告投放策略上，由于 SNS 平台核心理念在于构建用户之间的人际网络，因此其媒体特点与门户网站有很大的区别。SNS 平台的出现，丰富了网络营销的互动元素，社会化网络营销正式浮出水面。基于用户信息的精准营销，与用户的参与、互动这两种方式互为辅助，相得益彰。

基于用户真实身份的精准营销是 SNS 网站可以加以利用的首要营销手段。SNS 网站的精准完全基于网站用户的真实性，作为真实关系网络延伸的 SNS 网站会员的信息真实度较高，同时也可以依据用户信息和朋友圈子去判断一个用户的真实程度。作为 SNS 网站，可以从注册信息里非常详尽地知道每一个用户的基本用户属性，也可以从用户的使用行为中分析得出兴趣、经历、偏好、朋友圈、购物记录，这为高精度营销活动做好了数据上的积累。利用这些掌握的用户基本属性和行为信息，网站可以很轻松地将此服务转换为一个广告网络。

其次，充分利用用户的参与和互动，研究用户的兴趣点以及用户之间互动的连接点，是社交网站创新赢利的重点所在。由于网络存在海量信息，大量信息需要用户进行选择和过滤，而从朋友那里得到的消息往往更有参考价值。在这种情况下，会聚好友的社交网站进行"口碑传播"就成了有效的传播和营销方式。知识型产品、奢侈品可利用社交网站用户互信程度较高的背景进行口碑营销；企业可以选择入驻 SNS 网络，在网络阵地上扩展和巩固用户群体，成为消费者可以信任的消息来源。

（2）会员收费：自我表现和互动需求驱动下的收费模式

社交网站向个人用户收费主要包括个人增值服务和社交游戏收费两部分。第一，基于社交网站用户自我表现和用户互动的需求，社交网站可以提供个人增值服务，如虚拟人物 Avatar 的设定，道具、礼物的出售。第二，社交游戏已经走向产业化，网站运营商可以模仿网络游戏向个人收费的模式进行游戏运作，如按时间、按道具进行收费等。

（中国互联网络信息中心　赵慧斌）

第四部分
专业服务类

第 21 章　2009 年中国搜索引擎发展情况

21.1　发展概况

2009 年是中国搜索引擎快速发展的一年。随着互联网的快速普及和渗透，网络应用日趋丰富，网民的信息需求快速增长，中国本土搜索引擎品牌正在影响和改变着全球搜索量（搜索次数）的市场格局。搜索引擎作为互联网信息检索的主要工具，在网民中的渗透率快速提高，用户规模持续增长。同时，由于搜索引擎营销的低成本，目标用户的准确性，营销效果的可测等优势日益获得广告主的认同和青睐，搜索引擎营销价值进一步提升。

21.1.1　全球搜索引擎用户搜索次数

据美国互联网流量监测机构 comScore 公布的统计数据显示，2009 年 7 月全球用户搜索次数已达 1137 亿次，同比增长 41%，如图 21.1 所示。

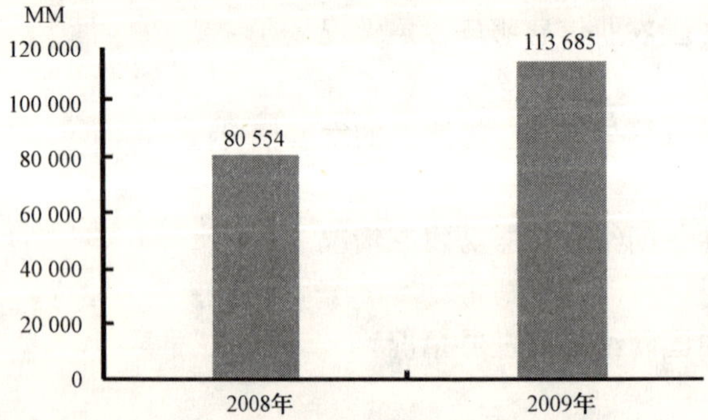

资料来源：http：//www.comscore.com/

图21.1　全球搜索引擎用户搜索次数

2009 年 7 月，谷歌搜索以 767 亿次的搜索量位居所有搜索引擎的首位（市场份额 67.5%）；雅虎网站的搜索次数为 89 亿次（市场份额 7.8%）；百度位居第三，其搜索次数为 80 亿次（市场份额 7.0%）。

在快速发展、市场潜力巨大的中国互联网产业链上，搜索引擎发展的潜力和能量正在逐步释放，在以中国本土品牌为主的高度集中的市场格局下，用户规模效应和使用黏性逐步凸显，国内搜索引擎正在影响和改变着全球搜索引擎的市场格局。

21.1.2　用户规模

中国互联网络信息中心（CNNIC）统计，截至 2009 年 12 月底，中国网民规模达到 3.84 亿人，其中搜索引擎用户规模为 2.8 亿人，年增长 7834 万人，年增长率为 38.6%。搜索引擎在网民中的普及率达 73.3%，较 2008 年增长了 5.3 个百分点，成为网民使用互联网的第三大应用，如图 21.2 所示。

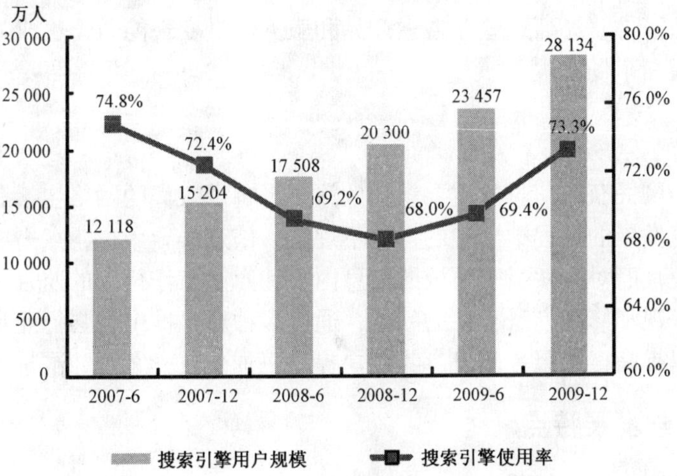

图21.2　2007—2009年搜索引擎用户规模及使用率

21.1.3　营收规模

据中国互联网络信息中心（CNNIC）测算，2009 年中国搜索引擎市场规模（搜索引擎运营商营收总额，不包括搜索引擎渠道代理商营收）约共计 69.8 亿元人民币，年增长 19.5 亿元人民币，年增长率达 38.8%。随着搜索引擎用户规模的持续增长，用户搜索信息的增加，搜索引擎的推广营销价值将得到更多广告主的认可，搜索引擎广告市场营收在网络广告中的份额将不断增长，成为网络经济发展的重要力量。

21.2　发展特点

21.2.1　搜索服务

随着搜索引擎用户规模的日趋庞大，用户对搜索引擎的使用和认同加强，检索信息的种类和数量快速增长，用户的搜索需求和使用行为日趋多元化。为了满足用户的多元化搜索需求，搜索引擎的发展进一步向专业化、社区化、移动化、个性化的方向发展。中文搜索、图片搜索等搜索服务更加精准；视频搜索、购物搜索、生活搜索等搜索服务更加专业化；同时，随着 SNS、微博客等应用和手机上网的快速发展，使搜索厂商对社区搜索、移动搜索领域的发展更加专注。在日趋激烈的竞争中通过个性化服务充分尊重不同用户群体的主动需求，并通过各种服务整合的平台化为用户提供更全面、更周到的服务，成为各搜索厂商吸引和黏住用户的重要策略。

21.2.2 企业运营

随着搜索引擎服务的多元化，搜索引擎厂商向电子商务、即时通信和网络社区等领域的渗透逐步展开，用户对搜索厂商提供的这些非搜索功能和服务的使用快速增长。通过这些非搜索服务，搜索厂商一方面巩固了已有的用户资源，提高了用户的活跃度和使用黏性；另一方面，随着这些非搜索服务的用户规模的快速增长，其营收能力得到了提高。挖掘这些非搜索服务流量的价值潜力，提高这些非搜索产品和服务流量变现能力，也成为搜索引擎厂商重点关注和挖掘的潜在市场。

21.2.3 行业规范

搜索引擎作为网民获取信息的重要渠道，深刻影响了人们的网络生活和现实生活，而搜索引擎行业在高速发展的过程中出现的操作不规范，信息误导用户，点击欺诈，搜索结果内容违规等问题，使政府对搜索引擎领域的信息内容和商业操作行为的监管更加严格；各搜索厂商也开始严格审视和修正自身存在的问题，通过多种形式推出加强行业自律，维护行业健康发展的举措，以提高搜索服务质量，为用户提供更加公正、客观、准确的搜索结果。

21.2.4 垂直搜索发展特点

随着网络购物、网上旅行预订、网络视频等网络应用需求的快速增长，购物、旅游和视频影视信息的检索需求快速增长，垂直搜索凭借在某一领域搜索服务的精准性和专业性得到快速发展。

（1）视频搜索

根据中国互联网络信息中心（CNNIC）调查统计，截止到 2009 年年底，网络视频用户规模达到 2.4 亿，其中近 4000 万用户只在网上看视频，成为网络视频独占用户。网络视频应用庞大的用户规模和使用需求，使视频搜索的需求和使用快速增长。中国互联网络信息中心（CNNIC）统计，2009 年有 13.7%的用户使用搜索引擎搜索视频内容，比 2008 年提高了 7.5 个百分点，视频搜索也成为搜索厂商和视频网站从业者关注和投入的重点。

（2）旅游搜索

旅游搜索是生活搜索的一种，是检索旅游相关信息的搜索引擎，收录的内容包括旅游线路、旅游景点、酒店住宿等相关旅游信息。旅游搜索引擎不但使用户可以查询到与旅游、出行相关的信息，更值得消费者关注的是旅游垂直搜索凭借比较服务优势和中立性服务优势，帮助消费者选择到性价比高的航班、酒店和餐饮等服务，进而大幅提高订单转化率。

根据中国互联网络信息中心（CNNIC）调查统计，截至 2009 年 12 月，我国使用在线旅行预订的用户规模达到 3024 万人，年增速为 77.9%。随着在线旅行预订产业的快速发展，旅游搜索已经成为用户和供应商对接的重要平台，并成为在线旅游预订服务产业链的重要环节，同时推动了旅游行业新一轮的竞争和发展。

（3）购物搜索

购物搜索引擎是通过提供商品价格和网站信誉等方面的信息检索服务，为消费者和厂商之间提供基于商品购买和销售的对接平台。购物搜索一方面为网络购物消费者提供了更加便捷信息检索服务；另一方面，也为在线销售厂商提供了展示和推广产品的渠道。

随着网络购物的快速发展，人们对购物信息的需求量快速增长。搜索引擎作为互联网信息的检索工具，成为网民购物时获取信息的重要渠道，也成为消费者与商家信息沟通的桥梁。与通用搜索引擎相比，购物搜索引擎获得的信息更集中和全面。目前，提供购物搜索引擎服务的主要包括通用搜索引擎提供的购物搜索服务，购物网站提供的站内搜索服务，比较购物搜索引擎网站等。2009 年谷歌中国发布购物搜索，可在一个搜索结果中同时展示商品信息、买家评论和商家销售信息等；2009 年，淘宝针对站内购物搜索，公开测试其独立搜索引擎产品，但目前仅支持站内搜索，并未覆盖全网。

21.2.5　移动搜索

根据中国互联网络信息中心（CNNIC）统计，截至 2009 年年底，中国手机网民规模约为 2.33 亿人，手机搜索在各种手机上网应用中位列第三，在手机网民中的使用率为 55.2%。手机搜索用户规模达到 1.3 亿人，年增长用户 8788 万人，年增长率 215.7%。

目前手机搜索市场上的主要竞争者包括以下几类：电信运营商，包括中国电信、中国联通；手机制造商，包括诺基亚、三星、联想、天宇等品牌；手机搜索服务商，包括百度、谷歌等传统互联网搜索引擎提供商，宜搜、易查等专门的手机搜索服务提供商；传统互联网和移动互联网门户网站，手机搜索联盟也在手机搜索市场占有重要位置。

与传统互联网相比，手机搜索用户的细分更加精准；同时，基于传统互联网搜索引擎商业运营的成功，手机搜索市场被广泛看好，而各运营商对手机搜索领域的投入，也助推了手机搜索的快速成长。2009 年 3 月，中移动与谷歌再次续约；2009 年 5 月，百度与中国电信旗下企业“号码百事通”达成合作，为中国电信 3G 用户提供无线搜索服务。同年，百度分别同三星、联想、天宇等三大手机制造商及手机芯片厂商联发科（MTK）结成战略伙伴，将其无线搜索服务植入这些手机制造商的产品中；百度继而与上海联通就 3G 时代无线互联网业务的发展、应用及品牌达成战略合作协议。以上传统互联网运营商、手机制造商和电信运营商在手机搜索领域的合作，将加速手机搜索的快速发展。

21.3　市场分析

21.3.1　市场规模

随着搜索引擎渗透率和用户规模的增长，搜索引擎的推广营销价值正在凸显。根据中国互联网络信息中心（CNNIC）测算，2009 年中国搜索引擎市场规模（搜索引擎运营商营收总额，不包括搜索引擎渠道代理商营收）约 69.8 亿元人民币。

21.3.2　竞争格局

中国互联网络信息中心（CNNIC）数据显示，截至 2009 年 12 月底，国内搜索引擎用户规模为 2.8 亿人。从用户使用的搜索引擎品牌来看，各搜索品牌在用户首选（最经常使用）品牌的市场份额排名依次为：百度（77.2%）、谷歌（12.7%）、搜搜（3.1%）、搜狗（2.4%）、雅虎（1.6%）。

从国内搜索引擎品牌的市场格局来看，第一梯队——百度的首选市场份额年增长了 0.3 个百分点，达到 77.2%；第二梯队——谷歌的首选市场份额下滑了 3.9 个百分点，占比 12.7%。而搜搜、搜狗和雅虎等其他搜索品牌处于第三梯队。与 2008 年相比，第三梯队整体在首选市场上的份额上升了 3.6 个百分点。

随着搜索引擎作为互联网入口地位的提升，搜索引擎的战略地位越来越重要。2009 年，在各种新因素的作用下，搜索引擎市场的竞争更加激烈。2009 年 9 月，腾讯搜搜结束与谷歌搜索合作，开始启用自己独立的搜索引擎技术。腾讯即时通信拥有巨大的用户资源，并且用户具有很高的黏性，在此基础上，腾讯搜搜获得了良好的成长。2009 年，搜搜的首选市场份额表现较好，达到 3.1%。微软借助其浏览器上的优势地位和 MSN 的用户基础推出必应搜索，也将会给搜索市场带来一定的影响；而酷讯、狗狗、爱帮等垂直搜索，凭借其在某一方面的专业、精准搜索服务，也获得一部分用户的青睐。这些因素在中国市场刚刚开始布局，其影响将会逐渐显现，未来中国的搜索引擎市场竞争将会更加激烈，如图 21.3 所示。

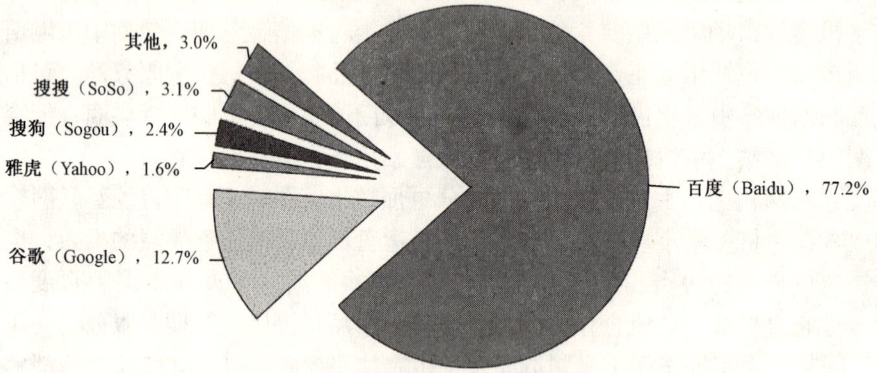

图21.3　用户首选搜索品牌市场分布

21.4　搜索引擎营销

搜索引擎在经历了 2008 年全球经济逆势，搜索引擎公信力出现危机的双重考验后，搜索厂商通过完善搜索服务提高用户体验，加强行业自律，提高搜索营销服务等，获得了用户、广告主更多的支持和认同。在用户规模的快速增长基础上，搜索引擎营销获得长足发展，成为企业营销战略中的重要环节。

（1）2009 年搜索引擎营销收入占网络广告市场三成以上， 成为网络经济发展的重要力量。根据中国互联网络信息中心（CNNIC）测算，2009 年中国网络广告市场规模共计约为 191.2 亿元人民币（包括品牌网络广告和搜索引擎广告市场规模）。其中，搜索引擎市场营收占网络广告整体市场营收的 36.5%。

搜索引擎广告主行业日趋多元化，根据中国互联网络信息中心（CNNIC）调查显示，越来越多的企业采用搜索引擎进行推广营销，搜索引擎营销已经成为企业营销战略的重要组成部分。其中，批发零售业是搜索引擎营销的主要行业，占比 47.8%，近一半的批发零售业采用了搜索引擎进行推广营销；其次是通用设备制造业，12.2%的通用设备制造业采用搜索引擎作为营销手段之一。随着网民的快速增长，搜索引擎覆盖人群的日趋广泛，广告主对搜索引擎营销的认同和需求不断提高，搜索引擎营销正在向各个行业渗透，成为企业推广品牌和产品的重要渠道，如图 21.4 所示。

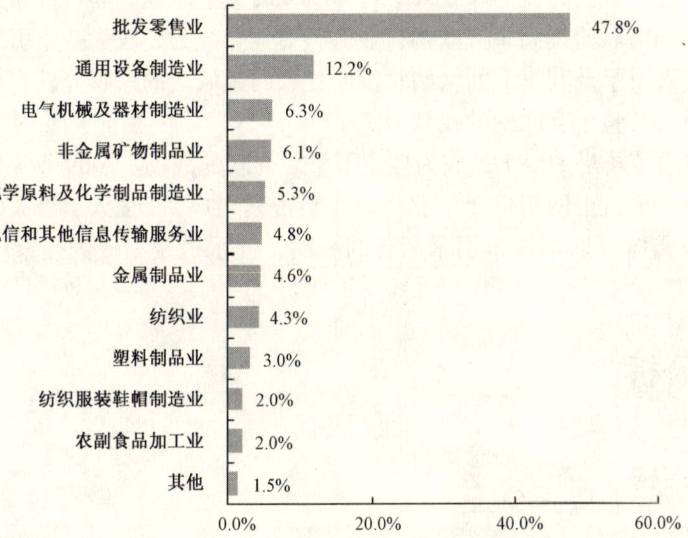

图21.4　2009年搜索引擎广告主行业分布

（2）搜索关键字广告占主流，营销服务不断完善。搜索引擎建立了用户信息查找需求与广告主营销需求对接的营销平台，搜索引擎关键字广告成为企业锁定客户的重要渠道。一方面，用户是其价值体现的核心资源。搜索厂商需要最大化地满足用户的搜索需求，提高搜索结果的客观性、公正性、准确性和有效性，提升用户的搜索体验；另一方面，企业广告主是其生存和发展的关键。搜索厂商需要在巩固搜索用户的基础上，争取到企业更多的广告投放。根据 DCCI 统计，搜索引擎广告营收主要以关键字的营销为主，关键字广告营收约占 60%以上。同时，广告主对搜索厂商在用户搜索需求与搜索结果，产品推广的匹配度方面的精准度提出了更高的要求。

目前搜索引擎的推广营销价值尚未被充分挖掘，一方面搜索结果与搜索广告的匹配度、相关性欠佳；另一方面，广告投放效果评估工具还有待于优化和整合。2009 年百度推出凤巢，对其关键字广告营销系统进行优化；谷歌网站分析工具（Google Analytics）、媒介计划工具（Google Adplanner）、广告效果监测工具（Double Click）和多媒体广告制作工具（Ad Builder）等工具正在不断优化和整合。搜索厂商的这些举措，从推广营销的精准性、有效性以及营销结果评估的可行性方面对搜索引擎营销平台进行优化，为企业广告主提供更优质的服务，获得更多的营销收入。

（3）基于搜索引擎平台的营销推广模式多样化，营收渠道多元化。随着搜索引擎技术门槛的降低，搜索引擎行业的竞争更加激烈。从营销推广的模式来看，搜索厂商的营销推广不仅仅局限在关键字广告营收上，品牌广告、精准广告营收也迅速发展。2009 年，百度与耐克、英特尔、戴尔、诺基亚、联想等诸多国际知名品牌广告主的营销合作，表明了搜索引擎在品牌推广营销方面价值正在受到企业广告主的重视。但与综合门户相比，广告主对搜索引擎在品牌展示方面的价值评估不高，根据 DCCI 统计目前来自品牌 banner 广告和精准广告的营收占比不超过 10%。

从营收来源来看，网络联盟的重要性快速提升。DCCI 统计，2009 年搜索引擎收入中来自联盟的营收接近三成。谷歌全球收入中有 40%来自旗下联盟，而百度联盟为百度贡献的收入在 30%左右。网络联盟提高了互联网行业的整体运营能力，成为搜索引擎平台以外最主要的收入来源。搜索引擎及其旗下的网站联盟使互联网领域内的跨媒介营销整合成为可能，这也将提高搜索引擎对整个互联网的控制力。

（4）移动搜索市场潜力巨大，成为搜索引擎厂商新的战场。2009 年年底，我国有手机用户 74 738.4 万户，手机上网用户 2.33 亿人，手机搜索用户 1.3 亿人。庞大的用户资源，广阔的发展空间以及传统互联网搜索引擎运营的成功，使手机搜索成为搜索厂商营销开辟的新战场。

21.5 用户分析

21.5.1 用户结构

（1）性别结构

搜索引擎用户中，男女性别比约为 52.4∶47.6，与 2008 年相比，女性搜索用户所占的比例提升了 3.6 个百分点。搜索引擎用户的性别结构进一步优化，逐步趋近于中国网民总体的性别结构。

（2）年龄结构

搜索引擎用户的年龄分布比全国网民总体的年龄分布更为集中。30 岁以下的年轻群体占用户总体的比例超过 2/3，是搜索引擎用户的主体。其中 19 岁以下的用户占 37.1%，20～29 岁的用户占 31.5%，如图 21.5 所示。

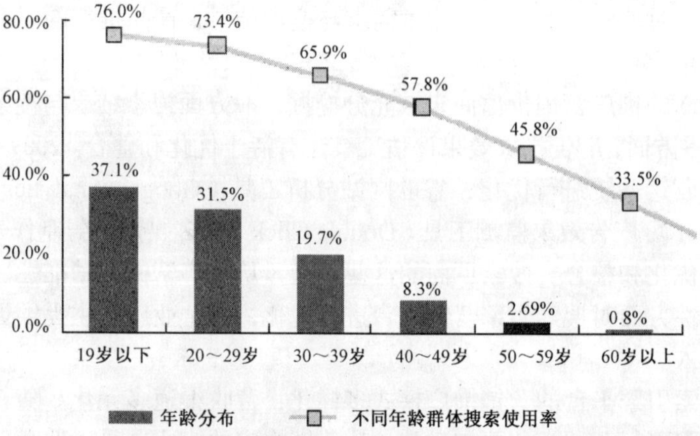

图21.5 搜索引擎用户年龄分布

从各个年龄段网民群体中搜索引擎的渗透率来看，随着年龄的增长，搜索引擎的渗透率逐渐降低。一方面，搜索引擎在低龄群体中的渗透率较高，年轻的网民群体是搜索引擎用户的主要来源；另一方面，随着网民年龄逐步成熟化，搜索引擎用户整体的年龄构成逐步趋向成熟。

（3）学历结构

从不同学历的人群中搜索引擎的渗透率来看，随着学历的提高，搜索引擎的渗透率逐渐增长。其中大学本科学历的群体中，搜索引擎的渗透率达 87.1%。搜索引擎用户的学历构成中，高中/中专/技校的人群所占比例最高，达 41.7%，如图 21.6 所示。

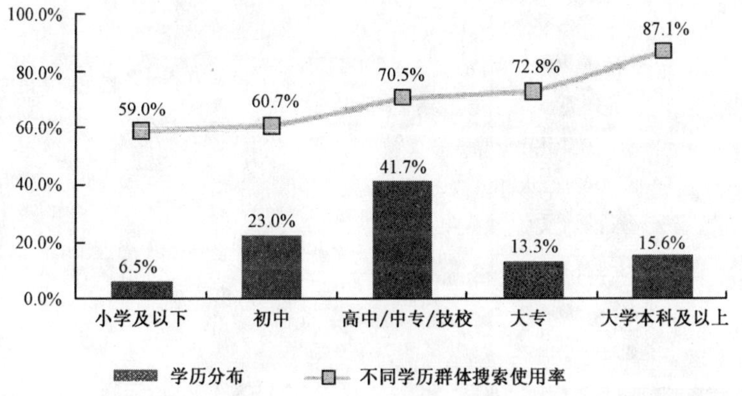

图21.6　搜索引擎用户学历分布

（4）收入结构

与 2008 年搜索引擎用户的月收入结构相比较，搜索用户群体的收入分布结构变化不大。目前，中国的搜索引擎用户中，1000 元以下收入的用户约占 42.9%，月收入在 1001～2000 元的用户所占比例为 27.3%，月收入在 2000 元以上的用户占总体的 29.8%，如图 21.8 所示。

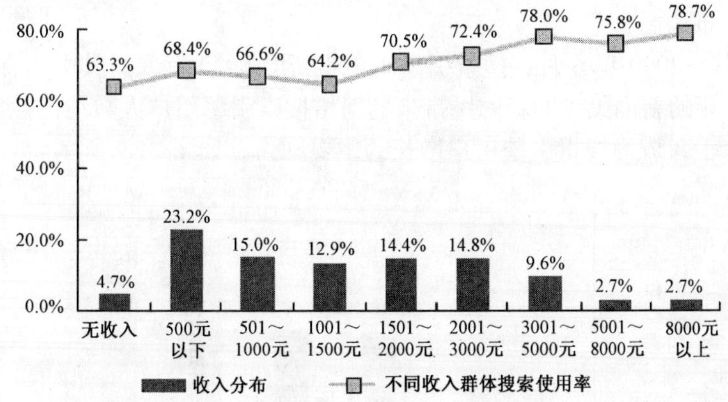

图21.7　搜索引擎用户收入分布

从各收入段人群中搜索引擎的渗透率来看，搜索引擎与收入水平基本成正相关，随着收入水平的上升，搜索引擎渗透率逐渐增长。与全国网民整体的收入水平相比，搜索引擎用户的月收入水平高于全国网民的月收入水平，拥有较高的消费支付能力，搜索引擎作为互联网的基础应用之一，具有较高的商业价值。

（5）职业结构

搜索引擎的最大构成群体是学生，约占 37.1%，即约有 8700 多万学生网民使用搜索引擎，约占学生网民总体的 81.2%。除此之外，党政机关事业单位工作者、企业的职员与管理者、技术及研发人员和自由职业者等人群占有较大的比重。与 2008 年相比，党政机关事业单位工作者和企业管理人群所占的比例均有不同程度增长，如图 21.8 所示。

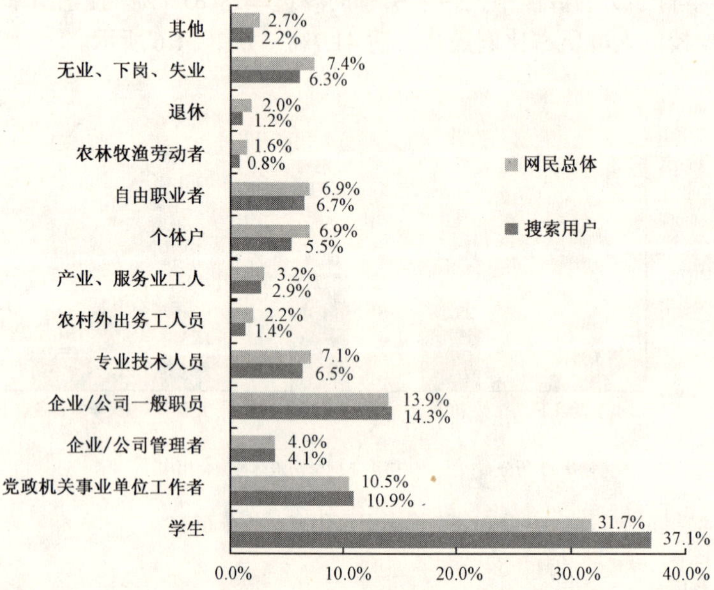

图21.8 搜索引擎用户职业分布

21.5.2 用户上网行为

（1）网龄分布

2008 年 6 月—2009 年 6 月，搜索引擎用户年新增 5949 万人，其中约有 4340 万人来自上网时间不到一年的新网民，即新网民带来的新增搜索引擎用户人数约占搜索引擎年增长用户人数的 70%以上，成为搜索引擎用户增长的主要动力，如图 21.9 所示。

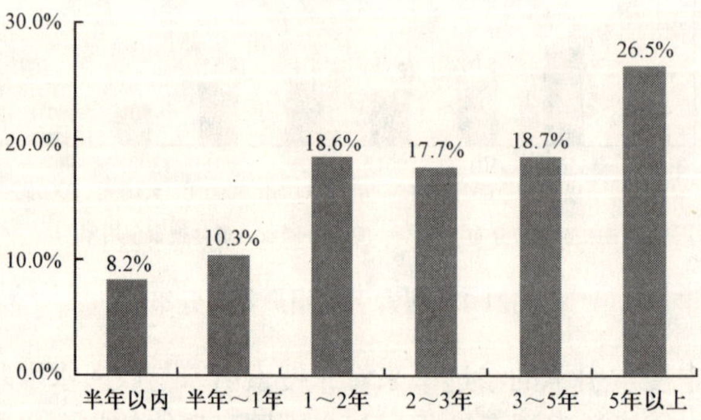

图21.9 搜索引擎用户网龄分布

（2）主要网络应用使用行为

搜索引擎用户的网络应用行为较为丰富，各网络应用的使用率均高于网民总体的使用率。搜索引擎作为信息入口和信息获取平台，搜索引擎与其他网络应用的发展相辅相成，相互促进，如图 21.10 所示。

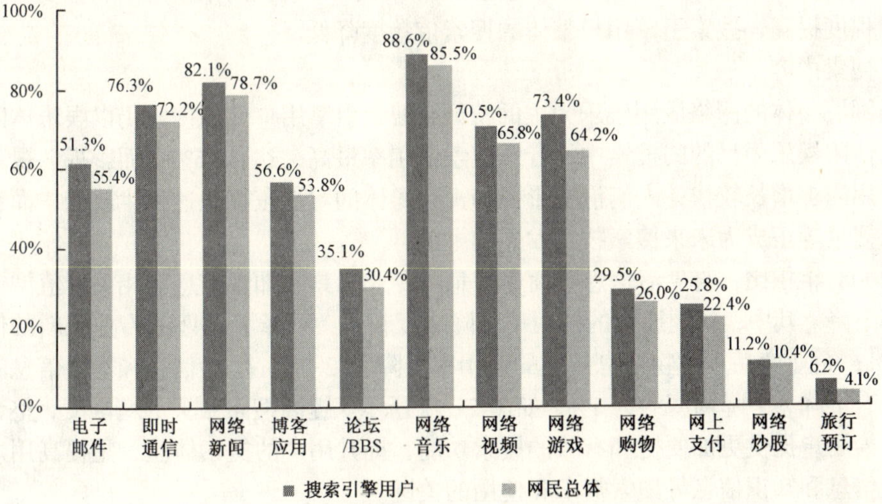

图21.10　搜索引擎用户各种网络应用使用情况

21.5.3　用户搜索行为

（1）搜索频率

搜索频率的变化将在很大程度上显示网民在网络生活中对搜索的依赖程度。根据调查，平均每天多次使用搜索引擎的用户占搜索引擎用户的 29.5%，每周使用 6～7 次的占 18.8%，如图 21.11 所示。搜索引擎作为互联网海量信息的主要检索工具，成为人们获取信息的重要途径和入口，用户黏性较高。

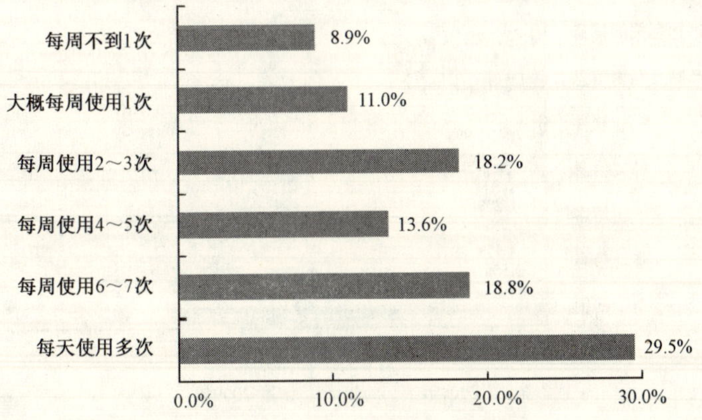

图21.11　搜索引擎用户搜索频率

（2）搜索依赖度

依据搜索频率的高低对网民的搜索依赖度进行分类，可将搜索用户分为：重度用户（每天多次使用搜索引擎）、中度用户（每星期至少使用 2 次）和轻度用户（大约每星期最多使用 1 次）。调查显示：有 29.5%的用户属于搜索重度用户，50.6%属于搜索中度用户，19.9%属于搜索轻度用户。与 2008 年相比，重度用户下降了 8.6%，而中度用户和轻度用户所占比例有不同程度提高，搜索引擎用户整体的搜索依赖度降低。

（3）搜索内容

中国网民整体的网络应用娱乐为主的特征，搜索引擎用户使用搜索仍以娱乐休闲为主要目的。以休闲娱乐为目的的搜索中，音乐搜索使用率最高，达 39.5%；而影视、视频、游戏搜索的使用需求增长较快，人们消费影视和视频媒体的习惯正在快速发生改变，而音频、视频和图像搜索等正成为未来搜索技术发展的主流。

与 2008 年相比，与生活信息、商业信息、专业工具和知识信息等相关价值型搜索服务的使用率下降。其中，新闻搜索的使用率下降幅度较大，下降了 5.4%；专业资料的使用率下降了 3.4%；企业产品及购物信息搜索的使用率下降了 2.7%；生活信息和本地信息的搜索使用率也略有下降，下降幅度约为 1%，如图 21.12 所示。提高搜索服务的精准度，整合各项搜索服务，为用户提供更加便捷和有效的搜索功能，提升用户的搜索体验，是提高用户生活信息、商业信息和知识信息等搜索需求和使用的关键。

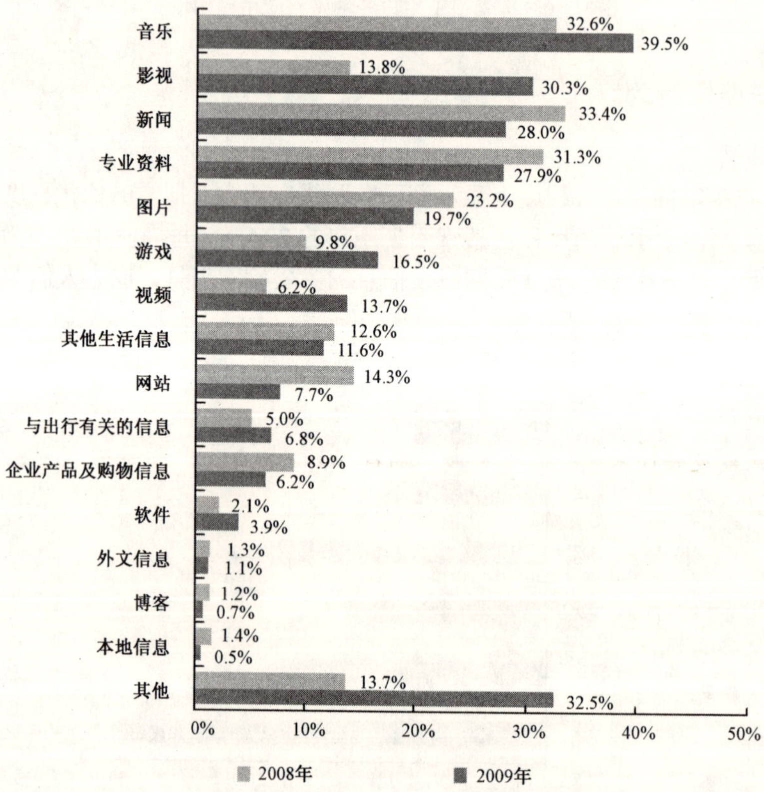

图21.12　用户使用搜索引擎搜索的内容

（4）搜索用户得不到理想结果时的行为选择

当用户在第一次搜索不能得到理想结果后，会做出不同的反应。调查显示，当一次搜索得不到理想结果时，平均每个用户会有 3 个不同的应对措施，与 2008 年相比，搜索用户在一次搜索后的行为选择更加多元化。有 78.2%的用户会在搜索不到理想结果后采用“更换关键词”的方法重新搜索，有 72%的用户会用“增加或者减少关键词”的方法重新搜索，这两个方法是用户选择率最高的。另外有 65.8%的用户会选择更换搜索引擎，63.2%的用户会选择从结果中再次搜索，只有 19.7%的用户表示放弃继续搜索。

一方面，一次搜索失败后放弃搜索的用户减少，用户对搜索引擎依赖度进一步增强；另一方面，用户对搜索引擎的使用尝试更加多元化，这也为搜索引擎的技术发展提出更高的要求。

21.6　发展趋势

随着互联网的快速普及和渗透，网络已经成为人们生活的重要组成部分，渗透到人们生活的各个层面。搜索引擎作为重要的网络应用之一，是人们获取信息的重要渠道。随着搜索引擎用户规模的快速增长，人们对搜索引擎使用的增加，搜索引擎正在改变人们获取信息和知识的行为习惯。同时，搜索引擎营销的商业价值，也成为互联网产业的重要组成部分。因此，搜索引擎的发展，将会对网民和互联网产业产生更深远的影响。

展望搜索引擎行业的发展趋势，主要体现在以下几个方面：

（1）随着网民规模的日渐庞大，各种网络应用的活跃发展，网民对互联网信息的需求量快速增长。搜索引擎作为互联网信息的主要检索工具，用户规模将保持继续增长趋势。

（2）搜索引擎用户规模和渗透率的快速增长，提升了搜索引擎营销推广的价值。同时，搜索引擎营收结构也将更加多元化，关键字广告仍将占据主流，但品牌广告和联盟推广等营销手段也将快速发展，成为搜索引擎营收的重要组成部分。

（3）随着搜索引擎在互联网产业链上的战略地位日益凸显，搜索引擎已经成为网络运营商必备的服务。各种网络应用服务提供商在搜索引擎上的投入，将加剧搜索引擎行业的竞争。

（4）为了满足用户对搜索工具的便捷性和搜索结果的精准性等需求，搜索引擎各种服务和功能在不断得到整合和完善的同时，针对各种垂直细分的搜索服务将更加专业。

（5）手机搜索发展在未来将有所突破。随着 3G 上网的推广和应用，搜索引擎作为检索工具已成为手机上网的重要应用，伴随着各运营商手机搜索服务的展开，手机搜索服务将得以快速发展。

（中国互联网络信息中心　　秦英）

第22章　2009年中国移动互联网发展情况

22.1　发展综述

根据中国互联网络信息中心（CNNIC）《第25次互联网络发展状况统计报告》调查发布的数据，截至2009年12月31日，中国移动互联网用户已达到2.33亿，手机网民规模已经占到网民总体的60.8%，移动网络和手机终端在中国互联网发展中起着更加重要的作用。报告同时显示，有46.5%的手机网民表示未来半年内，会使用3G手机上网。可以预计，2010年中国3G发展将告别2009年的试验阶段，进入高速发展时期。

22.2　市场分析

22.2.1　市场规模

2009年3G部署和实现奠定了移动宽带通信的发展基础，移动互联网呈现出快速发展的态势。易观国际发布的数据显示，2009年中国移动互联网的市场规模达到了388亿元人民币，其中运营商流量费为228.26亿元人民币，占到58.9%的份额。

其中，手机用户为各种产品和服务所支出的费用为153.36亿元人民币，仅次于流量费，占比39.6%。在各种移动互联网的应用中，娱乐类应用对收入贡献最大。当前，移动通信和互联网正在通过整合产业链，形成移动互联网产业集群。这个产业集群由电信运营商、网络设备提供商、终端提供商、信息服务提供商、内容服务提供商和芯片提供商等产业部门组成，并且逐步向商务、金融、物流等行业领域延伸。

传统互联网企业逐渐进入移动互联网领域后，传统互联网的商业模式也会逐渐“渗透”到移动互联网当中。同时随着移动互联网用户数的继续增长，用户的活跃度和黏性都会增加，这也将带来收入的快速增长。

22.2.2　市场格局

由于中国3G发展仍处于初级阶段，因此网络覆盖将直接决定用户发展的速度。同时，除网络基础之外，产业链其他环节与服务能力也是影响各自用户发展的重要因素。2009年中国三家电信运营商的竞争主要体现在以下几个层面：

1. 3G网络建设

截至2009年8月，中国电信3G网络已覆盖全国各地，普及到县。据介绍，天翼3G网络的覆盖范围已经包括全国342个地级城市，2055个县及县级市以及东部沿海省市发达乡镇在内的6000多个乡镇，是目前我国覆盖最广的3G网络。截至2009年年末，“商务领航”和“我的e家”客户群规模已经分别达到436万户和3636万户。

2009年，中国联通移动网络建设计划投资约600亿元人民币；其中384亿元人民币用于3G网络建设。2009年10月1日，中国联通在285个城市正式推出3G业务。截至2009年12月31日，中国联通的3G网络已覆盖全国335个城市，基站总数达到10.7万个，3G用户总数达到274.2万户，其中手机用户占比达到83.7%，无线上网卡用户达44.8万户。3G用户通信使用量达到30.6亿分钟，平均每用户每月收入（ARPU）为人民币141.7元。

2009年，中国移动的3G二、三期工程建设已经完成，累计投入使用的3G基站总数超过8万个，网络覆盖全国238个城市，地级市覆盖率超过70%。截至2009年12月，使用3G网络服务的客户为551万户。

2. 终端竞争

3G终端设备是产业链环节中重要的一环。运营商对3G终端的重视程度远高于2G时代的重视程度，且在范围上不仅指手机，笔记本电脑和上网卡在目前3G发展过程中，扮演着更为重要的角色。目前三家移动运营商的终端策略各有轻重。

（1）中国移动

中国移动高度重视TD定制终端的发展，在与苹果公司“谈判破裂”之后，中国移动于2009年8月31日发布其自主研发的智能手机OPhone操作系统平台及在此基础上开发的OPhone手机。12月8日，中国移动联合RIM公司宣布要推出黑莓手机，并表示将针对BlackBerry智能手机及业务的个人用户，推出较低价位的资费套餐。截至2009年12月，中国移动TD终端的数量已经超过200款，终端类型覆盖到中高低端，TD终端数量问题已经得到初步缓解。

（2）中国电信

中国电信发布的2009年下半年服务质量状况公告称，天翼终端生产厂商从2008年的50家扩大到160多家，在售终端从221款增加到545款。旗舰手机和千元3G手机逐批上市，终端社会化采购比例超过50%。

（3）中国联通

2009年8月28日中国联通宣布与苹果公司达成在华合作销售iPhone手机的协议。

11月26日，中国联通研究院人士透露，中国联通UPhone计划已被列为“国家重大专项课题”项目，该项目由董事长常小兵挂帅，并由中国联通与产业界各方共同完成。联通UPhone与中国移动最近推出的OPhone手机极为相似，均基于谷歌的Android开放平台，都采用自主研发的操作系统，而且也会搭载相应的软件商店。

由于WCDMA在全球其他国家和地区的支持程度高，国内市场上WCDMA水货终端发展很快。中国联通为保证WCDMA的快速发展，对于水货市场目前持开放的态度，并未限制水货手机使用国内的WCDMA服务。据悉，截至2009年年底，市场上的WCDMA终端数量已经达到490余款，畅销终端达到了350多款之多。而真正获准上市的WCDMA产品，包括上网卡和上网本不过50多款。同时，对于在国际市场上已经销售的WCDMA终端，为了让这些终端尽快地进入中国市场，中国联通确定终端技术规范要遵循主流的原则，在国际市场已经销售的 WCDMA 手机，在国内拿到工信部的入网许可证很快可以入网。

（4）其他品牌终端的发展

2009 年 10 月 15 日，微软公司推出其新版手机操作系统 WindowsMobile6.5，并将旗下所有移动通信产品和技术正式命名为 Windowsphone。

2009 年 12 月，诺基亚公开表示，将在 TD 领域展开与中国移动的合作，并希望快速成为该领域的第一领军品牌。

3. 业务竞争

（1）休闲、娱乐仍是移动互联网的重点业务

2009 年中国移动在语音、宽带数据和增值业务等方面全面推广 3G 应用，推出了可视电话、视频留言、视频会议和视频点播 IVVR 等应用。

中国移动浙江公司建设的手机阅读基地已经建设完成了手机阅读相关平台，在展开内部测试的同时，推出了相应的“手机阅读”业务。手机阅读被认为是 3G 应用中最具“规模性”与“变现性”的新业务，11 月 12 日，中国电信全国视讯运营中心正式在上海挂牌成立，中国电信在电视、手机和电脑端的三屏融合战略正式启动。新成立的视讯运营中心将统一运营中国电信 IPTV、手机视讯和互联网视讯的业务。三屏合一在中国电信行业是一种新的尝试，这将为中国用户在未来提供更为丰富的应用形式和内容。

（2）社会、生活应用扮演越来越重要的角色

湖南移动宣布，2009 年从 10 月 1 日起，备受业界关注的手机钱包业务在湖南省启动试商用；11 月 26 日，中国联通与中国银联在北京正式签署全面战略合作协议，成为双方共同打造全方位银行卡支付服务的重要开端；2010 年上海世博会开幕倒计时 200 天，上海世博局和中国移动公司联合推出手机票服务；10 月 23 日，中国移动与住房和城乡建设部宣布双方将在电子政务、“数字城市”等多个领域合作，住房和城乡建设领域已实施的城市管理系统将升级至 TD-SCDMA 网络；中国移动北京公司联手首都医科大学附属北京妇产医院推出了 12580 全天候电话预约挂号服务。

（3）传统互联网大举进入移动互联网市场

2009 年 10 月，百度与中国联通签署搜索战略合作协议。11 月土豆网成为中国移动手机视频“原创频道”的独家运营合作伙伴和内容提供商，传统互联网开始向移动互联网市场发力。

（4）移动互联网内容治理仍是运营商长期面对的问题

中国移动 2009 年 11 月 27 日宣布，中国移动将追加投入 1 亿元专项资金进行技术攻关，进一步建立和完善 WAP 不良信息监测系统，坚定不移地打击手机 WAP 色情网站。中国移动作为国有骨干企业，在追求经济收益的同时，也需要抓好社会责任。同时中国移动宣布，从 11 月 30 日起对所有 WAP 类业务合作伙伴暂停计费，全面清理。

22.3 用户分析

22.3.1 用户规模

中国手机网民呈现迅速增长态势。截至 2009 年 12 月底，手机网民规模达到 2.33 亿人，

占网民总体的 60.8%，移动网络、手机终端在中国互联网发展中起着更加重要的作用，如图 22.1 所示。2009 年中国移动互联网用户的快速增长，主要有以下几方面原因：

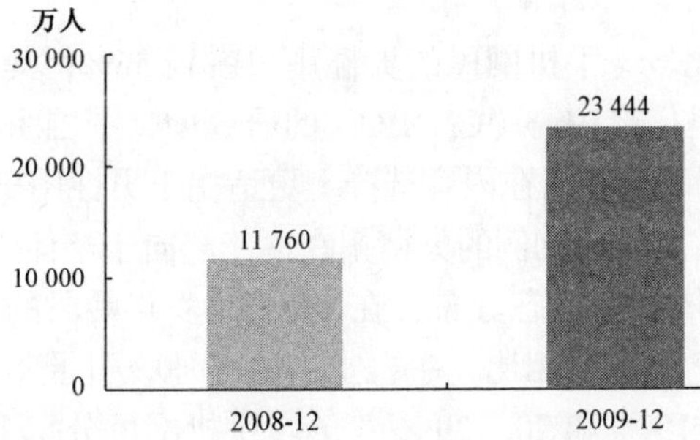

图22.1　手机上网网民规模对比

（1）3G 手机上网概念的吸引

2009 年 1 月 3G 的正式发牌是通信行业最大的事件之一，3G 牌照的发放极大地鼓舞了整个 3G 产业链的信心。虽然目前 3G 只是中国移动互联网市场的一个组成部分，但 3G 的品牌概念已经深入人心，“互联网手机”和“3G 上网”等概念对中国移动互联网的发展起到了很大的推动作用。

（2）终端对上网的支持程度逐步完善

终端设备对上网的支持程度逐步完善。2009 年上市手机终端中，以智能手机为主，且几乎全部支持高速上网服务，WAP2.0 与 HTTP 协议的支持给了用户更多的选择与使用空间。终端企业对移动互联网的重视程度进一步提升，或明或暗地开展战略转型，将移动互联网视为发展的方向。对于某些极大影响市场的终端厂商而言，这种转变带动了一批新的用户进入。

（3）用户之间的相互影响

由于移动互联网市场是一个逐步规范的市场，在市场发展早期缺少规划和管理，导致市场发展混乱，用户对于手机上网一直抱有戒心。随着中国手机网民的增长，这些保有用户开始对周边的非手机上网用户产生巨大的影响，这种现象在目前手机用户的主流人群（学生、上班族及外出打工者）中非常明显。曾经在互联网中上演的“梅特卡夫”现象[1]，开始在移动互联网中上演。

（4）运营商的推广举措得力

2009 年中国各地运营商的手机上网体验厅快速发展，很多营业厅也提供了手机上网介绍与体验服务。资费一直是限制中国手机网民上网的重要因素，2009 年中国手机上网资费一再调整，运营商为用户提供了灵活的资费套餐，部分地区的 3G 基本通话费甚至低于 2G 网络，为手机上网用户的快速增长提供了重要的基础。与此同时，运营商联合系统商和终端厂商积极推出便利手机网民上网的工具性软件和功能性软件（这些软件往往是免费的），从而降低了用户手机上网的门槛。

[1] 梅特卡夫法则是指网络价值以用户数量的平方的速度增长。网络外部性是该现象的本质。

22.3.2 用户特征

1. 手机网民结构特征

与网民总体的性别特征比较，手机网民的男性用户占到 56%，其比例高于全国网民的男女性别比例。在中国互联网络信息中心（CNNIC）的研究中，中国手机网民的男性占比历来都高于女性，主要原因是早期手机上网在内容选择上更适用于男性用户，且男性用户对于新的技术相关事物的关心程度更高。这种比例的失衡正在逐年趋向于整体人口性别比例的分布。

2009 年手机网民的年龄依然呈偏态分布，在 10～29 岁年龄段的分布最为集中，占到了整体手机网民的 73.2%。与整体网民相比，手机上网更多地吸引了年轻群体，尤其是青少年群体。但与上半年相比，10～19 岁和 20～29 岁年龄段手机网民分别下降了 0.9 和 2.3 个百分点，如图 22.2 所示。

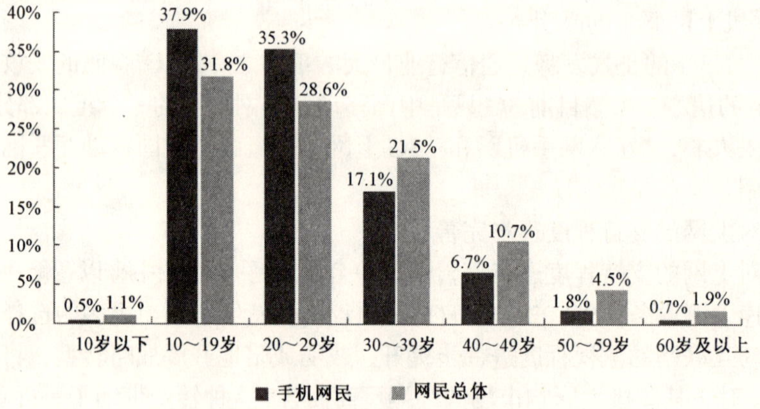

图22.2 手机网民和整体网民年龄结构

学历对比来看，手机网民中低学历群体所占比例更大，初中和高中/中专/技校的手机网民所占比例较总体网民在该年龄段的比例高出 2.3 个百分点，如图 22.3 所示。

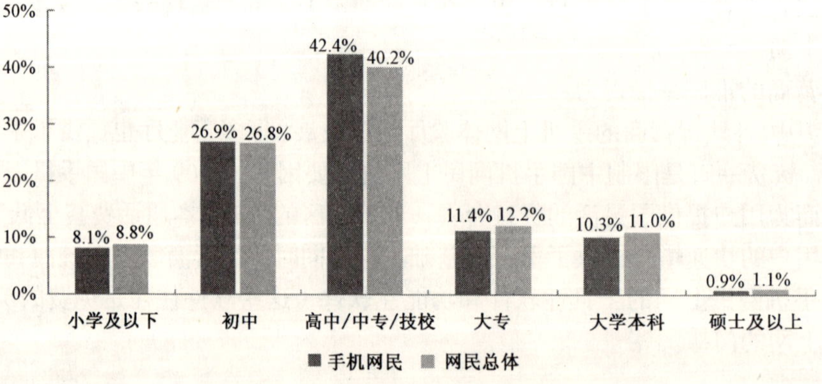

图22.3 手机网民和整体网民学历结构

与整体网民相比，手机网民群体在学生、企业/公司一般职员和农村外出务工人员中有更高的使用比例，分别高出网民总体的 3.5，0.7 和 0.5 个百分点，如图 22.4 所示。

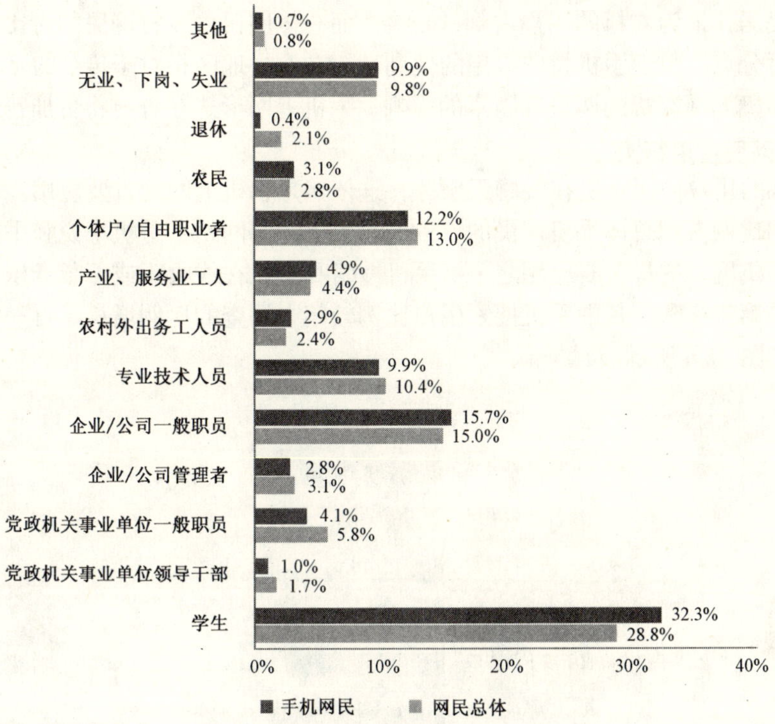

图22.4　手机网民和整体网民职业结构

与整体网民相比，手机网民的低收入群体所占比例更大，500 元以下、501～1000 元两个月收入段均较整体网民有差距，其中月收入在 501～1000 元的手机网民占比高出整体网民的 2 个百分点。在 3001～5000 元的收入段，手机网民占比则低于整体网民 0.9 个百分点，如图 22.5 所示。

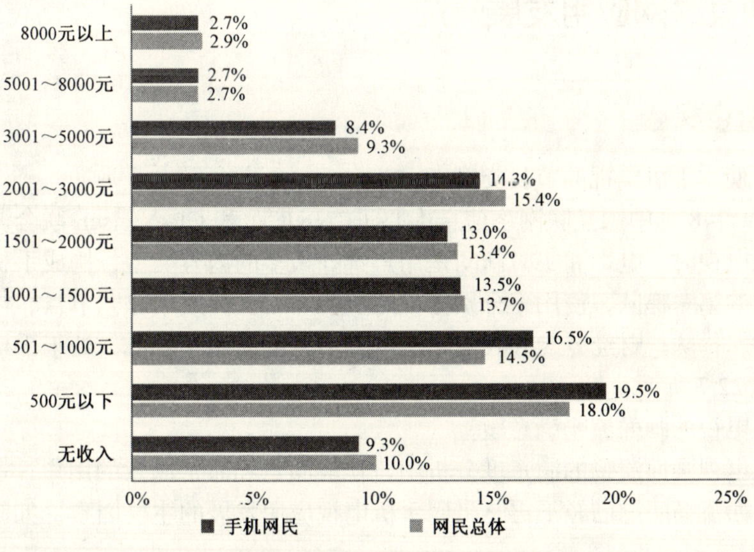

图22.5　手机网民和整体网民收入结构

手机网民居住地为农村的用户占到 30.8%，而总体网民中乡村网民的占比为 27.8%，两者相差 3 个百分点。由于手机特殊应用的便利性，在农村地区相对于传统的互联网有更大的优势，随着手机上网资费的调整等因素的影响，手机上网形式在农村将更加普遍。

2. 手机网民应用行为

有 77.8%的用户使用手机在线聊天服务，这依然是手机上网的首要应用。第二位是手机阅读，用户的比例占到总体手机网民的 75.4%。手机新闻网站、手机小说和手机报等业务已经成为影响手机网民的最重要应用之一。手机搜索和手机在线收听或下载音乐音乐是目前手机上网应用的第二梯队，其中手机搜索用户比例较年中调查的比例增长了近一倍，市场前景不容忽视，如图 22.6 所示。

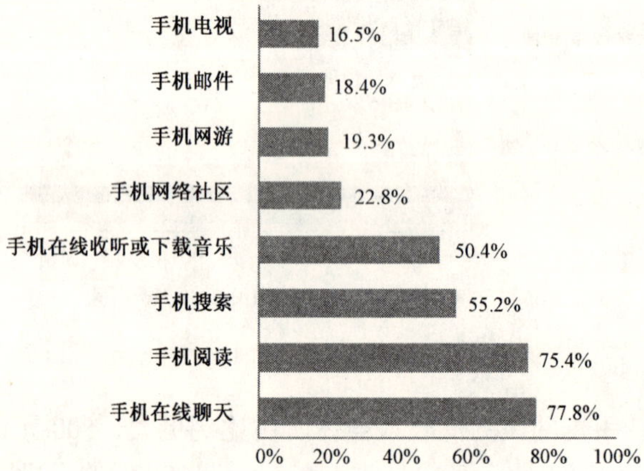

图22.6　手机网民网络应用

22.4　移动互联网应用发展情况

22.4.1　手机电视

（1）用户使用手机电视的节目类型

根据 2009 年 8 月中国互联网络信息中心（CNNIC）和 CR-Nielsen 联合调查的结果，用户在使用手机电视时，电影和实时新闻是用户选择最多的内容类型，构成手机上网用户使用手机电视应用的第一梯队，使用率分别为 45.3%和 44.5%；娱乐综艺节目、体育赛事、电视连续剧构成第二梯队；财经专题和其他手机电视节目的使用率较低，处于手机电视节目的第三梯队，如图 22.7 所示。

（2）手机电视的画面流畅满意度

在对手机电视画面流畅的满意度分析中，比较满意和非常满意的用户，占到了 35.2%。可以看出，画面流畅问题已经不再是阻碍手机电视应用发展的主要因素，如图 22.8 所示。

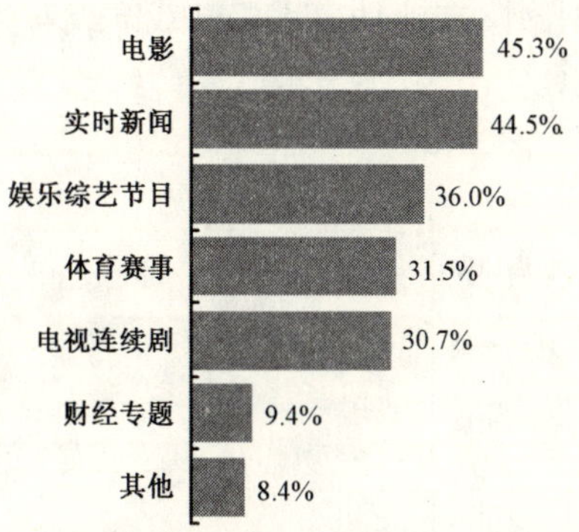

资料来源：2009年8月CNNIC和CR-Nielsen联合调查

图22.7　手机电视的节目类型

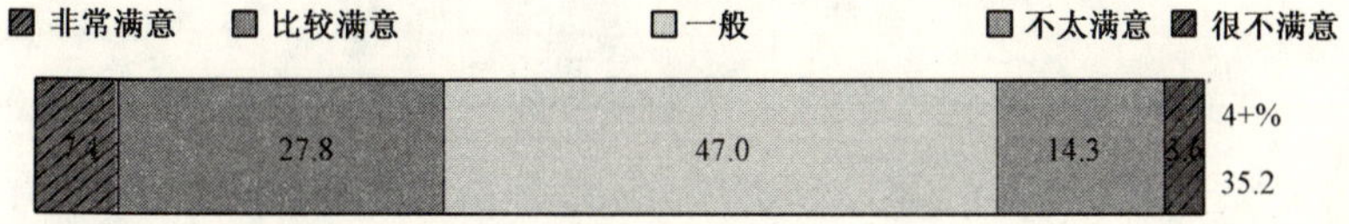

资料来源：2009年8月CNNIC和CR-Nielsen联合调查

图22.8　手机电视画面流畅的满意度（单位：%）

（3）手机电视的资费

目前用户使用手机电视时支付的流量费用，以 10～20 元/月的用户为中心，向两侧递减。可以看出，由于运营商针对手机电视节目，提供了相应的资费策略，月支付 50 元以下的用户，已经成为手机电视的主体用户，而月费用超过 50 元的手机电视用户，只占到整体的 20.0%，如图 22.9 所示。

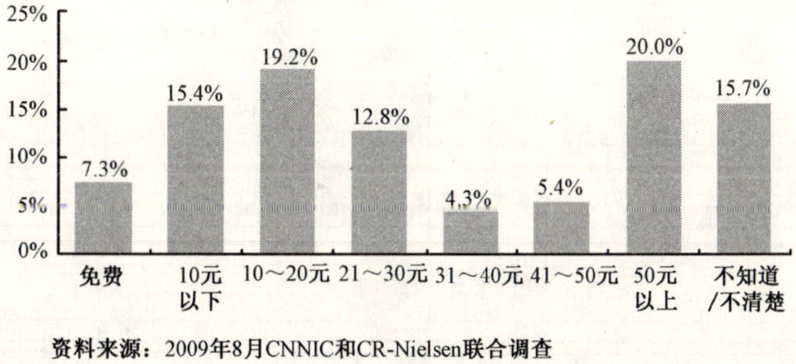

资料来源：2009年8月CNNIC和CR-Nielsen联合调查

图22.9　用户使用手机电视的资费

22.4.2　手机网游

（1）手机网游的下载网站

根据 2009 年 8 月中国互联网络信息中心（CNNIC）和 CR-Nielsen 联合调查的结果，在用户使用的手机网游下载网站中，37%的用户选择使用手机腾讯网进行游戏的下载，此比例超过了移动梦网的游戏下载用户比例。专业从事手机游戏下载业务的当乐网，仅有 8.1%的手机网游用户使用，如图 22.10 所示。

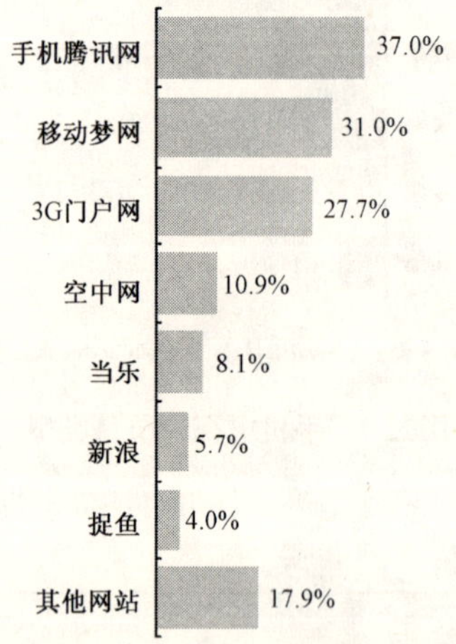

图22.10 手机网游的下载网站

（2）手机网游的类型

图 22.11 所示为手机上网用户目前所使用的网络游戏（并不限于手机网游）类型偏好，其中以角色扮演的用户占有率最高，达到 51.3%。

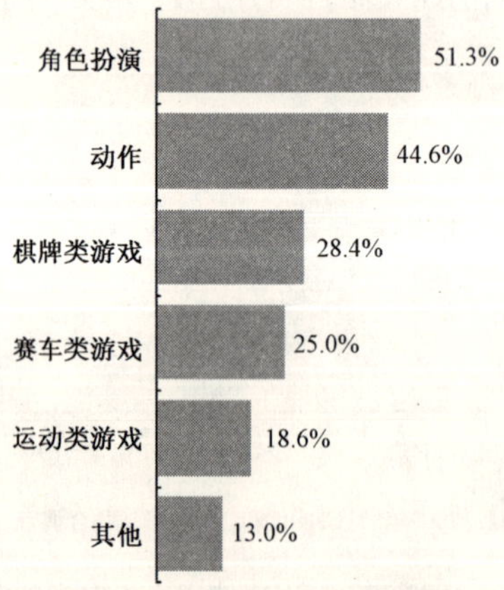

图22.11 手机用户对网游的类型偏好

手机网游用户中，有 42.2%的用户喜欢棋牌类游戏；喜欢在手机上进行角色扮演的用户规模占比达到了 37.5%，如图 22.12 所示。

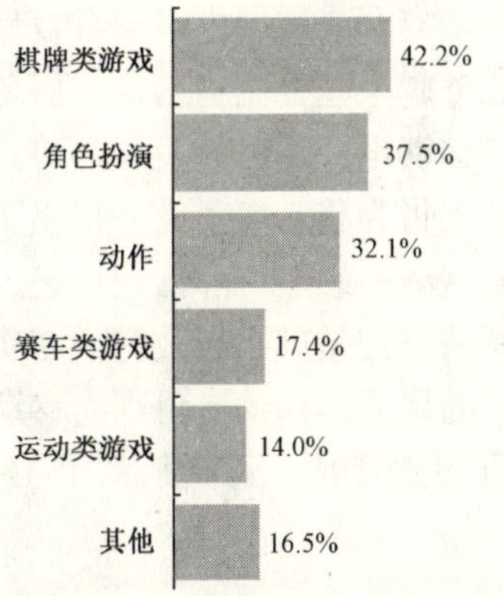

图22.12　用户的手机网游类型偏好

22.5　2009 年中国移动互联网发展特点

（1）3G 牌照的发放提升移动互联网络环境，同时带动 3G 应用业务发展

2009 年 1 月，中国 3G 牌照正式发放，揭开了 3G 商用的序幕，标志着无线互联网时代的到来。3G 网络的商用化大大提升了中国移动互联网网络环境，特别为高速浏览、下载等移动互联网服务体验的提升奠定了基础。三大运营商针对 3G 用户推出了不同的 3G 服务套餐，对 3G 特色业务的推动将会带动移动互联网发展迅猛，手机在线聊天和手机视频等应用逐渐广泛，移动支付、移动搜索等新的增长点和发展模式不断涌现，移动互联网市场规模迅速增长。

（2）产业链竞合关系驱动移动互联网生态系统发展

随着移动通信技术的演进，移动互联网的价值链不断演变发展。3G 的到来为用户提供了更加丰富的移动互联网服务，移动互联网产业链正朝着细分市场、差异化竞争和个性化服务的方向发展。内容服务提供商、软件服务提供商、芯片厂商等更多的新进入者，分割了原本电信运营商垄断的价值链系统。

面对移动通信和互联网融合产生的巨大价值空间，诺基亚、苹果、微软、谷歌和腾讯等终端厂商和信息服务提供商，进军移动互联网的战略部署和市场布局早已开始。这些非传统电信行业的竞争者对电信运营商的传统核心地位形成有力挑战。

（3）移动互联网用户快速增长，用户需求旺盛，移动搜索、电子商务和手机支付成长迅速

2009 年移动互联网用户增长迅速，用户对移动互联网应用服务，如移动即时通信、手机位置服务、手机钱包、在线证券服务主动需求旺盛。随着互联网厂商对移动互联网卡位或进攻产品的推出，一些原来植根于传统互联网的商业模式逐渐向移动互联网渗透，如生活搜索、网络购物和社区等。

相对于传统搜索引擎的成熟，手机搜索正处于成长应用阶段，中国互联网络信息中心（CNNIC）的调查数据显示，截至 2009 年 12 月，手机上网用户中，有 55.2%的表示使用过手机搜索。这一比例与传统搜索领域 73.3%的使用率还有较大差距，移动搜索应用的用户普及存在巨大的发展空间。

移动电子商务建设得到了国家重视，移动电子商务建设被列入《电子商务十一五规划》

的重点引导工程，宏观政策环境有利于移动电子商务良性发展。随着用户对手机网购的认知逐步提高，移动商务等增值业务越来越受到运营商、服务商、终端厂商等从业企业青睐，同行竞争、异域融合将成为未来移动电子商务的发展趋势。

移动定位、二维码及移动支付为移动电子商务提供了相应的技术支持。通过二维码的识读和被读，引导用户进入商家 WAP 站点，降低用户进入移动电子商务界面的门槛；移动定位业务基于对用户信息数据库的掌控基础，有效为商家实现精准营销，充分体现了移动电子商务分众、定向、及时和互动的优势；移动支付则为移动电子商务的应用提供了安全便捷的支付通道和技术支持。2009 年 9 月，中国移动启动了 10 省范围内的手机移动支付业务试商用，发卡数量突破百万张。

22.6 移动互联网的机遇与挑战

移动互联网几乎给产业链各方都带来了巨大的机遇，移动通信和互联网两者结合起来，将成为当今世界发展最快，市场潜力最大，前景最诱人的两大业务。迄今，全球手机用户已达 46 亿，互联网用户也已超过 18 亿。中国移动通信用户总数达到 7.47 亿，互联网用户总数则超过 3.84 亿。这一历史上从来没有过的高速增长现象反映了随着时代与技术的进步，用户对移动性和信息的需求将急剧上升。

在 3G 环境下，移动互联网的各种高带宽需求业务将得以快速发展，手机电视和手机游戏都将是 2010 年的重点应用。同时随着移动互联网用户的增长，移动社区、即时通信、移动支付、移动搜索等业务都会保持较快的增长趋势。

3G 为移动互联网时代带来了一线曙光，然而移动互联网时代的全面到来还将面临两大挑战：

（1）终端和资费问题

终端和资费依然是困扰移动互联网发展的一个大问题。当前用手机上网或用无线局域网上网的网民大多以年轻人群体为主。他们的特点是爱好并乐意尝试新鲜事物，同时，可支配收入不高也是其显著特征。终端的价格、丰富程度和网络使用资费都在制约着年轻用户规模的进一步扩张。

（2）手机开放性不足

开放性是互联网与生俱来的特性。对于移动互联网的开放性，相对于固定互联网还有很大差距。根据美国联邦通信委员会（FCC）的定义，移动互联网开放性分为四个层面：内容、业务和应用、终端、用户选择权。即用户可以用任何终端自主选择网络提供商、应用和业务提供商、内容提供商，从互联网上获得想要的任何合法内容以及任何业务和应用。

相对于固定互联网，移动互联网终端开放性不够的问题更为突出，尤其是手机开放性不足困扰着产业链各个环节，一方面表现为手机操作系统的开放性不足，另一方面体现在手机应用程序开发平台的开放性不足。由于手机操作系统还没有对第三方软件开发商提供足够的开放性，所以手机上没有出现如同 PC 上那样大量的软件。手机功能的滞后让人们在尝试移动上网时无法获得良好体验，从而限制了用户移动上网的积极性。而由于手机终端制造商、电信运营商对产业链控制权的争夺，手机应用程序开发平台也存在着开放性不足的情况。

（中国互联网络信息中心　赵慧斌）

第23章　2009年中国物联网发展情况

23.1　物联网的理论介绍

对于物联网（The Internet of Things）的概念，目前并没有统一和广泛认同的定义，本文通过对物联网概念的发展历程及一些知名的机构对其的描述来理解物联网的内涵。

23.1.1　物联网概念的演进

物联网是一个不断演进的概念，从早期的普适计算思想到如今的“智慧地球”构想，这一概念内涵不断地清晰和扩大，并从思想走向实践。

（1）普适计算思想

1988年，美国施乐公司Palo Alto研究中心（PARC）的Mark Weiser开创性地提出普适计算（Ubiquitous Computing，也译为无所不在的计算）的思想，认为普适计算的发展将使技术无缝地融入日常生活。Mark Weiser博士认为“电脑在我们没有意识到它存在的时候，已经融入了我们的生活中”，而他认为这样的时代即将到来。此时的“物联网”更多的是作为一种思想出现，在这种思想中，人类拥有无所不在的计算能力。

（2）传感器网络

传感器网络的出现较早，在20世纪70年代，就出现了将传统传感器采用点对点传输、连接传感控制器而构成传感器网络的雏形。不过，传感器网络真正引起较多关注是在20世纪90年代，主要是无线传感网。1993年，美国加州大学洛杉矶分校与罗克韦尔科学中心合作，共同启动了“集成无线网络传感器（WINS）”计划。1998年，WINS的研究成果产业化，并应用于军方。从2000年开始，无线传感网进入全面、迅速发展的重要时期。2003年，美国《技术评论》将传感器网络列为对人类未来生活产生深远影响的十大新兴技术之首。

（3）EPC系统

1998年，在UCC（Uniform Code Council，美国统一代码委员会）支持下，美国麻省理工学院的研究人员创造性地提出将互联网与RFID技术有机地结合，利用EPC作为物品标识，实现物品与Internet的连接，即可在任何时间、任何地点，实现对任何物品的识别与管理。这就是早期“物联网”的概念。此后，他们联合大学、企业，对基于EPC的物联网相关研究实行分工工作，系统地开展研究，提出最初的由射频标签、阅读器、Savant软件、对象名称解析服务（ONS）、物品标记语言服务器（PML-Server）五部分组成的EPC系统雏形。此时的“物联网”，已经从思想走向实践，主要是指利用 EPC 体系对物流系统进行数字化管理。

（4）u-Japan 和 u-Korea 战略

2004 年，日本和韩国都推出了目标非常相似的国家信息化战略，分别称作 u-Japan 和 u-Korea。此时的“物联网”，已经上升为国家信息化战略，侧重的是从人的角度出发，建立无所不在的网络社会和应用服务，但也包含了物的网络建设。

韩国的“u-Korea”战略，是要建立由智能网络、最先进的计算技术以及其他领先的数字技术基础设施武装而成的技术社会形态。在这样一个无所不在的网络社会中，所有人都可以在任何地点、任何时刻享受现代信息技术带来的便利。为了实现“u-Korea”计划，韩国选择了实现计划的技术路线——IT839 战略。“IT839 战略”指的是，培育 8 项通信广播服务、3 个先进基础设施（网络）和 9 个 IT 新增长引擎有机地连接在一起的 IT 战略。2004 年推出之时，这 8 项通信广播服务包括无线宽带服务（WiBro）、数字多媒体广播服务（DMB）、家庭网络服务、远程信息处理服务（Telematics）、无线射频识别服务（RFID）、W-CDMA 服务、地面数字电视服务和网络电话（VoIP）；3 个基础设施包括 BcN、U—传感器网络以及作为韩国电信广播服务领域基础方式的 IPv6；9 个 IT 新增长引擎是指，增强下一代移动电信、家庭网络和数字电视等 9 种新技术产品的竞争力。

（5）ICT 新模式

2005 年 11 月 17 日，在突尼斯举行的信息社会世界峰会（World Summit on the Information Society，WSIS）上，国际电信联盟发布了《ITU 互联网报告 2005：物联网》，该报告指出，“无所不在的‘物联网’通信时代即将来临，世界上所有的物体从轮胎到牙刷，从房屋到纸巾都可以通过互联网主动进行数据交换。……通过在各种日常使用的设备中嵌入移动无线电收发器，实现了人与物之间以及物与物之间的通信。……ICT 世界呈现出新模式：任何时间、任何地点、来自任何人的连接，都是物与物的连接。这种连接将创造网络中新的动态网络——物联网。”此时的“物联网”，不仅将人，也将物之间的无所不在的通信同等地考虑在内，描绘出 ICT 广泛应用后的新模式，如图 23.1 所示。

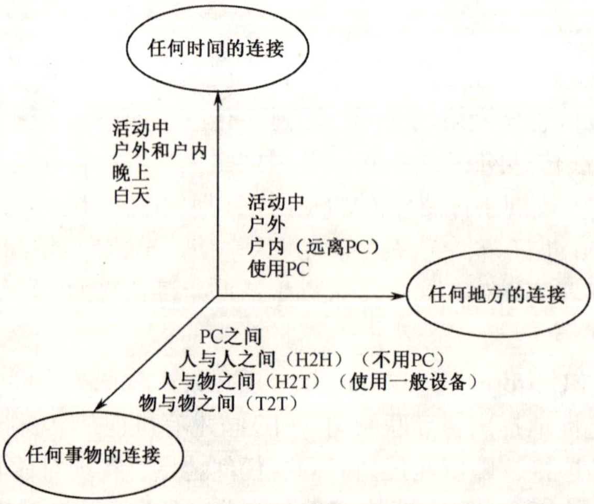

资料来源：日本Nomura Research Institute（野村综合研究所）

图23.1 《ITU互联网报告2005：物联网》报告中提及的ICT新模式

（6）智慧地球

2009 年 1 月，IBM 首席执行官彭明盛提出“智慧地球”构想。智慧地球的核心是以一种更智慧的方法通过利用新一代信息技术来改变政府、公司和人们相互交互的方式，以便提高交互的明确性、效率、灵活性和响应速度。智慧方法具体来说包括三个方面的特征：更透彻的感知，更广泛的互联互通和更深入的智能化。此时的“物联网”，不仅重视人与物的网络社会建设和信息的处理，更重要的是从深度信息化的角度出发，通过在各领域广泛利用新的信息技术来建设智慧的社会。

23.1.2　物联网的本质

通过对物联网概念发展历程的把握，可以从广义和狭义两方面来理解其本质。

广义上来说，物联网与“智慧地球”概念一致，本质上是国民经济和社会的深度信息化。根据《2006—2020 年国家信息化发展战略》的定义，信息化是充分利用信息技术，开发利用信息资源，促进信息交流和知识共享，提高经济增长质量，推动经济社会发展转型的历史进程。物联网同样是充分利用计算机技术、网络技术、软件技术、传感技术和通信技术等多种信息技术，广泛开发利用人类世界与物理世界的各种信息资源，促进人与人、人与物、物与物之间的信息交流，深化全社会的知识共享程度，以信息和知识含量更高的处理方式提高经济社会的发展质量，推动无所不包、无所不在、无所不能的信息社会的形成。因此，物联网并没有脱离信息化的范畴，与当前信息化程度相比，它是信息化的进一步推进。

狭义上来说，物联网是未来深度信息化的承载网络。具体来说，物联网就是指通过信息传感设备，按照约定的协议，把任何物品与互联网连接起来，进行信息交换和通信，以实现智能化传感、识别、定位、监控和管理的一种网络。通俗地说，物联网就是“物物相连的互联网”，是在互联网基础之上延伸和扩展的一种网络，是未来互联网的一部分。

将物联网分别从广义和狭义两个层面来理解，一方面是从信息化的高度来看待物联网，使我们能够更加重视物联网在各行各业中的应用，不至于只注重“物物相连”而忽视了物联网对人类社会带来的深刻变革；另一方面也是为了与现实情况结合，使物联网概念具体化，并先从基础设施层面落地，推动物联网技术研发和产业发展。

23.1.3　物联网的特征

作为深度信息化的体现，物联网的以下三个特征是最显著区别于当前信息化的：

（1）接入对象更为广泛，获取信息更加丰富。当前的信息化，接入对象虽包括 PC、手机、传感器、仪器仪表、摄像头和各种智能卡等，但主要还是需要人工操作的 PC、手机、智能卡等，所接入的物理世界信息也较为有限。未来的物联网接入对象包含了更丰富的物理世界，不但包括了现在的 PC、手机、智能卡，而且传感器、仪器仪表、摄像头等更为普及应用，轮胎、牙刷、手表、工业原材料、工业中间产品等物体也因嵌入微型感知设备而被纳入，所获取的信息不仅包括人类社会的信息，也包括更为丰富的物理世界信息，包括压力、温度、湿度、体积、质量和密度等。

（2）网络可获得性更高，互联互通更为广泛。当前的信息化，虽然网络基础设施已日益完善，但离“任何人、任务时候、任何地点”都能接入网络的目标还有一定的距离，并且，即使是已接入网络的信息系统，很多也并未达到互通，信息孤岛现象较为严重。未来的物联网，不仅基础设施非常完善，网络的随时、随地可获得性大为增强，接入网络的关于人的信息系统的互联互通性也更高，并且人与物，物与物的信息系统也达到了广泛的互联互通，信息共享和互操作性达到了很高的水平。

（3）信息处理能力更强大，人类与周围世界的相处更为智慧。当前的信息化，由于数据、计算能力、存储、模型等的限制，大部分信息处理工具和系统还停留在提高效率的数字化阶段，一部分能起到改善人类生产、生活流程的作用，但是能够为人类决策提供有效支持的系统还很少。未来的物联网，不仅能提高人类的工作效率，改善工作流程，而且通过运用云计算等思想，借助科学模型，广泛采用数据挖掘等知识发现技术整合和深入分析收集到的海量数据，以获取更加新颖、系统且全面的观点和方法来看待和解决特定问题，使人类能更加智慧地与周围世界相处。

23.1.4 物联网发展的关键因素

物联网之所以能将信息化推进到更高的水平，显示出有别于当前信息化的三大特征，关键在于以下因素：

（1）数据采集技术的突破和融合应用。物联网能获取世间万物的信息以进一步处理，关键在于传感技术等数据采集技术的突破以及这些数据采集技术与信息技术的融合应用。特别是智能传感器和智能仪器仪表等设备的性能指标的提高。

（2）通信技术的发明和完善。物联网的发展还有赖于各种通信技术和手段的发明。这些技术包括短距离无线通信技术、短距离有线通信技术、长距离有线传输技术和长距离无线传输技术等，尤其是短距离无线通信技术的出现和不断完善，使得物联网前端的信息通信有了技术上的可靠保证。

（3）标准的协调和统一。物联网要达到无所不包、无所不在、无所不能的程度，必须协调处理所涉及的多个层面的技术标准和运行规则，以达成各自设备和系统运行的不冲突和相互之间的互通。这些包括无线电频率、通信协议、编码体系和应用程序接口等。

（4）规模生产和规模应用。网络的价值在于规模的应用，特别是对于物联网来说，只有更多的应用才能将物联网的特征和优势更加明显地表现出来，并且，以规模应用带动规模生产，才能降低物联网所需的大量设备的成本，反过来促进规模应用。

（5）海量数据处理能力和科学模型。物联网中的数据每时每刻都在大量产生，这其中既有对决策有很大贡献的数据，也有帮助较小的数据，还有噪声数据。对如此海量数据的处理，需要有超级计算能力，并且在科学模型的指导下，才能高效地发现有用的决策信息，并智能地处理。

（6）信息安全环境的建立和不断完善。联通包括人之内的世间万物的物联网，使人类信息暴露在外的可能性大为增加。科技以人为本，只有建立和不断完善相应的信息安全方面的法律法规和管理制度等环境，物联网才能得到健康的发展。

23.2 物联网的系统架构

23.2.1 物联网系统的理论架构

根据对物联网的理论探讨和技术、产业的实践观察，将物联网系统划分为三个层次：感知层、网络层、应用层，并依此概括地描绘物联网的系统架构，如图 23.2 所示。

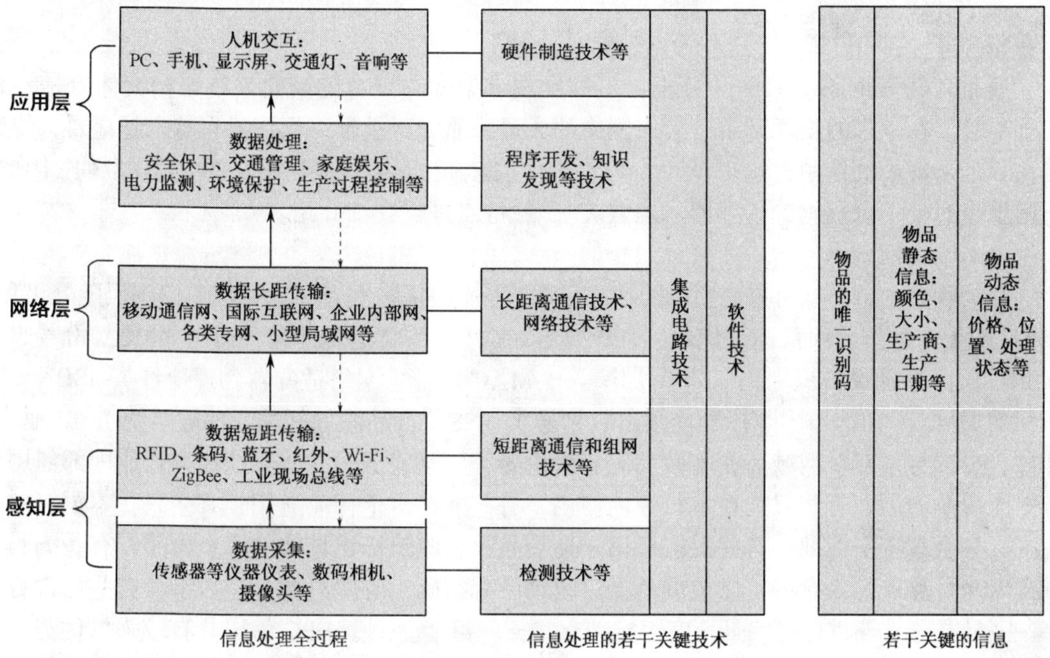

图23.2　物联网的系统架构

感知层解决的是人类世界和物理世界的数据获取的问题。可进一步划分为两个子层。首先是通过传感器、数码相机等设备采集外部物理世界的数据，然后通过 RFID、条码、工业现场总线、蓝牙、红外等短距离传输技术传递数据。也可以只有数据的短距离传输这一层，特别是当仅传递物品的唯一识别码的情况。实际上，这两个子层有时很难明确区分。感知层所需要的关键技术包括检测技术、短距离有线和无线通信技术等。

网络层解决的是感知层所获得的数据在一定范围内，通常是长距离的传输问题。这些数据可以通过移动通信网、国际互联网、企业内部网、各类专网、小型局域网等网络传输。特别是当三网融合后，有线电视网也能承担物联网网络层的功能，有利于物联网的加快推进。网络层所需要的关键技术包括长距离有线和无线通信技术、网络技术等。

应用层解决的是信息处理和人机界面的问题。网络层传输来的数据在这一层里进入各类信息系统进行处理，并通过各种设备与人进行交互。这一层也可按形态直观地划分为两个子层。一个是应用程序层，负责进行数据处理，它涵盖了国民经济和社会的每一领域，包括电力、医疗、银行、交通、环保、物流、工业、农业、城市管理和家居生活等，可应用在支付、监控、安保、定位、盘点、预测等方面，可用于政府、企业、社会组织、家庭和个人等。这正是物联网作为深度信息化承载网络的重要体现。另一个是终端设备层，提供人机界面。物联网虽然是“物物相连的网”，但最终是要以人为本的，最终还是需要人的操作与控制。不过这里的人机界面已远远超出现时人与计算机交互的概念，而是泛指与应用程序相连的各种设备与人的反馈。

在各层之间，信息不是单向传递的，可以交互、控制等，所传递的信息多种多样，这其中关键是物品的信息，包括在特定应用系统范围内能唯一标识物品的识别码和物品的静态与动态信息。此外，软件和集成电路技术都是各层所需的关键技术。

23.2.2 若干关键点介绍

通过对物联网系统架构的分析，不难发现该架构与现有的信息系统架构大体上是一致的。不过，在未来的物联网中，接入网络的大量物品能否被唯一标识显得越来越重要，传感器在数据采集中的作用也越来越大，条码技术可能将逐渐被优势更明显的 RFID 取代。因此，下面重点对唯一识别码、传感器、RFID 三个关键点进行详细介绍。

（1）唯一识别码

在物联网中，首要问题是要能给物品设置唯一识别码。目前，这种唯一识别码随处可见，如 GTIN（全球贸易项目标识代码）、EPC、SSCC（系列货运包装箱代码）、公民身份号码、IMEI（国际移动设备识别码，即手机串号）、MAC 地址（网络适配器物理地址）、ISBN（国际标准书号）、ISSN（国际标准连续出版物号）、INS（食品添加剂国际编号系统）、IP 地址、学号、员工号、互联网域名、邮政编码、手机号等。这些编码有些只能在本企业内部使用，有些能行业通用；有些只能在本行业内使用，有些能在多个行业通用；有些只在本国有效，有些具有全球统一标准；有些只能标识一类物品，有些能标识具体的单个物品；有些编码不具有未来可扩展性，有些可以扩展而无需改动已有编码；有些只能含有数字，有些可含有数字、字母、符号等；有些编码长度固定，有些长度可变。由于 EPC 编码具有较强的优势，可能会在未来的物品识别中占有较为重要的地位，因此，下面详细介绍 EPC 编码结构。

EPC（Electronic Product code，产品电子代码）目标是为所有实体提供唯一标识，除了物理实体，还可用来标识服务和组织等非物理实体。它具有号码数量几乎无穷大、科学性、兼容性、全面性、合理性、国际性和无歧视性等特性。EPC 编码是由一个版本号和另外三段数据（依次为域名、对象种类、序列号）组成的一组数字。其中版本号标识 EPC 的版本号，它使得以后的 EPC 可有不同的长度或类型；域名管理是描述与此 EPC 相关的生产厂商的信息，例如“可口可乐公司”；对象种类记录产品精确类型的信息，例如：“美国生产的 330mL 罐装减肥可乐（可口可乐的一种产品）”；序列号唯一标识货品，能够具体地指明哪一罐 330mL 罐装减肥可乐。至今已经推出 EPC-96 Ⅰ型，EPC-64 Ⅰ型、Ⅱ型、Ⅲ型，EPC-256 Ⅰ型、Ⅱ型、Ⅲ型等编码方案。表 23.1 给出了 EPC-96 Ⅰ型的编码结构，包含 96 个二进制位，表中所示为十六进制表示法。

表 23.1 EPC-96I 型编码结构

01	0000A89	00016F	000169DC0
版本号	域名	对象种类	序列号
8 位	28 位	24 位	36 位

（2）传感器

在未来的物联网中，传感器及其组成的传感器网络将在数据采集前端发挥重要的作用。传感器是指“能感受规定的被测量并按照一定的规律转换成可用信号的器件或装置，通常由敏感元件和转换元件组成”。传感器是一种检测装置，能感受到被测量的信息，并能将检测感受到的信息，按一定规律变换成为电信号或其他所需形式的信息输出，以满足信息的传输、处理、存储、显示、记录和控制等要求。它是实现自动检测和自动控制的首要环节。

目前对传感器尚无一个统一的分类方法，但比较常用的可按传感器的物理量、工作原理和输出信号的性质来分类。

按传感器的物理量分类，可分为位移、力、速度、温度、流量和气体成分等传感器。

按传感器工作原理分类，可分为电阻、电容、电感、电压、霍尔、光电、光栅和热电偶等传感器。

按传感器输出信号的性质分类，可分为：输出为开关量（“1”和“0”或“开”和“关”）的开关型传感器；输出为模拟型传感器；输出为脉冲或代码的数字型传感器。

此外，按照是否具有信息处理功能来分类的意义越来越重要，特别是在未来的物联网时代。按照这种分类方式，传感器可分为一般传感器和智能传感器。一般传感器采集的信息需要计算机进行处理；智能传感器带有微处理器，本身具有采集、处理、交换信息的能力，具备数据精度高、高可靠性与高稳定性、高信噪比与高的分辨力，强的自适应性，高的性价比等特点。

（3）RFID

RFID（Radio Frequency Identification，无线电射频识别）本质上是一种短距离无线通信技术，依据的是电磁感应定律，可与唯一标识码结合用于自动识别，是物联网广泛受关注的识别技术之一。

最基本的 RFID 系统包括标签、阅读器、天线三部分。标签由耦合元件及芯片组成，每个标签具有唯一的电子编码，附着在物体上标识目标对象，可根据是否有电源分为有源标签和无源标签。对于无源标签，阅读器（手持式或固定式）不断发出无线电波，在周围形成磁场，标签进入磁场后，接收阅读器发出的射频信号，凭借感应电流所获得的能量发送出存储在芯片中的产品信息；对于有源标签，则可以主动发送某一频率的信号。阅读器读取信息并解码后，送至后台信息系统进行有关数据处理。在这其中，射频信号的传递是通过两方的天线完成的。

RFID 具有无需接触、自动化程度高、耐用可靠、识别速度快、适应各种工作环境、可实现高速和多标签同时识别等优势，可用于广泛的领域，如物流和供应链管理、门禁安防系统、道路自动收费、航空行李处理、文档追踪/图书馆管理、电子支付、生产制造和装配、物品监视、汽车监控和动物身份标识等。可以这样说，RFID 将是用途最广泛的自动识别技术。不过，RFID 系统目前成本较高，这是它与条码等识别技术相比的显著劣势。

23.3　中国物联网发展状况

总体上，我国信息化进程尚未完成人与人广泛互联互通的阶段，离真正的物联网还有很长的一段距离。

23.3.1　政府部门积极推动物联网发展

2009 年 8 月温家宝总理在考察无锡高新微纳传感网工程技术研发中心时指出，要积极创造条件，在无锡建立中国的传感网中心（“感知中国”中心），发展物联网。11 月在首都科技界大会上再次提出要发展物联网。各部门、各地区积极响应，纷纷出台各项举措，推动物联网发展。《国家中长期科学与技术发展规划（2006—2020 年）》和“新一代宽带移动无线通信网”重大专项中均将传感网列入重点研究领域。工业和信息化部开展物联网的调研，将从技术研发、标准制定、推进市场应用、加强产业协作四个方面支持物联网发展。无锡市大力建设国家传感网创新示范区（国家传感信息中心），在物联网人才引进、资金、税收、土地等方面对相关企业进行大力支持，吸引了中科院、清华大学、北京邮电大学、中国移动、中国联通、中国电信等企事业单位在无锡设立机构。北京着手启动物联网的规划工作，北京市经济和信息化委员会与中关村管委会成立中关村物联网产业联盟。其他地区也从制订规划和设立相应机构等方面着手推动物联网的发展。

23.3.2 国内形成了 RFID、M2M、传感网等丰富的物联网应用

虽然物联网的概念在我国最近才得到广泛关注，但物联网的应用很早就在我国开展，目前主要以 RFID、M2M 和传感网三种形态为主。在 RFID 方面，2009 年中国 RFID 产业市场规模达 110 亿元人民币，相比 2008 年增长了 36.8%，已用于物流、城市交通、工业生产、食品追溯、移动支付等方面，特别是随着 3G 网络开始运营，各运营商推出了移动支付方式，中国移动于 11 月宣布采用 RFID 技术的 SIM 卡，在星巴克和上海世博园园区内将可以通过手机近端刷卡消费。在 M2M 方面，电信运营商积极开展 M2M 应用。中国移动从 2004 年开始发展 M2M 业务，2008 年 M2M 终端数量发展到了 229 万部，目前已超过 300 万部，预计未来年增长率将超过 60%，在智能楼宇、路灯监控等方面得到广泛应用。国内在传感器网络方面则处于发展初级阶段，基本上还是依托于科研项目、科研成果的示范，使用的协议也还是专用协议。

23.3.3 全社会对物联网的内涵尚未取得共识

虽然物联网受到全社会的普遍关注，但目前物联网的概念和技术架构缺乏统一的清晰描述，全社会对物联网的内涵尚未取得共识。有的认为物联网就是传感网；有的认为物联网必然与 RFID 相关；有的认为 EPC 网络就是物联网；有的认为物联网不是网络，而是应用；还有的，认为物联网太过遥远，只是一个概念。本报告所提出的观点：物联网从广义上认为是深度信息化，狭义上认为是此深度信息化的承载网络，这其中的“深度”体现在与当前信息化的三大显著不同特征上，仅是一家之言，还需要与业内人士共同探讨，不断发展完善。

23.3.4 编码方式落后，统一的编码体系尚未形成

在物联网系统中，唯一识别码是非常重要的关键点，不过，我国的物品编码建设还需要不断改进和加强。一方面，我国各企事业单位的编码方式较为落后，体现在设计编码较为随意，没有考虑到编码的科学性、可扩展性和兼容性等。另一方面，我国很多领域还未形成统一的编码方案，已形成统一编码方案的领域也处于宣传和推广阶段，各行业、各单位编码呈现各自为战的局面，多数编码体系不仅跨行业无法使用，就是在本行业内不同企业间都无法通用。

23.3.5 数据采集信息化水平低

物联网发展的关键因素之一是数据采集技术的突破和融合应用，但是在数据采集领域，我国的信息化水平还很低，体现在以下方面：

（1）很多场合的数据采集还是通过人工观察得来。传感器、仪器仪表等设备远未达到无所不在的普及程度。

（2）现有的数据采集设施很多还是传统的机械式、电气式设备，还未改造成电子化设备，设备的智能化水平较低。我国的智能仪器仪表还很少。

（3）很多数据采集设施还需要人的直接操作。零售业广泛采用的是需要售货员操作的激光条码扫描器等。

（4）数据采集设施多数还是孤立运行的，所采集的数据直接提供给人工查看、处理等，或者进一步由人工录入信息系统，并未与信息系统直接互联互通并经过处理，从而无法给人类提供更大的便利和作用。

23.3.6　标准化进程有待推进，其中传感网标准建设开始起步

物联网所联通的物品多种多样，所采用的通信方式也很多，要实现广泛的互联互通，特别需要有统一、规范的标准，包括通信协议和程序接口等。目前，不仅在国内，而且在全球，物联网所涉及的很多领域都尚未建立统一的标准。如短距离通信技术协议众多，包括蓝牙、Wi-Fi、红外数据传输、ZigBee 等，物联网中如何有效整合各种协议或进行有效兼容，尚未取得一致意见。在众多领域中，我国传感网标准建设开始起步。全国信息技术标准化技术委员会组建了传感器网络标准工作组，积极开展传感网标准制订工作，并争取国际标准的主导权。自 2007 年 ISO/IECJTC1 成立传感器网络研究组（SGSN）以来，全国信息技术标准化技术委员会先后四次组织国内的专家参加 SGSN 工作会议，并承办了 SGSN 的第一次会议。2009 年 9 月，传感器网络标准工作组通过中国国家成员体向 ISO/IECJTC1 提交了关于传感网信息处理服务和接口的国际标准提案。

23.3.7　信息产业自主创新能力较弱

作为信息化的进一步推进，物联网的发展仍然有赖于信息产业的自主创新发展，但我国信息产业“大而不强”，自主创新能力较弱。首先，我国的信息产业处于世界产业链的低端。我国信息产业的高速增长，是建立在外资大规模进入、三资企业在产业发展中占据主导地位的基础之上的，本土企业主要从事技术含量和附加值较低的产品加工制造环节。其次，核心技术和关键装备主要依赖进口。集成电路设计总体水平不高，真正根植于中国的大规模集成电路制造体系尚未形成；核心材料及设备等行业仍处于起步阶段；基础软件严重依靠国外企业。最后，本土企业竞争力与跨国公司相比仍有较大的差距，具有国际竞争力的企业或企业集团很少。

（中国互联网络信息中心 李长江）

第 24 章　2009 年中国政府网站发展情况

24.1　发展综述

近年来，我国将推进电子政务和政府网站建设作为改善政府信息公开，提高政府服务水平的重要手段。各级政府认识到，政府网站建设对于提高行政效能，加快行政职能转变，便于实现公众知情和监督，都具有重要意义。如今，政府门户网站已经成为政府面向社会的窗口，成为政府部门开展网上办公的重要平台，成为政府紧密联系群众，提高执政能力和服务水平的重要渠道。

2009 年是我国政府网站继续向公开性、一体性和互动性推进的一年。2009 年 4 月，工业和信息化部印发《政府网站发展评估核心指标体系（试行）》通知，将政府网站建设的核心指标放在政府“信息公开”、“网上办事”和“政民互动”三个环节，见表 24.1。同月，国家发展改革委、财政部联合发布《关于加快推进国家电子政务外网建设工作的通知》，要求到 2010 年年底前基本建成从中央到地方统一的国家政务外网，横向连接各级党委、人大、政府、政协、法院、检察院等各级政务部门，纵向覆盖中央、省、地（市）、县。7 月，中共中央办公厅、国务院办公厅印发《关于开展工程建设领域突出问题专项治理工作的意见》通知，明确提出“要将专项治理工作与推进政务公开相结合，利用政府网站建立工程建设项目信息平台，向社会公示项目建设相关信息，明确审批流程，及时公布审批结果，实行行政审批电子监察”。

表 24.1　政府网站发展评估核心指标体系（试行）

一级指标	二级指标	评估要点
政府信息公开	主动公开信息量	政府网站实际主动公开政府信息的总数量
	依申请公开量	全年公众通过政府网站申请公开信息的数量
	年度新增量	全年政府网站实际主动公开政府信息的新增数量
网上办事	网上办事量	政府网站实际提供的各类网上办事服务事项的数量
	网上办事度	公众通过政府网站办理相关服务事项中，政府网站提供网上办事服务的办理程度
	网上办事率	全年通过网站办理的服务事项的件数，占该事项全年通过各类办事渠道办理的总件数的比例
政民互动	公众参与量	全年公众通过政府网站参与各类互动活动的总事件（人次）数
	参与答复量	全年对公众通过政府网站参与建议的各类互动活动，给予答复的总件（条）数

续表

一级指标	二级指标	评估要点
	参与便捷度	政府网站为公众提供参与互动的渠道种类和数目，互动服务便捷程度满意的人数占使用政民互动服务总人数的比例

资料来源：工业和信息化部《政府网站发展评估核心指标体系（试行）》，2009 年 4 月

根据上述文件精神，2009 年我国各级政府以信息公开、网上办事和政民互动三大功能为依据开展网站建设工作，网站建设工作与政务公开工作结合日趋紧密，网站发展水平稳步提升。在深化应用、服务用户的原则下，各级政府网站信息公开，内容日趋全面，公开机制不断健全，公开意识显著提升；全面整合行政办事资源和社会服务资源，面向公众提供一站式、人性化的服务导航和检索功能，增加网站服务功能；加强与公众沟通、交流，了解舆情民意，推进决策与行政民主化，在提升政府服务能力，促进政府行政体制改革，增进政府与公众联系等方面发挥着重要作用。

24.2　政府门户网站建设情况

据中国互联网信息中心（CNNIC）统计，截至 2009 年年底，我国政府网站数量为 28 082 个，比 2008 年增加了 3170 个，增长率为 12.7%；中国政府域名（.gov.cn）数量为 49 730 个，比 2008 年增加了 4175 个，增长率为 9.2%，如图 24.1 所示。

截至 2009 年年底，中央政府各政府机构除了极个别特殊职能单位以外，全部开通了门户网站；全国省、自治区、直辖市地方政府，各省区市政府的绝大部分政府机构，地级市（州）和相当一部分区县都开通了门户网站，提供了不同程度的信息发布和网上办事等服务；县级以上政府机构的网站拥有率达到 80%以上，初步形成了中央、省、市、县和乡五个层级的政府网站体系。

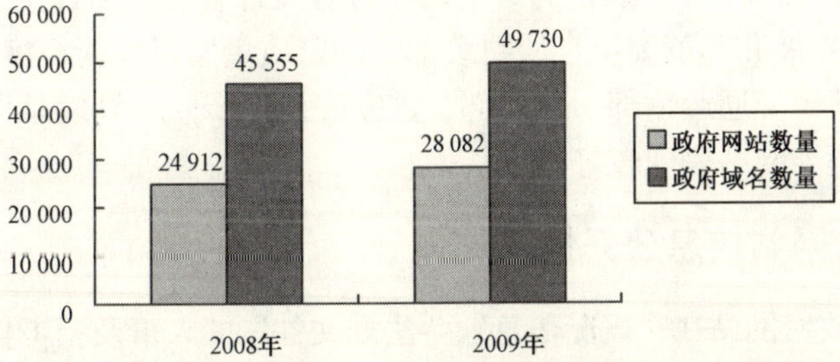

图24.1　2008—2009年全国政府网站数量及政府域名数量

2009 年，国家电子政务外网建设也加快发展步伐。电子政务外网是满足各级政务部门社会管理和公共服务需要的电子政务基础设施。国家电子政务外网一期工程建设任务于 2009 年上半年基本完成。中央城域网已连接 48 个中央政务部门，已有 8 个中央政务部门的 12 项业务应用在政务外网上试运行，可以提供包括数据传输、视频会议、门户网站、图像传输、数据存储与备份和数字证书等多种服务；中央广域骨干网连接 31 个省、自治区、直辖市和新疆建设兵团的地方政务外网以及 160 多个地市州和 420 多个区县，接入政务外网的各级政务部门达 9400 多个，接入终端近 31 万台，已成为我国覆盖面最广，连接部门最多的政务公用网络。

24.3 政府信息公开情况

2009 年，围绕《中华人民共和国政府信息公开条例》的深化落实，政府信息公开工作取得显著进展，公开意识明显提升，公开机制不断健全，公开平台不断完善，公开内容日趋全面，使得我国政府信息公开工作又上了一个新台阶。

为促进政府信息公开工作进一步规范化和制度化，许多部委及地方政府逐步建立健全信息公开的标准规范与责任保障机制，明确政府公开信息的分类、描述与组织方式，规范信息采集、发布、运维程序，加强主动公开与依申请公开的监督机制。一些地方和部门在主动公开政府信息方面做了大量的积极尝试，如广州市 2009 年 10 月通过政府网站公布了 2009 年度 114 个市级部门的财务预算，社会公众显示出极大的关注度，4 小时内访问量达到了 4 万人次；国土资源部、财政部、科技部、住房和城乡建设部等于 2010 年 3 月通过门户网站发布“2010 年部门预算”，从而成为第一批公开部门预算的中央部委。通过多个用户调查显示，用户对政府网站信息公开方面整体评价较好，主要表现为公开力度大，信息丰富，内容准确、全面，公开及时，用户想了解的基本信息网站均有所体现。

24.3.1 部委政府网站信息公开情况

调查表明，各部委网站的“工作动态”、“法规文件”和“专题公开”等栏目公开情况较好，“统计信息”和“人事及招考信息”等栏目也基本能够实现全面、及时公布，但在“政府采购”、“规划计划”等方面表现较差，特别是财政资金应用方面的公开情况仍存在很大的提升空间。“依申请公开”方面，大部分部委网站都建设有依申请公开栏目；“依申请在线受理”方面，多数部委网站已建有在线提交的渠道；“信息公开目录”建设方面，部门本级目录建设情况较好，司局级目录和地方机构目录建设情况较差。根据国务院新闻办公室网站 2009 年 12 月通报的“2009 年中国优秀政府网站推荐及综合影响力评估结果”[1]（以下简称“评估结果”），国家发展和改革委员会、财政部、国家质量监督检验检疫总局、环境保护部、科学技术部、商务部、交通运输部、农业部、国家安全生产监督管理总局、国家税务总局、工业和信息化部等部委网站表现较好。

24.3.2 省级政府网站信息公开情况

2009 年各省级政府网站在“概况信息”、“法规文件”、“人事及招考信息”、“专题建设”、“政府采购”和“应急管理”等方面表现良好，在“统计信息”、“行政收费”、“监督检查”、“规划计划”、“财政预决算”、“三农信息”、“捐赠救助”和“重点领域”等方面表现一般，在“社会公益”、“公共企事业单位信息”和“土地征用房屋拆迁”等方面表现较差，有 97% 的省级政府网站设置了依申请公开栏目，显示四川、上海、陕西、北京、浙江、福建、海南、广东、湖南和天津等省级政府网站在信息公开方面表现突出。

[1] 该评估报告由中国信息化研究与促进网和工业和信息化部电子科学技术情报研究所联合完成。

24.3.3　地市级政府网站信息公开情况

地市级政府网站信息公开的各项指标中，“重点栏目更新量”最好，各网站能够坚持信息发布的全面性和及时性，注重政务信息公开的广度和深度，重点栏目的内容建设情况较为理想。“依申请公开”渠道建设和运维保障情况较好，与 2008 年相比有较大幅度提升。各网站在“人事及招考信息”、“政府采购”、“应急管理”和“公开栏目”等方面表现良好，“行政收费”、“监督检查”、“财政预决算”和“捐赠救助”等方面表现一般，“社会公益”、“公共企事业单位信息”和“土地征用房屋拆迁”等方面表现较差。评估结果显示，成都、青岛、武汉、广州、深圳、苏州、厦门、合肥、无锡和济南等地市级政府网站表现突出，信息公开力度显著。

24.4　政府网站网上办事发展情况

2009 年，我国政府网站网上办事整体水平不断提升，许多地方、部门网站在整合服务资源和开展多类导航与检索，人性化设计和场景式服务等方面进行了许多有益探索，政府服务资源整合的范围由部门内部扩展到跨部门范围，甚至跨地区、跨领域，服务事项的提供由政府职能部门扩大到各类公共企事业单位、非政府组织和提供网上公共服务的企业等服务机构，加大了社会公益服务资源的整合力度，有效拓展了政府网站的服务范围，完善了政府网站的服务覆盖面。同时，围绕不同用户服务需求和服务关注点的差异，以用户需求为中心，全面整合政府资源和社会资源，面向公众提供一站式和人性化的导航和检索，方便公众快速查找所需的服务内容，使得政府网站的服务内容更加贴近公众、易于接受。

24.4.1　部委政府网站网上办事情况

在线办事已成为许多部委网站建设的重点，较多部委通过梳理整合办事资源，提高了在线办事服务的规范性、丰富度和人性化程度。部委网站在线办事服务水平整体呈上升趋势，但部分网站的人性化程度有待进一步提升。在线办事指标中，“服务框架”整体表现较好，在“服务丰富度”、“规范性”和“人性化程度”等方面整体表现较差。评估结果显示，国家税务总局、国家质量监督检验检疫总局、公安部等网站的在线服务建设水平较高。如国家税务总局针对税务工作的复杂性和多样性的特点，提供人性化场景式的办税服务导航，通过对纳税人的需求分析，提供税务登记、发票业务、纳税申报等业务的办税导航，较好地满足了纳税人和相关人员办税的要求。

24.4.2　省级政府网站网上办事情况

各省级政府网站在“服务框架”、“服务指南”、“无障碍程度”和“百件实事网上办”等方面表现良好，“在线查询”、“在线申报”和“服务丰富度”等方面表现一般，“一体化程度”、“表格下载”和“场景导航”等方面表现较差。评估结果显示，北京、上海、浙江、陕西、湖南、安徽、四川、广东、海南和福建等政府网站在在线办事方面表现突出。

24.4.3 地市级政府网站网上办事情况

各地市级政府网站在“服务框架”和“服务指南规范性”等方面表现良好，显示各网站能够按照个人和企业生命周期整合办事资源，适当建立快速通道，在网站办事指南方面也具备较高的规范性。“在线查询规范性”、“在线申报规范性”、“百件实事网上办”、“无障碍程度”和“一体化程度”等方面表现一般，“表格下载规范性”、“场景导航”和“服务丰富度”等方面表现较差，尤其是表格下载有效性不高，样表提供情况不理想。评估结果显示，成都、深圳、青岛、广州、苏州、无锡、武汉、济南、杭州和厦门等政府网站在在线办事方面表现较好。

24.5 政府网站政民互动发展情况

2009 年，网络参政议政功能不断增强，官员开博、网络问政、网络执政、网络反腐、网络举报、政府会议网络直播等各种网络参政议政形式集中涌现。为强化政府网站进行交流互动，各级政府网站纷纷建立相应工作机制，完善人民群众参与政府工作的渠道，丰富网民参与形式和内容，重视和正确对待网民意愿，保障网民交流问题的有效受理、积极进行回应和反馈，有效拉近了政府与公众的距离。

继 2008 年 6 月胡锦涛总书记与网民在线交流之后，2009 年 2 月 28 日温家宝总理在两会前夕与网民“零距离”在线交谈，并明确指出“政府需要问政于民、问计于民，推进政务公开和决策的民主化”，再次激发了广大网民的参与热情。各级领导也纷纷走进访谈类栏目，就各类主题与网民进行了在线交流，很多部委、省、地市和区县在政府门户网站开设了“领导留言板”，亲自处理和解答网民的问题。公安部、国家质检总局、北京市、浙江省、青岛市等已经建立了较为完善的领导干部与网民定期在线交流制度，领导干部重视网民意愿，与网民的互动交流活动愈加频繁。

24.5.1 部委政府网站政民互动情况

多数部委网站开通了在线交流渠道，平台建设情况有所改善，“咨询投诉”的建设情况较好，但部委网站整体绩效情况仍然较差，主要是存在维护力度不够，访谈主题缺少策划和公众参与程度有限的情况，咨询投诉答复情况整体未见明显改进，从而影响了实时交流效果。部委网站民意征集方面表现较弱，虽然较多部委开展了民意征集的渠道建设，但征集问题还仅停留在网站改版等较低层面，未能结合部委的职能策划民意征集的主题，导致公众参与热情不高，不能有效发挥汇集民智功能。评估结果显示，商务部、交通运输部、农业部、国家质量监督检验检疫总局、工业和信息化部、公安部、国家发展和改革委员会、海关总署、科学技术部、国家税务总局等网站公众参与方面处于领先地位。

24.5.2 省级政府网站政民互动情况

省级政府网站“咨询投诉”栏目总体表现良好，说明大多数省级政府网站非常重视咨询投诉栏目的建设，不断加强对咨询投诉功能的完善，并能积极有效地答复网民留言。“实时交流”栏目总体表现一般，主要表现在有些网站还没有建立实施交流栏目或互动数量较少，实时参与和预告功能较弱，同时网民通过网站咨询投诉的积极性不高，网站主动公开网民来信和答复内容的力度不够，网站在选择交流主题和答复网民提问环节还有待加强。评估结果显示，北京、上海、浙江、四川、吉林、陕西、湖南、海南、云南和重庆等政府网站在公众参与方面表现出色。

24.5.3　地市级政府网站政民互动情况

地市级政府网站“咨询投诉”栏目总体表现良好，大多数地市级政府网站非常重视咨询投诉栏目的建设，不断加强对咨询投诉功能的完善，并能积极有效地答复网民留言。但“实时交流”栏目的渠道功能总体水平一般，主要表现在有些网站还没有建立实施交流栏目，实时参与和预告功能较弱，网站在选择交流主题和答复网民提问环节还有待加强，网站主动公开网民来信和答复内容的力度不够。评估结果显示，深圳、苏州、青岛、成都、广州、无锡、济南、西安、武汉和哈尔滨等政府网站在公众参与方面表现出色。

24.6　政府网站发展特点

24.6.1　政府网站内容的公开性、一体性、互动性建设不断强化

在深化应用、服务用户的原则下，各级政府网站信息公开内容日趋全面，公开机制不断健全，公开意识显著提升，信息公开的触角已开始向基层政府延伸，为建设覆盖全国的、规范程度较高的信息公开体系奠定了一定的基础，国土资源部和广州市网上公开年度“账本”、温岭村级财务公开等优秀做法为全国树立了标杆。各级政府网站已将重点放在围绕百姓生产生活需求、开展重点民生领域公共企事业单位服务资源整合，以及面向公众提供一站式、人性化的服务导航和检索功能之上。此外，我国正处于社会转型期，公众的权利义务对等意识日渐提高，已不再仅仅满足于被动地接受关切自身利益的公共政策，而是强烈地要求向公共政策系统表达自己的意愿，深入参与公共政策的制定、执行和反馈过程，并通过各种方式维护自己的合法权益，因此各级政府均已着手在门户网站中建立公众参与频道，以满足公众的互动交流需求，其中部分参与栏目的功能已经比较成熟。

24.6.2　新技术应用逐渐成为提升政府网站功能的重要手段

作为政府网站发布信息和提供服务的基础，计算机技术、网络技术、多媒体技术、流媒体技术、数据库技术和移动通信技术等应用，在一定程度上决定了网站技术水平以及对网络用户提供服务的能力。随着技术的持续进步，网民对政府网站的功能要求也将越来越高。

政府网站关注、学习和应用新技术，既可以使网站内容的表现形式更加丰富，又可以使用户获取信息的渠道增加、参与度增强。集合文字、声音、图像为一体的多媒体服务较单纯提供文字信息增加了可读性和丰富性，移动化、互动化的内容传播形式拓宽了公众获取信息和服务的渠道，增强了公众在接收服务过程中的参与感和认同感。陕西省、广东省、福建省等政府网站纷纷建立手机版，这是政府门户网站将新技术应用与为民服务相结合方面的有益探索。新技术应用提升了网站的功能，也展示了政府网站锐意进取、紧密把握时代节奏的工作态度，已逐渐成为提升政府网站功能的重要手段。

24.6.3 政府网站绩效评估工作步入新模式

截至 2008 年年底，由信息化主管部门发起的政府网站评估工作已经持续七届，其对网站技术建设的工作目标已经达到，推动网站建设的主要历史使命也基本完成。在科学发展观和建设服务型政府理念的指导下，为提升行政效能、满足公众需求，政府网站绩效评估工作的重点已经转移到网站内容建设上。2009 年 4 月，工业和信息化部印发的《政府网站发展评估核心指标体系（试行）》为各级政府信息部门开展网站建设工作指明了方向。工业和信息化部同时宣布，自 2009 年起不再委托评估机构开展全国性政府网站综合评估工作，按照“谁评估、谁公布、谁解释”的原则，鼓励有经验、有实力、有信用的评估机构开展政府网站发展评估，向社会公开发布评估结果，并负责对发布结果的解释。2009 年 12 月 17 日，中国社会科学院信息化研究中心与国脉互联政府网站评测研究中心联合主办了“2009 中国政府网站绩效评估暨第四届中国特色政府网站评选发布会”；12 月 25 日，中国信息化研究与促进网、工业和信息化部电子科学技术情报研究所共同通报了“2009 年度我国政府网站互联网综合影响力及网站绩效情况评估结果”；2010 年 1 月 12 日，中国软件评测中心、人民网、中国经济网共同举办了“第八届（2009）中国政府网站绩效评估结果发布暨经验交流会”。通过以上各项评估工作，各部委和地方政府网站获得了大量先进经验，提升了整体网站水平，获得了显著成绩。

24.6.4 政府网站建设尚存不足

虽然 2009 年我国政府网站建设取得了长足的进步，但仍存在一些不足。中国评测网、人民网、中国经济网、中国青年网共同发布的“2009 年政府网站评估结果”表明，政府网站建设目前存在七方面的问题：一是政府网站缺少特色，常年“一张脸”，缺少特色栏目的建设，网民易产生“厌倦感”，西部欠发达地区部分政府网站栏目简单分类，信息条目大量堆积，成为“政绩板报”；二是深度信息不公开，部分政府网站不发布或不敢发布深度政务信息，离“阳光透明政府”还有差距；三是信息更新不同步，部分政府网站在信息公开方面存在流程复杂、审核时间长等问题，信息发布时间严重滞后于信息产生时间，网站内容保障有待完善；四是服务资源分散，部分政府网站缺少规范化整合，不注重办事服务资源的整合与开发利用，部门间数据信息无法共享，信息孤岛现象明显；五是网上办事程度不高，办事程序复杂，如很多企业用户反映，多数政府网站办事服务仅提供办事指南、表格下载等文件列表，网上办理实现程度不高，有些业务还要到实地大厅办理；六是互动渠道不实用，部分政府网站虽然设置了领导信箱、咨询投诉等栏目，但没有使用提示，互动功能不完善，反映的问题往往石沉大海；七是网站管理制度不健全，部分政府网站缺少规范制度的约束，网站管理工作随意性大，网站内容得不到切实保障，严重影响了我国政府网站整体的健康发展。

24.7 典型案例

24.7.1 中华人民共和国商务部网站

中华人民共和国商务部网站（http://www.mofcom.gov.cn/）（如图 24.2 所示）连续 8 年蝉

联部委网站绩效评估第一名。商务部网站率先提出并实践一系列创新性举措，在理念和办站方法上引领着我国政府网站的发展方向。其举措包括：

图24.2　商务部网站主页

（1）子网站建设模式和“共同办站”的维护理念　商务部开创子网站建设先河，提出“共同办站”的内容保障理念。商务部网站提出“单位组网、网站组栏、维护到处、内容到县、数据入库”的建设模式，覆盖部属 4000 多个子站，使网站拥有了稳定的信息来源和维护队伍。

（2）政务信息“首发地”的理念　商务部早在 2004 年就提出“商务部网站是商务部政务信息公开的首发地”的观点，商务部所有内容首先通过网站发布，将网站定位成公众和企业了解商务部各类信息的主要窗口。商务部网站“信息首发地”的理念与实践，对明确政府网站作为“信息公开第一平台”的要求具有重要意义。

（3）政民互动的形式与机制　商务部网站持续探索政民互动的发展道路，其中“司局长访谈”是实时在线交流栏目建设的典范，实现了在线视频文字直播、网民实时互动参与、访谈内容整理汇编等重要功能。商务部网站根据“留言板”栏目建设情况，建立起后台信件转办、转阅制度，每年近 5 万封来信均能得到高效受理及答复。

24.7.2　北京市政务门户网站“首都之窗”

“首都之窗”（http://www.beijing.gov.cn）（如图 24.3 所示）是北京市政务门户网站，多年来在全国政府网站绩效评估中均名列前茅，并四次获得省级政府网站绩效评估第一名。“首都之窗”在网站管理、信息服务、网上办事、信息应用以及政务互动上均有创新之举，具体举措及做法如下：

图24.3 “首都之窗”主页

（1）推动“网站群”整体发展

“首都之窗”网站群共有 160 余家分站，根据“统筹规划、统一标准、联合建设、资源共享”的原则，依托首都公用信息平台，共享网络、服务器、应用系统，落实电子政务集约化建设精神；统一业务规划，门户网站与分站间分工协作，实现信息和服务共建共享；规范管理和运营，形成日常、群众、专家三位一体的综合监管体系，提升服务效率及服务水平；编制网站群建设综合、专项地方标准，网站建设逐步纳入政府综合管理的支撑体系。

（2）整合网上服务平台及资源

统筹网站前台与业务后台之间的协同和配合，将网上审批平台与首都之窗网站“网上办事”频道进行统一管理，整合全市各部门网上服务资源，形成了“一体化”、“一站式”的网上服务平台；统筹市、区两级政府网上服务资源，确定“以区县为突破口，贯通政府部门协同网上办事服务”的推进策略，重点开展教育培训、劳动就业、医疗卫生、交通、住房、社会保障等六大民生领域的网上服务资源整合工作，取得良好效果。

（3）优化政府信息网上公开及服务体系

规划并建设了市区两级政府信息公开工作管理系统和政府信息公开专栏，使全市政府信息公开工作可以统一查阅、检索、考核；为使政府信息易读易用，利用原数据对政府信息进行全市性规范管理，推动了以用户需求为导向的信息再应用，通过政府办事机构黄页、政府常用电话、政府文件、政策解释等服务使政府信息更好地为公众所利用。

（4）推出多种政民互动形式

联合监察部门设立“政风行风热线”栏目，使得公众在线咨询及投诉的回复率为 100%、满意率超过 80%；推出“京友网”、“图片征集”、“法规意见征集”和“企业呼声平台”等政民互动新形式，互动对象范围扩大到企业，涵盖信件、问卷调查和主题调查等多种形式；设立“走进直播间”在线访谈品牌栏目，结合广大群众关注热点联合有关部门开展系列访谈。

（5）初步形成城市信息服务体系

首都城市综合信息服务平台、“北京网”和“ebeijing”网站面向市民、外来人员、外籍人士提供全面的本地区域性城市信息服务，服务资源覆盖城市居民生活领域，提供超过 1200 项信息服务。

（6）建立移动公共服务平台

2008 年面向国际人士推出英文 WAP 版网站，2009 年推出中文 WAP 版网站，提供政府办事机构查询、电话查询和政府文件查询等专项服务。

（中国互联网协会　郝晓伟）

第 25 章　2009 年中国农业信息服务发展情况

25.1　发展综述

2009 年，面对全球经济危机，我国农业信息服务依然得到了长足发展，出现中央重视、政府推进、社会参与的可喜局面。2009 年中央“1 号文件”《中共中央国务院关于促进农业稳定发展农民持续增收的若干意见》继续锁定“三农”问题，第五次提出“发展农村信息化”。各部委积极贯彻中央精神，大力发展农业农村信息化和农业信息服务，各省（自治区、直辖市）有关部门也积极行动，贯彻落实中央精神和有关部委要求，部省联动，合力推进，各企业也十分关注农业信息服务领域的巨大商机。

农业部在继续加强“金农”工程、“三电合一”农业信息综合服务项目、农村信息化示范项目、批发市场价格采集等一系列既有农业信息服务工作的同时，广泛寻求合作，强强联合，积极进行探索。2009 年 7 月，农业部与中国气象局签署协议，共建农业气象信息共享平台，以中国兴农网和中国农业信息网为网络媒介，第一时间向公众提供及时、准确、权威的农业气象资讯和灾害预警信息。同月，农业部和中国移动在京举行“共同推进农业农村信息化战略合作框架协议”签约仪式，依照协议，未来三年，中国移动将投入 700 亿元人民币用于农村基础通信网络和信息化建设。11 月，农业部在全国范围内启用“12316”短信息服务专用代码，统筹规划语音电话、手机短信、互联网络等现代传播手段，全力打造“12316”“三农”综合信息服务平台，树立农业系统信息服务的统一品牌和形象。12 月，旨在摸清我国农业网站发展现状、总结我国农业信息服务典型，《中国农业网站发展报告（2009）》和《百宝箱——中国农村信息服务案例选》相继出版，在大力推进农业信息服务的同时，农业部积极谋划编写“十二五”时期全国农业信息体系建设规划。

工业和信息化部的“村村通工程”成效显著。据统计，2009 年工业和信息化部实现了全国 99.86%的行政村和 93.4%的 20 户以上自然村通电话，乡镇通互联网比例从 2009 年年初的 98%提高到 99.3%，行政村通互联网比例从 89%提高到 91.5%，已在 15 个省份的 1.3 万余个乡镇开展信息下乡服务，在全国 1/3 乡镇建立乡村信息服务体系。

文化部、财政部组织并实施的“全国文化信息资源共享工程”取得显著进展。2009 年，全国共建成 975 个县级支中心，11 649 个乡镇基层服务点，另在 141 488 个村基层服务点配备了设备；同时，文化部与中组部实现农村党员干部现代远程教育、农村中小学远程教育合作，共建成 75 万个基层服务点，资源累计总量达到 23.5TB，提前完成“十一五”规划的 20TB

建设目标。

科技部启动科技特派员农村科技创业行动，已有11.6万余名科技特派员长期活跃在农村基层和农业一线。此外，已有14个省份开通了星火科技12396服务热线，建立基层信息服务站点1.5万个，覆盖农民近2亿人。

国家广播电影电视总局“广播电视村村通工程”，已进入整体推进20户以上已通电的自然村建设，提高农村广播电视公共服务水平的新阶段；农村电影放映工程，2009年农村电影放映场次达到750万场，观众人次超过18亿。

在政府大力推动和农业信息服务商机的吸引下，一些企业纷纷进入农业信息服务领域。中国移动、中国电信和中国联通三家基础电信企业的“农信通”、“信息田园”和“金农通”等基础性综合信息平台已覆盖全国。截至2009年年底，中国移动的“农信通”农村信息网平台全国用户数达到1500余万，12582语音热线日均拨打量达2.5万次，12582网站日均访问量超过75万次；中国电信在全国建成信息化乡镇超过3500个，建立了20多万个村级综合信息服务站点，其“信息田园”平台年访问量已突破5000万次。

我国农业信息服务正呈蓬勃发展之势。网站和网民数量大幅增长，农业信息资源、农产品网上贸易和农业移动信息服务等方面也取得了较大发展。为进一步推动农业信息服务和农业农村信息化的发展，2009年11月，农业部决定2010年与工业信息化部共同举办首届“信息化与现代农业博览会”，旨在打造农业农村信息化领域的高端会展平台，加强信息技术、信息产品和信息资源的应用推广和经验交流，进一步发挥农业信息服务和农业农村信息化在发展现代农业、建设社会主义新农村中的重要作用。

25.2　农业网站发展情况

25.2.1　网站分类

农业网站按主办方属性可分为政府类、企业类、科教媒体类、行业类和综合类五大类型。政府类：以农业部网站为龙头，由农业部及全国各省市农业厅主办的网站和各县级政府农业部门建立的网站，主要用于发布农民关心的热点问题和政策措施等。企业类：由各涉农企业和盈利机构建立的以赢利为目的宣传推销网站，主要围绕企业的经营范围对外宣传，开展电子商务活动，以提供农产品、农贸、商务信息为主，含有较强实用价值的农业信息。科教媒体类：由国家及地方农业科研单位或教育部门主办，这类网站主要以提供科技文献信息、研究成果、学术论文为主体。行业类：以提供行业动态、行业标准、专家论坛为主体的社团、协会、学会网站。综合类：综合提供涉农其他方面的信息。

网站经营主体不同，其运营的目的和管理的方式不尽相同，这决定了网站运营模式也会有所不同。根据投资主体不同，农业网站大致有以下几种：各级政府中的农业部门、教学科研机构、新闻媒体、企业或个人。以是否商业运营作为分类依据，农业网站可分为两大类：一是非经营性网站，即不以赢利为最终目标的非营利性网站。如农业部及全国各省市农业厅主办的政府网站，各县级农业政府部门建立的农业信息网站，由国家及地方农业科研单位和教育部门主办的农业网站等都属于此类；二是营利性网站（商业网站），企业投资的农业信息服务，增值服务，农资产品供求网属于此类。

营利性网站运营模式的主要特点有：一是清晰的定位和合理的规划；二是对网站进行系统的宣传和推广；三是有明确的赢利模式。营利性网站的赢利模式主要有：在线广告、电子商务佣金、会员收费和电信运营增值服务等。

25.2.2 农村互联网发展状况

（1）农村网民规模

截至 2009 年 6 月底，我国农村网民规模达到 9565 万人，较 2008 年年底增长 1105 万人，增幅为 13.1%；日均访问农业网站的农村网民有 348 598 人，比 2009 年年初增长了 50 565 人，增幅为 17.0%；从网民结构上看，农村女性网民占比为 44.2%，较 2008 年 12 月提升了 1.6 个百分点；网民结构更加趋于年轻化，30 岁以下的年轻群体是农村网民构成的主体，所占比例高达 76.9%，其中 10～19 岁的未成年网民所占比例高达 46.5%；农村网民文化水平相对较低，初中及以下学历的网民占 49.4%，其中初中文化程度的农村网民比例达到 42.3%；从访问途径上看，有 24.3%通过电脑上网，40.2%通过手机；目前农民希望获取农业信息的途径中，电脑上网方式占 27.1%，手机方式占 41.1%，其他方式占 45.8%；从信息需求上看，农村网民最希望得到农产品价格信息，其次是农业技术信息和农产品买卖信息，这三种信息的需求比例分别为 57.9%，46.7%和 45.8%。

（2）网站数量

截至 2009 年 10 月，中国农业网站的数量达到 31 108 个，较 2009 年年初稳步增长 40.7%。其中，日均有效站点数量为 8973 个，较年初增长 8.1%；日均有效受访 URL 数量 269 607 个，较年初增长了 18.6%；日均有效来源 URL 数量 196 530 个，较年初增长了 25.2%。

（3）网站分布

从地域分布上看，全国农业网站的地域分布不均匀，呈现了明显的地域差别，东部地区农业网站数量最多，占全国农业网站数量的 55.3%，中部地区占 28.7%，西部地区只占 16.0%。从类别分布上看，排名前三位的是：企业类占 54.8%，政府类占 27.0%，科研院校类占 14.9%。农业网站中应用较广的前三个栏目中，新闻类栏目占 99.0%，供求信息栏目占 91.0%，市场动态栏目占 85.0%。

（4）网站访问

截至 2009 年 10 月，农业网站访客 99.7%来自我国大陆，与年初所占比例基本持平，农业网站整体国际化程度有待提高。农业网站日均 PV 值为 1 246 847 次，比 2009 年年初的 1 011 483 次增长了 23.3%；农业网站日均访问速度从 2009 年年初的 0.061s 提升到 2009 年 10 月的 0.058s；2009 年 1～10 月，农业网站日均首页打开时间在 0.057～0.062s 之间；截至 2009 年 10 月，农业网站搜索关键词数量为 7867 个。

25.3 农业信息资源开发情况

经过多年的建设，我国农业信息资源不断丰富，农业信息采集体系逐步完善，农业信息的加工与分析预测能力得到提高，信息发布形式与渠道呈现多样化。

（1）农业信息资源不断丰富

农业部在农业信息资源开发过程中，相继建立了生产、市场、进出口、科技、能源、环保和农村人才等 50 多个数据库，信息资源涵盖农业和农村经济的基本方面。近几年，农业部围绕发展现代农业和建设社会主义新农村的需求，进一步加大力度，开发出“三电合一”共享数据库、龙头企业和农户宣传展示数据库，依托“金农工程”改进了批发市场价格数据库，农业基础经济资料数据库和农产品国际贸易数据库等十大数据库。其中，农产品批发市场价格日报数据库累计数据量近 2 亿条，农业基础经济资料数据库累计数据量约 2100 万条，农产品国际贸易数据库累计数据量约 2100 万条。同时，各级农业部门也建设了大量数据库。

农业科研院校根据自己的专业特长，也开发建设了一大批农业科技数据库。中国农业科学院承担的国家农业科技信息数据中心，累计投资近亿元，建立了国家农业数据平台，包括 800 多个数据库，涉及到作物科学、动物科学与动物医学、农业科技基础数据、渔业与水产科学、农业区划数据、农业资源与环境科学、农业生物技术与生物安全、农业信息与科技发展、食品工程与质量标准、农业微生物科学等多个学科和专业。

此外，由农业部牵头整合 22 个部委的涉农信息资源，梳理了农业各行业生产、市场、劳动力转移及培训、农业科技成果及实用技术、农村社会救助及村民自治信息、农田水利基本建设和粮油购销库存等 30 类信息，基本建起了相关部委信息资源交换制度。

（2）农业信息采集体系逐步完善

农业部在产业、科教、市场等领域形成了三十多条信息采集渠道，建立了信息指标体系、采集报送制度和稳定的信息采集点，配备了人员和设备，定期采集农村政策、生产动态、市场供求、价格、科技、灾害、疫情和农民收入等信息。目前，全国已建立信息采集点达到八千多个，在全国 680 个县建立了农产品产量信息采集点，450 个县建立了农情信息采集点，450 个县建立了畜牧生产信息采集点，160 个县建立了农业生产成本信息采集点，建立二百多个农产品批发市场价格信息采集点，发展了 24 万多个农产品供求信息联播会员，信息采集范围已涉及到农业产前、产中、产后全过程。

（3）农业信息加工与分析预测能力得到提高

农业部三十多条信息采集渠道，大多数都针对所采集信息的特点，开发了相应的信息处理专用软件。在搞好常规统计分析的基础上，加强了农产品市场监测预警和月度、季度农村经济形势分析，建立了定期信息分析预测和会商制度，已成为农村经济权威的信息集散中心。农业系统各行业及综合信息部门针对一些突出问题，开展了专题信息分析及预测。地方各级农业部门也都加强了区域性农业和农村经济情况的分析工作。

（4）信息发布形式与渠道多样化

农业部已经建立了以《经济信息发布日历》为标志的信息发布制度。依据《中华人民共和国政府信息公开条例》，制定了《农业部信息公开规定》，对公开内容、公开范围、公开方式、公开程序等做了详细规定，并提出了监督和保障措施。地方各级农业部门也逐步建立了信息发布制度，面向社会发布信息。

各级农业部门在实践中积极探索，大胆创新，充分利用广播电台、电视台、报纸等多种媒体，拓宽信息发布渠道。各地相继开通 12316“三农”服务热线，为农民提供农资投诉打假等信息服务，已经发展成为广大农民致富的生命线和农业部门服务职能延伸的新干线。许多地方农业部门通过手机短信开展信息服务，提高信息利用的时效性。上海和山东等省（市）开展网络视频诊断服务，由农业专家坐诊，通过网上视频为农民提供技术服务。浙江、河南等省发展了信息服务超市等新的服务模式，综合运用电脑网络、热线电话、电视节目和信息大厅等手段，“面对面”服务农民。这些成功探索在满足农民群众急需的生产、技术、市场和政策等信息需求方面发挥了积极作用。

25.4 网上农产品贸易发展情况

25.4.1 平台发展情况

随着农业农村信息化的推进，农产品供求信息网上对接以及电子商务等网上贸易发展迅速，对于促进农产品的流通、提高农民收入起了重要的推动作用。农业部网站建立了供求“一站通”、网上展厅和农产品促销平台。“一站通”是农产品产销网上对接服务平台，和各省农业部门网站联网运行，一站登载，多站发布，截至 2009 年年底，已发展会员 35 万个，365 天不间断发布供求信息约 35 万例；网上展厅暨中国国际农产品交易网站，展示我国农业产业化重点龙头企业和获得资质认证的农产品 2 万多个，成为永不落幕的农交会；农产品促销平台开展促销系列活动专栏，2009 年实时采集发布全国各地农产品促销系列活动和各类展会活动信息 4500 余条，累计发布促销信息 5 万多条。全国 500 家批发市场有不少实现了电子交易。商务部主办的公共信息服务类网站——新农村商网，以收集、发布涉农政策信息和农副产品流通信息为主要内容，同时与其他相关部门开展信息合作，提供农产品信息发布、咨询互动、购销对接等服务。2009 年，上海市最大的优质农产品订购平台“菜管家”刚一开通，就与上海及全国各省市的 300 多家专业合作社及农业龙头企业开展了广泛合作，数以千计的优质农产品可以在网络上展示和订购，并送货上门。“广东农产品交易网”由广东省农业厅主管，广东省农村信息中心主办，通过实行“政府主导，市场化运营”的管理模式，引入多元化投入机制，面向全国农业从业人员，基于互联+无线，提供农产品网上交易，产品和企业宣传推广，信息互动交流等一体化服务。此外，各类专业的商务平台，为特色产品的交易发挥着重要作用，如猪“e”网的电子商城，有注册用户 600 多家，产品数量达六千多个，成为养猪行业提供相关猪产品最多最全的电子商城。中国红枣电子交易市场，提供信息咨询、中介代理、储运配送等服务，开通后交易活跃，截至 2009 年 10 月，交易量达 75 万批，0.75 亿千克。

25.4.2 交易发展情况

基于各级政府和社会力量搭建的农产品贸易平台，各农村种养大户，购销大户，农业专业合作组织，农业龙头企业等农业生产经营主体纷纷上网，购销各类农产品。如 2009 年前三季度广西农产品中远期电子交易额达 1733．65 亿元，农产品中远期单边交易量超过 8000 万吨。云南会泽县农产品网上交易额达 1.64 亿元人民币，与 2008 年同期相比增 6.17%。内蒙开鲁县充分利用“新农村商网”信息平台，实现黄玉米、红干椒等特色农副产品网上交易，共发布特色农副产品供货信息 109 条，网上销售玉米 1.9 万吨，鲜干椒 1.5 万吨，圆葱 1400 吨，实现交易额 9000 万元人民币。由于农产品的生产地域分散，且具有鲜活等特点，较其他行业的工业产品，农产品标准化程度还不高，电子交易任重道远，前景广阔。

25.5　手机在农业信息服务中的应用

手机在全国农村使用已经十分普遍，其传播特性，与其他媒介相比，具有即时性优势、分众优势、成本优势，适应农村信息传播所要求的即时性、针对性和地域性需求，是当前我国信息传播、解决“最后一千米”接入最有效的终端设备。

近年来，全国各级农业部门始终把加强农业农村信息化建设作为一件大事来抓，认真搞好面向政府的宏观信息服务和面向农民生产经营的微观信息服务。各级农业部门在推进农业农村信息化建设中，与包括电信运营企业在内的各类社会力量进行了多种形式的合作，积极探索，不断创新，充分利用和整合涉农信息资源，强化面向农村的信息服务，切实提升了农业农村信息服务能力和信息化水平。

2009 年 7 月 14 日，农业部与中国移动在北京联合签署“共同推进农业农村信息化战略合作框架协议”，双方将在农业产业信息化改造，农业生产经营信息服务，农村信息服务站建设，现代农业示范区信息技术应用，农业生产指挥调度系统建设等五方面展开合作。合作期间，农业部与中国移动将共同建设农村信息服务站和农业信息化示范点，并将联合推进具有我国核心知识产权的 TD-SCDMA 技术在农业部门的应用。双方还将共同选择有一定工作基础的农业大省作为试点，给予相应的政策、资金等支持，按照“成熟一个，推广一个”的原则推动农业信息化试点工作在全国推广。在农村基础通信建设方面，计划每年实现一万个以上自然村的网络覆盖，确保全国行政村通信覆盖率达到 100%，自然村的通信覆盖率达到98%以上。

根据相关调查，2009 年全国已有一半以上的省（自治区、直辖市）农业部门建立了手机短信服务平台，开展了形式多样的信息服务。内蒙古自治区农牧业厅充分利用“手机短信”这条传播渠道，围绕不同的应用和服务群体，开发了多个信息采集和服务系统，提高了农牧业主管部门的工作效率，增强了农牧业主管部门的指挥调度能力，拓展了获取基层真实市场流通信息渠道，进一步提高了农业信息服务能力。湖南是中部内陆省份，近 3 年来，省农业厅与湖南移动公司紧密合作，以资源整合和信息入户为主要切入点，有力地促进了全省农村信息化建设，打造了全省农村信息服务综合平台——“农信通”，已惠及全省 120 多万用户，社会效益显著。云南省农业厅和中国移动通信集团云南有限公司建立战略合作伙伴关系。以服务“三农”为宗旨，以农业农村信息化建设为重点，充分发挥双方资源优势，通过语音、短信和互联网络等平台，实现农民群众与农业专家间的双向互动交流，在全省范围内实现农业农村信息服务无缝覆盖。

与此同时，农村手机上网逐渐成为移动互联网产业关注的焦点。2009 年，国内多家电信运营商根据农村居民使用手机和使用互联网信息的需要，结合农村居民和网民的结构特征，有针对性地为广大农民的生产和生活提供信息服务，如中国移动推出的“农信通”短信服务，以手机为载体，为农民提供政策法规、农业科技、价格行情和市场供求等信息，使农民在使用过程中真实地体会到互联网信息带来的价值，提高农民使用手机上网的需求和积极性，使互联网信息在中国 7 亿多农民的生产和生活中发挥作用，这也是中国农村信息化的真正意义所在。

25.6 典型案例

（1）农业部信息中心打造农业综合信息服务平台

农业部信息中心，是农业部的直属事业单位，是国家农业数据中心，负责承办农业部网站（中国农业信息网），并以此为依托，发布政务、政策、市场和科技等信息，提供农村市场供求促销，行政审批“一站式”办公，在线办事及农业数据咨询、查询、分析等信息服务。

农业部网站是我国农业门户网站。网站提供四大类服务，一是信息服务，包括政务信息、专题宣传、政策信息、市场信息和科技信息等；二是行政审批“一站式”办公服务；三是农村市场供求及促销应用系统服务；四是在线办事服务。其中，行政审批“一站式”综合服务平台于 2003 年在国家政府网站中率先建设。该平台逐步集中了农业部 80 项行政审批业务，提供办事指南、在线申报、办事咨询、状态查询、表格下载和结果公示等一站式服务。作为国家农业数据中心，农业部信息中心开发的数据资源包括农村经济统计数据、农产品贸易数据和农产品价格数据、农产品期货数据、农产品成本收益数据、国际农产品供求数据和农业气象数据等数据集市，基本覆盖了农业宏观经济、农产品生产、农产品流通以及加工消费等环节。

此外，农业部信息中心还开展了农产品市场信息分析服务。一是提供农产品监测预警分析信息，定期开展粮食、棉花、油料、糖料、蔬菜、水果等主要农产品国内国际市场价格、供求、贸易等形势监测分析。二是提供农业农村经济热点、难点问题专题研究报告，围绕粮食安全、农业成本收益、农产品流通体制改革、燃料乙醇发展对农产品需求的影响等问题开展深入分析研究。

（2）吉林省依托 12316 热线打造信息服务平台

2006 年 5 月，吉林省率先在全国开通了“12316 新农村热线”，综合利用电脑、电话、电视、电台、平面媒体等信息传输载体进行信息服务。与此同时，由省农委牵头、省直 40 个部门参与，共同打造了“三农”综合服务平台。自建立以来，平台的信息服务功能得到了充分发挥，平台现场每天有 12 名接线员，24 小时全天候服务，每天有 6～8 名专家从 8：30 到 17：00 现场直接回答农民问题，日接访量 5000 多个，最高峰值达到 6200 个。据不完全统计，在接听的 460 万个咨询电话中，当场解决问题的占 90%以上。

（3）内蒙古海芯公司基于手机的农村信息服务

内蒙古海芯电子工程有限公司是专注于我国农村信息服务的企业，是中国移动“农信通”的全国合作伙伴。公司与内蒙古农牧业厅、内蒙古移动公司合作开展农村信息服务业务。由农牧业厅组织各地农业专家，中国移动公司利用其农村信息服务“农信通”平台作为信息传播手段，海芯公司组织气象、就业、医疗、保险等相关信息并采取农民广为接受的低资费方式向农民推送，三方共同形成了一套农业信息服务体系。内蒙古、青海、甘肃、广西、贵州、西藏、辽宁和广东 8 个省（自治区、直辖市）已经与海芯公司进行了合作，另有四川、吉林、湖北和新疆等 10 个省（自治区、直辖市）达成了初步合作意向。

（农业部信息中心 王法英、孙锐、张作本、黄勇）

第 26 章　2009 年云计算与 SaaS 等服务的发展情况

26.1　云计算发展情况

26.1.1　云计算定义和分类

云计算发展时间短，处于尚不成熟的阶段，随着云计算的不断发展，其外延与内涵也在不断地发生变化，所以目前还缺乏明确、统一的定义。但是通过各种不同角度的描述，可以帮助我们全面地理解云计算。

从应用角度来看，云计算描述了一种通过互联网进行访问的可扩展的应用程序。云计算的应用是使用大规模的数据中心以及功能强劲的服务器来运行网络应用程序与网络服务，任何一个用户通过合适的互联网接入设备以及一个标准的浏览器都能够访问一个云计算应用程序。因此，云计算是一种基于 Web 的服务，让用户脱离技术与部署上的复杂性而获得应用。用户只为自己需要的功能付钱，同时得以削减或免除在硬件、软件和专业技能方面的投资。

从平台角度来看，云计算是用于描述平台及应用程序类型的一个术语。云计算平台可以根据需要动态地提供、配置、重新配置以及取消提供服务器。云计算也指那些经过扩展后可通过互联网进行访问的应用程序，这些云应用程序使用大型数据中心和强劲的服务器来托管 Web 应用程序和 Web Service。

从商业模式的角度来描述，云计算可以被理解为一种全新的商业模式，它的核心部分依然是数据中心，应用虚拟化、SOA、Web2.0 等一系列技术形成新型分布式计算平台。企业和个人用户可以通过高速互联网从云计算平台中得到计算能力，从而避免大量的硬件投资。

总之，云计算并不是一种简单的产品，也不是单纯的一个技术，而是一种产生和获取计算能力新方式的总称。云计算既指一种可以根据需要动态地提供、配置，以及取消供应的计算和存储平台，又指一种可以通过互联网进行访问的应用程序类型。它至少包括提供应用服务的云应用，支撑应用服务的云平台，提供 IT 基础架构的云中心三个层次的内容。

从商业模式角度来看，云计算作为一种计算资源和能力向用户提供服务，云服务是云计算的价值所在。

云服务即提供商通过互联网接入向用户提供包括计算资源、数据服务、云计算平台在内的应用服务。提供“资源”——包括计算、存储及网络资源。这些服务需要服务提供者架设出规模巨大的数据库及存储中心，能够实现“海量”的存储、出色的安全性和高度的隐私性和可靠性。此外，这些服务还应高效、低价、节省能源。提供动态的数据服务，数据包括原始数据、半结构化数据和经过处理的结构化数据。云计算架构拥有提供大规模数据存储、分享、管理、挖掘、搜索、分析和服务的智能。提供云计算平台——包括软件开发 API、环境和工具。

云服务的应用价值和突出优势包括三个方面：(1)用户只为自己需要的功能和应用付费，随需租用的形式将最大程度地节省投资；(2)令用户脱离技术与部署上的复杂性而获得应用，消除在基础架构层面的硬件、软件、专业技能方面的人员和资金投入；(3)避免了一次性 IT 资源投入的长期闲置，为无法支付高额 IT 计算资源建设成本的用户实现应用成为可能。

云计算从部署方式来看可以分为三类：第一类是“公共云”或者“外云”。即通过互联网面向公众提供开放的计算、存储、应用的云计算，Gmail 即可归为此类。第二类是“私有云”。即部署在防火墙内的“内云”，通常它服务于企业内部，但该平台也可为合作伙伴提供跨 WAN 的服务。第三类是“混合云”。混合云将内云与外云的特点结合起来。

（1）公共云

公共云即外云，是指通过互联网面向公众提供开放的计算、存储、应用的云计算。在这种云计算模式下，用户所需的应用程序并不运行在用户的个人电脑上，而是运行在互联网上大规模的服务器集群中。用户所处理的数据也并不存储在本地，而是保存在互联网上的数据中心里。提供云计算服务的企业负责管理和维护这些数据中心的正常运转，保证足够强的计算能力和足够大的存储空间可供用户使用，用户只需要在任何时间、任何地点，用任何可以连接至互联网的终端设备访问这些服务即可。

公共云对于企业用户来说，意味着计算资源的获得、处理、存储，信息传递和数据库都来自公司本身的资源之外，而企业只需为自己使用的那部分资源付费；对于个人用户来说，即是使用互联网上提供的而非个人电脑上的应用程序和计算存储能力。

在应用层面，公共云计算描述了一种可以通过互联网进行访问的可扩展的应用程序。“云应用”使用大规模的数据中心以及功能强劲的服务器来运行网络应用程序与网络服务。任何一个用户通过合适的互联网接入设备以及一个标准的浏览器都能够访问一个云计算应用程序。

公共云是由第三方提供给最终用户的，这种类型的云有很多，通过公共的、开放的网络为最终用户提供服务，一般免费或者价格低廉。

（2）私有云

公共云的云计算平台是由外部托管的并且是作为一项服务购买的，这对于缺乏技术人员的小企业具有吸引力。然而，由于存在安全和隐私问题，金融、政府等行业用户会担心公共云模式的安全性、私密性、法规遵从和规范化。同时，使用公共云进行云计算的风险还包括云的可用性不受使用者控制。虽然这种模式能够节省购买和维护数据中心的费用，但是大型企业更愿意选择建立私有云以保证数据安全。

大型企业级用户构建自己的云计算基础设施，即建立自己企业的“私有云”，可以很好地解决上述问题。企业级用户建立自己的云计算平台，可以视作企业内部 IT 基础设施的改善，关键业务与核心数据运行在企业内部的计算平台上，云计算数据处理的安全性能得以保障。因此对于高端企业用户来说接受云计算基本上就是接受一种新的技术和解决方案。

（3）混合云

混合云将内部私有云与外部公共云的特点结合起来，包含两种方式，一种是企业数据中心，在满足自身对计算的需求之外，同时能够向社会提供收费的计算服务。另一种则是企业自身有自己的计算平台，当企业自建的 IT 基础架构已经饱和时，同时又通过互联网的扩展方式从第三方的云计算平台去租用资源；或者企业自己搭建云计算基础架构，面向内部用户或外部客户提供云计算服务。企业拥有基础架构的自主权，并且可以基于自己的需求改进服务。

亚马逊（Amazon）是首先将云计算应用于商业的公司，在构建自身零售平台的时候，使用了云计算的方法，将自己的购物平台构建在其基础之上。同时，亚马逊公司将自己的云计算平台开放给外部开发人员使用，建立了弹性计算云（Elastic Compute Cloud，EC2），供中小软件企业按照需求购买亚马逊数据中心的计算能力，独立的开发人员也能够使用亚马逊公司内部的计算资源来建立自己的网络应用程序。雅虎也将一个 4000 台计算机的“云”，开放给卡内基梅隆大学的研究人员使用。而微软云服务平台 Azure，则向企业提供新的 IT 架构选择，企业可以自由选择要将其 IT 应用放在外部云端还是内部机房。

26.1.2　云计算的商业模式应用

云计算生态系统如图 26.1 所示。

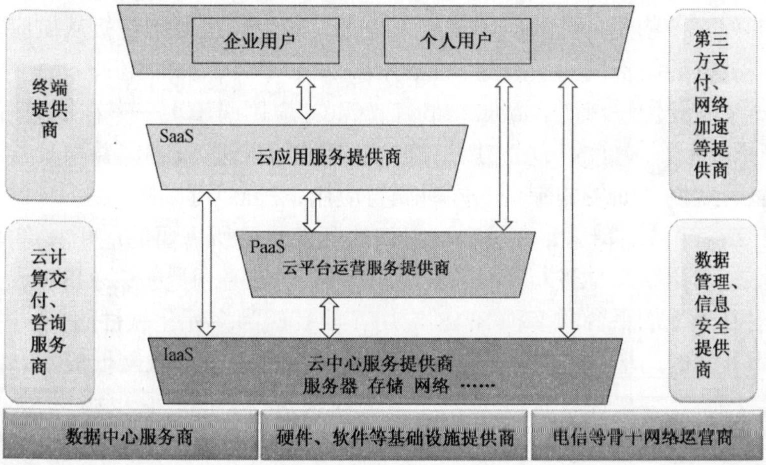

图26.1　云计算生态系统

1．SaaS

软件即服务。云计算面向最终用户提供各种软件应用层面的服务，对于最终用户来说，是云所提供的一种应用服务。在服务形式上，是云端通过浏览器把程序传给成千上万的用户。这种云服务主要以 SaaS 为代表。

SaaS 分为工具型和管理型两大类，其中工具型 SaaS 应用在中国已经发展多年，具备较好的市场基础，发展阶段相对成熟。工具型 SaaS 应用比较普遍，主要包括搜索引擎、网络游戏、即时通信、在线杀毒、在线翻译、在线会议和网络邮箱等应用类型。

管理型 SaaS 应用经过几年的市场培育，取得了较快的增长，但市场整体还处于初级阶段。目前 CRM、在线 OA、进销存、ERP 等 SaaS 应用是管理型 SaaS 市场的主要应用。其中一些简单实用的基础管理软件和行业应用软件有着较大的应用，如解决企业沟通需求的在线会议、视频、传真等应用。此外，外贸企业作为 SaaS 用户的一大群体，针对与外贸企业用户开发的外贸管理软件也取得了一定的市场。该应用使得企业用户省去在服务器和软件授权上的开支；供应商也可减少成本，只需要维护一个程序。

2. PaaS

平台即服务。这种云服务是连接上层服务和下层基础的关键应用，为最终用户和云服务提供商之间的互动提供了一个平台。其平台包括运营和开发两种类型。

（1）运营平台

云计算的运营平台负责运营以及推广云服务。PaaS 的运营商在生态系统中的地位十分关键和特殊，具有运维和营销两方面的职责。一方面，他们为独立软件提供商的软件提供运营平台，运行并将其转化为服务提供给最终用户；另一方面，他们面对最终用户推广营销平台上的云服务。一个好的品牌对于服务平台运营商至关重要，因为口碑上佳的品牌意味着优质的商誉，可以吸引到更多的用户，同时有资格去要求独立软件提供商们提供优质的软件服务。如为中国企业客户所熟悉的中国移动的 ADC 业务平台和中国电信的商务领航业务，担负的就是运营平台的角色。

（2）开发平台

这种形式的云计算将开发环境作为服务来提供。也就是说，用户可以在供应商的基础架构上开发自己的程序，创建自己的应用软件来运行，然后通过网络直接从供应商的服务器上传递给其他用户。典型的实例如微软的 Windows Azure 平台，Salesforce.com 的 Force.com 开发平台，facebook 的开发平台， Google App Engine（应用引擎）——在线应用平台等。

PaaS 自身不仅拥有很好的市场应用前景，而且能够推进 SaaS，并与其共同发展。PaaS 能够提供企业进行定制化研发的平台，同时涵盖应用，PaaS 可以提高在 Web 平台上利用的资源数量。用户或者厂商基于 PaaS 平台可以快速开发自己所需要的应用和产品。PaaS 对于 SaaS 运营商来说，可以帮助他进行产品多元化和产品定制化，让更多的 ISV 成为其平台的客户，从而开发出基于他们平台的多种 SaaS 应用，使其成为多元化软件服务供货商。PaaS 降低了 SaaS 应用开发的门槛，提高了开发的效率。充分体现了互联网低成本、高效率、规模化应用的特性，PaaS 作为一种云服务体现了巨大应用价值，同时它也将与 SaaS 模式形成很好的技术和商业合作模式，从而推动市场更快发展。

目前中国市场以 PaaS 模式运营的提供商包括奥林科技、阿里软件、电信运营商等，其中阿里软件已经宣布退出市场，电信运营商的运营模式更像 SaaS 超市，只有奥林科技和即将进入中国市场的微软 Windows Azure 相对更为典型。由于当前 PaaS 尚未形成规模市场，因此先就典型案例进行介绍。

典型厂商一：平台服务提供商——奥林科技

奥林科技 2002 年成立于美国硅谷。其市场定位于 SaaS 平台技术和解决方案服务提供商 PaaS（Platform as a Serviece）。目前，奥林科技的平台服务产品包括 Intelligent Business Operating System （iBOS），Advanced Application Development Platform （ADP）和 Integrated Service On Demand Platform （iSOP） 。iBOS 系统可以用可扩展标示语言的格式来定义商业应用的模型，ADP 根据 iBOS 系统定义的模型进行应用开发。2005 年年初奥林科技与浙江

网通等启动 SaaS 项目的合作，截止到目前已经有 10 000 多家试用用户，近 3000 家付费企业。2007 年，奥林科技成为 IBM、HP 等全球 SaaS 合作伙伴。SaaS 的发展离不开平台技术的支撑，先进的开发平台和运营平台能够大幅降低 SaaS 应用开发的门槛，同时为具备软件运营服务资质的企业提供运营技术的支撑，解决运营服务中存在的安全问题、应用集成问题等多种不足。而目前市场上的 SaaS 应用都以单点应用为主，相互之间不能很好地集成，无法进行数据交换。随着市场的进一步发展，运营平台的需求将逐渐凸显。

奥林科技作为平台服务厂商，是未来软件运营平台市场的强有力竞争者。其核心优势在于领先的技术，SaaS 的商业运营经验以及对各类软件运营服务产品与商业模式的深入了解。奥林科技是目前市场上少数能提供软件运营商三大平台，即运营支撑平台、应用运行平台以及开发平台的厂商。同时也是少数能够提供软件运营服务平台建设、运营、应用开发和商业模式等咨询服务的厂商。通过与浙江网通等电信运营商、电子商务和传统软件企业的合作，奥林科技创新性地提出“基础平台运营商+SaaS 平台提供商+SaaS 应用运营商，即 1+1+N”的合作模式。

典型厂商二：微软 Windows Azure

（1）平台战略

在云计算时代，有三个平台非常重要，即开发平台、部署平台和运营平台。Windows Azure Platform 是微软的云计算平台，如图 26.2 所示，其在微软的整体云计算解决方案中发挥关键作用。它既是运营平台，又是开发、部署平台；上面既可运行微软的自有应用，也可以开发部署用户或 ISV 的个性化服务；平台既可以作为 SaaS 等云服务的应用模式的基础，又可以与微软线下的系列软件产品相互整合和支撑。事实上，微软基于 Windows Azure Platform，在云计算服务和线下客户自有软件应用方面都拥有了更多样化的应用交付模式，更丰富的应用解决方案，更灵活的产品服务部署方式和商业运营模式。

图26.2　微软的公共云计算平台Windows Azure Platform

（2）Windows Azure Platform 解决方案

Windows Azure Platform 是一个运行在微软数据中心的云计算平台。它包括一个云计算操作系统和一个为开发者提供的服务集合。开发人员创建的应用既可以直接在该平台中运行，也可以使用该云计算平台提供的服务。相比较而言，Windows Azure platform 延续了微软传统软件平台的特点，能够为客户提供熟悉的开发体验，用户已有的许多应用程序都可以相对平滑地迁移到该平台上运行。另外 Windows Azure Platform 还可以按照云计算的方式按需扩展，在商业开发时可以节省开发部署的时间和费用。

Windows Azure platform 包括 Windows Azure，SQL Azure 和 Windows Azure platform AppFabric。Windows Azure 可看成一个云计算服务的操作系统；SQL Azure 是云中的数据库；AppFabric 是一个基于 Web 的开发服务，它可以把现有应用和服务与云平台的连接和互操作变得更为简单。AppFabric 让开发人员可以把精力放在他们的应用逻辑上而不是在部署和管理云服务的基础架构上。

Windows Azure 是一个云服务的操作系统，它提供了一个可扩展的开发环境、托管服务环境和服务管理环境，这其中包括提供基于虚拟机的计算服务和基于 Blobs，Tables，Queues，Drives 等的存储服务。Windows Azure 为开发者提供了托管的、可扩展的、按需应用的计算和存储资源，还为开发者提供了云平台管理和动态分配资源的控制手段。Windows Azure 是一个开放的平台，支持微软和非微软的语言和环境。开发人员在构建 Windows Azure 应用程序和服务时，不仅可以使用熟悉的 Microsoft Visual Studio，Eclipse 等开发工具，同时 Windows Azure 还支持各种流行的标准与协议，包括 SOAP，REST，XML 和 HTTPS 等。

Windows Azure 主要包括三个部分，一是运营应用的计算服务；二是数据存储服务；三是基于云平台进行管理和动态分配资源的控制器（Fabric Controller）。

（3）IaaS

基础架构即服务。企业或个人可以使用云技术来远程访问计算资源，这包括计算、存储以及相关的虚拟化和所提供的功能。这部分可看做是 IT 基础架构服务（IaaS）。无论是最终用户、SaaS 提供商还是 PaaS 提供商都可以从基础架构服务中获得应用所需的足够大的计算能力，而无需对支持这一计算能力的基础 IT 软硬件付出相应的原始投资成本，并在需要时像购买服务一样购买这种计算能力，按照资源使用量付费即可，而不用担心计算设备和资源的日常维护开销和闲置成本。

目前有微软、Amazon.com、Sun、IBM 和其他一些提供存储服务和虚拟服务器的公司可以提供这种基于硬件基础的 IaaS 服务，即这种云计算是为 IT 行业创造虚拟的数据中心使得其能够把内存、I/O 设备、存储和计算能力集中起来成为一个虚拟的资源池来为整个网络提供服务。

典型厂商：世纪互联——云计算基础设施服务提供商

互联网基础设施服务商“世纪互联”，2009 年正式发布了国内首个商用云计算服务平台——CloudEx。该平台包括四条完整的云计算产品线，包括面向中小企业互联网应用的云服务器、面向大中型互联网基础设施需求的弹性计算平台、面向大规模计算与新媒体应用的云存储服务以及供个人及企业进行互联网云端备份的数据保全云备份服务。

其中，平台旗下的核心产品之一——云服务器与美国亚马逊提供的 EC2 云计算服务相类似。均主要定位于中小企业与应用开发者市场，作为成熟产品，世纪互联提供了各种档次的云服务器配置，以适应各种不同级别用户的需求，并不断在全国各骨干机房部署节点以适应全国各区域客户的需求。2009 年，世纪互联的云计算服务全面落地，并已联手全国各大区域的合作伙伴，共同推进中国云计算产业的发展。

26.1.3　云计算市场发展趋势

1. 云计算发展生命周期

云计算的发展周期与其他新生事物一样，同样将经历市场引入阶段、成长阶段以及成熟阶段这三个阶段。自 2007 年云计算的概念开始引入到 2010 年这三年的时间里，云计算在国内处于技术发展和概念推广期，这个阶段的特点是云计算的概念不够明确，用户认知不高，技术特别是商务模式尚不成熟，重点厂商各自为政。目前这种市场引入阶段的特点仍将持续两年左右时间。

预计到 2011 年左右云计算市场将进入成长阶段，市场经过几年的发展，将于 2015 年左右进入成熟阶段，如图 26.3 所示。

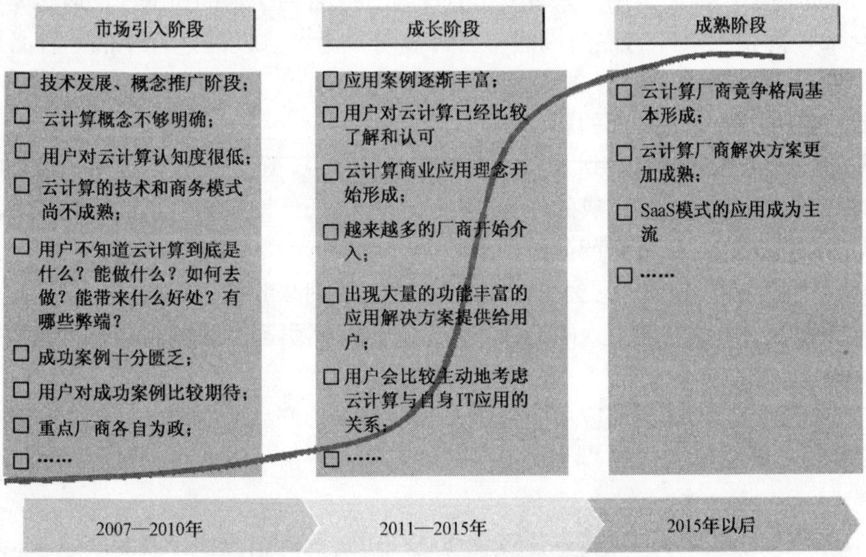

图26.3　云计算在中国市场的发展预期

2. 云计算目前存在的问题

云计算在带来巨大机遇的同时，在技术、市场、产业层面也面临诸多挑战。

（1）没有统一的定义和标准。尽管业界普遍认可云计算未来的发展趋势，但迄今还没有统一的定义，云计算的技术标准也还没有诞生。由于各家厂商各自为政，纷纷推出自己定义的云计算产品或解决方案，因此云计算的界限模糊，还没有形成一个公认的定义。

（2）数据安全、风险、隐私等敏感问题面临重重挑战。云计算仍处于初期阶段，在 SaaS 和统一通信发展的探索中所遇到问题和障碍，诸如宏观环境的诚信问题和数据安全问题，也是云计算的主要困扰之一。对于用户来说，把企业信息和客户信息等敏感的商业数据或者个人隐私信息存放到云计算服务提供商的手中，必然会考虑数据安全风险的代价。

（3）云计算的可靠性有待提高。要实现云计算，不仅需要远程使用应用业务，更关键的是：使用者能够及时、稳定、安全地使用。由于网络接入限制，很多人把云计算定义为未来的应用。在云计算模式下，所有的业务处理都将在服务器端完成，服务器一旦出现问题，就将导致所有用户的应用无法运行，数据无法访问。2008 年一系列影响较大的网络故障，更让人们对云计算的可靠性产生了实质性的担忧。作为一个新兴事物，云计算所涉及的技术成熟度也还有待提高。

（4）云计算的商业模式不成熟。云计算在中国的商业模式还很模糊，真正有实力的云计算解决方案集成商屈指可数，云计算运营商更是目前国内云计算产业链中最薄弱的一环。商业模式的完善在云计算的发展中是至关重要的一环，现在它还仅仅是个开始。

3．云计算的发展趋势

（1）云计算是大势所趋，但仍处于初级阶段

云计算仍处于初期阶段，诸如技术标准、数据安全、应用可靠性、用户的认知、商业模式的完善等等问题，仍在对它的发展产生困扰，云计算还需要不断完善。

尽管云计算仍存在这样那样的问题，有着诸多不足，但是这些都不足以否定云计算发展的未来。无论是对于厂商还是用户来说，云计算都意味着一个新的机遇，同时也是很大的挑战。随着与云计算相关条件的逐渐成熟，云计算将成为经济发展过程中的一种必然选择和趋势。

（2）云计算将产生三大方面的影响

云计算的影响将逐渐地渗透到人们的工作和生活之中。随着互联网连接速度的提高和互联网软件的改进，云计算能够完成的任务会越来越多。云计算作为一种应用模式，它的出现和应用范围的逐渐扩大，必将对产业链的上下游产生深远的影响。

首先，云计算将赋予互联网更大的内涵并改变互联网企业的运营模式。云计算作为一种应用的模式将成为更多企业和个人的选择。由此，也必然引起互联网企业在运营模式方面的相应改变。

其次，云计算将扩大软硬件应用的外延并改变软硬件产品的应用模式。对于用户来说，软硬件不必是部署在自己身边的，专属于自己的产品，而是可以变身为可利用的、虚拟的一种资源。

最后，IT 产品的开发方向也将发生变化以适应上述两种情况。一段时间以来，可以看到业界巨头们纷纷发布自己的云计算战略以配合这种发展趋势。

（3）云计算初期首先从市场的两端突破

云计算在初期的应用推广中有两个着力点，即市场的两端：高端企业级用户和消费级个人用户。目前，用户对数据安全的考虑而产生的信任问题几乎是云计算面临的最大问题。特别是对于企业来说，把企业的业务运行和关键数据资源放到云端，这会让人本能地对云计算数据处理中心的安全性能产生质疑。

但是对于高端企业级用户和消费端个人用户，对云计算的接受会更容易一些。高端企业级用户可以构建自己的云计算平台即内云，云计算是企业内部的 IT 基础设施的改善，关键业务与核心数据仍是运行在企业内部的计算平台上。因此对于这部分高端企业用户来说云计算基本上是一种解决下一代企业级数据中心管理问题的新解决方案。

另外，消费级个人用户也较易于接受云计算服务。当然，用户的数据安全和隐私保护问题对于个人用户并非不存在，但相对于企业核心业务数据来说，消费者的一些普通个人文档

和照片视频等非机密文件对该问题的敏感性要低很多。目前已有了大量的个人用户正在享用云存储服务。相对于对云计算服务商利润的贡献来说，个人用户目前对云计算服务的贡献更大的是有助于社会对云计算模式的接受。

（4）中小企业带给云计算巨大的发展潜力

云计算在中国市场有着巨大的发展潜力。云模式为企业提供了一种获得 IT 和使用 IT 的更经济的方法，尤其是在经济衰退的情况下。这对中小企业来说非常重要。中国拥有世界上数量最多的中小企业，这些企业正在高速发展，对于这些正处于成长期的中小企业而言，没有能力自己建立数据中心，但是业务的发展使得他们要选用低成本、高回报的业务模式，云计算模式恰好满足他们的需要。

众多的服务器、存储等硬件厂商以及平台软件商都在看好中国的中小企业市场，都希望把自己的产品通过云计算平台推广到发展中的中小企业中，同时，云计算运营商也将会在这次大潮中实现跨越式发展，比如正在全国各地兴建高性能计算中心、超级计算中心的政府部门及其下属的企事业单位有望成为面向公共计算领域的云计算运营主体，而众多的电信运营商、IDC 托管服务商和大型互联网公司等也具有成为云计算运营商的潜力。IT 供应商对于云计算市场，尤其是中国的云计算市场也表现得异常热心。

26.2　SaaS 发展情况

26.2.1　SaaS 市场分析

2009 年，随着电信运营商、传统管理软件厂商以及平台厂商的进一步发展，尤其在市场宣传和用户培育方面的深入，中国 SaaS 市场保持较好的增长势态并开始加速增长。根据统计研究，2009 年中国 SaaS 市场规模达到 251.9 亿元人民币，比 2008 年增长了 28.5%。具体情况如图 26.4 所示。

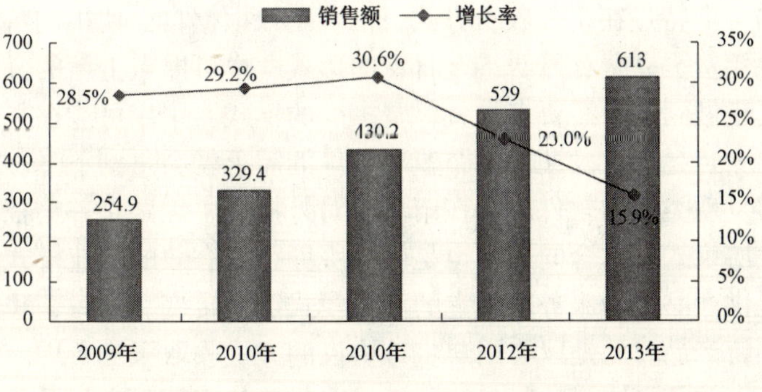

图26.4　2009—2013年SaaS市场规模状况

根据计世资讯的研究，2009 年中国 SaaS 试用用户规模达到 300 万，比 2008 年增长了 59.4%。其中，付费用户为 40 万，增长率为 42.9%。虽然用户规模目前相对较小，但用户的增长率显示出 SaaS 市场正在迅速发展。

从实际应用分析，网络游戏、搜索引擎和邮箱等工具型 SaaS 应用是工具型 SaaS 市场的主要应用。与企业直接相关的工具型 SaaS 应用主要体现在统一通信、网络视频会议、网络传真等 SaaS 应用，此外在线杀毒、在线办公等产品在 2009 年也取得了长足的发展。

OA、CRM、进销存和 ERP 等 SaaS 应用是管理型 SaaS 市场的主要应用。2009 年，CRM、进销存和 OA 等 SaaS 应用市场规模均突破 1 亿元人民币。其次，2008 年管理型 SaaS 应用产品越来越丰富，简单实用的基础管理软件和行业应用软件相继出现。例如解决企业沟通需求的在线会议、视频、传真等应用。此外，外贸企业作为 SaaS 用户的一大群体，针对与外贸企业用户开发的外贸管理软件也取得了一定的市场份额。

26.2.2 SaaS 商业模式

软件服务是今后软件业发展的一个重要方向。在商业模式上，它与生俱来地具有自己明显的特色，即采用按需付费，而不是许可证形式。以软件运营平台为中心，可将软件运营服务模式分为对用户的模式和对独立软件提供商的模式。它有以下几种路线可供选择。

1. 针对用户的商业模式

（1）按需付费式。按需付费主要适用于企业用户，是软件运营服务最常用的一种商业模式。在这种模式之前，企业需要购买软件的许可证来获得整套软件的使用权。这种模式的特点在于企业一次性全额投资购买软件，前期投入大、风险高、周期长，购得的软件很可能不适用于本企业，给企业带来巨大的浪费。在新的按需付费模式下，企业根据需要购买自己感兴趣的部分软件服务，与之前全额全套购买相比灵活很多。这种模式的特点在于前期投入非常小、即买即用，并且可试用一段时间，让用户获得体验后再做购买决定，其风险低，用户可以买到真正想要的，能够解决自己的问题的服务。

按需收费的特点之一在于企业可以根据需要购买软件的某一个或几个功能模块，也即定制服务。这种模式下，一套软件提供的服务可以灵活拆分，而不再以整体的形式捆绑销售。这对于某些用户企业来说是利好消息，可以选择软件最优秀的部分消费服务，而把其他的功能模块拒之门外；对于独立软件提供商来说这也是一种存良除莠的办法，独立软件提供商可以更专注自己核心的业务。

按需收费的另一个特点在于其收费方式灵活。用户根据自己使用的特点，可以按使用时间长短付费，即以年费、季费、月费甚至日费的形式；也可以点击量的大小付费，即按点击量的形式付费，真正做到用户需要多少就付费多少的模式。用户可能在某一段时期内迫切需要某一类软件，而一旦超出这段期限，企业对软件的需求就会急剧下降。对于这类企业的这种需要，如果能够发现类似的软件服务在市场上对外提供，无疑是一个福音。

（2）协议式。协议式也称合同式，也是软件服务行之有效的商业模式之一。当原来的独立软件提供商由提供产品转为服务时，它的商业模式随之转变。这时，独立软件提供商的赢利办法不再依靠销售产品，而是以与用户签订协议的方式收取服务费用。费用收取的额度由双方商业谈判决定，并签订协议执行。这种模式在目前的市场中实际并非主流，但可作为按需收费式的一个有利补充，以作按需收费模式之不时之需。

（3）免费式。免费模式主要适用于面向个人消费者的桌面工具类软件服务，软件服务运营商向消费者提供免费的在线服务。广告是互联网一直以来的赢利点之一，对于软件服务也是如此。在这种模式下，软件服务运营商在提供服务的过程中向消费者发布广告，通过向广告主收取广告费用而获得利润。这种模式的前提是软件服务运营必须有足够强大的品牌来吸引大量的用户，才能保障这种模式的顺利进行，目前市场上存在的像免费邮箱和在线办公等服务皆是采用的此模式。因此，当一个具有强大的品牌和大量的用户群体的软件服务运营商准备推出针对个人的软件服务时，可以考虑这种商业模式。

2．针对独立软件提供商的商业模式

（1）OEM式。OEM（Origin Entrusted Manufacture）式，俗称“帖牌”，指独立软件提供商生产出软件产品后，将其直接转给软件服务运营商；后者支付给前者一次性的版权费用，之后全面负责对外推广营销。这种模式目前还很少见，主要原因在于软件服务运营服务发展尚不成熟。研究预计，这将是软件服务成熟后出现的一种主流模式，在此模式下，独立软件提供商和软件服务运营商分工明确，运营服务平台也将充分引入竞争机制，优胜劣汰，为软件服务用户提供更为优质的服务。

（2）合作式。软件服务产业链中软件服务运营商和独立软件提供商之间最为常见的当属合作模式。用户最终享用的软件服务是由独立软件提供商提供的、运行在运营商的平台上的商业软件。换言之，独立软件提供商和软件服务运营商的通力合作造就了软件服务。合作过程中，二者各自有着明确的分工：独立软件提供商负责提供软件产品和升级维护，软件服务运营商负责运营和市场推广。因此，两种角色之间是一种共生的合作关系，二者之间的利润也是按照事先商定的某种比例来分成。这种模式简单易用，能够调动双方的积极性，共同把市场蛋糕做大；缺点是双方在行政上分属两家，容易扯皮而效率不高，对市场需求和变化的反应较慢。

（3）自主式。自主运营式指独立软件提供商自行运营软件服务。如前所述，目前的软件服务运营服务发展尚不成熟，软件服务生态圈中各角色还没有完全就位，尤其是软件服务运营商还未具雏形，独立软件提供商充当运营商的角色实际上是适应现状之举。图中独立软件提供商直接服务于软件服务用户指的就是这种模式。目前的软件服务市场中，相当一批厂商采用的是这种模式，如 Salesforce.com，XTools 等皆属于此类企业的代表。他们开发相应的软件，同时负责运营平台的管理，还要面向用户去做市场推广活动。在软件服务市场初期，他们肩负的职能较多，不过由于当前的软件种类并不丰富，对平台的要求还相对较低。随着软件服务市场的发展，分工会进一步细化，目前加在独立软件提供商肩上的职能会逐渐分离，形成更为成熟的软件服务产业链。

26.2.3　SaaS 发展趋势及特点

1. SaaS 发展阶段分析

按照生命周期理论，任何事物的发展都有其萌芽、生长、成熟、衰退和消亡阶段，SaaS 产业也不例外。我国的软件产业并不成熟，目前仍处于初级阶段。软件产业作为一个只有四十余年的发展历史的年轻产业，虽然其发展速度很快，但还没有达到成熟阶段。这点从目前软件产品的诸多特点可以得出。SaaS 的出现，将极大地推动软件业向前发展的步伐。自此以后，软件业由生产“产品”的“工业时代”转向以输出“信息”为主的“后工业”时代。就 SaaS 本身来说，它目前正处于婴儿期，生态系统角色缺失，基础设施不完善，市场竞争尚不激烈，产品功能尚且有限。此外，SaaS 种类不丰富，用户不多，市场不大，接受度不高等，都在表明 SaaS 还要有一段漫长的道路要走。

计世研究预测，2011—2015 年将是 SaaS 的黄金发展期。在此期间，一些目前阻碍发展的技术问题将得到解决，公众的认知度和接受度迅速增高，市场规模快速扩大，用户数量增多，此间的 SaaS 处于生长期。SaaS 在 2015 年前后基本成熟，进入市场的成熟期。在这个阶段，SaaS 将占据软件产业的市场份额逐渐升至 50%左右，产品种类丰富、功能齐全，生态系统各角色就位，竞争机制发挥效用，为 SaaS 市场带来稳定秩序，人们将 SaaS 看成软件业天然的一部分。这一阶段将维持相当长的时间。

2. 2009 年我国 SaaS 市场的发展环境分析

计世研究认为，2009 年我国 SaaS 市场发展的有利因素有以下几点：

（1）网络基础设施的进一步改善。2005 年，2006 年，2007 年上网计算机数、CN 域名数、网站数等都继续保持了超过 40%的年增长速度。2008 年，中国互联网出现了爆炸式的增长：截至 2009 年年底，中国网民数量超过 3 亿人；2008 年 6 月中国的域名总数为 1485 万个，年增长率为 61.8%，我国 CN 域名注册量也以 1218.8 万个超过德国.de 域名，成为全球第一大国家顶级域名。东北地区、中西部地区、西南地区的基础建设逐步完善。互联网使用率、网民的分布和层次都有了较大的改善和提高。

（2）众多厂商进入，营造良好发展氛围。以阿里软件为代表的众多厂商纷纷进入 SaaS 市场，加大市场投入积极探索 SaaS 商业模式，厂商在进行市场宣传同时非常注重用户体验，已经积累众多成功案例，同时用户对 SaaS 认知不断提高，越来越多用户接受 SaaS 模式。

（3）宏观大环境变化，迫使企业在降低成本、提高风险控制方面增加投入，如劳动力价格提升要求效率提升、人民币升值要求合理控制利润和成本的配比关系、信用风险提高需要利用第三方服务降低风险。传统软件在服务能力、价格方面都没有明显的应对能力，凸显 SaaS 的优势。电子商务概念的普及，奠定了商务互联网化的基础，解决了第一批企业的触网转换，有利于推动软件和服务的互联网化。SaaS 发展的政策环境良好，国家扶持 SaaS 产业的发展。

（4）政策环境的改善。工业和信息化部正联合有关部门在原 18 号、47 号文基础上研究新的软件产业发展政策，扶持 SaaS 产业发展。

同时，我国 SaaS 市场发展存在以下的阻碍因素：

（1）中国的诚信体系缺失等因素导致一些国际成功经验难以复制。除诚信问题外，国内在税务、法务监管有漏洞，导致一些企业不愿意将涉及到财务、法务等关键应用的数据托管到第三方。而 OA、工作流应用的行业化特征和个性化程度又较高，规模推广尚需要时间。

（2）中小企业对信息化以及 SaaS 认知度比较低，中小企业主的观念认为好的东西应该为自己拥有，对 SaaS 模式抵触，而对那些已有 IT 部门和 IT 应用的企业来说，面临内部阻力，实际 SaaS 相当于 IT 外包。

（3）SaaS 产业有待规范以解决中小企业担心数据安全问题，SaaS 平台运营商需要一定的要求和资质，如数据备份机制、数据安全体系、持续服务能力等。但国内尚无资质审核的标准和资质许可的机制，使得客户对 SaaS 在线使用缺乏安全和信任感。

3. 未来 5 年 SaaS 的市场发展趋势

SaaS 正在成为应用软件市场令人兴奋的发展趋势。在欧美等 IT 产业发达地区，用户已经开始对 SaaS 模式给予了高度的认同，并已经取得良好发展。在美国的各主要垂直行业和不同规模企业中，超过 78%的企业目前使用或考虑使用 SaaS，只有 18%的企业暂时没有使用 SaaS 的计划。SaaS 在国内也将会有很大的发展，国内各传统软件大厂商们纷纷对 SaaS 市场摩拳擦掌，跃跃欲试，以各种形式或投资兴厂或展开合作，充分表明了对 SaaS 产业的极大兴趣。另外，计世资讯的最新调查结果显示，有近四分之一的企业有打算要在未来五年内使用SaaS。市场的认可标志着SaaS已然成为软件产业的一个重要力量，只要SaaS的品质和可信度能继续得到认可和支持，它的魅力就不会削减。

未来五年中国SaaS市场的复合增长率为24.5%，其中管理型SaaS市场复合增长率将超过57.4%。到2013年，整个市场的规模将达到613亿元人民币。根据计世资讯的研究，2010年之后，中国SaaS市场将进入快速成长期。具体情况如图26.5所示。

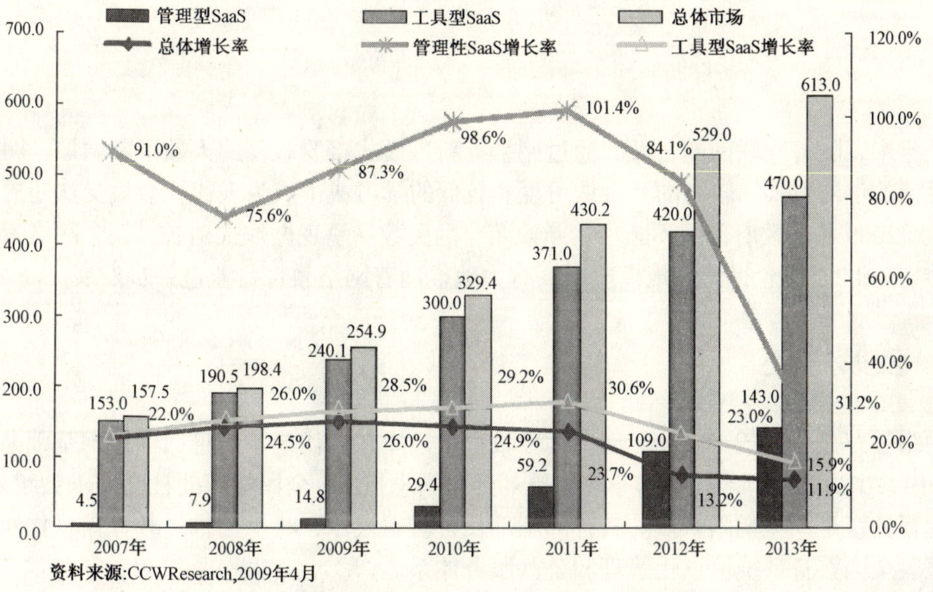

图26.5 中国软件运营服务（SaaS）市场预测（单位：亿元）

（计世资讯 曹宇杰）

第 27 章　2009 年中国网络教育服务发展情况

近年来，随着互联网的普及，通过网络等新兴模式接受教育的人数不断增加，网络教育以其灵活的学习方式、较高的社会认可度和较低的学习成本成为现代社会最受欢迎的教育方式之一。2009 年，政府部门不断出台新政策，网民数量呈现爆炸式增长，整个网络带宽在不断好转，Web2.0 概念得到大规模应用，有力地推动着网络教育行业进一步发展。

27.1　发展综述

网络教育是一项朝阳事业。现代远程教育是建立在现代电子信息通信技术基础上的网络教育。中共中央政治局委员、国务院委员刘延东同志指出，全民学习的社会需求会越来越大，现代远程教育是一项朝阳事业。教育部副部长鲁昕也表示，将全面推进教育信息化建设，建立和完善全国教育系统信息化管理和公共服务体系。

新政策大力推动网络教育的快速发展。2009 年，教育部继续实施建设“新世纪网络课程”、“国家精品课程”及“网络教育数字化学习资源中心”，推进优质资源的整合与共享。“网络教育国家精品课程”共评审出 149 门网络教育国家精品课程，分布在 43 所网院、中央电大及两所省级电大。多个省市、多个行业、中央各部委纷纷建立网上学习体系。福建、云南、深圳和成都等省市宣布建立网上学习体系，推进教育信息化，积极筹建“干部学习网”。西部地区利用远程教育服务农村。财政部等部委进一步完善网上学习系统，广泛开展远程培训和在线培训。中国国航、中国邮政、河南联通和中煤集团等企事业单位积极建设网上大学，打造在线培训平台，推进高素质员工队伍建设。2009 年，教育部对研究生报考资格进行全面调整，调整后的研究生招生范围进一步扩大，并首次明确自考生、网络教育学生的研究生考试报考资格。此次研究生政策的调整不仅明确了网络教育大学生报考研究生的资格，同时也为网络教育大学生继续深造提供了政策上的保障，为社会学员尤其是在职人士自我提高开辟了一条全新的途径。12 月，全国高校网络教育资源免费开放联盟成立，53 所试点高校网络教育学院积极参与资源免费开放计划，免费向社会大众开放高校网络教育资源。

网络教育继续受到投资机构关注。2009 年 12 月 27 日，中国第一支教育股权投资基金——汇鸥（重庆）教育股权基金在重庆建立。该基金的总体规模达 50 亿元人民币，首期规模 2 亿～5 亿元。基金募集后，通过规范的运营模式，专业的投资管理和科学的决策机制，有效控制风险，帮助备选企业在条件成熟的情况下在国内或海外上市。12 月 29 日，深圳达晨创业投资有限公司对北京华图教育集团投资 2 亿余元人民币，这是我国公职教育培训领域企业首次获得创业投资机构的投资，投资金额将主要投入分校网络的建设和培训学校硬件设施的改善，为考生提供更舒适的学习环境和更优质的咨询、培训服务。

教育信息化基础设施建设得到较快发展。2009 年，中国教育和科研计算机网（CERNET）连接全国两万多所高校，天地合一的现代远程教育网络建成，开通了我国第一个下一代互联网 CERNET2，并服务于一百多所高校。中国教育科研网格（CHINAGRID）取得重大进展，聚合计算能力和存储能力超过 16 万亿次和 180TB。52.7%的高等学校和 10%中职学校已经全部建成了校园网络，高校多媒体教室比例达到 43.65%，53%的课程采用多媒体教学，教育电子政务发展迅速，与信息技术相关的人才培养长足发展，标准建设与关键技术取得明显进展。

27.2　网络教育服务市场分析

2009 年中国网络教育市场总体规模继续增长。根据艾瑞咨询发布的《2008—2009 年中国网络教育行业发展报告》显示，2009 年中国网络教育市场规模同比增长 22.4%，达到 431 亿元人民币，如图 27.1 所示。艾瑞咨询分析认为，促使市场保持高速发展的主要动力来自于网络教育在高等学历教育市场的应用，由此带来的收入约占网络教育市场整体规模的 85%～90%。随着中国网络应用环境的完善，基于互联网的网络教育服务行业将空前繁荣。预计中国网络教育市场规模还将进一步发展，2010—2012 年，网络教育市场规模有望分别达到 518 亿元、615 亿元和 723 亿元，甚至超预期。

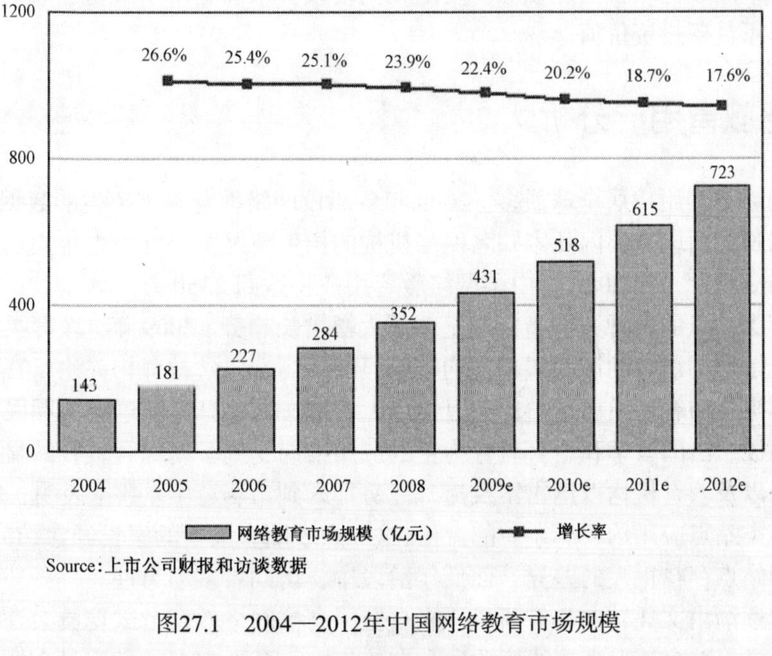

图27.1　2004—2012年中国网络教育市场规模

网络教育市场结构将在未来一段时间内维持现状。由于教育部规定全国 69 所试点高校可以开展网络高等学历教育，其招生工作只能在通过审批的校外学习中心（包括经批准的现代远程教育公共服务体系设立的校外学习中心）展开，整个行业准入门槛非常高，且相对封闭，竞争也较小。因此艾瑞咨询认为，在现有政策环境下，中国网络高等教育市场在未来很长一段时间内将维持现状，而网络教育领域的竞争也将主要集中在各垂直细分市场。总体来说，互联网在中国教育行业的应用还处于发展阶段，除高等学历教育和基础教育辅导以外，如何提高授课过程中的互动性和实践性将直接影响到网络教育在职业培训和语言培训中的应用。艾瑞咨询认为，通过设立线下的学习中心，实现线下线上相互结合的授课方式，将是未来网络教育发展的关键。

网络教育服务内容和质量将更为风险投资基金看重。咨询机构 ChinaVenture 的统计数据显示，高等网络教育的市场规模大，随着教学质量和社会对网络教育学历的认可程度的提高，未来还会出现具备较高投资价值的优秀企业。在网络教育各细分领域，中小学网络教育所获投资金额最高，其次为职业认证网络教育、网络教育营销、网络英语培训和网络高等教育。ChinaVenture 分析认为，未来网络教育中职业认证网络教育仍然存在投资机会，其他细分领域投资趋于饱和或者其业务模式对投资者吸引力不大，网络教育将更多地成为线下培训机构业务模式的补充形式。未来网络语言培训将是传统线下培训的有利补充，单一网络语言培训企业不再是投资热点。网络高等教育由于能够提供大学学历，受到市场热捧，占据最大的市场份额。但是发展之初，学校和运营单位追求短期经济利益，教学投入不足，教学质量不高，造成了市场回落。从长期来说，一旦解决了教学质量问题，网络高等教育仍将取得快速发展。企业 E-learning（企业网络培训）市场发展相当缓慢，市场份额还相对较小。因为企业培训市场需求很大，但企业用远程方式的比例较小，一些大型企业集团往往要求课件和平台公司为本集团定制开发培训课程，然后进行内部培训。企业 e-Learning 市场难以突破其规模化瓶颈，未来几年很难成为风投关注领域。婴幼儿网络教育市场也由于市场份额太小，商业模式不成熟，暂时不具备投资价值。

27.3 网络教育用户分析

中国的网络教育用户居全球最多。2009 年各高校网络教育春季招生的数据显示，部分高校招生人数增长了两成。国内几家知名网络机构的招生情况明显好于去年同期。创投研究机构 ChinaVenture 预计，到 2010 年中国网络教育用户将达到 2350 万人。

网络教育类站点的各种关键指标均呈现了大幅增长趋势。2009 年，教育类网站无论是直接访客规模还是单一访客的访问兴趣，均有明显的提高，包含教育相关论坛在内，教育类站点一日之内的整体访客规模已达 3200 万位以上，这一数字已经超过中国网民总数的十分之一。以在线网校、出国留学和语言教育为主的应用格局受到了新综合教育的显著冲击，大批新的教育应用以及教育机构以迅雷不及掩耳之势加入到市场竞争。数据表明，12～30 岁的访客占据了教育类站点应用约 85%左右的流量，这一点表明有大量的家长经常访问教育类站点，这与其他类别站点存在很大的差异，而低年龄段中，访问者多为男性。

求学动机逐渐由文凭转向学有所成。来自全国高校网络教育考试委员会办公室的统计数据显示，网络高等教育试点高校的毕业生和在校生中，至少 70%的学生是在职人员，有的学校这一数字甚至达到 90%以上。获得大学文凭不再是网络教育大学生的主要目的，学有所获成为其网络求学的主要动因。据弘成教育集团的网络调查，以拿文凭为主要目的的网络教育大学生比例，由 2001 年的 86.84%下降到现在的 64.64%，而以自觉补充知识为目的的学生比例，由 2001 年 50.75%上升到了 66.85%，以提高业务知识为目标的学生比例，则由 2001 年的 16.1%上升到了 50.83%。由此可见，文凭虽然仍然是网络教育大学生求学的目的，但重要性却在逐渐下降，追求学有所获逐渐成为网络教育大学生求学的主要动机。

网络教育使用率仍与较发达国家存在差距。据 APIRA 的统计数据，韩国有超过一半的网民使用网络教育，占网民总数的 54.1%；而中国网民网络教育使用率仅为 16.5%。韩国的网络教育不仅整体使用率较高，在低龄群体中的应用也更加普及。中国和韩国之间在教育体制上有很大的相似之处，但网络教育发展迥异。究其原因，一方面，韩国的网络接入条件更优，低龄群体网络普及率较高，而国内网络教育使用的基础条件比较落后。另一方面，韩国网络教育体系国际领先，网络教育产业化发展较完善，从少儿教育到 MBA 培训，都配备了在线教育的课程，认证体系完备。而国内对于网络教育的认证相对滞后，网络教育与传统学历教育对接还有待完善。

27.4　网络教育投资分析

2009 年教育投资规模大幅下降。受金融危机影响，投资机构投资风格较为保守。教育行业由于其财务风险低和现金流稳定的特点，在 2008 年受到各类投资机构的青睐，这在一定程度上透支了 2009 年的投资规模，导致 2009 年教育投资规模大幅下降。ChinaVenture 的统计数据显示，2009 年，国内教育行业共发生投资案例 9 起，投资金额为 6.44 亿美元，规模明显缩小。而 2008 年教育行业共披露了 33 起投资案例，涉及金额达 42.29 亿美元。2009 年，中国教育行业创投市场涉及金额比 2008 年减少了约 85%。另据专业创投研究机构 EZcapital 数据显示，2009 年，教育行业投资案例的数量及金额首次同比由正转负，创下了四年来新低。全年投资总额下降一半。

网络教育行业仍具备投资价值。2009 年，英语培训机构灵格风和凯恩英语接二连三发生倒闭事件，业内人士普遍认为，导致这些英语培训机构关门的原因，一方面是由于经营不善导致的资金链断裂，但更深层次的原因，还在于外语培训市场存在着比较严重的泡沫。从经营模式来看，一些培训机构选择了能够快速发展的连锁加盟，但是由于人才储备不足，遴选、监控不利，在师资和服务等方面难以满足消费者的需求。而一旦这种需求得不到满足，很容易产生学员危机、媒体危机，以至形成培训机构自身的生存危机。

尽管中国教育行业创投及私募股权投资出现下降势头，但网络教育行业仍处于快速成长期，仍具投资价值。仅以上市公司新东方和正保远程教育为例。国内教育培训行业龙头企业新东方公布的 2010 财年一季度财报显示，其旗下负责网络教育业务的全资子公司新东方在线的营业收入同比增长 50%,其中考研等主要产品收入增长 100%以上。根据新东方截至 2009 年 11 月 30 日的 2010 财年第二财季财报，新东方第二财季净营收为 6120 万美元，同比增长 23.8%。2009 年 1 月 15 日，《福布斯》发布“2009 最具潜力中小企业 200 强排行榜”，正保远程教育（CDEL）以其近年来的高速发展赢得了国内外投资者的关注与认可，荣登“2009 中国潜力企业榜”，名列第 48 位，成为远程教育上榜企业的代表。截至 2009 年 9 月 30 日，正保远程教育第四财季缴费学员人数同比增长 30.8%，达到 37.3 万；收入同比增长 31.4%，达到 1020 万美元。整个 2009 财年缴费学员人数增长了 52.5%，达到 113.4 万；收入增长了 71.4%，达到 3010 万美元。

教育行业有望迎来新一轮 IPO 潮。据 EZCapital 预测，2010 年，教育行业投资将在 2009

年的基础上触底反弹，并且势头强劲。随着融资环境改善，教育行业将迎来新一轮 IPO 潮。预计，职业培训企业环球教育将在 2010 年登录资本市场。此外，从事在线培训的东奥时代正在积极筹划在国内创业板上市。东奥时代的核心业务东奥会计在线在会计远程培训领域 2009 年估计取得 300%以上净利润增长率，预计 2008—2010 年该板块净利润将累积近 3000 万元。随着上市企业扩张策略的形成，教育行业将出现整合，并购案例将保持相对活跃的态势。

27.5 各类网络教育服务发展情况

2009 年，网络教育各细分市场继续蓬勃发展，总体格局保持稳定。高等学历教育市场依然占据市场的主要份额，基础网络教育市场有望成为未来竞争重点，企业 e-Lerning 和职业认证发展处于快速发展期，对外汉语网络教育获得多方关注。

27.5.1 基础网络教育服务发展状况

基础网络教育现状不尽如人意。目前，我国的中小学网络教育大多数只是传统课堂教育在远程教育的简单延伸，在网上的教学内容是教师在课堂上的讲义，授课的形式由在同一教室的教师讲，学生听变成在不同地方教师讲，学生听或是教师准备讲义，学生阅读。其次，绝大多数网络学校都是为应付考试服务的，同步教育式的网校，都是针对中考和高考进行辅导的，主要就是做题和看题。中国中小学的应试教育，学生使用网络教育以提高考试成绩为目的，对于老师授课过程中的互动要求低；考试的教材大同小异，易于进行标准化产品设计与教学；教育资源分布的不合理性等特点是基础网络教育蓬勃发展的动力。

基础网络教育有望成为未来竞争的重点。艾瑞咨询认为，网络教育在高等学历教育市场的应用，由此带来的收入约占网络教育市场整体规模的 85%～90%。但在现有政策环境下，中国网络高等教育市场在未来很长一段时间内将维持现状。而中国教育体系的特性决定了在各细分领域中，基础网络教育将是未来竞争的重点，基础网络教育业也将成为中国未来投资的“洼地”，基础教育将迎来网络化新的行业变革。

新变化将带来行业新变革。网络教育机构目前已不再只是单纯地提供面授班的课堂录像，网络课程的制作技术有了长足的进步，已开始致力于为用户提供个性化、互动化、智能化的在线学习体验。此外，由于网络教育可以将有限的资源无限放大，聚集最为优质的师资和教学内容，并把这些优质资源集中呈现给学生，诸多因素使家长和学生更青睐于选择网络补习，加剧了网络补习市场飙红。此外，2009 年，中国最大的基础教育教材的专业出版社人民教育出版社联手创而新（中国）公司推出了全国首部立体化、智能化、网络化的《英语（新目标）》网络教材——“英语互动 Q 学堂”，这是我国首家专业教育教材出版社涉足基础网络教育领域。预计约占市场份额 50%～60%的人教社进军中国基础网络教育将使得网络教育市场竞争更加白热化。

27.5.2 网络高等教育服务发展状况

高等教育服务市场快速发展。根据教育部公布的 2008—2009 学年度可开展网络高等学历教育招生的试点高校名单，北京大学、清华大学和北京师范大学等 68 所高校榜上有名。

1999 年 3 月，网络高等教育试点正式启动，清华大学、北京邮电大学、浙江大学和湖南大学 4 所高校参加了首批试点。到 2009 年，网络高等教育机构已由最初的 4 所发展到包括中央广播电视大学在内的 69 所，全国几乎所有重点高校都建立了网络教育学院，显示出蓬勃的生命力。统计数据显示，10 年间，全国网络高等学历教育已有 700 余万注册学生。

一些问题亟待解决。在培养层次上，网络高等教育涵盖普通专科、专科起点本科和研究生课程、第二学位、非学历培训等各个层次。在培养专业上，目前已达到一百多个专业，但从各网络学院对专业的设置类型来看，主要集中在社会所需的热门专业和强势专业上；在学制方面，教育部规定，网络教育学院应实行学分制，但也有个别网络学院实行的是学年制；在招生与录取方面，采取“宽进严出”的原则，教育部在网络教育学院的招生及入学考试形式上，赋予试点院校很大的自主权，规定各试点院校既可以通过国家统一考试来录取学生，也可以自行组织考试录取学生，其入学标准完全由试点学校自行规定；在收费方面，教育部规定，网络学院不得以营利为目的，对网络教育学院的学生，可按教育成本收费，其收费标准和办法由学校按国家有关规定报学校所在地收费管理部门批准后执行。但目前并非所有的网络高校都是严格按照教育部的规定执行，而是采取“双向”收费和“弹性”收费等形式，各专业和各地区的收费标准也有偏差。在生源情况上，生源主要集中在东部地区，东西部发展呈不均衡状态。

27.5.3　e-Learning 以及职业认证发展状况

3G 技术的发展和网络学习时代的来临为中国 e-Learning 行业带来了全新的发展机遇和挑战。随着大量资本涌入，e-Learning 行业正日益受到风险投资家的青睐。面对数亿用户群的巨大教育市场，诸如正保、弘成和 ATA 等少数 e-Learning 行业杰出企业力求突破和创新，清晰定位和切分行业价值链，成功融资并上市，为业内其他培训机构起到了巨大的影响和示范作用。

中国企业 e-Learning 市场正在加速启动之中。2009 年年底，致力于推广新式学习技术的在线教育资讯针对国内近五十家应用 e-Learning 的企业开展了一次基本应用情况的调查。调查结果显示：部分企业应用满意度较高，但大部分企业没有达到预期目标，与往年相比，最大的变化是 e-Learning 应用效果好的企业数量明显增加。e-Learning 应用最大的困惑是缺乏长远的规划和有效的推广方法。多数企业增加了 2009 年 e-Learning 项目资金投入。调查显示，与前一年相比，有 44%的企业增加了 e-Learning 项目资金投入，有 36%的企业资金投入基本持平，有 12%的企业减少了 e-Learning 项目资金投入。企业 e-Learning 项目的费用支出主要应用于课程开发与平台升级。总体看来，中国企业 e-Learning 的应用效果正趋向好转。在大型国有企业领域中，很多应用较早的企业，如：中国银行、中国电信和首钢集团等已经通过多年的努力，使得 e-Learning 在国有企业人才培养上发挥了重要的作用。中国联通、中国石化、中国人寿和建设银行等最后一波尚未实施 e-Learning 的企业，在 2009 年也加快了实施步伐，预计在未来 1 年内全面实施 e-Learning；在迈向国际化的民营企业中，e-Learning 的推动力度最大，如腾讯软件、海辉软件、华为集团等企业，将 e-Learning 战略与企业战略目标紧密结合，项目推动备受高层的重视，也取得了不凡的应用效果。

职业认证网络教育目前处于发展早期，未来仍有较高成长空间。职业资格证书制度的实施是提高劳动者素质的有效途径，是人力资源开发的重要手段。目前，我国劳动者的素质偏低，受过专业培训的高素质技能人才缺乏，职业资格证书制度的建设与实施是一项十分紧迫的任务。职业认证培训网络教育为需要职业培训的人员提供财经、司法、英语、IT 等方面的教学服务，进入该市场的企业正逐渐增多，未来可能逐渐成为投资热点。在该市场，IT 培训类以北大青鸟、思达网校为主，会计类培训市场以正保远程教育（原中华会计网）较为有名，考研辅导市场中水木清华考研远程辅导网有一定影响力，自考取证则以华夏大地教育网等机构为主，另外，职业教育市场则当推环球网校。

职业认证市场混乱，急需加强治理。据《2007—2008 年中国培训市场分析及投资咨询报告》统计，中国每年有将近 1 亿人参加各式各样的培训，其中近 80%的人参加的仍是工作技能等方面的中、低层次培训。每年有将近 1000 万人参加会计、烹调、美容美发等方面的培训，有将近 500 万人参加英语培训。而各种假证带给学子的损失更是无法用金钱来衡量。面对巨大的市场潜力和丰厚的利润回报，各种培训公司如雨后春笋般涌出，各种认证证书更是五花八门，其中，外语、电脑、管理营销居多。“证出多门”是造成目前国内认证市场混乱的主要原因。同一个职业，各个部门、各种协会、学会、基金会等颁布的各类认证，最多的可能达十几种，标准各不相同，收费也有高有低，甚至有的机构到中国香港注册个空壳公司后就开始颁发所谓国际证书。统计数据表明，全国各类职业技能资格证书超过 1000 多种。对此，国务院发布的清理通知指出，对重复交叉设置的职业资格，逐步进行归并。

27.5.4 对外汉语网络教育发展情况

以孔子学院为代表的对外汉语网络教育事业蓬勃发展。随着中国综合国力和国际地位的提高，国外学习汉语的需求急剧增长。自 2002 年中国开始在海外设立语言推广机构（该机构后来定名为孔子学院）以来，截至 2009 年 11 月，全球已建立 282 所孔子学院和 272 个孔子课堂，共计 554 所，分布在 88 个国家（地区）。预计到 2010 年，海外汉语学习者将达到 1 亿人。

政府为主，高校与企业为辅，对外汉语网络教育日益扩大。推广对外汉语教学的渠道已不再单纯依靠政府和学校，而是充分发挥市场的力量，整合社会各界的资源。汉语的传播媒介已由传统的纸质学习、面授为主发展到多媒体、互联网、广播电视等手段的综合运用。2006 年 5 月，美国密歇根州立大学孔子学院由密歇根州立大学和中国中央广播电视大学合作创建，这是全球第一家专门从事网络汉语教学的孔子学院，也是全球第一家开设网络高中汉语课程的机构。网上孔子学院利用先进信息技术，通过网络进行汉语教学解决了目前阻碍对外汉语教学师资短缺、教材匮乏、学员分散的三大瓶颈问题，让许多有意但无条件开设汉语课程的学校能够向学生提供优质的汉语教学，让每个想学习汉语，了解中国文化的美国人都可以方便轻松地进行学习，这一创举开创了对外汉语教学的新局面。除了中国国家汉语国际推广领导小组办公室的汉语推广举措，北京语言大学、北京大学、中央广播电视大学等国内高校纷纷成立网络学院，开展远程对外汉语教学。此外，一些私营企业也投身到对外汉语教学之中。号称全球最大的网上对外汉语教学机构 eChineseLearning 为遍布全球 40 多个国家和地区的中文学习者提供汉语学习课程。该网站还与新浪网（全球网站）合作建立了“学中文频道”，为中文学习者提供汉语学习服务。不过，师资匮乏，教材不配套，教学手段陈旧等依然是汉语在全球升温后所必须面对和解决的问题。

27.6　网络教育的发展趋势

随着互联网技术的发展和成熟，网络教育已经成为终生学习的必备工具。作为多专业、多方向、没有围墙的学院，网络教育越来越多的成为满足渴望继续深造的人们最好的学习平台。网络教育的前景非常广阔。现在，已经有一百多个国家开展了网络教育。几乎所有发达国家和发展中国家的政府都制定了相应政策，使网络教育手段在小学、中学乃至大学中得以利用。在一些企业里还出现了虚拟大学。尤其在发展中国家，发展网络教育是各国迅速普及高等教育，借此满足国家发展需要的高效途径。

网络教育的发展已经成为全球性的大趋势。我国也制定了未来 50 年网络教育发展的总体目标，即建成总量充足、配置均衡、能力优先、管理现代的网络教育体系，建设全民终生学习的学习型社会，使我国十几亿人力资源得到全面开发与提升，实现从网络教育大国到网络教育强国，从人力资源大国到人力资源强国的战略转变。展望未来，我国的网络教育将呈现以下趋势：

趋势一　社会化开放趋势。与传统的学校教育相比，网络教育是一种开放式的学校教育模式，这种模式加快了高等教育的大众化。虽然我国网络教育目前还处于起步阶段，开放程度还有一定的限制，但其终究会最大限度地将整个社会变成自己的课堂。

趋势二　办学与服务从高等学历教育向构建终身学习体系转化。发展网络教育的目的是为构建终身教育体系服务，而网络教育的可持续发展也依赖于终身教育体系。终身学习成了社会对人们的一种要求，成了整个社会发展的趋势，而网络教育在很多方面满足了终身学习的条件，提供了终身教育的学习平台。

趋势三　技术规范化、实用化、智能化。网络教育的发展与信息技术的发展息息相关。每一次信息技术的重大突破都有力地推动远程教育更上一个新的台阶。一方面，远程教育技术必须持续跟踪信息技术发展的前沿，特别是信息技术基础技术和平台技术的发展。另一方面，网络教育的需求反过来成为技术发展的驱动力。

趋势四　教育模式的个性化与协作式学习。由于用户的分布和个体之间的差异，学习模式呈现多样化和多元化的特点。网络教育既要为学习者提供个别化学习的空间又要创设协作化学习的环境。立足于学的行为，网络教育的发展方向应该是个别化学习与协作化学习的协调发展。

发展网络教育，是一项具有战略性全局性意义的举措，其成败直接关系到国家的兴衰，因而决不可等闲视之。在网络教育方面，西方发达国家无疑已走在了世界前列，他们积累的大量成熟经验以及在这一领域发展的新趋势和相应的新问题值得我们重视。现实要求我们必须在借鉴西方发达国家网络教育经验的基础上，结合我们的实际，走出一条适合我国国情网络教育之路。

（中国互联网协会　刘长安）

第 28 章　2009 年中国网络招聘发展情况

网络招聘是指通过互联网进行的招聘行为，网络招聘的参与者包括招聘企业、招聘网站和求职者。网络招聘在我国已经有超过十年的运用和发展，由于具有信息量大、便捷、成本低等优势，拥有一批忠实的用户，占据了招聘行业的重要一席。相对于现场招聘会的耗时耗力，通过招聘网站求职不受空间时间的限制，受到越来越多求职者的青睐。

28.1　网络招聘市场分析

在 2008 年全球经济危机的影响下，我国经济也受到了较严重的冲击。2009 年全球经济衰退放缓，但仍未摆脱长时间经济危机带来的影响。不过全球经济正在复苏之中，众多专家和机构预测 2010 年全球经济将快速回暖，国内经济也将回到较快发展轨迹之上。企业恢复发展计划，效益回升将让裁员现象得到显著缓解。相应随之而来的是传统行业重新开始大量招聘人才。中国网络招聘市场也受到经济形势好转的积极影响，从而出现增长。2009 年中国网络招聘市场规模超过 12 亿元人民币，比 2008 年的 11 亿元人民币增加约 9%。

28.1.1　市场规模

中国拥有巨大数量的求职队伍和招聘单位，对求职、招聘服务的市场需求极大。受中国宏观经济回暖的带动，2009 年中国网络招聘市场先于欧美市场回温。据艾瑞咨询估计，2009 年中国网络招聘市场规模超过 12 亿元人民币，2010 年将逼近 15 亿元人民币，如图 28.1 所示。

我国的劳动力市场正在不断开放，劳资双方的方式正在发生变化。求职者搜寻工作的渠道与几年前有了明显的变化，其中利用网络进行工作搜寻获得职位信息的比重上升，传统的企业招工和毕业分配等方式所占比重下降。2008 年中国网络招聘市场规模占整个招聘市场规模的比重达到 11.5%，2009 年这一比重继续增大到 11.9%。此外，中国网络招聘市场规模增速快于中国招聘市场整体增速，如 2008—2009 年招聘市场规模增长约 5.41%，而网络招聘规模增长了 9.09%，如图 28.2 所示。

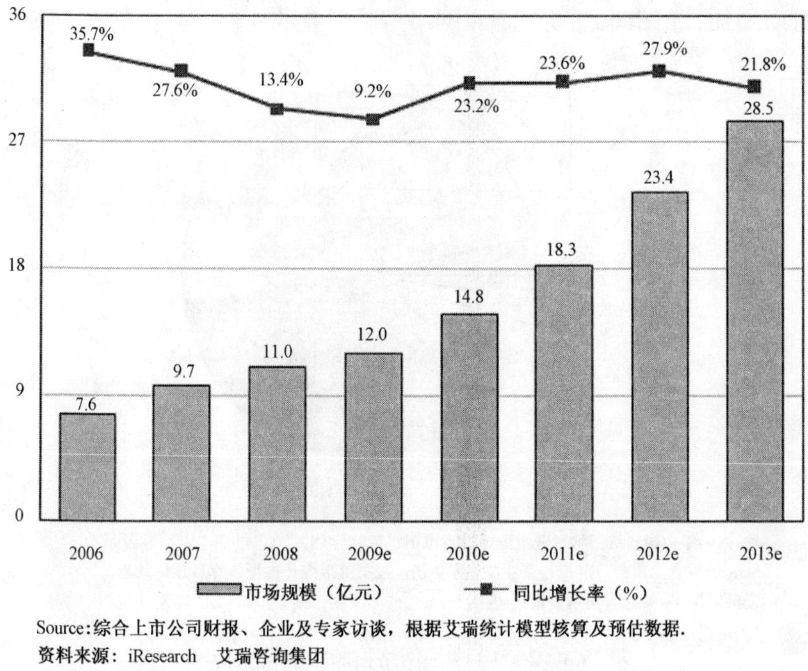

图28.1　2006—2013年中国网络招聘市场营收规模

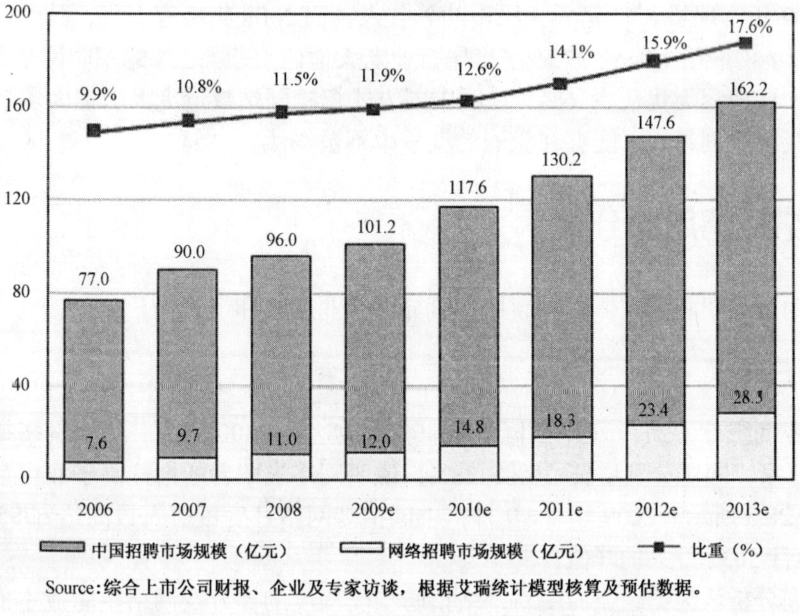

图28.2　2006—2013年中国网络招聘市场营收规模

28.1.2　市场竞争

2009 年，中国招聘网站依然保持着稳定的三寡头格局，前程无忧、中华英才和智联招聘共占据 61.6%的市场营收份额。虽然行业型、地方型、搜索型、社交型、细分型网站数量及营收规模均有所增加，但很难撼动三强在网络招聘行业的地位，具体份额如图 28.3 所示。

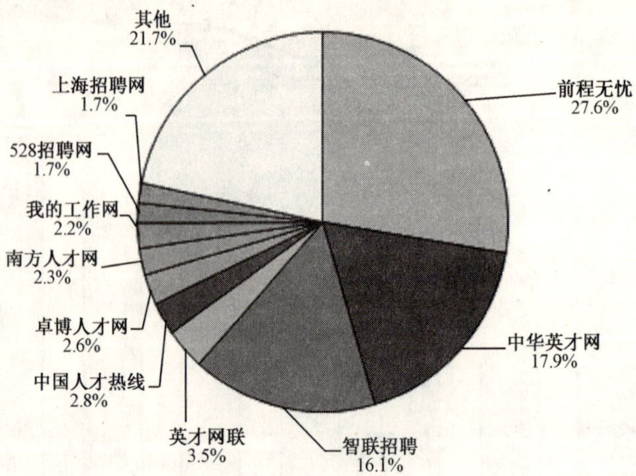

注：2009年中国网络招聘行业市场规模为12.01亿元（预估）。
Source：综合上市公司财报、企业及专家访谈，根据艾瑞统计模型核算及预估数据。
资料来源：iResearch 艾瑞咨询集团

图28.3　2009年中国网络招聘市场营收份额

智联招聘 2009 年下半年的营业收入是 1.79 亿元人民币，尚不及前程无忧的一半。国内第二大在线招聘网站中华英才网也仍陷入亏损中。前程无忧是行业中唯一一家连续保持赢利的企业。2009 年实现了 8.17 亿元人民币的总收入，比 2008 年略有下降，其中四成为在线招聘业务，其市场份额已上升到 27.6%，稳居行业老大地位。三强之外的招聘网站共占据 21.7% 的市场份额，比前程无忧还少 6%，说明中国人才招聘网站数量庞大，但大多规模都很小，需要进行升级或者创新，才能够在激烈的竞争中不被淘汰。

28.2　网络招聘用户分析

按照使用网络招聘的主体不同，用户可分为企业用户和个人用户。

28.2.1　用户规模

据艾瑞咨询统计，2009 年中国网络求职者人数达到 6500 万人，使用网络招聘的雇主数量约为 77 万家，同比分别增长 30%，28%，说明网络求职者的增速高于雇主数的增速，如图 28.4 和图 28.5 所示。2009 年 1～9 月，中国招聘网站月度覆盖人数高达 6795 万人，远高于 2008 年单月 5032 万人的峰值。

艾瑞咨询分析认为，企业雇主对网络招聘接受程度的提升及网络招聘成本低的特点，促使更多雇主认可网络招聘形式；与此同时，雇主数量的增加，网络招聘信息的增多，使得网络求职者数量也稳步增长。此外，2009 年甲流病情的蔓延，也使得很多雇主和求职者转向互联网进行招聘求职。

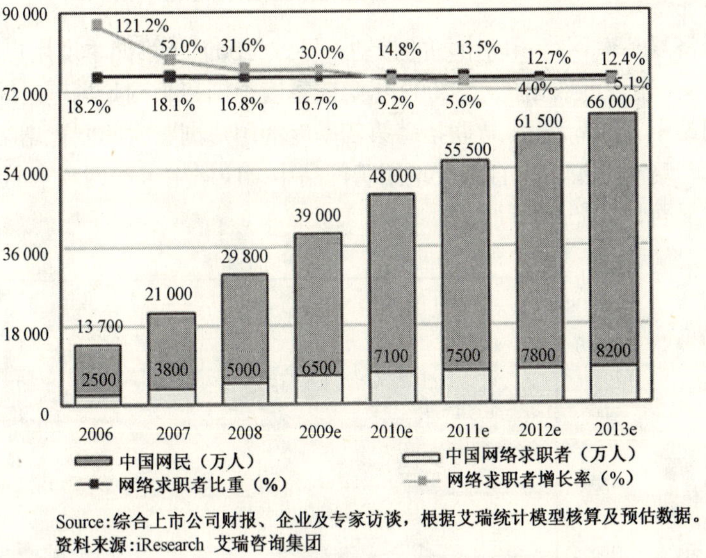

图28.4　2006—2013年中国网络求职者数量变化

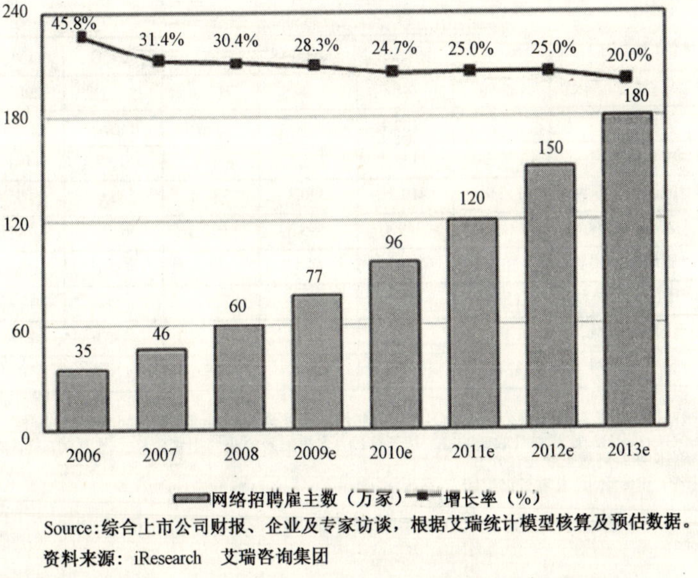

图28.5　2006—2013年中国网络招聘雇主数量变化

28.2.2　用户特征

网络招聘行业的三巨头前程无忧、智联招聘和中华英才网的用户群整体较为相似，但仍具有各自的特色。网络招聘用户主要集中于 19～30 岁，分析用户的年龄及职业差异发现，中华英才网在学生用户群中占有优势，而前程无忧用户年龄相对较高，在销售人员和专业人士中普及率较高。分析用户的地区分布差异发现，北京用户倾向于使用智联招聘和中华英才网；上海、广东等南方用户则更倾向于使用前程无忧；智联招聘用户中四川用户的比例略高于其他两家。

中国宏观经济复苏对网络招聘市场的带动，导致 2009 年第四季度用户对招聘网站浏览时间的大幅增长。艾瑞咨询数据显示，2009 年第四季度中国招聘网站浏览时间同比增长 46%。三大综合招聘网站中，前程无忧、智联招聘第四季度的用户浏览时间同比增幅均在 40%以上，中华英才网同比却略有下滑。垂直细分型招聘网站中，应届生求职网和求职指南网的用户浏览时间增长较为显著，如图 28.6 所示。

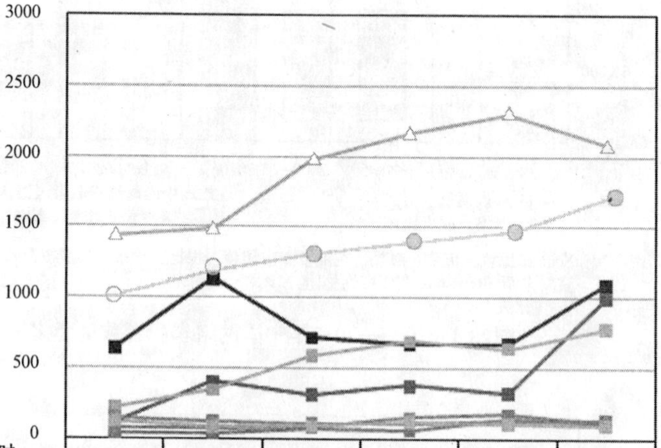

单位：万小时	08Q3	08Q4	09Q1	09Q2	09Q3	09Q4
51JOb前程无忧	1439.6	1484.8	1984.9	2173.0	2302.8	2081.4
智联招聘	1015.9	1187.9	1308.2	1396.9	1467.1	1710.0
中华英才网	637.2	1138.4	720.7	676.2	672.7	1101.4
应届生求职网	112.9	410.7	320.8	381.8	332.0	1005.4
求职指南网	221.9	349.4	599.5	699.3	649.7	789.8
智通人才招聘网	50.3	48.0	89.2	73.9	155.6	146.9
中国人才热线	153.7	133.2	120.6	124.8	145.8	129.0
上海兼职网	78.1	76.3	87.5	155.2	183.9	109.4
南方人才网	124.0	89.0	96.4	129.6	114.2	104.9

注：1.网站按09Q4数据降序排列；2. 09Q4中国招聘网站季度浏览时间同比增长46.0%。
Source：iUserTracker. 家庭办公版2009. 12，基于对20万名家庭及办公（不含公共上网地点）样本网络行为的长期监测数据获得。
资料来源：iResearch 艾瑞咨询集团

图28.6 2008—2009年中国招聘网站季度浏览时间走势

28.3 网络招聘商业模式

随着竞争的加剧，网络招聘行业不断细分，新的商业模式不断出现。综合门户类招聘网站是目前最为主流的招聘网站商业模式，以前程无忧、中华英才网和智联招聘三家网站为代表，与此同时，各类地方性招聘网站和专业技能招聘网站也在蓬勃发展，如搜索类招聘模式、SNS 类（社会网络型）招聘模式和行业类招聘模式等。

向用人单位收费是招聘网站的主要营收来源，线上收费包括雇主在网站投放招聘广告的费用和使用人才简历库的收费，线下收入来源包括传统出版物的广告、猎头和中介服务和企业人事外包服务等。部分网站还开展了向求职者收费的部分项目，提供增值服务。中国招聘网站的分类见表 28.1。

表 28.1　中国招聘网站的分类

类　别	特　点	商业模式	典型企业
搜索类	依托于搜索引擎的求职招聘系统，通过一站式来搜索企业个人求职信息。与传统的搜索引擎相比，求职搜索结果更为精确	网络广告 竞价排名	搜职网 深度搜索 职友集 淘职网
行业类	每一个行业是一个细分市场，通过将主流的网络招聘的商业模式应用在行业中，整合业内资源，提供更加具有针对性和专业化的服务	网络广告 招聘会 猎头服务	数字英才网 博思人才网 塑料制造人才网 华人螺丝网
SNS 类	通过社交类网站建立的人脉关系，朋友推荐方式获取工作信息	网络广告 高级会员 线下活动	天际网 联络家 XING
地方性	专注于地方的招聘市场，主要提供本省或本市的招聘服务，市场竞争力较低	网络广告 人才市场 报纸招聘	上海招聘网、思博招聘网、我的工作网、易才网、天府人才网
综合类	服务范围广、服务类型齐全、用户基础庞大、成立时间早、资金丰厚，市场竞争力强	猎头服务 网络广告 培训服务 报纸服务 校园招聘服务	中华英才网 前程无忧 智联招聘 中国人才热线

©2008.1 iResearch lnc.　　www. Iresearch.com.cn

（1）综合类招聘网站

以前程无忧、中华英才、智联招聘为代表。其特点在于：网上职位信息最为集中，涉及行业广，职位多，职位信息分布的地域也比较广，通常可以查询到全国各主要城市的招聘职位信息。知名企业的招聘信息尤其集中。

这些网站对求职者来讲的确是一大优质资源平台，但对招聘者来讲不见得是最佳的选择。从现实情况看，此类专业招聘网站都是以企业为中心的运营思路，由此衍生的服务理念自然以企业为主。企业作为买家，是网站的主要利润来源，目前招聘类网站的收费模式主要是购买时间段，企业花几百元钱，购买一周或者一月的使用权限。由于缴费的限制，很多中小企业在投入招聘成本时就会有权衡考量，这在一定程度上限制了职位资源的提供力度。

（2）综合性门户网站中的招聘频道

新浪、网易、搜狐都开通了招聘频道。门户网站用户数量众多，吸引企业在其上面发布职位，这在一定程度上为求职者提供了一个良好的求职环境。门户网站的招聘频道纷纷与专业类招聘网站进行合作，中华英才网与智联招聘分别是新浪、搜狐两大门户网站招聘频道的合作，双方实现了资源互补。

（3）政府招聘网站

如中国人才网、中国国家人才网（人事部全国人才流动中心的服务站点）和中国卫生人才网。其依托政府部门的资源优势，为招聘求职双方提供公益性服务。这些政府类招聘网站不光提供网上求职、免费招聘和网络招聘会等业务，也集中发布权威的全国人才市场行情信息、人事人才政策法规，开辟有为应届毕业生求职服务的专栏，还定期举办应届毕业生就业服务周和网络招聘会等。

（4）搜索类招聘模式

随着用户对搜索引擎的使用程度越来越高，搜索类招聘网站以此为契机，借用网络搜索的便捷性，提高用户求职效率。典型的应用是搜索到各人才网站发布的招聘职位。此类网站以职友集、搜职网和淘职网等为代表。

2009 年，搜索类招聘网站流量和营收的增长较为迅速，原因是网络求职者的求职需求和策略的变化。求职者在就业危机中更注重求职信息的深度挖掘，精准性需求提高。以 2009 年 2 月为例，搜索类招聘网站月度覆盖人数增长迅速。在排名前十的招聘网站中，搜索类招聘网站职友集月度覆盖人数环比增长 115.3%，搜职网增长 165.2%，而招聘网站整体增长 52.7%，三大招聘网站增长率平均为 69.6%。

（5）行业类招聘网站

与综合门户类招聘网站相对应，行业类招聘网站从行业角度对网络招聘市场进行细分。由于行业类招聘网站上企业种类相对集中，方便求职者选择，节约了求职者的时间，且经营理念上突出迎合企业对专业人才的需求，发展较为迅速。

（6）SNS 类招聘模式

SNS 全称 Social Networking Services，即社会性网络服务，专指旨在帮助人们建立社会性网络的互联网应用服务。SNS 招聘模式主要是基于商务圈推荐的招聘服务，发挥了社交网络的优势，通过朋友推荐方式，大大增加求职者的诚信度。SNS 招聘的优势是通过关联人、关联事来展现和验证应聘者的经历、才智和性格秉性，从而使得企业 HR 们更有效率地筛选目标应聘者。同时它还能通过推送的方式，把招聘信息和应聘者自动匹配，解决了企业 HR 与应聘者之间单向沟通以及效率不足的弊端，为供求双方深度交流架起多维度通道。SNS 招聘模式避免了传统招聘网站的众多不足点，具有求职成功率高，求职风险低，可以降低求职成本等优势。

（7）地方性招聘模式

地方性招聘网站在当地成立时间早、运营时间长，积累了大量的用户，并且有大量本地区人才资料储备。有资料显示，商都人才网、天津易才网、国际人才网、天府人才网和广西人才网五个网站页面浏览量相加已超越智联招聘。

28.4　2009 年网络招聘发展特点

金融危机对网络招聘来说既是危机也是契机，更是一个优胜劣汰的过程，网络招聘模式正从同质化向多元化发展。2009 年中国网络招聘企业整体营销费用下降，产品价格趋稳，运营重心向产品服务改善转移。招聘网站的同质性引起了网站管理层的注意，2009 年，招聘网站纷纷推出个人增值产品，改善求职者服务，企业之间的竞争向产品差异化方向发展。此外，2009 年，SNS 类、行业类和搜索类等细分招聘网站取得部分融资，也纷纷力拓网络招聘市场。

28.4.1　网站纷纷推出增值产品

目前国内招聘网站对个人求职者的服务内容较为相似，求职者主要通过注册简历、查询职位、投递简历等传统方式进行求职。2009 年，三大巨头纷纷推出个人增值产品，改善求职者服务。求职者增值服务的推出，显示了招聘网站改善求职者体验，推动市场差异化、多元化的努力。

2009 年 8 月，智联招聘推出个人端“增值服务”频道，增加了向个人求职者收费的技能突出显示小图标，通过在求职者简历上加注特殊标记，可以让简历显得更加醒目。之后新增手机职位订阅、求职助理、求职讲座的增值服务；开设了行业频道，集中行业优秀企业，让求职者更快速有效地找寻合适的职位。智联招聘还于 2009 年推出了一款仅为 99 元的包月职位招聘产品，开始放低姿态面向中小企业市场。

前程无忧 2009 年初开始将业务侧重点向网络招聘转移，线下出版物业务处于维持状态。前程无忧开始改善个人端服务体验，简化注册页面，推出一页式填写简历及粘贴简历功能。此外还推出了求职小工具“谁查看了我的简历”和“简历加亮”，使求职者能够看到哪些企业看过简历，增加简历曝光率。

中华英才网被 Monster 收购后，利用 Monster 的技术优势，2009 年第二季度进行了针对个人服务的新产品推广。2009 年 6 月，中华英才网正式推出“中文附件简历助手”，将求职者上传的附件简历自动填写成英才网格式的简历。通过这一技术，用户不必受建立模板的限制，80%以上的模板信息都将被准确识别，然后只需细微调整即可。初步估算，将为一般用户节省填写简历的时间超过 30 分钟。之前中华英才网升级职位搜索和职位推荐功能，优化用户体验。

除此之外，行业人才招聘网站 Job36 推出针对特定行业的“人才推荐”服务，利用广泛的 HR 人脉优势和精准的招聘信息，直接向企业推荐求职者简历，以帮助求职者成功就业。该服务更加充分地对行业企业和人才资源进行深度挖掘，能提供更契合所属行业就业市场的服务，因此可以更加贴近用户。

28.4.2　境外资本纷纷进入招聘行业

2009 年，资本继续看好中国网络招聘市场，境外资本加快了进入我国招聘行业。2009 年 4 月，日本 Recruit 以约 11 亿美元向前程无忧股东收购 15%的股份，并获得在未来三年内再收购 25%股份的权利。目前世界绝大部分有实力的招聘网站均已进入中国市场：日本第二大招聘网站 Enjapan 和中国最大的分行业的招聘网站英才网联（800hr.com）达成合作协议；爱尔兰最大的招聘网站 Keyland 连续收购北京和上海两家中国地方性招聘网站。

凯业必达在上海成立合资公司。2009 年 3 月，中国民营企业上海万胜科技实业有限公司与北美领先的在线招聘网站运营商——凯业必达有限责任公司合资建立凯业必达（上海）网络信息有限公司，主营网络招聘业务。该公司为中国首家中外合资网络招聘企业。（2）2009 年 3 月，中国商务 SNS 天际网宣布与欧洲职业 SNS 网站 Viadeo 正式合并。（3）搜索类网站职酷网获国际猎头公司海德思哲投资。职酷网是以职位搜索引擎为核心产品的网络招聘服务网站。除了境外资本投资外，2009 年 11 月，创办于 2002 年的 Job36.com 获得深圳创新投、深港产学研、东方富海和达晨等境内多家知名风投机构的联合注资。

外资进入招聘行业，使得一些中小招聘网站不得不为其生存担忧。除了几大网络招聘公司，目前中国的网络招聘以中小型规模为主，数量达到了几千家，同质化严重，随着竞争加剧，优胜劣汰不可避免。同时，竞争也导致了价格降低和目前的低利润。有业内人士称，如果没有竞争，目前网络招聘服务的价格至少要增长一倍。据了解，目前企业在国内招聘网站公布一条职位信息仅需 3 美元，而同样的信息刊登在 Monster 等国外同类网站上则需要花费 200 美元左右，两者相差数十倍。专家认为，目前三大门户招聘网站依靠资本优势基本都走上了规模化的道路，对于数量众多的中小招聘网站来说，差异化将是其唯一的生存机会，中国招聘网站的分类见表 28.2。

表 28.2 中国招聘网站的分类

融资方/收购方	招 聘 网 站	融资/并购情况	运营决策方
前程无忧	纳斯达克上市		中方
Monster（美）	中华英才网	全资收购	美方委派
Seek&麦格理（澳）	智联招聘	收购 70%股权	中方
尚龙集团 Saongroup（爱尔兰）	上海招聘网（沪） 我的工作网（京） 易才网（津） 国际人才网（穗） 天府人才网（川）	全资收购	尚龙中国
Enjapan（日）	英才网联	合作投资	中方
KEY 集团（英）	People258 人才网	战略投资	中方
JobsBD（港）	中国人才热线	战略投资	中方
才库集团（港）	精英招聘	投资发展	才库集团
104 人力银行（台）	104 人力银行	投资发展	104 人力银行
天德创投（浙）	职友集 百才招聘网	风险投资	中方

Source: chinaventure, 09.3

不过，迄今为止，外资在中国网络招聘市场表现并不如意。中华英才网在被 monster 收购后，在营收、流量方面与前程无忧的差距进一步拉大，发展势头远不如后进者智联招聘。除经济危机外，中华英才网还经历了管理层轮换、收购期动荡和裁员风波，在管理层变更后，网站仅依据 Monster.com 进行一定程度的改版，其余无太大举动。爱尔兰尚龙集团在收购了五家招聘网站后，一直缺乏具有说服力的成绩。日本的 Enjapan 与英才网联的合作投资涉及一千万美元，目前来看，这次合作毫无效果，已经悄然终止。中国香港才库集团曾出资 1500 万元建立精英招聘，并与网易合作开拓网络招聘业务，但不到一年半的时间，才库集团停止了精英招聘网在内地的报纸招聘业务，仅保留部分网络招聘业务。中国台湾 104 人力银行进入后也不了了之。艾瑞咨询 iUserTracker 数据显示，104 人力银行网站月度覆盖人数从 2007 年 10 月的 140 万人，下滑到 2008 年 12 月的 4 万人。

外资在网络招聘市场出师不利的原因主要是对中国市场了解不够，跨国沟通和决策不畅导致市场反应滞后。外国产业资本缺乏对中国用户的深度了解，只会按照国外的赢利模式来开发产品和服务并进行相应的推广，而这种简单的模仿并不符合中国用户的需求和口味，以至于达不到应有的效果。

28.4.3　网络招聘服务日益细化

随着中国互联网的普及和企业对网络招聘接受程度的提高，网络招聘服务日益细化。一方面围绕特定行业、特定区域的招聘服务网站不断增多；另一方面针对特定职位的招聘服务网站开始细化。

2009 年，行业类、搜索类等细分招聘网站取得部分融资，以 job36 行业招聘、南方人才为首的细分招聘网站在所属行业和区域内积累了专业的招聘经验，同时也在细分用户群中树立了口碑。此类招聘网站最大的卖点是专业的服务，因而更注重花费精力去把握用户的需求。很多求职者找工作时希望得到更多有针对性的招聘信息；企业也希望能结合自己行业特点选择合适的招聘渠道，这就使专业化程度更高的行业招聘网站成为很多 HR 招聘渠道的新选择。

细分行业招聘网站能体现出精准优势。以 Job36 的汽车行业招聘来说，分为汽车生产、汽车销售、汽车维修、汽车用品/配件等分支，在该网站的汽车生产职位分支中，共搜索到 5377 条招聘信息，招聘职位列表精确到汽车设计工程师、车身/造型设计、底盘设计、汽车总装工程师等；汽车销售职位分支中共有 3889 条招聘信息，并细分到销售经理、保险理赔、投诉/回访专员等，用户可以很直观地找到适合自己的职位。而在前程无忧上搜索汽车相关的职位，共 4220 条，并且是汽车行业所有招聘职位的总数，没有对生产、销售、维修等职位进行区分。

2009 年 2 月，网盛生意宝对外宣布推出新型行业人才招聘平台——“中国行业招聘网”（job.toocle.com），定位于打造“中国制造人才招聘与求职服务中心”。2009 年，分类信息网站 58 同城在原有的招聘频道之外，新设招工频道，集中发布保安、司机、技工等专业技能职位求职信息。为了给中低端人群提供更好的服务，网站扩大了职位信息覆盖范围，更符合中低端人群的需求。

28.4.4　新服务模式出现

国内许多招聘网站都开始尝试采取新的服务模式，免费模式、SNS 模式、微博和视频招聘等形式逐渐出现，各具特色。百才网（baicai.com）在 2008 年提出打造全国首家终身免费的招聘网站，拥有 45 万在线职位数，跃升进入全国招聘类 10 强网站。2009 年 8 月才宣布上线的我行网则希望通过将 SNS 网站模式移植到网络招聘行业以取得一席之地。

此外，国内社区网站也开始进军网络招聘。社区网站人人网推出招聘平台 alpha 内测版，意欲开发以在校学生为主的网络招聘市场。人人网用户登录网站时，即可在左侧导航栏看到“招聘”栏目。社交网站涉足招聘行业，并非从人人网开始，天极网和若邻网也曾推出类似业务。猫扑网推出的创业项目大街网则定位为求职招聘为主题的大学生社区网站。

MSN、QQ、Skype、飞信等即时通信平台，如今也成为网络招聘人才的帮手。无论是获得企业的人才需求，还是与目标对象交流，这些网络即时通信工具是最好的平台。不少公司的 HR 部门也利用这些工具，建立起内部的人才库。在签名档上公布招聘信息成为一些 HR 的日常习惯。对于小规模的招聘来说，通过网络即时通信工具进行招聘，能够从专业圈入手，目标相对较为集中，效果也比较好。目前，有不少传统招聘网站看准了即时通信工具平台快速、高效的特点，开展全面的业务合作。

除此之外，行业博客和微博近来在招聘领域尤其活跃。行业博客由于关注博客的人群集中在具体行业，因此 HR 能够以最低的成本招纳到中高端的跳槽者；而微博兼有博客和即时通信工具两种特点，因此成为发布招聘信息和顺利跳槽的中转站。2009 年 6 月，大街网强力推出第一届实习生大赛活动，推出组队应聘的模式。这种模式把招聘和人际关系网络有效结合，正在成为今后企业校园招聘的一种全新形式。

（中国互联网协会　姚正凡）

第 29 章　2009 年中国网络出版发展情况

据中国互联网络信息中心（CNNIC）数据显示，2009 年年底我国网民规模已达 3.84 亿，宽带网民规模达到 3.46 亿，互联网和宽带的普及率都得到了进一步提升。随着 3G 的应用，手机上网用户在 2009 年也取得了飞速发展，手机网民规模已达 2.33 亿人，占整体网民的 60.8%。如此庞大的互联网基础资源为我国网络出版产业的快速发展提供了充足的动力。在国家政策的引导和相关出版单位和企业的积极参与下，我国网络出版产业在 2009 年取得了令人瞩目的成绩。

29.1　政策积极引导，推进产业快速发展

2009 年，我国网络出版产业无论是在国家政策层面还是在企业战略层面都受到了极大的关注，政府管理部门、相关出版单位和企业都积极参与进来，制定了发展规划，加大了投入力度，从而在根本上推动了我国网络出版产业的健康、持续和快速发展。

从国家政策层面来看，政府部门是推动我国网络出版产业发展的主导力量。随着《国民经济和社会发展“十一五”规划纲要》、《国家“十一五”时期文化发展规划纲要》和《文化产业振兴规划》等纲要文件的陆续出台，发展网络出版产业已经成为提升国家文化建设水平，加速出版传媒产业发展的重要战略。

从政府管理层面来看，新闻出版总署作为国家新闻出版行业的政府主管部门，始终坚持管理与发展并行的原则，积极引导网络出版产业走向繁荣。2009 年新闻出版总署参与了《手机媒体出版服务管理办法》和《游戏出版物审批管理细则》等的制定工作，大力推动实施“国家数字复合出版工程”、“国家知识资源数据库出版工程”、“中华字库工程”、“数字版权保护技术研发工程”、“中国民族网络游戏出版工程”、“中国绿色网络游戏出版工程”和“中国民族原创网络游戏海外推广计划”等重点工程。在建设国家级数字出版基地工作中，上海市张江国家数字出版基地自 2008 年 7 月成立以来，不断推动产业集聚，拓展产业空间，加强平台服务，营造专业特色，在推进我国数字出版产业发展，提高区域经济发展质量，促进经济结构转型上凸显成效；2009 年，基地总产值已达 90 亿元人民币，累计入驻企业达二百余家，覆盖了网络游戏、网络文学、网络动漫、网络图书、网络教育、网络视频和数字印刷等领域，初步形成产业集聚效应。

从出版单位层面来看，各大型出版传媒企业都非常重视发展网络出版业务，在人员、资金和机构方面都给予了相应的保障，并有针对性地制定了中长期发展规划。作为网络出版产

业链条不可或缺的组成部分，包括技术服务公司、通信企业、动漫和游戏企业、各专业门户网站等在内的广泛力量也积极参与其中，成为我国网络出版产业快速发展非常重要的助推力。经过多年的摸索，一批网络出版单位和企业结合自身优势，找到了适合自身发展的定位和模式，起到很好的产业带头模范作用。

29.2 我国网络出版产业发展的基本概况

2009 年，包括网络学术文献、网络游戏、网络杂志、网络图书、网络报纸、网络文学和手机出版等在内的网络出版形态表现十分突出，引起了社会的广泛关注，产生了巨大的经济效益。

29.2.1 网络学术文献出版

经过 10 多年的发展，我国网络学术文献出版在内容集成规模、技术水平、产品标准化、服务规范化、内容增值利用和资源共享范围等方面已处于国际领先地位，社会效益得到不断提升，网络出版正成为我国大多数学术文献期刊的主要传播和应用方式。我国约有 95%的已出版期刊都通过各种途径实现了数字化网络出版，其中学术文献期刊的网络出版约占 45%的比例，100%的本科院校和 80%的地市级以上科研机构也都采用了学术文献期刊的网络数据库产品。

据初步统计，2009 年互联网上学术文献期刊的总访问量（检索、浏览、下载）达 100 亿多次，市场销售收入已超过 4 亿元人民币。同方知网、万方数据和维普资讯依然是我国网络学术文献出版领域比较有影响的企业，其中同方知网《中国学术期刊网络出版总库》的总访问量数倍于国内外其他学术期刊数据库，基本涵盖了国内 75%的高职院校和 95%以上中职学校的市场。

29.2.2 网络游戏出版

2009 年，我国网络游戏出版产业在金融危机的背景下，以“逆势增长”的整体表现展示了旺盛的活力和生命力，日益成为新闻出版产业新的增长点，在保增长、扩内需、调结构中发挥了重要作用，取得了令世人瞩目的成绩。主要表现在以下几个方面：

一是产业规模继续保持增长态势。2009 年我国网络游戏的市场实际销售收入为 256.2 亿元人民币，比 2008 年增长 39.4%，带动相关产业产值近 555 亿元人民币。预计未来五年内，我国网络游戏市场实际销售收入将达 508 亿元人民币，并将持续引领我国互联网出版产业的发展。

二是原创民族网络游戏发挥主导作用。2009 年我国自主研发的民族网络游戏市场实际销售收入为 165.25 亿元人民币，比 2008 年增长 50.1%，占我国网络游戏市场实际销售收入的 64.5%，民族网络游戏原创力量在市场中持续发挥主导作用。

三是国产网络游戏加快“走出去”步伐。2009 年我国网络游戏出版物成功进入海外市场的数量不断扩大，资本不断扩容，影响力不断提高，并呈现从产品输出到服务输出转变的态势。2009 年共有 29 家中国网络游戏企业自主研发的 64 款网络游戏进入海外市场，实现销售收入达 1.09 亿美元，比 2008 年增长了 53.9%。

29.2.3 网络杂志出版

网络杂志出版依然是我国继网络学术文献出版、网络游戏出版之后网络出版产业的第三大热点，其在 2009 年的市场表现依然突出。2009 年中国网络杂志的用户数已接近 8000 万，约占网民总数的 21%，市场销售收入也达 13 亿元人民币。据统计，市场上的月发行量在 200 万以上的网络杂志平台主要有 ZCOM、Magbox、Xplus 和 VIKA 等，《男人志 Wo》、《PC 个人电脑》和《POCOZINE》等专业类网络杂志每期的发行量也都在 100 万份以上。

广告收入依然是网络杂志的主要赢利点，尤其是部分名人创办的网络杂志，在经历了初期磨合后也开始取得赢利，如徐静蕾的《开啦》广告收入已超 2000 万，杨澜的《澜 LAN》一页 FLASH 广告收费标准为 15～20 万元，陈鲁豫的《豫约》也依靠广告开始赢利。随着用户需求的不断提升，以及商业运营模式和传播渠道的日渐成熟，网络杂志正迎来一个全新的、广阔的市场前景。

29.2.4 网络图书（电子书）出版

据统计，全国 579 家出版社中已有 530 家开展了网络图书（电子书）出版业务，超过了 91%的比例。 2009 年，全国出版的网络图书约有 10 万种，累计总量超过了 60 万种，依然保持着单一语言全世界最多的电子书库的记录。2009 年我国网络图书（电子书）出版产业的市场规模已达 4 亿元人民币，同比增长 33%。预计 2010 年我国网络图书出版产业的规模将有望超过 5 亿元人民币。

目前，国内出版社主要是通过与技术服务公司进行技术合作开展网络图书（电子书）的出版业务。国内从事网络图书（电子书）运营的公司主要是北大方正（方正阿帕比）、中文在线、超星公司和书生公司等。其中，北大方正现已通过技术帮助全国 500 多家出版社出版和 300 多家报社实现了数字出版，出版的网络图书（电子书）已达到 60 万种，通过数字出版发行平台向全球超过 4500 家的图书馆、中小学、教育城域网、企事业单位提供数字书报刊服务。

在网络图书（电子书）移动阅读领域，北大方正（方正飞阅）、中国移动、汉王科技等都通过技术的创新，终端设备的投入以及内容的运营在这一领域取得了很快的进展。这在某种程度上有力推动了中国网络图书（电子书）出版产业在 B2C 领域的发展。此外，以盛大文学和番薯网等为代表的网络图书（电子书）原创出版网站较之以往取得了令人瞩目的成绩，让人相信原创网络出版已经成为网络出版的主流，形成了新的不同于传统出版的商业模式。北大方正的番薯网经过一年的发展，注册用户达 500 万，日均独立访问 IP 超过 20 万，已成为全世界最全的中文电子书阅读平台。

29.2.5 网络报纸出版

随着互联网应用的普及，人们的读报习惯正在从纸质报纸向网上阅读转移。为了应对这一趋势，越来越多的传统报社都启动了网络报纸出版业务。据调查，国内已有超过 70%以上的传统报纸在互联网上进行了发布，且这一趋势仍在不断增长。另据统计，全国现有 37 家报业集团、300 多家报社的 726 份报纸采用了数字报技术出版发行网络报纸。预计 5 年后，全国 90%以上的报社都将推出网络报纸。

目前，网络报纸的赢利模式主要是广告增值和阅读收费两种形式。2009 年我国网络报纸出版的市场销售收入约为 15 亿元人民币。国内的《温州日报》、《重庆日报》、《健康报》、《中国交通报》等地方和行业专业类报纸，均已经开展了收费发行服务，其中《温州日报》网络报纸的海外发行量已达 1 万份，并实现了超过 100 万元的销售收入。

29.2.6 网络文学出版

我国网络文学出版产业正在不断向规范化、规模化发展。2009 年，我国网络文学出版产业的市场规模超过了 40 亿元人民币。据调查结果显示，2009 年网络文学的用户规模已达到 1.62 亿人，使用率占上网用户的 42.3%，网络文学已成为继网络音乐、视频、游戏之后的第四大网络娱乐类应用方式。其中，约有 43.10%的用户年龄在 21～25 岁之间，44.50%的用户学历为本科，75%的用户来自一二线城市，年轻、高学历和城市化已成为我国网络文学用户最显著的特征。

作为网络文学的领军企业，盛大文学在 2009 年实施了战略布局，旗下已拥有 7 家文学网站和近 500 亿字的原创文学版权，注册用户已超过 4300 万，分布在全球 200 多个国家和地区。盛大文学正在建设的云中图书馆，每天都有 6000 万字的新增原创内容接入，已成为中国最大的正版图书馆。

29.2.7 手机出版

随着手机的普及和手机网民的持续增加，利用手机终端读书看报、看小说、玩游戏、听音乐等已成为现代人生活中不可或缺的一部分，由此衍生出来的手机报纸、手机图书、手机小说、手机游戏和手机音乐等手机出版形态也呈现出“井喷”的态势。目前，手机出版服务约占 80%以上的手机信息服务业务量，同时也是移动增值服务最重要的组成部分。

（1）手机阅读 手机阅读主要表现为手机报纸、手机图书和手机小说三种应用。自 2004 年我国首份全国性手机报纸诞生以来，手机报纸在 6 年多时间里已快速进入人们的日常生活。截止到 2008 年年底，全国已有各种版本的手机报 300 多种，其中移动手机报的用户已突破 4500 万。2009 年我国手机图书的市场规模为 11 亿元人民币，2010 年将达到 21 亿元人民币，增幅达 90.9%。此外，手机小说由于大多采用免费 WAP 网站提供的服务，其费用相对较低的特点也正在吸引越来越多的手机阅读用户。在手机阅读用户可接受的手机阅读付费内容形式中，手机小说文学的比例最高，约占 36.4%。

（2）手机游戏 2009 年我国手机网络游戏用户为 2100 万，市场销售规模已达 6.4 亿元人民币。随着 3G 的深入发展，手机网络游戏用户将保持快速增长，2009—2013 年的平均年增长率预计为 45.5%，2014 年的市场销售规模将达 48.1 亿元人民币。

（3）手机音乐 手机音乐具体表现为彩铃、铃声、下载和在线收听四种主要应用。2009 年我国手机音乐的市场规模超过了 300 亿元人民币，其中彩铃占据了 80%以上的份额。手机音乐巨大的市场空间也引来众多手机硬件厂商和唱片公司的追随，它们也成为推进我国手机音乐产业发展的重要力量。

预计未来几年，随着移动通信基础设施以及终端设施的逐步改善，移动阅读领域必然将有极大地发展空间，将有超过 60%的手机用户会通过手机浏览出版物，从而带来巨大的经济效益。在我国手机出版业发展过程中，运营商是绝对的主角，内容提供商、网站运营商以及开发商、技术平台提供商等都处在配角的地位，就连最有自主权的终端用户，也处在一种半配角的位置。从某种意义上说，运营商的垄断也限制了手机出版产业竞争的多样化。据了解，目前国内 3 大运营商都已开始筹划手机阅读业务。2009 年 3 月，中国移动宣布未来 5 年将在浙江投资 5 亿元人民币建设手机阅读基地，定制 TD 阅读器，并在内容、终端和渠道上全面拓展；中国电信手机阅读业务的相关技术及业务规范也已完成，正在进行内容的整合；中国联通已有超过 10 个省的公司通过合作的方式推出了手机阅读业务。

29.3　加强行业监管，营造良好产业环境

经过十多年的发展，我国网络出版产业虽然取得显著成绩，但面临的困难和存在的问题依然不少。法律法规的亟待完善，监管手段的落后和监管力量的薄弱，依然是制约政府管理部门网络出版监管能力提高的三大因素。此外，网络侵权盗版的问题也依然突出，无形中增加了政府管理部门监管的难度。

29.3.1　加大对违法违规网络出版内容的清理整治力度

根据中央和国务院的统一部署，新闻出版总署在 2009 年积极参与了“全国整治互联网低俗之风专项行动”、“整治手机媒体低俗之风专项行动”、“整治手机淫秽色情和低俗信息专项行动”和“网络地理信息市场专项整治工作”等多个专项整治行动工作，对违法违规网络出版行为进行了严厉打击，查禁了大量违法违规网络出版物。

2009 年，新闻出版总署累计查处包括网络小说、网络图书、网络期刊、网络游戏、手机游戏、手机小说等在内的违法违规网络出版物 2353 种，删除网页链接 14 多万条，查处网站 2330 多家，关闭网站频道和栏目 62 个，关闭网站 134 家。与此同时，新闻出版总署对未经审批擅自运营或存在低俗内容等问题的网络游戏进行了清理整治，并向全行业通报了有关清理整治的情况，得到了业内外人士和社会的普遍认可，取得了显著成效。

为加强网络出版监管，鼓励公众对违规网站实施社会监管。根据信息公开原则，新闻出版总署还不定期将有关违规网站和企业名单进行了曝光，并组织电视台、报纸和网站等媒体进行了广泛报道，在全社会形成了打击网络淫秽色情低俗信息，共同营造健康文明网络文化环境的氛围。

29.3.2　加强网络游戏前置审批和进口审批管理

根据中央和国务院授权，新闻出版总署作为唯一负责网络游戏前置审批和进口网络游戏审批管理的政府部门，通过规范审批工作，确保了产业健康有序发展，保障了国家的文化安全。新闻出版总署对进口网络游戏在内容和服务等方面严格把关，并在总量和结构上进行了严格调控，截至 2009 年年底，新闻出版总署共批准了 218 款进口网络游戏上线运营，严厉查处了一批违反相关审批管理规定的网络游戏和网络游戏企业。

2009 年 7 月，新闻出版总署下发《关于加强对进口网络游戏审批管理的通知》，进一步规范了网络游戏出版的前置审批和对境外著作权人授权的网络游戏作品的审批和监督管理工作，并对与进口网络游戏相关的会展交易活动提出了规范要求。

2009 年 9 月底，新闻出版总署、国家版权局和全国“扫黄打非”工作小组办公室联合发

出《关于贯彻落实国务院〈“三定”规定〉和中央编办有关解释，进一步加强网络游戏前置审批和进口网络游戏审批管理的通知》，再次重申将依法严管网络游戏前置审批和进口审批。

该《通知》就网络游戏前置审批明确了两项原则：一是关于网络游戏运营企业资质的前置审批，未经新闻出版总署前置审批并获得具有网络游戏经营范围的互联网出版许可证，任何机构和个人不得从事网络游戏运营服务；二是关于网络游戏上网的前置审批，未经新闻出版总署前置审批的网络游戏，一律不得上网。此外，该《通知》还对广受业界关注的进口网络游戏审批问题，外商以独资、合资、合作等方式在中国境内投资从事网络游戏运营服务，以及网络游戏运营中常见的变更运营单位或增加新版本、新资料片以及更新内容等情况进行了重申和规定。这些政策措施的出台实施，对营造良好的产业环境，推动网络游戏产业健康发展都起到了积极的引导和促进作用。

29.3.3 进一步全面实施网络游戏防沉迷系统

针对未成年人沉迷网络游戏引发的社会问题，新闻出版总署于 2007 年开始全面实施网络游戏防沉迷系统。为确保防沉迷系统实施到位，新闻出版总署不仅将安装防沉迷系统作为网络游戏前置审批的必要条件，还专门建立了专职评测队伍进行监测。截至 2009 年年底，新闻出版总署已先后对 106 家企业的 203 款主流网络游戏进行了测评，对 90 家不达标的企业进行了警告处理，依法停止了 5 款屡次不达标网络游戏的运营。在大家的共同努力下，网络游戏防沉迷系统的实施取得明显成效，得到了广大家长、教师和青少年的欢迎，使未成年人沉迷网络游戏的状况有所改观。

此外，新闻出版总署在巩固网络游戏防沉迷系统实施工作已有成果的基础上，进一步增强和完善网络游戏防沉迷系统的功能。为了帮助家长有效监督未成年子女上网行为，防止未成年子女冒用家长的身份信息沉迷网络游戏，新闻出版总署将与公安部合作，加快推进防沉迷系统玩家实名身份信息的认证工作，并监督游戏企业建立面向家长的查询系统。此外，新闻出版总署充分利用已设立的专门检测机构，对网络游戏防沉迷系统实施状况进行了不间断的监督评测，确保未成年人健康上网、健康游戏。

29.3.4 严厉打击“私服”和“外挂”等非法活动

新闻出版总署严厉打击“私服”、“外挂”和“盗号”等非法活动，保护知识产权，联合国家版权局、全国“扫黄打非”工作小组办公室、公安部、工信部等部门先后查处了一批大案要案。2009 年，新闻出版总署根据游戏企业的申请，联合公安部门对 9 起涉及“私服”、“外挂”的案件做出了认定，涉及 11 个非法侵权软件。新闻出版总署要求网络游戏运营企业要严厉打击各种“盗号”行为，对涉及“盗号”的账号要及时封停，切实保护玩家的利益，很好地维护了游戏企业和玩家的合法权益。此外，新闻出版总署动员社会各方力量，利用法律武器，严厉打击网络游戏运营中的各种侵权盗版行为，要求游戏企业加强防查，积极做好举报、取证和举证等工作。

（新闻出版总署科技与数字出版司　寇晓伟）

第 30 章　2009 年中国财经网站发展情况

30.1　发展综述

网络财经信息服务业是我国新经济和新服务行业的典型代表，其发展依赖于互联网的进一步普及和社会民众理财的需求。经历了 2007 年 110%的高速增长后，在经济危机和股市低迷等因素的影响下，中国网络财经信息服务市场回归稳健。根据艾瑞咨询统计，2009 年，中国财经网站营收规模为 21.8 亿元人民币，同比 2008 年 18.5 亿元人民币增长 17.9%，如图 30.1 所示。

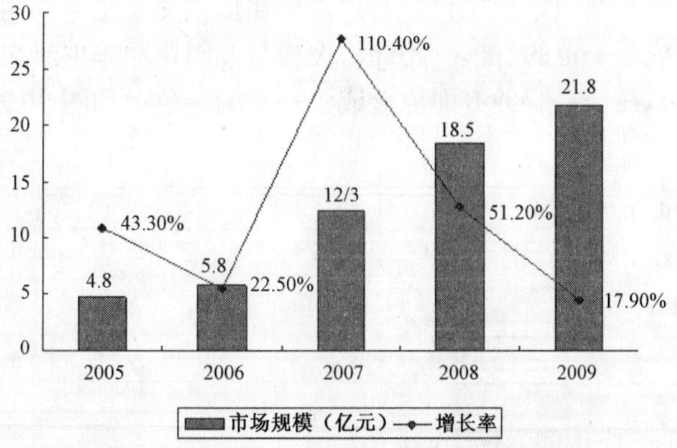

资料来源：艾瑞咨询《2009年中国网络财经信息服务行业发展报告》

图30.1　2005—2009年中国财经网站营收规模

根据中国证券登记结算公司的数据，计算近 3 年来中国股市过户总金额的变化，发现网络炒股的用户使用比例与中国股市过户总金额变化趋势保持一致。2008 年年底是中国大盘指数的谷底，网上炒股比例仅有 11.4%；2009 年股指回升，带动了网民网络炒股的热情，网上炒股比例也开始回升。中国互联网络信息中心（CNNIC）的数据显示，从 2008 年年底至 2009 年年底，网络炒股用户规模为 5678 万人，占比 14.8%，年增幅 67%。受益于互联网普及率的快速提升和我国全社会理财观念的增强，预计未来网络财经信息服务业市场规模将会保持较快的增长态势，见表 30.1。

表 30.1　2008 年年底—2009 年年底中国财经网站网上炒股（基金）用户数量变化情况

时　间	2008 年 12 月	2009 年年底	变　化
使用率	11.4%	14.8%	增加 67%
规模（万人）	3400	5678	增加 2278

资料来源：中国互联网络信息中心 2009 年 7 月、2010 年 1 月第 24 次、第 25 次《中国互联网络发展状况统计报告》

30.2　各类网络财经服务发展情况

30.2.1　垂直类财经网站

随着人们对财经资讯的关注的增长，财经类网站迎来了一个快速发展的黄金时代，除了一些人们已经耳熟能详的老牌门户网站财经频道之外，还有很多专门以提供财经资讯为主的垂直类财经网站。

垂直类财经网站是专注于网络财经信息服务的专业网站，业务模式和赢利模式相对多样化，具有较强的综合竞争力，凭借其专业化的信息提供，吸引了诸多高端的深度财经信息用户。和讯网、东方财富网和金融界是这一阵营占据前三名的“领头羊”。其中，和讯网是国内最大的专业财经资讯网站，金融界与东方财富网都是国内网络财经信息服务行业中的上市公司。此外，还有部分券商网站依托自身客户群体在提供交易服务的同时，提供财经资讯、收费订阅等业务，形成了一定的规模。此外，大智慧、同花顺等主流交易工具供应商依托自身优势扩展服务范围，在信息服务方面也形成了一定的特色，如图 30.2 所示。

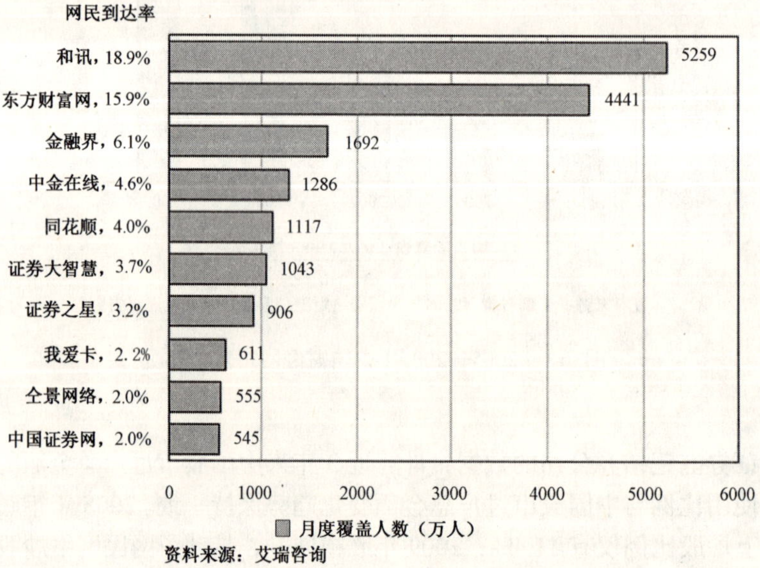

图30.2　2009年9月财经垂直网站月度覆盖人数

垂直类财经网站营销价值快速壮大，在十大财经资讯类网站中，垂直类财经资讯网站的力量正在快速扩大，无论从用户覆盖规模还是用户的访问次数上，或是从用户花费时间的角度来看，垂直类财经资讯网站的价值已经不可忽视，甚至可以说，在某些地方已经超出了门户网站的财经频道。根据 CR-Nielsen 提供的 2009 年 10 月 4 周时间的数据显示，十大财经资讯类网站中，垂直类网站的平均水平已经在独立访问者数、总访问次数和总访问停留时间这三项指标上超出了 10 大财经资讯网站的平均水平，同时也超过了门户网站财经频道的平均水平。随着用户日益增长的对财经信息的渴求，垂直类财经网站和门户网站财经频道之间的竞争将日趋激烈。

随着垂直类财经网站独特营销价值日益体现出来，广告主对这类网站的认可也呈现出逐渐增长的态势。根据尼尔森公司的数据显示，广告主在垂直类网站上所投放的广告日渐增多，在广告主数量、推广项目数量和创意数量上甚至已经超出了一些门户网站的财经频道，投放广告的行业范围也逐渐覆盖到了服务业、医药健康、娱乐、媒体、快速消费品、房地产、招聘、旅游、时尚、汽车、通信、计算机及电子产品、零售、财经和交友聊天等主要广告类别，这显示出垂直类财经网站未来广告投放的巨大发展潜力。

30.2.2　综合门户财经频道

门户网站的财经频道和网络财经媒体，其主要业务模式是提供财经资讯内容，主要赢利模式是广告。凭借多年来积累的门户网站品牌知名度和广泛客户基础，门户网站进入网络财经信息服务市场，以开设财经频道的方式，细分其网站用户。由于门户网站具有庞大的访问量，财经媒体在采访报道资源方面有一定权威性，因此这类运营商在财经资讯内容供应方面具有较强的竞争力。新浪、搜狐和网易三大门户网站的财经频道等都是这一阵营的代表。

还有百度和讯全财经网和腾讯财经作为代表的搜索引擎和即时通信网站，也推出了财经频道，其业务模式和赢利模式与门户网站的财经频道有较强的同质性。从未来发展看，这类网站在结合搜索引擎推出财经搜索，利用即时通信开发财经增值服务等方面具有较大的创新空间。

与垂直类财经网站相比较，门户网站的财经频道业务相对较为单一，主要是提供财经资讯内容服务，并通过财经资讯所聚集的用户浏览数量吸引企业的广告投放。门户网站财经频道的经营状况直接取决于网站本身的影响力。数据显示，目前新浪、搜狐和腾讯三大门户网站的财经频道是门户网站中的佼佼者，在国内财经网站广告市场收入份额中占据了较大比重，如图 30.3 所示。

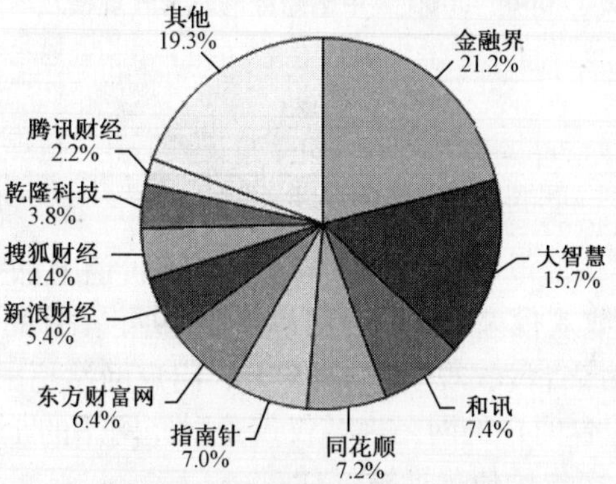

资料来源：艾瑞咨询：《2009年中国网络财经信息服务行业发展报告》

图30.3　2009年财经网站总体营收市场份额

目前国内的财经新媒体已经形成形式多样、内容多元的丰富体系。浏览量最大的是各大互联网门户网站的财经频道，如 2008 年 5 月“新浪财经”、“腾讯财经”、“网易财经”的月度覆盖人群（当月独立访问用户总数，不包括用户重复访问）分别达到 4485 万、3756 万和 2842 万。）

30.2.3 财经媒体网络平台

财经媒体网络平台指传统财经媒体（平面或电视媒体）自建的网站。其中，平面财经媒体推出的财经网站占有相当大的比重。目前，我国三大证券报（《中国证券报》、《上海证券报》、《证券时报》）和《经济参考报》、《经济日报》、《中国经济时报》等官方权威财经报刊以及《21 世纪经济报道》、《第一财经日报》和《每日经济新闻》等主流的商业财经报刊均推出了网络版或电子版。

随着近年来网络视频服务的兴起，网络财经媒体开始出现新形式，即网络视频财经媒体。这类媒体来源主要有两种：一是传统电视媒体，如中央电视台的财经节目等；二是专业视频分享网站与券商等机构合作推出的网络财经视频服务，目前已初步形成一定的规模。作为国内财经媒体一面旗帜的《财经》杂志，目前已搭建了杂志和财经网两大媒介形式。此外，《财经》还在其网站上推出了视频业务，同时每天给客户邮箱发送中英文版的电子杂志。

外媒财经网站的影响力正在日渐加强，包括路透中文网等在内的外媒财经网站，尽管浏览量不大，但其通过每天向用户信箱发送电子报刊等方式，成功锁定了部分中高端人群；而且其新闻基本上都是外媒记者所写新闻的中文翻译稿，体现出明显的西方立场。

30.3 网络财经服务市场分析

30.3.1 市场规模

网络财经信息服务行业近几年迅猛发展。艾瑞咨询的《2009 年中国网络财经信息服务行业发展报告》显示，2009 年国内网络财经信息服务行业保持较高增长，总体市场规模约在 21.8 亿元人民币，见表 30.2。

表 30.2 2008—2009 年中国财经网站营收规模及增长率对比

年 份	营收规模（亿元人民币）	增 长 率
2008	18.5	51.2%
2009	21.8	17.9%

资料来源：艾瑞咨询《2009 年中国网络财经信息服务行业发展报告》

目前财经类网站媒体价值没有被充分发掘，其广告价值上涨空间巨大。艾瑞咨询的调查数据显示，从网络广告营收规模来看，综合门户在 2009 年 4 月的网络广告营收规模为 3.3 亿元人民币；财经网站网络广告营收规模为 1879 万，门户网站超出财经网站 17 倍。但从网民规模来看，2009 年 4 月综合门户的网民规模仅仅是财经网站的 1.9 倍。相比两者网络广告营收规模，财经网站的媒体广告价值远远被低估。

30.3.2　竞争格局

我国网络财经信息服务市场参与者众多，根据不同的商业模式选择主要可细分为依托于网站平台的垂直财经门户网站，综合性门户财经频道，搜索引擎和即时通信网站推出的财经频道及依托于金融数据终端的传统金融数据服务商。网络财经信息服务业已形成一定的行业集中度。根据艾瑞咨询的数据，综合门户财经频道中，按 2008 年 9 月—2009 年 8 月日均覆盖人数排名前 2 位的综合门户财经频道领先优势明显；而垂直类财经网站中，2009 年 9 月月度覆盖人数排名前 2 位的垂直财经门户领先优势也非常明显。

根据 Alexa 网站排名相关数据，国内前三大垂直类财经网站和三大门户网站财经频道的访问流量对比情况如表 30.3。

表 30.3　国内重要财经网站访问流量对比情况

	和讯网	东方财富网	金融界	新浪网	网易网	搜狐网
User Reach	0.43%	0.398%	0.171%	4.15%	3.02%	1.82%
Page Views	5.42	9.86	7.16	9.6	7.97	8.63
财经频道访问比率	—	—	—	9.8%	4.3%	3.3%

资料来源：美国 Alexa.com 网站截至 2009 年 12 月 31 日的网站 3 个月平均访问流量统计数据。User Reach 表示每百万 Alexa 统计用户中每天访问某网站的平均人数（百分比），Page Views 是每天所有访问该网站的 Alexa 统计用户在该网站上浏览总页面数的平均值，同一用户对相同页面的重复浏览每天只计算一次。财经频道访问比率表示在每天访问该门户网站的 Alexa 统计用户浏览网页总数中财经频道所占的比率

据艾瑞咨询的数据显示，在国内的众多垂直财经网站中，东方财富网以日均覆盖 730 万人位居第一，比 3 月上涨 8.6%，和讯和金融界分列二三位。主要财经网站日均覆盖人数与 2 月相比均有不同程度的上升，其中金融界、中金在线、酷基金网和 123 基金网四个网站的涨幅超过 10%。艾瑞咨询发布的 2009 年 1—4 月国内综合门户财经频道和垂直类财经网站的平均月度覆盖人数数据见表 30.4。

表 30.4　2009 年 1—4 月国内 9 大财经网站平均月度覆盖人数

新浪财经	东方财富网	腾讯财经	和讯	搜狐财经	网易财经	金融界	凤凰财经	中金在线
2613	2475	1777	1540	1508	1046	643	598	430

资料来源：艾瑞咨询《2009 年中国网络财经信息服务行业发展报告》，网站月度覆盖人数是在该网站该月的独立访问用户总数，用户重复访问的不重复统计

30.4　财经网站赢利模式分析

2009 年，网络财经媒体的特性将因需而变多样化赢利的构想发挥得淋漓尽致。网络财经媒体能及时预见市场信息需求变化，进行调整。在经济危机的大背景下，广大网络财经媒体纷纷进行改版，动力一方面来源其内在促发机制，如和讯、易富网等对受众经济紧缩时期理财需求的认识，特地开通了证券投资咨询和移动短信增值的频道。另一方面是来自行业外的投资联合，如电科盈讯计划与《财经》杂志联合，于 2009 年年底在中国推出在线财经新闻服务，主要关注中国大陆、中国香港和中国台湾地区的财经资讯信息。在未来可预见的一段

时间内，网络财经媒体的主要收入方式将突破单纯的广告售卖，从而包含分析软件收入，移动增值业务收入，收费会员制服务收入和个人专家理财服务收入等。

30.4.1 广告模式

广告是财经网站一项重要的收入来源，对于门户网站财经频道和网络财经媒体来说，其收入的大部分是由广告贡献的。根据艾瑞咨询《2009 年中国网络财经媒体发展研究报告》的数据，2008 年，中国财经网站营收规模为 18.5 亿元人民币，其中广告营收为 5.7 亿元人民币，约占 30.6%；2009 年，中国财经网站营收规模约为 21.8 亿元人民币，其中广告营收规模为 6.8 亿元人民币，约占 31.0%。

与国内网民的整体水平相比，财经网站的主要用户群体为学历和收入水平相对更高的中青年群体，对金融理财产品、房产、汽车和奢侈品等高端产品具有较高的需求和购买力，因此也是相关企业的主要目标客户群体，客观上为财经网站吸引广告投放创造了先天的优势。根据易观国际的数据显示，2009 年金融保险行业品牌网络广告投放额较 2008 年有较大增长，同比上涨 108.29%。在产品投放方面，占据前三名的是银行业务、基金与银行卡业务，位次与去年相比没有变化，其中银行业虽然整体投放规模上有所增加，但其占整个金融行业网络广告产品投放的比例却有所减少，从 2008 年 41%的占比下降到 35%。各产品板块中，涨幅比较大的有投资/金融与证券公司板块，均同比上涨 600%以上，如图 30.4 所示。

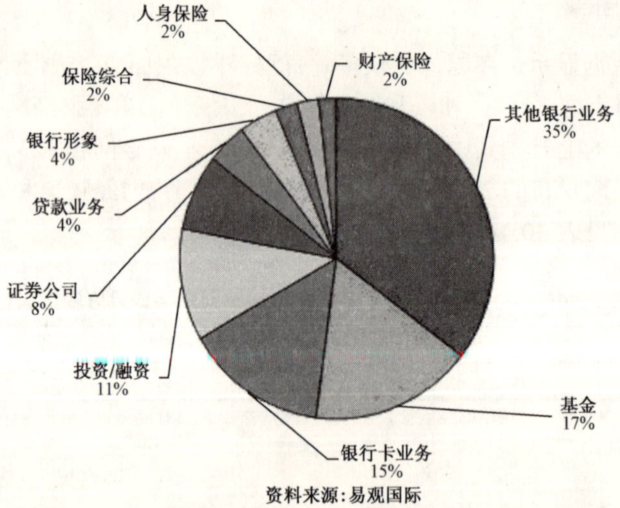

图30.4 2009年金融保险业品牌网络广告产品投放分布

在投放媒体方面，虽然搜狐、新浪依旧排名前两位，但广告投放的集中度有所下降，腾讯 2009 年度广告投放额增长迅速，去年排名第三的和讯网被腾讯取代。同时，另一家以即时通信软件为主的媒体 MSN 广告投放额也出现大幅增长，广告主主要采用在软件主窗口投放与网页投放相结合的方式投放广告。之前银行业广告主的广告投放多集中在门户网站，而即时通信软件广告投放的增长，可以看出银行业广告主在广告投放方面的转变，从过去单一追求广告的高覆盖率转向于覆盖率与目标人群精准营销相结合。

30.4.2　软件销售

随着全球经济逐渐步出危机阴影，网民理财和证券交易需求不断增长，收费财经服务软件逐渐被越来越多的网民所接受。艾瑞咨询的数据显示，2008 年以来财经软件日均覆盖人数正逐渐回升，特别是 2009 年股市迎来“小阳春”后，财经软件日均覆盖人数明显增加，于 2009 年 4 月达到 1707 万人。艾瑞咨询结合月度覆盖人数和日均覆盖人数综合研究发现，2009 年春节以来，网民的股票热情再次调动，使用财经软件的用户使用频率明显提高，财经软件作为炒股必备的工具，正被越来越多的股民所接受。艾瑞咨询的调研数据还显示，2009 年 4 月，财经软件人均单日有效浏览时间达 27 分 43 秒。艾瑞咨询认为，财经软件有极强的使用黏性。对于广告主，特别是银行、基金、券商等广告主，有较高的营销价值，见表 30.5。

表 30.5　2008—2009 年中国财经软件日均覆盖人数（万人）

时　间	2008 年 12 月	2009 年 1 月	2009 年 2 月	2009 年 3 月	2009 年 4 月
覆盖人数	1326	906	1592	1633	1707
增长率	13.1%	−31.7%	75.6%	2.6%	4.6%

资料来源：艾瑞咨询《2009 年中国网络财经信息服务行业发展报告》

目前，证券交易软件成为财经软件市场的主流。市场上主要的证券交易软件可以分为以下三类：第一类是提供海量数据型。除市场行情、个股资料等多数软件都能够提供的数据外，还有整合交易所行情数据并深入挖掘汇聚成的最新数据，这一类软件包括金融界的“快赢”及大智慧的“超赢”等。第二类是提供海量资讯型。这类软件不仅提供上市公司所在的行业、公司经营业绩和股东持股等方面的详细情况，而且还有来自管理层和政策面的一手信息，金融界网站的“大行情”软件便是以海量信息为卖点，帮助投资者第一时间获得有关个股信息和政策动向的海量信息。第三类是提供技术分析参考型。这一类产品的代表包括大智慧、指南针等，通过提供 k 线图指标以及各种优化技术指标，为投资者选股和选择恰当的交易时机提供参考。

艾瑞咨询的数据显示，除查看行情等基本功能外，财经软件使用较多的功能还包括：分析功能、查看上市公司资料和即时资讯提示功能，使用率分别为 64.2%，63.8%和 56.4%。买卖点提示、热门股推荐等功能也受到半数左右的用户喜爱。新兴的互动功能、论坛功能和试用功能受到约两成用户的青睐，离普及还有较远的距离。艾瑞咨询分析认为，目前财经软件还是以基本功能服务为主，新兴互动功能和营销功能还有待用户认识、理解和接受。

30.4.3　其他

除广告和软件销售外，诸如收费资讯订阅等付费财经信息服务也是网络财经信息服务业重要收入来源之一。根据赛迪顾问股份有限公司的数据，目前的国内付费金融数据服务行业规模还非常小，不到全球财经信息服务行业规模的 1%。艾瑞咨询的数据显示，2009 年 8 月我国网络财经信息服务系统月度覆盖人数已达到 5814 万人，用户渗透率约占 1%。

对于部分财经网站而言，付费财经信息服务也成为重要的盈利来源。金融界的 2009 年年报数据显示，截至 2009 年 12 月 31 日，金融界旗下网站 jrj.com 和 stockstar.com 的注册用户人数为 1400 万人，比 2008 年年底 1130 万人增加了约 270 万人，增长率达 24%；付费活跃个人用户人数为 11.79 万人，比上一季度的 11.2 万人增长 5.3%，较 2008 年年底 11.62 万人增长 1.5%。金融界 2009 年第三季度来自个人客户订阅服务费的净收入为 1140 万美元，占该季度净收入的 78%。来自移动增值服务的收入为 25 万美元，占该季度净收入总数的 2%。来自机构客户订阅服务费的净收入为 42.3 万美元，占该季度净收入的 3%。来自广告相关的服务收入为 111.6 万美元，占该季度净收入总数的 8%。来自证券经纪相关的服务费为 138.3 万美元，占该季度净收入总数的 9%，如图 30.5 所示。

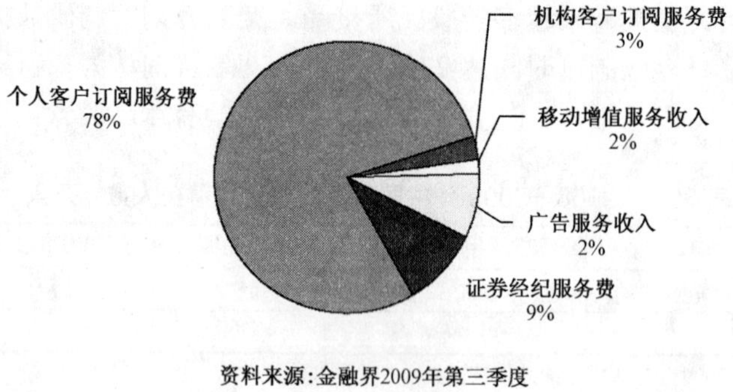

图30.5　金融界营收结构图

东方财富网的年报显示，截至 2009 年 9 月 30 日，东方财富网 2009 年 1～9 月实现营业收入 11 688.34 万元人民币，净利润 5155 万元人民币。付费财经信息服务和互联网广告服务是其主要收入来源，最近三年上述两项的营业收入实际年均复合增长率分别为 155.24%和 408.10%。2009 年 1～9 月，东方财富网付费财经信息服务收入为 7471.92 万元人民币，占同期营业收入总额的 63.93%。广告收入 3794.72 万元人民币，占同期营业收入总额的 32.47%，见表 30.6。

表 30.6　东方财富网营业收入构成（单位：万元）

项　目	2009 年 1～9 月	2008 年度	2007 年度
财经信息服务	7471.92	7495.74	3198.1
广告服务	3794.72	4203.59	3302.17
其他	421.69	125.06	234.55
合计	11 688.34	11 824.39	6734.86

资料来源：《东方财富网首次公开发行股票并在创业板上市招股说明书》

此外，国内诸如联通华健、掌上网、胜龙科技等企业，则依托移动运营商网络，通过短信、彩信、WAP 或 GPRS 方式，为用户提供基于手机终端的金融信息服务，以收取信息服务费。通达信、钱龙、恒生电子等企业为证券公司、基金公司提供证券行情委托交易系统、资讯发送系统、网络安全应用等系统，主要赚取开发和维护费收入。

但是，与国外年收入达数十亿美元的彭博社和汤森路透等网络财经信息服务提供商相比，付费财经数据服务在国内财经网站的营收结构中所占比重仍然偏低。不过，随着全社会投资理财观念进一步提高，对于金融信息专业性和及时性的需求将日益显现，付费财经数据服务将逐渐被全社会所认同，这为我国网络财经信息服务业提供了广阔的市场发展空间。

30.5　财经网站发展特征

艾瑞咨询《2009 年中国网络财经信息服务行业发展报告》分析认为，2007—2009 年是财经网站发展关键年份，把握好长期发展趋势，对财经网站的未来极为重要。

特征一，网络财经信息服务个性化。从近年来财经网站的发展可以看出，网络财经信息服务垂直化、个性化，不仅是网络财经信息服务的基本发展方向，也符合互联网乃至整个中国各产业的基本发展方向。如东方财富网的“股吧”作为股市草根型的交流平台，已发展成为国内较具影响力的互联网财经互动社区，使东方财富网成为我国用户访问量最大的互联网财经信息平台之一。

特征二，网络财经媒体集团化。近几年来网络财经媒体集团化的趋势比较明显，财经软件提供商也有一些集团化的案例。集团化有两种方式，一是发展联盟，双方成立利益共同体，捆绑稍显松散，比较典型的是东方财富网和分众传媒的合作；二是有集团总公司，总公司旗下又有不同的业务子公司。如中国最有实力的两个传媒集团：联办集团和南方报业集团。集团的好处是内部资源共享，外部形成战略同盟。对于网络财经媒体来说，广告主和新闻经验的分享是集团化的重要意义。

特征三，财经网站国际化。在全球经济日益深入融合的时代，国际化已经成为不可逆转的趋势，中国财经网站必须面对资本实力强大的国际财经媒体集团的激烈竞争。目前，世界顶尖的财经媒体多来自美国、英国等经济发达国家，为本国经济的发展和扩张提供支撑。从国内市场来看，由于政策的限制和文化等原因，国外财经媒体集团进入中国面临着一定的发展瓶颈，市场前景不如国内财经网站，但国外大型财经网站也通过各种“擦边球”的方式不断渗透进入中国财经媒体市场。国际市场上，面对西方媒体掌握主要话语权的局面，中国财经媒体的国际竞争力及影响力还有待提高。

特征四，财经服务无线化。财经服务无线化将是财经网站未来重要的发展方向。以用户为核心的合作与共赢机制的构建是无线财经产业链的发展方向。目前来看，财经服务无线化的发展依然面临着无线带宽、资费、手机终端和移动运营商的垄断这几大因素的困扰。首先，艾瑞咨询调研数据显示，速度和资费是用户选择无线财经服务最重视的因素，而两者目前无法让普通用户接受；其次，移动运营商专业性的欠缺以及中国 3G 网络应用还有待进一步推广等因素，使得用户对移动运营商提供的无线财经服务满意度远远落后于专业的财经网站。

（中国互联网协会　赵志云、龙凯）

第31章　2009年中国网络科普服务发展情况

31.1　科普网站发展情况

2009年，中国科普网站发展迅速，一批深受公众喜爱的数字科技馆和科普网站陆续建成，其内容质量、交互性、专业化水平不断提高，已经形成覆盖全国的科普网站群。一年来，我国科普网站开展了一系列具有创新意义和较大社会显示度，具有品牌效应的网络科普信息服务，推进了网络科普资源的共建共享，积极向广大网民尤其是未成年人推荐优秀科普网站，为先进文化的传播和绿色网络文化建设、提高我国公众科学素质发挥了重要作用，在国内重大科技事件、科普活动宣传报道中发挥了主力军作用，也明显提升了向社会公众提供科普信息服务的能力。依托科普网站进行科普宣传，已经成为我国科普工作的一种重要方式。

31.1.1　科普网站发展现状

截至2009年12月，我国科普网站有601个，分布在全国30个省、自治区、直辖市，主办单位包括各级科协、社团学会、政府部门、中科院、新闻和门户网站、社会机构和个人等七类。

1. 我国科普网站发展趋势

我国科普网站发展大致分为三个阶段，如图31.1所示。包括起步阶段（1995—1998年）、快速发展阶段（1999—2004年）和调整提高阶段（2005—2009年）。三个阶段相互联系，并各具特点。

（1）起步阶段（1995—1998年）

在此期间共建设了65个科普网站，1995年，北京科技报开设了网络版，迈出了科普网站建设的第一步。1997年，紫金山天文台、野生动物之家、中国植物保护网、中国电子学会英文网页、新疆科普—少科苑、CCTV发现之旅、网易—科学频道、中国网科技频道、金桥信息网、首都科技网、新浪科学探索频道、搜狐科学频道、中国力学学会、中国机械工程学会和中国病理生理学会等科普网站、科普频道/栏目陆续建立。

这个时期科普网站建设水平处在初级阶段，主要是发布科普信息，信息内容既有综合学科的，也有围绕某个专业领域的，网页发布方式以静态页面为主。这一阶段对如何借助网络来传播科学知识，开展科普工作进行了初步探索。

（2）快速发展阶段（1999—2004 年）

截至 2004 年 12 月，科普网站数量达到了 408 个，比 1998 年增加了 343 个，一批大型综合性科普网站在全国各地相继建立。如 1999 年中国公众科技网、中国科普博览、中国科普网、人民网科技频道、科技之光等大型综合性科普网站陆续建立。这些科普网站学科综合，内容丰富，有一定深度，公众关注度高。中国化学会、中国土木工程学会、中国测绘学会、中国建筑学会等社团学会网站也开设了科普栏目，提高了社团学会利用互联网开展科普工作的能力。各个省、市科协开始重视网络科普工作，陆续建立了科普网站，如北京科普之窗、广东网上科学馆、苏州科普之窗、科学小说网等。这些具有地区特色的科普网站贴近当地公众需要，很受欢迎。个人科普网站是一些科普爱好者凭着个人兴趣和热情建立的关于某一领域的科普网站，这个时期个人科普网站发展迅速，数量达到 83 个，占 2004 年全国 408 个科普网站的 20.3%。其中三思科学网、五柳村、大眼睛科技教育网和寰宇天文等个人科普网站创办比较成功。

（3）调整提高阶段（2005—2009 年）

这个时期科普网站建设数量增长速度放缓，进入到调整和提高质量阶段。截至 2009 年 3 月，科普网站达到了 601 个，比 2004 年增加了 193 个。在这一阶段，科普网站建设变化较大，早期的一部分资源少、更新慢、经费投入不足的科普网站，特别是地区性的小型科普网站陆续关闭。同时中国数字科技馆、北京数字博物馆等一批内容丰富，学科覆盖面广，趣味性、互动性强，互联网技术应用水平高，深受公众欢迎的科普网站建设开通。181 个全国学会网站开设了科普栏目，提升了学会科普工作水平，成为这一阶段推动科普网站发展的主要力量。个人科普网站得到进一步发展。随着 Web2.0 技术的发展，科学博客逐渐成为公众都能参与的交互性科普方式，对于激发人们支持和参与科普网站建设的热情有着积极意义。

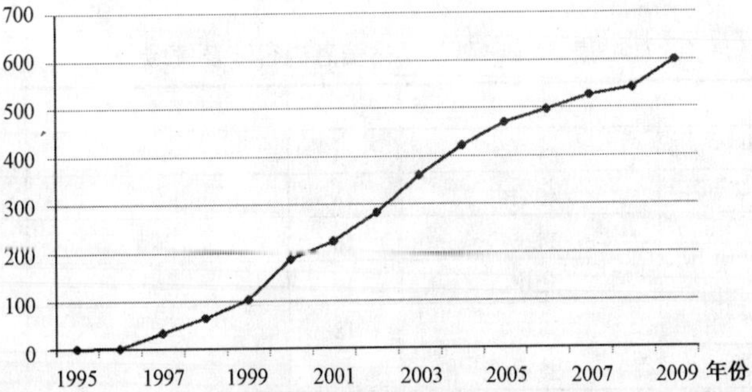

图31.1　全国科普网站发展趋势

2．主办单位

我国科普网站主办单位构成包括社团学会 33.0%，各级科协 31.3%，个人 11.6%，政府部门 8.1%，新闻和综合门户网站 6.6%，中科院系统网站 4.4%，社会机构 5.0%。相比之下，社团学会和各级科协这两个主办单位占据绝大多数。

我国科普网站主办单位构成在 2005 年与 2009 年存在一定差异，见表 31.1。其中，2009 年社团学会网站所占比例增长了 22.0%，各级科协网站所占比例增长了 12.2%，社团学会网站所占比例排在科普网站的第一位，主要原因是 181 个全国学会网站开设了科普栏目。其他 5 类主办单位的网站比例均有所下降，社会机构下降了 9%，新闻和综合门户网站的科普频道（栏目）所占比例下降了 8.6%，下降幅度较大，主要原因是经费和人员投入不够。

表 31.1　2005 年与 2009 年科普网站主办单位构成对比表

主办单位	2005 年	2009 年
社团学会	11.0%	33.0%
各级科协	19.1%	31.3%
个人	20.3%	11.6%
政府部门	10.8%	8.1%
新闻和综合门户网站	15.2%	6.6%
中科院系统网站	6.9%	4.4%
社会机构	14.0%	5%
其他	2.7%	0

3．地域分布

目前，我国科普网站地域分布呈现出“一个中心，一条主带”的态势。“一个中心”指以北京为中心，有 52.7%的科普网站集中在北京，主要原因是，北京是我国的政治、文化中心，政府部门、科研机构、大专院校和社团学会比较集中。“一条主带”指江苏、上海、山东、浙江、广东、安徽、河北、辽宁和福建等 10 个沿海省、直辖市，有 30.9%科普网站集中在这一带。而中、西部地区科普网站的数量较少，只占科普网站总数的 16.4%。

4．信息内容

我国科普网站信息内容涉及 25 个领域。其中：医学/健康 44.9%，生物/动植物 40.1%，环境 34.6%，天文 32.0%，生命科学 30.0%，工程技术 27.6%，自然/地理 27.6%，电子 26.9%，能源 25.6%，航天 25.4%，农业 25.4%，数学 11.0%等基础学科，见表 31.2。

表 31.2　科普网站信息内容涉及领域

	内容分类	比　例		内容分类	比　例
1	医学/健康	44.9%	14	地质	21.9%
2	生物/动植物	40.1%	15	信息	21.5%
3	环境	34.6%	16	物理	20.1%
4	天文	32.0%	17	海洋	18.8%
5	生命科学	30.0%	18	心理	18.6%
6	工程技术	27.6%	19	化学	17.9%
7	自然/地理	27.6%	20	材料	17.1%
8	电子	26.9%	21	人工智能	16.9%
9	能源	25.6%	22	科学史	14.9%
10	航天	25.4%	23	军事科技	13.3%
11	农业	25.4%	24	科技考古	13.1%
12	气象	23.8%	25	数学	11.0%
13	生态	22.8%			

科普网站信息内容涉及领域 2005 年与 2009 年相比存在明显差异。其中 2009 年医学/健康领域比例上升了 21.9%，农业领域比例上升了 11.4%，生物/动植物比例下降了 11.9%，环境比例下降了 4.4%，天文比例下降了 13.0%，生命科学比例下降了 11.0%，自然地理比例下降了 6.4%，见表 31.3。这说明在科普网站内容不断充实的同时，涉及领域呈现多元化，分布逐渐趋于均衡。

表 31.3　2005 年与 2009 年科普网站信息内容涉及领域对比表

网站信息内容	2005 年比例	2009 年比例
医学/健康	23.0%	44.9%
生物/动植物	52.0%	40.1%
环境	39.0%	34.6%
天文	45.0%	32.0%
生命科学	41.0%	30.0%
自然地理	34%	27.6%
农业	14%	25.4%

5. 表现形式和功能

我国科普网站在表现形式和功能上突出了交互性和开放性。一方面，用户可以借助于互联网的即时传播，通过论坛/社区、留言板、博客等参与网上讨论，发表自己的看法，使得知识的普及成为一种双向交流的互动过程。另一方面，游戏/实验、虚拟博物馆、用户上传等表现形式调动了用户参与的积极性。

表 31.4 科普网站的表现形式及功能

	表现形式及功能	比　例		表现形式及功能	比　例
1	文字	100.0%	12	视频	37.4%
2	图片	100.0%	13	浏览评论	36.7%
3	动漫	87.1%	14	在线调查	27.4%
4	电子信箱	85.6%	15	网上购物	24.5%
5	站内搜索	85.3%	16	游戏/实验	20.8%
6	论坛/社区	69.1%	17	博客	15.5%
7	服务信息	68.0%	18	即时通信	10.9%
8	科普推荐	47.3%	19	网上直播	9.2%
9	科普资源下载	46.8%	20	用户上传	7.4%
10	留言板	44.2%	21	虚拟博物馆	7.0%
11	音频	38.9%	22	手机上网	3.5%

表 31.5　科普网站栏目类型 2005 年与 2009 年对比表

栏 目 类 型	2005 年比例	2009 年比例
动漫	34%	87.1%
论坛/社区	21%	69.1%
服务信息	42%	68%
游戏/实验	17%	20.8%

从表 31.4 和表 31.5 我们看到，科普网站中，38.9%有音频文件，37.4%有视频文件，音频、视频文件已逐渐成为传播科普知识的重要形式之一；科普网站中 87.1%增加了动漫，论坛/社区占 69.1%，服务信息占 68%，所占比例均在 60%以上，与 2005 年相比较有了很大提高，这说明科普网站更加重视互动交流和服务功能；即时通信占 10.9%，网上直播占 9.2%，用户上传占 7.4%，虚拟博物馆占 7.0%，手机上网占 3.5%，所占比例不高，尚处于起步阶段；有 15.5%的科普网站开设了科普博客，网上购物占 24.5%，主要以全国学会网站中的网上订购图书和杂志为主。

31.1.2 科普网站的主要特点

（1）提供丰富的科普信息，为提高公众科学素质服务

全国各类科普网站均围绕“全民科学素质行动计划纲要”主题活动，配合全国科技周、科普日、节能减排、防震减灾、日全食和健康安全等社会热点问题，充分发挥实效性强、信息量大、不受地域限制等优势，通过发布信息、制作专题、提供科普图片、资料和视频、专家访谈、博客、建立互动交流平台等方式，在第一时间向公众提供科普信息服务，激发了社会公众参与科普活动的积极性，收到很好的社会效果，在提高公众的科学素质中发挥了重要作用。

（2）在网络科普宣传中发挥主导作用

全国各类网络科普设施把网络科普宣传作为工作重点，充分发挥互联网所具有的开放性和参与度，统一策划、统一行动、因地制宜、优势集成、开展大规模的网络宣传，发挥了网络科普宣传主力军的作用。

（3）涌现出一批优秀科普网站，社会效果显著

随着我国科普网站数量增加和规模扩大，科普信息和服务日益丰富和多样化。为了满足用户的个性化需求，向他们提供专业化科普信息和服务的科普门户网站初步形成。科普门户网站属于垂直门户网站，它的特点是可以方便用户快速、高效地获取自已感兴趣的信息和服务，发布的信息全面、真实、权威。如今网络已成为人们获取信息的重要媒介，科普门户网站借助网络的传播进一步扩大了科普知识的覆盖面，增强了科普知识的影响，使群众受益颇多，如：提供科普内容最专业、最权威的中国公众科技网。另外，中国数字科技馆、化石网、中国科普博览、苏州科技之窗、新浪科学探索、人民网科技频道、网易探索频道和科学松鼠会等一批特色科普网站，在我国网络科普发展当中也起到了示范作用。

（4）应用互联网新技术，专业化水平不断提高

随着 Web2.0 等互联网新技术在科普网站的应用，手机上网、即时通信、博客、论坛/社区、游戏/实验等形式在科普网站上的应用，使科普网站突出了交互性、开放性的特点，在线服务和互动性增强，专业化水平不断提高。科普网站提高了用户的参与意识，有利于公众就科学问题进行讨论和交流，提高了公众对网络科普的关注程度。

目前，我国科普网站存在原创内容少，信息更新慢，知名度不高，表现形式创新不足，建设质量有待提高等问题。

31.1.3 科普网站的发展趋势

科普网站在今后发展中要加强内容建设，针对我国科普网站存在原创内容比例较低、重

复使用、缺乏特色的问题，应把加强内容建设作为工作重点，营造网络科普原创的环境和氛围，鼓励优秀原创科普作品不断涌现；根据公众需求，以信息服务专业化、精细化、多样化为发展方向，不断提升在线信息服务水平；强化科普网站互动功能，优化科普网站在线信息服务质量，推动科普活动线上、线下相结合，吸引公众的注意力，扩大社会影响力，激发公众参与科普的兴趣；优化传播策略，注重品牌的塑造，将中国公众科技网、化石网、苏州科普之窗等优秀科普网站打造成有较高社会知名度的精品科普网站；加快新技术应用，推广国际通用的 W3C 网站建设技术标准，提高科普网站质量；加强农村网络科普工作，农业科普网站的建设对于完善农业知识传播体系，推广农村实用技术、提高农民科学素质、促进农村经济发展有着积极的意义。随着 3G 技术的进一步推广和普及，科普网站应尽快与 3G 技术结合，为其提供信息资源，使更多的手机用户可以浏览科普网站。

31.2　多样化的网络科普信息服务

围绕国家重点重大科技事件开展多样化的网络科普信息服务，中国互联网协会网络科普联盟积极组织科普网站配合《全民科学素质行动计划纲要》实施，向公众提供多样化的信息服务，普及科学知识，提高公众科学素质。

31.2.1　编写《中国网络科普设施发展报告》

2009 年 4 月，网络科普联盟开展了全国网络科普设施监测分析研究工作，对全国 30 个省、自治区、直辖市的 601 个科普网站进行了为期三个月的运行监测，取得监测数据 30453 个，对其中的 15 个科普网站进行了典型调查，在 12 月编写、出版了《中国网络科普设施发展报告》。《中国网络科普设施发展报告》总结了我国科普网站的发展规律和特点，分析了其发展进程中存在的问题，提出了发展建议。这是我国首次编写、出版关于网络科普设施的发展报告，为网络科普的发展、相关部门制定政策和规划提供了参考依据。

31.2.2　开展“信息时代青少年生活方式问卷调查”

2009 年 5 月，网络科普联盟与中国科学院心理所联合开展“信息时代青少年生活方式问卷调查”，内容包括基本信息、生活方式、网络使用、心理健康四个部分。北京、内蒙古、河北、山西、甘肃、江苏、湖北、四川、广东和云南 10 个省、自治区、直辖市的 1.5 万名初中一年级至大学四年级的青少年参加了问卷调查，人民网、中国网、新浪网和腾讯网 4 个网站同时进行网上调查。9 月形成了《信息时代青少年生活方式调查报告》，《报告》以调查数据为基础，对信息时代青少年生活方式、网络使用、心理健康的现状、特点、存在问题进行了系统分析，提出了信息时代青少年健康生活方式的建议，受到中国科协、卫生部的充分肯定，通过中央电视台等新闻媒体上向社会发布，引起强烈反响。

31.2.3　开展网络科普和网络宣传活动，提高公众的科学素质

2009 年 5 月 12 日是我国首个“防灾减灾日”，网络科普联盟与中国地震学会合作开展了“防灾减灾日”网络宣传活动，于 5 月 6 日在网易新闻频道上开通“在预防中远离地震威胁”专题，普及地震科学知识，提高全民防震减灾意识。

2009 年 6 月，中国科协主办了“首届全国科学博客大赛”。期间，共有 1279 个个人科学博客参赛，80 件作品获奖，70 多个网站对博客大赛进行了宣传报道。

2009 年 7 月 17 日，“探秘日全食”网络科普活动开展。国家天文台、北京天文馆的专家围绕日全食成因、太阳活动与环境气候变化、太阳能利用等问题进行讲解，现场就日全食观测、影响等问题与公众和媒体进行了讨论、交流，106 个科普网站对“探秘日全食”活动进行宣传报道。

2009 年 12 月，网络科普联盟与中国科技新闻学会、人民网联合举办了“2009 年度网友最关注的十大科技新闻事件”评选活动。截至 2010 年 1 月 10 日 24 时，有 86 万网友参加投票，评选出了 2009 年度网友最关注的十大科技新闻事件。评选活动坚持“公平、公正、公开”原则，充分尊重网友的投票结果。虽然评选的科技新闻事件涉及领域广、专业性强，但是网友仍然积极参加，热情很高，反映出我国公众科学素质的提高。这是国内首次由网友投票评选十大科技新闻事件，人民网、新浪网、搜狐网、中国网、中国国家地理网、北京天文馆和新知客网等网站积极参加，扩大了活动覆盖面，提高了科普网站的社会影响力。

31.2.4 举办 2009 网络科普论坛

2009 年 11 月 2 日在中国互联网大会期间举办“2009 网络科普论坛”，主题是：网络科普与公众需求。论坛邀请专家学者围绕网络界面视觉系统设计理论、多维生活方式引领青少年健康上网、网络应急科普、数字科普研究与实践等问题做了精彩的专题报告，来自全国的网络科普工作者 150 多人参加了论坛。论坛推动了网络科普学术交流，加强了网络科普队伍建设，提高了网络科普工作者的专业水平，有利于提升科普网站的建设质量，扩大了网络科普的社会知名度。

31.3 典型案例

31.3.1 中国公众科技网

中国公众科技网（http://www.cpst.net.cn）建于 1999 年 6 月 30 日，是中国科协主办的专业化科普门户网站，由中国科协系统共同建设，也是中国大陆地区第一家开通的综合性专业科普网站。它是基于互联网、面向社会和公众提供科技知识和信息的社会化信息服务平台，内容丰富，原创科普信息占全部信息的 50%。它突出精品栏目和互动服务，具有强化网络科普资源导航功能和信息时代的特征。网站每日更新，页面数量为 157 000，日访问 27 488 人次，日访问页面数 156 051 个，专题 43 个，可访问总字节数为 89 8261KB。中国公众科技网的主要特点：

（1）属于综合门户网

中国公众科技网站主要有以下一定特色的频道、专题、栏目和活动。如科普导航，网民能够直观地了解国内外各科普网站的特点，并且可以依据自己的需求便捷地查询一些内容质量好或有特色的站点；在线访谈，邀请专家讲解、评点、答疑，与网民在线问答，形成专家与网民之间的网上互动；健康，提供分类精细、针对性强的知识和信息，栏目内容丰富，已积累近 2 万篇文章；心灵港湾，重点介绍社会心理压力及合理化解压的知识，关注突发事件后公众产生的心理问题，邀请心理学专家和心理医生与公众进行在线交流，帮助公众解决心理困惑；航天之旅，系统展示中国航天、载人航天、开发太空、深空探测、航天史话、航天人物等内容，还根据社会关注的热点，精心组织制作了“嫦娥探月”、“神舟七号”等专题；国防，图文并茂地介绍国内外军事装备与军事科技发展理念，开办国防史话、国防百科和国防教育等子栏目；科普竞赛，在线科普竞赛的目的是为了让广大网友了解更多的科普知识，培养科学兴趣，增强互动功能，为广大网友提供了交流平台，鼓励网友参与，共同建设中国公众科技网；科普影院，优选国内外优秀科普声像作品近 300 部，其中 40 多部是中国科协长期开展农村科普工作所产生的传播实用农业技术和农村科学生活知识的影片，30 部由国内外科研和非营利机构提供的关于环境保护和资源节约的影片。

（2）以内容为突破口开展推广

科普网站最重要的还是内容。中国公众科技网在内容建设上增加与网民的互动，吸引网民参与；与优秀媒体合作，扩大及丰富网站内容和活动的宣传推广。2009 年 6 月 30 日，中国公众科技网从已发布内容中挑选了 1000 篇科普文章，600 余幅图片，10 部视频，形成自成知识体系的 10 个版块，编辑制作成多媒体展示动画——“中国公众科技网光盘版”，并发送到全国各地的基层科普站点供民众浏览，为科普工作提供内容资源服务。

（3）把握重大事件，开展应急科普宣传

在应急科普方面，中国公众科技网在 2003 年开设“非典专题”，2005 年开设“禽流感专题”，宣传疫情相关科普知识。2008 年 5 月 12 日四川发生地震后，与多家全国学会合作，开展在线访谈活动，开设了防灾减灾栏目，在各个栏目发布地震相关科普知识 200 余篇。2009 年甲型 H1N1 流感爆发，中国公众科技网发布了相关科普信息 416 条。

（4）未来发展方向

中国公众科技网今后要加强网络科普资源导航和会员制在线科普竞赛功能，加大与教育科研机构、科普专家、专业科普报刊的开发合作，形成优质科普资源，突出精品栏目和有特色的服务，增强内容的实用性与吸引力，同时加强对资源的梳理、整合，以及对已有内容的开发利用，逐步形成便捷地制作科普专题的能力，提高内容资源的利用价值。

31.3.2　化石网

化石网（http://www.uua.cn）创立于 2004 年，由中国科学院南京地质古生物研究所和中国古生物学会共同主办，是一个以古生物科普为主，兼顾普及其他学科科学知识的非营利性专业科普网站。化石网坚持以人为本，重视公众对参与科学过程的网络需求，把传播科学精神放在第一位。化石网通过鼓励青年科研人员进行科普创作，吸引古生物爱好者参与知识学习和传播，与新闻媒体合作举办科普宣传活动等，努力提升自身影响力和科普有效率，逐步成长为国内最大最具影响力的专业科普网站之一，同时也让很多有兴趣、爱学习的受众从入门成长为富有知识、传播科学知识的力量，并鼓励一些有基础的爱好者撰写学术论文。化石网已成为一个公众了解古生物研究进展、学习生物进化知识和其他学科科学知识的网络平台，2009 年 9 月荣获联合国“世界信息峰会大奖”。化石网的主要特点有：

（1）打造知识资源库

化石网有 22 个栏目，包括著名化石、化石展览、化石地点、网友化石、科学擂台、古生物馆、专家学者、探索频道、野外考察和岩石矿物等。13 个子网站，包括古无脊椎动物网、古鱼类网、古两栖动物及古爬行动物网、恐龙网、古鸟类网、古哺乳动物网、古人类网、古植物网等。化石网论坛约拥有注册会员 5.1 万人，全国各地的活跃会员约 9000 人，下分 8 大板块，30 个版面，由 40 余位论坛管理员和版主全天候在线管理，会员人数达 51 351 人，论坛每日更新 1000 贴左右。

化石网电子杂志《FOSSIL@NET》于 2008 年 1 月创刊，每期十余篇文章全部为化石网网友原创，内容包括化石网报道、精彩化石、化石猎人等等。化石网开通了博客，名称为悠游科学（blog.uua.cn），自 2009 年 7 月 1 日上线开始，“悠游科学”以每日近两百个新开博客的速度快速发展，以期实现网民享受科学的目的。

（2）突出互动，重视社群建设

化石网除了主页上丰富的内容外，论坛中还有专家和网友的交流，特别是专家对公众科学活动的具体指导，以及公众参与专家的科学研究活动。网站的“探索频道”通过丰富的内容，如动植物、考古发现、未解之谜和自然现象等吸引众多网友参与科学研究互动。化石网除了重视网上互动交流外，每年还组织很多线下网友活动，如野外考察、地质旅行、参观博物馆和网友聚会等。

（3）开展各项活动，提高网站知名度

化石网组织或指导全国各地网友野外考察、地质旅行等；联合各大媒体组织活动，如化石鉴定会，组织专家为市民免费鉴定化石；举办全国古生物卡通漫画大赛，邀请权威专家作为评判；举办有关古生物、化石和地理方面的摄影大赛，邀请国内有名的专家作为评判；联合各大媒体举办全国化石爱好者大会，相互交流；网站出版各种科普书籍，例如新世纪出版社出版的《琥珀精灵》科普漫画；举行全国化石爱好者征文活动，为网友提供优良的服务和交流环境，大力加深网站在网友中的凝聚力，用网友的口碑作为网站的宣传手段等。

（4）搭建交流平台，提高交流流量

化石网为提高网友交流流量，做了一系列搭建交流平台的工作。以化石网为平台的实践中，认真分析诸如浏览深度、页面停留时间、关键词、搜索引擎、IP 来路、访问时间及上网场所、用户回头率等数据，根据这些数据不断调整网站结构、界面，以争取更多的人在网上能够得到知识。

（中国科协信息中心　张小林、闫伟、吴晨生、董晓晴）

第 32 章　2009 年其他行业网络信息服务发展情况

32.1　房产信息服务发展情况

随着信息技术的不断发展，房产信息服务网站已经逐渐成为用户获取房产市场信息的重要媒介。从服务模式上来看，当前中国的房产网络服务呈现出多元化发展的格局。与传统的房产网站模式相比，交易服务和电子商务模式由于其自身所具有的信息维度广、实用性强和用户体验感高等特点，更能满足房地产这个特定领域的用户需求。经济危机的情况下，市场交易的重心已经向二手房/租房市场发生偏移。当二手房/租房成为主流的房地产交易之后，网上房产交易和电子商务模式的优势更加显著。

总体上来讲，中国的房产网络服务前景仍然乐观，产品和服务的多元化是房产网站满足消费者需求的必要条件，在房地产行业树立行业规范，促进行业整合，提高产业链的效率是未来房产网站发展的趋势。同时，广告收入仍将是一定时期内房产信息服务网站的主要收入来源。

32.1.1　网站发展情况

2009 年，大型房地产网站加快了整合的步伐。

2009 年 8 月 11 日，搜狐宣布旗下的“焦点房地产网”正式更名为“搜狐焦点”，全新的立体房屋状企业标示和新版页面也同步上线。此举意味着已诞生 10 年的“焦点房地产网”品牌，与“搜狐”品牌完全融合。

10 月 16 日，新浪和易居中国合资公司 CRIC（中国房产信息集团公司）成功登录纳斯达克，开启了中国互联网企业化时代的开端，让更多的传统企业看到了互联网媒体的价值。

2009 年年底，搜房网最大股东澳洲电讯宣布搜房网赴中国香港上市的计划。

32.1.2　市场分析

2009 年，我国的房地产网站市场集中度较上一年未发生很大变化。据互联网实验室发布的月度中国房地产市场份额统计报告显示，房地产网站领域流量仍非常集中。以 2009 年 8 月为例，搜房网、焦点房产网和新浪地产占据房地产网站市场份额前三名的位置，分别为 44.09%，12.97%和 5.67%，如图 32.1 所示。

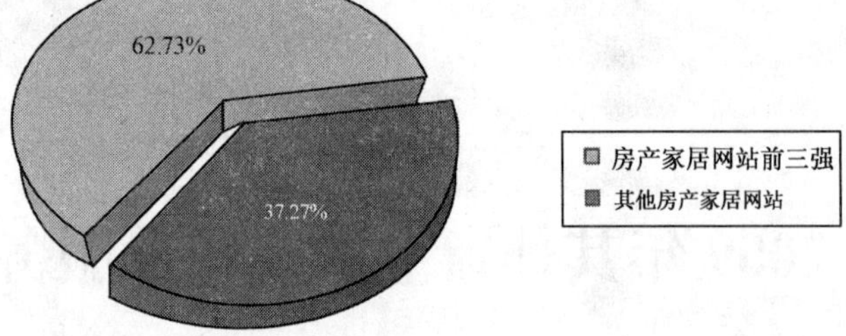

图32.1　2009年8月房地产网站市场份额比例

2009 年，随着 CRIC（中国房产信息集团公司）在纳斯达克的成功上市，我国房地产网站市场呈多元化发展的趋势越发明显，逐渐从传统的垂直行业媒体向"鼠标+水泥"的模式演进。呈现出以下特点：

（1）房地产行业网络广告投放增长。2009 年我国房地产市场随着商品房成交量的上升，带动房地产商的广告投入。房地产网站作为网络媒介平台，广告收入相应增长。

（2）网络媒体活动营销形式趋于多样化。网络媒体与其他性质媒体的重要区别在于互动性和信息多样性，团购看房是网络媒体互动性的典型体现。由于团购看房给予购房者低于市场同期的优惠，同时给房地产商带来了大量具有潜在需求的购房者，因此逐步受到购房者和房地产商的欢迎。从最开始的单个楼盘团购看房，网络媒体的活动营销逐步发展出会员制购房团、专题型购房季和专题购房路演等多样化活动方式。

（3）房地产网络营销逐步往线下发展。网络营销虽然具有性价比高、互动性强的特点，但在房地产广告投放媒体分布中，传统的平面媒体、户外媒体等仍占有相当大的比重。主要原因在于平面媒体、户外媒体等传统媒体的用户覆盖面广，中国网民规模虽然正在高速发展阶段，但非网民的群众规模仍有近 10 亿。因此，网络媒体为了扩大在非网民群众中的影响力，开始逐步实施一系列举措来达到这一目的，如举办楼盘路演、社区活动和电话咨询等。

32.1.3　商业模式

目前，我国房地产网站的赢利模式仍主要集中于网络广告这一较为单一的模式，但同时也正在向多元化的模式转变。房地产网络营销推广，房源信息库登录和业主信息增值服务，信息中介费等逐渐成为房地产网站新增的收入来源。

在高度信息化的时代，传统平面媒体及电视媒体不能完全满足日益多元化的推广需求，网络传媒在房地产推广应用上日渐崛起。根据中国房地产测评中心数据统计，2009 年前三季度全国房地产网络广告投放金额为 10.48 亿元人民币，季度投放呈现递增态势。相比较平面和电视媒体，网络媒体依旧处于明显的增长期，虽然目前网络房产广告的投放额占整体投放额的比例仅为 7%～8%，但其良好的增速令人期待。2009 年，网络营销也开始崭露头角，如天津招商钻石山颇具新意的举办"帖子换房子"活动，这种现象体现了目前房地产网络营销的多元化。

以目前占据房地产网络媒体市场份额前三位的网站为例，中国指数研究院发布的《2009 年第三季度房地产行业网络广告市场分析报告》显示，2009 年第三季度中国房地产网络广告投放费用总计 3.7 亿元人民币，环比增长 15.6%。其中，搜房网广告投放费用达到 2.15 亿元人民币，环比大增 19.4%；新浪乐居投放费用约为 6200 万元人民币，在第三季度市场全面向好情况下，环比下滑 4.6%；搜狐焦点投放费用约为 2250 万，其他房产网络媒体广告投放费用约为7050万元人民币。

中国指数研究院数据显示，第三季度中国经济复苏明显，房地产行业的网络广告投放额度增加，其中搜房网表现出强者恒强的态势，增长速度超过行业平均水平。从投放费用占比情况来看，搜房网占比最大，网络广告投放市场份额达 58.1%。新浪乐居占 16.8%，搜狐焦点约占 6.1%，其他房产网络媒体约占 19.0%，如图 32.2 所示。

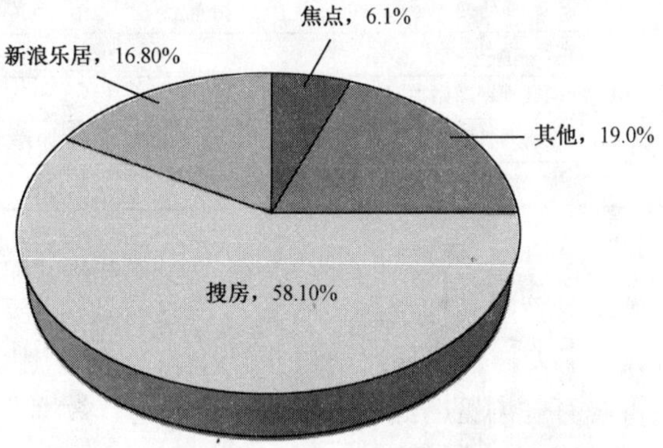

图32.2　2009年第三季度房产广告媒体投放分析

从房地产网络媒体的发展策略来看，以搜房网为代表的垂直门户网站加强了对二三线城市的渗透，大规模推进城市地方站的建设工作，有效促进了搜房网市场份额的进一步提升。二、三线城市网络的普及和房地产开发企业对网络的认知不断提高，尤其是全国性大型房地产集团在二、三线城市的开发建设带动新的产品和营销模式的变革，进一步促进了地方城市房地产网络广告的增长。

32.2 IT 产品信息服务发展情况

32.2.1 网站发展情况

根据艾瑞咨询推出的网民连续用户行为研究系统 iUserTracker 数据显示，2010 年 1 月，垂直 IT 网站总日均覆盖人数 1869 万人，与 2009 年 12 月基本持平。其中，中关村在线环比增长 7.4%至 482 万人，巩固领先优势。太平洋电脑网和泡泡网日均覆盖人数分别达 432 万人和 248 万人，位居第二、第三位，如表 32.1 所示。

表 32.1　2010 年 1 月垂直 IT 网站日均覆盖人数排名

排　名	网　站	日均覆盖人数	日均网民到达率
		万人	%
1	中关村在线	482	2.9%
2	太平洋电脑网	432	2.6%
3	泡泡网	248	1.5%
4	电脑之家	188	1.1%
5	CSDN	188	1.1%

续 表

排　名	网　站	日均覆盖人数	日均网民到达率
		万人	%
6	IT168	181	1.1%
7	天极-Yesky	168	1.0%
8	中国站长站	77	0.5%
9	硅谷动力	72	0.4%
10	cnBeta	72	0.4%
注：日均网民到达率=该网站日均覆盖人数/所有网站总日均覆盖人数			
Source: iUserTracker. 家庭办公版 2010.1，基于对 20 万名家庭及办公（不含公共上网地点）样本网络行为的长期监测数据获得			
©2010.2 iResearch inc.			www.iresearch.com.cn

艾瑞咨询数据显示，2010 年 1 月垂直 IT 网站总有效浏览时间 4721 万小时，环比下降 1.3%。中关村在线、太平洋电脑网和泡泡网三者合计占总有效浏览时间的 51.7%，比 2009 年 12 月上升 2.6 个百分比。中关村在线环比增长 9.5%，占总有效浏览时间的 24.8%；太平洋电脑网环比增长 0.9%，占总有些浏览时间的 17.5%；泡泡网有效浏览时间达 442 万小时，占总有效浏览时间的 9.4%，如表 32.2 所示。

表 32.2　2010 年 1 月垂直 IT 网站有效浏览时间排名

排　名	网　站	月度有效浏览时间	月度有效浏览时间比例
		万小时	%
1	中关村在线	1173	24.8%
2	太平洋电脑网	826	17.5%
3	泡泡网	442	9.4%
4	IT168	205	4.3%
5	cnBeta	184	3.9%
6	CSDN	181	3.8%
7	电脑之家	162	3.4%
8	中国站长站	138	2.9%
9	天极-Yesky	136	2.9%
10	站长网	122	2.6%
注：月度有效浏览时间比例=该网站月度有效浏览时间/该类别所有网站总月度有效浏览时间			
Source: iUserTracker. 家庭办公版 2010.1，基于对 20 万名家庭及办公（不含公共上网地点）样本网络行为的长期监测数据获得			
©2010.2 iResearch inc.			www.iresearch.com.cn

32.2.2　市场分析

据 DCCI 统计显示，2009 年第一季度，新浪科技成为最具 IT 品牌营销价值的媒介，中关村在线次之，淘宝网、泡泡网、百度、网易科技都是广告投放、互动营销不可忽略的重要互联网媒介，如图 32.3 所示。

媒介 IT 品牌占有力：淘宝网（11.1%），中关村在线（9.3%），新浪科技（8.6%），泡泡网（7.8%）是占有 IT 品牌信息最多的网站，如图 32.4 所示。

各网站 IT 品牌专注力统计中，新浪科技全频道 IT 品牌专注力最高，即新浪科技全频道网页浏览总量中，高达33.6%的为IT相关产品/品牌的信息。品牌专注力越高表明IT相关产品/品牌信息在该网站频道传播信息量中的比例越高，新浪科技、网易科技、中关村在线、泡泡网与IT168五大媒体的IT品牌专注力均不低于24%，这说明IT品牌相关产品/品牌为这五大网站频道的重要内容，如图32.5所示。

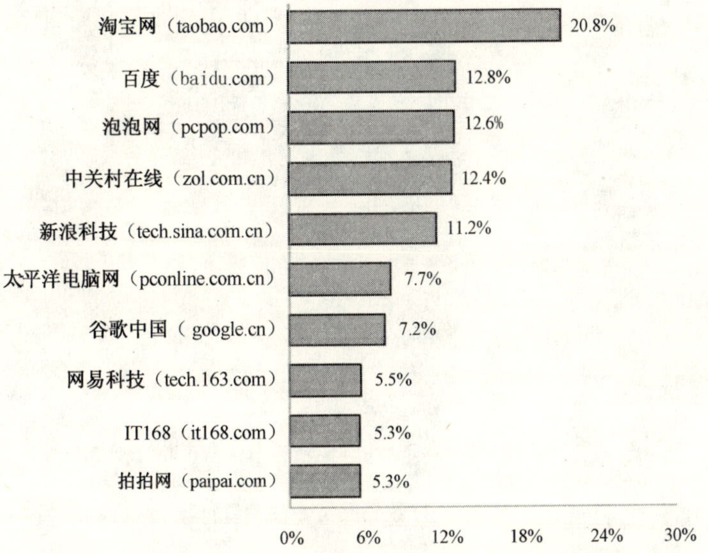

DCCI 样本量N=31 463　DCCI　Netmonitor09Q1　IT品牌营销媒介价值测评

图32.3　覆盖IT受众最多的网站

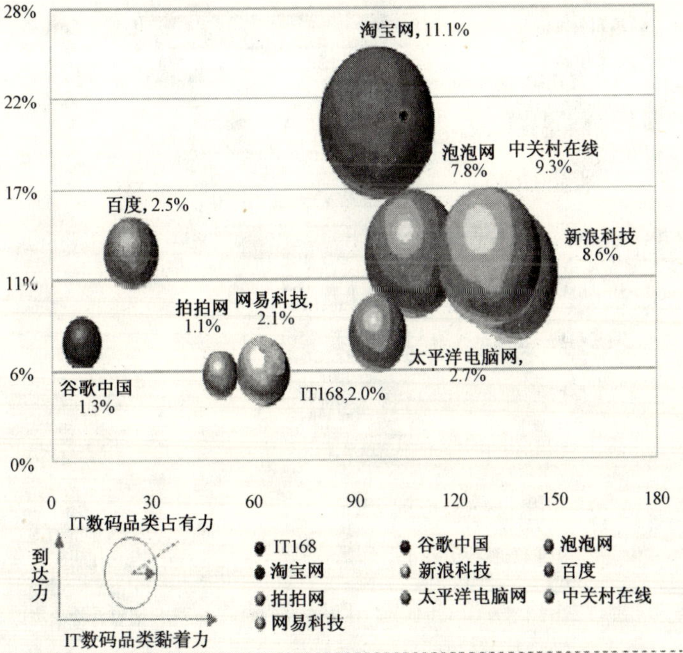

DCCI 样本量N=31 463　DCCI　Netmonitor09Q1　IT品牌营销媒介价值测评

图32.4　IT数码品牌占有力统计

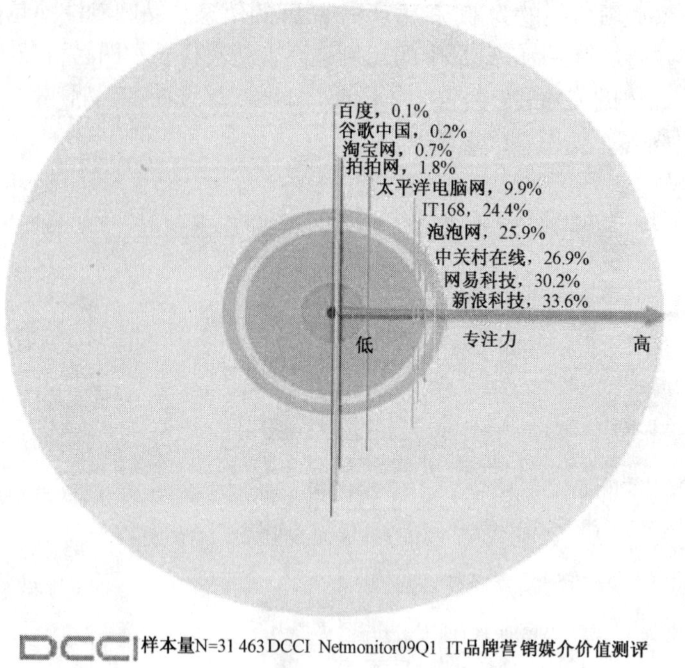

图32.5　IT数码品类专注力统计

新浪科技与中关村在线 IT 品牌黏着力最高，受众对其提供的 IT 品类信息的季度月均人均访问时长分别为 136s 与 130.3s。品牌黏着力表现出受众关于 IT 品牌信息在某网站的消费时间，反映媒介受众对某类品牌访问的黏性，如图 32.6 所示。

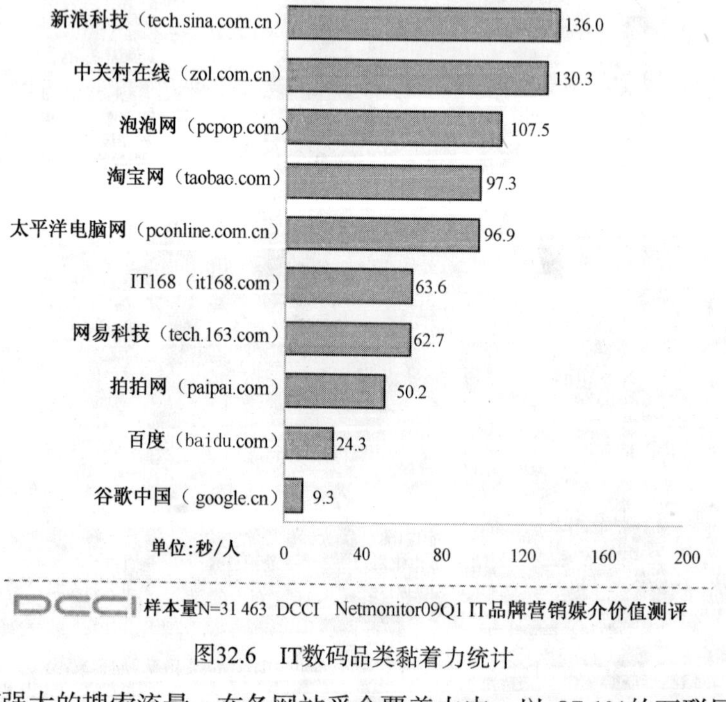

图32.6　IT数码品类黏着力统计

百度依靠其强大的搜索流量，在各网站受众覆盖力中，以 87.1%的互联网用户季度月平均到达率位列第一位，排在其后的分别是谷歌中国（49.5%）和淘宝网（33.1%）等。媒介综合受众覆盖力是媒介频道影响力的重要评比指标，也是广告主、4A 选择媒介的重要参考因素，如图 32.7 所示。

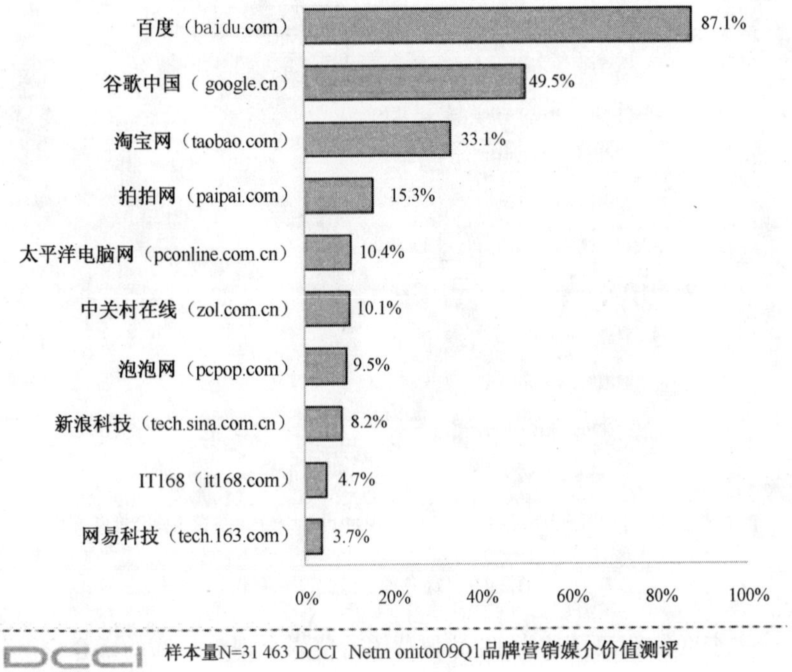

图32.7　媒介受众覆盖力统计

网易科技受众购买力最强，其受众季度月平均消费支出为 1529 元/月。其次是新浪科技受众购买力，季度月平均消费支出为 1479 元/月。综合门户科技频道受众购买力显著高于 C2C 电子商务网站、搜索引擎、IT 数码类垂直网站，如图 32.8 所示。

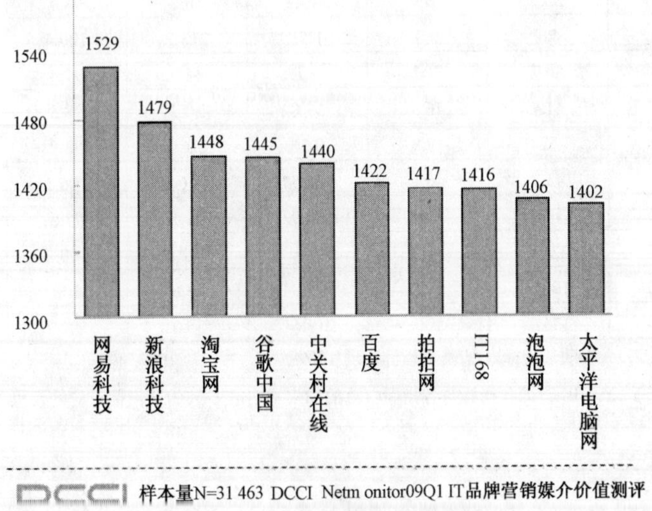

图32.8　媒介受众购买力统计

淘宝网与百度受众黏着力显著优于其他网站，淘宝网、百度季度月平均受众人均访问时长超 2 小时，分别为 156.5 分钟与 125.7 分钟，而其他网站受众黏着力均未超过半小时，两者领先优势显著，如图 32.9 所示。

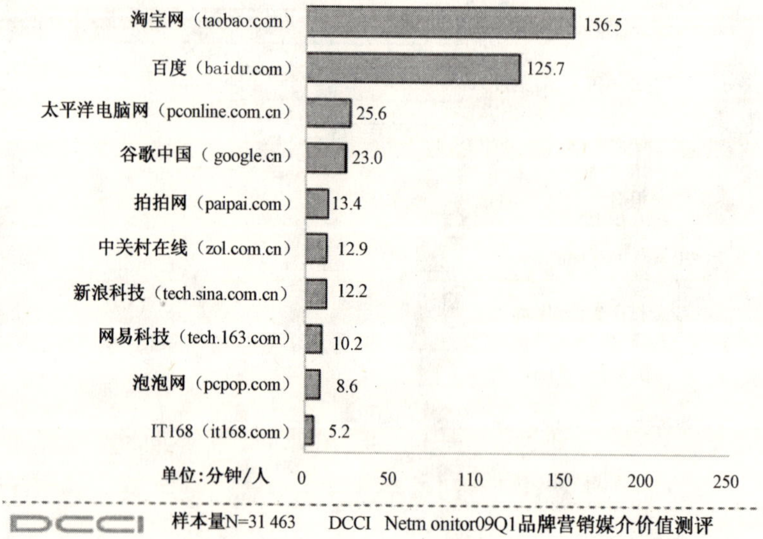

图32.9 媒介受众黏着力统计

2009 年第一季度，新浪科技为 IT 品牌营销价值媒介得分最高的媒介，得分为 138.5 分。中关村在线次之，总评得分为 129.2 分，居于第二位。另外，淘宝网、泡泡网、百度、网易科技都是广告投放、互动营销不可忽略的重要互联网媒介，如表 32.3 所示。

表 32.3 2009 年第一季度 IT 品牌营销价值媒介 TOP10

	单项指标得分							综合指标得分
	品牌到达力	品牌占有力	品牌黏着力	品牌专注力	综合到达力	综合购买力	综合黏着力	
拍拍网	52.3	22.7	36.9	11.43	66.2	98.4	34	36.0
谷歌中国	71.7	26	6.8	1.51	213.7	100.4	58.5	43.8
太平洋电脑网	76.7	56.7	71.2	64.13	44.9	97.4	65.2	67.3
IT168	52.3	41.4	46.8	159.02	20.2	98.3	13.2	79.4
百度	126.6	52	17.8	0.36	176.1	98.7	319.6	88.7
网易科技	54	43.7	46.1	196.51	16	106.1	25.8	92.2
泡泡网	125.1	161	79	168.92	41.1	97.6	21.8	119.0
淘宝网	206.6	228.8	71.6	4.56	142.8	100.5	397.9	126.6
中关村在线	123.3	190.9	95.8	174.94	43.6	100	32.9	129.2
新浪科技	111.4	176.7	100	218.61	35.3	102.7	31	138.5

注：1 单项指标得分（X_i）=本期某指标表现/基期指标表现/100%

2 综合指标得分= $\sum_i^n X_i - W_i$，即各指标与各指标权重的加权平均值（W_i 为某指标对应的权重）

32.2.3 商业模式

目前，中国 IT 产品网站的赢利模式非常单一，仍然依靠广告收入作为赢利方式。IT 类的产品的种类繁多，用户需求量大。作为该细分领域的专业网络媒体，广告收入依然可以支撑此类网站的营收。同时，广告主也在投放广告时更多地选择IT网站进行网络广告投放。

艾瑞咨询的数据研究发现，2009年，IT产品、网络服务、交通类和房地产四个行业的网络广告投放预估费用共52.6亿元人民币，占2009年网络品牌广告总预估投放费用的56.2%。IT产品在门户网站的投放费用比例是四个行业中最少的，仅占31%，而在垂直IT类网站的投放比例则达53%。垂直IT网站市场发展成熟，是用户选购IT产品前的重要信息来源渠道，因此IT产品广告投放偏重于垂直IT网站。此外，IT产品在门户网站上的广告投放也侧重于IT相关频道，投放于门户网站IT频道、科技频道、数码频道的预估费用占投放于门户网站总费用的20%左右，如图32.10所示。

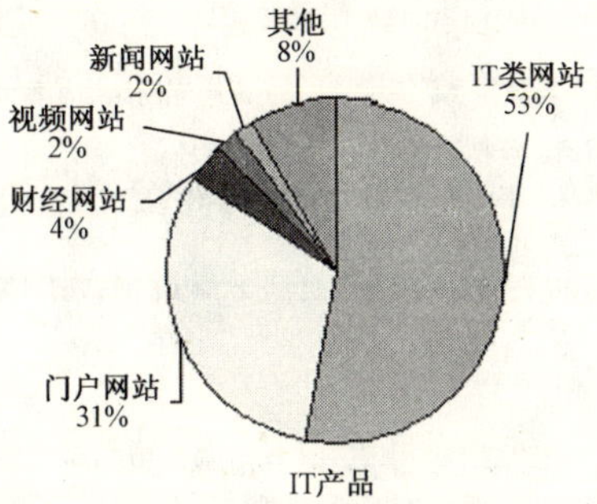

Source：iAdTracker.2009.12.基于对中国200多家主流网络媒体品牌图形广告投放的日监测数据统计，不含文字链及部分定向类广告，费用为预估值。

图32.10　2009年IT产品网络广告投放费用媒体类型分布

32.3　旅游/旅行信息服务发展情况

2009年，中国网上旅游市场发生了多起并购案例：芒果收购易休，易网通收购游易，艺龙亦对几家酒店代理网站展开并购，携程增持中国台湾旅游网站ezTravel股份，国际旅游巨头expedia收购酷讯，寻求资源与内容的整合是这几家行业领先企业采取并购策略的主因。

2009年4月，H1N1流感开始在世界范围内大规模扩散，在经济危机的背景下，网络旅游市场受到一定的影响，国际市场业务明显受到打击，5月份机票预订量同比下降明显。另外，经济危机导致消费者消费意愿降低也对网络旅游市场产生了不利影响。下半年，随着经济形势的回暖，中国的旅游市场逐步走出低谷，旅游网站将资金更多投入到用户预订体验的改善中，其中酒店点评环节受到极高重视，艺龙、携程先后推出五星级酒店免费体验活动，鼓励用户进行酒店点评；加之酒店点评网站的快速发展，足以看出旅游作为体验产品，与社区结合的必要性与重要性。

艾瑞咨询（iResearch）推出的《2009—2010年中国网上旅行预订行业研究报告》统计显示，2009年中国网上旅行预订市场规模为37.4亿元人民币，相比2008年的29.4亿元人民币同比增长27.2%，如图32.11所示。

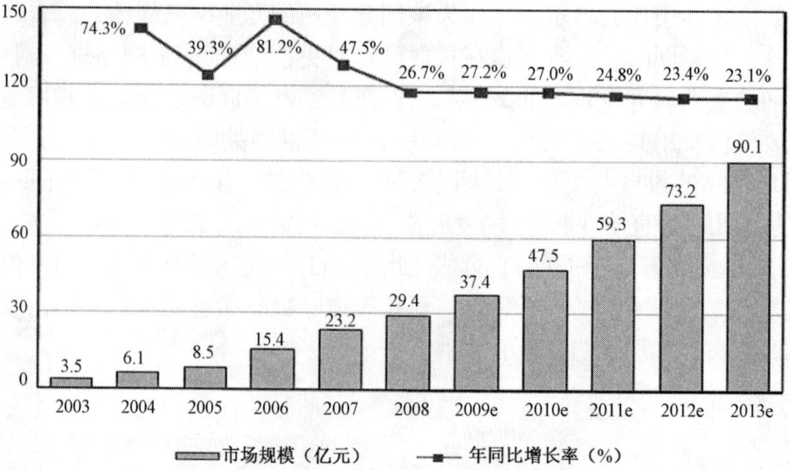

注：市场规模指旅行预订运营商佣金营收规模总和，即OTA规模。
Source：综合上市公司财报，企业及专家访谈，根据艾瑞统计预测模型核算及预估数据。

图32.11　2003—2013年中国网上旅游预订市场规模

32.3.1　网站发展情况

2009 年，中国网上旅行预订市场的竞争格局并未发生太大改变，携程仍占据 50%以上的绝对领先份额，且其旗下的中国台湾旅游网站 ezTravel 通常会每季度多为其贡献近 3%的市场份额，而携程继续增持如家股份，也为其带来更多利润。

在第二阵营中，艺龙多方面改革终见成效，连续三季度实现赢利；电信运营商旗下旅游业务号码百事通及12580则凭借雄厚的资金实力，展开了强大的宣传攻势，助其分别获得5.8%和 3.2%的市场份额。

各网站的发展策略，则呈现出差异化的方向："收购"是携程发展的关键词，增持中国台湾旅游网站股份，增持如家股份，收购线下旅行社等，都表现出行业龙头企业产业链多方通吃的实力；艺龙更注重网络宣传渠道，尤其重视与社区的互助效应，在人人网中植入插件，并推出"一起飞"服务，在旅游电子商务中植入 SNS 元素；芒果网则将易休打造成针对学生、驴友、背包客等年轻群体的子品牌"青芒果旅行网"，旨在填补芒果中低市场的空白，与其他商旅定位的旅游网站形成差异。

2009 年主流旅行预订网站均加强了对网络预订的重视程度，目前携程、艺龙的在线预订比例约为 1/3；易网通收购游易的初衷之一，便是看重了其较高的网络预订比例；而快乐 e 行始终把网络预订作为其最核心的竞争力之一。网站的重视，无疑将加速用户预订行为从线下到线上的转移。

垂直旅游网站在 2009 年的新变化，也对市场格局产生一定影响，比如去哪儿的高速发展，为一些机票代理带去很大流量；全球旅游巨头 expedia 完成对酷讯的收购后，旗下业务已覆盖用户预订行为的各环节，到到与酷讯作为媒体为艺龙带流量，艺龙又可为到到及酷讯提供内容，链条的形成有助于加速 expedia 在中国的发展步伐，如图 32.12 所示。

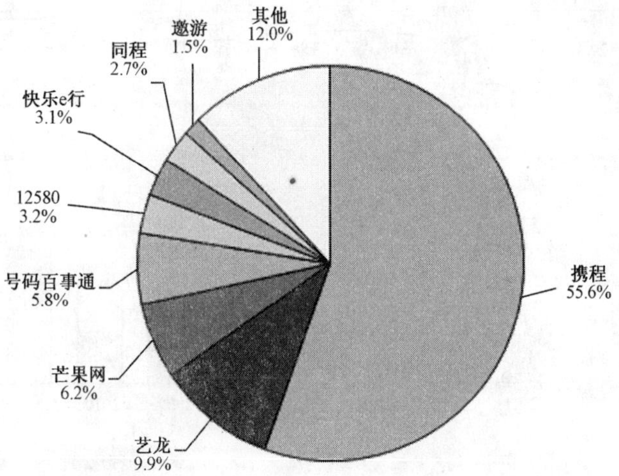

注：2009年中国网上旅行预订市场规模为37.4亿人民币
Source：上市公司财报及行业访谈。

图32.12　2009年中国网上旅游预订运营商应收份额

32.3.2　市场分析

自 2008 年以来，中国旅游网站的访问人数呈现快速增长态势，增长率从 2007 年的 6%提升到 2009 年的 75%，而同期中国的国内旅游人数却增幅放缓。从网站用户的增长率与旅游人数增长率的对比可以发现，越来越多旅游用户开始使用网站服务，见表 32.4。

表 32.4　2007—2009 年中国旅游用户及旅游网站用户增长率

	2007 年	2008 年	2009e 年	变 化 趋 势
国内旅游总人数增长率（%）	15.5%	6.3%	3%	
旅游网站访问人数增长率（%）	6.0%	62.7%	75%	▲

Source：国家旅游局、艾瑞咨询，2009 年预估值

据艾瑞咨询估计，2009 年，中国网上旅行预订用户规模（定义为在最近半年内至少产生一次预订行为的用户数量总和，包括通过 call center 的形式进行预订的用户）将达到 2000 万，相比 2008 年的 1410 万，增长 41.8%，网民覆盖率为 5.1%，预计到 2013 年网上旅行预订用户规模将达到 6000 万，网民覆盖率达到 9.1%，如图 32.13 所示。

艾瑞咨询 iUserTracker 的监测数据同时显示，2008 年，2009 年旅游网站的用户覆盖人数相对 2006 年，2007 年呈现出较大幅度的上升趋势。当有更多居民选择休闲旅游时，他们对价格的敏感、对消费的理性都会促使网络旅游平台访问量的提升，因为互联网是最全面的信息集合平台，有最方便的产品比较工具，如搜索、论坛等，是最便捷的预订方式，有最广泛的分享网络，这些因素都加速了旅游者的消费行为从线下向线上转移，包括获取信息、产品比较、预订及旅游经历的分享，网站成为旅游服务不可缺少的渠道及平台。

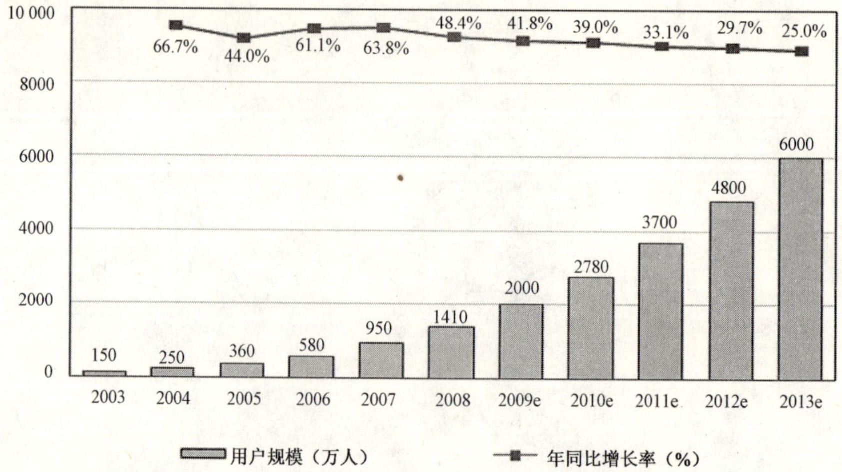

注：网上旅行预订用户规模：是指在最近半年内至少产生一次预订行为的的用户数量总和。

图32.13　2003—2013年中国网上旅行预订用户规模

根据艾瑞咨询统计，2009年订房营收规模为16.75亿元人民币，占总营收的比重为44.8%，较2008年下降2.3个百分点；机票营收规模为16.45亿元人民币，占总营收的比重为44.1%，较2008年上升0.9个百分点；度假产品及其他旅游收入为4.15亿元人民币，占总营收比重为11.1%，较2008年上升1.8个百分点，如图32.14 所示。

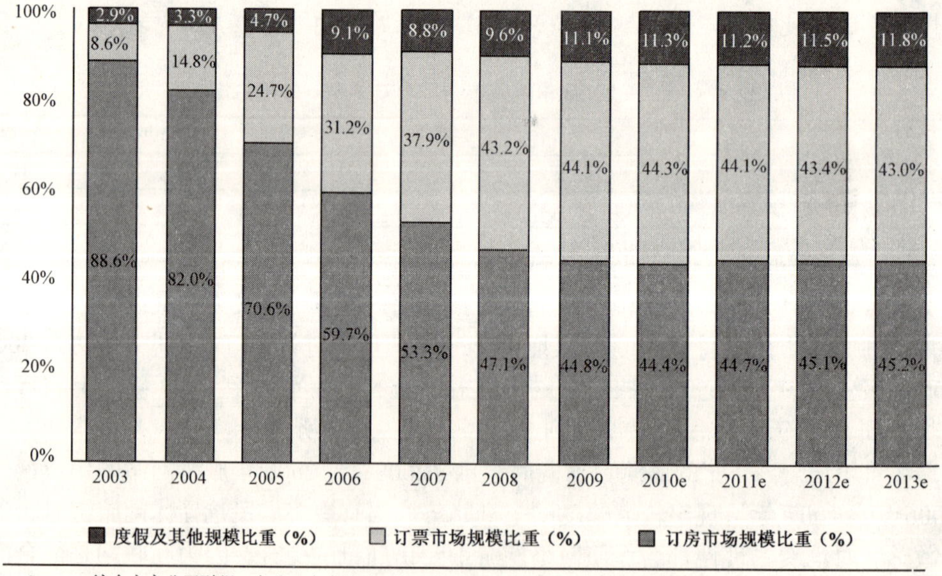

Source：综合上市公司财报：企业及专家访谈，根据艾瑞统计预测模型核算及预估数据。

图32.14　2003—2013年中国网上旅行预订市场结构变化

度假产品营收比重的上升，体现出我国休闲旅游市场的繁荣。这一方面源于居民生活态度的改变以及消费能力的提升，度假旅游俨然成为一种健康向上的生活方式；另一方面源于国家政策的扶持。例如，法定节假日及带薪休假制度的实施、全国性国民休闲计划的酝酿、各地旅游消费券的发放等，上述政策及措施为休闲旅游市场的发展创造了条件。

就机票和酒店的相对营收份额来说，目前仍呈现机票营收份额上升、酒店份额下降的趋势，但这一趋势将在 2011 年获得扭转。一方面因为航空公司对代理的挤压相对酒店对代理的挤压更大：与航空业以国有航空为主的局面不同，酒店业以大量中小单体酒店为主，他们信息化程度低，欠缺自建及运营网站的能力，因此使得代理商统一销售平台的价值突出，代理将继续充当单体酒店重要的销售渠道。另外，网络代理商对酒店预订的改进，如有房保证、增加地图及视频展示、鼓励用户点评等，也会增强用户网络预订酒店的信心，促进酒店预订量的升高，而单间酒店营收远高于单张机票营收，也将促使酒店营收份额回升。

32.3.3 商业模式

作为行业的先驱，携程和艺龙的成功源于互联网+呼叫中心的应用颠覆了传统的门店销售模式，会员卡派送+互联网营销使得成千上万的旅行者对其品牌有了高度的认知，携程和艺龙迅速在被传统旅行社所忽视的散客旅游市场占据了绝对的优势。

垂直搜索引擎的发展为中小型旅游分销商和航空公司、酒店供应商提供了新的增长空间。去哪儿和酷讯虽然在垂直搜索市场迅速占据了领先地位，但麒迅旅行网、飞友网、搜比网、途宝网等同类型网站的进入使得这一市场的空间马上就变得狭窄，价格战已经是在所难免：一方面，旅游分销商削价以吸引终端客人的眼球；另一方面，垂直搜索引擎削价争夺旅游分销商投放广告。虽然主要搜索引擎在用户体验和社区建设方面都进行了积极的改进，但他们的发展前景并不乐观。中国国内航空市场的高度垄断和产品同质化使得垂直搜索引擎可以选择的航空公司合作伙伴并不多，而携程和艺龙对中国本土酒店分销市场的有力控制使得酒店自身的网站和其他第三方网站在价格方面很难有竞争力。简而言之，有限的供应商合作伙伴和产品同质化使得中国垂直搜索引擎们的道路走得无比艰辛。

展望中国在线旅游市场的未来前景，虽然携程和艺龙只占了中国旅游分销市场约 10%的市场份额，但他们在品牌、渠道、产品资源等诸多方面的优势为所有的后来者都树立了强大的竞争壁垒，唯有商业模式或技术应用方面的创新才有可能取得突破。

严格来说，佰程网、畅翔网、途牛网在商业模式方面谈不上创新，他们更多地专注在一个细分的旅游产品专业市场进行深耕细作：佰程旅行网专注于 FIT 出境产品的预订，畅翔网则从事在线差旅管理，途牛网则整合传统旅行社的团队旅行和自助游打包产品，并通过互联网和呼叫中心来销售。而在上述领域，携程、艺龙、芒果网、数以万计的传统分销商，以及 GTA、HRS、Hotels.com、Agoda、Booking.com、Hotelclub、美国运通、CWT、FCM、HRG 等国外行业巨头都是他们不容忽视的竞争对手，佰程网、畅翔网和途牛网能否做大做强仍然有赖于对细节和用户体验的高度关注以及对上游产品资源的控制能力。

从目前中国主流的旅游网站来看，预订和搜索网站仍然是投资商关注的重点，但寻找具有独特产品和市场定位的蓝海对于经营者和投资商来说并不是容易的事情，从事专项的度假产品和出境产品预订的网站和语义搜索网站仍然有可能获得投资商的青睐。

（中国互联网协会 刘天宇）

第五篇

附录篇

- 2009年中国互联网发展大事记
- 2009年中国互联网政策法规
- 2009年全国电信业统计公报
- 2009年中国互联网发展状况数据表
- 2009年澳门特区互联网使用状况统计报告
- 2009年中国台湾地区互联网发展状况统计报告

附录A　2009年中国互联网发展大事记

（1）2009年1月5日，国务院新闻办公室、工业和信息化部、公安部、文化部、工商行政管理总局、广播电影电视总局和新闻出版总署七部委在北京召开电视电话会议，部署在全国开展整治互联网低俗之风专项行动。

（2）2009年1月6日，由中国互联网协会主办的首届中国网民文化节正式启动，内容涵盖与互联网相关的科技、运动、时尚、文化和动漫等领域。在这次大会上，9月14日被票选为网民节日期。

（3）2009年1月7日，工业和信息化部为中国移动通信集团、中国电信集团公司和中国联合网络通信有限公司发放3张第三代移动通信（3G）牌照。

（4）2009年2月28日，在十一届全国人大二次会议和全国政协十一届二次会议召开前夕，国务院总理温家宝与网友在线交流并接受中国政府网和新华网联合专访。

（5）2009年5月19日，工业和信息化部下发了《关于计算机预装绿色上网过滤软件的通知》。

（6）2009年5月19日21时起，由于baofeng.com网站的域名解析系统受到网络攻击出现故障，导致电信运营企业的递归域名解析服务器收到大量异常请求而引发拥塞，造成江苏、安徽、广西、海南、甘肃、浙江6省部分互联网用户的服务受到影响。5月20日凌晨1时20分，受影响地区的互联网服务基本恢复正常。

（7）2009年6月26日，文化部、商务部联合下发《关于网络游戏虚拟货币交易管理工作》的通知。规定同一企业不能同时经营虚拟货币的发行与交易，并且虚拟货币不得用于购买实物。

（8）2009年8月7日，国务院总理温家宝在无锡微纳传感网工程技术研发中心视察，提出要尽快建立中国的传感信息中心（“感知中国”中心）。11月3日，温家宝总理发表了题为《让科技引领中国可持续发展》的讲话，指示要着力突破传感网和物联网的关键技术。

（9）从2009年下半年起，新浪网、搜狐网、网易网和人民网等门户网站纷纷开启或测试微博功能。微博客吸引了社会名人、娱乐明星、企业机构和众多网民加入，成为2009年热点互联网应用之一。

（10）2009年8月18日，文化部下发《关于加强和改进网络音乐内容审查工作的通知》。规定“经营单位经营网络音乐产品，须报文化部进行内容审查或备案。”

（11）2009年8月26日，由中国互联网络信息中心（CNNIC）承办的第28届亚太网络信息中心（APNIC）开放政策会议在北京召开。这是APNIC会议首次在中国大陆地区召开。

（12）2009 年 9 月 7 日，中央机构编制委员会办公室印发《中央编办对文化部、广电总局、新闻出版总署《"三定" 规定》中有关动漫、网络游戏和文化市场综合执法的部分条文的解释》。规定："文化部负责动漫和网络游戏相关产业规划、产业基地、项目建设、会展交易和市场监管。国家广播电影电视总局负责对影视动漫和网络视听中的动漫节目进行管理。国家新闻出版总署负责在出版环节对动漫进行管理，对游戏出版物的网上出版发行进行前置审批。"

（13）2009 年 9 月 8 日，腾讯公司市值突破 300 亿美元，成为全球第三大市值的互联网公司。

（14）2009 年 11 月 16 日，全国"扫黄打非"办公室下发了《关于严厉打击手机网站制作、传播淫秽色情信息活动的紧急通知》。12 月，中央对外宣传办公室、全国"扫黄打非"办公室、工业和信息化部、公安部、文化部、国务院国有资产监督管理委员会、国家工商总局、国家广播电影电视总局和新闻出版总署九部委在全国范围内联合开展深入整治互联网和手机媒体淫秽色情及低俗信息专项行动。

（15）2009 年 12 月初，广播电影电视总局在清理整顿违法、违规视听节目网站的过程中，关闭包括 BT 中国联盟在内的 530 多家 BT（BitTorrent）网站。

（16）2009 年 12 月 26 日，十一届全国人大常委会第十二次会议表决通过了《中华人民共和国侵权责任法》（2010 年 7 月 1 日起施行）。该法首次规定了网络侵权问题及其处理原则。

（17）2009 年，互联网的舆论监督价值被广泛认知，"躲猫猫"、"邓玉娇"、"天价烟" 和 "钓鱼执法" 等一系列事件因为网络曝光而成为社会关注的热点。

（18）截至 2009 年 12 月 31 日，中国互联网络信息中心（CNNIC）统计数据显示，中国网民规模达到 3.84 亿人，互联网普及率达到 28.9%。宽带网民规模达到 3.46 亿人。网络购物用户规模达到 1.08 亿人，网络购物市场交易规模达到 2500 亿元人民币。手机网民规模达到 2.33 亿人，一年增加 1.2 亿人。IPv4 地址数达到 2.32 亿个，域名总数达到 1682 万个，其中.CN 域名数为 1346 万个，网站数达到 323 万个，国际出口带宽达 866 367Mbps。

（中国互联网络信息中心）

附录B 2009年中国互联网政策法规

1. 中华人民共和国刑法修正案（七）（节选）

（2009年2月28日第十一届全国人民代表大会常务委员会第七次会议通过）

七、在刑法第二百五十三条后增加一条，作为第二百五十三条之一："国家机关或者金融、电信、交通、教育、医疗等单位的工作人员，违反国家规定，将本单位在履行职责或者提供服务过程中获得的公民个人信息，出售或者非法提供给他人，情节严重的，处三年以下有期徒刑或者拘役，并处或者单处罚金。

"窃取或者以其他方法非法获取上述信息，情节严重的，依照前款的规定处罚。

"单位犯前两款罪的，对单位判处罚金，并对其直接负责的主管人员和其他直接责任人员，依照各该款的规定处罚。"

九、在刑法第二百八十五条中增加两款作为第二款、第三款："违反国家规定，侵入前款规定以外的计算机信息系统或者采用其他技术手段，获取该计算机信息系统中存储、处理或者传输的数据，或者对该计算机信息系统实施非法控制，情节严重的，处三年以下有期徒刑或者拘役，并处或者单处罚金；情节特别严重的，处三年以上七年以下有期徒刑，并处罚金。

"提供专门用于侵入、非法控制计算机信息系统的程序、工具，或者明知他人实施侵入、非法控制计算机信息系统的违法犯罪行为而为其提供程序、工具，情节严重的，依照前款的规定处罚。"

2. 中华人民共和国侵权责任法（节选）

（2009年12月26日第十一届全国人民代表大会常务委员会第十二次会议通过）

第三十六条　网络用户、网络服务提供者利用网络侵害他人民事权益的，应当承担侵权责任。

网络用户利用网络服务实施侵权行为的，被侵权人有权通知网络服务提供者采取删除、屏蔽、断开链接等必要措施。网络服务提供者接到通知后未及时采取必要措施的，对损害的扩大部分与该网络用户承担连带责任。

网络服务提供者知道网络用户利用其网络服务侵害他人民事权益，未采取必要措施的，与该网络用户承担连带责任。

3. 电信业务经营许可管理办法

中华人民共和国工业和信息化部令

第 5 号

《电信业务经营许可管理办法》已经于 2009 年 2 月 4 日中华人民共和国工业和信息化部第 6 次部务会议审议通过，现予公布，自 2009 年 4 月 10 日起施行。原中华人民共和国信息产业部 2001 年 12 月 26 日公布的《电信业务经营许可证管理办法》（中华人民共和国信息产业部令第 19 号）同时废止。

部长　李毅中

2009 年 3 月 5 日

电信业务经营许可管理办法

第一章　总则

第一条　为加强电信业务经营许可管理，根据《中华人民共和国电信条例》及其他法律、行政法规的规定，制定本办法。

第二条　在中华人民共和国境内申请、审批和管理电信业务经营许可证（以下简称经营许可证），适用本办法。

第三条　中华人民共和国工业和信息化部（以下称工业和信息化部）和省、自治区、直辖市通信管理局（以下统称电信管理机构）是经营许可证的审批管理机构。

电信管理机构在经营许可证审批管理中应当遵循便民、高效、公开、公平、公正的原则。

第四条　经营电信业务，应当依法取得电信管理机构颁发的经营许可证。

电信业务经营者在电信业务经营活动中，应当遵守经营许可证的规定，接受、配合电信管理机构的监督管理。

电信业务经营者按照经营许可证的规定经营电信业务受国家法律保护。

第二章　经营许可证的申请

第五条　申请经营基础电信业务的，应当符合下列条件：

（一）经营者为依法设立的专门从事基础电信业务的公司，并且公司的国有股权或者股份不少于 51%。

（二）有业务发展研究报告和组网技术方案。

（三）有与从事经营活动相适应的资金和专业人员。

（四）有从事经营活动的场地、设施及相应的资源。

（五）有为用户提供长期服务的信誉或者能力。

（六）在省、自治区、直辖市范围内经营的，注册资本最低限额为 1 亿元人民币；在全国或者跨省、自治区、直辖市范围经营的，注册资本最低限额为 10 亿元人民币。

（七）公司及其主要出资者和主要经营管理人员三年内无违反电信监督管理制度的违法记录。

（八）国家规定的其他条件。

第六条　申请经营增值电信业务的，应当符合下列条件：

（一）经营者为依法设立的公司。

（二）有与开展经营活动相适应的资金和专业人员。

（三）有为用户提供长期服务的信誉或者能力。

（四）在省、自治区、直辖市范围内经营的，注册资本最低限额为100万元人民币；在全国或者跨省、自治区、直辖市范围经营的，注册资本最低限额为1000万元人民币。

（五）有必要的场地、设施及技术方案。

（六）公司及其主要出资者和主要经营管理人员三年内无违反电信监督管理制度的违法记录。

（七）国家规定的其他条件。

第七条　申请办理基础电信业务经营许可证的，应当向工业和信息化部提交下列申请材料：

（一）公司法定代表人签署的经营基础电信业务的书面申请。内容包括：申请经营电信业务的种类、业务覆盖范围、公司名称、公司通信地址、邮政编码、联系人、联系电话、电子信箱地址等。

（二）公司的企业法人营业执照副本及复印件。

（三）公司概况。包括公司基本情况，拟从事电信业务的机构设置和管理情况、技术力量和经营管理人员情况，与从事经营活动相适应的场地、设施等情况。

（四）公司最近经会计师事务所审计的企业法人年度财务会计报告或者验资报告，以及工业和信息化部规定的其他相关会计资料。

（五）公司章程、公司股权结构及股东的有关情况。

（六）业务发展研究报告。包括：申请经营电信业务的业务发展和实施计划、服务项目、业务覆盖范围、收费方案、预期服务质量、效益分析等。

（七）组网技术方案。包括：网络结构、网络规模、网络建设计划、网络互联方案、技术标准、电信设备的配置、电信资源使用方案等。

（八）为用户提供长期服务和质量保障的措施。

（九）网络与信息安全保障措施。

（十）证明公司信誉的有关材料。

（十一）公司法定代表人签署的公司依法经营电信业务的承诺书。

尚未获得企业法人营业执照的申请人，应当提交公司的企业名称预先核准通知书，不需提交前款第（二）项、第（十）项规定的材料。对于前款第（一）项规定的书面申请和第（十一）项规定的承诺书，拟成立有限责任公司的，应当由全体股东签署；拟成立股份有限公司的，应当由全体发起人签署。

第八条　申请办理增值电信业务经营许可证的，应当向电信管理机构提交下列申请材料：

（一）公司法定代表人签署的经营增值电信业务的书面申请。内容包括：申请经营电信业务的种类、业务覆盖范围、公司名称、公司通信地址、邮政编码、联系人、联系电话、电子信箱地址等。

（二）公司的企业法人营业执照副本及复印件。

（三）公司概况。包括：公司基本情况，拟从事增值电信业务的人员、场地和设施等情况。

（四）公司最近经会计师事务所审计的企业法人年度财务会计报告或者验资报告，以及电信管理机构规定的其他相关会计资料。

（五）公司章程、公司股权结构及股东的有关情况。

（六）申请经营电信业务的业务发展、实施计划和技术方案。

（七）为用户提供长期服务和质量保障的措施。

（八）信息安全保障措施。

（九）证明公司信誉的有关材料。

（十）公司法定代表人签署的公司依法经营电信业务的承诺书。

申请经营的电信业务依照法律、行政法规及国家有关规定须经有关主管部门事先审核同意的，应当提交有关主管部门审核同意的文件。

尚未获得企业法人营业执照的申请人，应当提交公司的企业名称预先核准通知书，不需提交前款第（二）项、第（九）项规定的材料。对于前款第（一）项规定的书面申请和第（十）项规定的承诺书，拟成立有限责任公司的，应当由全体股东签署；拟成立股份有限公司的，应当由全体发起人签署。

第三章　经营许可证的审批

第九条　经营许可证分为《基础电信业务经营许可证》和《增值电信业务经营许可证》两类。其中，《增值电信业务经营许可证》分为《跨地区增值电信业务经营许可证》和省、自治区、直辖市范围内的《增值电信业务经营许可证》。

《基础电信业务经营许可证》和《跨地区增值电信业务经营许可证》由工业和信息化部审批。省、自治区、直辖市范围内的《增值电信业务经营许可证》由省、自治区、直辖市通信管理局审批。

外商投资电信企业的电信业务经营许可证，由工业和信息化部根据《外商投资电信企业管理规定》审批。

第十条　工业和信息化部应当对申请经营基础电信业务的申请材料进行审查。申请材料齐全、符合法定形式的，应当向申请人出具受理申请通知书。申请材料不齐全或者不符合法定形式的，应当当场或者在五日内一次告知申请人需要补正的全部内容。

工业和信息化部受理申请之后，应当组织专家对第七条第一款第（六）项、第（七）项申请材料进行评审，形成评审意见。

工业和信息化部应当自受理申请之日起 180 日内完成审查工作。予以批准的，颁发《基础电信业务经营许可证》。不予批准的，应当书面通知申请人并说明理由。

第十一条　电信管理机构应当对申请经营增值电信业务的申请材料进行审查。申请材料齐全、符合法定形式的，应当向申请人出具受理申请通知书。申请材料不齐全或者不符合法定形式的，应当当场或者在五日内一次告知申请人需要补正的全部内容。

电信管理机构应当自收到申请之日起 60 日内完成审查工作，作出予以批准或者不予批准的决定。予以批准的，颁发《跨地区增值电信业务经营许可证》或者省、自治区、直辖市范围内的《增值电信业务经营许可证》。不予批准的，应当书面通知申请人并说明理由。

第十二条　经营许可证由发证机关的批准文件和许可证书组成。

发证机关的批准文件包括经营许可证使用规定、经营者的权利和义务、特别规定事项、年检和违法记录表等文件。原发证机关根据管理需要可以按照工业和信息化部的规定增加相应内容。

许可证书应当载明公司名称、法定代表人、业务种类、业务覆盖范围、有效期限、发证机关和发证日期、签发人、经营许可证编号等内容。

经营许可证的具体内容由工业和信息化部依法另行制定。工业和信息化部可以根据实际情况，依法调整电信业务经营许可证的内容，重新公布。

第十三条 《基础电信业务经营许可证》的有效期，根据电信业务种类分为5年、10年。

《跨地区增值电信业务经营许可证》和省、自治区、直辖市范围内的《增值电信业务经营许可证》的有效期为5年。

第十四条 《基础电信业务经营许可证》、《跨地区增值电信业务经营许可证》及外商投资电信企业的电信业务经营许可证由工业和信息化部部长签发。

省、自治区、直辖市范围内的《增值电信业务经营许可证》由省、自治区、直辖市通信管理局局长签发。

第十五条 经营许可证由公司法定代表人领取，或者由其委托代理人凭委托书领取。

第四章 经营许可证的使用

第十六条 获准经营电信业务的公司，应当按照经营许可证所载明的电信业务种类，在规定的业务覆盖范围和期限内，按照经营许可证的规定经营电信业务。

第十七条 获准经营电信业务的公司持经营许可证到工商行政管理机关办理公司变更登记手续。

获准经营无线电通信业务的，持经营许可证到无线电管理机构申请办理无线电频率使用手续。

第十八条 获准跨地区经营电信业务的公司，应当按照经营许可证的要求，在相应的省、自治区、直辖市设立分公司或子公司等相应机构经营电信业务。

基础电信业务经营者的子公司中，国有股权或者股份的比例应当符合国家有关电信的法律、行政法规的规定。

第十九条 获准经营电信业务的公司经发证机关批准，可以授权其持有股份不少于51%并符合经营电信业务条件的子公司经营其获准经营的电信业务。该子公司的名称、法定代表人、业务种类、业务覆盖范围等内容，由发证机关在获准经营电信业务的公司的经营许可证许可证书附页中载明。在一个地区不能授权两家或者两家以上子公司经营同一项电信业务。

第二十条 获准经营基础电信业务或者跨地区经营增值电信业务的公司，应当凭经营许可证到相关省、自治区、直辖市通信管理局办理备案手续，并提交下列备案材料：

（一）负责当地业务经营、客户服务等事务的相应机构情况。内容包括：公司负责备案地业务经营、客户服务等事务的相应机构的名称、通信地址、邮政编码、联系人、联系电话、电子信箱地址等。

（二）经营许可证复印件。

（三）公司负责当地业务经营、客户服务等事务的相应机构的营业执照复印件、章程等有关材料。

（四）在当地开展业务的方案。

省、自治区、直辖市通信管理局收到前款规定的备案材料后，对材料齐全的，应当在15

日内出具备案确认书，并报工业和信息化部。对材料不齐全的，应当在5日内书面一次告知需要补正的全部内容。

未办理备案手续的，不得在当地经营电信业务。负责当地业务经营、客户服务等事务的机构可以是获准经营电信业务的公司本身或者其在备案地之外的相关省、自治区、直辖市设立的机构，但应当符合经营许可证的要求。

第一款所列材料发生变化的，负责当地业务经营、客户服务等事务的相应机构应当在20日内，向当地的省、自治区、直辖市通信管理局及发证机关报告。

第二十一条　除经营许可证中有特别规定外，电信业务经营者取得经营许可证后，应当在1年内按照经营许可证规定的业务种类和业务覆盖范围提供电信服务。不能在1年内提供电信服务的，应当在申请经营许可证时提出并说明理由，报电信管理机构批准，并在经营许可证中作出特别规定。

第二十二条　任何单位和个人不得伪造、涂改、冒用和以任何方式转让经营许可证。

第五章　经营行为的规范

第二十三条　基础电信业务经营者应当按照公开、平等的原则为取得经营许可证的公司提供经营相关电信业务所需的电信服务和电信资源，不得为无经营许可证或者未办理备案手续的单位或个人提供用于经营电信业务的电信资源或者提供网络接入、业务接入服务。

第二十四条　电信业务经营者不得以任何方式实施不正当竞争。

第二十五条　为增值电信业务经营者提供网络接入、代理收费和业务合作的基础电信业务经营者，应当对相应增值电信业务的内容、资费与收费、合作行为等进行规范、管理，并建立相应的发现、监督和处置制度和措施。

第二十六条　基础电信业务经营者调整与增值电信业务经营者之间的合作条件、协议等的，应当事先告知相关增值电信业务经营者并充分听取其意见。

有关意见征求情况及记录应当留存，并在电信管理机构监督检查时予以提供。

第二十七条　提供网站接入服务的增值电信业务经营者应当遵守下列规定：

（一）应当租用获得相应经营许可证的基础电信业务经营者提供的网络接入等电信资源从事业务经营活动，不得向其他从事网站接入服务的增值电信业务经营者转租所获得的网络接入等电信资源。

（二）不得为未经许可或未备案的网站提供接入或代收费等服务。

（三）按照电信管理机构的规定，建立相应的网站经营许可管理和备案管理的业务管理系统，实现对代报备网站用户信息的动态维护和更新，并定期向电信管理机构报送网站管理所需有关信息。

（四）对所接入网站传播违法信息的行为进行监督，发现传播明显属于《中华人民共和国电信条例》第五十七条规定的信息的，应当立即停止接入和代收费等服务，保存有关记录，并向国家有关机关报告。

（五）按照电信管理机构的要求终止或者暂停对违法网站的接入服务。

第二十八条　电信管理机构应当建立电信业务经营者的违法行为记录和公示制度，对有违法行为记录的电信业务经营者实施重点监管。

基础电信业务经营者向增值电信业务经营者提供网络接入、代收费和业务合作时，应当考虑电信管理机构公示的有关违法行为记录。

第二十九条 电信管理机构建立电信业务市场监测制度。相关电信业务经营者应当按照规定向电信管理机构报送相应的监测信息。

第六章 经营许可证的变更和注销

第三十条 经营许可证有效期届满需要继续经营的，应当提前 90 日向原发证机关提出续办经营许可证的申请；不再继续经营的，应当提前 90 日向原发证机关报告，并做好善后工作。

第三十一条 取得电信业务经营许可证的公司或者其授权经营电信业务的子公司，遇有合并或者分立、有限责任公司股东变化、业务经营权转移等涉及经营主体需要变更的情形，或者业务范围需要变化的，应当自公司作出决定之日起 30 日内向原发证机关提出申请，经批准后方可实施。

其中，涉及有限责任公司股东变化、业务经营权转移的，应当符合下列条件：

（一）变更后的公司应当符合本办法第五条、第六条规定的条件。

（二）提出申请时，公司的业务已开通并且没有违反电信监督管理制度的行为。

第三十二条 在经营许可证的有效期内，变更公司名称、法定代表人的，应当在完成公司的工商变更登记手续后30日内向原发证机关申请办理电信业务经营许可证变更手续。

第三十三条 在经营许可证的有效期内，电信业务经营者需要终止经营的，应当符合下列条件：

（一）终止经营基础电信业务的，应当符合电信管理机构确定的电信行业管理总体布局。

（二）有可行的用户妥善处理方案并已妥善处理用户善后问题。

第三十四条 在经营许可证的有效期内，电信业务经营者需要终止经营的，应当向原发证机关提交下列申请材料：

（一）公司法定代表人签署并加盖公章的终止经营电信业务书面申请。内容包括：公司名称、联系方式、经营许可证编号、申请终止经营的电信业务种类、业务覆盖范围等。

（二）公司股东会关于同意终止经营电信业务的决定。

（三）公司法定代表人签署的做好用户善后处理工作的承诺书。

（四）公司关于解决用户善后问题的情况说明。内容包括：用户处理方案、社会公示情况说明、用户意见汇总、实施计划等。

（五）公司的电信业务经营许可证原件，企业法人营业执照复印件。

原发证机关收到终止经营电信业务的申请后应当向社会公示，公示期为 30 日。自公示期结束 60 日内，原发证机关应当完成审查工作，作出予以批准或者不予批准的决定。对于符合退出电信业务市场条件的，原发证机关应当予以批准，收回并注销电信业务经营许可证、或者注销相应的电信业务种类或者电信业务覆盖范围；对于不符合退出电信业务市场条件的，原发证机关应当不予批准，书面通知申请人并说明理由。

对申请终止经营基础电信业务或者跨地区增值电信业务的，工业和信息化部应当将予以批准或者不予批准的决定抄送相关省、自治区、直辖市通信管理局，相关省、自治区、直辖市通信管理局应当依法注销相应的电信业务经营许可备案。

第三十五条 电信业务经营者被有关机关依法处罚，不能继续经营电信业务的，原发证机关应当将其经营许可证收回注销。

第三十六条 发证机关吊销或者注销电信业务经营者的经营许可证后，应当通知相应的工商行政管理机关，并向社会公布。

发证机关吊销、撤销或者注销电信业务经营者的经营许可证，涉及用户善后问题的，可以通过招标方式指定业务承接单位。

被吊销或者注销经营许可证的公司，应当及时到相应工商行政管理机关办理相关手续。

第七章　经营许可的监督检查

第三十七条　发证机关对经营许可证实行年检制度。电信业务经营者应当在报告年的次年第一季度向原发证机关报送下列年检材料：

（一）本年度的电信业务经营情况；网络建设、业务发展、人员及机构变动情况；服务质量情况；执行国家和电信管理机构有关规定的情况等。

（二）公司的企业法人营业执照复印件。

（三）发证机关要求报送的其他材料。

第三十八条　省、自治区、直辖市通信管理局应当对跨地区电信业务经营者在当地开展电信业务的有关情况进行监督检查，并向工业和信息化部报告有关检查结果。

第三十九条　发证机关进行经营许可证年检时，应当对电信业务经营者报送的材料进行全面审核，并对其经营主体、经营行为、电信设施建设、电信资费和服务质量、执行国家和电信管理机构有关规定的情况等进行检查。

按时参加年检并且年检事项符合规定的，为年检合格。未按规定参加年检或者年检事项不符合规定的，电信管理机构应当责令改正，并依法给予相应的行政处罚；按时改正的，为经整改年检合格；拒不改正的，为年检不合格。

年检结果和处罚情况应当在经营许可证附件《年检和违法记录》中记录，向社会公布并通报工商行政管理机关。

第四十条　电信管理机构对经营许可证实行年检等监督检查，不得妨碍电信业务经营者正常的生产经营活动，不得收取任何费用。

电信管理机构对经营许可证实行年检等监督检查时，应当记录监督检查的情况和处理结果，由监督检查人员签字后归档。公众有权查阅监督检查记录。

电信业务经营者应当按照国家规定的服务标准、资费政策和电信管理机构的规定，向用户提供安全、方便、稳定的服务，并履行普遍服务的义务；未经发证机关批准，不得停业、歇业。电信业务经营者不履行上述义务的，电信管理机构应当责令限期改正，或者依法采取有效措施督促其履行义务。

第八章　罚　　则

第四十一条　隐瞒有关情况或者提供虚假材料申请电信业务经营许可的，电信管理机构不予受理或者不予行政许可，并给予警告，申请人在一年内不得再次申请该行政许可。

以欺骗、贿赂等不正当手段取得电信业务经营许可的，电信管理机构撤销该行政许可，给予警告，并视情节轻重处 5000 元以上 3 万元以下的罚款，申请人在三年内不得再次申请该行政许可；构成犯罪的，依法追究刑事责任。

第四十二条　违反本办法第十六条、第三十一条规定的，依照《中华人民共和国电信条例》第七十条规定予以处罚。

第四十三条　违反本办法第二十二条规定的，依照《中华人民共和国电信条例》第六十九条规定予以处罚。

第四十四条　违反本法第二十四条规定的，依照《中华人民共和国电信条例》第七十二条规定予以处罚。

第四十五条　违反本办法第四条第二款、第十八条、第十九条、第二十条第三款、第四款、第二十一条、第二十三条、第二十五条、第二十六条、第二十七条、第三十条、第三十二条、第三十四条和第三十七条规定的，由电信管理机构责令改正，给予警告，并处5000元以上3万元以下的罚款。

第四十六条　当事人对电信管理机构作出的行政许可和行政处罚决定不服的，可以依法申请行政复议或者提起行政诉讼。

当事人逾期不申请行政复议也不提起行政诉讼，又不履行行政处罚决定的，由作出行政处罚决定的电信管理机构申请人民法院强制执行。

第四十七条　电信管理机构的工作人员在经营许可证管理工作中，玩忽职守、滥用职权、徇私舞弊，构成犯罪的，移交司法机关依法追究刑事责任；尚不构成犯罪的，由所在单位或者上级主管部门给予行政处分。

第九章　附则

第四十八条　经营许可证由工业和信息化部统一印制。

第四十九条　本办法自2009年4月10日起施行。2001年12月26日公布的《电信业务经营许可证管理办法》（中华人民共和国信息产业部令第19号）同时废止。

4. 互联网医疗保健信息服务管理办法

中华人民共和国卫生部令

第　66号

《互联网医疗保健信息服务管理办法》已于2009年3月25日经卫生部部务会议审议通过，现予以发布，自2009年7月1日起施行。

部长　陈　竺

2009年5月1日

互联网医疗保健信息服务管理办法

第一章　总　　则

第一条　为规范互联网医疗保健信息服务活动，保证互联网医疗保健信息科学、准确，促进互联网医疗保健信息服务健康有序发展，根据《互联网信息服务管理办法》，制定本办法。

第二条　在中华人民共和国境内从事互联网医疗保健信息服务活动，适用本办法。

本办法所称互联网医疗保健信息服务是指通过开办医疗卫生机构网站、预防保健知识网站或者在综合网站设立预防保健类频道向上网用户提供医疗保健信息的服务活动。

开展远程医疗会诊咨询、视频医学教育等互联网信息服务的，按照卫生部相关规定执行。

第三条　互联网医疗保健信息服务分为经营性和非经营性两类。

经营性互联网医疗保健信息服务，是指向上网用户有偿提供医疗保健信息等服务的活动。

非经营性互联网医疗保健信息服务，是指向上网用户无偿提供公开、共享性医疗保健信息等服务的活动。

第四条　从事互联网医疗保健信息服务，在向通信管理部门申请经营许可或者履行备案手续前，应当经省、自治区、直辖市人民政府卫生行政部门、中医药管理部门审核同意。

第二章　设　　立

第五条　申请提供互联网医疗保健信息服务，应当具备下列条件：

（一）主办单位为依法设立的医疗卫生机构、从事预防保健服务的企事业单位或者其他社会组织；

（二）具有与提供的互联网医疗保健信息服务活动相适应的专业人员、设施及相关制度；

（三）网站或者频道有 2 名以上熟悉医疗卫生管理法律、法规和医疗卫生专业知识的技术人员；提供性知识宣传的，应当有 1 名副高级以上卫生专业技术职务任职资格的医师。

第六条　申请提供的互联网医疗保健信息服务中含有性心理、性伦理、性医学、性治疗等性科学研究内容的，除具备第五条规定条件外，还应当同时具备下列条件：

（一）主办单位必须是医疗卫生机构；

（二）具有仅向从事相关临床和科研工作的专业人员开放的相关网络技术措施。

第七条　申请提供互联网医疗保健信息服务的，应当按照属地管理原则，向主办单位所在地省、自治区、直辖市人民政府卫生行政部门、中医药管理部门提出申请，并提交下列材料：

（一）申请书和申请表。申请表内容主要包括：网站类别、服务性质（经营性或者非经营性）、内容分类（普通、性知识、性科研）、网站设置地点、预定开始提供服务日期、主办单位名称、机构性质、通信地址、邮政编码、负责人及其身份证号码、联系人、联系电话等；

（二）主办单位基本情况，包括机构法人证书或者企业法人营业执照；

（三）医疗卫生专业人员学历证明及资格证书、执业证书复印件，网站负责人身份证及简历；

（四）网站域名注册的相关证书证明文件；

（五）网站栏目设置说明；

（六）网站对历史发布信息进行备份和查阅的相关管理制度及执行情况说明；

（七）卫生行政部门、中医药管理部门在线浏览网站上所有栏目、内容的方法及操作说明；

（八）健全的网络与信息安全保障措施，包括网站安全保障措施、信息安全保密管理制度、用户信息安全管理制度；

（九）保证医疗保健信息来源科学、准确的管理措施、情况说明及相关证明。

第八条　从事互联网医疗卫生信息服务网站的中文名称，除与主办单位名称相同的以外，不得以“中国”、“中华”、“全国”等冠名。

第九条　省、自治区、直辖市人民政府卫生行政部门、中医药管理部门自受理之日起 20 日内，对申请提供互联网医疗保健信息服务的材料进行审核，并作出予以同意或不予同意的审核意见。予以同意的，核发《互联网医疗保健信息服务审核同意书》，发布公告，并向卫生部、国家中医药管理局备案；不予同意的，应当书面通知申请人并说明理由。

《互联网医疗保健信息服务审核同意书》格式由卫生部统一制定。

第十条　互联网医疗保健信息服务提供者变更下列事项之一的，应当向原发证机关申请办理变更手续，填写《互联网医疗保健信息服务项目变更申请表》，同时提供相关证明文件：

（一）《互联网医疗保健信息服务审核同意书》中审核同意的项目；

（二）互联网医疗保健信息服务主办单位的基本项目；

（三）提供互联网医疗保健信息服务的基本情况。

第十一条 《互联网医疗保健信息服务审核同意书》有效期2年。需要继续提供互联网医疗保健信息服务的，应当在有效期届满前2个月内，向原审核机关申请复核。通过复核的，核发《互联网医疗保健信息服务复核同意书》。

第三章 医疗保健信息服务

第十二条 互联网医疗保健信息服务内容必须科学、准确，必须符合国家有关法律、法规和医疗保健信息管理的相关规定。

提供互联网医疗保健信息服务的网站应当对发布的全部信息包括所链接的信息负全部责任。

不得发布含有封建迷信、淫秽内容的信息；不得发布虚假信息；不得发布未经审批的医疗广告；不得从事网上诊断和治疗活动。

非医疗机构不得在互联网上储存和处理电子病历和健康档案信息。

第十三条 发布医疗广告，必须符合《医疗广告管理办法》的有关规定。应当注明医疗广告审查证明文号，并按照核准的广告成品样件内容登载。

不得夸大宣传，严禁刊登违法广告。

第十四条 开展性知识宣传，必须提供信息内容的来源，并在明显位置标明。信息内容要由医疗卫生专业人员审核把关，确保其科学、准确。

不得转载、摘编非法出版物的内容；不得以宣传性知识为名渲染性心理、性伦理、性医学、性治疗等性科学研究的内容；严禁传播淫秽内容。

第十五条 开展性科学研究的医疗保健网站，只能向从事相关临床和科研工作的专业人员开放。

严禁以开展性科学研究为名传播淫秽内容。综合性网站的预防保健类频道不得开展性科学研究内容服务。

第十六条 提供医疗保健信息服务的网站登载的新闻信息，应当符合《互联网新闻信息服务管理办法》的相关规定；登载的药品信息应当符合《互联网药品信息服务管理办法》的相关规定。

第十七条 提供互联网医疗保健信息服务，应当在其网站主页底部的显著位置标明卫生行政部门、中医药管理部门《互联网医疗保健信息服务审核同意书》或者《互联网医疗保健信息服务复核同意书》的编号。

第四章 监督管理

第十八条 卫生部、国家中医药管理局对各省、自治区、直辖市人民政府卫生行政部门、中医药管理部门的审核和日常监管工作进行指导和管理。

省、自治区、直辖市人民政府卫生行政部门、中医药管理部门依法负责对本行政区域内主办单位提供的医疗保健信息服务开展审核工作，对本行政区域的互联网医疗保健信息服务活动进行监督管理。

第十九条 各级卫生行政部门、中医药管理部门对下列内容进行日常监管：

（一）开办医疗机构类网站的，其医疗机构的真实性和合法性；

（二）提供性知识宣传和普通医疗保健信息服务的，是否取得互联网医疗保健信息服务资格，是否超范围提供服务；

（三）提供性科学研究信息服务的，其主办单位是否具备相应资质，是否违规向非专业人士开放；

（四）是否利用性知识宣传和性科学研究的名义传播淫秽内容，是否刊载违法广告和禁载广告。

第二十条　卫生行政部门、中医药管理部门设立投诉举报电话和电子信箱，接受上网用户对互联网医疗保健信息服务的投诉举报。

第二十一条　卫生行政部门、中医药管理部门对上网用户投诉举报和日常监督管理中发现的问题，要及时通知互联网医疗保健信息服务提供者予以改正；对超范围提供互联网医疗保健信息服务的，应责令其停止提供。

第二十二条　互联网医疗保健信息服务审核和监督管理情况应当向社会公告。

第五章　法律责任

第二十三条　未经过卫生行政部门、中医药管理部门审核同意从事互联网医疗保健信息服务的，由省级以上人民政府卫生行政部门、中医药管理部门通报同级通信管理部门，依法予以查处；情节严重的，依照有关法律法规给予处罚。

第二十四条　已通过卫生行政部门、中医药管理部门审核或者复核同意从事互联网医疗保健信息服务的，违反本办法，有下列情形之一的，由省、自治区、直辖市人民政府卫生行政部门、中医药管理部门给予警告，责令其限期改正；情节严重的，对非经营性互联网医疗保健信息服务提供者处以 3000 元以上 1 万元以下罚款，对经营性互联网医疗保健信息服务提供者处以 1 万元以上 3 万元以下罚款；拒不改正的，提出监管处理意见，并移交通信管理部门依法处理；构成犯罪的，移交司法部门追究刑事责任：

（一）超出审核同意范围提供互联网医疗保健信息服务的；

（二）超出有效期使用《互联网医疗保健信息服务审核同意书》的；

（三）未在网站主页规定位置标明卫生行政部门、中医药管理部门审核或者复核同意书编号的；

（四）提供不科学、不准确医疗保健信息服务，并造成不良社会影响的；

（五）借开展性知识宣传和性科学研究为名传播淫秽内容的。

第二十五条　省、自治区、直辖市人民政府卫生行政部门、中医药管理部门违规对互联网医疗保健信息服务申请作出审核意见的，原审核机关应当撤销原批准的《互联网医疗保健信息服务审核同意书》；对主管人员和其他直接责任人员，由其所在单位上级机关依法给予处分。

第六章　附　　则

第二十六条　本办法自 2009 年 7 月 1 日起施行。2001 年 1 月 3 日卫生部发布的《卫生部关于印发〈互联网医疗卫生信息服务办法〉的通知》（卫办发［2001］3 号）同时废止。

5. 中央机构编制委员会办公室关于进一步加强党政群机关和事业单位网上名称管理工作的通知（中央编办发［2009］14号）

各省、自治区、直辖市编办，新疆生产建设兵团编办及各副省级市编办：

随着我国信息化和电子政务建设的深入推进，互联网已经成为党政群机关和事业单位履行社会管理职能和提供社会公共服务的重要平台。党政群机关和事业单位以单位名称注册的中文域名作为网上名称，已经成为在互联网中识别党政群机关和事业单位的重要标识。进一步加强党政群机关和事业单位网上名称的管理，有效提高党政群机关和事业单位网站的权威性、可信度和认知度，对于维护党政群机关和事业单位的合法权益，促进党政群机关和事业单位依法行政，提高社会管理和公共服务水平，保障公众知情权、参与权和监督权具有十分重要的意义。2008年3月19日，原信息产业部发布了《关于调整中国互联网络域名体系的公告》，在我国互联网络域名体系中增设了“政务“、“公益”专用中文域名，为我国党政群机关和事业单位建立了专用的网上名称。为进一步加强党政群机关和事业单位网上名称管理工作，现就党政群机关和事业单位注册使用“政务”和“公益”专用中文域名作为网上名称的有关事项通知如下：

一、“政务”、“公益”中文域名的适用范围

“政务”中文域名适用于我国党政群机关等各级政务部门。其范围包括：中国共产党中央委员会及地方各级委员会，全国人民代表大会和地方各级人民代表大会及其常务委员会，中央人民政府和地方各级人民政府及其各部门，中国人民政治协商会议全国委员会和地方各级委员会，最高人民法院及地方各级人民法院，最高人民检察院及地方各级人民检察院，民主党派，行使行政职能的社会团体和事业单位。

“公益”中文域名适用于非营利性机构。其范围包括：社会团体，事业单位，群众性自治组织，民办非企业单位，基金会，国际公益组织，从事公益性服务的机构及其他非营利性单位。

二、“政务”、“公益”中文域名注册使用规范

各级政务部门和公益机构在注册使用“政务”、“公益”中文域名作为其网上名称时应遵循以下规范：

（一）各级政务部门和公益机构在以机构名称注册使用

“政务”、“公益”专用中文域名时，必须与其主管机关批准的单位名称相一致，在以非机构名称注册使用“政务”、“公益”专用中文域名时，应与其管理和服务职能具有相关性。

（二）政务部门和公益机构使用“政务”、“公益”专用中文域名时应在其网站首页显著位置标明本单位合法名称，网站内容应符合国家对政务部门和公益机构网站建设的有关规定。

（三）公益机构因工作需要使用“政务”专用中文域名时，须经上级行政主管机关批准同意。

（四）政务部门和公益机构的域名注册信息发生变化时，应当及时变更注册信息。

三、“政务”、“公益”专用中文域名注册管理

为加强政务和公益机构域名注册管理，2008年7月，中央编办专门成立了“政务和公益机构域名注册管理中心”。经工业和信息化部同意，该中心专门负责“政务”、“公益”专用中文域名的注册管理工作。地方各级机构编制部门要加强对党政群机关和事业单位网上名称规范使用的监督和管理，积极推动“政务”、“公益”专用中文域名的普及和应用，支持政务和公益机构域名注册管理中心做好政务和公益机构域名注册管理工作。

中央机构编制委员会办公室

2009 年 1 月 20 日

6. 广电总局关于加强互联网视听节目内容管理的通知

近日，广电总局向各省、自治区、直辖市广播影视局，新疆生产建设兵团广播电视局发出《广电总局关于加强互联网视听节目内容管理的通知》，通知说，为加强网络文化建设和管理，传播社会主义先进文化，抵制互联网视听节目领域的低俗之风，扎实推进互联网视听节目建设，现就加强互联网（含移动互联网，以下简称互联网）视听节目内容管理问题通知如下：

一、根据《互联网视听节目服务管理规定》第十六条规定，互联网视听节目不得含有以下内容：

（一）反对宪法确定的基本原则的；

（二）危害国家统一、主权和领土完整的；

（三）泄露国家秘密、危害国家安全或者损害国家荣誉和利益的；

（四）煽动民族仇恨、民族歧视，破坏民族团结，或者侵害民族风俗、习惯的；

（五）宣扬邪教、迷信的；

（六）扰乱社会秩序，破坏社会稳定的；

（七）诱导未成年人违法犯罪和渲染暴力、色情、赌博、恐怖活动的；

（八）侮辱或者诽谤他人，侵害公民个人隐私等他人合法权益的；

（九）危害社会公德，损害民族优秀文化传统的；

（十）有关法律、行政法规和国家规定禁止的其他内容。

二、各互联网视听节目服务单位对有下列情节的视听节目要及时进行剪节、删除：

（一）恶意曲解中华文明、中国历史和历史史实的；恶意曲解他国历史，不尊重人类文明、他国文明和风俗习惯的；

（二）蓄意贬损、恶搞革命领袖、英雄人物、重要历史人物、中外名著及名著中重要人物形象的；

（三）恶意贬损人民军队、武装警察、公安和司法形象的；有虐待俘虏、刑讯逼供罪犯或犯罪嫌疑人等情节的；

（四）表现违法犯罪嚣张气焰，具体展示犯罪行为细节，暴露特殊侦查手段，暴露应当受到保护的举报人、证人等形象、声音的；

（五）鼓吹宗教极端主义，挑起各宗教、教派之间，信教与不信教群众之间的矛盾和冲突，伤害群众感情的；

（六）宣扬看相、算命、看风水、占卜、驱鬼治病等封建迷信活动的；

（七）以恶搞方式描绘重大自然灾害、意外事故、恐怖事件、战争等灾难场面的；

（八）具体展现淫乱、强奸、乱伦、恋尸、卖淫、嫖娼、性变态、自慰等情节的；

（九）表现或隐晦表现性行为、性过程、性方式及与此关联的过多肉体接触等细节的；

（十）故意展现、仅用肢体掩盖或用很小的遮盖物掩盖人体隐私部位的；

（十一）带有性暗示、性挑逗等易使人产生性联想的；

（十二）宣扬婚外恋、多角恋、一夜情、性虐待和换妻等不健康内容的；

（十三）以成人电影、情色电影、三级片、偷拍、走光、露点及各种挑逗性文字或图片作为视频节目标题或分类的；

（十四）有强烈刺激性的凶杀、血腥、暴力、自杀、绑架、吸毒、赌博、灵异等情节的；

（十五）有过度惊吓恐怖的画面、字幕、背景音乐及声音效果的；

（十六）具体展示虐杀动物，捕杀、食用国家保护类动物的；

（十七）带有侵犯个人隐私内容的；

（十八）以肯定、赞许的基调或引人模仿的方式表现打架斗殴、羞辱他人、污言秽语的；

（十九）宣扬消极、颓废的人生观、世界观和价值观，刻意渲染、夸大民族愚昧落后或社会阴暗面的；

（二十）国家广播电影电视总局禁止传播的影视节目及电影、电视剧的删减片段；

（二十一）违反相关法律、法规精神的。

三、互联网视听节目服务单位要完善节目内容管理制度和应急处理机制，聘请高素质业务人员审核把关，对网络音乐视频MV、综艺、影视短剧、动漫等类别的节目以及“自拍”、“热舞”、“美女”、“搞笑”、“原创”、“拍客”等题材要重点把关，确保所播节目内容不违反本通知第一、二条规定。同时，对网民的投诉和有关事宜要及时处置。

四、互联网视听节目服务单位传播的影视剧，必须符合广播电影电视管理的有关规定，依法取得广播影视行政部门颁发的《电影片公映许可证》、《电视剧发行许可证》或《电视动画片发行许可证》；传播的理论文献影视片须依法取得广播影视行政部门颁发的《理论文献影视片播映许可证》。未取得《电影片公映许可证》的境内外电影片、未取得《电视剧发行许可证》的境内外电视剧、未取得《电视动画片发行许可证》的境内外动画片以及未取得《理论文献影视片播映许可证》的理论文献影视片，一律不得在互联网上传播。

五、从事互联网视听节目服务的单位要完善节目版权保护制度，严格遵守著作权法律、行政法规的规定，所播节目应具有相应版权。要采取版权保护措施，保护著作权人的合法权益。

各地广电管理部门要依法行政，恪尽职守，切实加强互联网视听节目内容管理，督促视听节目网站认真执行、自觉遵守上述规定，积极努力营造和谐、绿色的网络视听节目环境。

7. 关于印发《互联网网络安全信息通报实施办法》的通知（工信部保［2009］156号）

各省、自治区、直辖市通信管理局、国家计算机网络应急技术处理协调中心、中国互联网络信息中心、政府和公益机构域名注册管理中心、部电信研究院、中国互联网协会、中国电信集团公司、中国移动通信集团公司、中国联合网络通信集团有限公司、其他相关单位：

为规范通信行业互联网网络安全信息通报工作，制定《互联网网络安全信息通报实施办法》，现印发给你们，请遵照执行。

联系人：付景广及　010-66022774

2009年4月13日

互联网网络安全信息通报实施办法

第一条　为规范通信行业互联网网络安全信息通报工作，促进网络安全信息共享，提高网络安全预警、防范和应急水平，依据《互联网网络安全应急预案》制定本办法。

第二条　本办法适用于通信行业互联网等 IP 网络和系统的网络安全信息通报(以下简称信息通报）工作。

第三条　工业和信息化部指导、监督、检查全国信息通报工作，工业和信息化部通信保障局（以下简称通信保障局）负责信息通报具体工作。

省、自治区、直辖市通信管理局（以下简称通信管理局）指导、监督、检查本行政区域内信息通报工作。

第四条　通信管理局、基础电信业务经营者、跨省经营的增值电信业务经营者、国家计算机网络应急技术处理协调中心（以下简称 CNCERT）、互联网域名注册管理机构、互联网域名注册服务机构、中国互联网协会为信息报送单位。

第五条　通信保障局委托 CNCERT 收集、汇总、分析、发布互联网网络安全信息（以下简称信息）。

第六条　信息报送应遵循及时、客观、真实、准确、完整的原则，不得迟报、谎报、瞒报、漏报。

第七条　基础电信业务经营者、跨省经营的增值电信业务经营者、CNCERT、互联网域名注册管理机构、互联网域名注册服务机构应建立并完善本单位信息监测机制，提高监测能力，自主监测涉及本单位管理范围内的信息。

第八条　信息报送单位应制定并完善本单位信息通报机制，明确负责信息通报工作的主管领导和承担信息通报工作的责任部门、负责人和联络人，及时汇总本单位内部不同部门、不同渠道掌握的网络安全信息。信息报送单位应将本单位信息通报机制报通信保障局备案。

第九条　各单位需要报送的信息项目见附件一，通信保障局负责对项目内容进行调整。

第十条　报送的信息分为事件信息和预警信息。

事件信息是指已经发生的网络安全事件信息。

预警信息是指存在潜在安全威胁或隐患但尚未造成实际危害和影响的信息，或者对事件信息分析后得出的预防性信息。

第十一条　事件信息分为特别重大、重大、较大、一般共四级。预警信息分为一级、二级、三级、四级，分别用红色、橙色、黄色、蓝色标识，一级为最高级。具体分级规范见附件二，通信保障局负责对分级规范进行修订。

第十二条　信息报送单位应按照本办法第十条、第十一条规定对信息进行分类、分级，并根据本办法的相应规定报送信息。

基础电信业务经营者集团公司负责汇总、核实、报送省级分公司/子公司的信息。省级分公司/子公司将信息同时抄送当地通信管理局。

第十三条　对于特别重大、重大事件信息以及一级、二级预警信息，信息报送单位应于 2 小时内向通信保障局及相关通信管理局报告，抄送 CNCERT。

对于较大事件信息以及三级预警信息，信息报送单位应当于 4 小时内向相关通信管理局报告，抄送 CNCERT；对于跨省（自治区、直辖市）的较大事件信息，应同时向通信保障局报告。

对于一般事件信息，信息报送单位应按月及时汇总，于次月5个工作日内报送CNCERT，抄送相关通信管理局；对于四级预警信息，信息报送单位应当于发现或得知预警信息后5个工作日内报送CNCERT，抄送相关通信管理局。

第十四条　事件信息报送的内容应包括：

（一）事件发生单位概况；

（二）事件发生时间；

（三）事件简要经过；

（四）初步估计的危害和影响；

（五）已采取的措施；

（六）其他应当报告的情况。

第十五条　预警信息报送的内容应包括：

（一）信息基本情况描述；

（二）可能产生的危害及程度；

（三）可能影响的用户及范围；

（四）截至信息报送时，已知晓该信息的单位/人员范围；

（五）建议应采取的应对措施及建议。

第十六条　事件发生后出现新情况的，信息报送单位应当及时补报。

CNCERT在接到预警信息后，应立即组织对预警信息进行跟踪、分析，有重要情况应及时向通信保障局报告。

第十七条　通信保障局根据信息性质、内容、紧急程度等，必要时组织相关单位、专家对信息进行研判。

第十八条　各单位应以书面形式报送信息，并加盖单位公章。紧急情况可以先电话联系，后补书面报告。

第十九条　对于特别重大、重大、较大事件信息以及一级、二级、三级预警信息，由通信保障局审核后，根据有关规定直接或委托CNCERT及时通告相关单位、人员或互联网用户，并抄送各通信管理局。

对于一般事件信息，由CNCERT负责汇总、分析全部信息，于次月10个工作日内将当月信息向通信保障局报送，向相关单位、人员通告，并抄送各通信管理局；对于四级预警信息，由CNCERT根据实际情况及时向相关单位、人员通告，并抄送各通信管理局。

第二十条　事件信息通告内容主要包括：事件统计情况、造成的危害、影响程度、态势分析、典型案例。

预警信息通告内容主要包括：受影响的系统、可能产生的危害和危害程度、可能影响的用户及范围、建议应采取的应对措施及建议。

第二十一条　信息报送单位应将本单位信息通报工作主管领导，责任部门负责人、联系人、联系方式报送通信保障局，抄送CNCERT。以上信息发生变更，应在3个工作日内报送变更情况。

第二十二条　通信保障局建立会商制度，通报当前网络安全情况，与相关单位和专家研讨网络安全形势、网络安全问题及其应对策略等。

第二十三条　CNCERT应与网络安全研究机构、网络安全技术支撑单位、非经营性互联单位、网络安全企业、国际网络安全组织等广泛合作，积极拓展网络安全信息获取渠道。

第二十四条　国家网络安全保障专项工作对信息通报工作另有规定的，从其规定。

第二十五条　通信管理局应参照本办法制定本行政区域信息通报管理办法。

第二十六条　本办法自 2009 年 6 月 1 日起实施。

附件 1：信息报送项目（略）

附件 2：信息分级规范（略）

附件 3：联系方式（略）

8. 关于印发《木马和僵尸网络监测与处置机制》的通知（工信部保［2009］157 号）

各省、自治区、直辖市通信管理局、国家计算机网络应急技术处理协调中心、中国互联网络信息中心、政府和公益机构域名注册管理中心、部电信研究院、中国互联网协会、中国电信集团公司、中国移动通信集团公司、中国联合网络通信集团有限公司、其他相关单位：

为防范和处置木马和僵尸网络引发的网络安全隐患，净化公共互联网环境，维护我国公共互联网安全，制定《木马和僵尸网络监测与处置机制》，现印发给你们，请遵照执行。

2009 年 4 月 13 日

木马和僵尸网络监测与处置机制

第一条　为有效防范和处置木马和僵尸网络引发的网络安全隐患，规范监测和处置行为，净化网络环境，维护我国公共互联网安全，依据《中华人民共和国电信条例》、《互联网网络安全应急预案》，制定本办法。

第二条　木马是指由攻击者安装在受害者计算机上秘密运行并用于窃取信息及远程控制的程序。僵尸网络是指由攻击者通过控制服务器控制的受害计算机群。木马和僵尸网络对网络信息安全造成危害和威胁，是造成个人隐私泄露、失泄密、垃圾邮件和大规模拒绝服务攻击的重要原因。

第三条　本办法适用于对危害公共互联网安全的木马和僵尸网络控制端（以下简称木马和僵尸网络）及其使用的 IP 地址和恶意域名的监测和处置。

第四条　工业和信息化部指导、组织、监督全国木马和僵尸网络的监测和处置工作。工业和信息化部通信保障局（以下简称通信保障局）负责具体工作。

各省、自治区、直辖市通信管理局（以下简称通信管理局）指导、组织、监督本行政区域内木马和僵尸网络的监测和处置工作。

国家计算机网络应急技术处理协调中心（以下简称 CNCERT）受通信保障局委托，负责对木马和僵尸网络的规模、类型、活跃程度、危害等情况进行监测、汇总、分析、核实，组织开展通报工作，协调处置木马和僵尸网络 IP 地址和恶意域名。

基础电信运营企业负责对本单位网内木马和僵尸网络进行监测、核实，对 CNCERT 汇总通报的涉及本单位的木马和僵尸网络进行处置和反馈。

互联网域名注册管理机构负责对 CNCERT 通报的由自身管理的恶意域名进行处置。对于由国内互联网域名注册服务机构注册的由境外域名注册管理机构管理的域名，由 CNCERT 直接协调国内互联网域名注册服务机构进行处置。

第五条　基础电信运营企业、互联网接入服务提供商、IDC 服务提供商、互联网域名注册管理机构、国内互联网域名注册服务机构在提供互联网接入服务、域名解析服务时，应在与用户签订的服务协议、合同中告知用户承担的网络安全保障责任。

第六条 CNCERT、基础电信运营企业应不断提高木马和僵尸网络的监测能力。CNCERT、基础电信运营企业、互联网域名注册管理机构、国内互联网域名注册服务机构应建立健全本单位的处置机制，协同配合、快速处置，共同做好木马和僵尸网络的监测和处置工作。

第七条 木马和僵尸网络事件分为特别重大、重大、较大、一般共四级。

特别重大事件：涉及全国范围或省级行政区域，单个木马和僵尸网络规模超过100万个IP地址，对社会造成特别重大影响。

重大事件：涉及全国范围或省级行政区域，同一时期存在一个或多个木马和僵尸网络，总规模超过50万个IP地址，对社会造成重大影响。

较大事件：涉及全国范围或省级行政区域，同一时期存在一个或多个木马和僵尸网络，总规模超过10万个IP地址，对社会造成较大影响。

一般事件：涉及全国范围或省级行政区域，发生木马和僵尸网络事件，对社会造成一定影响，但未造成上述后果。

通信保障局负责对分级规范进行修订。

第八条 监测和通报：

（一）CNCERT、基础电信运营企业负责对木马和僵尸网络进行监测。

（二）基础电信运营企业按照本机制第七条对监测到的事件进行分级，特别重大、重大、较大事件应在发现后2小时内报送通信保障局，同时抄报CNCERT；一般事件应在发现后5个工作日内报送CNCERT。

报送内容包括：控制端IP地址、端口、发现时间及其使用的恶意域名。

（三）CNCERT汇总自主监测、基础电信运营企业报送和从其他渠道收集的事件，进行综合分析、分级。对于特别重大、重大、较大事件，CNCERT应在2小时内向通信保障局报告，并及时通报相关通信管理局。通信保障局认为必要时，组织有关单位和专家进行研判。事件情况及研判结果由通信保障局直接或委托CNCERT通报相关单位。对于一般事件，CNCERT应在发现后5个工作日内通报相关单位。

事件通报内容包括：

1. 威胁较大的木马和僵尸网络IP地址、端口、发现时间、所属基础电信运营企业。
2. 木马和僵尸网络使用的恶意域名。
3. 木马和僵尸网络的规模和潜在危害。

监测和通报流程图见附件一。

第九条处置和反馈：

基础电信运营企业、互联网域名注册管理机构、互联网域名注册服务机构接到CNCERT木马和僵尸网络事件通报后，应按如下流程处理：

（一）通知与木马和僵尸网络IP地址和恶意域名相关的具体用户进行清除，并跟踪用户处置情况。

对于域名注册信息不真实、不准确、不完整的，互联网域名注册管理机构、互联网域名注册服务机构根据《中国互联网域名管理办法》有关规定进行处置。

（二）反馈用户的处置情况。特别重大、重大、较大事件的处置情况应在接到事件通报后 4 小时内向 CNCERT 反馈，一般事件的处置情况应在 5 个工作日内向 CNCERT 反馈。

反馈内容包括：用户已处置的 IP 地址和恶意域名、单位名称、用户未处置的 IP 地址和恶意域名及未处置的原因。

（三）监测单位验证处置情况。

对于 CNCERT 自主监测的事件，由 CNCERT 对处置情况进行验证。特别重大、重大、较大事件应在接到处置单位反馈后 2 小时内向处置单位反馈验证结果，一般事件应在 5 个工作日内反馈验证结果。

对于基础电信运营企业监测到的事件由基础电信运营企业自行验证。特别重大、重大、较大事件应在接到 CNCERT 事件通报后 6 小时内向 CNCERT 反馈验证结果，一般事件应在 10 个工作日内向 CNCERT 反馈验证结果。

（四）对于未处置或经验证仍存在恶意连接的木马和僵尸网络 IP 地址和恶意域名，按如下方式处置：

对于重要信息系统单位，向通信保障局反馈用户相关情况，抄报 CNCERT，由通信保障局或当地通信管理局书面通知其主管部门。

对于其他单位用户和个人用户，应依据与用户签署的服务协议、合同等进行处置。

（五）对于特别重大、重大、较大事件的处置情况，CNCERT 应在接到处置单位反馈后 2 小时内向通信保障局和相关通信管理局反馈处置结果，一般事件处置情况由 CNCERT 每月汇总，按照互联网网络安全信息通报有关办法通报监测和处置情况。

处置和反馈流程见附件二。

第十条　CNCERT、基础电信运营企业、互联网域名注册管理机构、国内互联网域名注册服务机构应留存木马和僵尸网络相关数据或资料以备查验。数据或资料保存时间为 60 天。

第十一条　CNCERT、基础电信运营企业、互联网域名注册管理机构、国内域名注册服务机构应保护用户正当权益，规范处置流程，建立用户申诉机制，妥善解决用户争议。

第十二条　通信保障局通过会商制度，组织相关单位和专家研讨木马和僵尸网络相关问题及其应对策略。

第十三条　事件通报和反馈应按照统一表格以书面方式报送（报送格式见附件三）。紧急情况下，可以先电话联系，后补表格。

第十四条　对于国家举办重要活动等特殊时期，对木马和僵尸网络监测和处置工作另有要求的，从其规定。

第十五条　相关单位应将本单位木马和僵尸网络监测和处置工作主管领导，责任部门负责人、联系人、联系方式报送通信保障局，抄送 CNCERT。以上信息发生变更，应在 3 个工作日内报送变更情况。

第十六条　CNCERT 应与非经营性互联单位合作，协调非经营性互联单位处置其网内木马和僵尸网络；应与网络安全研究机构、网络安全技术支撑单位、网络安全企业、病毒厂商等单位合作，建立研究、分析机制。

本机制中非经营性互联单位指中国教育和科研计算机网、中国科技网、中国国际经济贸易网、中国长城互联网。

第十七条　对于涉嫌犯罪的木马和僵尸网络事件，应报请公安机关依法调查处理。

第十八条　通信管理局应参照本办法制定本行政区域内木马和僵尸网络监测和处置

机制。

基础电信运营企业集团公司应督促本单位省级公司按照当地通信管理局要求，及时反馈木马和僵尸网络事件监测处置情况，接受当地通信管理局的监督管理。

第十九条　本办法中重要信息系统指政府部门、军队，以及银行、海关、税务、电力、铁路、证券、保险、民航等关系国计民生的重要行业使用的信息系统。

第二十条　本办法自2009年6月1日起实施。

附件一：监测和通报流程图（略）

附件二：处置和反馈流程图（略）

附件三：事件通报表格（略）

附件四：联系方式（略）

9. 国家发展改革委、财政部关于加快推进国家电子政务外网建设工作的通知（发改高技［2009］988号）

中央和国家机关各部委，各省、自治区、直辖市及计划单列市、新疆生产建设兵团发展改革委、财政厅，国家信息中心：

根据《国家信息化领导小组关于我国电子政务建设的指导意见》（中办发［2002］17号）和《国家信息化领导小组关于推进国家电子政务网络建设的意见》（中办发［2006］18号）的要求，有关部门协同推进国家电子政务外网（以下简称国家政务外网）建设，目前取得显著进展，已经初步具备承载中央政务部门主要业务的能力。为进一步加快国家政务外网建设，维护国家政务外网的统一、完整和有效运营，推动各级政务部门利用国家政务外网开展各类业务应用，充分发挥国家电子政务公共设施的作用和效能，现就有关工作要求通知如下：

一、国家政务外网由中央政务外网和地方政务外网组成，按照统一规划、分级负责的原则进行建设。各部门、各地方要充分认识加快国家政务外网建设的重要性和紧迫性，严格按照中办发［2006］18号文件提出的建设目标，充分利用已有资源，采取切实有效措施，加快推进国家政务外网建设。国家政务外网的建设目标是：力争到2010年年底前，基本建成从中央到地方统一的国家政务外网，横向要连接各级党委、人大、政府、政协、法院、检察院等各级政务部门，纵向要覆盖中央、省、地（市）、县，满足各级政务部门社会管理和公共服务的需要。

二、中央各部门要抓紧制定本部门利用国家政务外网开展业务应用的规划和实施方案。尚未实现与国家政务外网连接的部门，要按照统一的标准和规范，于2010年年初完成接入国家政务外网的工作；已实现与国家政务外网连接的部门，要尽快将各类可在国家政务外网上运行的业务系统向国家政务外网上迁移；已利用国家政务外网开展业务的部门，要进一步完善应用，扩大范围。今后凡属社会管理和公共服务范畴及不需在国家电子政务内网上部署的业务应用，原则上应纳入国家政务外网运行。

三、各省区市要认真贯彻中央文件精神，大力推进本地政务外网建设，在2010年年底前基本实现对省、地（市）、县政务部门的网络覆盖，确保国家政务外网的统一性和完整性。已建或在建地方政务外网的省区市，要按照国家政务外网的统一规划和标准规范，进一步拓展、改造和完善本地政务外网，实现与中央政务外网的有效对接和畅通运行；尚未建设地方政务外网的省区市，要抓紧确定本地政务外网的建设和运维单位，充分利用现有政务网络、技术队伍和资金渠道，加快整合构建，尽快完成本地政务外网建设工作。各地方已建且用于社会管理和公共服务的政务网络，应纳入国家政务外网体系，实现与中央政务外网的互联互通。鼓励地（市）以下政务部门利用多种接入方式（如互联网安全接入等）构建本地政务外网。

四、国家信息中心要在有关部门指导下，承担国家政务外网日常管理工作，负责国家政务外网的统一规划，制订相关技术标准、服务规范、安全策略和管理办法，规划和管理国家政务外网 IP 地址和域名，承担中央政务外网的工程建设和运行维护等工作，对地方政务外网建设和运行进行业务指导。国家信息中心要为中央各部门在政务外网上开展业务和实现数据共享提供技术支持，为中央和地方政务外网的协调、衔接做好服务。国家信息中心要采取有效的管理和技术措施，保障国家政务外网的畅通、安全和可靠运行。

五、要按照统一规划、分级负责的原则，建立国家政务外网协同工作机制。国家信息中心统一受理中央政务部门利用国家政务外网的业务，并协调地方做好网络开通、业务承载、故障处理和客户服务等工作。各地方政务外网的建设和运维单位，要按照国家的统一规划和管理规范，在国家信息中心的协调、指导下，做好本地区政务外网的规划、建设和运行、服务工作，保障本地各级政务部门业务应用的顺利开展和安全可靠运行。

六、要加强国家政务外网的信息安全保障工作。中央和地方政务外网的建设和运维单位，要切实落实网络安全保障责任制，明确国家政务外网信息安全主管领导和工作部门，建立健全安全管理制度。要按照国家政务外网统一规划，建立网络安全防护体系和统一的网络信任体系。要定期对中央和地方政务外网进行安全检查，对查出的安全隐患和问题及时进行整改，确保国家政务外网的安全可靠。

七、各级政务部门要根据国家关于信息安全等级保护的有关规定，确定国家政务外网上运行的业务系统的信息安全等级，采取相应的信息安全等级保护措施，进行信息安全风险评估，保障各自业务系统的信息安全。

八、要不断提高国家政务外网的服务水平。中央和地方政务外网的建设和运维单位，要强化服务意识、创新服务模式、完善服务体系。要注重抓好管理标准、安全保障、响应能力和人才队伍等基础能力建设，做到标准化、规范化、制度化、专业化。要适应形势发展需要，紧密跟踪研究信息技术和信息服务模式的新问题、新动向，不断改善服务质量，切实提高国家政务外网整体服务水平。

九、为避免重复投资、重复建设，充分利用好国家已建电子政务公共设施，国家发展改革委今后原则上不再批准建设新的部门专用业务网络。财政部门原则上不再安排新的部门专用业务网络运行维护经费，并将根据各政务部门业务系统在国家政务外网上部署的进展情况，相应调整业务系统的运行维护费用，同时合理安排国家政务外网运行维护费用。

十、各省区市发展改革委和财政部门要相互配合，按照职责分工做好国家政务外网项目的组织、协调、审批和相关经费的落实工作。要会同有关部门加强对项目建设进度、建设内容、概预算执行情况的检查或稽查。

十一、国家对地方政务外网建设确有经费困难的西部省区和享受西部政策的部分中部地区给予一定的资金补助。请相关省区市发展改革委按照基本建设项目审批程序，在项目可研报告批复后，将项目资金申请报告报国家发展改革委审批。

国家发展改革委
财　　政　　部
2009年4月14日

10. 文化部办公厅关于规范进口网络游戏产品内容审查申报工作的公告

根据《国务院对确需保留的行政审批项目设定行政许可的决定》（国务院第412号令）、《国务院办公厅关于印发文化部主要职责内设机构和人员编制规定的通知》（国办发［2008］79号）和《互联网文化管理暂行规定》（文化部令第27号发布，第32号修订），文化部负责对进口网络游戏产品进行前置审查。为进一步完善和规范进口网络游戏的报审工作，现就有关事项公告如下：

一、从事进口网络游戏产品运营的企业应严格按照《文化部关于加强网络游戏产品内容审查工作的通知》（文市发［2004］14号）的有关规定进行报审。报审的进口网络游戏产品，须为开发完全、与正式运营（或公测）版本一致的产品。

二、进口网络游戏产品在未获得文化部进口网络游戏产品批准文件时，必须符合以下要求：

（一）不得开放用户注册或通过客户端软件直接注册登录服务器；

（二）如需进行游戏技术测试，须采取限额发放激活码的方式，且活跃用户数不得超过2万；

（三）不得以向用户收费或通过商业合作、广告等方式开展经营。

如有违反，文化部将不予受理该款进口网络游戏的申报，并按相关规定处理。

三、企业决定终止进口网络游戏产品经营的，文化部撤销其进口批准文号；变更运营企业的，原进口批准文号自动撤销，由新的运营企业重新向文化部报审。

四、已通过文化部内容审查的进口网络游戏产品，在运营中有实质内容变动的改版或版本升级的，应将新版本报文化部进行内容审查。

五、为方便网络游戏企业报审工作，提高审查效率，“文化部网络游戏内容审查网上申报及进度查询系统”在中国文化市场网（网址：http://www.ccm.gov.cn）已正式启用。

特此公告。

2009年4月24日

11. 关于印发《电信网络运行监督管理办法》的通知

各省、自治区、直辖市通信管理局，中国电信集团公司、中国移动通信集团公司、中国联合网络通信集团有限公司：

现将《电信网络运行监督管理办法》印发给你们，请遵照执行。

工业和信息化部电信网络运行事故报告受理电话为010-66068491，010-66022790。

各省、自治区、直辖市通信管理局应将电信网络运行事故报告受理电话通知辖区内基础电信业务经营者。

工业和信息化部
2009年4月24日

电信网络运行监督管理办法

第一章 总则

第一条 为了加强电信网络运行监督管理，保障电信网络运行稳定可靠，预防电信网络运行事故发生，促进电信行业持续稳定发展，根据《中华人民共和国安全生产法》、《中华人民共和国电信条例》等相关法律、行政法规，制定本办法。

第二条 工业和信息化部和各省、自治区、直辖市通信管理局（以下简称电信监管部门）对基础电信业务经营者的网络运行维护（包括局数据和软件版本管理等），网络运行安全，安全生产，网络运行事故的预防、报告、处理等活动的监督管理，适用本办法。

应对自然灾害、事故灾难、公共卫生事件和社会安全事件等突发事件而采取的应急通信保障措施，应对网络攻击、网络入侵、网络病毒、非法远程控制等网络安全防护措施，为满足特殊通信需求而采取的网络运行安全措施，为防止和减少涉及人身伤亡和财产损失的生产安全事故而采取的安全生产措施另有规定的，从其规定。

第三条 本办法所称的网络运行事故是指由于突发公共事件、人为破坏、施工损坏或网络自身故障造成的电信基础设施损坏、电信网络中断、电信业务中断等情况。分为特别重大事故、重大事故、较大事故和一般事故（网络运行事故划分见附件一）。

第四条 基础电信业务经营者总部及各级分支机构是网络运行维护管理的责任主体，应当遵守本办法和有关网络运行维护的行业标准，加强网络运行维护管理，建立健全网络运行维护监督制度，完善网络运行安全条件，确保网络运行稳定可靠。

基础电信业务经营者总部及各级分支机构的主要负责人，对本单位的网络运行维护管理工作全面负责。

第五条 电信监管部门是网络运行监督管理的主管部门。工业和信息化部在全国范围内履行监督管理职责。各省、自治区、直辖市通信管理局在本行政区内按照职责分工履行监督管理职责。

第二章 网络运行维护责任

第六条 基础电信业务经营者总部及各级分支机构的主要负责人对本单位的网络运行维护工作负有下列职责：

（一）建立健全本单位网络运行维护责任制；

（二）组织制定本单位网络运行维护制度，不断完善网络运行维护规程；

（三）保证本单位网络运行安全投入的有效实施；

（四）督促、检查本单位网络运行维护工作，对本单位网络运行安全状况进行考核与评估，及时消除网络运行事故隐患；

（五）加强本单位网络规划、建设施工与网络运行维护的协调，防止对网络运行可能造成的危害；

（六）组织制定并实施本单位的网络运行事故应急处置预案；

（七）组织对从业人员进行网络运行安全和安全生产的教育和培训；

（八）及时、如实报告网络运行事故。

第七条 基础电信业务经营者总部及各级分支机构的主要负责人和网络运行维护管理人员应当具备相应的网络运行管理能力，负责指挥、协调网络运行维护管理工作。各级网络运行维护管理人员应当确保每天 24 小时沟通渠道的畅通。

各级网络运行维护人员应当具备必要的网络运行维护知识，熟悉并严格执行有关网络运行维护制度和操作流程，提高网络运行维护技能，增强网络运行事故预防和应急处理能力。

第八条 在重大活动及重要节假日期间，基础电信业务经营者应当配合电信监管部门采取相应的网络运行安全管理措施，必要时，应当按照电信监管部门的要求，停止相关通信干线和通信枢纽的施工、系统割接、版本升级等工作。

遇有重大活动、突发公共事件时，基础电信业务经营者应当按照电信监管部门的要求，及时提供本企业的网络拓扑图、网络运行基础数据等信息，并接受电信监管部门的指挥、调度及对网络资源的调配，保障网络运行稳定可靠。

第九条 基础电信业务经营者应当加强电信基础设施的日常巡护和重要部位的重点保护，加大宣传力度，增强防护力量，推广技防应用，不断提高电信基础设施防护能力，防止和减少盗窃、破坏电信设施事件的发生。

第十条 基础电信业务经营者新建、改建、扩建工程项目的安全设施，应当与主体工程同时设计、同时施工、同时投入生产和使用。安全设施投资应当纳入建设项目预算。

基础电信业务经营者应当建立本单位网络建设与运行维护的日常沟通机制，对网络运行稳定可靠可能造成影响的施工，建设部门应当提前与运行维护部门协商一致，避免由于自身原因造成网络运行事故的发生。

第十一条 基础电信业务经营者应当按照相关网络运行维护行业标准和安全防护行业标准的要求，严格机房出入制度，利用人防、技防等手段，加强机房的封闭式管理。对机房划分区域管理，区域之间设置物理隔离装置，在重要区域前设置交付或安装等过渡区域，重要区域应当配置门禁设施，控制进入人员。

第十二条 基础电信业务经营者应当掌握电信网络的技术特性，按照相关技术标准和维护手册操作，采取有效的防护措施，做好机房等电信设施的防火、防雷、防水、防潮、防鼠、防虫、防尘、防盗、防静电和防电磁干扰等工作。

第十三条 基础电信业务经营者应当建立网络运行维护岗位责任制，强化值班与交接班制度，加强备品备件和技术档案管理，定期对电信设备的多重节点、多重路由、负荷分担、自动倒换、冗余配置等网络架构保护措施的有效性进行测试与演练，定期对供电、空调、消防、安防等配套设施进行检查与保养。

第十四条 基础电信业务经营者应当定期对电信设备进行测试、清洁、维修，合理调整电信设备配置，做好全程全网的协作配合，定期分析网络运行质量情况，保证电信设备的各项维护技术指标达到相关行业标准，确保网络运行稳定可靠。

第十五条 基础电信业务经营者将电信设备、传输线路的运行维护工作外包的，应当严格考查代维企业的资质，签署保密协议，留存操作记录，定期检查和评估代维企业的网络运行维护管理水平，并对代维企业在网络运行维护工作中造成的网络运行事故负责。

第十六条 基础电信业务经营者应当对电话网局数据（如交换网中的路由、局向、电路、信令、计费、控制方式等数据）进行分级管理，并定期备份相关系统文件和局数据文件。

局数据的创建、修改应当设置相应的权限和密码。修改重要局数据或大量局数据时应当制定相关预案并在话务闲时进行，相关局数据修改前应当制作系统备份文件。

第十七条 基础电信业务经营者应当对交换、传输、信令等设备的软件版本进行分级管理，并做好系统文件的备份。软件版本升级前应当制定相关预案，在软件版本升级失败时，能及时倒换恢复。

国际出入口局、长途交换局、TMSC（汇接移动交换中心，下同）、网间关口局、省际传输设备、省际信令设备等的软件版本应当由基础电信业务经营者总部向工业和信息化部定期报送；汇接局、端局、MSC（移动交换中心，下同）、省内传输设备、省内信令设备等的软件版本应当由基础电信业务经营者省级机构向各省、自治区、直辖市通信管理局定期报送。

第十八条　基础电信业务经营者总部及其省级机构应当按照相关要求，分别向工业和信息化部和各省、自治区、直辖市通信管理局定期报送网络运行基础数据，报送内容应当真实有效。基础电信业务经营者应当加强事故隐患的分析与检查，制定并落实整改措施。

第三章　网络架构保护措施

第十九条　本办法所称的网络架构保护措施是指对交换设备、传输设备、传输线路、供电系统等通信设施，以及信令网、同步网等支撑网设备所采取的多重节点、多重路由、负荷分担、自动倒换、冗余配置等保护措施。通过采取上述措施，最大限度的减少事故隐患，确保网络运行稳定可靠。

第二十条　基础电信业务经营者应当对国内长途电话网采取以下网络架构保护措施：

（一）省会城市和具备条件的非省会城市的长途交换局应当采用双节点或多节点方式配置，并通过负荷分担方式来保证业务畅通，避免单一长途交换局瘫痪时导致业务全阻。

省际长途交换局间应当具备两个以上长途路由，省际长途交换局应当与两个以上的国际出入口局相连。

（二）长途电路应当采用物理上的双路由或多路由方式配备，在不同的传输设备和传输线路上相互保护，确保传输路径的可靠，避免单一传输通道阻断时导致业务全阻。

第二十一条　基础电信业务经营者应当对固定本地电话网采取以下网络架构保护措施：

（一）汇接局应当采用双节点或多节点方式配置，并通过负荷分担方式来保证业务畅通，避免单一汇接局瘫痪时导致业务全阻。汇接局与长途交换局间应当具备两个以上路由。

（二）在条件具备时，端局至长途交换局、汇接局、端局间应当具备双路由或多路由。

（三）局间中继电路应当采用物理上的双路由或多路由方式配备，在不同的传输设备和传输线路上相互保护，确保传输路径的可靠，避免单一传输通道阻断时导致业务全阻。

第二十二条　基础电信业务经营者应当对陆地蜂窝移动通信网采取以下网络架构保护措施：

（一）TMSC 应当采用双节点或多节点方式配置，并通过负荷分担方式来保证业务畅通，避免单一 TMSC 瘫痪时导致业务全阻。

TMSC 间及其与国际出入口局间应当具备两个以上路由。

（二）在条件具备时，MSC 至 TMSC、MSC 间应当具备双路由或多路由。

（三）在条件具备时，HLR（归属位置寄存器）应当采用 1+1 或 N+1 备份。

（四）局间中继电路应当采用物理上的双路由或多路由方式配备，在不同的传输设备和传输线路上相互保护，确保传输路径的可靠，避免单一传输通道阻断时导致业务全阻。

（五）在条件具备时，基站传输应当采用物理上的双路由或多路由方式配备，在不同的传输设备和传输线路上相互保护，确保传输路径的可靠，避免单一传输通道阻断时导致业务全阻。

第二十三条　基础电信业务经营者应当对卫星通信网采取以下网络架构保护措施：

（一）在条件具备时，重要卫星地球站的发射机等配置应当采用N+1备份。在条件具备时，不同卫星地球站之间应当采用卫星链路备份，避免单一卫星链路阻断时导致业务全阻。

（二）在条件具备时，卫星地球站至其他电信网应当采用物理上的双路由或多路由方式配备，在不同的传输设备和传输线路上相互保护，确保传输路径的可靠，避免单一传输通道阻断时导致业务全阻。

（三）在条件具备时，卫星通信网在组网时应当有备份卫星转发器，避免单一卫星转发器阻断时导致业务全阻。

第二十四条　基础电信业务经营者应当对互联网骨干网采取以下网络架构保护措施：

（一）网络路由设备均须采用双路由或多路由、双归属或多归属方式互为备份，在条件具备时，采用双节点或多节点方式互为冗余。

（二）应当在域名解析服务器等重要服务器使用防火墙和防病毒等软件，具备一定的容错、防病毒传播、防恶意软件、防网络攻击、防黑客攻击及防范其他来自内部和外部各种常见攻击的能力。

（三）域名解析服务器应当冗余配置，在条件具备时，其他应用服务器应当冗余配置，并有相应的数据备份机制，在单一服务器发生故障或进行系统升级时，避免引起互联网业务的中断或系统瘫痪。

（四）应当对重要服务器的各种操作进行权限控制，并保留相应的操作记录。相关服务器应当设置必要的控制策略，尽可能减少相关服务器的共享和开放端口。

第二十五条　基础电信业务经营者应当对网间互联互通采取以下网络架构保护措施：

（一）网间关口局应当成对设置。暂不具备成对设置关口局的，应当通过其他具备关口局功能的交换机疏通网间业务。

（二）网间中继电路应当采用物理上的双路由或多路由方式配备，在不同的传输设备和传输线路上相互保护，确保传输路径的可靠，避免单一传输通道阻断时导致网间业务全阻。

网间中继电路除配备直达中继电路以外，基础电信业务经营者应当相互配合，制作相关局数据，预置经由第三方网络转接的迂回电路，避免直达中继电路都中断时导致网间业务全阻。

（三）网间关口局至本网络应当采用物理上的双路由或多路由方式配备，在不同的传输设备和传输线路上相互保护，确保传输路径的可靠，避免单一传输通道阻断时导致业务全阻。

第二十六条　基础电信业务经营者应当对机房供电系统采取以下网络架构保护措施：

（一）机房供电线路应当配置过电压防护设备，并根据需要配置稳压器。

（二）交流电力供应应当采用来自不同主变压器的双路供电，在条件具备时，应当采用来自不同电网的双路供电。

（三）在交流电停电或断电的情况下，应当由蓄电池提供备用电力供应，并立即启动油机发电。

（四）应当定期对蓄电池及油机供电的有效性进行测试。

第二十七条　基础电信业务经营者应当对信令网采取以下网络架构保护措施：

信令路由组中应当设置多个信令路由，包括直达信令路由、准直联信令路由以及采用负荷分担方式的信令路由，保证两个具有信令关系的信令点之间传送信令的可靠性。

第二十八条　基础电信业务经营者应当对同步网采取以下网络架构保护措施：

（一）同步网应当采用主从同步法，网络拓扑结构应当采用三级等级结构。每个同步网节点都赋予一个等级，只容许高等级节点向较低等级或同等级的节点传送定时基准信号。

（二）应当选择稳定可靠、传输性能好的物理路由作为同步网的定时链路。二级和三级节点时钟应当能接收到至少两路来自一级基准时钟的主备用定时信号，其对应的主用和备用定时链路应当选择不同的物理路由。

（三）同步网定时源头的配置应当保证每个同步区均有两个定时基准源。定时基准源可以是以铯钟作为主用的全国基准时钟 PRC，也可以是以卫星定位系统作为主用的区域基准时钟 LPR。LPR 应当至少有两路地面信号作为备用定时信号，其中至少一路能够溯源至 PRC。

第二十九条　基础电信业务经营者对国际出入口局、国际通信陆海光（电）缆采取的网络架构保护措施另行规定。

第四章　网络运行事故处理

第三十条　发生网络运行事故后，基础电信业务经营者有关人员应当立即报告本单位负责人。

单位负责人接到事故报告后，应当迅速采取有效措施，组织抢修，防止事故扩大，减少社会影响和财产损失。

第三十一条　发生特别重大、重大事故后，基础电信业务经营者总部应当向工业和信息化部报告事故情况，同时其省级机构应当向相关省、自治区、直辖市通信管理局报告事故情况。

发生较大事故后，基础电信业务经营者省级机构应当向相关省、自治区、直辖市通信管理局报告事故情况。

发生一般事故后，基础电信业务经营者省级机构应当向相关省、自治区、直辖市通信管理局定期报送。

发生网络运行事故后，任何单位和个人不得迟报、漏报、谎报或者瞒报。

第三十二条　网络运行事故报告分为口头报告、简要书面报告（格式见附件二）和专题书面报告（格式见附件三）三种。

发生网络运行事故后，基础电信业务经营者总部及其省级机构应当在规定时限内向电信监管部门报告（具体报告时限见附件四）。

第三十三条　基础电信业务经营者上报的简要书面报告应当经本企业主管领导或主管部门领导认定，专题书面报告须经本企业主管领导认定。

第三十四条　事故的口头报告内容应当包括事故发生时间、地点、预计影响范围、事故原因的初步判断、已经或即将采取的措施。简要书面报告的内容应当包括事故发生时间、地点、影响范围、事故原因的初步判断、事故初步处理措施等。专题书面报告的内容应当包括事故发生时间、地点、影响范围、事故原因、责任认定、处理意见、防范措施等。

第三十五条　基础电信业务经营者应当认真总结经验教训，排除事故隐患，落实整改措施，并将对事故有关责任单位和责任人的处理意见，报相关电信监管部门。

第五章　网络运行监督管理

第三十六条　电信监管部门应当对基础电信业务经营者的网络运行维护责任制、网络运行维护制度、网络运行维护行业标准的执行情况、网络运行事故应急处置预案的制定和演练情况、网络架构保护措施的有效性测试和演练、对从业人员网络运行安全和安全生产的教育和培训等进行监督、检查。

第三十七条　根据实际需要，电信监管部门按照网络运行维护行业标准和安全防护行业标准，对网络架构保护措施进行抽测。经抽测，不符合相关行业标准的，由电信监管部门督促相关基础电信业务经营者进行整改。

第三十八条　基础电信业务经营者对电信监管部门依据本办法进行的监督、检查或检测，应当予以配合，不得拒绝、阻挠。

第三十九条　电信监管部门的监督、检查人员应当忠于职守、坚持原则，保守企业秘密，在监督、检查或检测过程中，不得干扰电信网络的正常运行。

第四十条　电信监管部门应当配合公安机关，组织基础电信业务经营者严厉打击盗窃、破坏电信设施的行为，督促基础电信业务经营者采取有效措施，做好电信设施的防护工作。

第四十一条　电信监管部门应当责成基础电信业务经营者对网络运行事故调查处理，按照相关时限提交简要书面报告和专题书面报告。必要时，电信监管部门可以直接组织事故调查组进行调查。事故调查组的组成应当遵循精简、效能的原则。

事故调查组履行下列职责：

（一）查明事故发生的经过、原因等情况；

（二）认定事故的性质和事故责任；

（三）提出对事故责任单位和责任人的处理意见；

（四）总结事故教训，提出防范和整改措施；

（五）提交事故调查报告。

第四十二条　电信监管部门应当建立网络运行情况通报制度，定期向基础电信业务经营者通报网络运行情况。

第四十三条　电信监管部门应当结合电信行业实际情况，组织对基础电信业务经营者的从业人员进行网络运行安全和安全生产的教育和培训。

第四十四条　基础电信业务经营者有下列行为之一，电信监管部门应当予以警告并责令其限期改正。逾期未改正的，可以在行业内予以通报批评。

（一）未建立网络运行维护责任制，或者未制定网络运行维护制度的；

（二）未按照本办法规定保证网络运行安全所必需的资金投入，致使生产经营单位不具备网络运行安全条件的；

（三）未制定和演练网络运行事故应急处置预案的；

（四）未对从业人员进行网络运行安全和安全生产的教育和培训的；

（五）新建、改建、扩建工程项目时未同时考虑网络运行安全设施建设的；

（六）未执行网络运行维护行业标准的；

（七）对电信设备、传输线路的代维企业管理不力，引发网络运行事故的；

（八）发生网络运行事故，未及时、如实上报或者对事故调查处理不力的；

（九）未按时向电信监管部门报送网络运行基础数据的；

（十）不配合电信监管部门对网络运行维护工作的监督检查及对网络运行事故的调查处理的；

（十一）在重大活动、重要节假日以及公共突发事件时，不执行网络运行安全管理措施或不听从电信监管部门指挥、调度的。

第六章　附则

第四十五条　公用电信网与专用电信网之间的网络运行监督管理参照本办法执行。

第四十六条　本办法由工业和信息化部负责解释。

第四十七条　本办法自 2009 年 5 月 1 日起施行，《电信运营业重大事故报告规定（试行）》（信部电［2002］114 号）同时废止。

12. 关于计算机预装绿色上网过滤软件的通知（工信部软［2009］226 号）

有关单位：

为构建绿色、健康、和谐的网络环境，避免互联网不良信息对青少年的影响和毒害，工业和信息化部、中央文明办、财政部按《政府采购法》有关要求，使用中央财政资金买断“绿坝—花季护航”绿色上网过滤软件（以下简称“‘绿坝—花季护航’软件”）产品一年使用权及相关服务，供全社会免费使用。经综合测试和试点应用，该软件产品可有效过滤互联网不良文字和图像内容，已具备计算机厂商预装条件。

为进一步巩固整治互联网低俗之风专项行动成果，坚持惩防结合，切实保护未成年人健康成长，推动互联网健康有序发展，根据全国整治互联网低俗之风专项行动的总体部署，现将计算机预装绿色上网过滤软件的具体要求通知如下。

一、在我国境内生产销售的计算机出厂时应预装“绿坝—花季护航”软件最新适用版本；进口计算机在国内销售前应预装“绿坝—花季护航”软件最新适用版本。

二、“绿坝—花季护航”软件应预装在计算机硬盘或随机光盘内，且在恢复分区和恢复光盘中作为备份文件。

三、“绿坝—花季护航”软件提供者应采取积极措施，支持计算机生产企业开展预装相关工作。

四、计算机生产及销售企业应于 2009 年 6 月底完成“绿坝—花季护航”软件预装测试等相关工作，2009 年 7 月 1 日后出厂和销售的计算机应预装“绿坝—花季护航”软件。

五、计算机生产者和“绿坝—花季护航”软件提供者在 2009 年内应按月向工业和信息化部软件服务业司报送上月计算机销售数量、过滤软件预装数量及工作建议，自 2010 年起于每年 2 月底之前上报上一年度数据。

对于逾期未预装、不按时上报、虚假上报和拒不上报的，工业和信息化部将责令其限期补报或改正。

2009 年 5 月 19 日

13. 文化部、商务部关于加强网络游戏虚拟货币管理工作的通知（文市发［2009］20 号）

各省、自治区、直辖市文化厅（局）、商务厅（局），新疆生产建设兵团文化局、商务局，北京市、天津市、上海市、重庆市、宁夏回族自治区文化市场行政执法总队：

近年来，随着网络游戏的迅速发展，网络游戏虚拟货币广泛应用于网络游戏经营服务之中。网络游戏虚拟货币在促进网络游戏产业发展的同时，也带来了新的经济和社会问题。主要体现在：一是用户权益缺乏保障；二是市场行为缺乏监管；三是网络游戏虚拟货币在使用中引发的纠纷不断。

为规范网络游戏市场经营秩序，根据《互联网文化管理暂行规定》、《关于进一步加强网吧及网络游戏管理工作的通知》（文市发［2007］10 号）和《关于规范网络游戏经营秩序查禁利用网络游戏赌博的通知》（公通字［2007］3 号）等文件精神，经商中国人民银行等部门同意，现就加强网络游戏虚拟货币管理工作通知如下。

一、严格市场准入，加强主体管理

（一）本通知所称的网络游戏虚拟货币，是指由网络游戏运营企业发行，游戏用户使用法定货币按一定比例直接或间接购买，存在于游戏程序之外，以电磁记录方式存储于网络游戏运营企业提供的服务器内，并以特定数字单位表现的一种虚拟兑换工具。网络游戏虚拟货币用于兑换发行企业所提供的指定范围、指定时间内的网络游戏服务，表现为网络游戏的预付充值卡、预付金额或点数等形式，但不包括游戏活动中获得的游戏道具。

（二）文化行政部门要严格市场准入，加强对网络游戏虚拟货币发行主体和网络游戏虚拟货币交易服务提供主体的管理。从事“网络游戏虚拟货币发行服务”和“网络游戏虚拟货币交易服务”业务的，依据《国务院对确需保留的行政审批项目设定行政许可的决定》（国务院第 412 号令）和《互联网文化管理暂行规定》管理。凡提供上述两项服务的企业，须符合设立经营性互联网文化单位的有关条件，向企业所在地省级文化行政部门提出申请，省级文化行政部门初审后报文化部审批。“网络游戏虚拟货币发行企业”是指发行并提供虚拟货币使用服务的网络游戏运营企业。“网络游戏虚拟货币交易服务企业”是指为用户间交易网络游戏虚拟货币提供平台化服务的企业。同一企业不得同时经营以上两项业务。

（三）企业申请从事“网络游戏虚拟货币发行服务”业务的，除依法提交相关材料外，须在业务发展报告中提交虚拟货币表现形式、发行范围、单位购买价格、终止服务时的退还方式、用户购买方式（含现金、银行卡、网上支付等购买方式）、用户权益保障措施、技术安全保障措施等内容。

（四）从事“网络游戏虚拟货币交易服务”业务须符合商务主管部门关于电子商务（平台）服务的有关规定。此类企业在提出申请时，除依法提交的材料外，须在业务发展报告中提交服务（平台）模式、用户购买方式（含现金、银行卡、网上支付等购买方式）、用户权益保障措施、用户账号与实名银行账户绑定情况、技术安全保障措施等内容。

（五）已经从事网络游戏虚拟货币发行或交易服务的企业，应在本通知印发之日起 3 个月内，向文化行政部门申请相关经营业务。逾期未申请的，由文化行政部门按照《互联网文化管理暂行规定》予以查处。文化行政部门批准文件抄送商务部和中国人民银行。

二、规范发行和交易行为，防范市场风险

（六）网络游戏运营企业应当依据自身的经营状况和产品营运情况，适量发行网络游戏虚拟货币。严禁以预付资金占用为目的的恶意发行行为。网络游戏运营企业发行虚拟货币总量等情况，须按季度报送企业所在地省级文化行政部门。

（七）除利用法定货币购买之外，网络游戏运营企业不得采用其他任何方式向用户提供网络游戏虚拟货币。在发行网络游戏虚拟货币时，网络游戏运营企业必须保存用户的充值记录。该记录保存期自用户充值之日起不少于 180 天。

（八）网络游戏虚拟货币的使用范围仅限于兑换发行企业自身所提供的虚拟服务，不得用以支付、购买实物产品或兑换其他企业的任何产品和服务。

（九）网络游戏运营企业应采取必要的措施和申诉处理程序措施保障用户的合法权益，并在企业向用户提供服务的网站上显著位置进行说明。

（十）用户在网络游戏虚拟货币的使用过程中出现纠纷的，应出示与所注册的身份信息相一致的个人有效身份证件。网络游戏运营企业在核实用户身份后，应提供虚拟货币充值和转移记录，按照申诉处理程序处理。用户合法权益受到侵害时，网络游戏运营企业应积极协助进行取证和协调解决。

（十一）网络游戏运营企业计划终止其产品和服务提供的，须提前60天予以公告。终止服务时，对于用户已经购买但尚未使用的虚拟货币，网络游戏运营企业必须以法定货币方式或用户接受的其他方式退还用户。

网络游戏因停止服务接入、技术故障等网络游戏运营企业自身原因连续中断服务 30 天的，视为终止。

（十二）网络游戏运营企业不得变更网络游戏虚拟货币的单位购买价格，在新增虚拟货币发行种类时，需根据本通知第三条所列材料内容报文化行政部门备案。

（十三）网络游戏运营企业不支持网络游戏虚拟货币交易的，应采取技术措施禁止网络游戏虚拟货币在用户账户之间的转移功能。

（十四）网络游戏虚拟货币交易服务企业在提供网络游戏虚拟货币相关交易服务时，须规定出售方用户使用有效身份证件进行实名注册，并要求其绑定与实名注册信息一致的境内银行账户。网络游戏虚拟货币交易服务企业必须保留用户间的相关交易记录和账务记录，保留期自交易行为发生之日起不少于180天。

（十五）网络游戏虚拟货币交易服务企业要建立违法交易责任追究制度和技术措施，严格甄别交易信息的真伪，禁止违法交易。在明知网络游戏虚拟货币为非法获取或接到举报并核实的，应及时删除虚假交易信息和终止提供交易服务。

（十六）网络游戏虚拟货币交易服务企业不得为未成年人提供交易服务。

（十七）网络游戏虚拟货币发行企业和交易服务企业应积极采取措施保护个人信息安全，在相关部门依法调查时，必须积极配合，并提供相关记录。

（十八）网络游戏运营企业提供用户间虚拟货币转移服务的，应采取技术措施保留转移记录，相关记录保存时间不少于180天。

三、加强市场监管，严厉打击利用虚拟货币从事赌博等违法犯罪行为

（十九）各地要按照公安部、文化部等部门《关于规范网络游戏经营秩序查禁利用网络游戏赌博的通知》（公通字［2007］3 号）的要求，配合公安机关从严整治带有赌博色彩的网络游戏，严厉打击利用网络游戏虚拟货币从事赌博的违法犯罪行为。

（二十）网络游戏运营企业不得在用户直接投入现金或虚拟货币的前提下，采取抽签、押宝、随机抽取等偶然方式分配游戏道具或虚拟货币。

（二十一）网络游戏虚拟货币发行和交易服务企业应积极配合管理部门，采取技术手段打击“盗号”、“私服”、“外挂”等。

（二十二）对经文化部认定的网络游戏“私服”、“外挂”网站上提供网上支付服务的，由文化部通报中国人民银行。

四、加大执法力度，净化市场环境

（二十三）对未经许可，擅自从事网络游戏虚拟货币发行和交易服务的企业，由省级以上文化行政部门依据《互联网文化管理暂行规定》予以查处。

（二十四）对违反本通知要求的网络游戏虚拟货币发行和交易服务企业，由文化行政部门、商务主管部门通知其限期整改。逾期未整改的，由有关部门依法予以查处。

（二十五）建立网络游戏虚拟货币管理工作协调机制，加大对“盗号”、“私服”、“外挂”、非法获利、洗钱等违法行为的打击力度。各部门应定期沟通，协调配合，及时通报有关情况，在各自职责范围内做好网络游戏虚拟货币的管理工作。

（二十六）网络游戏运营企业所发行的网络游戏虚拟货币不得与游戏内道具名称重合。网络游戏内道具的管理规定由国务院文化行政部门会同有关部门另行制订。

特此通知。

文化部　　商务部

2009年6月4日

14. 国家烟草专卖局、工业和信息化部、公安部、国家工商行政管理总局关于严厉打击利用互联网等信息网络非法经营烟草专卖品的通告（国烟专［2009］242号）

各省级烟草专卖局，各通信管理局，各省、自治区、直辖市公安厅（局）及新疆生产建设兵团公安局，各省、自治区、直辖市及计划单列市工商行政管理局：

近年来，利用互联网等信息网络非法经营烟草专卖品的现象日益增多，销售假冒伪劣卷烟问题尤为突出，扰乱市场秩序，危害公民健康，严重损害了国家利益和消费者利益。为保证国家烟草专卖法律法规的严肃性，切实维护国家利益和消费者利益，国家烟草专卖局、工业和信息化部、公安部、国家工商行政管理总局决定，严厉打击利用互联网等信息网络非法经营烟草专卖品。现将有关事项通告如下：

一、禁止未取得烟草专卖许可证的组织和个人利用互联网等信息网络非法经营卷烟、雪茄烟、烟丝、烟叶、复烤烟叶、卷烟纸、滤嘴棒、烟用丝束、烟草专用机械等烟草专卖品。依法取得烟草专卖生产企业许可证、烟草专卖批发企业许可证或者特种烟草专卖经营企业许可证的企业应当在烟草专卖行政管理部门的监督下，在指定的网络交易平台开展经营活动。烟草专卖行政管理部门、工商行政管理部门、通信管理部门和公安部门应当依照《中华人民共和国烟草专卖法》、《中华人民共和国烟草专卖法实施条例》及《烟草专卖许可证管理办法》等法律、法规和规章的规定，对利用互联网等信息网络经营烟草专卖品的行为进行监督管理。

二、禁止为非法经营烟草专卖品提供互联网信息服务。《互联网信息服务管理办法》（国务院令第292号）规定，互联网信息服务不得制作、复制、发布、传播含有法律、行政法规禁止的内容。除烟草专卖行政管理部门指定的网络交易平台之外，其他互联网信息服务提供者都不得为经营烟草专卖品提供互联网信息服务。互联网信息服务提供者有责任和义务通过管理制度、技术措施积极开展工作，发现有利用其平台非法从事烟草专卖品经营业务的，应立即采取措施，删除违法信息，保存有关记录并向当地烟草专卖行政管理部门、通信管理部门、公安部门、工商行政管理部门报告。

三、严厉打击利用互联网等信息网络非法经营烟草专卖品行为。各地烟草专卖行政管理部门要会同通信管理、公安、工商行政管理部门，按照国家有关法律法规的规定，严厉打击利用互联网等信息网络非法经营烟草专卖品的行为。构成犯罪的，依法追究刑事责任；尚不构成犯罪的，依法进行行政处罚。对为非法经营烟草专卖品提供服务的互联网信息服务提供者，由烟草专卖行政管理部门会同公安、工商行政管理部门责令其整改；拒不改正的，由通信管理部门依法关闭网站并吊销经营许可证或注销备案。对利用互联网等信息网络非法经营烟草专卖品的典型案件，将予以曝光，公布违法网站、违法经营者的名单，开展违法经营警示活动。

各地烟草专卖行政管理部门、通信管理部门、公安部门、工商行政管理部门要迅速行动，密切配合，建立长效工作机制，搜集违法犯罪线索，联合查处大案要案，严厉打击利用互联网等信息网络非法经营烟草专卖品违法犯罪活动，切实维护国家利益和消费者利益。

本通告自印发之日起实施。

2009 年 6 月 24 日

15. 关于加强对进口网络游戏审批管理的通知

各省、自治区、直辖市新闻出版局，新疆生产建设兵团新闻出版局，解放军总政治部宣传部新闻出版局，各游戏出版运营企业：

在党中央和国务院的正确领导下，网络游戏出版服务业经过多年的规范引导，取得了快速发展，总体情况是好的。但是，近一个时期也存在着一些不容忽视的问题：一些非法企业通过互联网大肆传播色情暴力等不良游戏作品；有的企业未经审批擅自出版运营进口网络游戏；有的境外机构打着技术输入的幌子，在相关展览、会议中大量推广、演示未经审批的境外游戏作品，造成不良社会影响；有的部门未经国务院授权，自设网络游戏前置审批和进口网络游戏审查，造成重复审批，干扰了正常的管理程序。为了进一步规范网络游戏出版服务的前置审批和对境外著作权人授权的网络游戏作品的审批和监督管理工作，规范与进口网络游戏相关的会展交易活动，现通知如下：

一、根据《国务院办公厅关于印发国家新闻出版总署（国家版权局）主要职责内设机构和人员编制规定的通知》（国办发［2008］90 号）（以下简称“三定方案”）的规定，新闻出版总署负责“对游戏出版物的网上出版发行进行前置审批”。任何企业在中国境内从事网络游戏出版运营服务，必须经新闻出版总署进行前置审批，取得具有网络游戏出版服务范围的互联网出版服务许可证。未经审批许可，擅自从事网络游戏出版运营服务的，一经发现，立即依法取缔。

二、根据国务院“三定方案”规定，新闻出版总署“负责对出版境外著作权人授权的互联网游戏作品进行审批”。任何境外著作权人授权的进口网络游戏作品，未经新闻出版总署审查批准，一律不得在境内提供出版运营服务。违者将依法予以取缔，停止运营。

三、新闻出版总署是唯一经国务院授权负责境外著作权人授权的进口网络游戏的审批部门，如发现有其他部门越权进行前置审查审批，违法行政，有关企业可依法向国务院监督部门举报或提起行政诉讼。

四、在境内举办各种游戏的会展交易节庆活动中，凡涉及境外游戏作品的展示、演示、交易、推广等内容的，必须按进口网络游戏审批规定，事先报新闻出版总署审查批准。违者将依法予以取缔，并追究主办、承办单位和相关企业的责任。

五、有关报纸、杂志及网络媒体，不得为上述违规行为和活动进行报道和宣传，同时要发挥舆论监督作用。

六、各地新闻出版行政部门要加强管理和监督，应根据本《通知》要求，对本地区相关企业和活动进行一次集中清理。对违反国家相关法律法规的行为，要坚决查处纠正，确保网络游戏出版服务业健康有序发展。

2009 年 7 月 1 日

16. 网吧内网络文化内容产品经营资质申报及产品备案指南

为完善网吧内网络文化内容产品经营资质申报及产品备案工作，根据《互联网文化管理暂行规定》、文化部等五部门《关于进一步净化网吧市场有关工作的通知》（文市发［2009］9号）制定本指南。

一、资质申报

网吧内网络文化内容产品经营企业是指为网吧等互联网上网服务营业场所提供影视、音乐、单机游戏等文化内容产品及其下载、更新、服务等经营活动的互联网文化经营单位。

（一）未申请网络文化经营许可证的企业需向所在地省级文化部门提出申请，由省级文化部门受理后报文化部。文化部自申请材料齐全之日起 20 个工作日内做出批准或者不批准的决定。资质申报需提交下列文件：

1．申请设立经营性互联网文化单位所需的材料；

2．网吧内网络文化内容产品经营业务发展报告：主要内容包括开展为网吧提供网络文化内容产品经营活动的赢利模式、合作客户、经营范围等具体情况；

3．无违规内容声明：关于本单位不制作、下载、传播含有淫秽色情、凶杀暴力、格调低俗、侵权盗版等不良内容，并对提供的产品文化内容合法性负责的声明；

4．网吧内网络文化内容产品备案须提交的材料。

（二）已有网络文化经营许可证的企业，直接向文化部申请增加“网吧内网络文化内容产品经营”项，换发《网络文化经营许可证》。增项申报需提交下列文件：

1.《变更互联网文化单位申请表》（见附件 1）；

2．网吧内网络文化内容产品备案须提交的材料；

3．无违规内容声明。

二、产品备案

网吧内网络文化内容产品经营单位应每半年向将企业经营的网络文化产品向信息文化部备案，备案的产品信息将成为文化执法部门行政执法的参照。

1．备案范围：为网吧经营场所提供的影视、音乐、单机游戏等文化内容产品。

2．备案程序：经营单位须自网络文化经营许可证发放之日起，每半年向文化部报备所经营的新增网络文化产品信息，文化部备案后核发《网络文化内容产品备案单》，并抄送经营所在地省级文化行政部门。

3．备案材料：

（1）《互联网经营单位网络文化产品备案表》（见附件 2）：提供企业及其经营的网络文化内容产品的基本信息，备案时需同时提交电子文档；

（2）备案的网络文化内容产品的合法性证明：包括版权证明、授权许可等合同、协议。

三、申报时限

已经网吧内网络文化内容产品经营的企业，应在 2009 年 9 月 30 日前向文化行政部门申请相关经营业务。逾期未申报资质的经营单位及其未备案的非法网络文化产品不得在网吧内传播。

四、审批公告

所有经审批同意设立的经营性互联网文化单位均在中国文化市场网（www.ccm.gov.cn）进行公告。

五、联系方式

文化部文化市场司网络文化处　010-59882117

附件一：变更互联网文化单位申请表（略）

附件二：互联网经营单位网络文化产品备案表（略）

2009 年 7 月 20 日

17. “网络游戏虚拟货币发行企业”和“网络游戏虚拟货币交易企业”申报指南

根据《文化部、商务部关于加强网络游戏虚拟货币管理工作的通知》（文市发［2009］20 号），为开展经营性互联网文化单位申请从事“网络游戏虚拟货币发行服务”业务的申报和审批工作，依据《国务院对确需保留的行政审批项目设定行政许可的决定》（国务院令第 412 号），《互联网文化管理暂行规定》（文化部令第 27 号发布，文化部令第 32 号修订），特制订本指南。

一、申报条件

（一）“网络游戏虚拟货币发行企业”是指发行并提供虚拟货币使用服务的网络游戏运营企业。“网络游戏虚拟货币交易服务企业”是指为用户间交易网络游戏虚拟货币提供平台化服务的企业。同一企业不得同时经营以上两项业务。

（二）“网络游戏虚拟货币发行企业”需符合设立经营性互联网文化单位的有关条件。

（三）“网络游戏虚拟货币交易服务企业”需符合设立经营性互联网文化单位的有关条件，商务主管部门关于电子商务（平台）服务的有关规定。

二、申报材料提交

（一）网络游戏虚拟货币发行企业申报材料

1. 已有《网络文化经营许可证》的企业需提交下列文件：

（1）申请书；

（2）申请表（见附件 1）；

（3）《网络文化经营许可证》原件；

（4）业务发展报告（需包括网络游戏虚拟货币表现形式、发行范围、单位购买价格、终止服务时的退还方式、用户购买方式、用户权益保障措施、技术安全保障措施等内容）；

（5）依法需要提交的其他文件。

2. 未申请《网络文化经营许可证》的企业需提交下列文件：

（1）申请设立经营性互联网文化单位所需的材料；

（2）申请表（见附件2）；

（3）业务发展报告（需包括网络游戏虚拟货币表现形式、发行范围、单位购买价格、终止服务时的退还方式、用户购买方式、用户权益保障措施、技术安全保障措施等内容）；

（4）依法需要提交的其他文件。

（二）网络游戏虚拟货币交易企业申报材料

1. 已有《网络文化经营许可证》的企业需提交下列文件：

（1）申请书；

（2）申请表（见附件1）；

（3）《网络文化经营许可证》原件；

（4）业务发展报告（需包括服务（平台）模式、用户购买方式、用户权益保障措施、用户账号与实名银行账户绑定情况、技术安全保障措施等内容）；

（5）依法需要提交的其他文件。

2. 未申请《网络文化经营许可证》的企业需提交下列文件：

（1）申请设立经营性互联网文化单位所需的材料；

（2）申请表（见附件2）；

（3）业务发展报告（需包括服务（平台）模式、用户购买方式、用户权益保障措施、用户账号与实名银行账户绑定情况、技术安全保障措施等内容）；

（4）依法需要提交的其他文件。

三、申报流程

1. 已有《网络文化经营许可证》的单位申请从事“网络游戏虚拟货币发行企业”或“网络游戏虚拟货币交易企业”的，需向所在地省级文化部门提出申请，由省级文化部门受理后报文化部。文化部自申请材料齐全之日起 20 个工作日内做出批准或者不批准的决定。批准的，换发《网络文化经营许可证》，增加“虚拟货币发行”或“虚拟货币交易”的经营项目；不予批准的，应当说明理由。

2. 未申请《网络文化经营许可证》的单位，根据《经营性互联网文化单位申报指南》的相关规定进行申报。

四、申报时限

已经从事网络游戏虚拟货币发行或交易服务的企业，应在 9 月 30 日前向文化行政部门申请相关经营业务。逾期未申请的，由文化行政部门按照《互联网文化管理暂行规定》予以查处。文化行政部门批准文件抄送商务部和中国人民银行。

五、审批公示

所有经审批同意设立的经营性互联网文化单位均在中国文化市场网（www.ccm.gov.cn）进行公示。

附件（略）。

文化部文化市场司

2009 年 7 月 20 日

18. 文化部办公厅关于立即查处“黑帮”主题非法网络游戏的通知

各省、自治区、直辖市文化厅（局），新疆生产建设兵团文化局，北京市、天津市、上海市、重庆市文化市场行政执法总队：

近来，以“黑帮”为主题的网络游戏在一些网站公然流行，引起社会高度关注。这类游戏违反了《互联网文化管理暂行规定》关于禁止载有“宣扬淫秽、赌博、暴力或教唆犯罪的”、“危害社会公德或者民族优秀文化传统的”内容等有关规定，文化部决定予以查处。现将有关事项通知如下：

一、以“黑帮”为主题的网络游戏，以“黑帮”、“黑社会”、“黑手党”、“江湖”、“教父”、“古惑仔”等为主要题材，突出表现“黑社会”打、杀、抢、奸、骗等反社会行为，渲染血腥暴力，鼓动、教唆游戏用户在游戏中扮演“黑社会”成员，赞美“黑社会”生活，严重威胁、扭曲社会的法制和道德规范，极易对青少年造成不良影响，必须依法禁止和查处。

二、互联网文化单位要迅速进行自查自纠，立即停止运营、宣传和链接本通知要求禁止和查处的非法游戏内容。

三、各级文化行政部门和文化市场行政执法机构要深入贯彻整治互联网低俗之风专项行动和开展文化市场集中整治行动的工作部署，切实加强互联网文化活动的监管。对继续运营、宣传以“黑帮”为主题的非法网络游戏的单位，依法从重处罚。

请及时向文化部文化市场司报送查处情况。

特此通知。

文化部办公厅

2009 年 7 月 24 日

19. 广电总局关于加强以电视机为接收终端的互联网视听节目服务管理有关问题的通知

2009 年 8 月 11 日，广电总局向各省、自治区、直辖市广播影视局，新疆生产建设兵团广播电视局，总局机关各司局、直属各单位发出《广电总局关于加强以电视机为接收终端的互联网视听节目服务管理有关问题的通知》，通知说，近期，一些企业为谋取不当经济利益，未经行业主管部门批准和著作权人授权，擅自将互联网上的影视剧等各类视听节目，随意传送到电视机终端供用户收看，严重侵犯了著作权人的合法权益，扰乱了互联网视听节目传播秩序。为规范相关业务管理，现将有关要求重申如下：

一、通过互联网连接电视机或机顶盒等电子产品，向电视机终端用户提供视听节目服务，应当按照《互联网视听节目服务管理规定》（广电总局、信息产业部令第 56 号）、《互联网等信息网络传播视听节目管理办法》（广电总局令第 39 号）的有关规定，取得“以电视机为接收终端的视听节目集成运营服务”的《信息网络传播视听节目许可证》。

二、开展以电视机为接收终端的互联网视听节目集成运营服务，应当建立具有节目播控、节目导视、版权保护等功能的集成播控系统，健全节目内容管理制度、安全保障制度和应急处理机制，确保所传播视听节目内容可管、可控。

三、通过互联网等信息网络向电视机终端用户传播的视听节目，应当符合《广播电视管理条例》、《互联网视听节目服务管理规定》、《互联网等信息网络传播视听节目管理办法》及《广电总局关于加强互联网视听节目内容管理的通知》的有关规定。传播的影视剧应依法取得广播影视行政部门颁发的《电影片公映许可证》、《电视剧发行许可证》或《电视动画片发行许可证》；传播的理论文献影视片须依法取得广播影视行政部门颁发的《理论文献影视片播映许可证》。

四、开展以电视机为接收终端的互联网视听节目服务，应当遵守著作权法律、行政法规的规定，取得著作权人的相关授权。应当采取版权保护措施，保护著作权人的合法权益。

各级广播电视管理部门在接到本通知后，要对辖区内从事以电视机为接收终端的互联网视听节目服务的情况进行检查，发现有擅自从事相关业务的机构，依法予以处理。

20. 文化部关于加强和改进网络音乐内容审查工作的通知

各省、自治区、直辖市文化厅（局），新疆生产建设兵团文化局，北京市、天津市、上海市、重庆市文化市场行政执法总队：

为推动网络音乐发展，规范网络音乐经营，切实落实《文化部关于网络音乐发展和管理的若干意见》，根据《信息网络传播权保护条例》、《互联网文化管理暂行规定》（以下简称《暂行规定》）、《文化部关于网络音乐发展和管理的若干意见》（文市发［2006］32号），现就加强和改进网络音乐内容审查工作有关事项通知如下：

一、管理主体和管理对象

（一）网络音乐是指用数字化方式通过互联网、移动通信网、固定通信网等信息网络，以在线播放和网络下载等形式进行传播的音乐产品，包括歌曲、乐曲及有画面作为音乐产品辅助手段的MV等。

（二）从事网络音乐产品的制作、发布、传播（含直接提供音乐产品链接方式）、进口等经营活动，须是经文化部批准设立的经营性互联网文化单位（以下简称“经营单位”）。

（三）经营单位经营网络音乐产品，须报文化部进行内容审查或备案。

二、进口网络音乐内容审查

（四）进口网络音乐产品是指原始版权为境外自然人、法人和其他组织所拥有的网络音乐产品。进口网络音乐产品，须经文化部内容审查通过后，方可投入运营。

（五）进口网络音乐产品报审单位须为该网络音乐产品在中国内地的直接被授权人。直接被授权人是指直接获得该网络音乐产品的独家且完整的在中国内地的信息网络传播权或代理权的经营单位（以下简称“进口单位”）。

中国香港、澳门特别行政区和中国台湾地区的网络音乐产品参照进口网络音乐产品报审。

（六）进口单位与境外网络音乐版权人签订的网络音乐进口合同（协议）须符合以下规定：

1. 进口网络音乐的授权期应在一年以上（含一年）；
2. 合同（协议）标的物为音乐产品的信息网络传播权；
3. 合同（协议）应符合我国《合同法》、《著作权法》等法律法规的有关规定；
4. 合同（协议）应注明在经文化部内容审查通过后方可生效执行。

（七）进口单位报审进口网络音乐时须提供以下材料，并对所提供材料的真实性负责：

1. 进口网络音乐审查申请表（电子版）；

2. 网络文化经营许可证、营业执照（复印件）；

3. 报审歌曲的原文和译文歌词（电子版）；

4. 网络音乐进口合同（协议）、原始版权证明材料和授权书（复印件）；

5. 内容审查所需的其他材料。

（八）进口网络音乐产品报审程序。

1. 进口单位报审材料中的电子版通过“文化部网络音乐报备软件”（以下简称报备软件，下载网址：wlyy.mcprc.gov.cn）进行报审。按照“报备软件”的要求填写相关信息，并上传到文化部网络音乐审查受理系统。需提交的纸质文件、CD 等材料挂号寄至文化部。

2. 报审材料齐全的，文化部予以受理，并在受理后 20 个工作日内（不包括专家评审所需时间）根据专家审查意见做出批准或者不批准的决定。批准的核发《进口网络音乐产品批准单》，不批准的说明理由。

3. 对内容审查有特殊时限要求的音乐产品，进口单位可通过“报备软件”提供的快速通道功能进行申请，文化部在受理后 3 个工作日内做出批准或者不批准的决定。

4. 对已通过其他相关部门内容审查，并正式出版发行的进口音乐产品，进口单位须提供相关部门的批准文件，文化部核实后准予以网络音乐形式进行传播，并对内容审查程序予以简化。

（九）已批准进口的网络音乐产品在授权期满后需要再次进口的，须重新办理进口手续。授权期内决定终止进口的，进口单位须报文化部撤销其批准文号。

（十）对已批准进口的网络音乐产品在国内进行转授权时，须由原进口单位在转授权行为发生后 20 日内报文化部备案，被授权的经营单位不再另行报审。备案时须提供以下材料：

1. 进口网络音乐产品转授权备案申请表（电子版）；

2. 文化部原批准文件（复印件）；

3. 被授权经营单位网络文化经营许可证和营业执照（复印件）；

4. 转授权合同（协议）（复印件）；

5. 报备所需的其他材料。

（十一）在本通知印发之日前未经内容审查的进口网络音乐产品，须按照本通知的要求在 2009 年 12 月 31 日前向文化部报审。

三、国产网络音乐备案

（十二）国产网络音乐产品实施备案制度。网络音乐经营单位应在正式运营后 30 日内报文化部备案。

（十三）经营单位须提供以下材料，并对所提供材料的真实性负责：

1. 国产网络音乐备案申请表（电子版）；

2. 网络文化经营许可证和营业执照（复印件）；

3. 报备歌曲的歌词（电子版）；

4. 国产网络音乐使用合同（协议）、原始版权证明材料和授权书（复印件）；

5. 备案所需的其他材料。

（十四）国产网络音乐备案程序。

1．经营单位报审材料中的电子版通过“报备软件”进行报备。相关信息按照“报备软件”的提示要求进行填写，并上传至文化部网络音乐审查受理系统。需提交纸质文件、CD等材料的，挂号寄至文化部。

2．备案材料齐全的，文化部予以受理；并在受理后10个工作日内，核发《国产网络音乐产品备案表》。

3．对已正式出版发行的国产音乐产品，经营单位可提供相应的出版物版号，文化部核实后予以备案并简化备案程序。

四、规范网络音乐经营行为

（十五）经营单位应当严格按照《暂行规定》的要求，建立网络音乐内容自审制度，设置专门部门负责音乐内容的自审自查。经营单位提供网民编创和表演等网络音乐上传服务的，要加强审查，保障其合法性。

（十六）经营单位须在网络音乐产品页面显著位置标注其批准文号或备案文号，不得擅自变更经文化部批准或备案的网络音乐产品的名称等其他信息，不得擅自增删或变更网络音乐产品内容。

五、加强网络音乐内容监管

（十七）各地文化行政部门要加强对属地内的网络音乐经营单位的管理，对运营环节中的音乐内容要及时跟踪监管，对从事违法网络音乐经营活动和提供违法网络音乐产品的经营单位依法查处。

特此通知。

2009年8月18日

21. 文化部关于印发《网吧连锁企业认定管理办法》的通知（文市发［2009］35号）

各省、自治区、直辖市文化厅（局），新疆生产建设兵团文化局，北京、天津、上海、重庆市文化市场行政执法总队：

为推进网吧行业规模化、连锁化发展，加强网吧连锁企业的规范与管理，现将《网吧连锁企业认定管理办法》印发给你们，请遵照执行。

2009年9月7日

网吧连锁企业认定管理办法

第一章 总则

第一条 为加强互联网上网服务营业场所（以下简称“网吧”）管理，推进网吧连锁企业健康发展，制定本办法。

第二条 本办法所指的网吧连锁企业是指在企业总部的统一管理下，按照连锁经营的组织规范，以统一服务规范、统一财务管理，统一形象标识和统一计算机远程管理的形式，由企业总部或其分公司、子公司全额投资或控股开设的直营门店开展互联网上网服务经营活动的投资管理企业。

特许或加盟等形式的连锁网吧经营单位不在本办法调整范围内。

第三条 国家扶持和鼓励网吧的连锁化、规模化、专业化、品牌化，支持和引导非连锁网吧向连锁业态发展。

第四条　网吧连锁企业应加强管理，严格自律，努力提高经营管理水平，完善服务管理体系，为促进网吧行业规范发展，提高我国社会信息化服务水平做出贡献。

第二章　组织与实施

第五条　国务院文化行政部门负责组织、指导、协调、管理和监督网吧连锁企业的认定工作，主要职责为：

（一）负责全国网吧连锁企业的认定、公布和年审工作；

（二）指导各地网吧连锁企业的认定工作，接受网吧连锁企业备案；

（三）受理有关举报，受理对认定结果或年审结果的复核申请；

（四）根据网吧连锁企业发展状况和国家产业政策调整，适时修订网吧连锁企业认定条件和相关政策。

第六条　各省、自治区、直辖市文化行政部门负责本行政区域内网吧连锁企业的认定管理工作，主要职责为：

（一）负责本行政区域内网吧连锁企业的认定和年审工作；

（二）将本行政区域已认定的网吧连锁企业名单报国务院文化行政部门备案；

（三）对本行政区域内申报认定全国网吧连锁企业的申请提出初审意见；

（四）对已认定企业进行监督检查，受理、核实并处理有关举报；

（五）协助其他认定机构调查本行政区域网吧连锁企业直营门店审批及管理情况。

第七条　国家采取以下措施促进网吧连锁经营业态的发展：

（一）各级文化主管部门在制定网吧总量布局规划时，优先考虑发展网吧连锁企业。网吧连锁企业可依据有关政策开展直营门店布点工作；

（二）鼓励网吧连锁企业兼并、收购、控股单体网吧经营场所，各级文化主管部门为其提供简化便捷的《网络文化经营许可证》变更手续；

（三）鼓励网吧连锁企业在政府部门指导下，承担相关公益性上网服务职能；

（四）研究出台网吧连锁企业的其他优惠和扶持政策。

第三章　条件与程序

第八条　申报网吧连锁企业认定的企业，必须具备以下条件：

（一）注册资金不少于 1000 万元；

（二）全资或控股的直营门店数在本行政区域内不少于 5 家或省级文化行政部门规定的最低数量；

（三）符合连锁经营组织规范；

（四）所有直营门店在申请之日起前一年内未受过有关部门依据《互联网上网服务营业场所管理条例》做出的罚款（含罚款）以上的行政处罚。

第九条　申报全国网吧连锁企业认定的企业，除满足第八条规定的条件外，还须具备以下条件：

（一）注册资金不少于 5000 万元；

（二）全资或控股的直营门店数不少于 30 家，且在 3 个以上（含 3 个）的省（自治区、直辖市）设有直营门店。

第十条　申报网吧连锁企业认定的企业，应当提交下列材料：

（一）网吧连锁企业认定申请书；

（二）企业营业执照副本、税务登记证（复印件）；

（三）法定代表人或主要负责人、主要经营管理人员的身份证明等有关证明材料；

（四）网吧连锁企业投资或控股直营门店证明材料：经具有资质的中介机构鉴证的企业财务报表（含资产负债表、损益表、现金流量表）等企业经营情况；

（五）直营门店相关材料：名单列表、各门店《网络文化经营许可证》、营业执照（复印件）和主要负责人身份证明；

（六）连锁经营规范制度：统一的财务制度，具备可联网的计费软件系统与技术管理软件的说明文档、服务器架设地址、托管或线路租用合同及客户端分布情况等资料；

（七）自申请之日起前一年内所属直营门店未受过罚款（含罚款）以上的行政处罚的声明；

（八）要求提交的其他文件。

第十一条　申请认定为网吧连锁企业的，应向总部所在地省级文化行政部门提出书面申请，并提供规定的相关材料。

依据文化部 2003 年《关于加强互联网上网服务营业场所连锁经营管理的通知》（文市发［2003］15号）批复的全国连锁网吧经营单位，申请认定为全国网吧连锁企业的，向国务院文化行政部门直接提出认定申请。

第十二条　省级文化行政部门对申请单位提交的网吧连锁企业认定申请，应当根据下列情况分别做出处理：

（一）属于本行政区域网吧连锁企业认定范围、申请材料齐全的，应当予以受理，并按照第八条、第十条规定的认定条件和内容，在 20 日内完成认定审查，报国务院文化行政部门备案；

（二）不符合条件的，应当及时将不予受理的意见告知申请单位，并说明理由；

（三）申请材料不齐全或者不符合要求的，应当场或者在 5 日内一次告知申请单位需要补充的全部内容；

（四）对符合全国网吧连锁企业认定条件的，审查申请材料齐全后，于20日内提出初审意见报国务院文化主管部门。

第十三条　国务院文化行政部门对省级文化行政部门提交的全国网吧连锁企业认定申请，按照第九条规定的认定条件和内容，在20日内完成认定审查。

各级文化行政部门在认定审查中，可向网吧连锁企业直营门店所在地文化行政部门、其他权威中介机构进行核查。上述审查方式不计入认定审查时间。

第十四条　省级或国务院文化行政部门对本级通过认定的网吧连锁企业颁发认定证书；未通过认定的，书面通知并说明理由。认定结果须向社会公告。

第十五条　经认定的网吧连锁企业因调整、分立、合并、重组等原因发生变更的，应在每年年审前向其原认定机构办理变更手续或重新申请认定。

第十六条　网吧连锁企业认定实行年审制度。各级认定机构应按本办法规定的标准对已批准的网吧连锁企业进行年审，对年度认定合格的企业在认定证书和符合条件的直营门店名单列表上加盖年审专用章，对年度认定不合格的企业停止其网吧连锁企业资格。

第十七条　企业对认定结果或年审结果有异议的，可在公布后一个月内，向国务院文化行政部门提出复核申请。提请复核的企业应当提交复核申请书及有关证明材料，受理机构调查核实后做出复核决定。

第十八条　获得网吧连锁企业认定证书的企业，因经营能力等原因，不能达到认定所要求的网吧连锁企业条件的，应主动报告，由原认定机构终止其认定证书，并予以公告。

第四章　罚则

第十九条　参与认定的工作人员要严守网吧连锁企业的商业秘密。任何单位和个人，有权举报通过弄虚作假等手段骗取网吧连锁企业认定资格等行为。

第二十条　已认定的网吧连锁企业有下列情形之一的，由原认定机构或国务院文化行政部门取消其资格：

（一）在申请认定过程中提供虚假信息的；

（二）倒卖网吧牌照，为非本企业投资或控股的单位或个人申办网络文化经营许可的；

（三）其所属直营门店一年内累计 5 家次或直营门店总数的 10%以上的门店受到文化行政部门罚款（含罚款）以上的行政处罚的。

被取消网吧连锁企业资格的企业，文化主管部门在 2 年内不再受理该企业或者由该企业法定代表人及相关责任人担任主要职务的企业的认定申请。

第二十一条　行政机关工作人员在进行网吧连锁企业认定、实施监督检查过程中有滥用职权、玩忽职守、弄虚作假行为的，由其所在部门依法给予处分；构成犯罪的，依法追究刑事责任。

第五章　附则

第二十二条　公益性上网场所管理办法、网吧连锁企业所享受的其他优惠政策由文化部会同有关部门另行制定。

第二十三条　网吧连锁企业认定证书由文化部制定。

第二十四条　各省可根据本办法，结合本地具体情况制定实施细则，并报文化部备案。

第二十五条　本办法由文化部负责解释。

第二十六条　本办法自 2009 年 10 月 15 日起施行。

22. 关于印发《中央编办对文化部、广电总局、新闻出版总署〈“三定”规定〉中有关动漫、网络游戏和文化市场综合执法的部分条文的解释》的通知（中央编办发［2009］35 号）

文化部、广电总局、新闻出版总署：

2008 年 7 月，国务院办公厅分别印发了文化部、国家广播电影电视总局、国家新闻出版总署的《“三定”规定》。《“三定”规定》印发后，三个部门在执行中对有关动漫、网络游戏和文化市场综合执法工作等条文出现了不同的理解。

按照《“三定”规定》由中央编办负责解释的规定，现将经中央领导同志同意的《中央编办对文化部、广电总局、新闻出版总署〈“三定”规定〉中有关动漫、网络游戏和文化市场综合执法的部分条文的解释》送去，请按此解释切实履行各自职责。《“三定”规定》中明确三个部门之间“划出”、“划入”的职责，请务必在年底前完成“划出”、“划入”工作，并将“划出”、“划入”情况向中央编办备案。凡“划出”的，“划出”部门不再对“划出”

职责负责；凡“划入”的，“划入”部门要切实负起责任，严格履行职责。三个部门要严格执行《“三定”规定》，各司其职，各负其责，积极配合，相互支持，共同做好工作。

附件：《中央编办对文化部、广电总局、新闻出版总署〈“三定”规定〉中有关动漫、网络游戏和文化市场综合执法的部分条文的解释》

2009年9月7日

中央编办对文化部、广电总局、新闻出版总署《“三定”规定》中有关动漫、网络游戏和文化市场综合执法的部分条文的解释

国务院各部门《“三定”规定》中规定：“本规定由中央机构编制委员会办公室负责解释，其调整由中央机构编制委员会办公室按规定程序办理。”按照这一规定，现对文化部、广电总局、新闻出版总署《“三定”规定》中有关动漫、网络游戏和文化市场综合执法的部分条文做出以下解释。

一、动漫管理的有关条文

文化部、广电总局和新闻出版总署《“三定”规定》中规定：“文化部负责动漫和网络游戏相关产业规划、产业基地、项目建设、会展交易和市场监管。国家广播电影电视总局负责对影视动漫和网络视听中的动漫节目进行管理。国家新闻出版总署负责在出版环节对动漫进行管理，对游戏出版物的网上出版发行进行前置审批。”按照上述规定，文化部是动漫的主管部门，对动漫进行统一的宏观管理和日常管理，包括相关产业规划、产业基地、项目建设、会展交易和市场监管。

《“三定”规定》中规定：“将国家广播电影电视总局动漫（不含影视动漫和网络视听中的动漫节目）管理的职责划入文化部”。按此规定，文化部的统一管理中“不含影视动漫和网络视听中的动漫节目”，“影视动漫和网络视听中的动漫节目”仍由广电总局负责。“影视动漫和网络视听中的动漫节目”是指动漫电影、电视剧，互联网上的动漫电影、电视剧，网络视听中的动漫节目。在文化部对动漫的行业管理下，这三类节目由广电总局负责。

《“三定”规定》还规定“将国家新闻出版总署动漫、网络游戏管理（不含网络游戏的网上出版前置审批），及相关产业规划、产业基地、项目建设、会展交易和市场监管的职责划入文化部”。划入文化部后，新闻出版总署“负责在出版环节对动漫进行管理”，“出版环节”是指动漫的书、报、刊、音像制品等动漫出版物的审批。

二、网络游戏管理的有关条文

文化部、新闻出版总署《“三定”规定》中规定：“文化部负责动漫和网络游戏相关产业规划、产业基地、项目建设、会展交易和市场监管。”“国家新闻出版总署负责在出版环节对动漫进行管理，对游戏出版物的网上出版发行进行前置审批。”《“三定”规定》中还明确“将国家新闻出版总署动漫、网络游戏管理（不含网络游戏的网上出版前置审批），及相关产业规划、产业基地、项目建设、会展交易和市场监管的职责划入文化部。”按照上述规定，文化部是网络游戏的主管部门。

在文化部的统一管理下，新闻出版总署负责“网络游戏的网上出版前置审批”。“网络游戏的网上出版”是指网络游戏的出版物，“前置审批”是指在经工业和信息化部门许可通过互联网向上网用户提供服务之前由新闻出版总署对网络游戏出版物进行审批。一旦上网，完全由文化部管理。对经新闻出版总署前置审批过的网络游戏，文化部应允许上网，不再重复审查，并在管理中严格按新闻出版总署前置审批的内容管理；网络游戏出版物未经新闻出

版总署前置审批擅自上网的，由文化部负责指导文化市场执法队伍进行查处，新闻出版总署不直接对上网的网络游戏进行处理。

新闻出版总署《“三定”规定》中科技与数字出版司职责中“负责对出版境外著作权人授权的互联网游戏作品进行审批”中的“出版境外著作权人授权的互联网游戏作品”，是指境外著作权人授权的在互联网上网的游戏出版物。新闻出版总署负责对这类出版物进行审批，其他进口网络游戏的审批工作由文化部负责。

三、文化市场综合执法的有关条文

文化部《“三定”规定》中规定：文化部负责“指导文化市场综合执法工作”，文化部文化市场司负责“指导文化市场综合执法，推动副省级城市和地市级以下文化、广电、新闻出版等部门执法力量的整合”。具体是指：文化部负责指导文化市场的综合执法工作，负责指导副省级城市和地市级以下的文化、广电、新闻出版等部门执法力量的整合，建立统一的文化市场执法力量。文化市场执法工作由统一的文化市场执法力量承担。

中央机构编制委员会办公室综合司

2009 年 9 月 7 日

23. 广电总局关于互联网视听节目服务许可证管理有关问题的通知

2009 年 9 月 15 日，广电总局办公厅向各省、自治区、直辖市广播影视局，新疆生产建设兵团广播电视局，总局机关各司局、直属各单位发出《广电总局关于互联网视听节目服务许可证管理有关问题的通知》，通知说《互联网视听节目服务管理规定》（广电总局、信息产业部令第 56 号）颁布实施以来，我国互联网视听节目服务得到很快发展，人民群众的精神文化生活得到更好满足，互联网视听节目传播秩序有了明显好转。但是，目前还存在少量网站未办理《信息网络传播视听节目许可证》（AVSP，以下简称《许可证》）就开展了互联网视听节目服务的现象。为更好地推动互联网视听节目服务行业健康有序发展，现就落实互联网视听节目服务许可证制度的有关问题通知如下：

一、根据《互联网视听节目服务管理规定》第 7 条规定，任何网站和个人未取得《许可证》，不得从事互联网视听节目服务。各级广电管理部门要按照《互联网视听节目服务管理规定》的要求，对未持有《许可证》擅自开展了互联网视听节目服务的网站和个人，责成其立即停止擅自开办的互联网视听节目服务。

二、目前正在《许可证》申报过程中的已经开展了互联网视听节目服务的网站，符合《互联网视听节目服务管理规定》第 8 条和《广电总局、信息产业部负责人就〈互联网视听节目服务管理规定〉答记者问》及《〈信息网络传播视听节目许可证〉申报程序》（见广电总局网站）有关申请《许可证》基本条件的，可以继续按照《互联网视听节目服务管理规定》列明的申报程序，通过省级广电管理部门向广电总局申请补办《许可证》。广电总局受理补办《许可证》申请的截止日期为 2009 年 12 月 20 日。

三、2010 年 3 月 1 日起，各级广电管理部门要按照《互联网视听节目服务管理规定》的有关要求，对本辖区内互联网视听节目服务许可证制度的落实情况进行专项检查，对无证播出的依法予以处罚（包括申办未批的）。对违规情节恶劣、无证播出达 3 个月以上的，要按照广电总局与工业和信息化部等 12 部委联合下发的《关于建立境内违法互联网站黑名单管理制度的通知》（工信部联电管（2009）371 号）有关程序要求，重点查处，坚决关闭。

24. 关于贯彻落实国务院《“三定”规定》和中央编办有关解释，进一步加强网络游戏前置审批和进口网络游戏审批管理的通知

各省、自治区、直辖市新闻出版局（版权局）及“扫黄打非”工作领导小组办公室，新疆生产建设兵团新闻出版局（版权局）及“扫黄打非”工作领导小组办公室，解放军总政治部宣传部新闻出版局（版权局）：

2008年7月11日，国务院办公厅发出《关于印发国家新闻出版总署（国家版权局）主要职责内设机构和人员编制规定的通知》(国办发[2008]90号，以下简称《“三定”规定》)，2009年9月7日，中央编办发出《关于印发〈中央编办对文化部、广电总局、新闻出版总署《“三定”规定》中有关动漫、网络游戏和文化市场综合执法的部分条文的解释〉的通知》（中央编办发［2009］35号）（以下简称《“三定”解释》），对于解决长期以来在网络游戏管理中存在的自设审批、重复审查的问题，对于新闻出版总署依法履行对网络游戏的审批管理职责，对于严把网络游戏内容关、引导网络游戏开发、规范网络游戏管理具有重要意义。

为认真贯彻落实中央和国务院的决定，依据国务院《互联网信息服务管理办法》和《出版管理条例》，中宣部等六部委《关于加强文化产品进口管理的办法》（中宣发［2005］15号），文化部、国家广电总局、新闻出版总署、国家发展和改革委员会、商务部《关于文化领域引进外资的若干意见》（文办发［2005］19号），以及国务院《“三定”规定》和中央编办《“三定”解释》，现就进一步加强网络游戏前置审批和进口网络游戏审批管理通知如下：

一、本《通知》所称网络游戏是指所有通过互联网（包括有线互联网和移动通信网络等）供公众在线交互使用或提供下载的互联网游戏作品。主要包括但不限于：大型角色扮演类网络游戏（MMORPG）、网页游戏（Webgame）、休闲游戏、单机游戏的网上下载、具有联网功能的游戏、联网的对战游戏平台、手机网络游戏。

进口网络游戏是指经境外著作权人授权的互联网游戏作品。

二、将网络游戏内容通过互联网向公众提供在线交互使用或下载等运营服务是网络游戏出版行为，必须严格按照国家法规履行前置审批。新闻出版总署是中央和国务院授权的唯一负责网络游戏前置审批的政府部门。

未经新闻出版总署前置审批并获得具有网络游戏经营范围的互联网出版许可证，任何机构和个人不得从事网络游戏运营服务。否则，新闻出版管理部门将依法予以取缔，同时通知电信管理部门取消其相应增值电信业务经营许可证，通知工商行政管理部门依法变更登记或注销登记。

未经新闻出版总署前置审批的网络游戏，一律不得上网，电信运营企业也不得为其提供互联网接入服务。对经新闻出版总署前置审批过的网络游戏，可以上网使用，任何部门不再重复审查，文化、电信等管理部门应严格按新闻出版总署前置审批的内容管理。

未经新闻出版总署前置审批上网运营或审批后擅自改变内容的网络游戏，新闻出版总署将通知有关地方新闻出版管理部门责令其停止运营服务，并依法予以查处。

三、新闻出版总署负责进口网络游戏审批。所有在中国境内运营的进口网络游戏必须事先依法取得著作权人的授权，并办理著作权认证手续，在取得著作权行政管理部门出具的《著作权合同登记批复》后，由运营单位向所在地省级新闻出版局申报，经省级新闻出版局审核

同意后报新闻出版总署审批。

对未经新闻出版总署审批，擅自在中国境内提供进口网络游戏运营服务，或为境外网络游戏在中国境内提供运营推广服务的，新闻出版总署将通知有关地方新闻出版管理部门依法予以取缔，停止其运营，并通知电信管理部门取消其互联网接入服务，关闭相关网站。

从事未经境外著作权人合法授权的进口网络游戏运营，属于侵权盗版行为，国家版权局将会同电信、工商等管理部门依据《中华人民共和国著作权法》，以及国务院《信息网络传播权保护条例》等法律法规，立案查处。涉嫌犯罪的将移交公安机关依法追究刑事责任。

四、禁止外商以独资、合资、合作等方式在中国境内投资从事网络游戏运营服务。外商不得通过设立其他合资公司、签订相关协议或提供技术支持等间接方式实际控制和参与境内企业的网络游戏运营业务。也不得通过将用户注册、账号管理、点卡消费等直接导入由外商实际控制或具有所有权的游戏联网、对战平台等方式，变相控制和参与网络游戏运营业务。违反规定的，新闻出版总署将会同国家有关部门依法查处，情节严重者将吊销相关许可证、注销相关登记。

五、经新闻出版总署前置审批或进口审批过的网络游戏，变更运营单位的，须重新办理前置审批或进口审批手续，自运营单位变更之日起至重新获得批准期间，网络游戏应停止一切运营服务。违者，按非法网络出版处理。

六、经新闻出版总署前置审批或进口审批过的网络游戏，增加新版本、新资料片或更新内容，必须重新履行前置审批或进口审批手续。对未经新闻出版总署前置审批或进口审批，擅自运营新版本、新资料片或更新内容的，新闻出版总署将取消原前置审批或进口审批文件，通知有关地方新闻出版管理部门依法责令其停止运营服务，按非法网络出版予以查处。对擅自增加新版本、新资料片或更新内容，且增加或更新内容存在违法违规问题的，将从重处理，通知电信管理部门取消相关接入服务，关闭网站。

各地方新闻出版、版权、“扫黄打非”工作部门，接到本通知后，应立即将本通知转发本地各有关管理部门、企业，并在 2009 年 10 月份，集中力量联合组织一次对网络游戏审批和运营服务的全面清理工作，对违法违规问题，要依法严肃查处。

新闻出版总署
国家版权局
全国“扫黄打非”工作小组办公室
2009 年 9 月 28 日

25. 商务部关于加快流通领域电子商务发展的意见（商商贸发［2009］540 号）

各省、自治区、直辖市、计划单列市及新疆生产建设兵团商务主管部门：

为贯彻落实《国务院办公厅关于搞活流通扩大消费的意见》（国办发［2008］134 号）和《国务院办公厅关于加快电子商务发展的若干意见》（国办发［2005］2 号），现就当前经济形势下进一步加快流通领域电子商务发展提出以下意见：

一、充分认识加快流通领域电子商务发展的重要意义

电子商务是基于信息技术和互联网的现代流通方式。由于我国流通领域电子商务发展起步较晚、基础薄弱，流通企业和社会公众对电子商务的参与度还有待提高，网上交易的配套服务体系还不健全。当前，在党中央、国务院扩大内需拉动经济增长的战略部署下，加快流通领域电子商务发展，既可以扩大网上消费群体，培育新型消费模式和消费领域，又有助于降低流通成本，加快商品和服务价值的最终实现。因此，加快流通领域电子商务发展是当前我国应对金融危机，扩大居民消费、保持经济增长动力的有效手段，是提高商品流通效率、转变经济发展方式的必然要求。

二、明确加快流通领域电子商务发展的主要目标

加快流通领域电子商务发展的主要目标是，以市场为导向，以企业为主体，以信息化带动流通现代化为主要手段，加快流通领域电子商务应用推广进程。扶持传统流通企业应用电子商务开拓网上市场，培育一批管理运营规范、市场前景广阔的专业网络购物企业，扶持一批影响力和凝聚力较强的网上批发交易企业。提高社会公众对电子商务的认知度和参与度，开拓适宜网上交易的居民消费领域，培育和扩大网上消费群体，到“十二五”期末，力争网络购物交易额占我国社会消费品零售总额的比重提高到 5%以上。

三、推动传统流通企业开拓网上市场

鼓励重点培育的大型流通企业整合资源，建设一体化的电子商务平台，提高规模经济效益和综合竞争实力。不断推进大型流通企业电子商务应用向纵深发展，形成技术改进、体系升级、价值创造和资本吸引的良性循环。扶持中小流通企业通过第三方技术服务平台进行网上销售相关技术改造与管理升级，降低商品陈设和人员、库存、资金占用等运营成本，选择灵活适宜的经营模式，满足不同消费层次和消费偏好的顾客需求。

四、促进商品批发环节应用推广网上交易

鼓励流通企业应用电子商务进行商品批发交易，提高流通效率，扩大中间需求，带动最终需求。充分发挥大型骨干流通企业和大宗商品市场的作用，开展农产品、日用工业品和生产资料的网上批发交易。以产业集群为依托，支持面向行业的电子商务企业发展，整合产业链和供应链，为生产企业和分销企业间、批发企业和零售企业间网上交易提供第三方服务。

五、加快发展面向消费者的专业网络购物企业

培育一批知名度高、实力强、运作规范的专业网络购物企业，建设交易商品丰富、服务内容多样的新型商业网站，大力发展服装、家电、家居装潢、图书音像等适宜网上交易的商品销售，深度挖掘各类网民群体的消费需求潜力。加快发展面向消费者的第三方电子商务平台，鼓励中小企业和个人借助电子商务平台开展网上交易，促进交易双方供需衔接和交流互动，推动企业协同运作、集约化发展，形成竞争力和灵活性俱强的企业集群。鼓励社区电子商务平台建设，推动整合社区内各类商业服务资源，为社区居民提供方便、快捷的服务。

六、推动实体市场交易与网上市场交易有机结合

鼓励流通企业以网上销售带动门店销售，以门店销售支撑网上销售，不断探索“线上市场”与“线下市场”互动促销的经营方式。利用流通企业已有的品牌优势、实体网点资源和物流配送体系，为网上销售提供丰富的商品、良好的信誉和优质的服务。以网上低成本、全天候的商品展示和交易渠道，有效促进实体店铺扩大销售。鼓励各类流通企业发展移动电子商务，进行相关设施改造和管理升级。

七、完善流通领域电子商务发展扶持政策

积极利用中央服务业发展资金和中小商贸企业发展资金，推动流通领域电子商务发展薄弱环节的改进，健全流通领域电子商务政策促进体系，推动各级商务主管部门出台配套政策措施，进一步完善扶持内容，加大扶持力度。

八、开展流通领域电子商务示范引导工作

推广先进地区流通领域电子商务发展的先进经验，选择应用电子商务规范化水平高和代表性强的流通企业，研究推广成熟运作模式和优秀解决方案，带动流通企业特别是中小企业围绕电子商务提高管理水平、规范经营行为，推动整个行业的持续健康发展。

九、健全流通领域电子商务发展环境

按照保护市场活力和规范交易行为并重的原则，认真贯彻实施《电子商务模式规范》（SB/T10518—2009）、《网络交易服务规范》（SB/T10519—2009）等国内贸易行业标准，开展相关培训交流活动。积极引导流通领域电子商务企业建立健全信用管理制度，提高服务诚信度，增强消费者信心。

十、有效防范网上交易市场风险

针对现代信息技术与传统流通方式相结合的新特点、新问题，有效维护网上交易市场秩序，防范和化解互联网虚拟性带来的各类交易风险。加强部门监管协作与信息共享，完善和延伸现实市场监管体系，避免网上市场监管执法缺位。积极协同有关部门，依法及时取缔和曝光网上交易出现的不法行为，并从企业注册、网站备案、信息发布、资金流转、商品寄递等各环节防止违法行为的复制和扩张。

十一、建立流通领域电子商务促进工作体系

地方各级商务主管部门要建立加快流通领域电子商务发展的组织保障体系和工作机制，明确职责分工，落实目标任务。发挥电子商务行业组织的作用，做好信息服务和政策引导，为企业解决实际经营困难。整合流通企业资源，结合节庆活动进行网上展销推介，组织开展电子商务进企业、进家庭等多种形式的推广普及活动，提高居民参与热情和实际操作能力。

商务部

2009 年 11 月 30 日

26. 关于加强互联网地图管理工作的通知（国测图发［2009］6 号）

各省、自治区、直辖市、计划单列市测绘行政主管部门，新疆生产建设兵团测绘主管部门，局属有关单位：

互联网地图作为信息时代国家版图的主要表现形式之一，体现了国家在主权方面的意志和在国际社会中的政治、外交立场，具有严密的科学性、严肃的政治性和严格的法定性，并事关国家安全。为加强互联网地图管理，规范互联网地图编制和服务，根据《中华人民共和国测绘法》等法律、法规和规定，现就有关事项通知如下：

一、互联网地图服务单位应当依法取得相应的互联网地图服务测绘资质，并在资质许可的范围内提供互联网地图服务。

二、互联网地图服务单位提供增值服务（包括浏览、搜索、导航、定位、标注、复制、链接、发送、转发、引用、嵌入、下载等）必须使用经测绘行政主管部门审核批准的互联网地图。

三、互联网地图的编制（包括编辑加工、格式转换、质量测评）、更新等活动，必须由取得相应电子地图编制或者导航电子地图制作专业范围测绘资质的单位承担。

编制、更新互联网地图，必须遵守公开地图内容表示等有关地图管理规定。

四、互联网地图服务单位引进的境外地图必须按相关进口地图的规定管理。

五、提供互联网地图服务的数据库服务器不得设在境外（含港澳台地区）。

六、互联网地图必须由相应互联网地图编制单位按照地图审核有关管理规定送审。未经依法审核批准的互联网地图，一律不得公开登载、传输。

互联网地图审图号有效期为2年。审图号有效期内地图表示内容发生变化或审图号到期前，应重新送审，取得新的审图号。

七、任何单位或个人不得在互联网上登载危害国家主权和民族尊严的地图，不得在互联网上传输、标注可能危害国家主权、安全的地理信息。

八、互联网地图服务单位的地图安全审校人员应不断增强国家版图意识和地理信息安全保密意识，认真对用户上传标注的兴趣点和其他新增兴趣点进行审查，确保所有信息符合国家公开地图内容表示等有关规定。

不得公开的兴趣点，任何单位或个人不得以任何形式进行存储、记录、传播。

地图安全审校人员须经省级以上测绘行政主管部门培训考核合格，持证上岗。

九、互联网地图服务单位应采取有效措施规范用户上传标注行为，及时发布相关警示信息。互联网地图服务中出现的泄密等安全问题，互联网地图服务单位应当承担相应的法律责任。

十、互联网地图服务单位每6个月应将新增兴趣点送交审核批准互联网地图的测绘行政主管部门备案。

十一、在互联网上登载、复制、发送、转发、引用、嵌入互联网地图，必须在相应页面显著位置标明地图审图号和著作权信息，并应经互联网地图著作权人的同意。

任何单位或个人不得复制、链接、发送、转发、引用、嵌入未经依法审核批准的互联网地图。

十二、各省级测绘行政主管部门要按属地化（互联网信息服务许可证号或备案号）管理原则，强化对互联网地图及其运行系统（平台）的日常监管和跟踪检查，建立跟踪监管系统，加强对互联网地图服务从业人员培训，及时依法查处各种违法违规行为。

附件：互联网地图审查要求（略）

国家测绘局

2009年12月28日

（工业和信息化部政策法规司　朱秀梅　整编）

附录 C　2009 年全国电信业统计公报

2009 年，在党中央、国务院的正确领导下，我国电信业紧紧围绕"保增长、扩内需、调结构、惠民生"的目标，认真落实应对国际金融危机的各项政策措施，积极开展 3G 建设及业务应用，大力推进 TD 产业化、商业化进程，加快通信业转型步伐，市场竞争格局得到进一步优化，全行业保持平稳健康发展。

C.1　总体情况

初步核算，2009 年累计完成电信业务总量 25 680.6 亿元人民币，同比增长 14.4%；实现电信主营业务收入 8424.3 亿元人民币，同比增长 3.9%；完成电信固定资产投资 3724.9 亿元人民币，同比增长 26.1%；实现电信增加值 5012.2 亿元人民币，同比增长 7.0%。

2009 年，电信综合价格水平同比下降了 9.0%，如图 C.1 所示。

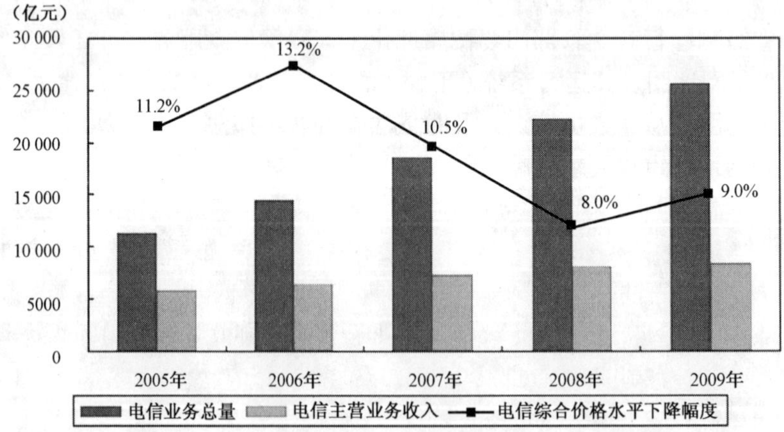

图C.1　2005—2009年电信综合价格水平下降情况

C.2　电信用户

2009 年，全国电话用户净增 7946.7 万户，总数达到 106 107.2 万户，见表 C.1。移动电话用户在电话用户总数中所占的比重达到 70.4%，移动电话用户与固定电话用户的差距超过

4 亿户，如图 C.2 所示。

表 C.1　2005—2009 年电话用户到达数和净增数

	单　位	2005 年	2006 年	2007 年	2008 年	2009 年
到达数	万户	74 385.1	82 884.4	91 273.4	98 160.4	106 107.2
净增数	万户	9727.0	8499.3	8389.1	6866.1	7946.7

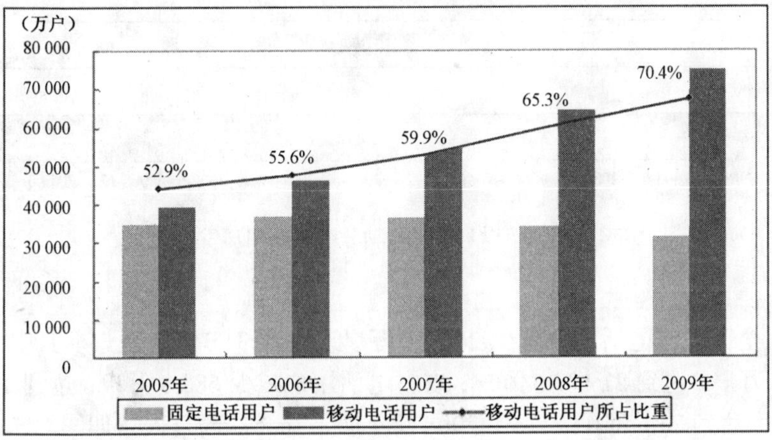

图C.2　2005—2009年移动电话用户所占比重

1．移动电话用户

2009 年，全国移动电话用户净增 10 613.8 万户，达到 74 738.4 万户。2009 年是移动电话用户增长最多的一年，其中 3 月份净增移动电话用户 1055.1 万户，刷新单月增长纪录。移动电话普及率达到 56.3 部/百人，比 2008 年年底提高 7.8 部/百人，如图 C.3 所示。

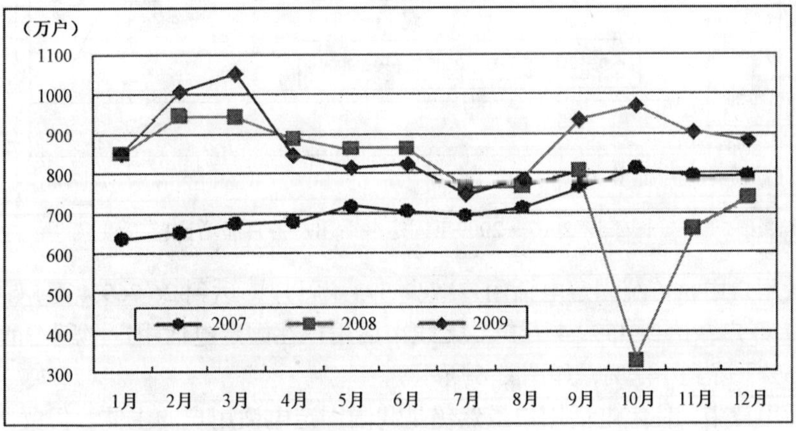

图C.3　2007—2009年移动电话用户各月净增比较

移动电话用户中，移动分组数据用户净增 12 924.0 万户，达到 38 455.9 万户。移动分组数据业务的渗透率从 200 年年底的 39.8%进一步上升到 51.5%，如图 C.4 所示。

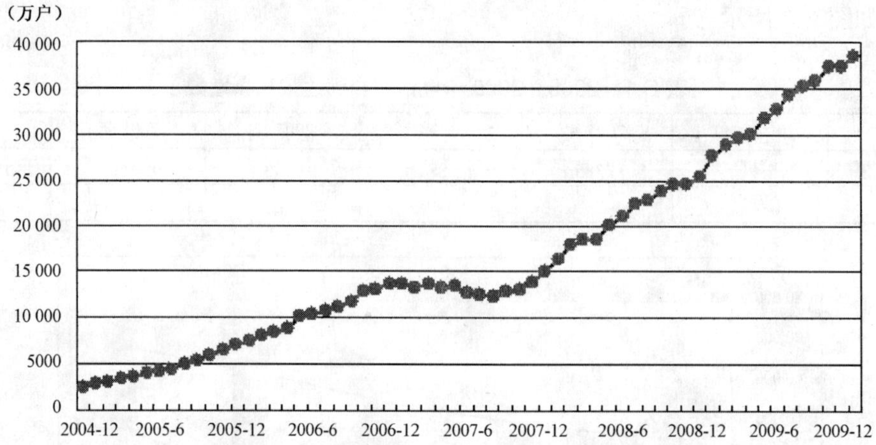

图C.4　2004年以来各月移动分组数据用户发展情况

2. 固定电话用户

2009 年，全国固定电话用户减少 2667.1 万户，达到 31 368.8 万户。其中，城市电话用户减少 1978.3 万户，达到 21 177.6 万户；农村电话用户减少 688.8 万户，达到 10 191.2 万户。固定电话普及率达到 23.6 部/百人，比 2008 年年底下降 2.2 部/百人，如图 C.5 所示。

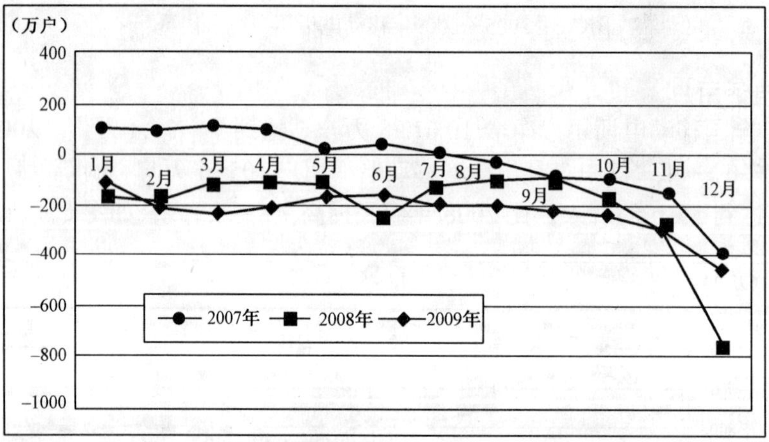

图C.5　2007—2009年固定电话用户各月净增比较

固定电话用户中，传统固定电话用户减少 373.4 万户，达到 26 769.4 万户；无线市话用户减少 2293.7 万户，达到 4599.4 万户。无线市话用户在固定电话用户中所占的比重从 2008 年年底的 20.3%下降到 14.7%，如图 C.6 所示。

固定电话用户中，住宅电话用户虽然仍是我国固定电话用户的主体，但受无线市话用户大幅下降的影响，所占比重下降了 4.6 个百分点；政企电话用户仍然保持增长，所占比重也逐年上升；公用电话用户所占比重略微上升到 8.6%，如图 C.7 所示。

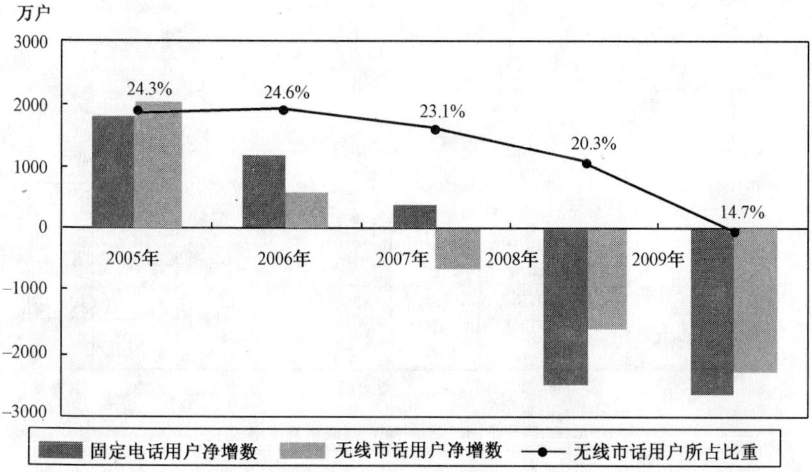

图C.6　2005—2009年无线市话用户所占比重

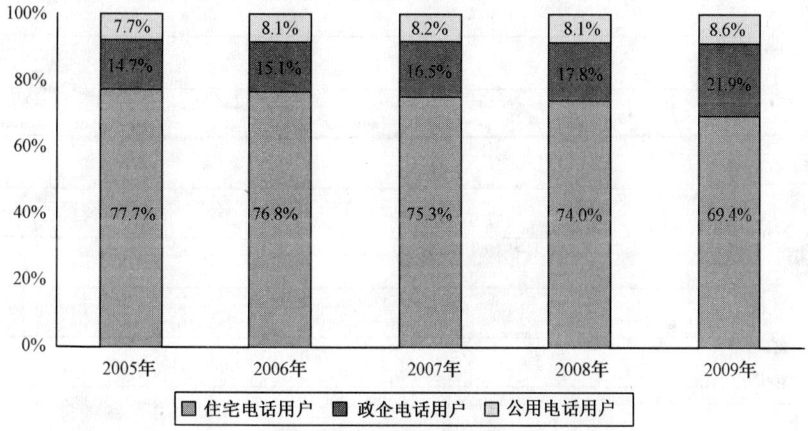

图C.7　2005—2009年公用、政企、住宅电话用户所占比重

3．互联网用户

2009年，全国网民数净增0.86亿人，达到3.84亿人，互联网普及率达到28.9%。其中，宽带网民数净增0.76亿人，达到3.46亿人，占网民总数的90.1%；手机网民数净增1.2亿人，达到2.33亿人，占网民总数的60.8%；农村网民数净增0.22亿人，达到1.07亿人，占网民总数的27.8%，如图C.8所示。

2009年，基础电信企业的互联网拨号用户减少357.1万户，达到870.7万户，而互联网宽带接入用户净增2034.7万户，达到10 322.6万户，如图C.9所示。

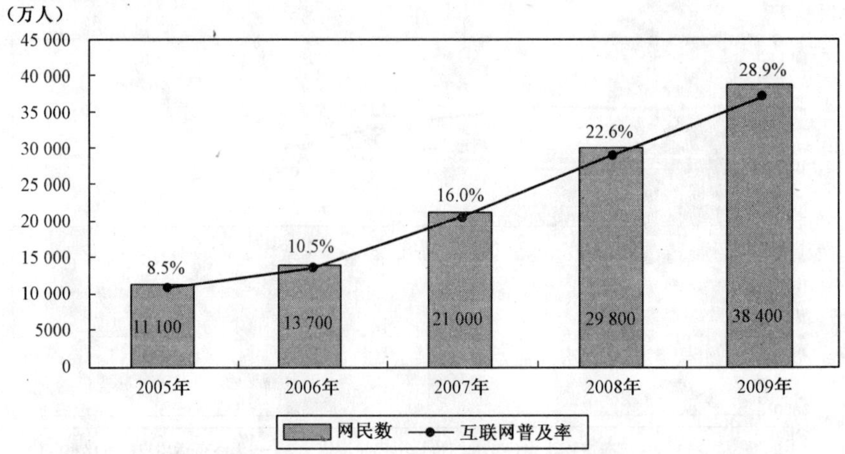

图C.8　2005—2009年网民数和互联网普及率

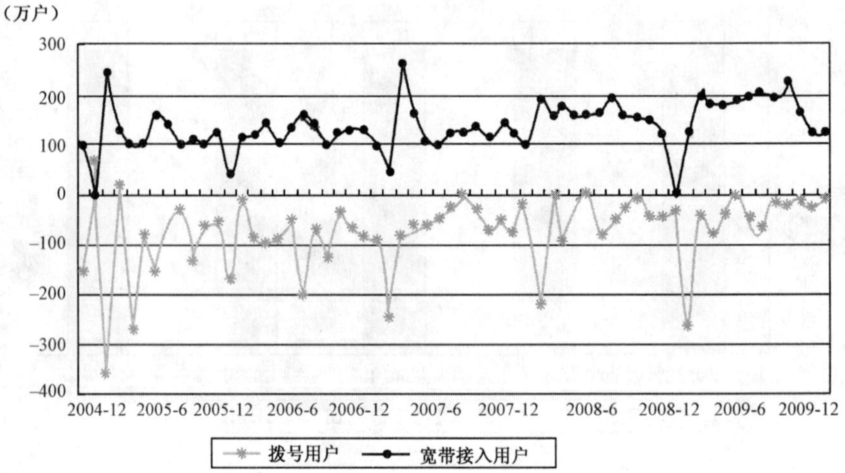

图C.9　2004年以来各月互联网拨号、宽带接入用户净增比较

C.3　业务使用情况

1. 本地电话业务

2009 年，固定本地电话通话量累计达到 5398.2 亿次，同比下降 12.7%。其中，本地网内区间通话量 663.7 亿次，下降 11.0%；区内通话量 4645.5 亿次，下降 12.8%；拨号上网通话量 89.1 亿次，下降 22.7%。固定本地通话中，传统电话通话量 4222.3 亿次，下降 9.0%；无线市话通话量 1175.9 亿次，下降 23.9%，如图 C.10 所示。

2009 年，移动本地电话通话时长累计达到 32 964.5 亿分钟，同比增长 19.5%，如图 C.11 所示。

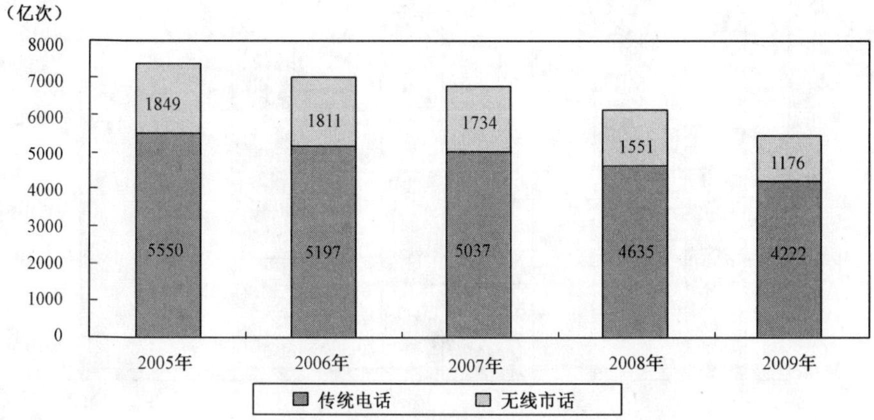

图C.10　2005—2009年固定本地电话通话量

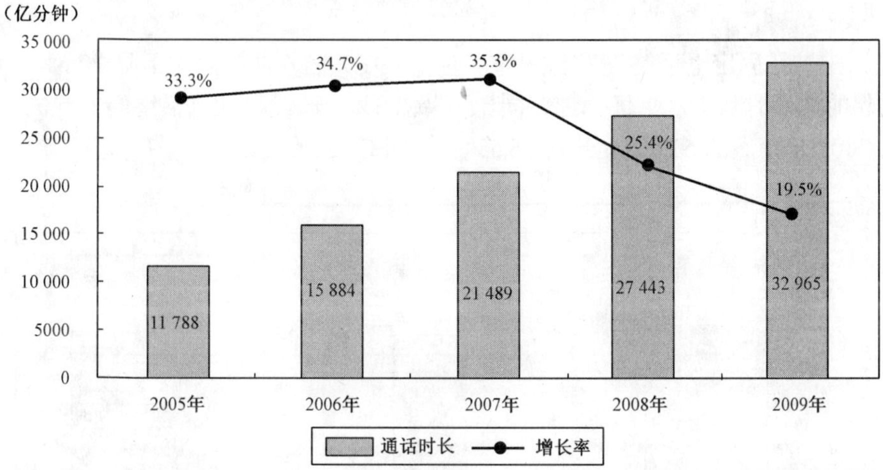

图C.11　2005—2009年移动本地电话通话时长

2. 长途电话业务

2009 年，全国长途电话通话时长累计达到 4387.6 亿分钟，同比增长 7.5%。其中，国内长途电话通话时长 4346.0 亿分钟，增长 7.8%；国际电话通话时长 21.4 亿分钟，下降 14.2%；港澳台电话通话时长 20.2 亿分钟，下降 9.0%，见表 C.2。

长途通话中，固定传统长途电话通话时长 825.6 亿分钟，下降 6.3%；移动长途电话通话时长 2376.4 亿分钟，增长 31.8%；IP 电话通话时长 1185.6 亿分钟，下降 15.1%，如图 C.12 所示。

表 C.2　2009 年长途电话通话时长

	固定方式		移动方式		IP 方式	
	通话时长（亿分钟）	增长率(%)	通话时长（亿分钟）	增长率（%）	通话时长（亿分钟）	增长率(%)
国内长途	817.4	-6.0	2357.5	32.0	1171.1	-15.0
国际	4.3	-25.4	8.3	7.5	8.7	-23.3
中国港澳台	3.8	-26.2	10.6	10.3	5.7	-22.0

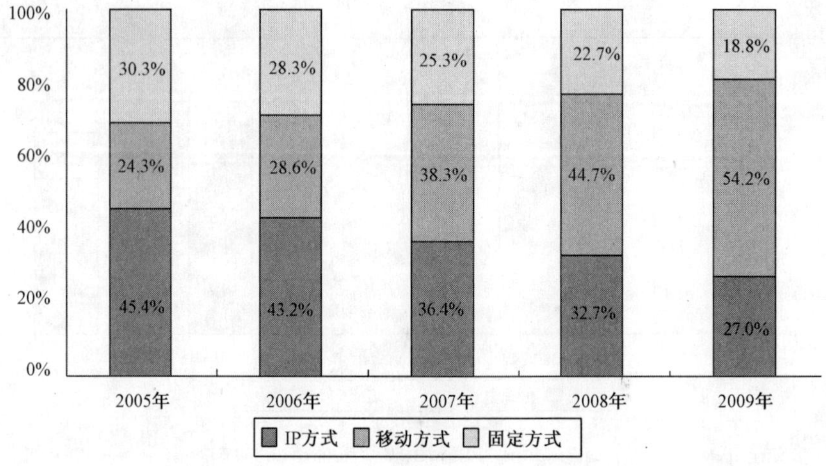

图C.12　2005—2009年长途电话市场构成

IP 电话中，从固定电话终端发起的通话时长 491.7 亿分钟，同比下降 27.6%；从移动电话终端发起的通话时长 693.9 亿分钟，同比下降 3.3%。通过移动电话终端发起的 IP 电话所占比重从 2008 年年底的 51.0%上升到 58.5%，如图 C.13 所示。

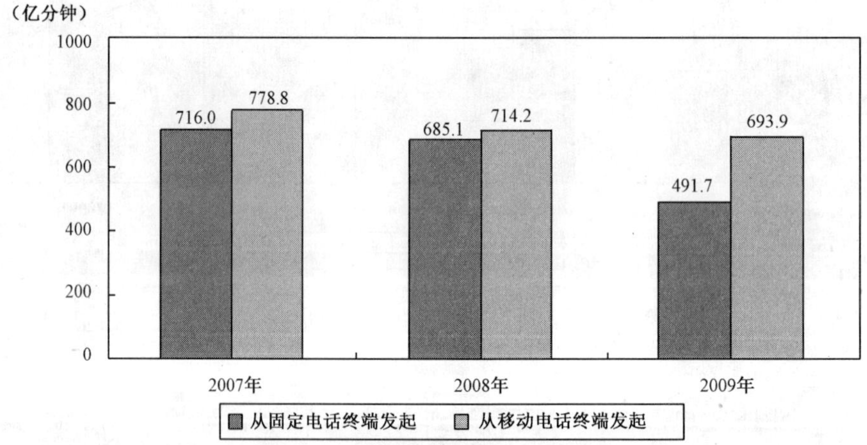

图C.13　2007—2009年IP电话发起方式

3. 短信业务

2009 年，各类短信发送量达到 7840.4 亿条，同比增长 8.4%。其中，无线市话短信业务量 127.4 亿条，下降 45.6%；移动短信业务量 7713.0 亿条，增长 10.2%，如图 C.14 所示。

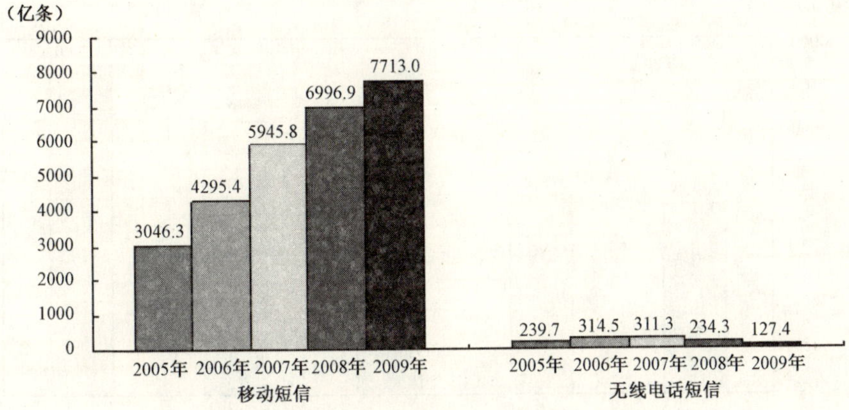

图C.14　2005—2009年短信业务发展情况

C.4　经济效益

2009年，全国电信营业收入累计完成8707.3亿元人民币，同比增长4.1%。其中，电信主营业务收入累计完成8424.3亿元人民币，同比增长3.9%。各项电信业务中，移动通信网业务收入5090.9亿元人民币，同比增长13.2%，占主营业务收入的比重为60.4%；固定本地电话网业务收入1356.8亿元人民币，同比下降14.4%，占主营业务收入的比重为16.1%；长途电话网业务收入982.6亿元人民币，同比下降5.3%，占主营业务收入的比重为11.7%；数据通信网业务收入994.0亿元人民币，同比增长0.3%，占主营业务收入的比重为11.8%，如图C.15所示。

电信主营业务收入中，非语音业务收入3135.5亿元人民币，同比增长8.8%，占主营业务收入的比重从2008年年底的34.5%上升到37.2%。

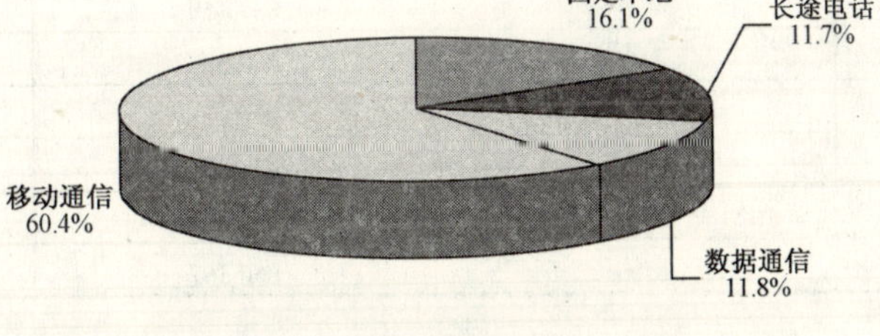

图C.15　2009年电信业务收入构成

2009年完成电信固定资产投资3724.9亿元，同比增长26.1%，如图C.16所示。

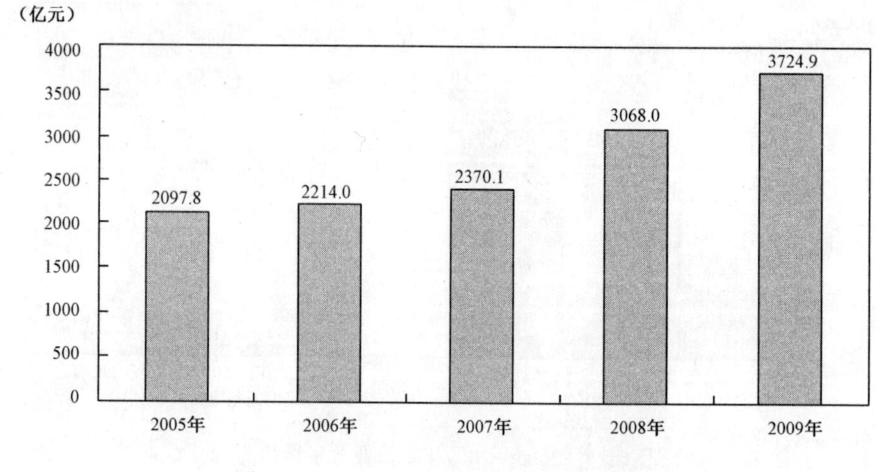

图C.16　2005—2009年电信固定资产投资

C.5　电信能力建设

2009 年，全国光缆线路长度净增 148.8 万千米，达到 826.7 万千米。其中，长途光缆线路长度净增 3.9 万千米，达到 83.7 万千米。固定长途电话交换机容量净增 15.1 万路端，达到 1705.9 万路端；局用交换机容量（含接入网设备容量）减少 1643.8 万门，达到 49 219.4 万门。移动电话交换机容量净增 27 579.9 万户，达到 142 111.2 万户。基础电信企业互联网宽带接入端口净增 2702.0 万个，达到 13 592.4 万个。全国互联网国际出口带宽达到 866 367Mbps，同比增长 35.3%，见表 C.3。

表 C.3　2009 年主要电信能力指标增长情况

指 标 名 称	单　位	2009 年	比 2008 年年末净增
光缆线路长度	千米	8 266 655	1 488 159
其中：长途光缆线路长度	千米	837 159	39 180
固定长途电话交换机容量	万路端	1705.9	15.1
局用交换机容量	万门	49 219.4	-1643.8
移动电话交换机容量	万户	142 111.2	27 579.9
互联网宽带接入端口	万个	13 592.4	2702.0
互联网国际出口带宽	Mbps	866 367	226 080

C.6　增值电信业务

2009 年，基础电信企业实现增值电信业务收入 1923.0 亿元人民币，同比增长 12.8%，占主营业务收入的比重从 2008 年年底的 21.3%上升到 22.8%，如图 C.17 所示。

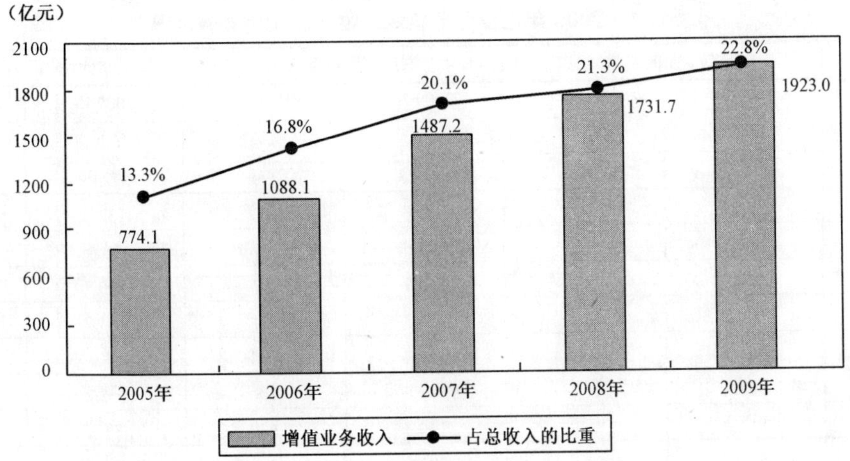

图C.17　2005—2009年基础电信企业的增值业务收入

C.7　村村通工程与农村信息化建设

2009年，村村通电话工程确立了"完善基础设施、建设信息平台、开展信息下乡"三大目标任务，通过全行业攻坚克难、奋力拼搏，整体超额完成工程年度计划，各项工作取得新的成效：

偏远农村基础设施建设取得新突破。中国电信、中国移动、中国联通三家基础电信企业克服困难筹集资金103亿元人民币，组织力量在大山深处、雪域高原艰苦施工，全年共为2.7万多个偏远自然村和行政村开通电话，全国开通电话的行政村和20户以上自然村的比重分别达到99.86%和93.4%。

农村信息服务能力迈上新台阶。全年共为4228个乡镇和行政村开通互联网，开通互联网的乡镇比重从上年底的98%提高到99.3%，开通互联网的行政村比重从2008年年底的89%提高到91.5%。三家基础电信企业的"农信通"、"信息田园"和"金农通"等基础性综合信息平台已覆盖全国，为广大农民群众提供了功能强大、种类丰富、经济便捷的公共服务、便民服务和农产品交易服务，极大地促进了农村经济社会的发展。

信息下乡活动进展迅速。目前，已在15个省份的1.3万余个乡镇开展信息下乡活动，并基本实现"一乡一个信息服务站，一村一个信息服务点，一乡一个互联网站，一村一个网上农副产品信息栏目"的"四个一"目标，全国三分之一的乡镇建立了乡村信息服务体系，信息内容、信息业务和信息终端的进乡入村初显成效。

2010年，我国电信业将继续保持平稳、健康、协调发展。预计全年实现电信主营业务收入8800亿元人民币，同比增长4.5%；电信业务总量28 762亿元人民币，同比增长12%；固定电话用户减少0.28亿户，达到2.85亿户；移动电话用户净增1.08亿户，达到8.55亿户；互联网宽带接入用户净增0.2亿户，达到1.23亿户。电信综合资费水平下降9%。

附表：2009年电信业主要指标分省情况，如表C.4～表C.6所示。

表 C.4 2009 年电信业务总量、收入、投资分省情况

	电信业务总量		电信主营业务收入		电信固定资产投资	
	2009 年（亿元）	比上年（±%）	2009 年（亿元）	比上年（±%）	2009 年（亿元）	比上年（±%）
全国	25 680.6	14.4	8424.3	3.9	3724.9	26.1
北京	883.1	15.8	404.0	-1.2	137.6	21.3
天津	362.5	9.1	124.5	3.7	58.6	33.5
河北	1152.2	11.3	355.7	0.7	160.7	25.8
山西	601.2	13.2	204.3	3.4	103.7	22.2
内蒙古	541.0	19.9	147.4	12.1	93.0	53.6
辽宁	908.9	15.7	349.5	1.8	155.2	43.3
吉林	512.0	15.9	144.4	6.2	89.1	55.8
黑龙江	663.7	15.5	201.5	4.8	105.2	45.1
上海	839.1	5.0	418.4	0.2	152.0	19.7
江苏	1658.8	13.9	641.3	5.2	228.8	21.9
浙江	1623.4	8.4	584.6	1.5	227.1	30.5
安徽	666.7	25.2	240.0	9.6	115.3	42.7
福建	960.1	12.4	325.3	3.5	125.9	20.4
江西	588.6	25.8	170.7	8.9	71.2	11.2
山东	1604.0	12.8	509.6	3.1	197.8	33.1
河南	1226.1	13.8	351.7	2.7	168.0	29.3
湖北	797.9	17.7	282.1	9.6	125.6	20.2
湖南	861.6	16.8	292.4	10.9	130.0	34.6
广东	3849.0	9.2	1211.9	0.2	399.6	31.8
广西	673.4	18.4	201.4	8.3	96.9	42.4
海南	184.6	19.8	59.9	9.9	36.2	79.0
重庆	464.3	13.8	147.8	6.8	72.7	38.3
四川	1123.5	25.9	357.2	9.5	183.8	24.4
贵州	473.5	31.4	137.6	12.3	66.1	0.0
云南	664.2	17.4	193.1	9.3	89.2	23.5
西藏	50.9	28.1	22.3	19.6	15.5	26.5
陕西	718.1	16.7	210.1	10.5	90.9	14.8
甘肃	355.1	26.9	103.5	12.6	66.3	33.4
青海	87.5	27.0	30.5	8.7	24.5	65.7
宁夏	117.1	24.4	36.2	12.9	22.1	57.9
新疆	466.3	26.4	126.5	4.4	80.0	33.5

表 C.5 2009 年电信用户分省情况

	固定电话用户		移动电话用户		互联网宽带接入用户	
	2009 年（万户）	比上年（万户）	2009 年（万户）	比上年（万户）	2009 年（万户）	比上年（万户）
全国	31 368.8	-2667.1	74 738.4	10 613.8	10 322.6	2034.7
北京	893.1	8.2	1825.5	209.3	451.8	69.0
天津	385.3	-11.3	992.5	127.5	158.7	19.9

续表

	固定电话用户		移动电话用户		互联网宽带接入用户	
	2009年（万户）	比上年（万户）	2009年（万户）	比上年（万户）	2009年（万户）	比上年（万户）
河北	1343.9	−113.5	3788.9	574.9	522.7	134.0
山西	758.8	−44.2	1954.3	255.8	279.9	65.4
内蒙古	441.6	−20.9	1616.0	271.6	157.1	42.6
辽宁	1529.1	−75.2	2882.1	460.6	502.9	87.6
吉林	581.3	−40.3	1574.2	211.3	227.9	51.9
黑龙江	870.2	−157.8	1869.3	223.0	277.2	38.3
上海	935.5	−79.9	2113.2	232.3	434.0	43.4
江苏	2662.4	−305.9	4940.3	983.3	929.4	212.4
浙江	2118.6	−179.0	4459.3	482.6	821.1	129.3
安徽	1267.3	−112.7	2154.6	439.6	258.3	73.0
福建	1244.8	−186.2	2639.1	271.0	360.3	70.6
江西	748.5	−98.4	1548.0	270.7	238.7	58.2
山东	2225.3	−195.8	5341.8	713.9	747.4	126.1
河南	1460.6	−101.9	3990.2	489.2	503.9	129.4
湖北	1088.3	−83.6	3136.9	608.1	361.3	78.8
湖南	1166.9	−90.4	2754.4	514.1	286.0	65.4
广东	3366.7	−206.6	8935.2	539.5	1123.6	175.6
广西	787.6	−60.8	1960.1	336.2	248.3	65.9
海南	182.8	−41.9	496.4	98.7	48.9	12.3
重庆	627.7	−51.2	1440.9	159.3	201.0	44.8
四川	1551.2	−109.2	3466.9	614.6	396.1	76.9
贵州	451.1	−48.5	1453.4	274.3	112.8	28.3
云南	583.1	−33.2	1936.4	300.5	172.6	33.9
西藏	53.9	−16.7	124.0	37.0	8.8	1.8
陕西	815.0	−66.3	2337.4	425.1	221.3	48.4
甘肃	453.9	−65.1	1194.7	299.4	86.6	20.2
青海	109.3	−10.1	301.0	53.8	27.9	6.6
宁夏	114.5	−7.1	382.8	59.5	33.9	9.0
新疆	550.5	−61.7	1113.0	61.8	122.1	16.0

表C.6 2009年电信能力、电话普及率分省情况

	光缆线路长度（千米）	互联网宽带接入端口（万个）	局用交换机容量（万门）	移动电话交换机容量（万户）	固定电话普及率（部/百人）	移动电话普及率（部/百人）
全国	8 266 655	13 592.4	49 219.4	142 111.2	23.6	56.3
北京	98 171	563.2	1483.0	3814.0	52.7	107.7
天津	48 680	183.5	614.6	1688.0	32.8	84.4
河北	407 055	655.3	2057.2	7757.0	19.2	54.2
山西	431 575	368.3	1063.5	4223.5	22.2	57.3
内蒙古	168 772	174.5	714.2	3345.4	18.3	66.9
辽宁	296 450	549.9	2115.9	4338.8	35.4	66.8

续表

	光缆线路长度（千米）	互联网宽带接入端口（万个）	局用交换机容量（万门）	移动电话交换机容量（万户）	固定电话普及率（部/百人）	移动电话普及率（部/百人）
吉林	163 832	260.6	860.0	3060.0	21.3	57.6
黑龙江	256 232	365.4	1384.1	4501.6	22.8	48.9
上海	121 983	660.0	1386.4	4548.0	49.5	111.9
江苏	585 358	1091.8	4455.4	7950.4	34.7	64.4
浙江	528 194	942.2	3109.7	7973.0	41.4	87.1
安徽	331 672	462.0	1606.3	4584.5	20.7	35.1
福建	302 749	471.2	1924.7	5741.2	34.5	73.2
江西	294 685	281.8	1208.5	3630.8	17.0	35.2
山东	391 767	1006.2	3353.1	10 537.7	23.6	56.7
河南	352 092	689.8	2316.9	7288.3	15.5	42.3
湖北	311 407	422.1	1732.8	5447.7	19.1	54.9
湖南	263 768	384.5	1745.0	4287.5	18.3	43.2
广东	663 816	1734.7	5426.0	15 675.1	35.3	93.6
广西	267 710	402.4	1401.8	3749.5	16.4	40.7
海南	44 797	77.3	289.0	864.4	21.4	58.1
重庆	199 209	285.6	1166.2	2340.2	22.1	50.8
四川	480 466	494.5	2363.6	9611.0	19.1	42.6
贵州	210 105	163.5	851.0	2326.2	11.9	38.3
云南	279 183	247.1	1040.4	3722.5	12.8	42.6
西藏	26 633	15.7	127.5	189.0	18.8	43.2
陕西	260 268	271.9	1325.4	3636.6	21.7	62.1
甘肃	190 245	121.1	799.1	1719.0	17.3	45.5
青海	57 640	32.9	162.9	438.0	19.7	54.3
宁夏	36 626	38.4	219.0	661.4	18.5	61.9
新疆	195 517	175.1	914.2	2461.0	25.8	52.2

（工业和信息化部运行监测协调局）

附录D　2009年中国互联网发展状况数据表

表D.1　2009年各省市网民规模及增速

	2008年年底		2009年年底		增长率
	网民数（万人）	普及率	网民数（万人）	普及率	
全国	29 800	22.6%	38 400	28.9%	28.9%
北京	980	60.0%	1103	65.1%	12.6%
天津	485	43.5%	564	48.0%	16.3%
河北	1334	19.2%	1842	26.4%	38.1%
山西	819	24.1%	1064	31.2%	29.9%
内蒙古	385	16.0%	575	23.8%	49.4%
辽宁	1138	26.5%	1595	37.0%	40.2%
吉林	520	19.0%	726	26.6%	39.6%
黑龙江	620	16.2%	912	23.9%	47.1%
上海	1110	59.7%	1171	62.0%	5.5%
江苏	2084	27.3%	2765	36.0%	32.7%
浙江	2108	41.7%	2452	47.9%	16.3%
安徽	723	11.8%	1069	17.4%	47.9%
福建	1379	38.5%	1629	45.2%	18.1%
江西	610	14.0%	790	18.0%	29.5%
山东	1983	21.2%	2769	29.4%	39.6%
河南	1283	13.7%	2007	21.3%	56.4%
湖北	1050	18.4%	1469	25.7%	39.9%
湖南	999	15.7%	1406	22.0%	40.7%
广东	4554	48.2%	4860	50.9%	6.7%
广西	734	15.4%	1030	21.4%	40.3%
海南	216	25.6%	244	28.6%	13.0%
重庆	598	21.2%	803	28.3%	34.3%
四川	1103	13.6%	1635	20.1%	48.2%
贵州	433	11.5%	573	15.1%	32.3%
云南	548	12.1%	844	18.6%	54.0%
西藏	47	16.4%	53	18.6%	12.8%
陕西	790	21.1%	995	26.5%	25.9%
甘肃	327	12.5%	535	20.4%	63.6%

续表

	2008 年年底		2009 年年底		增长率
	网民数（万人）	普及率	网民数（万人）	普及率	
青海	130	23.6%	154	27.7%	18.5%
宁夏	102	16.6%	141	22.8%	38.2%
新疆	625	27.1%	634	27.5%	1.4%

表 D.2　中国各地区 IPv4 地址数

地　　区	地　址　量	折　合　数
中国大陆地区	232 446 464	13A+218B+218C
中国台湾	27 102 208	1A+157B+140C
香港特区	8 413 184	128B+96C
澳门特区	212 224	3B+61C

资料来源：APNIC、中国互联网络信息中心（CNNIC）。

表 D.3　中国大陆地区 IPv4 地址按分配单位表

单位名称	地　址　量	折　合　数
中国电信集团公司	80 414 720	4A+203B+8C
中国联合网络通信有限公司	46 604 288	2A+199B+32C
中国移动通信集团公司	34 766 848	2A+18B+128C
中国教育和科研计算机网	14 551 552	222B+10C
国家信息中心	4 194 304	64B
广西视虎科技有限公司	2 990 080	45B+160C
北京神州长城通信技术发展中心	1 581 056	24B+32C
北京教育信息网服务中心有限公司	1 572 864	24B
北京国通互联科技有限公司	1 536 000	23B+112C
东方有线网络有限公司	1 400 832	21B+96C
北京电信通电信工程有限公司	1 397 760	21B+84C
北京诚亿时代网络技术工程有限公司	1 048 576	16B
长城宽带网络服务有限公司	917 504	14B
北京时代宏远通信科技有限公司	786 432	12B
北京宽带通电信技术有限责任公司	753 664	11B+128C
北京万网志成科技有限公司	729 088	11B+32C
北京比通联合网络技术服务有限公司	688 128	10B+128C
中国有线电视网络有限公司	663 552	10B+32C
北京新比林通信技术有限公司	655 360	10B
北京屹立由数据有限公司	655 360	10B
北京维仕创洁技术开发有限责任公司	655 360	10B
北京世纪互联宽带数据中心有限公司	641 024	9B+200C
华北石油通信公司	557 056	8B+128C
华夏视联控股有限公司	524 288	8B
中信网络有限公司	524 288	8B
北京京宽网络科技有限公司	524 288	8B
深圳市天威视讯股份有限公司	524 288	8B

续表

单位名称	地址量	折合数
中电华通通信有限公司	487 424	7B+112C
广东金万邦科技投资有限公司	479 232	7B+80C
北京歌华有线电视网络股份有限公司	475 136	7B+64C
北京数讯达通信技术有限公司	446 464	6B+208C
大庆中基石油通信建设有限公司	438 272	6B+176C
中国科技网	428 032	6B+136C
北京中电飞华通信股份有限公司	417 792	6B+96C
北京北大方正宽带网络科技有限公司	401 408	6B+32C
北京国研网络数据科技有限公司	385 024	5B+224C
江西省广播电视网络传输有限公司	327 680	5B
广州市广播电视网络有限公司	327 680	5B
网通宽带网络有限责任公司	294 912	4B+128C
佛山市睿江科技有限公司	278 528	4B+64C
济南广电嘉和宽带网络有限责任公司	270 336	4B+32C
北京亿泰丰科技发展有限公司	262 144	4B
湖北楚天视通网络有限公司	262 144	4B
深圳市英达通信技术有限公司	249 856	3B+208C
广州恒汇网络通信有限公司	233 472	3B+144C
上海奥融信息科技服务有限公司	229 376	3B+128C
二六三网络通信股份有限公司	220 160	3B+92C
宁波网通信息港有限公司	212 992	3B+64C
润迅通信集团有限公司	204 800	3B+32C
福建光通互联通信有限公司	196 608	3B
广东有线广播电视网络股份有限公司	196 608	3B
深圳市沃通网络发展有限公司	196 608	3B
陕西广电网络传媒股份有限公司	176 128	2B+176C
长信数码信息文化发展有限公司	147 456	2B+64C
北京息壤传媒文化有限公司	133 120	2B+8C
上海广电信息产业股份有限公司	131 072	2B
广东金昇投资发展有限公司	131 072	2B
天津瑞鼎数字科技有限公司	131 072	2B
北京东方优创网络技术有限公司	131 072	2B
北京恒川建业科技有限公司	126 976	1B+240C
上海闵行广电科技发展有限公司	122 880	1B+224C
重庆有线电视网络有限公司	98 304	1B+128C
中企网络通信技术有限公司	98 304	1B+128C
廊坊开发区华瑞信通网络技术有限公司	81 920	1B+64C
佛山市视通宽带网络有限公司	81 920	1B+64C
天津广播电视网络有限公司	77 824	1B+48C
北京华夏光网通信技术有限公司	73 728	1B+32C
可口可乐企业管理（上海）有限公司	73 728	1B+32C
北京百度网讯科技有限公司	69 632	1B+16C
上海佰隆网络科技有限公司	67 584	1B+8C

续表

单 位 名 称	地 址 量	折 合 数
上海翰平网络技术有限公司	65 536	1B
金汉王科技有限公司	65 536	1B
北京寰岛通信有限公司	65 536	1B
杭州世导科技有限公司	65 536	1B
北京市燕阳世纪科技有限公司	65 536	1B
北京首科电讯有限公司	65 536	1B
北京网联光通技术有限公司	65 536	1B
天津市新北宽带数码网络有限公司	65 536	1B
北京合聚数字技术有限公司	65 536	1B
中国网络通信集团公司重庆市分公司	65 536	1B
中国数码港科技有限公司	65 536	1B
中国民航信息网络股份有限公司	65 536	1B
安徽省教育和科研计算机网网络中心	65 536	1B
汕头市天盈信息技术有限公司	65 536	1B
深圳市南凌科技发展有限公司	65 536	1B
北京互联通网络科技有限公司	65 536	1B
北京首信网创网络信息服务有限责任公司	65 536	1B
四川省广播电视网络有限责任公司	65 536	1B
上海翰威信息科技有限公司	65 536	1B
北京航数宽网科技有限责任公司	65 536	1B
厦门广播电视网络股份有限公司	65 536	1B
平煤集团信息通信技术开发公司	65 536	1B
上海世纪互联信息系统有限公司	65 536	1B
中国国际电子商务中心	65 536	1B
艾维通信集团有限公司	65 536	1B
金汉王科技有限公司	65 536	1B
北京金丰伟业科技有限公司	65 536	1B
北京智洋环亚科技有限公司	65 536	1B
山西大同煤矿集团通信有限责任公司	65 536	1B
大港油田通信公司	65 536	1B
辽宁东方之星宽带有限公司	65 536	1B
厦门广播电视网络股份有限公司	65 536	1B
上海有孚计算机网络有限公司	65 536	1B
上海传网通信科技有限公司	65 536	1B
小计	213 963 264	12A+192B+210C
其他单位	18 483 200	1A+26B+8C
合计	232 446 464	13A+218B+218C

资料来源：APNIC、中国互联网络信息中心（CNNIC）。

注 1：CNNIC 作为经 APNIC 认定并由工业和信息化部认可的中国国家互联网注册机构（NIR），召集国内有一定规模和影响力的 ISP，组成 IP 地址分配联盟，目前 CNNIC 分配联盟共有 286 家成员，IPv4 地址持有量 56 784 380 个，合 3.38A。上表中大部分都是 CNNIC 分配联盟成员单位；注 2：IPv4 地址分配表只列出拥有 IPv4 地址数大于等于 1B 的单位。

表 D.4　中国各地区 IPv6 地址数

地　区	IPv6 数量（/32）
中国大陆地区	63 块
中国台湾	2311 块
香港特区	25 块
澳门特区	2 块

表 D.5　中国大陆地区 IPv6 地址分配表

单 位 名 称	IPv6 数量（/32）
北京天地互连信息技术有限公司	16
中国教育和科研计算机网	13
北京神州长城通信技术发展中心	8
中国电信集团公司	2
中国联合网络通信有限公司	2
中国移动通信集团公司	2
中国南方电网有限责任公司	2
中国互联网络信息中心	1
中国科技网	1
中国国际电子商务中心	1
北京电信通电信工程有限公司	1
中国网络通信集团公司重庆市分公司	1
天讯瑞达通信技术有限公司东莞博路电信分公司	1
北京万网志成科技有限公司	1
北京软件与信息服务业促进中心	1
中国中信集团公司管理信息部	1
东方有线网络有限公司	1
北京谷翔信息技术有限公司	1
长城宽带网络服务有限公司	1
杭州世导科技有限公司	1
平煤集团信息通信技术开发公司	1
新华通信社	1
北京北大方正宽带网络科技有限公司	1
政务和公益机构域名注册管理中心	1
北京中电飞华通信股份有限公司	1

资料来源：APNIC、中国互联网络信息中心（CNNIC）。

注：IPv6 地址分配表中的/32 是 IPv6 的地址表示方法，对应的地址数量是 $2^{(128-32)}=2^{96}$ 个，同样，/48 对应的地址数量是 $2^{(128-48)}=2^{80}$ 个。

表 D.6　各省市 IPv4 地址数

省　份	比　例
北京	22.13%
广东	9.98%
浙江	5.80%

续 表

省 份	比 例
江苏	5.42%
上海	4.92%
山东	4.13%
河北	2.93%
辽宁	2.93%
河南	2.35%
湖北	2.32%
四川	2.14%
福建	2.07%
湖南	2.01%
陕西	1.71%
安徽	1.65%
黑龙江	1.57%
广西	1.55%
重庆	1.45%
吉林	1.44%
天津	1.37%
江西	1.32%
山西	1.17%
云南	0.85%
内蒙古	0.78%
新疆	0.65%
海南	0.57%
贵州	0.46%
甘肃	0.32%
宁夏	0.22%
青海	0.16%
西藏	0.13%
其他	13.48%
合计	100%

资料来源：APNIC、中国互联网络信息中心（CNNIC）。

表 D.7　各省市域名数和各省市 CN 域名数

省 份	域 名		CN 域名	
	数量（个）	占域名总数比例	数量（个）	占 CN 域名总数比例
安徽	171 045	1.0%	130 886	1.0%
北京	2 960 600	17.6%	2 493 725	18.5%
福建	1 191 797	7.1%	850 388	6.3%
甘肃	35 009	0.2%	25 913	0.2%
广东	1 639 609	9.8%	1 144 525	8.5%

续表

省 份	域 名		CN域名	
	数量（个）	占域名总数比例	数量（个）	占CN域名总数比例
广西	139 687	0.8%	112 129	0.8%
贵州	84 090	0.5%	71 358	0.5%
海南	74 574	0.4%	51 432	0.4%
河北	317 036	1.9%	183 844	1.4%
河南	277 049	1.6%	222 431	1.7%
黑龙江	192 071	1.1%	162 128	1.2%
湖北	360 061	2.1%	298 636	2.2%
湖南	429 936	2.6%	376 958	2.8%
吉林	108 742	0.6%	76 779	0.6%
江苏	661 777	3.9%	447 261	3.3%
江西	246 765	1.5%	213 009	1.6%
辽宁	263 459	1.6%	199 910	1.5%
内蒙古	53 244	0.3%	38 051	0.3%
宁夏	22 736	0.1%	13 373	0.1%
青海	17 189	0.1%	8 111	0.1%
山东	1 180 977	7.0%	972 783	7.2%
山西	104 985	0.6%	73 309	0.5%
陕西	548 559	3.3%	506 460	3.8%
上海	1 451 303	8.6%	1 048 726	7.8%
四川	360 141	2.1%	242 836	1.8%
天津	146 003	0.9%	91 728	0.7%
西藏	11 080	0.1%	8 040	0.1%
新疆	44 534	0.3%	28 887	0.2%
云南	71 979	0.4%	53 044	0.4%
浙江	1 586 760	9.4%	1 310 420	9.7%
重庆	163 285	1.0%	126 571	0.9%
其他	1 898 727	11.3%	1 871 890	13.9%
合计	16 814 809	100.0%	13 455 541	100.0%

注：CN下域名总数不含.EDU.CN下网站。

表D.8 中国分类域名数

	数 量（个）	占域名总数比例
CN	13 455 541	80.0%
COM	2 783 652	16.6%
NET	438 662	2.6%
ORG	136 954	0.8%
合计	16 814 809	100%

表 D.9　各省市网站数

	网站数量（个）	占网站总数比例
广东	375 452	11.6%
北京	334 711	10.4%
浙江	325 150	10.1%
上海	230 012	7.1%
山东	143 243	4.4%
江苏	141 087	4.4%
湖南	120 256	3.7%
福建	118 697	3.7%
河北	67 489	2.1%
黑龙江	65 057	2.0%
四川	62 792	1.9%
湖北	54 880	1.7%
河南	48 086	1.5%
辽宁	46 881	1.5%
重庆	43 064	1.3%
陕西	38 180	1.2%
天津	35 690	1.1%
广西	28 226	0.9%
安徽	25 917	0.8%
山西	24 296	0.8%
江西	22 383	0.7%
吉林	16 417	0.5%
云南	13 700	0.4%
内蒙古	10 937	0.3%
海南	10 548	0.3%
贵州	8848	0.3%
甘肃	6181	0.2%
宁夏	4003	0.1%
新疆	3721	0.1%
青海	2446	0.1%
西藏	1853	0.1%
其他	801 635	24.8%
合计	3 231 838	100.0%

注：CN 下网站总数不含.EDU.CN 下网站。

表 D.10　中国.CN 下的分类网站数

	数　量	占 CN 下网站数比例
.cn	1 538 158	61.49%
.com.cn	780 403	31.20%
.net.cn	106 730	4.27%
.org.cn	30 538	1.22%

续表

	数　量	占.CN下网站数比例
.adm.cn	16 236	0.65%
.gov.cn	28 028	1.12%
.ac.cn	1214	0.05%
.mil.cn	1	0.00%
合计	2 501 308	100.00%

注：CN下网站总数不含.EDU.CN下网站。

表D.11　按编码分类的网页情况

网页编码类型	比　例
中文	97.6%
繁体中文	0.5%
英文	0.6%
其他	1.3%
合计	100%

表D.12　按更新周期分类的网页情况

网页更新周期	比　例
一周更新	7.7%
一个月更新	21.2%
三个月更新	28.1%
六个月更新	18.8%
六个月以上更新	24.3%
合计	100%

表D.13　按照后缀形式分类的网页情况

网页后缀形式	比　例
.html	20.1%
htm	6.5%
/	2.1%
shtml	8.7%
asp	12.6%
php	22.2%
txt	0.0%
nsf	0.0%
xml	0.0%
jsp	1.0%
cgi	0.2%
pl	0.0%
aspx	6.1%
do	0.5%

续表

网页后缀形式	比　例
dll	0.0%
jhtml	0.0%
cfm	0.0%
php3	0.0%
phtml	0.0%
其他后缀	19.7%
合计	100%

表 D.14　按多媒体形式分类的网页情况

网页多媒体形式	比例（在多媒体网页中）
jpg	34.3%
gif	17.0%
zip	0.1%
swf	0.1%
doc	0.0%
pdf	0.4%
rm	0.0%
mid	0.0%
ram	0.0%
mp3	0.0%
ppt	0.0%
mpg	0.0%
其他多媒体	48.2%
合计	100%

表 D.15　各省市网页数

	总　数	静　态	动　态	静、动态比例
北京	9 649 845 904	6 211 605 808	3 438 240 096	1.81：1
浙江	3 648 566 878	2 052 683 725	1 595 883 153	1.29：1
广东	5 002 757 248	3 073 193 777	1 929 563 471	1.59：1
山东	751 583 683	360 158 901	391 424 782	0.92：1
福建	1 462 512 964	668 222 173	794 290 791	0.84：1
上海	3 285 304 817	1 749 424 815	1 535 880 002	1.14：1
辽宁	433 321 189	212 284 050	221 037 139	0.96：1
湖南	284 791 207	118 302 267	166 488 940	0.71：1
重庆	281 234 986	127 174 461	154 060 525	0.83：1
天津	1 005 090 072	723 363 325	281 726 747	2.57：1
四川	765 112 574	319 434 500	445 678 074	0.72：1
江苏	2 153 743 497	1 001 275 352	1152 468 145	0.87：1
甘肃	43 869 035	19 170 768	24 698 267	0.78：1

续表

	总　数	静　态	动　态	静、动态比例
河南	1 161 231 340	607 440 113	553 791 227	1.1：1
河北	742 493 212	456 781 824	285 711 388	1.6：1
江西	323 290 593	151 299 997	171 990 596	0.88：1
云南	94 658 562	38 100 071	56 558 491	0.67：1
湖北	718 974 160	331 662 780	387 311 380	0.86：1
陕西	334 409 336	174 896 082	159 513 254	1.1：1
青海	5 504 683	2 914 179	2 590 504	1.12：1
广西	273 029 718	128 979 238	144 050 480	0.9：1
安徽	429 203 093	155 328 599	273 874 494	0.57：1
黑龙江	241 398 489	104 766 944	136 631 545	0.77：1
吉林	92 511 155	33 979 347	58 531 808	0.58：1
海南	166 674 922	55 652 756	111 022 166	0.5：1
内蒙古	45 773 766	18 089 792	27 683 974	0.65：1
新疆	8 523 147	5 438 620	3 084 527	1.76：1
贵州	54 563 762	19 331 941	35 231 821	0.55：1
山西	91 438 538	48 462 425	42 976 113	1.13：1
宁夏	48 864 268	27 896 610	20 967 658	1.33：1
西藏	1 455 330	927 773	527 557	1.76：1
全国	33 601 732 128	18 998 243 013	14 603 489 115	1.3：1

表D.16　各省市网页字节数

	总页面大小（KB）	平均每个网页的字节数（KB）
北京	318 343 880 945 385	32 989.53
浙江	131 332 025 542 717	35 995.51
广东	136 419 887 230 277	27 268.94
山东	22 793 969 811 329	30 327.92
福建	44 460 554 982 026	30 400.11
上海	102 857 505 920 370	31 308.36
辽宁	14 107 784 752 956	32 545.8
湖南	8 886 502 363 008	31 203.57
重庆	7 861 929 658 329	27 955.02
天津	34 419 590 940 860	34 245.28
四川	20 749 340 381 455	27 119.33
江苏	67 989 590 087 645	31 568.1
甘肃	1 260 660 510 581	28 736.91
河南	32 992 753 872 005	28 411.87
河北	25 079 297 170 773	33 777.14
江西	8 767 854 253 951	27 120.66
云南	2 652 683 143 919	28 023.7
湖北	20 274 560 840 346	28 199.29
陕西	13 337 040 213 899	39 882.38

续表

	总页面大小（KB）	平均每个网页的字节数（KB）
青海	166 064 395 994	30 167.84
广西	9 659 990 734 534	35 380.73
安徽	11 958 044 542 196	27 861.04
黑龙江	7 891 357 643 153	32 690.17
吉林	2 952 112 365 866	31 910.88
海南	6 058 665 082 935	36 350.19
内蒙古	1 342 606 809 101	29 331.36
新疆	228 025 888 356	26 753.72
贵州	1 373 471 378 137	25 171.86
山西	2 345 955 360 396	25 656.09
宁夏	1 326 791 434 654	27 152.59
西藏	65 383 276 184	44 926.77
全国	1 059 950 881 533 340	31 544.53102

表 D.17 各省市按更新周期分类的网页比例

	一周更新	一个月更新	三个月更新	六个月更新	六个月以上更新
北京	8.09%	20.75%	26.13%	19.00%	26.02%
浙江	7.51%	21.57%	28.63%	18.93%	23.36%
广东	7.30%	21.03%	28.09%	18.53%	25.06%
山东	7.53%	19.71%	28.41%	19.63%	24.72%
福建	7.73%	21.12%	32.19%	17.98%	20.97%
上海	7.85%	21.40%	28.19%	18.98%	23.58%
辽宁	8.27%	20.94%	28.58%	18.12%	24.08%
湖南	7.44%	21.48%	29.27%	18.93%	22.89%
重庆	6.46%	19.91%	29.51%	19.20%	24.92%
天津	8.42%	20.48%	23.68%	20.48%	26.93%
四川	7.02%	20.77%	32.48%	17.64%	22.08%
江苏	7.27%	21.25%	30.63%	18.69%	22.15%
甘肃	4.65%	20.54%	33.56%	16.69%	24.58%
河南	7.78%	25.17%	30.20%	18.18%	18.66%
河北	8.35%	21.13%	25.26%	18.80%	26.46%
江西	6.60%	21.46%	31.83%	16.55%	23.56%
云南	6.91%	19.76%	32.19%	19.60%	21.54%
湖北	7.32%	21.14%	30.69%	19.03%	21.81%
陕西	8.58%	25.50%	28.93%	17.41%	19.58%
青海	5.64%	21.42%	35.46%	16.17%	21.30%
广西	7.09%	19.69%	29.81%	19.56%	23.85%
安徽	7.08%	21.30%	30.05%	18.12%	23.45%
黑龙江	6.78%	21.09%	32.29%	16.78%	23.06%
吉林	8.18%	22.76%	29.24%	16.55%	23.26%
海南	6.80%	18.70%	15.75%	17.50%	41.26%

续表

	一 周 更 新	一个月更新	三个月更新	六个月更新	六个月以上更新
内蒙古	5.53%	18.17%	32.29%	16.85%	27.16%
新疆	3.41%	13.52%	25.06%	15.71%	42.30%
贵州	6.12%	19.62%	30.81%	18.55%	24.89%
山西	7.17%	22.77%	30.02%	17.74%	22.30%
宁夏	11.72%	23.40%	25.01%	16.28%	23.58%
西藏	5.20%	13.96%	35.12%	13.49%	32.23%
全国	7.69%	21.18%	28.09%	18.75%	24.28%

表 D.18 各省市按编码类型分的网页比例

	简 体 中 文	繁 体 中文	英 文	其 他
北京	97.12%	0.58%	0.69%	1.60%
浙江	97.98%	0.30%	0.56%	1.17%
广东	97.17%	0.70%	0.43%	1.70%
山东	97.87%	0.41%	0.43%	1.28%
福建	97.20%	0.73%	1.29%	0.78%
上海	97.60%	0.39%	0.56%	1.46%
辽宁	98.21%	0.04%	0.46%	1.29%
湖南	99.07%	0.13%	0.48%	0.32%
重庆	98.35%	0.44%	0.55%	0.67%
天津	97.48%	0.53%	0.69%	1.30%
四川	98.65%	0.48%	0.46%	0.41%
江苏	97.68%	0.73%	0.63%	0.97%
甘肃	94.77%	4.28%	0.63%	0.32%
河南	98.70%	0.12%	0.31%	0.87%
河北	97.66%	0.37%	0.30%	1.67%
江西	98.08%	1.09%	0.38%	0.45%
云南	98.69%	0.31%	0.38%	0.62%
湖北	98.45%	0.51%	0.61%	0.44%
陕西	98.61%	0.54%	0.32%	0.53%
青海	83.22%	2.59%	8.24%	5.95%
广西	98.56%	0.11%	0.23%	1.09%
安徽	98.49%	0.44%	0.51%	0.56%
黑龙江	97.96%	1.15%	0.67%	0.23%
吉林	97.97%	0.05%	1.03%	0.95%
海南	98.76%	0.32%	0.26%	0.66%
内蒙古	99.53%	0.05%	0.39%	0.04%
新疆	80.72%	6.23%	2.71%	10.34%
贵州	96.82%	1.17%	1.56%	0.46%
山西	98.18%	0.11%	0.25%	1.47%
宁夏	92.57%	0.01%	0.24%	7.18%
西藏	99.77%	0.14%	0.05%	0.04%
全国	97.57%	0.53%	0.59%	1.31%

（中国互联网络信息中心）

附录 E　2009 年澳门特区互联网使用状况统计报告

注：本次调查统计数据截止日期为 2009 年 12 月 2 日。

E.1　澳门特区互联网络发展的宏观概况

1. 互联网注册域名数量

如表 E.1 所示，在以.mo 类之内的域名来说，澳门特区网站的域名以.com.mo 最多，占 69%，其次是.org.mo，占 13%，.mo、.gov.mo 及.edu.mo，分别占 9%，5%和 3%，只有 0.3%的域名是.net.mo。

截至 2009 年 12 月，澳门特区每万人拥有的域名数为 52 个，每万网民拥有量为 78 个。

表 E.1　澳门特区网站域名数

域　名	数　量	占网站总数比例
.com.mo	1949	69%
.org.mo	368	13%
.mo	264	9%
.gov.mo	146*	5%
.edu.mo	82	3%
.net.mo	9	0.3%
总计	2818	100%

*数据来源：澳门特区互联网资讯中心；数据截至 2009 年 12 月。

*上述顶级域名.mo 与部分其他的次级域名重复。

*.gov.mo 数目不包括已逾期数目。

2. 家庭上网计算机的联网情况

2009 年澳门特区家庭上网计算机数及增长情况如表 E.2、表 E.3 及图 E.1 所示。

表 E.2　家庭上网计算机数（2009 年）

家庭总数	上网计算机总数	拨号上网计算机数*	宽带上网计算机数*
17 万	14 万	1.8 千	13.5 万
占家庭总数的比例	83%	1%	80%
占上网家庭的比例	100%	1%	97%

注：家庭总数乃根据澳门特区统计暨普查局公布之 2007—2008 年间住户总数 167 187 个及 2008 年和 2009 年对应的人口总数及期末外地雇员数目推估，推估出 2009 年住户数为 169 719 个。

*不包括租用专线、无线和手机上网。

表E.3　家庭上网计算机增长情况

	上网计算机占家庭总数	拨号上网计算机占家庭总数	宽带上网计算机占家庭总数
2003年	57%	30%	27%
2004年	59%	23%	35%
2005年	62%	12%	49%
2006年	72%	7%	64%
2007年	77%	3%	74%
2008年	81%	2%	79%
2009年	83%	1%	80%

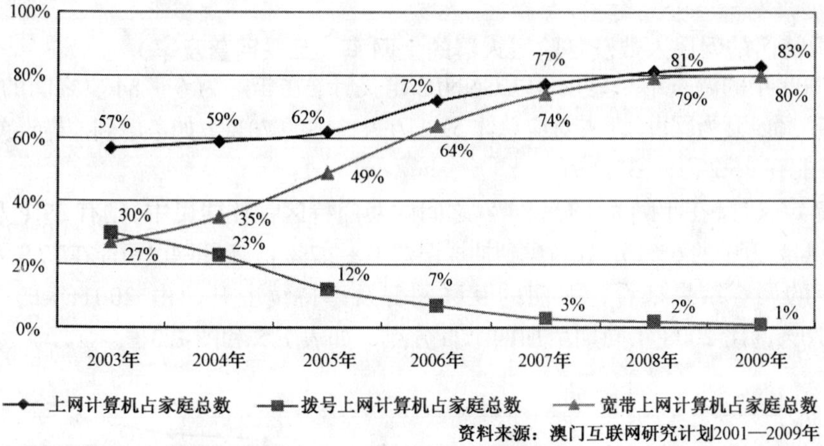

图E.1　家庭上网计算机增长情况

在宏观方面，截至2009年年底，澳门特区的家庭计算机联网率为83%。在所有已联网的计算机当中，97%为宽带上网，1%为拨号上网。从2001年到2009年，宽带上网的家庭计算机比例由22%上升至97%，拨号上网的比例则由78%下降至1%。因此，宽带上网已经成为家庭计算机最主要的联网方式，如表E.4及图E.2所示。

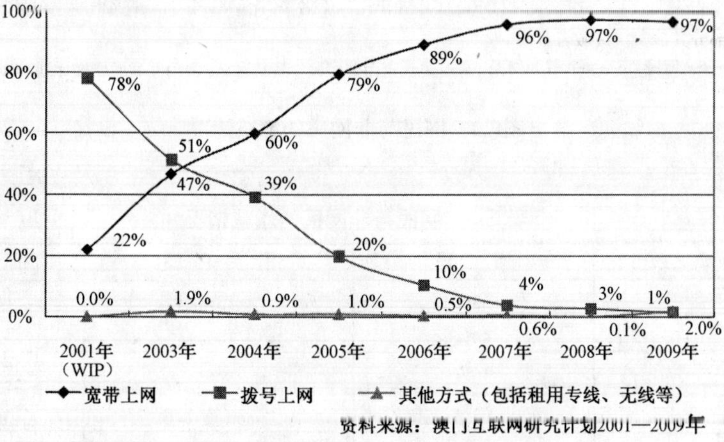

图E.2　历年调查之计算机联网方式

表 E.4　历年调查之计算机联网方式[1]

	宽带上网	拨号上网	其他方式（如租用专线）
2001[2] 年	22%	78%	0.0%
2003 年	47%	51%	1.9%
2004 年	60%	39%	0.9%
2005 年	79%	20%	1.0%
2006 年	89%	10%	0.5%
2007 年	96%	4%	0.6%
2008 年	97%	3%	0.1%
2009 年	97%	1%	2.0%

注：（1）2002 年没有进行相关调查。
（2）WIP 定义。

3. 澳门特区的网民人数及各阶层人群的上网率（互联网普及率）

根据 2009 年的调查结果显示，以 CNNIC 定义计，在年龄为 6～84 岁之间的澳门特区常住居民中，有 36.5 万为网民（即占对应总体 52.2 万人口中的 70%），如考虑到抽样误差（±2.5%），实际网民可能在 35.2 万～37.8 万。

以 WIP 定义计，在年龄为 18～84 岁之间的澳门特区常住居民中，则有 29.1 万为网民（即占对应总体 44.8 万中的 65%），如考虑到抽样误差（±2.7%），实际网民可能在 27.9 万～30.3 万。

从历年的调查结果来看，澳门的互联网普及率持续上升，由 2001 年的 33%上升至 2009 年的 70%，比 2008 年同期增加四个百分点，如表 E.5 和图 E.3 所示。

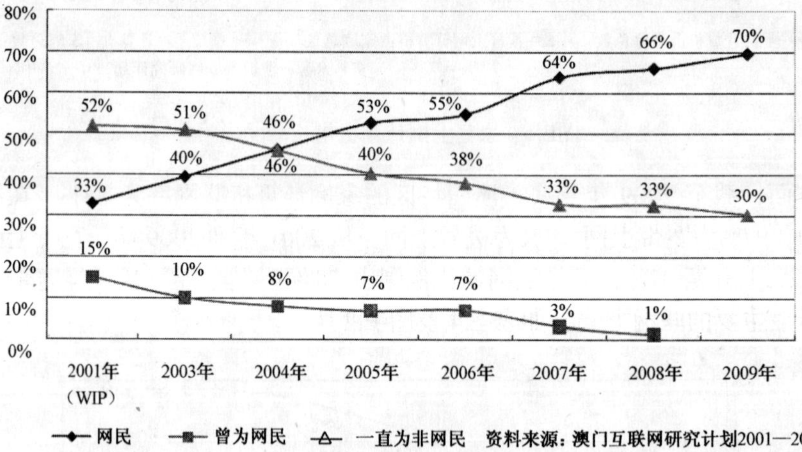

图E.3　网民与非网民的增减情况

表 E.5　网民与非网民的增减情况

	网民	曾为网民	非网民
2001[1] 年	33%	15%	52%
2003 年	40%	10%	51%
2004 年	46%	8%	46%
2005 年	53%	7%	40%
2006 年	55%	7%	38%

续表

	网　民	曾为网民	非　网　民
2007年	64%	3%	33%
2008年	66%	1%	33%
2009年	70%	—	30%

注：(1) WIP 定义。

表 E.6 和图 E.4 的上网率数据是根据调查中自称为网民的结果，以及网民的上网年期（1995—2009 年）推估出来的逐年变化情况。

表 E.6　网民逐年增长趋势

年　份	普及率
1995	3%
1996	4%
1997	6%
1998	10%
1999	16%
2000	25%
2001	33%
2002	36%
2003	40%
2004	46%
2005	53%
2006	55%
2007	64%
2008	66%
2009	70%

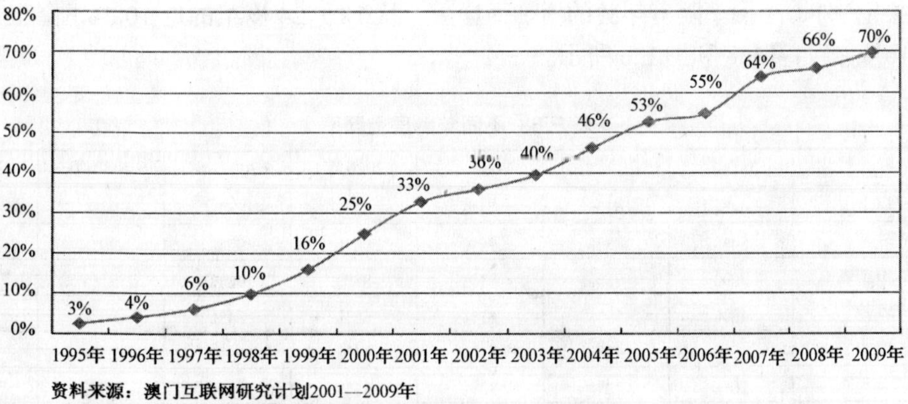

资料来源：澳门互联网研究计划2001—2009年

图E.4　网民逐年增长趋势

4. 按人口特征统计的上网率

(1) 男女上网率

从性别来看（表 E.7），除 2005 年男女的上网比例首次出现一样，占同龄总人口的 53%，其余各年男性的上网率均比女性高，2009 年两者相差 6 个百分点，男性的上网率为 73%，女性为 67%，见表 E.7 和图 E.5。

表 E.7　男女的网民普及率

	2003 年	2004 年	2005 年	2006 年	2007 年	2008 年	2009 年
男	42%	49%	53%	59%	68%	69%	73%
女	37%	43%	53%	52%	60%	63%	67%

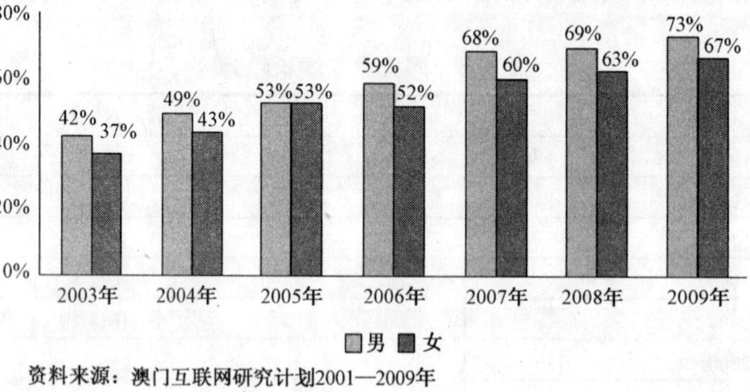

图E.5　男女上网率

（2）不同年龄层的上网率

在 2003—2009 年的七年中，在不同年龄层的居民中，上网比率基本上呈上升趋势。2009 年的调查中发现，各个年龄组别的上网率都较 2008 年有所上升，当中 31～35 岁和 51～60 岁的两个年龄组别有较高的增长，同比增幅分别是 12 个百分点和 8 个百分点，老年组（60 岁以上）也有 4 个百分点的增幅，从 12%上升至 16%，18～24 岁年龄层的上网率更达到接近 100%。综合来说，在所有调查年份中，各年龄组别之间的上网有明显差异。其中除了 18 岁以下的组别外，上网率随着年龄的增加而递减，从 18～24 岁组的近 100%下降至 60 岁以上组的 16%。，如表 E.8 和图 E.6 所示。

表 E.8　不同年龄层上网率

	2003 年	2004 年	2005 年	2006 年	2007 年	2008 年	2009 年
18 岁以下	44%	67%	74%	82%	88%	94%	97%
18～24 岁	84%	88%	95%	94%	97%	99%	100%
25～30 岁	70%	78%	81%	88%	90%	91%	97%
31～35 岁	48%	59%	61%	68%	84%	82%	94%
36～40 岁	40%	41%	56%	54%	64%	73%	79%
41～50 岁	20%	22%	33%	33%	46%	45%	51%
51～60 岁	14%	9%	18%	17%	23%	23%	31%
60 岁以上	1%	1%	6%	7%	9%	12%	16%

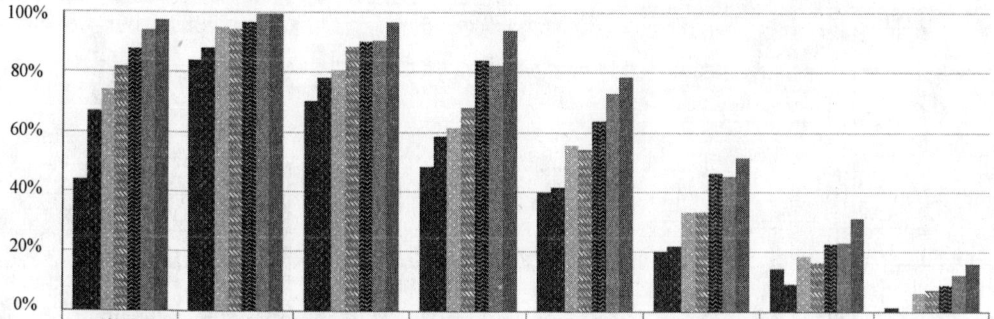

	18岁以下	18～24岁	25～30岁	31～35岁	36～40岁	41～50岁	51～60岁	60岁以上
2003	44%	84%	70%	48%	40%	20%	14%	1%
2004	67%	88%	78%	59%	41%	22%	9%	1%
2005	74%	95%	81%	61%	56%	33%	18%	6%
2006	82%	94%	88%	68%	54%	33%	17%	7%
2007	88%	97%	90%	84%	64%	46%	23%	9%
2008	94%	99%	91%	82%	73%	45%	23%	12%
2009	97%	100%	97%	94%	79%	51%	31%	16%

资料来源：澳门互联网研究计划2001—2009年

图E.6　不同年龄层的上网率

（3）不同职业的上网率

2009 年的调查结果显示，学生、较高职业者及公务员的上网率明显比其他阶层的人士高，分别为 98%，94%和 96%。公务员的上网率有较显著的增长，同比增幅为 10 个百分点。此外，自雇人士的上网率多年来都起伏不定，经过 2007 及 2008 年的增长后，2009 年与 2008 年相比又下降 13 个百分点至 59%。历年调查数据显示，从职业来看，学生、管理阶层、专业人士、从事办公室事务以及公务员阶层的人士的上网率比其他阶层显著高出，从事劳力、服务性行业以及没有工作的人群的上网率较低，如表 E.9 和图 E.7 所示。

表 E.9　不同职业的上网率

	2003 年	2004 年	2005 年	2006 年	2007 年	2008 年	2009 年
学生	54%	72%	80%	86%	91%	95%	98%
管理阶层、专业人士、白领、文职人员	72%	78%	83%	78%	92%	94%	94%
公务员	68%	88%	81%	89%	87%	86%	96%
自雇人士	36%	32%	52%	43%	52%	72%	59%
蓝领、劳动工人、服务员	22%	25%	27%	34%	45%	44%	51%
失学、退休、无业、家庭主妇	13%	11%	17%	24%	24%	28%	31%
其他	42%	50%	33%	18%	—	67%	50%

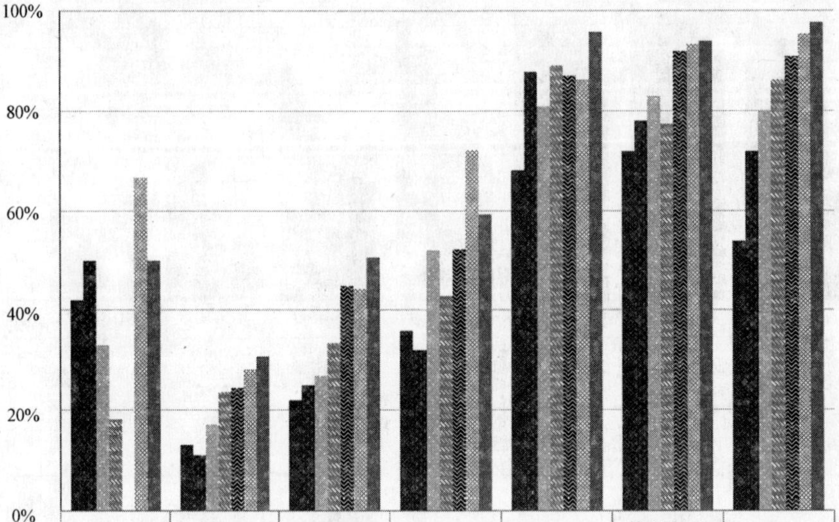

	其他	失学，退休、无业、家庭主妇	蓝领、劳动工人、服务员	自雇人士	公务员	管理阶层、专业人士、白领、文职人员	学生
2003	42%	13%	22%	36%	68%	72%	54%
2004	50%	11%	25%	32%	88%	78%	72%
2005	33%	17%	27%	52%	81%	83%	80%
2006	18%	24%	34%	43%	89%	78%	86%
2007	—	24%	45%	52%	87%	92%	91%
2008	67%	28%	44%	72%	86%	94%	95%
2009	50%	31%	51%	59%	96%	94%	98%

资料来源：澳门互联网研究计划2001—2009年

图E.7　不同职业的上网率

（4）不同文化程度的上网率

在 2009 年，上网率最高的是文化程度较高的人群，大学本科的人几乎全部都已经上网。除了硕士、博士或以上及高中学历的上网率较去年有所下降外，其余都有所上升，大专程度的上网率为 97%，同比增幅为 11 个百分点。高中以下程度的上网率明显相对偏低。历年数据显示，基本上呈现文化程度越高，网民普及率越高之态，如表 E.10 和图 E.8 所示。

表 E.10　不同文化程度的上网率

	2003 年	2004 年	2005 年	2006 年	2007 年	2008 年	2009 年
高中以下	23%	26%	32%	37%	43%	44%	49%
高中	54%	65%	70%	70%	74%	81%	78%
大专文凭/副学士	80%	90%	80%	85%	98%	86%	97%
大学本科	91%	86%	92%	92%	98%	98%	100%
硕士、博士	88%	100%	94%	100%	97%	98%	96%

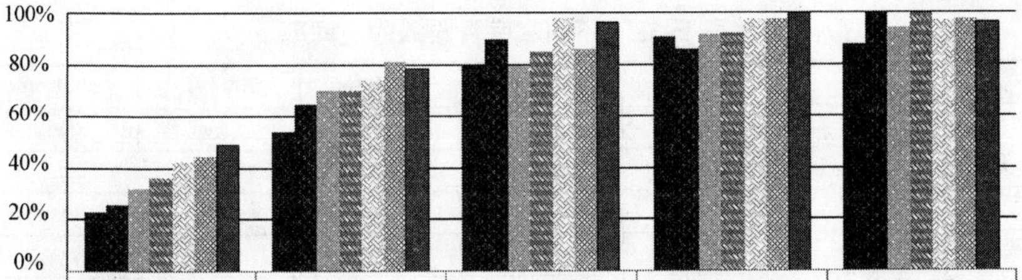

	高中以下	高中	大专文凭/副学士	大学本科	硕士、博士
2003	23%	54%	80%	91%	88%
2004	26%	65%	90%	86%	100%
2005	32%	70%	80%	92%	94%
2006	37%	70%	85%	92%	100%
2007	43%	74%	98%	98%	97%
2008	44%	81%	86%	98%	98%
2009	49%	78%	97%	100%	96%

资料来源：澳门互联网研究计划2001—2009年

图E.8　不同文化程度的上网率

（5）不同婚姻状况的上网率

对于未婚（包括离婚及丧偶）人士而言，上网率要比已婚人士的上网率显着高出，为 95% 与 52%。2009 年已婚及未婚人士的上网率与 2008 年相比，两者皆有所增长，分别增长了 5 个及 4 个百分点，如表 E.11 和图 E.9 所示。

表 E.11　不同婚姻状况的上网率

	2003 年	2004 年	2005 年	2006 年	2007 年	2008 年	2009 年
已婚	27%	27%	35%	35%	45%	47%	52%
未婚	56%	69%	73%	83%	88%	91%	95%

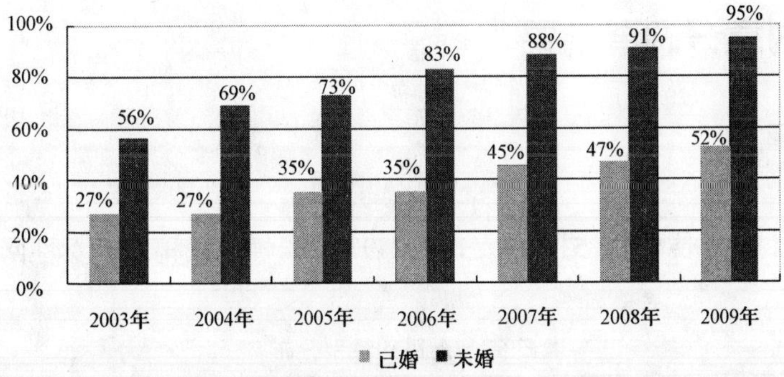

资料来源：澳门互联网研究计划2001—2009年

图E.9　不同婚姻状况的上网率

（6）不同家庭月收入（澳门元）的上网率

2008 年的调查结果显示，除了 6 千元以下及 2.4 万元以上的家庭月入阶层的上网率外，其余各收入阶层的上网率与 2008 年相比都有所上升，当中 6 千～ 1.2 元万、1.2 万～ 1.8 万元及 1.8 万～ 2.4 万元三个阶层的增幅较大，分别各有 7 个百分点的增幅。历年数据显示，对于不同收入的家庭来说，家庭收入越高者，其上网率也越高，如表 E.12 和图 E.10 所示。

表 E.12　不同家庭月收入的上网率

	2003 年	2004 年	2005 年	2006 年	2007 年	2008 年	2009 年
6 千元以下	20%	14%	21%	18%	22%	29%	25%
6 千～ 1.2 万元	40%	44%	40%	46%	53%	49%	56%
1.2 万～ 1.8 万元	54%	55%	66%	57%	60%	61%	68%
1.8 万～ 2.4 万元	69%	66%	78%	68%	77%	75%	82%
2.4 万元以上	75%	84%	90%	78%	81%	89%	89%

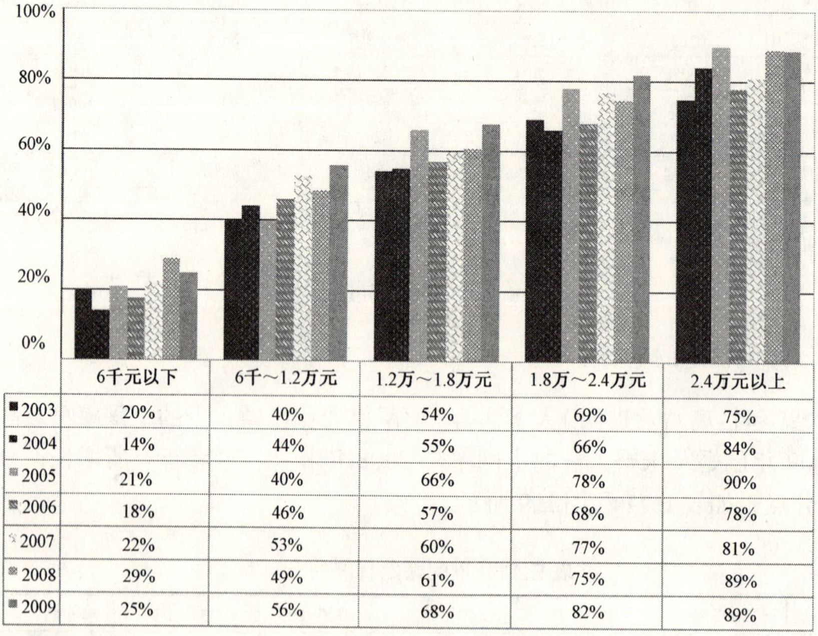

资料来源：澳门互联网研究计划2001—2009年

图E.10　不同家庭月收入的上网率

E.2　网民行为意识调查结果

1．网民的特征

（1）网民的性别

在所有网民人口中，男性占 51%，女性占 49%，男性网民稍多于女性网民，如表 E.13 和图 E.11 所示。

表 E.13　网民的性别分布

男	女
51%	49%

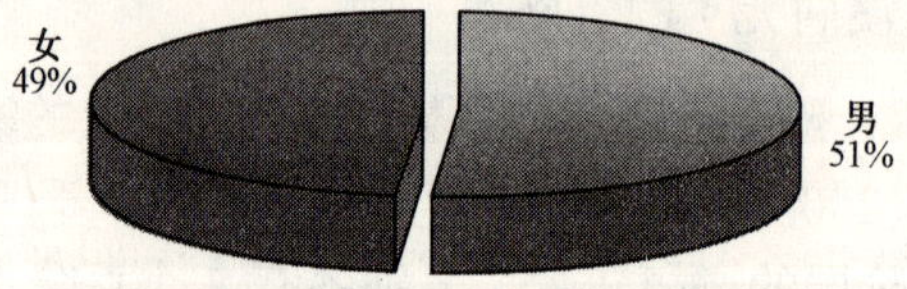

资料来源：澳门互联网研究计划2001—2009年

图E.11　网民的性别分布

（2）网民的年龄

网民中以18岁以下及18～24岁所占比例较大，两组共占总体的39%，年龄在50岁以上的网民只合占总体的8%，如表E.14和图E.12所示。

表E.14　网民的年龄分布

18岁以下	18～24岁	25～30岁	31～35岁	36～40岁	41～50岁	51～60岁	60岁以上
20%	19%	16%	10%	12%	15%	6%	2%

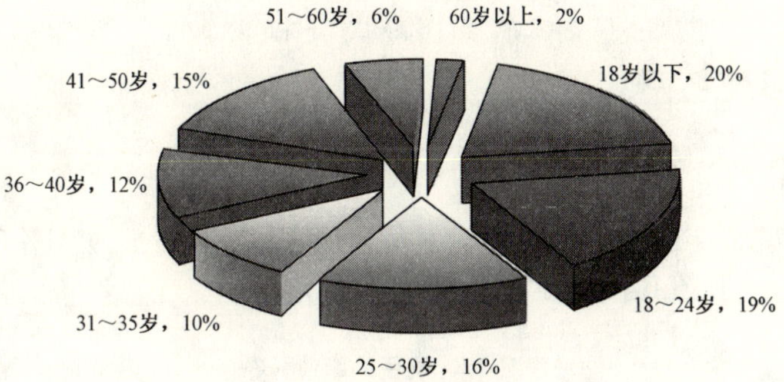

资料来源：澳门互联网研究计划2001—2009年

图E.12　网民的年龄分布

（3）网民的婚姻状况

未婚的网民占56%，已婚的占44%，未婚网民明显多于已婚网民，如表E.15和图E.13所示。

表E.15　网民的婚姻状况

已　婚	未　婚
44%	56%

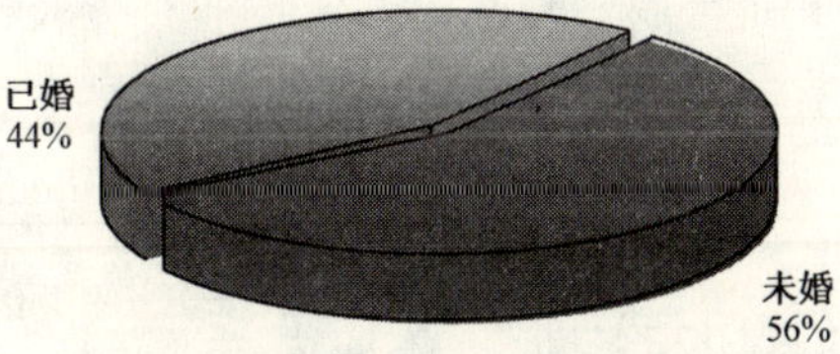

资料来源：澳门互联网研究计划2001—2009年

图E.13　网民的婚姻状况

（4）网民的文化程度

在所有网民中，接近三分之二的网民具高中或以下文化程度，大学本科的网民占25%，具大专文凭/副学士及硕士/博士学历的分别占10%和2%，如表E.16和图E.14所示。

表E.16　网民的文化程度分布

高中以下	高　中	大专文凭/副学士	大学本科	硕士/博士
33%	30%	10%	25%	2%

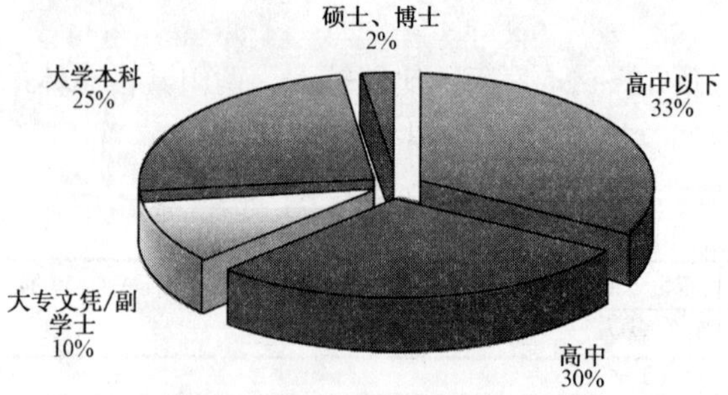

资料来源：澳门互联网研究计划2001—2009年

图E.14 网民的文化程度分布

（5）网民的职业

在所有网民中，以学生及专业/管理/文员等阶层占多数，分别为 31%和 33%，劳动阶层只占 18%，如表 E.17 和图 E.15 所示。

表 E.17 网民的职业分布

公务员	管理阶层、专业人士、白领、文职人员	蓝领、劳动工人、服务员	自雇人士	学生	失学、退休、无业、家庭主妇	其他
6%	33%	18%	2%	31%	9%	0.2%

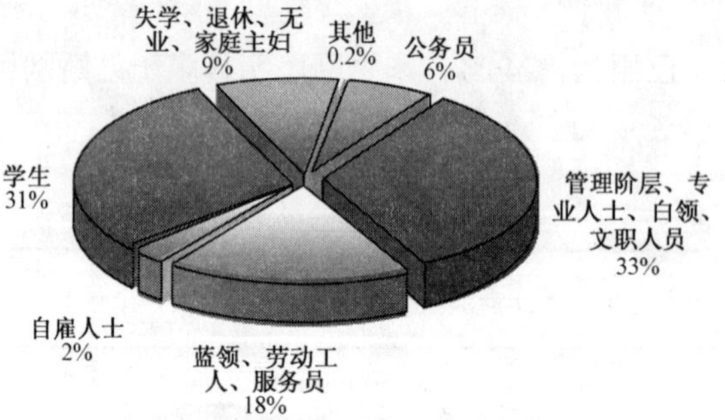

资料来源：澳门互联网研究计划2001—2009年

图E.15 网民的职业分布

（6）网民的家庭月收入（澳门元）

低收入家庭所占的比例最少，高收入家庭所占的比例最多，家庭月收入在 6 千澳门元以下的网民只占总体的 5%，家庭月收入在 2.4 万澳门元以上的网民所占的比例达 38%。其余收入级别的网民所占的比率相若，介乎 17%～ 21%，分布较平均，如表 E.18 和图 E.16 所示。

表 E.18 网民的家庭收入分布

6 千元以下	6 千～ 1.2 万元	1.2 万～ 1.8 万元	1.8 万～ 2.4 万元	2.4 万元以上
5%	21%	17%	19%	38%

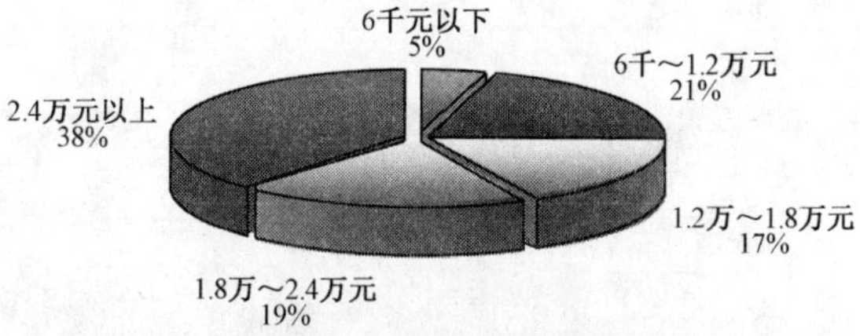

资料来源：澳门特区互联网研究计划2001—2009年

图E.16　网民的家庭收入分布

2．网民的上网习惯

（1）网民上网的主要地点

97%的网民会在家里上网，其次是在单位、公司和学校，在网吧、公共图书馆和其他公共场所上网的网民相对较少。在街上上网的网民有逐渐上升的趋势，2009年由2008年的0.8%增长至4%，如表E.19和图E.17所示。

表E.19　网民上网的主要地点

家　中	单位/公司	学　校	网　吧	公共图书馆	其他公共场所	街　上	其　他
97%	29%	11%	5%	3%	4%	4%	0.8%

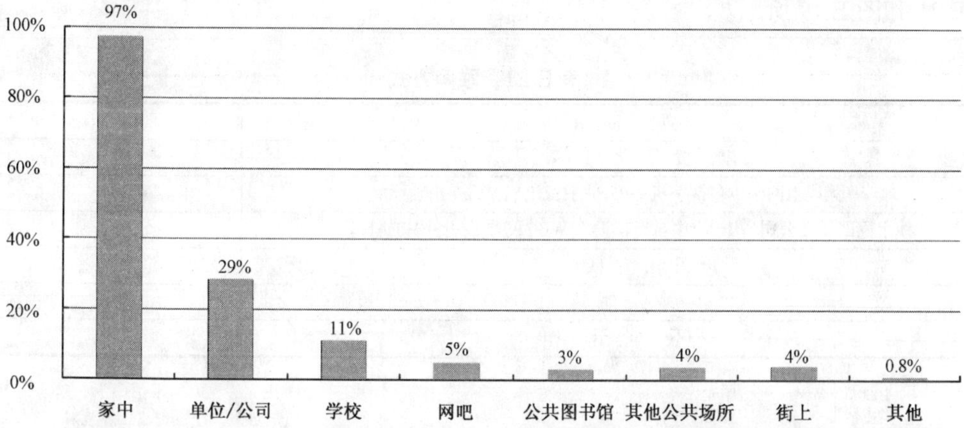

数据来源：澳门互联网研究计划2001—2009年

图E.17　网民上网地点分布

（2）网民上网经验

具有不到两年上网经验的新手只有10%，具有2～4年上网经验的网民达27%，具有5～7年经验的有23%，至于经验丰富的、上网超过7年的网民则有40%。另外，根据统计结果，网民的平均上网年期为6年，最多的达15年，最少的则不到一个月，如表E.20和图E.18所示。

表E.20　上网经验

2年以下	10%
2～4年	27%
5～6年	23%
7年以上	40%

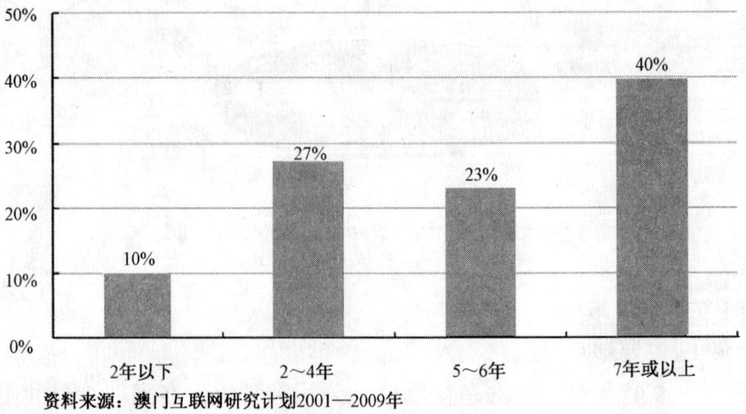

图E.18　上网经验

（3）网民联网的方式

就网民个人来说，85%表示以宽带方式上网，只有5%仍然使用拨号上网。在所有网民中，有12%表示有利用手机或手提电脑通过网络供应商提供的无线网络上网，而透过公司/学校/家中架设之WiFi网络上网的网民则有26%。总的来说，具有无线上网经验的网民达到38%，如表E.21和图E.19所示。

表E.21　联网方式

宽　带	85%
拨号上网	5%
无线上网一（包括手机GPRS、HSDPA，WiFi）	12%
无线上网二（在公司/学校/家中自行架设之WiFi网络，统称WLAN）	26%
租用专线	1%
其　他	0.1%
不知道	7%

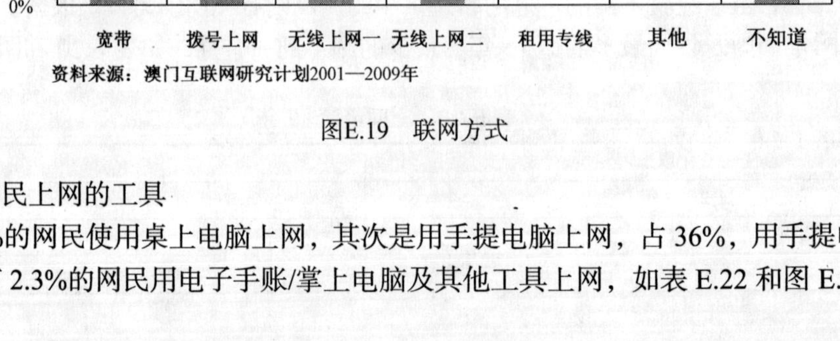

图E.19　联网方式

（2）网民上网的工具

有90%的网民使用桌上电脑上网，其次是用手提电脑上网，占36%，用手提电话上网的占14%，有2.3%的网民用电子手账/掌上电脑及其他工具上网，如表E.22和图E.20所示。

表E.22　网民上网的工具

桌上电脑	91%
手提电脑	36%
手提电话	14%
电子手账/掌上电脑（PDA，PocketPC，PALM）	2%
其　他	0.3%

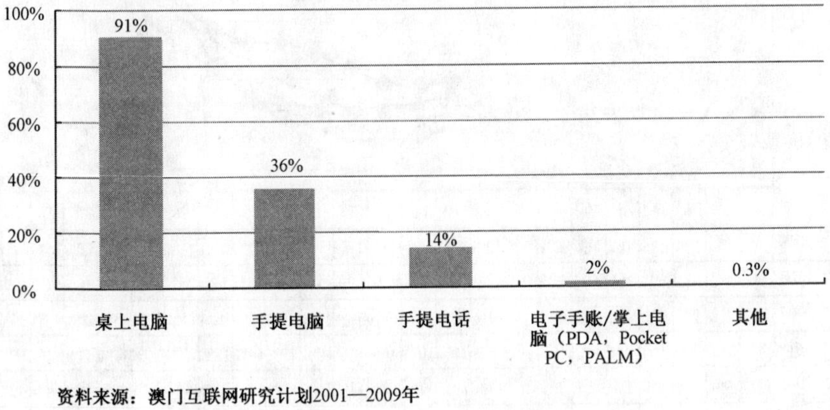

图E.20　网民上网的工具

（5）网民平均每周上网的时间

调查结果显示，网民平均每周上网的时间为18.6小时，其中青少年（6～17岁）的网民平均每周上网17.9小时，成人（18～84岁）的网民平均每周上网18.8小时，如表E.23所示。

（6）网民平均每周上网天数：

调查结果显示，网民平均每周上网5.5天。

（7）网民通常在什么时间上网

表E.23　网民平均每周上网的时间

所有网民	18.6小时
6～17岁网民	17.9小时
18～84岁网民	18.8小时

调查结果显示，从上午9点开始，网民开始逐渐增多，晚上8点～10点为网民上网的高峰期，早上4点～8点则是上网的低潮期，如表E.24和图E.21所示。

表E.24　网民的上网时段

1点	2点	3点	4点	5点	6点
10%	7%	3%	1%	1%	1%
7点	8点	9点	10点	11点	12点
2%	3%	12%	15%	14%	15%
13点	14点	15点	16点	17点	18点
17%	19%	21%	21%	23%	26%
19点	20点	21点	22点	23点	24点
32%	47%	55%	54%	41%	28%

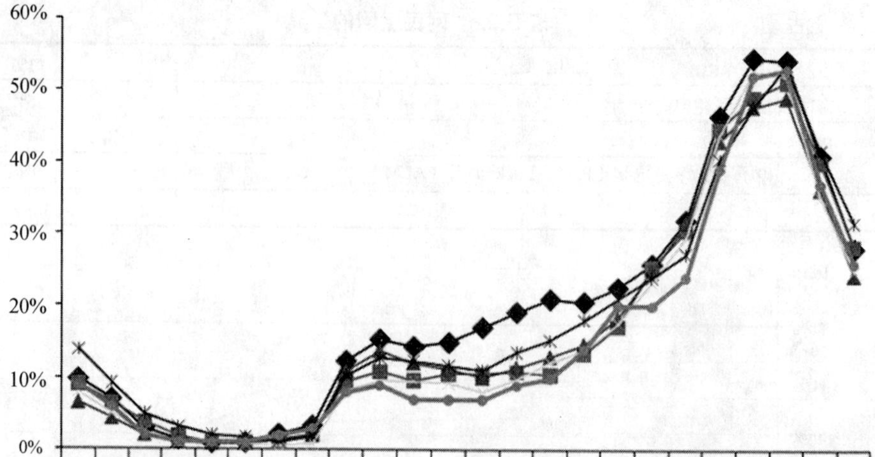

	1	2	3	4	5	6	7	8	9	10	11	12	13	14	15	16	17	18	19	20	21	22	23	24
2009	10%	7%	3%	1%	1%	1%	2%	3%	12%	15%	14%	15%	17%	19%	21%	21%	23%	26%	32%	47%	55%	54%	41%	28%
2008	9%	7%	4%	2%	1%	1%	1%	2%	10%	11%	10%	11%	11%	11%	11%	14%	17%	25%	31%	45%	49%	51%	40%	28%
2007	7%	4%	2%	1%	1%	1%	1%	2%	11%	14%	12%	11%	10%	12%	13%	15%	18%	25%	32%	43%	48%	49%	36%	24%
2006	8%	5%	3%	1%	1%	1%	1%	1%	8%	10%	10%	9%	8%	10%	12%	14%	18%	23%	30%	44%	53%	52%	35%	25%
2005	14%	9%	5%	3%	2%	2%	1%	2%	10%	13%	12%	12%	11%	14%	15%	18%	21%	24%	27%	40%	48%	54%	42%	32%
2004	9%	6%	2%	1%	1%	1%	2%	3%	8%	9%	7%	7%	7%	9%	10%	14%	20%	20%	24%	39%	52%	53%	37%	26%

2009年 2008年 2007年 2006年 2005年 2004年

资料来源：澳门互联网研究计划2001—2009 年

图E.21 网民的上网时段

3．互联网的使用

（1）网民上网主要目的

表 E.25 显示，网民上网最主要的目的是通过互联网获取资讯，其次主要是消闲娱乐、与人沟通及阅读新闻，分别占 57%，42%，40%和 30%。

表 E.25 网民上网的主要目的

获取资讯	57%
消闲娱乐	42%
与人沟通	40%
网上新闻	30%
教育/学习	12%
网上社区	10%
网上理财	7%
个人博客、网页制作、相簿等	3%
下载或上载软件	2%
网上购物	2%
售卖货品或服务	1%
网上求职	0.4%
网上博彩	0.3%
公共服务	0.3%
其他	3%

（2）网上活动

表E.25显示了网民使用互联网的主要目的，以下是网民为不同目的而参与的网上活动的分布情况。网民对于各种网上活动的参与频率，分别表示为每天多次、每天一次、每周几次、每月几次、几个月才一次或从不参与。以下数据呈现的是网民所参与的网上活动的频率中，几个月才一次至每天多次的合计比率。

1．网上信息

表E.26　网上信息

网 上 新 闻	81%
浏览他人博客	51%
使用搜索引擎	82%
使用维基百科	43%

网民经常以互联网作为信息的来源，81%的网民表示会看网上新闻，51%的网民会浏览他人的博客，82%会使用搜索引擎找资料，43%会使用维基百科，如表E.26和图E.22所示。从表E.27和图E.23可见，网民最主要使用的搜索引擎是雅虎Yahoo（82%），其次是谷歌Google（61%）。

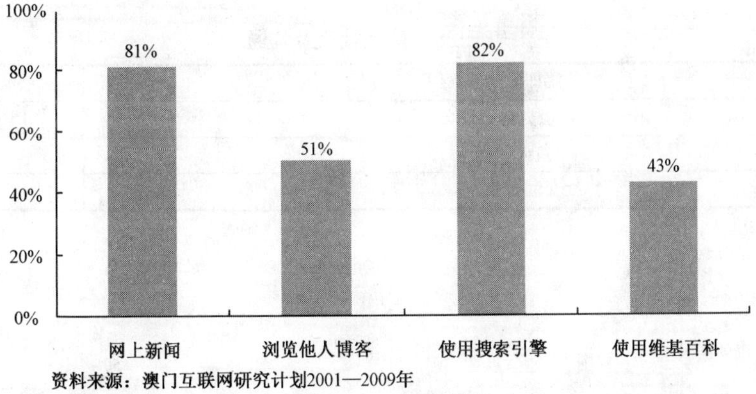

图E.22　网上信息

表E.27　网民主要使用的搜索引擎

Yahoo 雅虎	82%
Google 谷歌	61%
Baidu 百度	25%
MSN	2%
Sogou 搜狗	2%
其他	9%

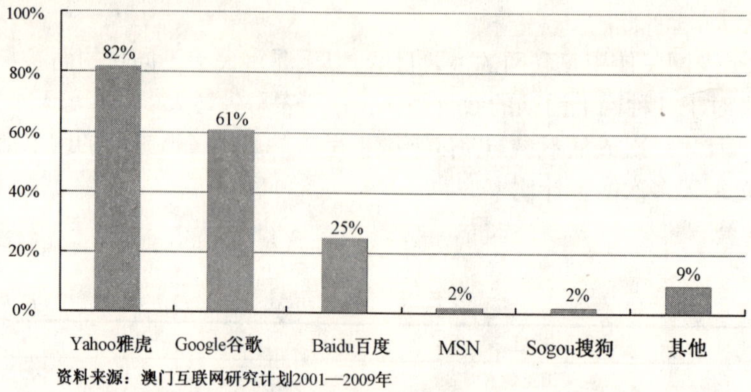

图E.23　网民主要使用的搜索引擎

2. 网上社交及沟通

在网上社交及沟通方面，网民使用最多的是即时通信软件，占 52%，其次为使用社交网站 facebook 及网上讨论区/论坛，分别占 50%和 44%，写博客的网民有 25%，如表 E.28 和图 E.24 所示。网民最主要使用的即时通信软件是 MSN，占 93%，其次是 QQ，占 21%，如表 E.29 所示。

表 E.28　网上社交及沟通

使用即时通信软件	52%
网上讨论区/论坛	44%
写自己的博客	25%
社交网站 facebook	50%

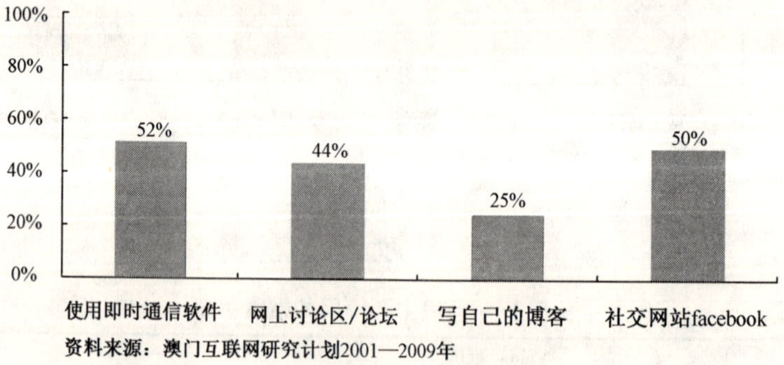

图E.24　网上社交及沟通

表 E.29　网民主要使用的即时通信软件

MSN Messenger	93%
QQ	21%
Skype	7%
Facebook	4%
GoogleTalk	2%
ICQ	1%
其他	9%

3．网上娱乐

在网上娱乐方面，46%的网民有玩网上游戏，59%的网民上网时有到影片分享网站 Youtube，49%的网民有上传或下载图片（贴图分享），如表 E.30 和图 E.25 所示。

表 E.30　网上娱乐

网 上 游 戏	46%
影片网站 Youtube	59%
上传或下载图片（贴图分享）	49%

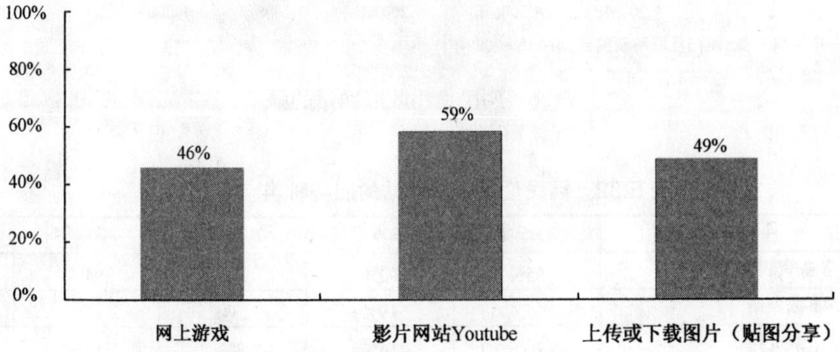

资料来源：澳门互联网研究计划2001—2009年

图E.25　网上娱乐

4．电子政府

表 E.31　网民使用政府网站的频率

	2005 年	2006 年	2007 年	2008 年		2009 年
每天都上	7%	6%	1%	1%	每天几次	3%
一星期多次	18%	14%	6%	6%	每天一次	4%
一个月多次	24%	29%	17%	16%	每星期	17%
一年多次	17%	15%	19%	18%	每月	19%
少于每月	—	—	20%	21%	少于每月	26%
绝少/从不	30%	35%	37%	33%	绝少/从不	27%
不知道/很难说	4%	2%	2%	5%	不知道/很难说	4%

*WIP 定义：18 岁或以上网民。

*2009 年选项改为每天几次、每天一次、每星期、每月、少于每月、绝少/从不、不知道/很难说。

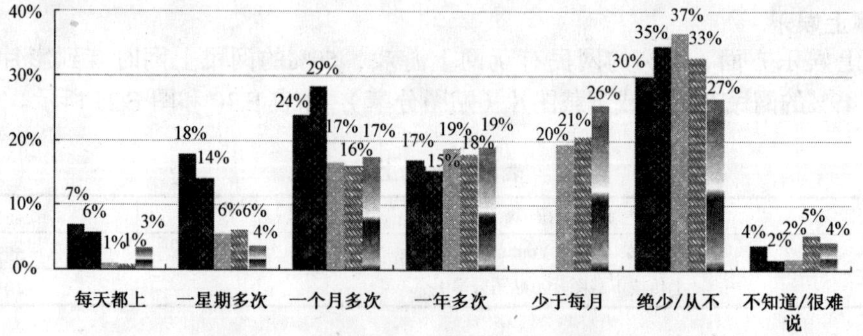

资料来源：澳门互联网研究计划2001—2009年

图E.26　网民使用政府网站的频率

表 E.32　网民使用政府网站的服务种类（多选）

服务种类	2005 年	2006 年	2007 年	2008 年	2009 年
查资料	95%	92%	93%	94%	91%
下载表格	15%	19%	13%	16%	9%
下载资料	16%	16%	9%	11%	4%
查询（用 E-mail，留言板等）	19%	15%	10%	8%	10%
投诉（用 E-mail，留言板等）	3%	3%	1%	2%	1%
建议（用 E-mail，留言板等）	—	2%	2%	2%	1%
其他	6%	7%	5%	4%	7%

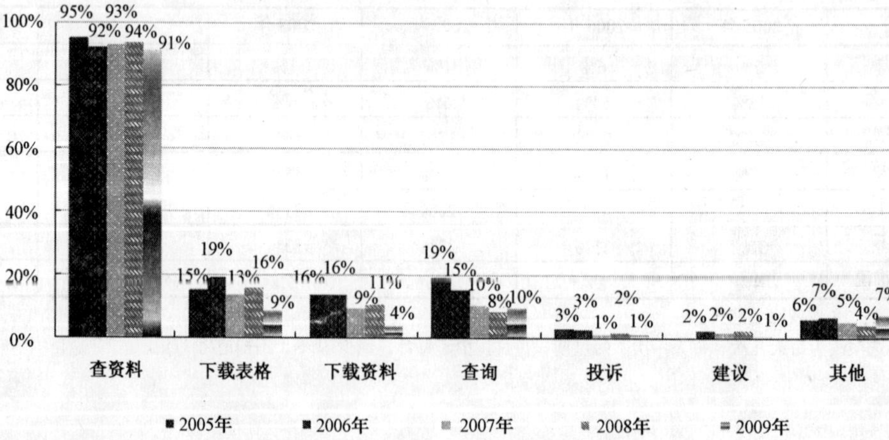

资料来源：澳门互联网研究计划2001—2009年

图E.27　网民使用政府网站的服务种类

在政府网站的使用方面，表 E.31 和图 E.26 显示，2009 年有近三成的网民表示绝少或者从来没有使用过政府网站服务，有 7%的网民每天都上（3%每天上几次，4%每天一次），大部分网民使用政府网站少于每月或每月上一次，分别占 26%和 19%。在上政府网站的网民中，超过九成的目的是查资料，其次是查询（10%）。下载资料或表格的只有 9%和 4%，至于利用政府网站作为投诉及建议的途径的网民，则只有 2%，如表 E.32 和图 E.27 所示。

E.3　中国澳门非网民概况

（1）非网民不上网的原因

过去七年的调查发现，非网民不上网的主要原因分别都是不懂上网/没有所需技能、没有时间、没有需要/没用途、不感兴趣以及没有电脑/相关设备。在 2009 年，不懂上网或没有所需技能的非网民占 59%，没有时间的占 22%，没有需要/没有用途的占 9%，不感兴趣的，以及没有电脑/相关设备的分别占 13%和 7%，如表 E.33 和图 E.28 所示。

表 E.33　非网民不上网的原因

	2003 年	2004 年	2005 年	2006 年	2007 年	2008 年	2009 年
不懂上网/没有所需技能	33%	33%	37%	43%	39%	56%	59%
没有时间	17%	25%	20%	26%	19%	19%	22%
没有需要/没用途	11%	17%	19%	16%	19%	13%	9%
不感兴趣	10%	11%	17%	14%	16%	13%	13%
没有电脑/相关设备	17%	14%	15%	16%	10%	10%	7%
上网费用太贵	5%	5%	6%	5%	4%	2%	2%
担心孩子受到不良影响	3%	5%	4%	2%	3%	1%	1%
父母不批准	5%	3%	3%	2%	2%	1%	1%
计算机不够先进	1%	1%	2%	2%	1%	1%	1%
中文信息太少/不懂英文	1%	1%	1%	2%	2%	2%	3%
担心网上不安全	0.4%	0.3%	1%	0.4%	0.5%	0.2%	—
感兴趣的网站或信息太少	0.1%	0.2%	1%	1%	1%	—	0.4%
传输速度太慢	1%	—	1%	0.3%	0.2%	—	0.2%
担心泄露隐私	0.1%	—	0.4%	0.2%	0.2%	0.2%	0.4%
病毒太多	0.1%	—	0.3%	—	1%	1%	—
想找的东西总是找不着	—	—	0.3%	1%	0%	0.2%	0.2%
经常断线/不容易连线	—	0.1%	—	0.1%	—	1%	—
年纪大	—	—	—	—	—	—	3%
其他	4%	9%	7%	4%	10%	8%	8%
不清楚/没有原因	6%	4%	5%	2%	4%	1%	4%

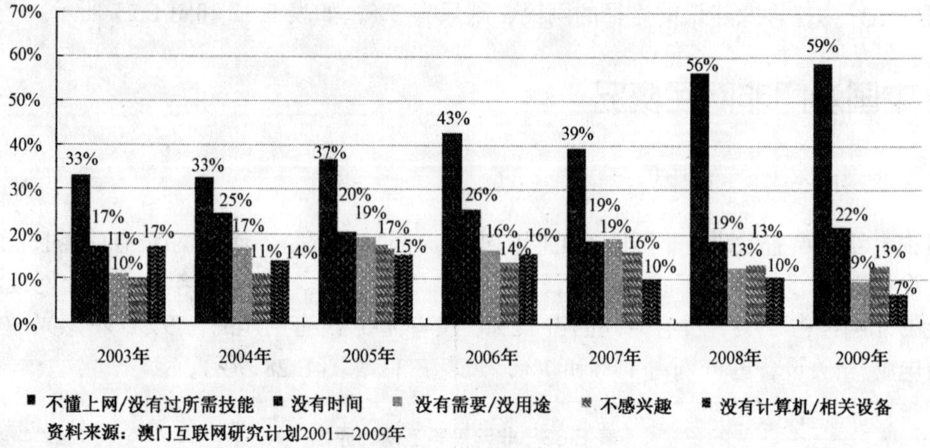

图E.28　非网民不上网的五大主要原因

（2）非网民预期上网时间

2009 年的调查发现，在所有非网民中，根本不打算上网的占 31%，超过 35%的非网民表示在半年之内可能会上网，无法预计的有 15%，如表 E.34 所示。

表 E.34　非网民预期的上网时间

1 个月内	5%
2～ 3 个月内	14%
4～ 6 个月内	17%
7～ 12 个月内	11%
1 年以后	6%
不知道/无法预计	15%
根本不打算上网	31%

E.4　网民与非网民对互联网的看法

（1）互联网的信任度

表 E.35　网民与非网民对互联网的信任度

	网　民	非　网　民	总　计
完全不信	2%	2%	2%
不太信任	7%	5%	7%
半信半疑	71%	38%	59%
比较信任	14%	13%	14%
完全信任	2%	3%	2%
不知道/说不准	4%	41%	17%

*14～ 84 岁。

表 E.35 的数据显示，在 2009 年，接近 60%的民众对互联网半信半疑。网民信任互联网的比例与非网民相同。超过 70%的网民对互联网持半信半疑的态度。40%的非网民表示对情况不了解，也就是说，有互联网经验的对互联网的信任有比较明确的态度。

（2）网上信息的可靠程度

表E.36的数据表明，民众觉得网上信息多数或全部可靠的占20%，超过一半的人对此采取一半一半的态度。网民中有22.2%觉得多数或全部可靠，非网民中则约只有14%表示多数或全部可靠。不知道/没有回答的在网民占中3%，在非网民中占32%，显示网民比非网民有较明确的态度。

表E.36　网民与非网民对网上信息可靠程度的看法

	网　民	非　网　民	总　计
所有都不可靠	1%	3%	1%
小部分可靠	15%	15%	15%
一半一半	58%	36%	51%
多数可靠	22%	13%	19%
全部可靠	0.2%	1%	1%
不知道/拒答	3%	32%	14%

*14～84岁

（3）互联网对网民的重要性

表E.37的数据显示，认同互联网及社交网站在生活和工作/学习中的重要性的网民分别占58%和21%。

表E.37　互联网对网民的重要性评估

	不　重　要	一　般	重　要	没意见/不知道
互联网在生活和工作/学习中的重要性	8%	33%	58%	1%
社交网站在生活和工作/学习中的重要性	32%	44%	21%	3%

*14～84岁网民

（4）互联网对网民日常生活的影响

表E.38的数据显示，网民认为使用互联网会增加个人与他人的人际交往及社会联系的机会或时间的占13%，而使用其他媒介如电视及报纸的时间会减少，46%的网民认为现在看电视的时间比过去没有互联网时是减少了的，44%的网民认为现在看报纸的时间比过去没有互联网时减少了。

表E.38　互联网对网民的重要性评估

	减　少	无　变　化	增　加	不　清　楚
看电视的时间	46%	46%	8%	1%
看报纸的时间	44%	47%	9%	1%
与别人面对面接触的时间	16%	70%	13%	1%

*14～84岁网民

自从互联网出现后，网民觉得互联网对他们的生活各方面产生的正面影响较多，超过一半的网民有这样的想法，另外的41%则认为没有什么影响，认为负面影响较多的只有7%，如表E.39所示。

表 E.39　互联网对网民生活的影响

负面影响较多	没什么影响	正面影响较多	不清楚/没有意见
7%	41%	51%	1%

*14～84 岁网民

E.5　结语

总结本次及过去的调查结果，发现有以下特征：

（1）在宏观方面，澳门的上网计算机数及网民上网率持续增长。有 83%的家庭计算机联网率及 70%个人上网率，显示澳门的互联网普及情况已达成熟阶段。

（2）宽带上网之家庭计算机渗透率增长迅速，达 80%，而在联网的计算机中，97%为宽带方式，显示宽带上网已成联网标准。

（3）在个人上网方式方面，宽带上网达 85%的渗透率。值得注意的是，无线上网（包括由网络供应商提供的无线网络和用户在 WLan 网络内架设的无线网络）出现持续的增长的情况，增长幅度有不断扩大之势，由 2008 年的 29%增长至 2009 年的 38%，其中网络供应商的无线网络渗透率有 3 个百分点的增长，达 12%，无线上网已逐渐成为接入互联网的另一种主要方式。

（4）超过 90%的网民最主要使用的上网工具是桌上电脑，其次有 36%的网民会使用手提电脑上网，与 2008 年相比增长 13 个百分点；16%的网民会使用手提电话及电子手账/掌上电脑上网，与 2008 年相比分别增长 10 个及 1 个百分点，显示移动上网工具越来越受到网民的青睐。

（5）经过 2005 年女性上网率追及男性后，过去四年两者的差距再次逐步扩大，去年两者之间有 6 个百分点的距离，男性的上网率更首超 70%，达到 73%。总体来说，目前呈现越是男性、越是年轻、越是学生、职业阶层越高、文化程度越高、未婚以及家庭收入越高者，其上网的可能性越高之态。

（6）在上网的人口里，以男性、24 岁或以下、未婚、高中或以下、学生、管理和白领阶层，以及高家庭收入的人群所占比例较大。

（7）与过去调查结果一样，网民主要在家中上网，而且集中在晚上进行。在上网场所方面，网民表示在公共图书馆以外的公共场所或街上上网的百分比分别都较去年增长 3 个百分点，显示除固定地点如家中或工作地点外，越来越多的网民选择随地的上网方式。

（8）网民平均每周上网时间为 18.6 小时，6～17 岁的平均时间为 17.9 小时，18～84 岁为 18.8 小时。

（9）网民的网上活动主要体现在工具性使用方面，以查找信息、人际沟通和阅览新闻为主，消闲娱乐为次。超过 80%的网民分别有使用搜索引擎及阅览网上新闻。其次有 40%～70%的网民分别有使用即时通信软件、网上论坛、社交网站、浏览他人的博客和上政府网站等网络经验。

（10）对网民来说，具有信息功能的搜索引擎及网上新闻占据最重要的位置，其次是沟通功能的即时通信和社交网站，显示互联网已经成为中国澳门网民日常生活中重要的获取信息和沟通的工具。

（11）在电子政府方面，在过去五年里，约有27%～40%的网民很少或从不使用政府的网站，超过90%以查资料为主，少数是进行双向的互动，如投诉、建议等。今年使用政府网站的比例比去年有所上升，显示电子政务的发展稍有向前发展之势。

（12）在互联网为日常生活带来的影响方面，产生较大影响的是网民花在媒介使用的时间，尤其是有46%的网民表示减少了看电视的时间。整体而言，超过一半的网民觉得互联网对他们的生活各方面产生的正面影响较多，另外58%的网民认同互联网在生活和工作/学习中的重要性。

（13）对非网民来说，欠缺上网技能是他们没有上网的主要原因，其次是没有时间和需要，对上网不感兴趣也是主因之一。

最后，一般来说，网民比非网民对互联网有较明确的态度。超过70%的网民对互联网的真实性持半信半疑的态度，40%的非网民表示对情况不了解。对于网上信息的可靠程度，网民中有两成多觉得多数或全部可靠，非网民中则约有10%表示多数或全部可靠，不知道/没有回答的在网民中占3%，在非网民中占32%，显示网民比非网民的态度明确。

（中国澳门大学　张荣显）

附录F 2009年中国台湾地区互联网发展状况统计报告

F.1 上网人数与比例（推估）

（1）中国台湾地区上网人口

中国台湾地区 12 岁以下之民众约有 155 万人曾使用过网络；12 岁以上之民众有 1467 万人曾使用过网络；总计 0～100 岁之民众有 1622 万人曾使用过网络。2009 年，电信综合价格水平同比下降了 9.0%，如图 F.1 所示。

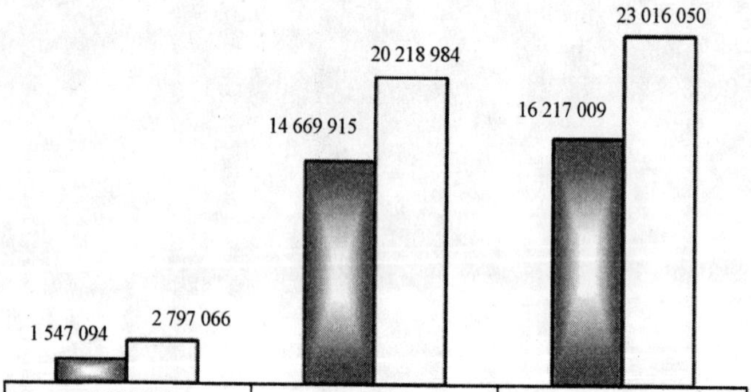

	12岁以下	12岁以上	0～100岁
上网人数	1 547 094	14 669 915	16 217 009
全部人数	2 797 066	20 218 984	23 016 050

单位：人

图F.1 中国台湾地区上网人口数

（2）12 岁以上个人曾经上网率

中国台湾地区 12 岁以上之民众有 72.56%（1 467 万人）曾经使用过网络，如图 F.2 所示。

（3）个人曾经上网率——按性别分

中国台湾地区 12 岁以上民众曾经使用网络的比例依性别来看，男性为 74.16%（755 万人），女性为 70.93%（712 万人），如图 F.3 所示。

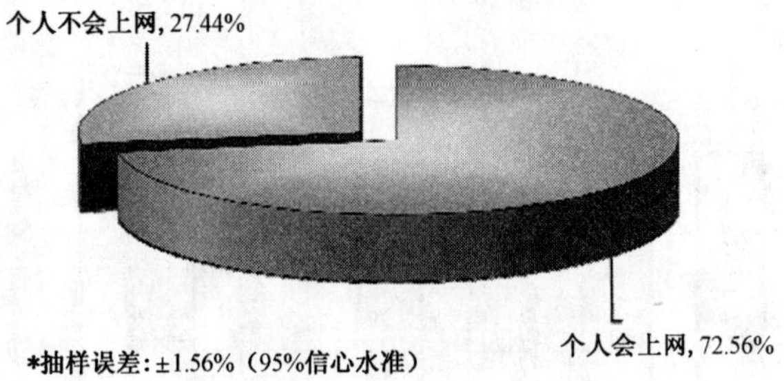

图F.2　12岁以上个人上网率

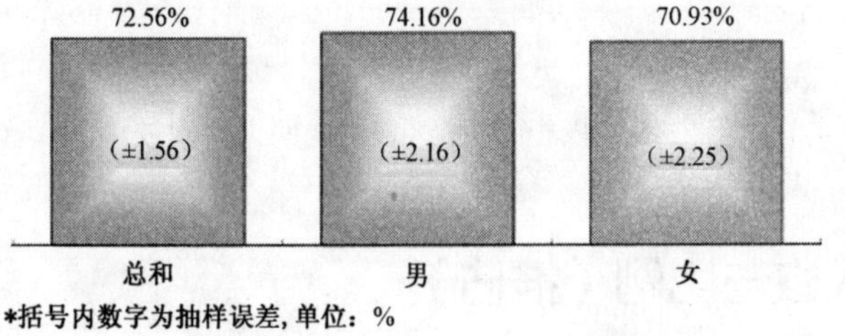

图F.3　个人曾经上网率——依受访者性别分

（4）个人曾经上网率——按年龄分

中国台湾地区12岁以上民众曾经使用网络比例依年龄别来看，以12～14岁及15～19岁最高，为100.00%（92万人和169万人）；其次为20～24岁及25～34岁，分别为99.06%和95.92%（149万人和386万人）；而55岁以上上网比例最低，为25.39%（115万人），如图F.4所示。

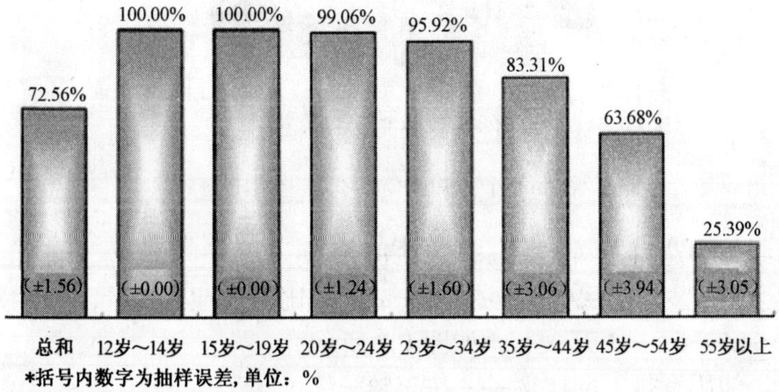

图F.4　个人曾经上网率—按年龄分

F.2　2002—2010年中国台湾地区上网人数比较

中国台湾地区之曾经上网比例有逐年增加之趋势，截至2010年1月，共计有1 622万人曾上网，如图F.5所示。

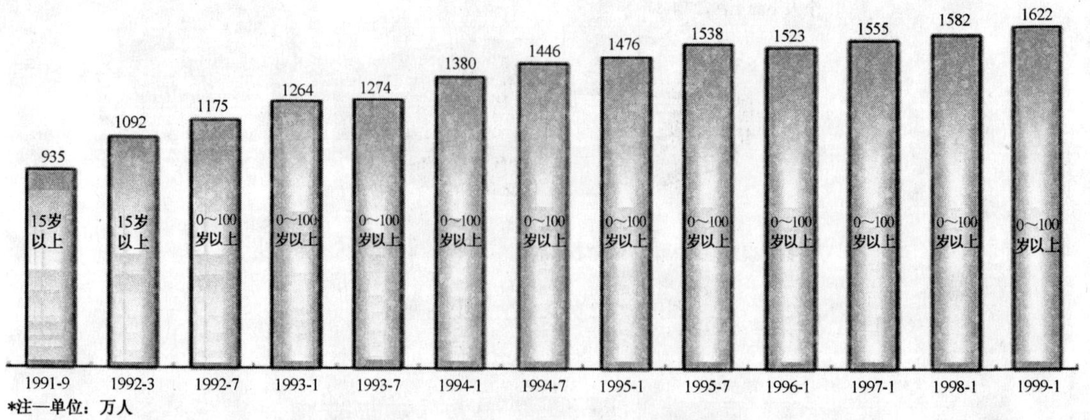

图F.5　中国台湾地区曾经上网人口比较

F.3　宽带使用人数与比例（推估）

（1）个人曾经使用宽带上网比例

中国台湾地区 12 岁以上民众有 67.21%（1359 万人）曾经使用宽带上网，如图 F.6 所示。

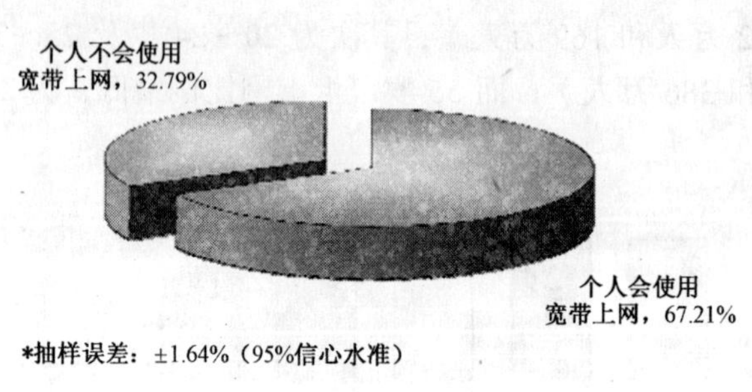

图F.6　个人曾经使用宽带上网比例

（2）个人曾经使用宽带上网比率——按性别区分

中国台湾地区 12 岁以上民众曾经使用宽带上网比例依性别来看，男性为 69.43%（707 万人），女性为 64.97%（653 万人），如图 F.7 所示。

（3）个人曾经使用宽带上网比例——按年龄分

中国台湾地区 12 岁以上民众曾经使用宽带上网比例依年龄来看，以 20～24 岁最高，为 95.11%（143 万人），其次为 15～19 岁和 25～ 34 岁，分别为 93.92%和 91.35%（159 万人和 367 万人）；而 55 岁以上上网比例最低，仅 21.61%（98 万人），如图 F.8 所示。

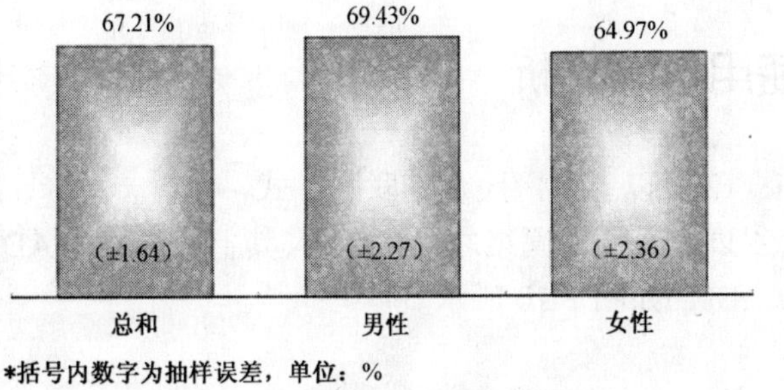

图F.7　个人曾经使用宽带上网比率——按性别区分

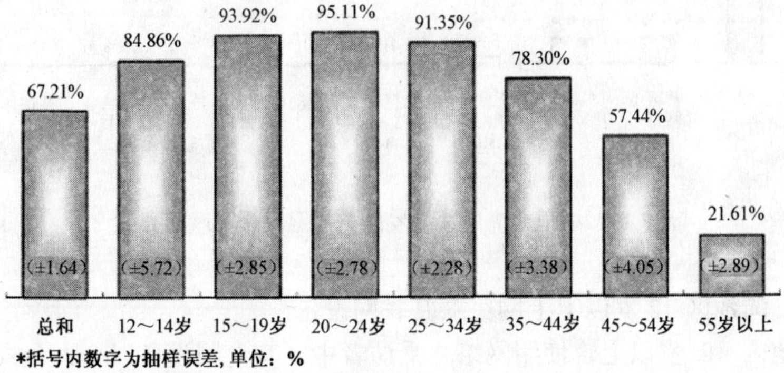

图F.8　个人曾经使用宽带上网比例——按年龄分

F.4　2003—2010年中国台湾地区宽带使用人数比较

中国台湾地区之曾经使用宽带比例有逐年增加之趋势，截至2010年1月为止，共计有1 359万人曾使用过宽带，如图F.9所示。

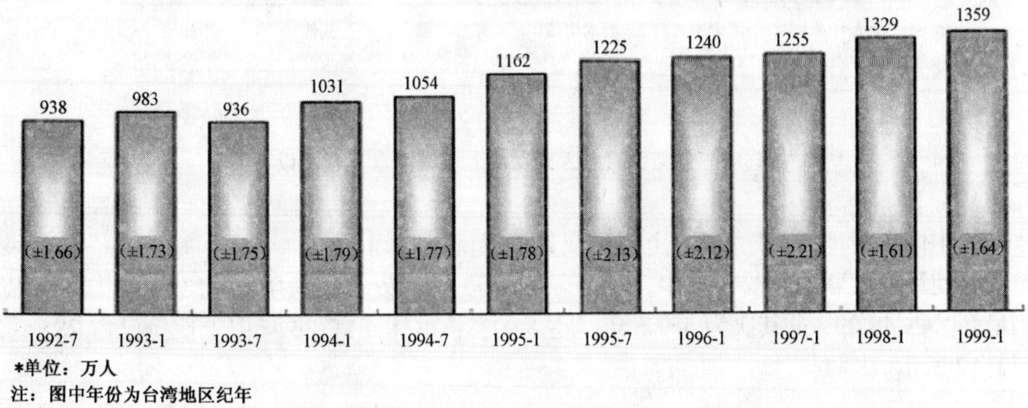

图F.9　中国台湾地区曾经使用宽带人数比较

F.5 个人网络使用行为分析

（1）中国台湾地区 12 岁以上上网民众其联网方式

中国台湾地区 12 岁以上曾使用网络之受访者中，其上网方式以 ADSL 为最多，占 67.98%；其次小区网络，占 10.78%，如图 F.10 所示。

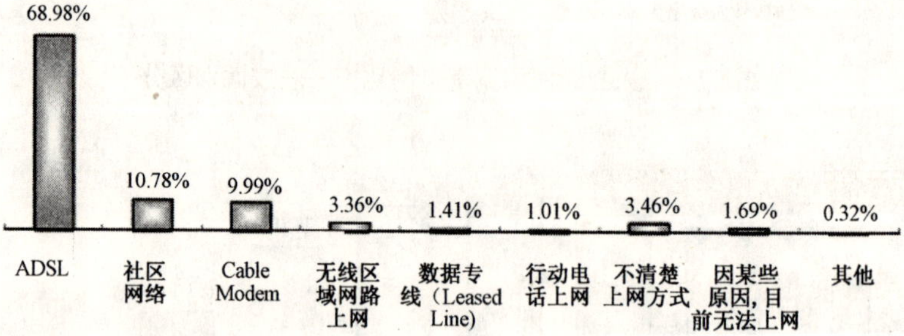

图F.10　中国台湾地区12岁以上上网民众其联网方式

（2）中国台湾地区 12 岁以上上网民众其联网设备

中国台湾地区 12 岁以上曾使用网络之受访者中，其上网设备以个人台式计算机最多；其次为笔记本电脑，如图 F.11 所示。

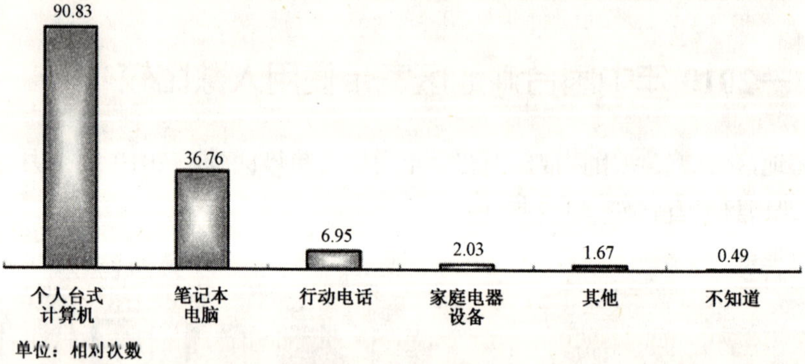

图F.11　中国台湾地区12岁以上上网民众其联网设备

（3）中国台湾地区 12 岁以上上网民众其接触网络时间

就曾使用过互联网之受访者中，中国台湾地区 12 岁以上民众接触网络时间以 10 年以上比例最高，占 48.09%；其次为 5～ 6 年，占 8.92%；整体而言，5 年以上比例已占 78.01%，如图 F.12 所示。

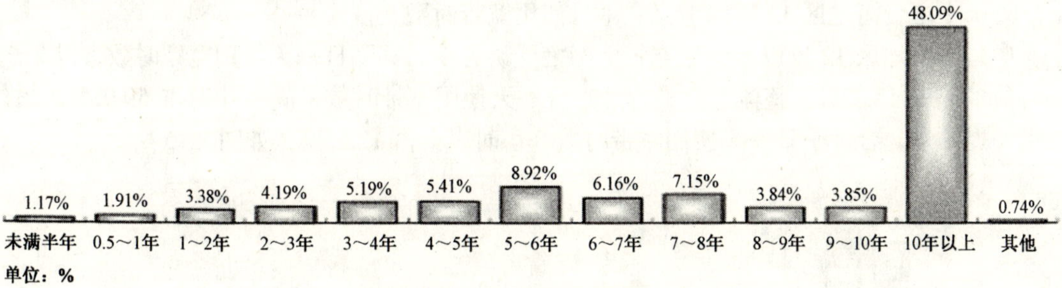

图F.12　中国台湾地区12岁以上上网民众其接触网络时间

F.6　个人宽带上网使用行为分析

（1）个人最常使用宽带上网地点

中国台湾地区 12 岁以上有使用宽带上网之受访者中，其最常使用宽带上网之地点以家中为最多；其次为工作场所，再次为学校及网吧，如图 F.13 所示。

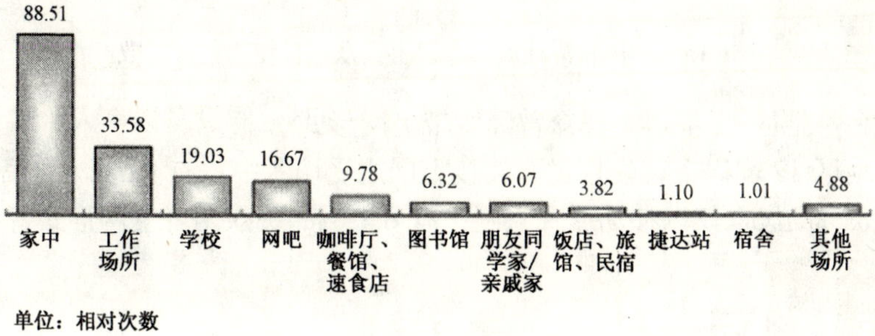

图F.13　个人最常使用宽带上网地点

（2）个人最常使用宽带上网功能

中国台湾地区 12 岁以上有使用宽带上网之受访者中，其最常使用宽带上网之功能以搜寻信息为最多；其次为看新闻气象；再次为浏览信息、网页，如图 F.14 所示。

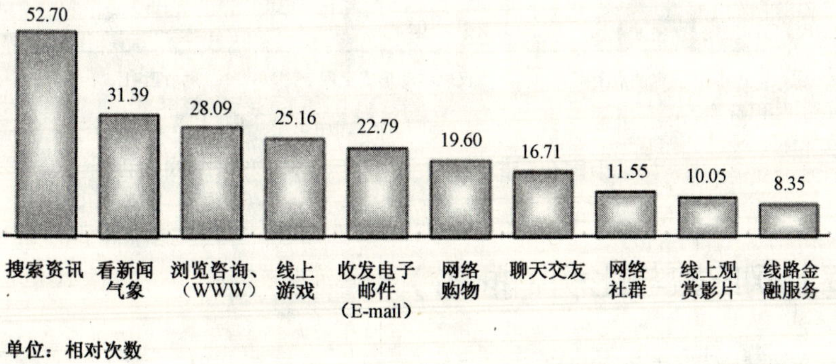

图F.14　个人最常使用宽带上网功能

（3）中国台湾地区 12 岁以上民众平日使用宽带时数

中国台湾地区 12 岁以上使用宽带上网之受访者中，其平日一天使用宽频时数，以 2～3 小时最多，占 18.32%；整体而言，合计平日一天使用宽带时数未满 4 小时占 59.92%。另外值得一提的是，合计平日一天使用宽带时数 8 小时以上占 12.55%，如图 F.15 所示。

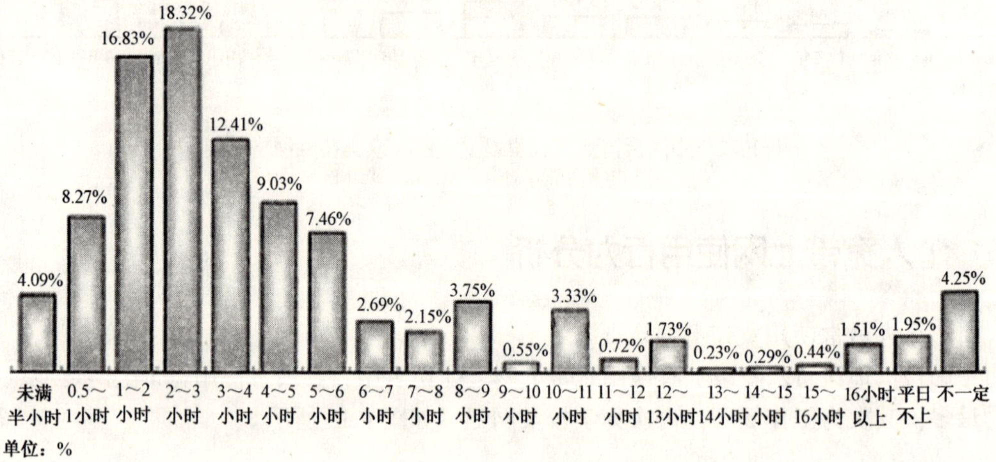

图F.15　中国台湾地区12岁以上民众平日使用宽带时数

（4）中国台湾地区 12 岁以上民众曾经宽带上网形式

中国台湾地区 12 岁以上曾使用过非拨接上网之受访者中，有 92.82%的民众仅在固定地点上网；有 0.83%的民众仅以移动形式上网；有 6.35%的民众两者上网形式皆有，如图 F.16 所示。

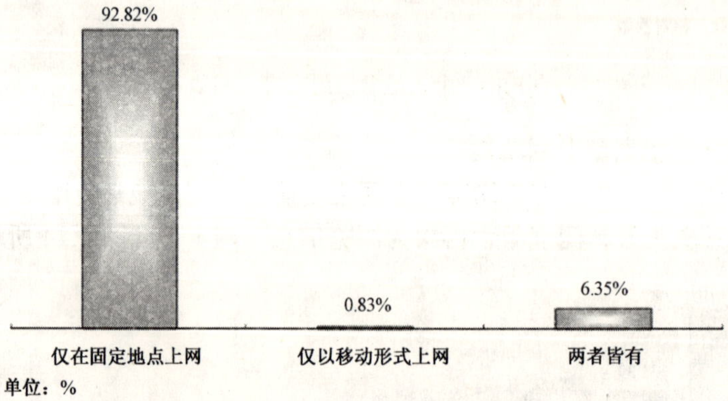

图F.16　中国台湾地区12岁以上民众曾经宽带上网形式

F.7　家庭上网户数与比例（推估）

（1）家庭目前是否可上网

在受访之家庭中，家中可上网的家庭为 76.79%，而目前家中不可上网的为 23.21%，如图 F.17 所示。

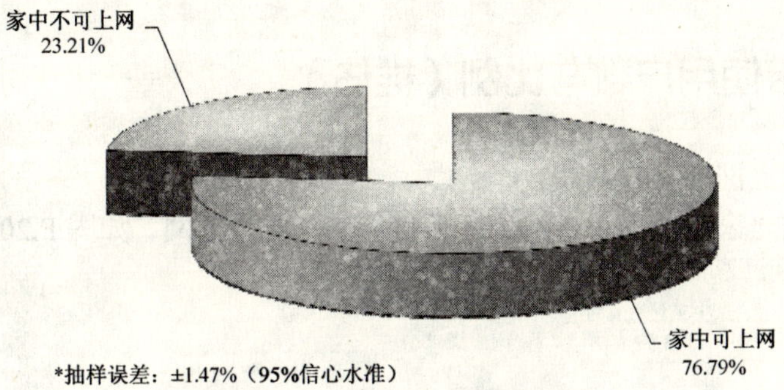

图F.17　家庭目前是否可上网

（2）家庭上网率——按经济户长教育程度分

中国台湾地区家庭上网比例依经济户长教育程度来看，以研究生及以上和大学比例最高，分别为91.05%和88.08%（51万户和163万户）；其次为专科，为83.63%（100万户），如图F.18所示。

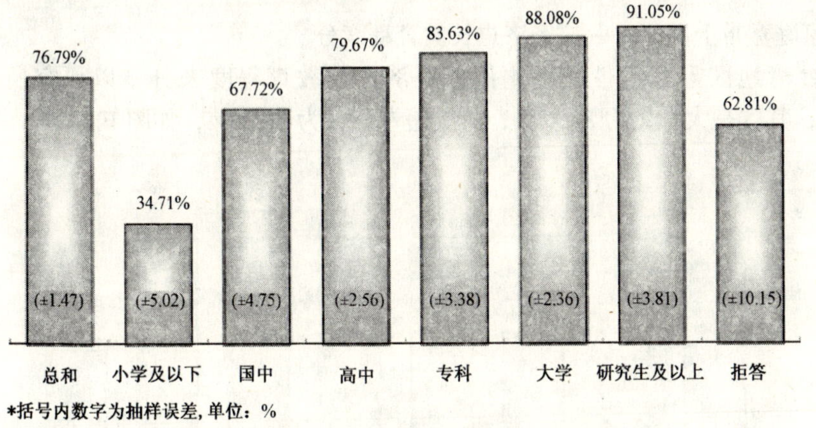

图F.18　家庭上网率——按经济户长教育程度分

（3）家庭上网率——依受访家庭平均月收入分

中国台湾地区家庭上网比例依家庭平均月收入来看，以8万～10万元和10万元以上比例最高，分别为95.86%和93.82%（51万户和83万户）；其次为6万～8万元，为92.50%（87万户）如表F.19所示。

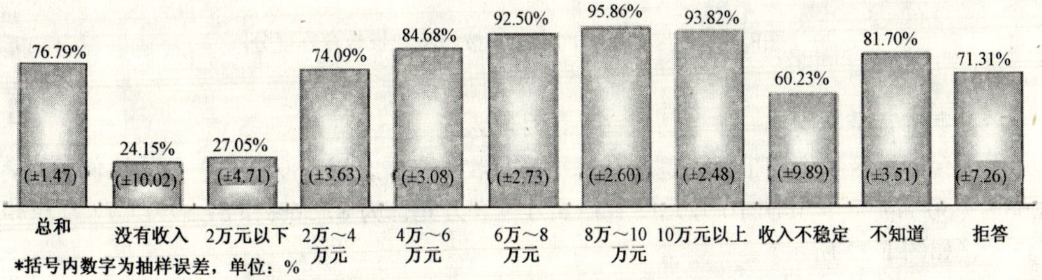

图F.19　家庭上网率——依受访家庭平均月收入分

F.8 家庭宽带使用户数与比例（推估）

（1）家庭宽带上网率

中国台湾地区之家庭有 68.91%（525 万户）使用宽带上网，如图 F.20 所示。

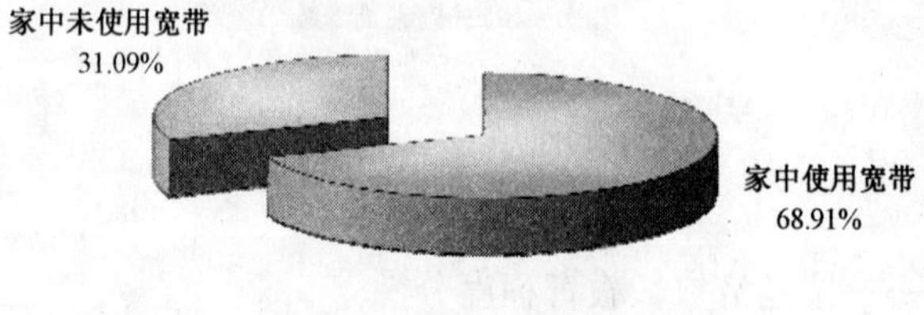

*抽样误差：±1.62%(95%信心水准)

图F.20 家庭宽带上网率

（2）家庭宽带上网率——按经济户长教育程度分

中国台湾地区家庭宽带使用比例依经济户长教育程度来分，以研究所以上最高，为 82.86%；其次是大学，为 80.87%；再次是专科，为 78.23%，如图 F.21 所示。

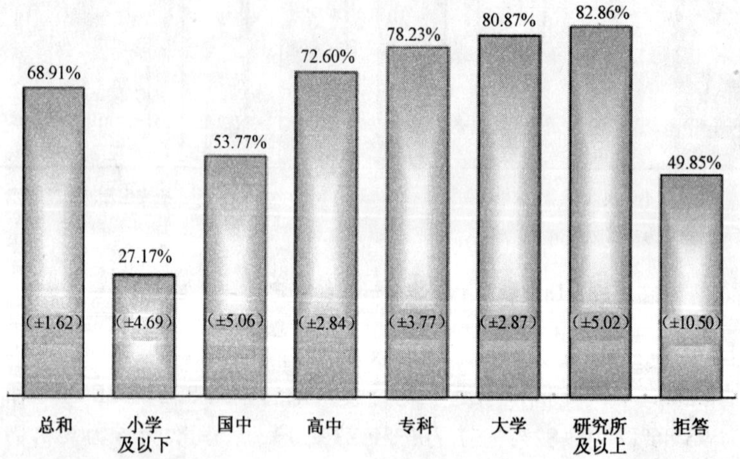

*括号内数字为抽样误差，单位：%

图F.21 家庭宽带上网率——按经济户长教育程度分

（3）家庭宽带上网率—按受访家庭平均月收入分

中国台湾地区家庭宽带使比例依家庭平均月收入来看，以 8 万～ 10 万元比例最高，为 92.65%（50 万户）；其次 10 万元以上和 6 万～ 8 万元，为 87.56%和 87.39%（77 万户和 83 万户），如图 F.22 所示。

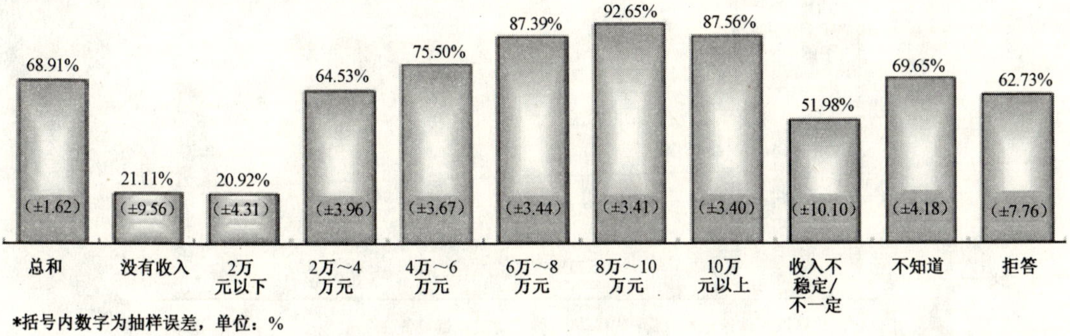

图F.22　家庭宽带上网率——依受访家庭平均月收入分

F.9　2003—2010 年中国台湾地区家庭宽带使用户数比较

中国台湾地区家庭宽带使用户数比例呈现稳定趋势，截至 2010 年 1 月止，共计有 525 万户可宽带上网，如图 F.23 所示。

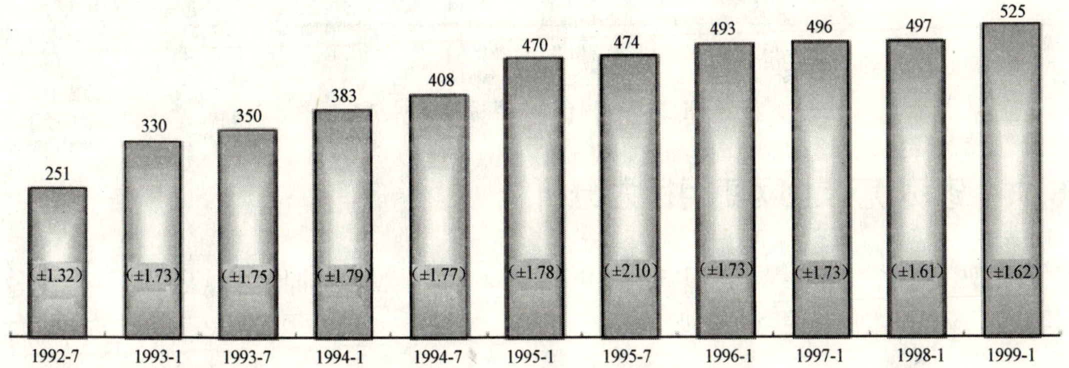

图F.23　中国台湾地区家庭宽带使用户数比较

F.10　家庭上网设备分析

（1）家庭可上网之设备

家中可上网的家庭中，主要上网设备以个人台式计算机为最主要；其次为笔记本电脑，如图 F.24 所示。

（2）中国台湾地区家庭连网方式

家中可上网的家庭中依连网方式来看，以 ADSL 连接 Internet 的家庭比例最高，占 68.72%；其次是小区网络，占 13.70%，如图 F.25 所示。

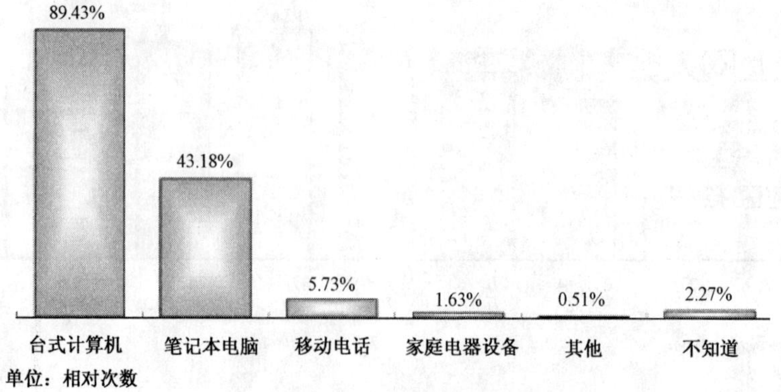

图F.24　家庭可上网之设备

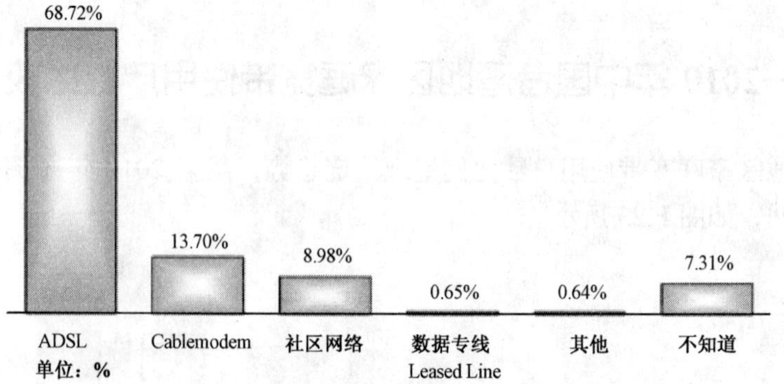

图F.25　中国台湾地区家庭联网方式

F.11　家庭宽带上网使用行为分析

在使用宽带上网的家庭中，其每月上网费用以 751～900 元和 901～1 000 元为最多，各占 15.35%和 13.35%，如图 F.26 所示。

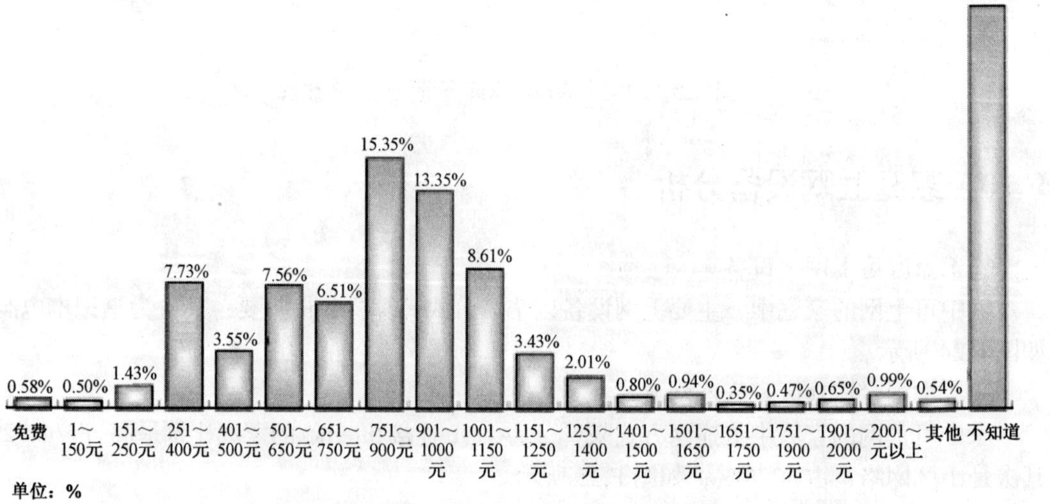

图F.26　中国台湾地区家庭每月宽带上网费用

F.12　无线上网人数与比例推估

（1）个人曾经无线上网率

中国台湾地区 12 岁以上民众有 34.83%（704 万人）曾经使用过无线上网，如图 F.27 所示。

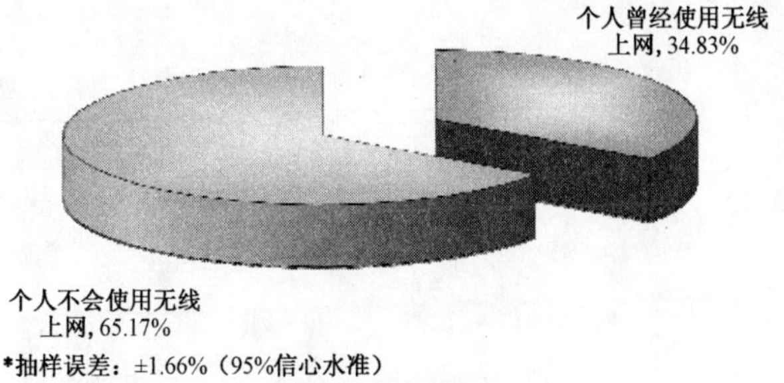

图F.27　个人曾经无线上网率

（2）个人曾经无线上网率——按性别分

中国台湾地区 12 岁以上民众曾经无线上网的比例依性别来看，男性占 36.36%（370 万人），女性占 33.29%（334 万人），如图 F.28 所示。

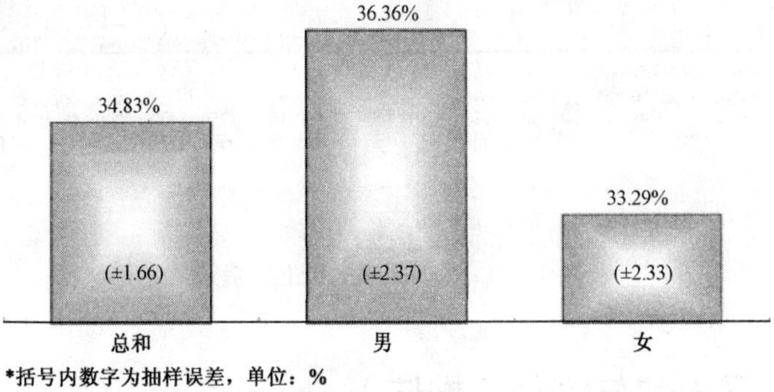

图F.28　个人曾经无线上网率——按性别分

（3）个人曾经无线上网率——按年龄分

中国台湾地区 12 岁以上民众曾经无线上网比例依年龄来看，20～ 24 岁及 25～ 34 岁最高，皆在 58.35%以上；其次为 15～ 19 岁，为 48.13%（81 万人）；而 55 岁以上之比例最低，仅有 6.19%（28 万人）如图 F.29 所示。

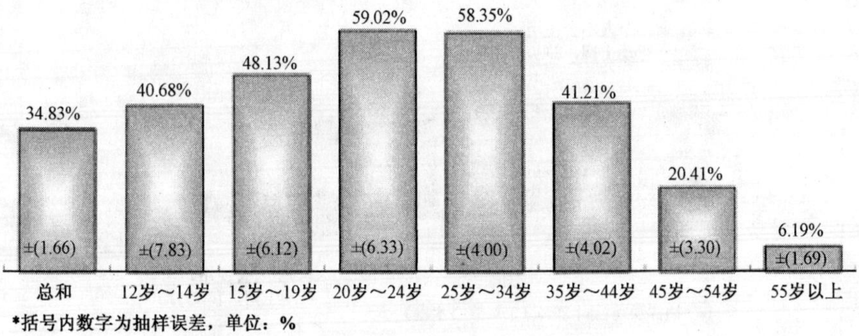

图F.29　个人曾经无线上网率——按年龄分

F.13　无线上网使用行为分析

在中国台湾地区 12 岁以上使用无线上网的民众中，个人每月无线上网费用以免费为最多，占 36.60%；其次是不清楚，为家人付费，占 12.70%；再其次为 751～900 元，占 7.06%，如图 F.30 所示。

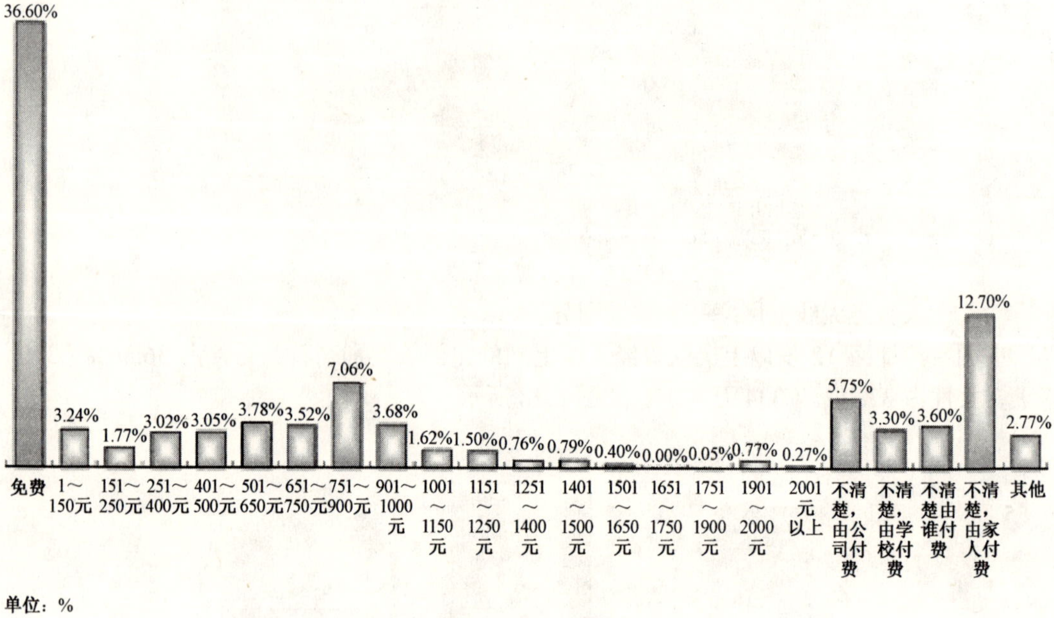

图F.30　个人每月无线上网费用

F.14　行动上网人数与比例（推估）

（1）12 岁以上个人曾经行动上网率

中国台湾地区 12 岁以上之民众有 16.22%（328 万人）曾经使用过行动上网，如图 F.31 所示。

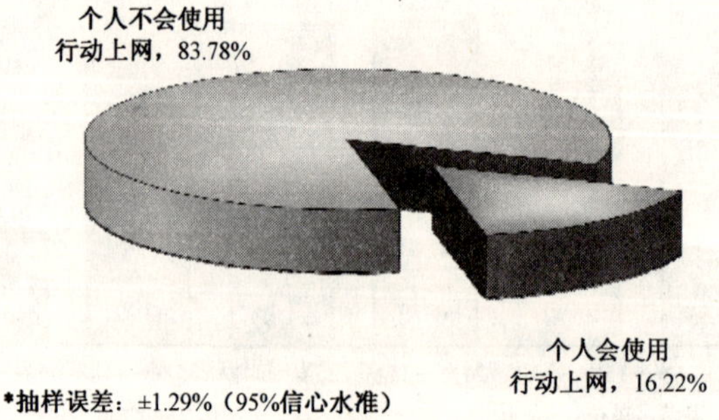

图F.31　12岁以上个人曾经行动上网率

（2）个人曾经行动上网率——按性别分

中国台湾地区12岁以上民众曾经使用行动上网的比例依性别来看，男性占18.85%（192万人），女性占13.55%（136万人），如图F.32所示。

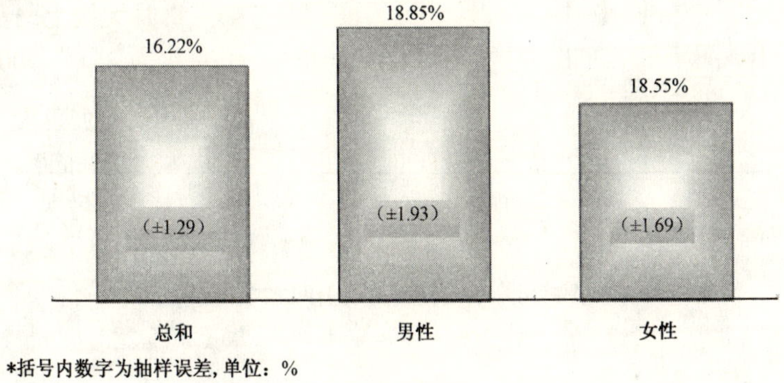

图F.32　个人曾经行动上网率——按受访者性别分

（3）个人曾经行动上网率——按年龄分

中国台湾地区 12 岁以上民众曾经使用行动上网的比例依年龄层来看，以 20～24 岁和 25～34 岁最高，皆在 27.93%以上；其次为 15～19 岁和 35～44 岁，皆在 20.93%以上；而以 55 岁以上最低为 1.69%（7 万人）如图 F.33 所示。

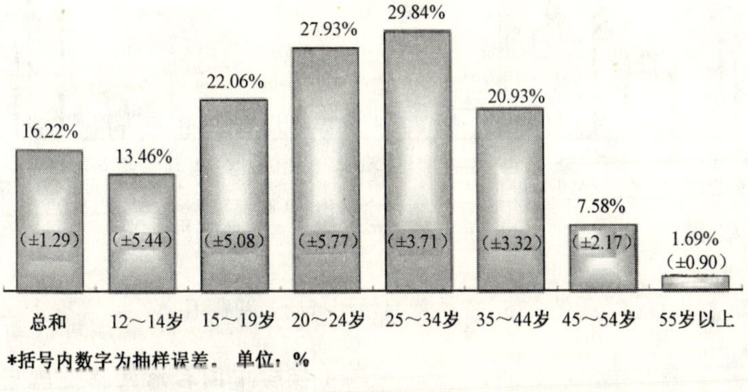

图F.33　个人曾经行动上网率——按年龄分

F.15　行动上网使用行为分析

（1）个人使用行动上网之方式

有使用行动上网之受访者中，曾使用行动上网之方式以3.5G为最多，其次为3G，再次为GPRS，如图F.34所示。

（2）个人每月使用行动上网费用

有使用行动上网之受访者中，其个人每月行动上网费用，以1～250元为最高，占16.23%；其次为免费，占15.14%，如图F.35所示。

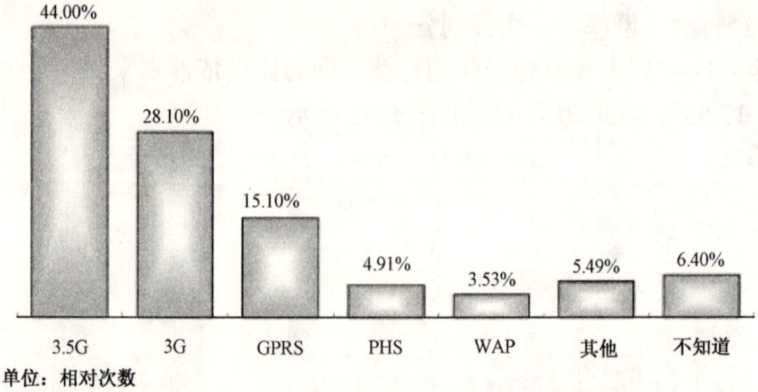

图F.34　个人使用行动上网之方式

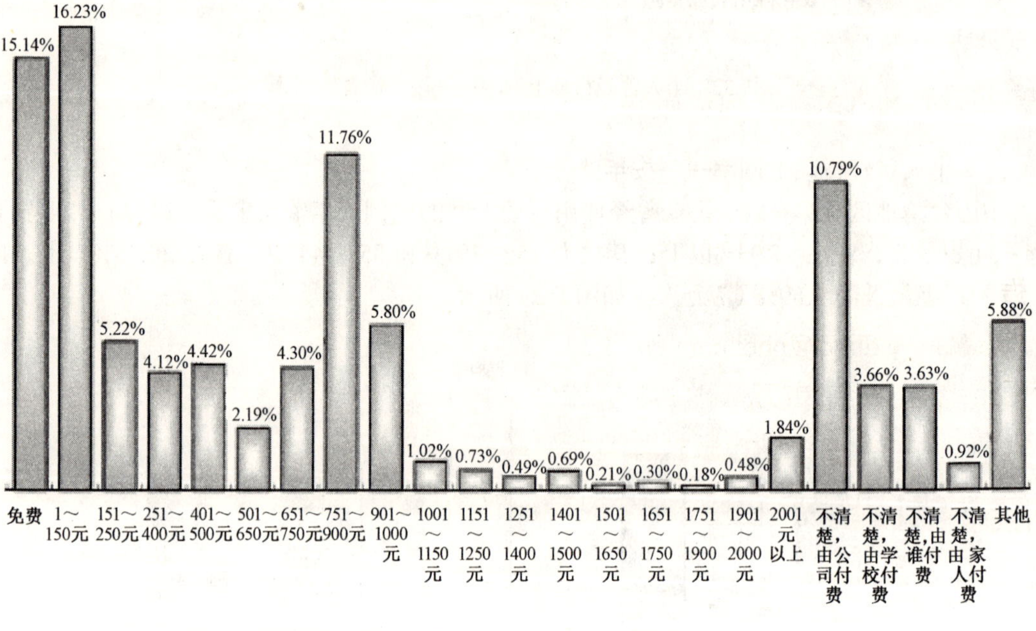

图F.35　个人每月使用行动上网费用

（摘自中国台湾网路资讯中心 TWNIC）

[i] 电子支付：是指采用数字化方式进行的货币流转。电子支付除了包含网上支付外，也包括手机支付、电话支付等方式。

反侵权盗版声明

举报电话：（010）88254396；（010）88258888
传　　真：（010）88254397
E-mail：　dbqq@phei.com.cn
通信地址：北京市万寿路 173 信箱
　　　　　电子工业出版社总编办公室
邮　　编：100036

中国互联网协会
Internet Society of China

中国互联网协会简介

中国互联网协会于2001年5月25日成立，由从事互联网行业的网络运营商、服务提供商、设备制造商、系统集成商以及科研、教育机构等70多家互联网从业机构共同发起成立。

中国互联网协会现有会员单位近400家，下设12个工作委员会，现任理事长为原中国科学院副院长、原中国科学技术协会副主席胡启恒院士。

中国互联网协会的宗旨是遵守国家宪法、法律和法规，遵守社会道德风尚；坚持以创新的思维、协作的文化、开放的平台、有效的服务的指导思想，为会员的需要服务、为行业发展服务、为政府决策服务。

自成立以来，中国互联网协会积极发挥行业组织的桥梁纽带作用，在搭建业界交流平台、倡导行业自律、治理垃圾电子信息、促进网络版权保护、推动网络诚信建设、开展互联网公益活动、推进信息无障碍事业等方面做出了积极努力，不断推动我国互联网行业的健康和谐发展，得到了有关政府主管部门的肯定和业界的广泛认可，先后被民政部评为“全国先进民间组织”、“4A级社会组织”、“全国先进社会组织”。

欢迎广大互联网企业加入中国互联网协会！详情请登录中国互联网协会网站 www.isc.org.cn查询，或拨打中国互联网协会会员部咨询电话：010-66030171/010-66036703。

要投就投
中国人寿!